润滑剂技术与应用

赵 江　王 平　马淑芬　编著

中国石化出版社

图书在版编目（CIP）数据

润滑剂技术与应用/赵江，王平，马淑芬编著．—北京：中国石化出版社，2021.12
ISBN 978-7-5114-6480-4

Ⅰ．①润…　Ⅱ．①赵…　②王…　③马…　Ⅲ．①润滑剂　Ⅳ．①TE626.3

中国版本图书馆 CIP 数据核字（2021）第 208484 号

中国石化出版社出版发行

地址：北京市东城区安定门外大街 58 号
邮编：100011　电话：(010)57512500
发行部电话：(010)57512575
http://www.sinopec-press.com
E-mail：press@sinopec.com
北京富泰印刷有限责任公司印刷
全国各地新华书店经销

*

787×1092 毫米 16 开本 35.5 印张 798 千字
2022 年 1 月第 1 版　2022 年 1 月第 1 次印刷
定价：248.00 元

编委会

主　　任： 赵　江

副 主 任： 王　平　马淑芬

成　　员： 刘金池　曹　毅　雷　凌　郑金花　吴宝杰　赵玉贞　宗伯华　水　琳　李　萌

第 一 篇： 王　平

第 二 篇： 雷　凌　赵　磊　张　杰　许金山　孙明亮　仝伟光　樊秀菊　冯　强　李　健

第 三 篇： 黄海鹏　刘卜瑜

第 四 篇： 吴宝杰　刘金池　储友双　董禄虎　周　钰　刘建龙

第 五 篇： 杨慧青　郑金花　占志恒　鞠媛媛　郑　婷　秦振清　王靖宇

第 六 篇： 吴旭东　陈　林　何清玉　李　姝　陆　海　李玉平

第 七 篇： 吴旭东　李潘源　熊　瑶　余秋兰　李玉平

第 八 篇： 雷　凌　赵　磊　赵海鹏　许　峥　王帅彪　周少鹏　曹玉发　孟震英　冯　强

第 九 篇： 益梅蓉　韩旭燕　吴世雄　胡明明　冯新慧　张　洋　赵佳佳　巩　亚　王　俊　吴海燕　赵海鹏　许　峥

第 十 篇： 李　谨　杨　兰　熊　星　李晓阳　刘庆坤　任玉飞　邓象贤　陈孟子倞

第十一篇： 马淑芬　高晓光

第十二篇： 宗伯华　金承华　陈德刚

第十三篇： 宗伯华　赵艳丽

第十四篇： 刘　红　孟震英

第十五篇： 冯　强

序

在我们从自然界获得各种资源或将它们加工成各类生产资料、生活资料时，在我们穿越高山平原、跨过江河湖泊修建铁路和公路或在城市修建高楼大厦和地下设施时，在我们品味美酒佳肴享受生活乐趣或乘坐火车、飞机、驾驶汽车外出旅行观赏自然美景时，各种机械装备总在默默地发挥着重要的作用，没有它们，所有的一切皆无可能。以现代化机械装备为基础的现代工业，全面支持着经济的发展和社会的进步，不断改善着人们健康工作和舒适生活的环境和条件。各种机械装备一旦发生故障，往往不仅使装备拥有者造成巨大的损失，而且很可能影响社会或经济活动的方方面面。因此机械装备的安全、可靠、高效率、长寿命运转过程始终受到人们的高度关注。各种机械装置中润滑运动部件的各种润滑油剂的价值和装备的造价相比是微不足道的，但它们却是机械装备的安全、可靠、高效率、长寿命运行的保护神。尽管有些科技工作者一直在进行不需要使用润滑油剂的润滑材料的研究开发并且也取得了令人鼓舞的若干成果，但是迄今为止，几乎所有的机械装备的运动部件还都必须使用润滑油剂。我想这就是人们把润滑油剂称之为机械装备的“血液”的缘由。

机械装备不断凝聚着人类科技进步的最新成果，随着装备的技术进步，对润滑油剂的要求也越来越高，已经从对润滑油剂类型、牌号的一般性需求转变为对润滑油剂功能的更加具体化，甚至个性化的需求。润滑油剂技术和产品的研究开发人员面对各行各业使用的种类繁多的各种装备的机械特性、工作环境、运行条件进行深刻的了解，开展试验研究，在科学实践的基础上开发出了适应各种机械装备需求的润滑油剂产品。但是装备技术的进步没有止境，与之配套的润滑油剂的技术进步及新产品开发也没有止境。鉴于各种装备对使用的润滑油剂的具体化、个性化需求，管理者及装备使用者也必须深入了解装备特性，科学选择润滑油剂产品，润滑油剂的销售人员应具有对用户的选择进行具体技术指导的能力。

本书作者籍多年参加润滑油剂产品与技术开发和销售技术服务实践的经验，进行资料的收集与整理，按照工业行业的特点，对汽车、冶金、船舶、工程机械、铁路、电力、金属材料加工压缩、制冷等行业的机械装备的原理和特性、运转环境和条件及如何选择使用润滑油剂进行了具体的描述，旨在通过本书让所有的润滑油剂技术开发人员、润滑油剂产品销售人员、装备使用单位的润滑油剂管理人员及润滑油剂使用人员能够正确选择使用好设备润滑介质。我相信上述各类人员在认真阅读本书后一定会在受益多多的同时承认和肯定作者的良苦用心和辛勤劳动，各类机械装备也因为合理的选择和正确地使用润滑油剂而更充分地显示其优异的性能。

前　言

中国现代工业的发展，可以说是从新中国成立之初才开始起步的，到改革开放前的约三十年时间里，逐渐发展并初步形成了自己的工业体系，并经过三十年的改革开放进一步发展并完善了这一工业体系。据联合国有关报道中国是目前为止世界上唯一一个工业门类最齐全的国家，已经具备了较为完整的能不断自我完善的并与国际充分接轨的具有中国特色的现代工业体系。作为中国现代工业领域不可或缺的中国润滑剂技术和产品，也在紧紧地伴随着中国工业体系的发展、完善的进程中得到不断的自我发展、自我创新、自我完善的过程。当中国现代工业体系已经成为当今世界现代工业体系不可或缺的最为重要组成部分的时候，就已经让世界润滑剂领域看到了中国民族润滑剂技术和产品直面世界的勃勃英姿。

回顾数十年来中国润滑油技术与产品的发展历程，从最初的产品引进，到产品技术的自我创造与完善，无不凝聚着中国润滑油界几代科技工作者的心血和汗水。中国润滑剂技术和产品的发展是在中国润滑技术几代科技工作者几十年来发扬大庆精神，始终如一的以“俯首甘为孺子牛”的工作作风，经过不断的忘我拼搏，突破一个个摩擦与润滑的技术难关，从无到有、从浅入深，从探索中前进、从前进中创新。终于迎来了中国润滑剂技术和产品的一道道曙光；经过艰苦努力，在“山穷水尽疑无路”的处境下，也终于迎来了“柳暗花明又一村”的光明前景。让世界给予了中国润滑剂技术和产品应有的地位。

正是在这样的背景下，我们在原《润滑油脂行业应用指导手册》的基础上重新修订并出版发行《润滑剂技术与应用》，该书凝聚了中国老一辈润滑科技领域的各位专家、学者多年来的心血以及新生代的技术和经验，希望本书的出版能为从事润滑剂技术的研发人员、销售人员、润滑剂管理人员及使用人员提供有价值的参考。

本书内容共 15 篇 63 章，主要包括摩擦与润滑的基本概念，车用润滑剂，工程机械润滑剂，冶金润滑剂，船舶润滑剂，压缩与制冷设备润滑剂——压缩机油，压缩机与冷冻设备润滑剂——冷冻机油，铁路润滑剂，电力设备润滑剂，金属材料加工过程润滑剂，水泥、矿山行业用润滑剂，纺织机械用润滑剂，造纸机用润滑剂，机器人专用润滑剂和低噪声轴承及电机润滑剂。

本书由赵江、王平、马淑芬编写，参与本书编写工作的还有中国石化润滑油有限公司各有关单位的部分科技工作人员，在此表示衷心的感谢！

目　　录

第一篇　摩擦与润滑的基本概念

第二篇　车用润滑剂

第三篇 工程机械润滑剂

第四篇 冶金润滑剂

第五篇 船舶润滑剂

第六篇 压缩与制冷设备润滑剂——压缩机油

第七篇 压缩机与冷冻设备润滑剂——冷冻机油

第八篇　铁路润滑剂

第九篇 电力设备润滑剂

第十篇 金属材料加工过程润滑剂

第十一篇 水泥、矿山行业用润滑剂

第十二篇 纺织机械用润滑剂

第十三篇 造纸机用润滑剂

第十四篇 机器人专用润滑剂

第十五篇 低噪声轴承及电机润滑剂

第一篇 摩擦与润滑的基本概念

第1章 摩擦

1.1 摩擦

摩擦(friction)是两个相互接触的物体，在外力作用下发生相对运动或具有相对运动倾向时，在接触面上发生阻碍运动的现象。

任何机械或机器设备的工作都是依赖其运动部件的相对运动来实现的，这些运动部件间的相对运动在其接触表面之间必然产生摩擦。这是因为即使加工非常“光滑”的零(部)件表面，在显微镜下也是凹凸不平的，两接触表面要发生相对运动，就必然克服这些凹凸不平而形成的阻力，这个阻力又随着作用于两接触面上的作用力(载荷)的增加而增大，通常可以认为这个阻力就是引起摩擦的原因。

摩擦是造成能量损失的重要原因。据德国沃格普尔(Vogelpohl)教授测算，全世界生产能源的1/3 ~1/2 损失在摩擦磨损上，英国焦斯特(H P Jost)教授进一步指出世界消费能源的30% ~40% 消耗在摩擦磨损上。一般来说，摩擦也必然导致磨损，但在特定的条件下，摩擦又不一定导致磨损，如流体润滑中的内摩擦，有能量损失，但不一定有材料损失。润滑是降低摩擦、减少磨损的有效手段，因此摩擦、磨损与润滑，三者相互关联。良好的润滑能提高机械效率，节约能源，保证机器长期可靠地工作。润滑不良，轻则降低效率，加大磨损；重则使机器损坏。

1.2 摩擦系统

摩擦系统(tribosystem，图1 -1 -1)是研究摩擦的基本单元。其组成包括四个基元：一个接触件和对应接触件(材料副)，上述两者之间的界面和界面上的介质以及环境。在润滑轴承中，润滑剂位于此间隙中，在普通滑动轴承中，材料副是轴和轴瓦；在内燃机中，材料副是活塞环和气缸壁，或者是轮和随动杆；在金属加工作业中，材料副是刀具和被加工的工件。

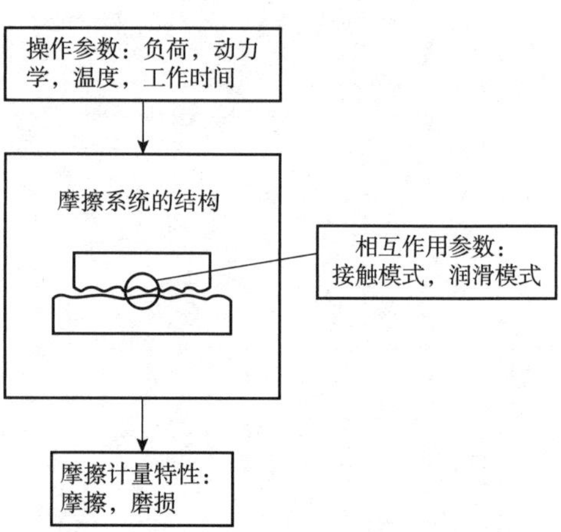

图1 -1 -1 H Czichos 的摩擦系统结构

作用于摩擦系统的变数是运动形式、施加的力、温度、速度和应力持续时间。摩擦计量参数如摩擦、磨损和温度等数据可从应力面积获取，摩擦应力是表面和接触几何形状、表面负荷或润滑剂稠度等众多指标作用的产物。摩擦过程可发生在两个摩擦件之间的接触面上，它可能是物理过程，也可能物理－化学过程(如吸附－解吸过程)，或者本质上是化学过程(摩擦化学)。

摩擦受到以上各种因素的共同作用，彼此影响着。所以引入系统论的观点，有助于理解和研究摩擦，有助于解决实际工况条件下产生摩擦的成因。

1.3　摩擦力与摩擦系数

两接触物体，在外力作用下发生相对运动，或者具有相对运动倾向时，在接触表面间将产生阻止接触物体发生相对运动或相对运动倾向的阻力，这种阻力称为摩擦力。

当两接触物体在外力作用下产生滑动摩擦时，摩擦力与名义接触面积无关而与接触面之间的法向载荷成正比(图1－1－2)，即：

$$F=\mu N$$

式中　F——摩擦力，其方向总是与两接触表面的相对运动方向相反；

N——法向载荷；

μ——摩擦系数。

在动摩擦的场合下，摩擦力与滑动速度几乎无关。

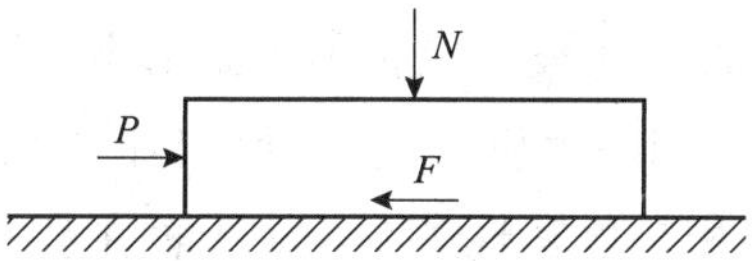

图1－1－2　摩擦力与摩擦系统示意图

1.4　摩擦类型

摩擦有不同分类方式，现简要介绍如下：

1.4.1　按发生摩擦副(friction pair)的运动形式分

可分为滑动摩擦、滚动摩擦和自旋摩擦。

(1)滑动摩擦：当接触表面相对滑动(或具有相对滑动倾向)时的摩擦称为滑动摩擦。一般来说，滑动摩擦是在无滚动和无旋转的纯滑动运动中产生的摩擦。

(2)滚动摩擦：物体在力矩的作用下沿接触表面滚动时的摩擦称为滚动摩擦。一般来说，滚动摩擦是由滚动接触引起的摩擦。

在滚柱轴承中，滚动摩擦发生在滚动元件与座圈之间，而滑动摩擦则发生在滚动元件与隔离环之间。也就是在实际摩擦副中，有可能在滚动摩擦的同时，产生滑动摩擦。

(3)自旋摩擦：物体沿垂直于接触表面的轴线作自旋转运动产生的摩擦称为自旋摩擦。

1.4.2　按摩擦副的运动状态分

可分为静摩擦和动摩擦。

(1)静摩擦：当物体在外力作用下，对于另一物体具有相对运动倾向，并处于静止临界状态时的摩擦称为静摩擦。

美国材料与试验协会(ASTM)把静摩擦系数定义为引发两个物体间宏观运动必须克服的最大阻力所对应的摩擦系数。

(2)动摩擦：当物体在外力作用下，越过静止临界状态沿另一物体表面发生相对运动的摩擦称为动摩擦。与静摩擦不同，动摩擦产生在相对运动条件之下。

美国材料与试验协会(ASTM)将动摩擦系数定义为在两个物体宏观相对运动条件下的摩擦系数。一般来说，动摩擦系数略小于静摩擦系数。

1.4.3 按摩擦副相对运动发生的部位分

可分为外摩擦和内摩擦。

(1)外摩擦：两个相接触物体的表面相对运动时，在实际接触分界面上所产生的摩擦称为外摩擦，即一般所指的摩擦。

(2)内摩擦：同一物体内诸部分之间发生的摩擦称为内摩擦。内摩擦一般发生在润滑剂之类的流体中，但也可能发生在固体内，如石墨、二硫化钼等固体润滑剂内。

1.4.4 按摩擦副表面的润滑状态分

可分为干摩擦、边界摩擦、液体摩擦和混合摩擦。

(1)干摩擦：通常是指两物体表面间无任何形式的润滑剂存在时的摩擦。严格地说，干摩擦时在接触表面间无任何其他介质。干摩擦的摩擦系数很大，一般为0.15~0.4。

(2)边界摩擦：摩擦副表面之间被一层很薄的边界膜(不超过0.1μm，甚至只有几个分子层的厚度)分开时的摩擦，如内燃机的气门挺杆与凸轮之间的摩擦。摩擦副表面之间的摩擦磨损特性与润滑剂膜体积黏度特性关系不大，而主要是与表面性质与极薄层的边界润滑剂性质所决定的摩擦状况。边界摩擦的摩擦系数一般为0.08~0.14。

(3)液体摩擦：摩擦副表面之间被润滑油膜(0.3~3μm)完全隔开时的摩擦，流体摩擦实际上是润滑油的内摩擦，摩擦系数一般仅为0.001~0.005。

(4)混合摩擦：在摩擦副表面之间同时存在干摩擦、边界摩擦和流体摩擦的混合状态下的摩擦称为混合摩擦。混合摩擦一般以半干摩擦或半流体摩擦形式出现。

①半干摩擦。在摩擦副表面上同时存在着边界摩擦和干摩擦的混合摩擦。

②半流体摩擦。在摩擦副表面上同时存在着流体摩擦和边界摩擦或干摩擦的混合摩擦。

如在变工况条件下工作的内燃机轴承，不可能完全保持液体摩擦，在启动和停车的瞬间，或者在载荷大时，就会出现边界摩擦、混合摩擦甚至干摩擦。

1.5 摩擦机理

摩擦的分子-机械理论认为：外摩擦具有双重特性，即不仅需要克服对偶表面间分子相互作用的连接力，而且还要克服使表面层形状畸变而引起的机械阻力(变形阻力)。具体地说，做相对运动的对偶表面在法向载荷下接触时，由于表面粗糙，首先是表面上的微凸体凸峰接触，相互啮合，较硬表面的微凸体嵌入较软表面，接触点的压力增高，实际接触面积增加，当压力达到压缩屈服点 σ_{sy} 以后，将产生塑性变形。在表面作切向运动时，这些微凸体将“梨削”表面，使表面层畸变。与此同时，在表面间存在分子相互作用的连接力而使表面黏附，生成结点，严重者生成微小的固相焊接点，在表面作切向运动时将这些黏附连接剪断，如图 1－1－3 所示。

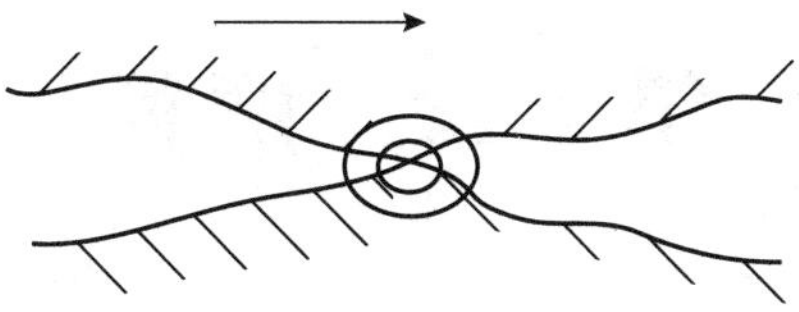

(a)第一阶段：弹性变形、塑性变形、犁沟

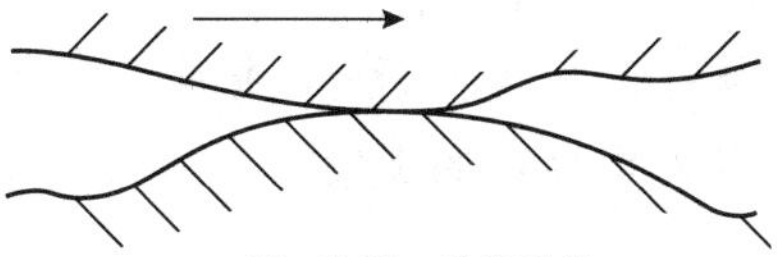

(b) 第二阶段：黏附连接

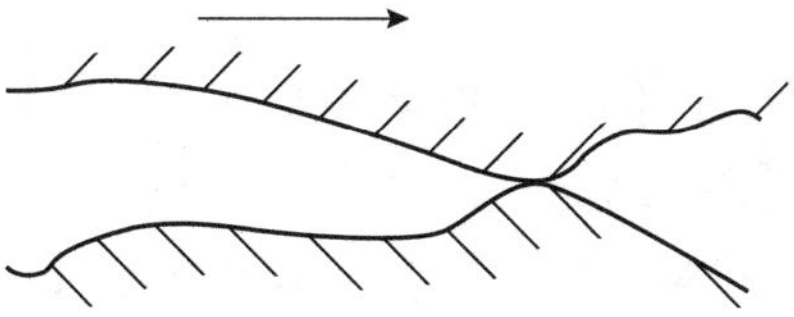

(c) 第三阶段：剪切结点，弹性恢复

图 1－1－3　单个微凸体的摩擦过程

第 2 章 磨损

德国国家标准(DIN)对磨损给出的定义：由于机械原因，即接触固体、液体或气体对物体的接触和相对运动，材料从接触物体表面逐渐损失。简单来说，磨损是相互接触的物体在相对运动时，表层材料不断发生损耗的现象。一般来讲，它总是与摩擦相关联的。

2.1 磨损的类型

磨损的分类取决于许多因素，例如磨损量的大小、现对运动和载荷类型、磨损表面形貌和表面破坏形式、磨损机理等，因此有许多分类方法，存在着不同的理论。磨损也是影响机器使用寿命的重要因素，同时也是节约能源不可忽视的一环。

契可斯(H. Czichos)于 1985 年提出了如图 1-2-1 所示的磨损分类，表明了摩擦学的相互作用关系与磨损机理。

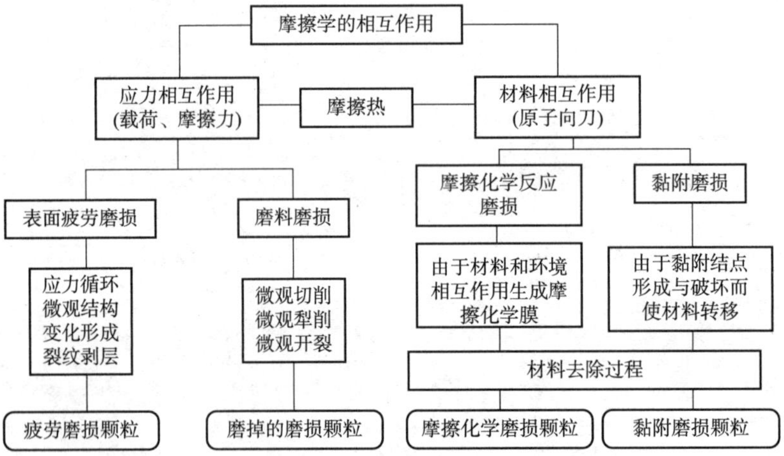

图 1-2-1 摩擦学的相互作用与磨损机理的分类

2.2 磨损机理

2.2.1 黏附磨损

摩擦副相对运动时，由于固相焊合，接触表面的材料从一个表面转移到另一个表面的现象，叫作黏附磨损。如内燃机轴承，若中断供油，即可发生黏着，使轴承表面被“撕脱”，严重者将发生“咬死”。防止黏附磨损的有效办法是使摩擦表面尽可能光滑，使摩擦处于液体摩擦状况，或在油品中加入有效的极压添加剂。

黏附磨损有以下形式：

(1)涂抹：即一个表面的材料(通常是会软化或熔化的材料)发生迁移(转移)，并以薄层重新涂覆到表面上。

(2)擦伤：由表面局部固相焊合或磨料磨损所引起的沿滑动方向形成的微细擦痕或“犁痕”。

(3)刮伤：又称划伤，是同上原因形成的严重擦痕。

(4)胶合：两滑动表面间发生固相焊合而引起的局部损伤，但没有发生局部固相熔合。

(5)咬黏：又称咬死，由界面摩擦作用致使表面焊合而造成表面相对运动停止。这种表面焊合是由于表面间的黏附作用所引起的。

2.2.2 磨料磨损

磨料磨损是接触表面做相对运动时由硬质颗粒或较硬表面的微凸体，在摩擦过程中的微犁削、微切削与微开裂综合作用而引起的表面擦伤与表面材料脱离或分离出磨屑来。磨料磨损的产生与对偶表面的材料特性和硬度差异、磨粒类型、磨粒对材料楔住的程度等因素有关。

据统计，磨料磨损占整个磨损的50%，在多尘条件下工作的机械往往出现较严重的糜烂磨损。防止磨料磨损的有效办法是新机器在磨合后要即时换油并用新油进行冲洗，保持良好的密封，加强油品精滤，做好在用油品的监控。

2.2.3 表面疲劳磨损

表面疲劳磨损是指两个相互作滚动或滚动兼滑动的摩擦表面，在交变接触应力反复作用下，由于表层材料疲劳，产生微观裂纹并分离出磨粒或碎片而剥离，形成凹坑，造成磨损，有时又称为点蚀(pitting)或接触疲劳磨损。常见于滚动轴承、齿轮、凸轮、钢轨与车轮等摩擦副表面。表面疲劳磨损的产生，随机性大，在同一批工件的疲劳寿命之间有很大的差异。

防止疲劳磨损的有效办法是选用优质金属材料，使摩擦面具有适宜的硬度和高的光洁度，在允许的情况下尽量采用黏度较高的润滑油。

2.2.4 腐蚀磨损

腐蚀磨损是金属表面在摩擦过程中与周围介质在化学与电化学反应作用下产生的磨损。腐蚀磨损的产生是由于第三者——环境介质(包括润滑介质变质产生的酸性油泥、手汗、潮湿空气中的氧、二氧化硫等)可引起腐蚀磨损。例如使用含硫燃料就容易造成气缸和活塞环的腐蚀磨损。腐蚀磨损总是与腐蚀和摩擦两个条件相关联。避免腐蚀性介质侵入摩擦表面，防止油品过度氧化而变质，是消除腐蚀磨损的有效办法。

2.2.5 微动磨损

由振幅在 $10^{-7} \sim 10^{-3}$mm 范围的振动滑动而引起的磨损称为微动磨损。它是一种黏附磨损、腐蚀磨损和磨料磨损并存的复合磨损形式。

微动磨损多发生于机械连接处的零件上(如螺栓、花键等)。微动磨损的主要形式是黏附磨损，通常也包括腐蚀磨损，因此，有时也被称为微动腐蚀磨损。这类磨损总是与小幅振动相关联。控制配合偶件间的静配合应力和过盈量，选用抗微动磨损性能优良的润滑剂是防止微动磨损的有效办法。

2.2.6 剥层磨损

当摩擦副两个相互滑动表面接触时，由黏附与“犁削”作用而通过接触点传递法向与切向载荷。由于载荷的反复作用，较软表面的微凸体易于变形并首先断裂，形成小的磨损颗粒，而硬的微凸体则以较慢速度变形及去除。由此开始了较为光滑表面更多地成为硬微凸体在软平面上滑动。

在接触点由硬微凸体作用的表面牵引力导致每一个加载循环中塑性变形不断增加，并随着反复加载而不断积聚，但与该循环中产生的总塑性变形相比，残余永久变形增加得不多。

当次表面继续变形时，裂纹在表面下集聚，当裂纹一旦出现后，继续加载与产生变形将引起裂纹扩展及延伸，在次表层裂纹达到临界长度时，就将变得不稳定，并将剪切至表面，产生长而薄的磨损碎片而剥离。

2.2.7 其他磨损

除了以上几种磨损类型外，还有以下几种磨损情况。

(1)侵蚀：由于固体、液体、气体、含有硬固体颗粒的液体或气体与固体相对运动时对固体表面的冲蚀作用而产生的磨损。

侵蚀机理：由于冲击应力造成的表面疲劳破坏或使表面脆裂，或是使屈服降低。

侵蚀的类型很多，如颗粒侵蚀、电侵蚀、冲击侵蚀、化学侵蚀、腐蚀侵蚀与热侵蚀等。

(2)气蚀：气蚀又称气穴侵蚀，是指固体与液体相对运动时，由于液体中气泡在固体表面附件破裂时产生局部高冲击力或局部高温引起的磨损。

此外，还有聚合物的磨损、陶瓷的磨损及第三体磨损。

2.3 磨损的过程

机器设备在使用过程中，在正常条件下，其零件磨损过程大致可分为三个阶段：磨合阶段、稳定磨损阶段、急剧磨损阶段。如图 1－2－2 所示。

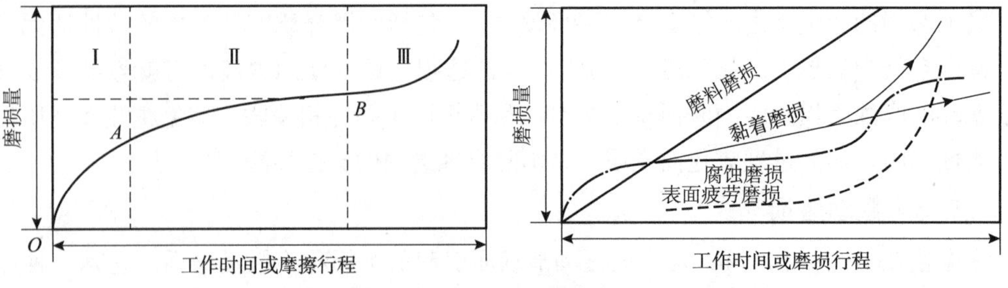

图 1－2－2 正常磨损的过程

Ⅰ—磨合阶段；Ⅱ—稳定磨损阶段；Ⅲ—剧烈磨损阶段

(1)磨合阶段："磨合"也叫"跑合"或"走合"，这是新机器或是刚经大修的机器在其运行初期出现的一种磨损状况。这一阶段由于摩擦面上微凸体较多，且初始装配间隙较小，所以磨损特别剧烈，很快使接触面上的加工痕迹磨光，使配合形状密合，从而进入稳定的磨损阶段。磨合阶段的主要特征是润滑油中磨屑较多，因此在磨合阶段使用的润滑油，黏度不宜过大，以便容易流动，带走磨屑。磨合阶段使用的润滑油，由于含有大量的磨屑，因而必须按规定即时更换。

(2)稳定磨损阶段：机器经磨合后，摩擦表面硬化，光洁度提高，间隙转为正常。这一阶段的主要特征是磨损速度减慢，磨损量与工作时间成正比。通常认为，稳定磨损阶段，即机器的使用寿命。这个阶段越长，机器的寿命就越长。稳定磨损阶段时间的长短，受材料性能、加工质量、装配技术、使用工况和所用油品质量等因素影响。

(3)急剧磨损阶段：在这一阶段，由于摩擦条件可能发生了较大变化，从而使磨损速度急剧增加，使摩擦表面的形状和间隙发生较大变化，机器效率下降，出现异常噪音和振动，以致最后使零件完全失效。急剧磨损阶段的出现，表明机器即将出现重大故障，因此必须进行检修。

2.4 磨损的改善措施

2.4.1 黏附磨损

主要采用合适的润滑剂来解决。一般采用黏度适当和抗磨油性好(加油性添加剂)的润滑剂。当极压负荷或冲击性负荷时，则要用含极压抗磨性能好的极压添加剂的优质润滑油。当然，还取决于改进设计、换用最佳的摩擦副材料(如铜和铸铁的摩擦面配合，摩擦系数就较小)。

2.4.2 磨料磨损

磨料磨损约占损失的50%，对机械耐用寿命和运转效率影响极大。磨粒来源：

(1)检修组装时残留在润滑点的。

(2)润滑密封不良而由外界侵入的。

(3)润滑剂管理不善带来的。

(4)摩擦副加工粗糙及磨合不良，初期运转时磨下来的金属细末。

(5)润滑油滤清系统不良而残留的。

(6)润滑油中杂质。

(7)摩擦面突起部分断裂下来的粒子。

要针对上述磨粒来源采取措施，对润滑油本身的要求是：减小油中杂质；改善润滑，减少突破部断裂下来的粒子。

2.4.3 表面疲劳磨损

分为滑动疲劳和滚动疲劳两种，改善措施主要是：

(1)改进摩擦机构的设计(应力分布等)。

(2)改善材料性质(金属硬度、屈服强度等)。

(3)改善润滑油质量。

润滑剂对摩擦面金属疲劳的抑制有极大作用。在物理效果上有：黏度、黏温性和黏度－压力系数等；在化学效果上有：润滑剂组分、分子结构及反应性等(如芳基和环烷基润滑油抗滚动疲劳效果较好)，油中水分及溶解氧、杂质、添加剂以及润滑过程中生成的反应物(如氧化生成物、摩擦聚合物)等各种各样的影响。譬如，润滑油中含有0.01%水分时，使表面疲劳寿命显著减少，这是由于水分的电化学腐蚀作用，以及此时发生的氢对金属表面渗入而起脆化作用所造成的。

一般黏度较大的润滑油对金属疲劳寿命有良好的效果，但从摩擦阻力和动力消耗上看，黏度大是不利的。

油性剂和极压剂对防止金属疲劳磨损均有很大效果，但其浓度必须适当控制，最佳浓度在0.5%～2%之间，超过2%时，抗疲劳效果显著下降。

2.4.4 腐蚀磨损

腐蚀磨损是润滑的副作用。润滑剂中某些组分，如带有叔碳原子的烷烃或环烷烃或含氧有机化合物，在摩擦过程中，在较高温度(如80℃以上)和金属的反复摩擦下，容易氧化变质，生成过氧化物和酸、醛、酮类等对金属有腐蚀性的物质(称为摩擦化学反应)，从而增加腐蚀磨损。特别是有水分时，会对金属产生严重腐蚀，因而，润滑油标准中都规定酸值和水分的控制指标。

第3章　润滑

润滑，是在机械设备摩擦副相对运动的表面间加入润滑剂以降低摩擦阻力和能源消耗，减少表面磨损，延长使用寿命，保证设备正常运转的一种方法。

3.1　润滑的作用

3.1.1　减少摩擦

在摩擦副相对运动的表面间加入润滑剂后，形成润滑膜，将摩擦表面隔开，使金属表面间的摩擦转化成具有较低抗剪切强度的油膜分子之间的内摩擦，从而降低摩擦阻力和能源消耗，使摩擦副运转平稳。随着摩擦副接触间金属 - 金属接触点的增多，出现了边界润滑条件，此时润滑剂的化学性质就显得极为重要了。

例外的是，汽车自动变速装置与制动器等，润滑的作用则是控制摩擦。

3.1.2　降低磨损

机械零件的黏附磨损、表面疲劳磨损和腐蚀磨损与润滑条件有很大关系。润滑剂在摩擦表面形成的润滑剂膜可降低摩擦并支承载荷，因此可以减少表面磨损及划伤，保持零件的配合精度。

3.1.3　冷却作用

采用液体润滑剂循环润滑系统，可以将摩擦时产生的热量带走，降低机械的温度，保证设备正常运转。

3.1.4　清洗作用

通过润滑油的循环可以带走油路系统中的杂质，再经过滤器滤掉，以保证润滑油路的通畅。内燃机油由于含有一定量的清净分散剂，因此可以分散尘土和各种沉积物，保证发动机清洁。

3.1.5　防止腐蚀

摩擦表面的润滑剂膜可以隔绝空气、水蒸气及腐蚀性气体等环境介质对摩擦表面的侵蚀，防止或减缓生锈。

此外，某些润滑剂还可以将冲击振动的机械能转变为液压能，起到阻尼、减震或缓冲的作用；密封也是润滑剂的一个重要作用。

3.2　润滑的分类

润滑根据其性质不同，可以分为多种类型，一般较公认的提法是，按照摩擦副的工作条件和润滑剂在摩擦表面间所起的作用，将润滑分为两种类型：流体润滑和边界润滑。流体润滑又可进一步分为流体静压润滑和流体动压润滑。流体动压润滑包括一般载荷下的流体动压润滑及重载荷下的弹性流体动压润滑。表1-3-1列出了各类润滑状况的油膜厚度和摩擦系数的大致范围。

表1-3-1 各类润滑状况的油膜厚度和摩擦系数

润滑类型	油膜厚度/μm	摩擦系数
流体静压润滑	1～100	10^{-6}～10^{-3}
流体动压润滑	1～100	10^{-3}～10^{-2}
弹性流体动压润滑	0.1～2	10^{-3}～10^{-2}
边界润滑	10^{-3}～5×10^{-2}	0.05～0.15

3.2.1 流体动压润滑

所谓流体动压润滑是指黏性液体借助于运动表面的形状和相对运动形成压力油膜，使相对运动表面隔开的润滑。换句话说，就是在摩擦表面之间形成具有压力的楔形油膜将两个摩擦表面完全隔开。流体动压润滑的理论基础是雷诺方程。

楔形油膜以径向滑动轴承为例，来看楔形油膜的形成过程，如图1-3-1所示。

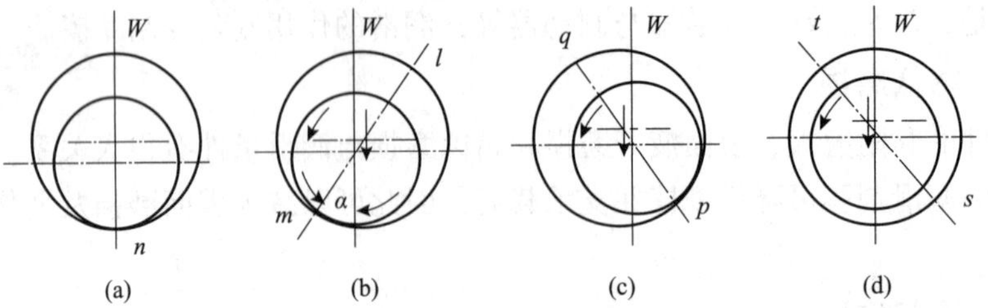

图1-3-1 楔形油膜的形成过程

轴颈在静止时，由于其本身的质量，停留在轴颈中心正下方的轴承位置上，在 n 点发生金属与金属的直接接触，如图1-3-1(a)所示；轴颈在轴承中开始转动之初，由于表面间的摩擦作用，轴爬向轴承的左上方开始打滑的位置，接触位置移到 m 点，如图1-3-1(b)所示，这时可将油膜分为两部分来看，在线段 ml 上方为收敛形油膜，在线段 ml 下方为扩散形油膜，由于润滑油的黏性，轴转时将润滑油带进轴与轴承的间隙中，由于间隙是收敛形的，随着间隙的缩小，润滑油压力增大，推动轴向右，如图1-3-1(c)所示；随着转速的增加，润滑油的压力也增大，当压力大到足以支持轴上的负荷时，就使轴颈与轴颈表面分离，使轴颈浮在油膜上转动，此时最小油膜厚度在轴承的右下方 s 点处，如图1-3-1(d)所示。至此，一个流体动压润滑油膜就形成了。

流体动压润滑具有机构简单、适用面广的特点，广泛应用于机械设计中，但是形成流体动压润滑是有一定的条件的，实现流体动压润滑的条件如下：

①具有形成油楔的收敛间隙。

②具有足够流量的黏性润滑油。

③摩擦副具有足够高的相对运动速度。

④摩擦副没有超载。

按照流体动压润滑理论，在液体摩擦中，摩擦阻力 F 与润滑油黏度 η 成正比，与两个摩擦面的面积 A 和相对速度 V 成正比，与润滑油层的厚度成反比，即：

$$F = \eta AV/C$$

摩擦系数 f 是摩擦阻力 F 与负荷 P 之比，即：

$$f = F/P = \eta AV/(CP) = (A/C)(\eta V/P)$$

对于一个轴承来说，A/C 为常数，将速度 V 用轴的转速 n 代之，$\eta V/P$ 即变为 $\eta n/P$。对于稳定工况条件下，n、P 也是常数，因此摩擦系数 f 实际上只与黏度 η 有关。换言之，对稳定工况的轴承，在液体润滑条件下，摩擦阻力只与润滑油的黏度有关。润滑油的黏度越大，摩擦阻力也越大。

流体润滑时，在稳定工况条件下，摩擦阻力只与润滑油黏度有关，但是在实际使用中，变工况是主要的，即负荷和转速都在变化，这样摩擦系数 f 就与 $\eta V/P$ 有关，而且 $\eta V/P$ 值还决定摩擦表面处于什么摩擦状态，因此将 $\eta V/P$ 称为轴承特性参数。轴承的摩擦系数与其特性参数之间的关系曲线称为 streibeck 曲线。如图 1－3－2 所示。

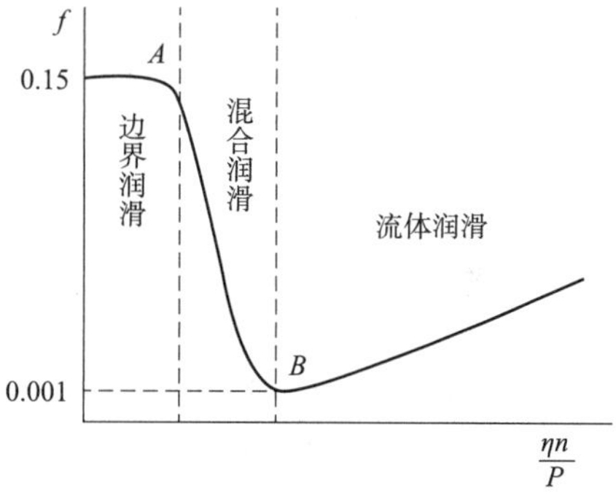

图 1－3－2 streibeck 曲线图

A、B 两点将该曲线分成三部分：在 B 点摩擦系数最小，油膜厚度刚好可以保证轴与轴承表面的微凸体不接触。在 B 点右侧，为流体动压润滑区（包括弹性流体动压润滑），油膜厚度大于两表面的粗糙度。在这一区域，随 $\eta V/P$ 值的增加，摩擦系数缓慢增大，可见 $\eta V/P$ 值不宜过大，也不宜过小。过大，固然对流体润滑有利，但对节能不利；过小，则降低油膜厚度，可能使润滑转向混合润滑。

在 B 点左侧，直到 A 点，为混合润滑区或称部分弹性流体动压润滑区。此时油膜厚度接近表面粗糙度，较高的微凸体可能互相接触。在这一区域，随 $\eta V/P$ 值增加，摩擦系数下降。这是因为随着 $\eta V/P$ 值增加，油膜厚度增加，混合摩擦转向流体摩擦的缘故。

在 A 点左侧为边界润滑区，此时油膜厚度仅为几个分子层厚或更小，小于表面粗糙度。微凸体接触数量增多，负荷几乎全靠微凸体接触变形所承担。

由 streibeck 曲线可见，在不同工况（转速、负荷）条件下，要使轴承特性参数限制在一定范围内，必须选用适宜黏度的润滑油才能达到。如高速轻负荷轴承，应使用黏度较小的润滑油，以减少摩擦阻力；低速重负荷轴承，则选用黏度较大的润滑油，以增强油膜的承载能力。从减小摩擦阻力和节能的观点来讲，在保证流体润滑的条件下，润滑油的黏度宜小一点为好。但是，对滑动轴承来讲，润滑油黏度也并非越小越好，黏度过小时，轴端泄漏增加，油压下降，油膜厚度减小，转向混合摩擦，使摩擦磨损增大。

3.2.2 流体静压润滑

流体静压润滑是借助外部供油设备，将一定压力的润滑油输送到摩擦副运动表面之间，强制形成压力油膜，借助流体的静压力来承受载荷而实现有效润滑。与流体动压润滑相比，流体静压润滑需要一套附属的供油装置，流体静压润滑能否实现，关键取决于这套供油装置能否正常工作，而非摩擦副表面的形状和运动状态所决定。流体静压润滑如图1－3－3所示。

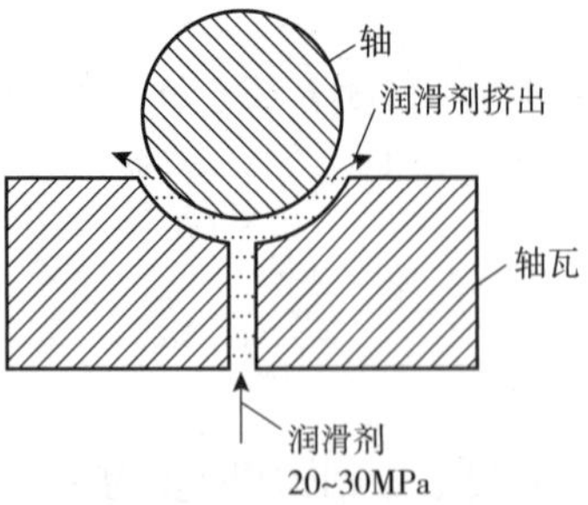

图1－3－3　流体静压润滑示意图

流体静压润滑的突出特点是克服了流体动压润滑的主要缺点，主要表现在以下几点：

①体系的承载能力只与供油系统的油压有关，和油膜厚度与滑动速度无关，因此理论上可以是无限大。

②适用速度范围广。由于静压润滑本身不需要相对运动，因而在任何速度下(包括极端高速和低速、启动、停车和正反交替运转)都能建立一层完整的液体油膜，并获得良好的工作性能。

③摩擦系数小，动静摩擦系数接近。其一般摩擦系数低于流体动压润滑。

④抗震性好，油膜刚度大。

⑤使用寿命长。由于在静压、启动、正常运转时，摩擦表面之间均无直接接触，理论上不会发生磨损，所以使用寿命长。

虽然流体静压润滑有很多优点，但对于机械设备而言，若采用流体静压润滑，必须向油路系统附加一套复杂的油泵，这会增加机器所占的空间，给机械设计带来许多不便。因此流体静压润滑一般大都用于对润滑要求较高的精密机械和一些大型的工业设备。一般来说，流体静压润滑设备投资大，需要专门的维护和操作，因为一旦失效，将可能导致较大的机械事故，所以维护费用高，总效率较低，这也在很大程度上限制了流体静压润滑的应用。

3.2.3　边界润滑

流体动压润滑是理想的状态，但是流体动压润滑必须在黏度、转速、负荷配合适当的条件下才能实现。当负荷增大或黏度、转速降低时，油膜逐渐变薄，直到油膜厚度小于摩擦面的微凸体高度时，两摩擦面上较高的微凸体将会直接接触，使摩擦磨损增大。广义上说，这种润滑状态称为边界润滑。边界润滑是介于流体动压润滑和固体摩擦之间的一种润滑状态，是一种润滑膜很薄、摩擦表面有部分固体接触的润滑状态。油膜薄到不符合牛顿流体力学定律和雷诺流体润滑方程式的一种极薄或不连续膜，也就是有微小局部金属摩擦面接触的一种润滑状态。一般机械磨损事故大多在这种状态下发生。机械润滑一般应避免纯边界润滑，希望是低黏度油弹性流体润滑薄膜和极压摩擦化学反应膜的混合润滑，以减少摩擦阻力，节约能源。

在边界润滑条件下，润滑油的黏度对其润滑效果影响很小，甚至不起作用。此时起决定作用的是润滑油中的添加剂和摩擦副材料的物理化学性质，以及彼此相互作用所形成的边界润滑膜。这些润滑膜是通过物理吸附、化学吸附和化学反应的方式形成的。

3.2.3.1　物理吸附膜

物理吸附是靠分子间的引力作用形成的，可以是单分子吸附，也可以是多分子吸附。

这种吸附是润滑油中长链脂肪酸极性分子在金属表面上形成多层定向物理吸附膜的情况，一般情况下，长链结构的碳氢化合物都具有形成物理吸附膜的能力。物理吸附膜对温度很敏感，所以依靠物理吸附所形成的边界润滑膜只限于低负荷、低滑动速度以及较低温度的工作情况。

3.2.3.2 化学吸附膜

若吸附膜是由润滑剂中的极性分子与金属表面的化学键力作用而形成，则称为化学吸附膜。化学吸附膜比物理吸附膜要稳定得多，它可以由物理吸附膜转化而来，但它是不可逆的，因此化学吸附膜与基体结合强度比物理吸附膜要强得多。

3.2.3.3 化学反应膜

当负荷较大、速度较高时，摩擦表面的温度升高，物理吸附膜很快失效。这时润滑剂分子中的极性添加剂(含 Cl、S、P、N 等元素)分子与金属表面原子反应，形成一种新的化合物，称为化学反应膜。为了改善润滑油的边界润滑性能，一般都需要加入专门的添加剂。在一定的温度和压力下，润滑剂中的这些添加剂成分与金属表面发生反应而生成化学反应膜。化学反应膜比化学吸附膜要稳定得多。化学反应膜形成的边界润滑膜适用于重载、高速和高温下的工作条件，即通常说的极压条件。

3.2.4 弹性流体润滑

一般来说，流体动压润滑的主要特点可以概括为：有很低的摩擦和磨损，而且在稳定工况条件下，其摩擦阻力仅仅与润滑油的黏度有关。边界润滑却完全不同，在边界润滑状态下，摩擦副间的部分微凸体会直接接触，从而使摩擦磨损增大，在边界润滑条件下，润滑剂的黏度对摩擦磨损几乎没有什么影响。

实际研究发现，上述的经典流体润滑理论和边界润滑理论并不能解释所有的润滑问题。经长期的观察和研究发现，在流体动压润滑和边界润滑之间还存在着一个中间区，这就是弹性流体动压润滑区(Elasto－Hydrodynamic Lubrication，简称 EHL)。在这一区域也给出相当低的摩擦和磨损，而且也是与润滑剂的黏度相关的，但是却不能得到用经典的流体动压润滑理论计算而得的润滑厚度的支持，而用弹性流体动压润滑理论就可以很好地解释这种现象。

弹性流体动压润滑的主要观点：

①在高负荷下，接触面产生弹性变形，使接触面变平、变大、使负荷分布在一更大的面积上。

②润滑油的黏度随压力增大而增大。

③黏度增大了的润滑油，产生很高的流体动压，使接触面分离，形成完整的油膜。

3.2.5 混合润滑

混合润滑是边界润滑和流体润滑之间的一种过渡状态，是包括大部分流体润滑和局部的边界润滑的一种中间润滑状态。也可以是弹性流体润滑和边界润滑交替出现，而以弹性流体润滑为主的润滑过程。在实际润滑过程中，当连续润滑膜局部破裂时，由流体润滑区向混合润滑区过渡。当油膜厚度下降到流体润滑膜的下限，且不能形成完整的连续膜时，则为混合润滑区域。即最小油膜厚度 h_0 等于或小于两摩擦面最大粗度 R_{max}之和的 1/2，即 $h_0 \leq R_{max}/2$ 的润滑状态。

应当指出的是，研究不同润滑状态所涉及的学科是不同的，处理问题的方法也是不一样的。对于流体润滑状态，主要应用流体力学原理等来计算润滑膜的承载能力及其他物理特性；在弹性流体动压润滑中，由于载荷的集中作用，还要考虑接触固体的弹性变形和润滑油的流变学性能；对于边界润滑状态，则从表面物理化学作用的角度研究润滑膜的形成与破裂机理。所以对润滑机理的研究对指导润滑技术应用具有重要的意义。

3.3 润滑方式

润滑方式的选择，是决定润滑效果的最重要因素之一。润滑方式的选择又与润滑剂和种类、润滑要求和被润滑机械设备的性能等有关。典型的润滑方式主要有油浴润滑、滴油润滑、飞溅润滑、喷射润滑、油雾润滑、油气润滑等。实际操作中，通常是根据不同的润滑剂(包括不同的黏度级别)、不同设备、不同的使用工况选择不同的润滑方式。

3.3.1 油润滑的润滑方式

(1)手工润滑：是最简单的润滑方式。润滑油借助自身重量自加油孔中被注入，滴落到润滑部位。为防止杂物堵塞，可加装油封盖或球阀。

(2)油浴润滑：将需要润滑的零件浸入到润滑油浴中，机器运动时润滑油被带到需要的部位。这种润滑方式适用于齿轮、轴承、链轮、凸轮、钢丝绳等的润滑。

(3)滴油润滑：将润滑油自针阀、油杯中滴落到需要润滑的部位。

(4)飞溅润滑：利用零件的高速旋转将油池中的油带起后溅落到需润滑的部位。

(5)油绳、油垫润滑：利用浸在油池中毛绳或毛毡的毛细管虹吸效应供油。

(6)油环、油链润滑：将油环、油链或油轮套在轴上，旋转进把油带到轴上，再流向润滑部位。

(7)强制润滑：利用装在油池上的柱塞泵将润滑油通过管路输送到各个需要润滑的零件上，多用于集中润滑系统。

(8)油雾润滑：用压缩空气将润滑油喷成油雾后送到润滑部位。

(9)油气润滑：采用活塞式定量分配器，每隔一定时间将微量油送到管内的压缩空气流中，在管壁上形成连续流动的油流，提供给轴承。由于经常送进新的润滑油，因而油不会老化。压缩空气使得外部杂质不易侵入轴承内部。油的微量供给减少了对周围环境的污染。油气润滑比油雾润滑油量少且稳定，摩擦力矩小，温升低，特别适用于高速轴承。

3.3.2 润滑脂的润滑方式

(1)手工润滑：将润滑脂抹入轴承中，或用油枪将脂由油孔注入润滑部位。一般用于中、低速机械，如果密封合理，也可用于高速部位的润滑。

(2)滴下润滑：将润滑脂装在脂杯里向润滑部位滴下。

(3)集中润滑：用压力泵将脂缸中的润滑脂输送到润滑点上，这种润滑方式多用于润滑点较多的车间和工厂。

第二篇

车用润滑剂

第1章　汽车分类和对油品的性能要求

1.1　汽车分类和使用特点

根据人们的通常习惯，可以将汽车按不同的分类方法分成各种类型。

1.1.1　按动力装置类型分类

1)内燃机汽车

内燃机汽车，根据其使用的燃料不同，通常分为汽油内燃机车和柴油内燃机车。汽油和柴油在未来一段时期仍将是内燃机的主要燃料。而各种代用燃料的研究工作也在大力开展，例如以丙烷和丁烷为主的液化石油气、天然气还有甲醇和乙醇以及它们的衍生产品等，也出现了可同时使用燃油与气体燃料的内燃机汽车。

2)新能源汽车

新能源汽车的动力装置一般是指电动机。其优点是一般无废气排出、不产生污染、噪声小、能量转换效率高、易实现操纵自动化。电动机的供能装置通常是化学蓄电池，也可以是太阳能电池，或者是其他形式的电源，如氢燃料电池等。

3)混合动力汽车

目前内燃机、电动混合动力汽车也较为常见。车辆的动力装置中包含内燃机与电动机，技术路线不同，组合形式一般为串联或并联。

1.1.2　按行驶道路条件分类

1)公路用车

指主要行驶于公路和城市道路的汽车。公路用车的长度、宽度、高度、单轴负荷等均受交通法规的限制。

2)非道路车辆

主要有两类：一类是本身的外廓尺寸、单轴负荷等参数超出了法规限制而不适于公路行驶，只能在矿山、机场和工地内的无路地区或专用道路上行驶的汽车；另一类是越野汽车。

1.1.3　我国的汽车分类标准

从制造、管理、使用、发展和更新等不同角度出发，汽车分类方法可以很多，我国的汽车分类标准也有不同版本，随着各类新型汽车的出现，处于不断的更新和完善中。如汽车分类国家标准(GB/T 3730.1—2001)提出了相关要求，将车辆划分为乘用车与商用车。

乘用车在其设计和技术特性上主要用于载运乘客及其随身行李和/或临时物品的汽车，

包括驾驶员座位在内最多不超过 9 个座位。它也可牵引一辆挂车。商用车辆是在设计和技术特性上用于运送人员和货物的汽车，并且可以牵引挂车。乘用车不包括在内。

1.2　车用润滑剂分类及性能要求

车用润滑剂一般包括内燃机油、驱动桥油、变速箱油、制动液、助力转向油、车用润滑脂及发动机冷却液。随着汽车技术的升级，有些润滑剂已不再使用。如搭载了电动助力转向装置的车辆，取消了机械助力转向装置，无须使用助力转向油。新能源汽车的润滑需求详见第 3 章。

1.2.1　内燃机油

内燃机发动机油按发动机燃料类型可大体分为汽油发动机油和柴油发动机油两大类，当然还有燃气发动机油、通用发动机油和特殊燃料发动机油等。同时随着环境和能源问题的日益突出，混合动力汽车的市场份额逐步提升，针对混合动力车润滑，市场也随之出现了混合动力车专用润滑油。

SAE(汽车工程师协会)、API(美国石油学会)、ILSAC(国际润滑剂标准化和批准委员会)、ACEA(欧洲汽车制造商协会)等组织分别对汽车发动机油的分类、黏度等级和质量等级制定了标准，我国发动机油当前执行的国家标准参照 API 制定。

1)SAE 的黏度分级

黏度是润滑油的主要物理化学性质，也是润滑油的一个基本性能指标。在实际应用中，机械相对运动时的摩擦热、摩擦损失、磨损、密封性和泄漏等情况都与油品的黏度有密切的关系。因此，许多润滑油品种都是按黏度分级。

SAE 制定了内燃机油的黏度等级 SAE J300，GB/T 14906—2018 明确了内燃机油的黏度分类。表 2－1－1 列出了 GB/T 14906—2018 内燃机油的黏度分级。

表 2－1－1　内燃机油的黏度分级

SAE 黏度等级	GB/T 6538 低温动力黏度，(最大值)/mPa·s 温度/℃	NB/SH/T 0562 黏度达到 60000mm²/s 时边界泵送最高温度/℃	GB/T 265 运动黏度(100℃)/(mm²/s)	SH/T 0751 高温高剪切黏度(150℃，10^6 s^{-1})/mPa·s
0W	6200　－35	－40	3.8 －	—
5W	6600　－30	－35	3.8 －	—
10W	7000　－25	－30	4.1 －	—
15W	7000　－20	－25	5.6 －	—
20W	9500　－15	－20	5.6 －	—
8	—	—	4.0 ~ 6.1	1.7
12	—	—	5.0 ~ 7.1	2.0
16	—	—	6.1 ~ 8.2	2.3
20	—	—	6.9 ~ <9.3	2.6

续表

SAE 黏度等级	GB/T 6538 低温动力黏度，(最大值)/mPa·s 温度/℃	NB/SH/T 0562 黏度达到 60000mm²/s 时边界泵送最高温度/℃	GB/T 265 运动黏度 (100℃)/(mm²/s)	SH/T 0751 高温高剪切黏度 (150℃，10^6 s^{-1})/mPa·s
30	—	—	9.3～<12.5	2.9
40	—	—	12.5～<16.3	3.5①
40	—	—	12.5～<16.3	3.7②
50	—	—	16.3～<21.9	3.7
60	—	—	21.9～<26.1	3.7

注：①适用 0W－40、5W－40、10W－40。
②适用 15W－40、20W－40、25W－40、40。

表 2－1－1 中含 W 字母表示有低温要求。因此，从黏度分级来区分发动机油可分为：单级油，例如：SAE 30 表示该油的 100℃黏度应在 9.3～12.5mm²/s 内，而对低温性能无要求；多级油，10W－30 表示该油的 100℃黏度应在 9.3～12.5mm²/s 内，而且，－25℃低温动力黏度应不大于 7000mPa·s。多级油适用范围广，冬夏通用。

2) API 车用发动机油的质量等级

早期 API 对发动机油的质量分级没有明确的技术定义和评价标准，随着发动机性能的不断提高，对发动机油的要求愈来愈苛刻，因此，美国 API、SAE 和 ASTM 于 1969 年起共同研究制定了发动机油使用性能和适用范围分类。随着不断出现的新的发动机技术和环保要求，API 内燃机油的质量级别也相应增加。

3) ILSAC：国际润滑剂标准化和批准委员会(International Lubricant Standardization and Approval Committee)

20 世纪 90 年代初，由美国汽车制造商协会(AAMA)和日本汽车制造商协会(JAMA)共同发起制定了汽油机油的 GF－1、GF－2、GF－3、GF－4、GF－5 和 GF－6 规格。这些规格除了分别满足 API SH、SJ、SL、SM、SN、SN PLUS 和 SP 的所有要求外，还要通过 ILSAC 规定的节能要求。简单地说，GF 规格就是 API 规格＋节能。

4) 欧洲内燃机油的分类

ACEA(欧洲汽车制造商协会)也有自己的车用润滑油分类方法和技术指标。它的前身——欧洲共同市场汽车制造商协会(CCMC)用 G 代表汽油机油(Gasoline oil)，用 D 代表柴油机油(Diesel oil)，于 1983 年开始陆续发布了汽油机油、柴油机油规格。1992 年 ACEA 取代了 CCMC，将车用润滑油为三类：A 表示汽油机油，B 表示轻负荷柴油机油，E 表示重负荷柴油机油，每级都有几个类型以反映不同性能要求，以两位数字来反映执行的年份，采用新试验或新的通过指标以反映新要求，更新后的级别必须和旧标准相容。要求变动过而水平不变时再次颁布(例如：A2－96 第二次颁布)，可能是发动机更新过快，以反映最新情况，但水平和苛刻度维持不变。苛刻度偏移后，通过标准要作出相应修订反映有关偏移。

1996~2021 年，ACEA 标准进行过多次修订，整合汽油机油和轻负荷柴油机油。2016 年修订后执行标准如下：

汽油机油和柴油机油：A3/B3，A3/B4，A5/B5；

兼容后处理装置的机油：C1，C2，C3，C4，C5；

重负荷柴油机油：E4，E6，E7，E9。

5）中国内燃机油的分类

中国内燃机油的分类，参照 API 分类方法，并结合我国发动机制造业的实际和润滑油的生产实际制定。对汽油机油和柴油机油进行质量分级。2006 年发布了 GB 11121—2006 汽油机油国家标准，2006 年发布了柴油机油国家标准 GB 11122—2006。

表 2-1-2、表 2-1-3 分别列出了较新标准的汽油机油和柴油机油的质量分级。

表 2-1-2 GB/T 11121—2006 汽油发动机润滑油等级分类

API 级别	性能要求	检验要求
SF	比 SE 机油具有更好的抗磨损和抗氧化性能；满足 1988 年及更早期的车型对车辆保修期的要求	通过 L-38、程序ⅡD、ⅢD、ⅤD 等台架试验
SG	比 SF 机油具有更好的油泥控制性能；满足 1993 年及更早期的车型对车辆保修期的要求	通过 L-38、程序ⅡD、ⅢE、ⅤE 等台架试验
SH	比 SG 机油具有更好的油泥控制、抗氧化、抗磨、防锈、抗腐蚀性能；满足 1995 年及更早期的车型对车辆保修期的要求	通过 L-38、程序ⅡD、ⅢE、ⅤE 等台架试验
SJ	低磷含量保护车辆上的催化转化器；低挥发性降低机油耗；满足 1999 年及更早期的车型对车辆保修期的要求	通过 L-38、程序ⅡD、ⅢE、ⅤE 等台架试验
SL	超强抗氧化性，更好地抑制油泥和积炭能力，更环保	程序ⅢF、Ⅷ、ⅣA、ⅤE、ⅤG 等
SM	对排放系统的保护更强，提高了抗氧化能力和沉积物控制能力	程序ⅢG、ⅢGA、ⅤG、ⅣA、Ⅷ
SN	提高了抗氧化能力、沉积物抑制能力和油泥控制能力	程序ⅢG、ⅢGA、ⅤG 或ⅤH、ⅣA、Ⅷ
SN PLUS	提高对低速早燃现象发生的控制能力	程序ⅢG、ⅢGA、ⅤG 或ⅤH、ⅣA、Ⅷ、Ⅸ
SP	提高了抗氧化、磨损、低速早燃抑制和链条磨损的控制能力	程序ⅢH、ⅢHA、ⅤH、ⅣB、Ⅷ、Ⅸ、Ⅹ

表 2-1-3 GB/T 11122—2006 柴油发动机润滑油等级分类

API 级别	性能要求	检验要求
CD	重负荷、涡轮增压四冲程柴油发动机，抗高温沉积物形成，防止轴承腐蚀	通过 L-38、ⅠD、ⅠG2 等台架试验
CF	重负荷、涡轮增压四冲程柴油发动机，防高温沉积物形成，并耐腐蚀	CRC L-38；卡特皮勒 1M-PC

续表

API 级别	性能要求	检验要求
CF－4	重负荷、涡轮增压四冲程柴油发动机，高效防止高、低温沉积物形成，特别是新型(1988 年以后)的低排放发动机	通过 L－38、马克 T－6、T－7、T－8、卡特皮勒 1K 台架试验等
CH－4	重负荷、涡轮增压四冲程柴油发动机，严格控制高、低温沉积物和磨损，尤其是控制高烟怠引起的黏度增加和配气机构的磨损	通过 L－38、马克 T－8、T－9、卡特皮勒 1K、1P 康明斯 M11 和程序Ⅲ E、Ⅲ F 发动机台架试验等
CI－4	重负荷、涡轮增压，采用废气再循环装置(EGR)的四冲程柴油发动机	通过程序Ⅲ F、康明斯 M11(EGR)、马克 T－8、T8E、T－10、卡特皮勒 1K、1R、RF-WT、发动机充气试验等台架试验
CJ－4	采用颗粒捕捉器(DPF)和选择性催化还原(SCR)装置的低排放发动机	EOAT、RFWT、康明斯 ISB、ISM、马克 T－11、T－11A、T－12、卡特皮勒 1N、C13、程序Ⅲ G 或Ⅲ F 台架试验等
CK－4/FA－4	满足采用颗粒捕捉器(DPF)和选择性催化还原(SCR)装置的低排放发动机	通过 COAT、RFWT、康明斯 ISB、ISM、马克 T－11、T－11A、T－12、VOLVO T－13、卡特皮勒 1N、C13 台架试验等

如果一种发动机油既能满足汽油机油的规格，又能满足柴油机油的规格要求，称为通用油，例如：SE/CC 表示该油的质量达到 SE 汽油机油的质量要求，同时亦满足 CC 柴油机油的质量要求。

1.2.2 驱动桥油

1)驱动桥油的分类

驱动桥油即通常所说的车辆齿轮油，黏度等级按照 GB/T 17477—2012(参照 SAE J306—2005)分类，见表 2－1－4。其中带尾缀"W"的低温环境用齿轮油，根据齿轮油低温表观黏度达到 150Pa·s 时的最高温度和 100℃时的最小运动黏度两项指标，分为 70W、75W、80W、85W 四档，没有尾缀"W"的齿轮油根据 100℃时的运动黏度范围划分为 80、90、110、140、190、250 等七档。目前，广泛使用的车辆齿轮油为满足在温差大、条件苛刻的环境下使用的多级油。

表 2－1－4 汽车齿轮润滑剂黏度分类

SAE 黏度等级	黏度达 150000mPa·s 时的最高温度/℃	100℃时的黏度/cSt ≥	100℃时的黏度/cSt ≤
70W	－55	4.1	—
75W	－40	4.1	—
80W	－26	7.0	—
85W	－12	11.0	—
80	—	7.0	＜11.0
85	—	11.0	＜13.5

续表

SAE 黏度等级	黏度达 150000mPa·s 时的最高温度/℃	100℃时的黏度/cSt ≥	100℃时的黏度/cSt ≤
90	—	13.5	<18.5
110	—	18.5	<24.0
140	—	24.0	<32.5
190	—	32.5	<41.0
250	—	41.0	—

汽车驱动桥润滑剂使用分类见表 2－1－5。

表 2－1－5　汽车手动变速箱和驱动桥润滑剂的使用分类

类别	使用说明	备注
GL－1	适用于极温和的操作状态，直馏或精制矿物油就可满足要求，可加入抗氧剂、防锈剂和抗泡剂改善其性能	不再使用
GL－2	适用于在 GL－1 不能满足的负荷、温度和滑动变速下工作的汽车蜗轮后桥齿轮的润滑	不再使用
GL－3	适用于速度和负荷比较苛刻的汽车手动变速箱及较缓和的螺旋伞齿轮驱动桥，此产品的承载能力高于 GL－1 和 GL－2，但低于 GL－4	不再使用
GL－4	适用于速度和负荷比较苛刻的螺旋伞齿轮和较缓和的双曲线齿轮的润滑，可用于手动变速器和驱动桥。尽管该分类仍在商业上用于描述此类产品，但用于性能评定的设备已不再可得	
GL－5	适用于在高速或低速及高扭矩条件下工作的齿轮(尤其是后桥中的准双曲面齿轮)	GB 13895—2018
GL－6	适用于具有极高小齿轮偏置设计的齿轮润滑，这种设计特别要求超过 GL－5 的防止齿轮擦伤的性能	不再使用
MT－1	适用于客车和重型卡车上使用的非同步手动变速器，提供防止化合物热降解、部件磨损及密封件变坏的性能，这些性能是 API GL－4 和 GL－5 所不具有的	

目前，国际上尚无统一的车辆齿轮油规格标准。反映在汽车制造商对车辆用油的要求各有侧重，在油品规格上存在一些差异，难以统一。但世界各国基本上都认可美国石油学会(API)1560 的使用分类。

2)驱动桥油的性能要求

在以发动机为动力的汽车机械式传动系中，驱动桥被用来将发动机发出的扭矩传递到驱动轮。它具有如下功能：具有合适的减速比，使汽车具有良好的动力性和经济性；具有差速作用，以保证汽车在转向或在不平道路上行驶时，轮胎不产生滑拖现象；具有较大的离地间隙，以保证良好的通过性；尽可能减轻重量，以减轻汽车的自重。由于双曲线齿轮体积较小，传递的动力大，所以现代汽车后桥传动装置多采用双曲线齿轮。双曲线齿轮齿面相对滑动速度大，齿面上难以形成润滑油膜，是最难润滑的摩擦副之一。因此，对于汽车驱动桥，尤其是在高速冲击负荷、高速低扭矩和低速高扭矩工况下应用的双曲面齿轮，推荐使用 GL－5 重负荷车辆齿轮油。

3)重负荷车辆齿轮油的性能要求

车辆齿轮油主要起到润滑、冷却、防锈等作用，要实现此作用，要求齿轮油具有适宜的黏度、良好的极压抗磨性、热氧化安定性、防锈防腐性和抗泡性等性能。

(1)黏温性能：车辆齿轮油的黏度与承载能力有密切关系，黏度增加，弹性流体动力润滑油膜厚度增加，有利于保护齿面。润滑油的黏度随温度的升高而下降，黏度随温度变化的性质称为黏温性质，衡量这种性质的指标称为黏度指数，黏度指数越大，其黏度随温度的变化越小。车辆齿轮油必须有足够大的黏度指数，使得在摩擦面的高温下有足够的润滑油膜。

(2)极压抗磨性：车辆运行过程中，传动系齿轮常要经受低速高扭矩和高速冲击负荷两种苛刻工况。低速高扭矩，是在相对低的运转速度下传递大扭矩，如重载的车辆或牵引拖车的车辆爬坡时，驱动桥基本处于边界润滑条件。齿轮金属与金属在压力下接触，会导致金属变形，典型的破坏形式有擦伤、波纹、点蚀、剥落。高速冲击负荷，通常发生在高速运转时迅速地减速。在减速过程中，齿轮的滑下一侧在很短的时间内吸收大量能量，构成冲击，破坏形式主要是擦伤或胶合。因此需要车辆齿轮油具有良好的极压抗磨性。

(3)热氧化安定性：车辆齿轮油的热安定性是指油品受热分解和生成沉淀的性质。氧化使油的黏度增加，生成油泥，影响油的流动；氧化产生腐蚀性的物质，加速金属的腐蚀和锈蚀；氧化生成的物质是极性物质，油中的添加剂也大都是极性化合物，添加剂容易吸附在沉淀上，随沉淀一起析出；沉淀还会影响密封件，使其硬化；沉淀覆盖在零件表面，形成有机物薄膜，影响散热。因此，车辆齿轮油必须具有良好的热氧化安定性。

(4)防腐防锈性：车辆齿轮油中加有大量的极压剂，容易引起金属的腐蚀和锈蚀。此外，由于昼夜的大气温差，大气中的水蒸气夜间难免会在齿轮装置中冷凝，导致金属产生锈蚀。因此，车辆齿轮油应具有良好的防腐防锈性能。

(5)抗泡性：齿轮转动时将空气带入油中，形成气泡。泡沫如存在于齿面上，使其导热性变差，易引起齿面过热，从而破坏油膜的完整性，易造成润滑失效。泡沫严重时，油会从齿轮箱的通气孔中流出，并促进润滑油氧化变质，还会使润滑系统形成气阻，影响润滑油循环。因此，车辆齿轮油必须具有优异的抗泡性。

(6)储存安定性：车辆齿轮油在长期储存，特别是高温或低温下储存时，车辆齿轮油中的某些添加剂可能会析出，或者油中的添加剂相互反应，生产油不溶物，降低油品的质量。因此，车辆齿轮油应具有良好的储存安定性。

(7)评定重负荷车辆齿轮油(GL－5)的台架试验如下：

L－37：该试验是评价车辆齿轮油高速低扭矩和低速高扭矩下的承载性。

L－42：该试验是评价车辆齿轮油高速、冲击载荷下的抗擦伤性。

L－33：该试验是评价车辆齿轮油湿热条件下的防锈性。

L－60：该试验是评价车辆齿轮油动态氧化安定性。

1.2.3 变速箱油

1.2.3.1 变速箱油的分类

要了解变速箱油的分类，首先要了解变速箱的分类。变速箱有手动变速箱及自动变速箱，自动变速箱又分为液力自动变速箱(简称 AT)、机械无级自动变速箱(简称 CVT)、双离合器变速箱(简称 DCT)以及电控机械自动变速箱(简称 AMT)。

由于各种变速箱的结构及传递动力的方式不同，所以要求油品的性能也不相同。变速箱油分为手动变速箱油(MTF)、自动传动液(ATF)、无级变速箱油(CVTF)以及双离合器油(DCTF)。手动变速箱及电控机械自动变速箱一般选用 MTF；液力自动变速箱选用 ATF 自动传动液；机械无级自动变速箱选用 CVTF；双离合器变速箱选用 DCTF。

1.2.3.2 变速箱油的性能要求

不同变速箱选择不同的变速箱油品，每种油品的性能要求也不尽相同。

1)MTF 性能要求

手动变速箱油(MTF)性能要求，除了具有良好的黏温、低温特性、极压抗磨性外，还需要同步器耐久性，以及密封材料的相容性。

(1)同步器耐久性。同步器是变速箱中最容易出问题的地方，所以同步性能的好坏直接反映了变速箱的质量，手动变速箱油同步耐久性是检验变速箱油质量的最重要和苛刻的指标。

(2)密封材料相容性。手动变速箱有时会发生异响现象，主要原因就是密封材料的密封性能下降，齿轮油泄漏而油量不足所致，所以手动变速箱油与密封材料必须具有很好的相容性。

2)ATF 性能要求

ATF 自动传动液除进行动力传动外，还要起润滑、冷却、液压控制、传动装置保护以及有助于平滑变速的作用。

(1)黏温特性。自动传动液的使用温度一般为 -25～170℃。因此，要求较高的黏度指数和较低的倾点。

(2)热氧化安定性。由于氧化产生油泥、漆膜或产生腐蚀性酸，或造成黏度变化，就会引起摩擦特性改变，使离合器或摩擦片打滑，氧化生成的酸会腐蚀衬套和止推垫片，甚至有损于塑性密封材料和离合器片表面的状态；黏度变化过大，会使传动操作变坏；油泥会堵塞液压控制系统和排液管路，氧化产物还会使油引起泡沫，造成气蚀等。因此，自动传动液的热氧化性能要求十分严格。

(3)密封材料适应性。自动传动液对自动变速箱中各部分的材料密封必须相适应，不应使它们有明显的膨胀、收缩、硬化等不良影响。

(4)摩擦特性。摩擦特性是自动传动液的一个重要特性，要求自动传动液有相匹配的静摩擦系数和动摩擦系数。

(5)抗磨性。抗磨性是防止齿轮、轴套、止推垫圈等部件的磨损。

(6)剪切安定性。自动传动液在液力变矩器中进行动力传动时，会受到强烈的剪切力，引起油品黏度降低，油压下降，甚至导致离合器打滑。

(7)抗泡性能。自动传动液在自动变速箱狭小的油路里高速循环时很容易起泡，引起油压降低，致使离合器打滑甚至烧结。所以，要求自动传动液有良好的抗泡性能。

3)CVTF 性能要求

无级变速箱油 CVTF 与自动变速箱油 ATF 有许多相似之处，都要求较好的摩擦特性。但是 CVTF 强调的是金属与金属的摩擦特性，要求 CVTF 有合适的摩擦系数，能够满足钢带与锥盘之间的工作要求。

4)DCTF 性能要求

双离合器变速箱油 DCTF 是新的润滑油产品，具有多种油品的特性。DCTF 需要平衡湿式离合器摩擦与齿轮啮合以及同步器耐久双重性能要求，涵盖了 ATF 与 MTF 的特性。

1.2.4 制动液

1.2.4.1 制动液的分类

汽车制动液又称刹车液、刹车油，是机动车液压制动系统所采用的传递压力的工作介质。《机动车辆制动液》(GB 12981—2012)按机动车辆安全使用要求将制动液分为 HZY3、HZY4、HZY5、HZY6 四类。制动液分类及评价的主要指标有干湿平衡回流沸点、高低温黏度、橡胶相容性和金属腐蚀性。我国制动液标准的四类制动液分别对应国际标准 ISO 4925：2005 中 Class3、Class4、Class5.1、Class6，其中 HZY3、HZY4、HZY5 对应美国交通运输部标准中的 DOT3、DOT4、DOT5.1。其中 HZY3 制动液可用于我国的广大地区，适用于各种机动车辆的液压制动系统或离合系统；HZY4 制动液适用于各种机动车辆的液压制动系统或离合系统，特别适合带有 ABS 系统的机动车辆；HZY5 适用于各种机动车辆液压制动及离合系统，特别适用于赛车；HZY6 制动液适用于各种机动车辆液压制动及离合系统，特别适用于极寒地区使用，特别适用于带有 ABS、ESP、ASC－T、ASR 等系统的车辆。目前，我国的大部分车型使用 HZY4 即可满足制动要求。

1.2.4.2 制动液的性能要求

1)平衡回流沸点

汽车在制动过程中将产生极大的热量，这就要求制动液在制动系统可能存在的温度范围内不能汽化，否则将导致气阻，使制动液失去液体不可压缩的基本特性；同时还要求制动液吸收一定量水分后，沸点不会急剧下降。

2)黏温特性

车辆运行时，制动系统温度变化范围较大。在高温时，须保证制动液具有适当的黏度，起到润滑制动系统，及防止渗漏的目的；还须具备低温流动性，在活塞推动下能顺利地流向各个分泵起到制动作用。随技术水平的提高，制动液向低黏度方向发展，以对制动过程提供更精准的响应。

3)对金属和橡胶材料的相容性

在密闭的制动系统中，制动液与多种材料(如铸铁、钢、铜等)组成的储液室、主泵、分泵、相连接线及密封材料(如橡胶皮碗)相接触，所以要求制动液对金属无腐蚀，与橡胶材料相容性好。

4）容水性

制动液在使用过程中不可避免地会吸入水分。若溶水性差，会使添加剂析出，形成沉淀。

5）稳定性

制动液的稳定性包括高温稳定性和化学稳定性，要求制动液在长期高温的条件下不变质，也不形成沉淀，且蒸发与分解损失量较小。

6）防腐和防锈性

在长期的使用过程中，刹车液不能对制动系统所使用的各种金属产生腐蚀或锈蚀。

1.2.5　助力转向油

对于助力转向器各公司有不同的要求，助力转向油根据原始设备制造商（OEM）要求进行选择，也可以根据使用条件选择使用 ATF ⅡD 或 ATF ⅢH 自动传动液。

1.2.6　车用润滑脂

尽管汽车种类繁多，总体结构有所不同，但它们的基本组成都包括发动机、变速箱、底盘、电气和车身五大部分。汽车运动机构的摩擦点除了用液体润滑油润滑外，有许多部位还需要采用润滑脂润滑，由于车型的差异、润滑部位的不同，对润滑脂提出极压抗磨性、耐温性、长寿命等不同性能的要求，表 2－1－6、表 2－1－7 列举出商用车和乘用车主要润滑脂润滑点。合理选用润滑脂对车辆使用、保养是非常重要的。

表 2－1－6　商用车主要润滑点

润滑点	润滑点
分离器　传动轴	转向拉杆
水泵	转向柱轴承
离合器踏板轴制动踏板轴	转向传动轴滑动叉十字轴轴承
启动器	前后制动凸轮支架及支撑座
发电机	手制动蹄片轴
传动轴中间支撑	变速箱第一轴前轴承
传动轴十字轴轴承	备胎升降器
传动轴滑动叉	制动调节臂
钢板弹簧销	车速里程表软轴
转向节主销	离合器分离叉支撑衬套
轮毂轴承	辅助钢板弹簧

表 2－1－7　乘用车主要润滑点

润滑点	润滑点	润滑点
启动机离合齿条	轮毂轴承	门窗铰链锁环
水泵	离合器齿条	车座滑片
发电机	转向节	主镜
正时皮带轮	制动蹄片支点	风扇雨刮器等电机
等速万向节	刹车拉线	雨刮器齿轮
传动轴	悬挂球头	电触点

汽车需要润滑脂润滑的部位很多，不同车辆、不同部位的运行工况不同，决定了对润滑脂性能需求不同。

1.2.6.1 轮毂轴承用脂

1)商用车

对于商用车，轮毂轴承是用脂量最大的部位，平均一台车使用1.5kg左右。考虑到商用车载重相对较大，轮毂轴承一般采用圆锥滚子轴承，对润滑脂的要求如下：

(1)耐热性。商用车在一般的车速和路况下，轮毂轴承的负荷和温度都不高，但在山区下坡道或车速过快刹车时制动鼓的摩擦热会传到轴承，温度能达到130~150℃，需要润滑脂具有优良的高温性能。

(2)剪切安定性。商用车轮毂轴承润滑脂在车轮的高速运转中遭受强烈的机械剪切，要求润滑脂长时间使用不软化流失。如果润滑脂在使用中因剪切而软化严重，就会流失。同时还要求润滑脂的触变性好，汽车停驶后，润滑脂有一定的自复性，否则也会导致润滑脂软化流失。

(3)抗水性和防锈性。户外行驶受天气情况、路况影响，润滑脂不可避免要与雨水、尘土接触，所以要求润滑脂具有良好的抗水性、胶体安定性和优良的防锈性。因此要求润滑脂具有良好抗水性，不致因水污染而使胶体结构破坏，仍能保持其润滑性。

(4)低温性。商用车行驶范围很大，在严寒区行驶时，要求润滑脂具有理想的低温转矩，以满足低温润滑的需要。普通润滑脂低温性能太差，应选用寒区多效润滑脂，如合成油脂。

(5)极压抗磨性。商用车在行驶过程中受车速、路况和载重大的影响，易产生摩擦、磨损，要求润滑脂具有一定的抗磨性和耐极压性。载重量5t以上的汽车应使用极压润滑脂。

(6)抗氧化、长寿命。商用车行驶或刹车时产生的摩擦热使润滑脂较长时间处在较高的温度下，加速润滑脂的氧化，影响润滑脂和轴承的使用寿命，所以要求润滑脂抗氧化性好以延长使用寿命。

(7)黏附性。汽车轮毂轴承润滑脂为适应车辆运行高速化需要，提高了润滑脂的基础油黏度并添加增黏剂以改善润滑脂的黏附性。

目前商用车轮毂轴承推荐用润滑脂有汽车锂基润滑脂、复合锂基润滑脂、聚脲润滑脂等。比较得到业内人士认可的轮毂轴承用脂是普通车辆使用通用汽车锂基脂、MP-3等锂系列产品，最初该类产品在新解放CA141、东风EQ140等车辆上使用，耐温性能也提高到120℃，换脂周期延长到25000km以上，使用寿命延长了2~3倍，满足了车辆润滑要求。随着汽车整体技术的提高及道路条件的改善，现代汽车向着高效、重载、节能及环保方面发展，对汽车用脂的长寿命和耐温性能提出了更苛刻的要求，尤其是高速重载情况下轮毂轴承用脂，普通锂基脂越来越多地暴露出它的缺陷，耐温能力差、抗冲击负荷能力差、高温流失以及黏附性差等问题已成为其致命弱点。因此，载重量5t以上及大型客车应使用极压复合锂系列(HP)产品，能够满足高速重载车对润滑脂的性能要求。此外，随着国内商用车轮毂轴承单元化的发展，对润滑脂提出了终身寿命的要求，一般选用全合成复合锂基润滑脂，以满足其更加苛刻的极压抗磨性、耐高低温性、长寿命等性能要求。

2)乘用车

对于乘用车轮毂轴承，用脂量相对较少，一般使用双列角接触球轴承，一个轴承用脂量约10g左右，要求润滑脂终身寿命。与商用车轮毂轴承润滑脂性能需求相比，乘用车同样要求润滑脂具有优良的耐高低温性、抗水防锈性、剪切安定性、抗氧化性、长寿命等。另外，乘用车在运输过程中会产生一定的微动磨损，因此，要求润滑脂具有较优的抗微动磨损性能。

(1)耐热性。乘用车行驶速度的大幅提高导致产生的动能增加，有一大部分以热能形式散发。此外，ABS刹车盘所产生的摩擦热也是使轮毂轴承温度提升的原因。通用润滑脂在高温状态下流失严重，导致轴承润滑脂出现泄漏现象，润滑脂泄漏将降低轴承本身的使用寿命，对安全造成不利影响，润滑脂的耐热性可以延长使用寿命。

(2)低温性。提高乘用车的传动效率、降低燃油损耗、降低轮毂轴承的能耗也是轮毂轴承润滑脂开发应考虑的必要因素。目前整车厂要求润滑脂具有低温低扭矩的要求，测试低温下轴承力矩，以检验润滑脂的低能耗性能。

(3)抗水防锈性。相比于商用车，乘用车其底盘更低，因此更容易受到雨雪天气、湿滑路面雨水的影响，同时在洗车过程中，其轮毂更容易受到高压水枪的冲击，因此要求轮毂中使用的润滑脂具有更加优异的抗水性、胶体安定性和优良的防锈性。

(4)剪切安定性。乘用车轮胎直径更小，形式速度更快，轮毂轴承的最高转速近2000r/min，是商用车轮毂轴承转速的4~5倍，因此其使用的润滑脂应该具有更好的抗剪切性能，在使用中不会因为剪切而软化。

(5)抗氧化、长寿命。乘用车质保期为3年10万千米、5年15万千米或者更长时间，轮毂轴承在车辆的质保期内是免维护的，这就要求轮毂轴承润滑脂具有高温抗氧化性能和长疲劳寿命性，以保证轮毂轴承的长使用寿命。

(6)抗微动磨损。乘用车轮毂轴承的微动磨损在汽车的出厂运输过程中发现，有时非常严重。选择具有一定抗微动磨损性能的润滑脂，可以有效降低乘用车运输过程中产生的微动磨损。

目前乘用车轮毂轴承推荐的润滑脂一般选用半合成或全合成型复合锂基润滑脂以及聚脲润滑脂，推荐使用THC系列复合锂基润滑脂，该系列产品符合乘用车轮毂轴承工况润滑要求，可满足不同车型、不同档次的乘用车轮毂轴承使用。

1.2.6.2 传动系用脂——CVJ润滑脂

等速万向节(以下简称“CVJ”)是连接汽车变速箱与车轮之间的重要传动部件，两个CVJ与刚性轴连接，形成汽车的传动轴，通过传动轴将发动机产生的动力以等角速度的形式传递到汽车的驱动轮，驱动轿车行驶。

CVJ分为固定节和可以轴向移动的滑动节两大类。固定节以球笼式CVJ居多，而三销式CVJ是最常见的一种轴向滑移式等速万向节。球笼式CVJ及三销式CVJ在使用时均需添加润滑脂进行润滑保护，其对润滑脂有些相同的要求，但是由于两者的内部结构及安装部位不同，对润滑脂也有其相应的特殊要求。

1)球笼式 CVJ 及三销式 CVJ 对润滑脂的共同要求

(1)良好的耐久性能。随着新汽车三包政策的实施，以及汽车厂对产品性能的提高。要求 CVJ 润滑脂具有良好的耐久性能，能够最大限度地延长汽车 CVJ 的更换周期。

(2)良好的低温性能。应保证 CVJ 在全疆域的使用要求，因此其低温性能应能满足 -40℃的使用要求。

(3)良好的橡胶相容性。润滑脂与万向节的橡胶护套直接接触，如果润滑脂与橡胶的相容性差，则会加速橡胶的老化，降低橡胶伸张能力和机械强度，造成橡胶护套的膨胀、扭曲甚至破损，失去密封性，造成润滑脂的流失或杂质混入。

2)球笼式 CVJ 对润滑脂的特殊要求

球笼式 CVJ 内部一般以点接触形式进行力矩的传递，因此其接触应力相当集中。如果润滑脂的极压性能不足，极易造成球笼式 CJV 内部发生疲劳剥落，因此在球笼式 CVJ 润滑脂中通常加入二硫化钼以增强润滑脂产品的极压性能。

3)三销式 CVJ 对润滑脂的特殊要求

(1)良好的高温性能。三销式 CVJ 由于其安装在传动轴内侧，更接近于发动机，同时由于底盘装甲及涡轮增压器等设备的安装，其受到的热辐射更加强烈，而其通风冷却条件更差，因此其使用的润滑脂应具有更好的高温性能。

(2)较低的摩擦系数。轿车的噪音振动(Noise Vibration Harshness，NVH)问题，越来越引起人们的关注，CVJ 尤其滑移式 CVJ，由于其内部零件间的相对滑动，使其成为 NVH 的一个振动源。通过研究发现，润滑脂的摩擦系数越低，越有助于改善三销式 CVJ 部位的 NVH 现象，因此三销式 CVJ 润滑脂一般通过加入减摩剂来降低摩擦系数。

4)其他

除以上要求外，润滑脂还应具有优良的机械安定性、抗水性、防锈性以及低噪音等。随着新能源技术的不断发展、质保里程的不断增加，CVJ 润滑脂的性能向低 NVH、长寿命、高传动效率的方向发展。

根据乘用车 CVJ 的工况，球笼节推荐具有较好极压抗磨性的锂基润滑脂或聚脲润滑脂，如长城 G-3 万向节润滑脂 T_2 号、长城 TUB-A 润滑脂，三销节推荐使用低摩擦系数的长城 G-2 万向节润滑脂 T_1、长城 TUT-A 润滑脂、长城 TUT-D 润滑脂。

1.2.6.3　十字轴万向节用脂

十字轴万向节传动装置简称十字节，主要用于载重车、客车、商务车等较大车型，连接变速箱的输出轴与驱动桥输出轴，进行动力传输。相邻两轴最大交角为 15°~20°。根据结构不同可分为内卡性、外卡性等十几种。由于该部位零件较小、承载力大、转动频率高、具有一定的径向力，运转工况苛刻，要求润滑脂具有极好的抗磨性、极压性，良好的高低温性能，优异的抗水性能、较好的黏附性，对密封圈橡胶有优良的相容性。

目前，十字轴万向节推荐使用高低温性能优良的半合成型聚脲或者磺酸钙基润滑脂，承载能力强，可以有效地避免流失，降低磨损。

另外，由于十字轴万向节不能产生轴向位移，因此对于采用十字轴万向节的传动轴，中间需要采用花键和花键套的键齿结构来抵消传动轴的轴向位移。传动轴花键不仅要承受由于传递扭矩而产生的挤压，同时还会因汽车颠簸而产生冲击负荷，因而不仅要求传动轴花键润滑脂具有较好的抗磨损性能，还要有足够的抗冲击性能和黏附性能，从而可减小传动轴花键的轴向力，起到抗磨减磨、消音减震的作用。

1.2.6.4 底盘其他部位用脂

包括离合器、变速箱、悬挂装置、动力转向系、制动系、水泵等润滑点 30 多个不同部位对润滑脂要求不同，下面简单介绍机械部位结构、特点及对润滑脂的需求。

1)离合器

离合器安装在变速箱和发动机之间，起离合作用，防止传动系过载。离合器操纵机构起始于离合器踏板，终止于离合器分离轴承。主要润滑点有离合器踏板、离合器分离叉、分离轴承等。其中，离合器踏板轴一般采用锂基润滑脂，降低摩擦，可在自由行程内正常转动；离合器缸体要求润滑脂具有良好的高低温性、良好的抗水、耐腐蚀性及橡胶相容性，可保证橡胶皮碗不易老化和被水腐蚀；离合器分离轴承工作频率高，受到轴向载荷、冲击载荷等作用力，轴承间断性地高速运动，温度较高，因此，要求润滑脂具有良好的极压抗磨性、良好的黏附性能以及机械安定性，提高轴承的疲劳寿命；高温部位的离合器还需具有良好的耐高温性。随着汽车可靠性和舒适性的要求越来越高，对离合器轴承可靠性和低噪音性的要求也越来越高，要求润滑脂具有长寿命、良好的润滑性，同时具有减震性能。

2)变速箱

变速箱是汽车传动系的主要传动机构，能固定或分档改变输出轴和输入轴传动比的齿轮传动装置。变速箱第一轴通过离合器与发动机相连，第二轴是花键轴，和差速器相连，通过差速器来驱动汽车。第一轴支撑球轴承转速 4000 ~ 5000r/min，要求润滑脂具有良好的耐磨性、机械安定性以及长寿命等性能。第二轴的花键轴在连接传动过程中，轴的冲击和振动较大，易磨损，要求润滑脂具有良好的承载能力和较低的摩擦系数、良好的高低温性能，高温下不会流失或者变干，低温下容易启动。目前推荐使用半合成型的聚脲润滑脂，如长城 THC – E 润滑脂，可以有效地为花键提供润滑保护。

3)悬挂装置

汽车有前后悬挂装置，前悬挂有筒式减震器，后悬挂装有主体钢板弹簧。钢板弹簧片与片之间需要润滑防护，此部位易与水、泥土接触，要求润滑脂具有良好的抗水和极压抗磨性能。

4)动力转向系

汽车转向系由转向器、转向操纵机构、转向传动机构组成。转向系统的发展经历了纯机械转向机构、液压助力转向机构、电控液压助力转向和电动助力转向系统。转向器用脂部位主要为齿轮齿条和蜗轮蜗杆结构及转向球头。齿轮齿条类转向器，摩擦方式以滑动摩擦为主，齿面多处于边界润滑；齿条长久左右摆动，润滑脂受到长期剪切作用，因此润滑脂须具备：终生润滑，确保关键部件所需的可靠性，优异的抗磨损及承载能力，低启动和运转力矩，无微动磨损，微动摩擦腐蚀，良好的黏附性等。推荐使用半合成型锂基长城 TCS – C 润滑脂。

蜗轮蜗杆类转向器是塑料材料与金属材料之间的摩擦，要求润滑脂具备：终生润滑，优异的抗磨损及承载能力，低启动和运转力矩，塑料、橡胶兼容性，低摩擦、高效率等性能。

转向球头为钢对钢摩擦，降低转向时转向系统部位的异响噪音；降低球节部位的力矩；增加球节部位的力矩稳定性。对润滑脂性能要求在于减少异响，降低力矩及增加力矩稳定性，应当具有优异的承载和抗磨性能。目前一般使用大黏度锂基润滑脂，推荐使用长城 TCS－A 润滑脂、长城 TCS－G 润滑脂。

5）制动系

汽车制动系由鼓式制动器、制动踏板、手制动操作阀、空压机、储气筒、感载阀等组成。机械驻车系统主要润滑部位是驻车拉索，电子驻车系统（EPB）润滑部位主要是电机减速机构和滚珠丝杆。对油脂的要求除了高低温、耐久性、安全性之外，还有较好的橡胶件和刹车油的相容性。

6）水泵及风扇

汽车水泵的轮叶与风扇同装载在一个轴的两端，此轴承受发动机的热辐射和循环冷却液发热及本身散热困难等因素影响，该部位温度可达 120～130℃，又容易与水和乙二醇接触，造成腐蚀轴承内圈，因此推荐耐热、抗水、长寿命润滑脂使用。目前该部位推荐使用宽温、长寿命的半合成聚脲型润滑脂。

综上所述，汽车底盘用润滑脂特点：具有优良的耐水性、极压抗磨性、长寿命、耐高、低温性能；一些汽车底盘需要泵送型的润滑脂以满足集中供脂需要。

因此，车辆底盘用润滑脂应根据润滑部位的工作环境及温度不同，建议可选择汽车通用锂基润滑脂、复合锂基润滑脂、聚脲润滑脂等产品。

1.2.6.5 其他电气设备及辅助设备用润滑脂

汽车设备如交流发电机、分电器、启动机、变速箱支撑、冷气装置用电磁离合器、水泵、空气泵轴承、软轴、门窗铰链、雨刮器等的运转也是靠轴承运转来完成的，主要采用深沟球轴承，用脂根据用脂部位温度、负荷、转速、环境因素选择长寿命、低噪音、高低温、抗极压和抗水性的润滑脂。下面简单作一介绍。

1）交流发电机轴承

交流发电机轴承多采用深沟密封球轴承，内径 8～17mm，转速很高，达 15000～18000r/min，外圈温度可达 130℃，轴承寿命 1000～2000h。交流发电机轴承频繁启停，靠近皮带轮一端载荷高，可达 1000N；靠近碳刷端，易混入碳粉，需要防尘。同时，安装部位很可能接触水，因此，要求润滑脂具有良好的耐高温高速、抗水、长寿命、低噪音等性能，同时应当具备一定的防锈性能和橡胶相容性。一般选用合成油锂基脂或合成油聚脲基脂，目前推荐使用聚脲型的长城 WTP 轴承润滑脂。

2）冷气装置用电磁离合器轴承

该轴承多采用双列密封角接触向心球轴承，内径一般为 30～40mm，转速 7000～12000r/min，轴承最高温度 130℃，多采用复合锂基脂或聚脲基润滑脂等产品。

3）空气泵轴承

由滚针轴承和球轴承组成，温度可达 130～160℃，应选用复合锂、聚脲等高温油脂，润滑脂中不应有大的颗粒。

4)冷却风扇用液体联轴器轴承

采用密封深沟球轴承，内径20mm，内外径同方向运转，相对运转速度为5000r/min，轴承温度最高达180℃，选用硅油复合锂基脂。

5)水泵轴承

由于该部位受发动机热辐射和循环冷却液散发热以及本身散热困难，温度可达120～130℃，建议选用抗水、长寿命的锂钙基脂、复合锂或聚脲基脂。

1.2.6.6 汽车车身附件用脂

汽车车身附件可以分为内饰件和外饰件两大部分，内饰件包括座机系统，如滑轨、调角器、部分拉线、软轴等；外饰件包括门锁、天窗、后视镜等部件。下面选取部分部件进行介绍。

1)雨刮器

雨刮器主要由驱动电机和执行机构组成，主要的润滑部位是电机轴承和执行机构的变速齿轮。由于与水经常接触，并暴露于车外，要求润滑脂具有较好的抗水性、低温性、易启动，同时要求润滑脂具有优异的化学安定性，可以保证终身寿命下的持续润滑保护。建议选用长城中小型电机润滑脂、低温锂基脂和超低温锂基脂。

2)拉索

拉索的主要类型有离合器分离拉索、手制动拉索、加速器油门拉索、阻风门拉索、挡位锁定拉锁、引擎顶盖开闭拉锁、电门(钥匙)联锁拉索、自动跳启拉索、车窗升降器拉索、停车制动拉索、车尾行李箱开闭拉索、油箱盖拉索、调和座椅靠背拉索。运动形式为轴芯低速沿轴向移动，运动不频繁。要求润滑脂具有优良的润滑性、高低温性，特别是低温启动性、良好的氧化安定性，有的部位与橡胶接触，还要求满足橡胶相容性。建议选用长城4H润滑脂、汽车软轴专用润滑脂等产品。

3)软轴

软轴的主要类型有里程表软轴、汽车不跳表软轴、变速选挡换挡推拉软轴。运动形式为软轴轴芯作高速旋转运动。要求润滑脂具有优良的高低温性，尤其要具有优良的低温启动性能、良好的防护性、润滑性和氧化安定性。建议选用长城汽车软轴专用润滑脂等产品。

4)座椅

汽车座椅系统需要用到润滑脂的部位包括滑轨、调角器、调高器和驱动电机。这四个部位均要求润滑脂具有优异的低温启动性(-40℃)、极压抗磨性、低摩擦系数、胶体安定性、长寿命等性能。同时由于座椅位于车内，对油脂气味要求较高，应该满足低气味、VOC有毒有害物质含量不超标、ELV四种重金属元素禁用等要求。

5)天窗

天窗主要可分为三大运动机构，即滑动机构、连接机构和驱动机构，主要润滑部位是传动机构中齿轮啮合部位与导轨部位。天窗对润滑脂的性能需求有：优异的高低温性、较低的摩擦系数、降低磨损和噪音、优异的长寿命性能、终身润滑等。

6)后视镜

电动后视镜主要由调整开关、双电动机、传动和执行机构等组成。润滑主要包括驱动器润滑和折叠器润滑。汽车后视镜润滑要求油脂具有极好的塑胶及橡胶相容性、良好的低温启动和运转转矩、良好的降噪效果、极长的使用寿命、耐高低温性(-45~120℃)。

7)玻璃升降器

现代轿车门窗玻璃的升降一般都改用按钮式的电动升降方式，采用电动玻璃升降器。玻璃升降器的脂润滑点主要有蜗杆与钢蜗轮、缆索、车窗滑轨等。电动玻璃升降器蜗轮蜗杆用脂应当具有优异的耐高低温性能，适用温度范围-40~80℃，低温启动和运转力矩极小；摩擦系数低、润滑性和黏附性好，能长效降低运行噪音，极长的使用寿命等。

综上所述，汽车车身附件用润滑脂要求具有优异的低温性能，一般能达到-40℃以下，同时要求具有极长的使用寿命，一定的橡胶件或者塑料件的橡胶相容性，部分零件要求润滑脂具有一定的极压抗磨性和较低的摩擦系数，以降低润滑部位的摩擦磨损。另外，对于汽车内饰件，对润滑脂的气味和成分提出要求，以提高司乘人员的舒适性。

针对车身附件用脂，根据不同部件的工况要求和性能表现不同，一般选用低温、超低温的锂基、聚脲基或者固体填料类的润滑脂。

1.2.7 发动机冷却液

汽车发动机的冷却系统主要是在发动机工作时将产生的多余热量及时散发出去，保证发动机在适宜的温度下平稳工作。据了解，全球50%以上的汽车发动机故障均来自冷却系统，由此可见合理使用发动机冷却液的重要性。如今各国汽车制造商要求一年四季使用优质冷却液，而不允许使用自来水。最初在各种发动机冷却系统使用乙醇溶液，其目的就是为了防冻，由此在人们心中建立了一个约定俗成的观念，认为汽车发动机冷却液的作用仅仅是防冻，只有在冬季使用，这个观点是不正确的。

现代发动机冷却液已不单单具有防冻这一作用，归纳起来一般具有四大功能：防冻、防沸、防腐蚀、冷却，通过这些功能的发挥，才能有效地保护发动机的零部件不受损伤，保持良好的技术状态，节省燃料，延长使用寿命。

现代发动机冷却液由两大部分组成：防冻剂和添加剂。其实，发动机冷却液的科学，本质上讲是添加剂复配科学。人们在使用汽车冷却液时，往往是冬天使用，开春时如需补加，则加普通水，一直到入冬才更换冷却液，这种方法是得不偿失的，用水冷却发动机有以下缺点：

①水的冰点高，易结冰，影响散热，且结冰时体积膨胀10%左右，冬季夜晚忘记放水容易使缸体和缸盖薄弱部位破裂。

②自然水一般成分不纯，含有不同种类的矿物质，如碳酸钙、碳酸镁、氮化钠、硅酸盐、硫化物等，钙镁在冷却系统中容易沉积形成水垢，氯化物和硫酸盐等容易对金属产生腐蚀，且随地域不同，自然水的水质也不相同，难以找到满足水质要求的自然水。

因此，使用水直接作为冷却介质会使发动机冷却系统机件损坏，金属部件会产生氧化腐蚀，会产生结垢影响热导，密封件会渗漏。严重的会使发动机因过热而产生开锅现象，甚至有的使气缸盖产生裂纹，从而使汽车的寿命明显下降，造成严重的经济损失。正因为如此做法会使发动机状态下降，有的人反而认为夏季使用汽车冷却液会使发动机温度升高，把问题归在冷却液上面，这是错误的。

冷却液一般按照冰点进行不同牌号的划分，一般从 -25℃至 -55℃，每间隔 10℃设定一个产品，来适应不同地区的防冻需求。在冰点的选择上，一般选择比当地环境最低气温低 5 ~ 10℃的冷却液产品，保证其可以防冻不结冰。

冷却液按照其添加剂的类型可以分为三种类型，即无机盐型、混合型和全有机型，各冷却液产品技术特点和性能差异，见表 2 -1 -8。

表 2 -1 -8　各型冷却液的特点

冷却液类型	技术特点	性能特点
无机盐型冷却液	采用硅酸盐、硝酸盐、亚硝酸盐、钼酸盐、磷酸盐、铵盐等多种无机型添加剂复配而成	添加剂消耗较快，寿命短
混合型冷却液	添加剂为无机盐和有机添加剂的混合物	添加剂消耗中等
全有机型冷却液	一元羧酸、二元羧酸、三元羧酸、唑类喹啉类等有机型添加剂	添加剂消耗较慢，寿命较长

1.3　OEM 车用润滑油

为了使润滑油匹配车辆，为车辆的发动机、变速箱、驱动桥、制动系统等提供更好的润滑保护，目前国际和国内越来越多的主机厂在行业通用规格的基础上提出了 OEM 专用油的附加要求。以内燃机发动机油为例，大部分主机厂在 API 和 ACEA 标准规格的台架之上补充增加内部模拟测试、发动机测试以及实际道路测试等，那么针对 OEM 配套开发的发动机油则需要开展更多的测试试验，以满足 OEM 特殊规格要求。具体测算试验需按照 OEM 要求进行开展。

第 2 章 典型车辆润滑产品匹配

2.1 商用车

商用车润滑油牌号见表 2－2－1。

表 2－2－1 商用车润滑油牌号

润滑部位	润滑油牌号	备注
发动机	长城尊龙系列柴油机油	润滑周期：不同质量级别换油期不等，具体见各质量级别产品技术说明
变速箱	长城变速箱齿轮油	润滑周期：根据车况、工况，每行驶 5000～7000km 加油到注油孔为止，每行驶 30000～60000km 换油
后桥主减速器	长城重负荷车辆齿轮油（GL－5）	润滑周期：每行驶 5000～7000km 加油到注油孔为止，每行驶 30000～50000km 换油
制动系统	长城 HZY3（DOT3）、HZY4（DOT4）、HZY6（Classs6）合成制动液	润滑周期：HZY3（DOT3）每行驶 1 年更换；HZY4（DOT4）、HZY6（Classs6）每行驶 2～3 年更换
冷却系统	长城全有机型发动机冷却液	润滑周期：每行驶 3～5 年更换
减震器	长城汽车减震器油	润滑周期：每行驶 6000～10000km 加油，每年清洗换油一次
蓄电池电极柱	工业凡士林	润滑周期：清除氧化物后涂抹，每季进行一次
前后轮毂轴承	长城 MP－3 润滑脂 长城 HP－R 润滑脂 长城 THT－A 润滑脂	润滑周期： 使用 MP－3 润滑脂，每行驶 20000～25000km 清洗轴承换脂； 使用 HP－R 润滑脂，每行驶 50000～100000km 清洗轴承换脂； 使用 THT－A 润滑脂，每行驶 100000～150000km 清洗轴承换脂
水泵轴承	长城低噪音润滑脂 长城 BLU－M 轴承润滑脂	终身寿命
转向节球头	长城通用锂基脂	终身寿命
传动轴滑动叉	长城通用锂基脂	终身寿命

续表

润滑部位	润滑油牌号	备注
变速箱 拉杆换挡轴	长城通用锂基脂或车辆专用润滑脂	终身寿命
牵引装置	长城2号通用锂基脂或车辆专用润滑脂	终身寿命
离合器踏板轴承	长城低噪音轴承润滑脂	终身寿命
手制动棘轮轴	长城通用锂基脂	终身寿命
转向器	长城通用锂基脂或车辆专用润滑脂	终身寿命
转向横、直拉杆球销	长城通用锂基脂	终身寿命
离合器分离叉轴	长城通用锂基脂	终身寿命
手制动第一、第二轴承	长城低噪音润滑脂 长城 BLU – M 轴承润滑脂	终身寿命
转向器	长城中负荷车辆齿轮油（GL – 4）	润滑周期：每行驶 5000 ~ 7000km 加油到注油孔为止，每行驶 30000 ~ 50000km 换油
十字轴	长城十字轴专用润滑脂	30000 ~ 50000km 定期注脂
传动轴 万向节轴承	长城中负荷车辆齿轮油（GL – 4）	润滑周期：每行驶 3000km 加油，20000 ~ 30000km 清洗轴承换油
空气滤清器	过滤后的废机油	润滑周期：每行驶 1000km 清洗换油，多尘土道路行驶可缩短周期
前后钢板弹簧	钙基脂、长城通用锂基脂	润滑周期：每行驶 6000 ~ 14000km 在每片钢板弹簧表面涂脂或钢板弹簧发出响声时
喷油泵调速器	长城威龙系列柴油机油	润滑周期：每行驶 10000 ~ 15000km 清洗换油
前后制动凸轮轴	长城通用锂基脂	终身寿命
离合器分离轴承	长城威龙系列柴油机油	润滑周期：每行驶 5000 ~ 7000km 加油
圆锥主动轴承齿轮	长城中负荷车辆齿轮油（GL – 4）	润滑周期：每行驶 3000km 加油，20000 ~ 30000km 清洗轴承换油
加速器踏板轴	长城威龙系列柴油机油	润滑周期：每行驶 2000km 加油
手制动杆座	长城威龙系列柴油机油	润滑周期：每行驶 500 ~ 1000km 加油
齿轮式转向助力泵	长城 32、46HM 液压油	

2.2 乘用车

乘用车润滑油牌号见表 2－2－2。

表 2－2－2 乘用车润滑油牌号

发动机	长城金吉星汽油机油	润滑周期：根据车况、工况，每行驶 5000～20000km 清洗机件换油
变速箱	长城变速箱齿轮油	润滑周期：根据车况、工况，每行驶 5000～7000km 加油到注油孔为止，每行驶 30000～60000km 换油
主减速器	长城重负荷车辆齿轮油（GL－5）	润滑周期：每行驶 5000～7000km 加油到注油孔为止，每行驶 30000～50000km 换油
制动系统	长城 HZY3（DOT3）、HZY4（DOT4）、HZY6（Classs6）合成制动液	润滑周期：每行驶 5000～7000km 补加 HZY3（DOT3）每行驶 1 年更换；HZY4（DOT4）、HZY6（Classs6）每行驶 2～3 年更换
冷却系统	长城全有机型发动机冷却液	润滑周期：每行驶 3～5 年更换
齿轮式转向助力泵	长城 32 号、46 号 HM 液压油	
发电机涨紧轮轴承	长城 WTH 轴承润滑脂	终身寿命
电磁离合器轴承	长城 WTP 润滑脂	
水泵轴承	长城 BLU－N 轴承润滑脂	终身寿命，免维护
转向器	长城中负荷车辆齿轮油（GL－4）	润滑周期：每行驶 5000～7000km 加油到注油孔为止，每行驶 50000km 换油
转向器传动装置	长城 TCS－C 润滑脂 长城 TCS－I 润滑脂	终身寿命
转向拉杆球销	长城 TCS－A 润滑脂 长城 TCS－G 润滑脂	终身寿命
等速万向节	长城 G－3 T2 润滑脂 长城 G－2 T1 润滑脂 长城 TUB－A 润滑脂 长城 TUT－A 润滑脂	终身寿命
轮毂轴承	长城 THC－C 润滑脂 长城 THC－B 润滑脂	终身寿命
启动机单向离合器	长城 TGR－B 润滑脂	终身寿命
座椅滑轨	长城 TAR－A 润滑脂	终身寿命
座椅调角器	长城 TOC－A 润滑脂	终身寿命
天窗滑道、软轴	长城 TBE－F 润滑脂	终身寿命
玻璃升降器	长城 TOC－B 润滑脂	终身寿命

续表

后视镜（折叠机构、镜面调节）	长城 TAO－B 润滑脂	终身寿命
车尾门撑杆	长城 TCS－E 润滑脂	终身寿命
筒式减震器	长城汽车减震器油	终身寿命
离合器分离轴承	长城低噪音轴承润滑脂 长城 BLU－M 轴承润滑脂	终身寿命
车门限位器	长城车门限位器润滑脂	终身寿命

第3章　新能源汽车的润滑要求

3.1　新能源汽车概述

3.1.1　新能源汽车的定义

新能源汽车是指采用非常规的车用燃料作为动力来源(或使用常规的车用燃料、采用新型车载动力装置)，综合车辆的动力控制和驱动方面的先进技术，形成的技术原理先进、具有新技术、新结构的汽车。

3.1.2　新能源汽车的种类

在我国，新能源汽车主要包括混合动力汽车(HEV)、纯电动汽车(BEV)、燃料电池电动汽车(FCEV)、其他新能源汽车等。

纯电动汽车(Battery Electric Vehicles，BEV)是一种采用单一蓄电池作为储能动力源的汽车。它利用蓄电池作为储能动力源，通过电池向电动机提供电能，驱动电动机运转，从而推动汽车行驶。

混合动力汽车(Hybrid Electric Vehicle，HEV)，它的主要驱动系统由至少两个能同时运转的单个驱动系统组合而成。混合动力汽车的行驶功率主要取决于混合动力汽车的车辆行驶状态：第一种是由单个驱动系统单独提供；第二种是通过多个驱动系统共同提供。

燃料电池电动汽车(Fuel Cell Electric Vehicle，FCEV)，在催化剂的作用下，燃料电池电动车用氢气、甲醇、天然气、汽油等作为反应物与空气中的氧在电池中燃烧，进而电能为汽车提供动力源。本质上来说，燃料电池电动车也属于电动汽车之一，在性能和设计方面和电动汽车有很多相似之处，将其分为两类是由于燃料电池电动车是将氢、甲醇、天然气、汽油等通过化学反应能转化成电能，而纯电动车是靠充电补充电能。

对于其他新能源汽车来讲，目前在国内没有明显的政策支持或发展战略，或仍处于研发或实验室研究阶段，因此暂不列入讨论之列。

3.2　纯电动汽车(BEV)及其润滑需求

纯电动汽车(Battery Electric Vehicle ，简称BEV)，是完全由可充电电池(如铅酸电池、镍镉电池、镍氢电池或锂离子电池)提供动力源的汽车。其具有以下优点：无污染、噪声小；单一的电能源；能量转换效率高；平抑电网的峰谷差等。其缺点比较明显：续航不足；价格高；寿命短；外形尺寸和重量大；充电时间长；碰撞后易燃。

对于纯电动汽车来讲，其核心是三电系统：电池、电机、电控。其中主要是电池、电机存在冷却油液需求，对于纯电、混动汽车，电池、电机冷却要求并无太大差异。此外，纯电动汽车的变速箱(减速器)技术与传统燃油车存在差异，对油液性能、用量要求有所变化，纯电乘用车、商用车，设备工况也并不相同。

3.2.1 纯电动乘用车及其润滑需求

3.2.1.1 纯电动乘用车关键用油设备

1)减速器

在纯电动汽车中，使用电动机替代内燃机，但变速箱仍然普遍存在(减速器)。相对于传统燃油车传动系统，电动汽车减速箱拥有独特的设备特点及用油要求。

纯电动汽车由于电机的工作范围较广(一般在0～18000r/min)，在低转速甚至零转速下也可以输出很大的转矩，没有变速箱，纯电动汽车也可以照常运行。但在高转速的情况下，电机的效率和扭矩则会急速下降。而二级减速器的作用就是使电机尽量工作在高效率的转速区间，从而达到降低损耗、提高续航里程等效果。此外，使用二级或多级减速器，可以增加速比范围，并可以根据不同工况进行速比的改变，就可以在车辆起步时拥有更好的加速水平，并且在高速时降低发动机的转速，从而实现噪音降低和里程增加的目的。

市场上主要的纯电动乘用汽车变速箱类型及其制造商见表2－3－1。

表2－3－1 纯电动乘用汽车变速箱类型及其制造商

变速箱类型	制造公司(配套整车厂)
单级减速器/多级减速器	万里扬(奇瑞)、博格华纳(北汽、长城、吉利、江铃)、爱知机械(东风日产)、青山(东风日产、长安)、株洲齿轮(北汽、长安)、比亚迪、舍弗勒、GKN
专用减速器(电机＋离合器＋减速器机构的集成)	吉孚、广汽、比亚迪等

2)冷却系统

对于纯电动汽车，动力电池系统作为动力来源是最为核心的部件之一，同燃油车的发动机一样，动力电池也需要一个合适的温度区间。温度对电池的安全性、充放电功率、寿命有着直接影响，一般来说，动力电池的最佳工作温度是在15～35℃之间，环境温度以及电池放电过程中的自发热影响电动汽车的电池组温度，因此需要电池热管理系统来调节电池温度。

3.2.1.2 纯电动乘用车油液需求

1)传动系统

按照电机冷却的方式，将纯电动汽车分为水冷电机传动系统和油冷电机传动系统。水冷电机传动系统是指电机依据冷却液冷却，电机不接触减速箱润滑油的传统系统方式；而油冷电机传动系统是指电机接触润滑油，目前通常是电机与减速箱系统共用同一种润滑油的传动系统。

国内纯电动乘用车技术路线主要采用水冷电机的方式，其减速箱多为一挡减速机构，其电机转速均在10000r/min以上(传统发动机最高转速为6000r/min)。其中润滑油性质主要体现在：

(1)运动黏度：运动黏度是衡量油品油膜强度、流动性的重要指标。各家OEM对效率比较关注，因此，低黏度的油品是减速箱油品的发展方向。

(2)黏度指数：黏度指数是反映油品黏度随温度变化关系的指标，黏度指数越大，油品的黏温性质越好。纯电动汽车减速箱在使用过程中必须具有良好的黏温性能，才能满足变速箱在不同工作状况下的要求。

(3)低温性能：倾点和表观黏度是反映油品低温流动性的重要指标，由于我国地域广泛且气温变化幅度较大，为保证在不同区域使用的油品的低温流动性需要规定油品的表观黏度和倾点要求。

目前，纯电动汽车OEM对于油品低温下的效率提升尤为关注，尤其是对于油冷电机系统，低温黏度过大，对油泵压力要求过大，因此，对于油品的表观黏度也提出更高要求。

(4)抗泡沫性：有泡沫产生会影响润滑油膜的形成，恶化润滑条件，加速齿轮等零部件的磨损。对于纯电动汽车减速箱系统油品低黏化、效率提升的要求越来越高，传动系统温度提高，因此，要求油品必须有良好的抗泡沫性能。

(5)剪切安定性：目前市场上应用的纯电动乘用车以一挡、二挡减速机构为主，结构更小，造成工况更为苛刻，运转温度更高，油品运行负荷增大，对油品的剪切稳定性能提出了更高的要求。

(6)氧化试验：由于目前市场上应用的纯电动乘用车减速机构结构变小，工况更为苛刻，运转温度更高，油品运行负荷增大，因此对油品氧化安定性能提出了更高的要求。

(7)铜腐性能：纯电动汽车减速箱系统正常工作温度为80~120℃，需要油品具有很好的铜片腐蚀性能，尤其是对于油冷电机－减速箱一体化的系统，会存在裸露铜的结构设计，因此一些汽车制造公司在油冷电机项目开发过程中，会通过延长测试时间的方式来提高对油品的铜片腐蚀的要求。

(8)承载能力：由于纯电动乘用车减速机构结构变小，油品运行负荷增大，工作中齿面接触压力大，容易产生摩擦和磨损以及齿轮断裂失效，因此，需要油品具有良好的抗磨损性能和承载能力。

(9)轴承性能：轴承是齿轮箱中最为重要的零件，随着高速化及大功率驱动电机市场的增长，轴承的应用工况愈发苛刻。因此，减速箱油需要能提供更多的轴承保护，防止出现磨损等失效现象。

(10)电热化学性能：相对于传统变速箱，电机与变速箱一体化(油冷电机)系统中增加了电机，油冷电机系统主要散热介质是油，因此油品高温失效要求要高，由于热量主要靠油品带走，所以油品必须具备优异的电化学性能、极端情况下的热保护性能。

(11)橡胶材料兼容性能：减速箱油品必须具有良好的橡胶材料兼容性能，因此油品必须具有优异的密封材料相容性，避免因与密封件不相容而引发油品泄漏。

综上，纯电动乘用车减速箱系统润滑需求见表2－3－2。

表 2-3-2　纯电动乘用车减速箱系统润滑需求

功能	零部件	润滑需求
提供动力 启动/停止	油冷电机	电性能 热性能 材料兼容性 氧化安定性 铜腐性能
动力传递速度比	齿轮和轴承	齿轮保护 轴承保护
控制	液压、电机等	铜腐、氧化性能
防漏油	橡胶件	橡胶兼容性
节能	润滑	低黏化

针对纯电动汽车减速箱技术的发展趋势，长城润滑油公司的润滑解决方案见表 2-3-3。

表 2-3-3　电动化润滑油品解决方案

纯电传动形式	解决方案
齿轮结构 电机(冷却液降温)	ERO 75W ATF VI ETF Plus
齿轮结构 电机接触润滑油 电机-减速箱一体化	ATF VI ETF Plus 专用油

2)冷却系统用液

现阶段大部分新能源汽车车型使用的是液冷的冷却方式。对于液冷方式而言，冷却液的选择是最为核心的部分之一。

由于新能源汽车冷却液这一领域的认证标准尚处于待完善状态，因此车企在保养手册的介绍中普遍会直接推荐原厂装填而不是推荐满足标准的产品，这就意味着在 OEM 装填市场的突破能够对保养售后阶段的市场推进产生极大的促进作用，也是冷却液开发人员一个重要的工作方向。

相比于传统燃油车，电动汽车冷却液在技术性能要求上存在着一定的区别，其具体区别见表 2-3-4。

表 2-3-4　传统燃油车与电动汽车冷却液技术区别

差异点	电动汽车温控系统	发动机冷却液系统	潜在风险
冷却系统金属材料	以 3 系、4 系、6 系铝合金为主，兼有其他金属	铝、钢、铁、铜、焊锡为主	对特殊金属材料防腐性能差，导致渗漏，影响电池安全
冷却系统非金属材料	EPDM、NBR、硅橡胶、PA12、PA66	EPDM、NBR	兼容性，造成冷却液渗漏，影响电池安全

续表

差异点	电动汽车温控系统	发动机冷却液系统	潜在风险
工况	双工况工作温度为15℃或70℃	工作温度90~120℃	低温消泡性能差，载冷能力下降，造成温控失控
流道微小化	电池冷板尺寸1~2mm	发动机内部流道10~20mm	堵塞管路，造成热不均性，减少电池寿命

3.2.2 纯电动商用车及其润滑需求

3.2.2.1 纯电动商用车关键用油设备

1)传动系统

目前，纯电动商用车动力系统方案，主要有集中式驱动和分布式驱动两种。具体来看，集中式驱动有电机纵置、电机横置、集成电驱动桥三类，该类别为目前纯电动商用车主流；分布式驱动有轮边电驱、轮毂电机驱动两类。再细分种类还包括直驱、电机+变/减速箱、中央驱动桥、双电机并联+变/减速箱等。

按照集中式驱动和分布式驱动布置形式进行分类，具体见表2-3-5。

表2-3-5 纯电动商用车电驱动系统布置形式

布置形式	集中式驱动			分布式驱动	
电机布置	电机纵置	电机横置	集成电驱动桥	轮边电机驱动桥	轮毂电机驱动桥
适用车型	除低地板公交车外的所有商用车	轻型物流车	对舒适性要求不高的商用车	重型卡车、低地板公交、客车等	重型卡车、低地板公交、客车等
方案描述	用电机取代发动机，搭配新的减速器进行输出	采用乘用车布置方案，电机后置双半轴扭矩输出	将驱动电机集成在中心驱动桥上	电机与减速器、传统驱动桥高度集成	电机与轮毂、驱动桥进行高度集成
布置简图					

2)冷却系统

锂离子电池电动汽车商用车与乘用车在动力电池冷却方面的需求相同，可用相同产品线。

3.2.2.2 纯电动商用车油液需求

1)传动系统

与纯电动乘用车传动系统用油规格多样化、油品使用复杂化相比，纯电动商用车驱动结构用油相对比较简单，目前，市场多数以GL-5齿轮油和专用油应用为主。

针对不同的驱动结构，用油推荐见表2-3-6。

表2-3-6　纯电动商用车润滑油品解决方案

传动方式	技术特点	解决方案
AMT	齿轮结构 同步器换挡 多挡减速	MTF 02L 75W-80
电驱动桥 轮毂电机桥 轮边电机桥	电机 驱动桥	GL-5齿轮油、 长寿命车辆齿轮油

2)冷却系统用液

同纯电动乘用车。

3.3　混合动力电动汽车(HEV)及其润滑需求

混合动力是指那些采用传统燃料的，同时配以电动机/发动机来改善低速动力输出和燃油消耗的车型。

插电式混合动力汽车(Plug-in hybrid electric vehicle)既有传统汽车的发动机、变速箱、传动系统、油路、油箱，也有纯电动汽车的电池、电动机、控制电路，而且电池容量比较大，有充电接口。它综合了纯电动汽车(EV)和混合动力汽车(HEV)的优点，可实现纯电动、零排放行驶。

3.3.1　分类

其分为以下三种：

1)串联式插电式混合动力

串联式插电式混合动力，即增程式。发动机不直接驱动汽车，需要先由发动机驱动发电机来发电，再供电动机来驱动汽车，能量传递链较长，总体效率不高。

2)并联式插电式混合动力

该类型下发动机和电机均可驱动汽车，动力传动模式较多，动力性较好，结构简单，应用广泛，是主流的技术路线。

3)混联式插电式混合动力

又称为动力分流式。一般需要2台电机(一台发电机和一台电动机)，同时需要一套用于动力分流的行星齿轮装置。该类型的结构和控制最为复杂，目前只有非常少数的制造商具备生产和制造该类型产品能力，且存在一定的专利壁垒。

不能外接充电的汽车称为非插电式混合动车汽车(MHEV)，无须单独充电，短距离内驱动汽车行走，并可将汽车惯性动能回收变为电能存入电池中，提高效率，技术成熟。其明显的优势是不需要对基础设施进行任何改造。润滑需求与传统内燃机车基本相同。目前该技术主要被丰田、本田掌握。

3.3.2　混动乘用车及其润滑需求

3.3.2.1　混动乘用车关键用油设备

1)内燃机

国内主流主机厂都相继推出多款混动车型，混动车辆多是由原有传统汽机油发动机通过适应性变更移植到混动车型中。混动乘用车中，无论是插电混动还是普混乘用车，较少有专门开发。

2)传动系统

目前混动变速箱可分为两种：一种是附加式(Add - On)混合动力系统(分为基于传统的 AT、DCT、CVT、AMT 基础上增加 P0、P1、P2、P2.5、P3、P4 电机的架构)，另一种是混动专用变速箱，即 DHT(分为基于行星齿轮机构 + 双电机的功率分流 E - CVT，和基于普通单挡或多挡的定轴齿轮机构 + 双电机)。

混动专用变速箱(DHT，Dedicated Hybrid Transmission)：通过集成一个或多个电动机到变速箱中形成带电动机的自动变速箱系统，加上发动机输入后即可实现混合动力驱动的功能。较为典型的 DHT 有丰田 THS 系统、荣威 EDU 系统、本田 i - MMD 混动系统等。

传动系统的结构具体按照普通混合动力汽车和插电式混合动力汽车来区分说明：

(1)普通混动汽车：普混汽车中，弱混汽车一般是在原有发动机和变速箱基础上加装 12V 或 48V 混动系统，其变速箱与传统汽车变速箱基本一致，但大都配置的是自动变速箱。对于 12V 启停汽车而言，与传统汽车在变速箱上并无差别。对于 48V 微混汽车而言，装配 P0/1/4 方案的变速箱与传统汽车没有差别，装配 P2/3 方案的变速箱或需要略作改动，但大体结构仍与传统汽车变速箱相同。

而强混及部分插电混动汽车的变速箱和传统汽车略有不同，按照混动和纯电等不同动力形式进行划分，车型和结构不同，变速箱差异较大。

(2)插电式混合动力汽车：增程式混动的变速系统目前大都采用单级减速器，未来或采用 2 挡或多挡减速器；并联式及混联式插混与强混系统类似，均需要特定的变速箱。

具体分析见表 2 - 3 - 7。

表 2 - 3 - 7　混合动力乘用汽车变速箱分类

分类	分类形式	混动形式	混动系统	变速装置	润滑油品	代表车型
普混汽车	弱混	12V 启停	12V 启停	多为自动变速箱	专用油	
		48V 弱混	48V 弱混	多为自动变速箱	专用油	长安逸动 48V 混动
	强混	串联		单级减速器或多挡变速箱	纯电动汽车减速箱油或专用油	日产 Note
		并联	P2/3/4 并联混动系统	自动变速箱或电驱动桥	专用油	现代索纳塔混动版
		开关式混联	本田 i - MMD	专用混动变速箱	专用油	本田雅阁混动版
		分路式混联(功率分流)	丰田 THS，通用 Voltec	专用混动变速箱	专用油	丰田 Prius

续表

分类	分类形式	混动形式	混动系统	变速装置	润滑油品	代表车型
插电式混合动力汽车	插混	串联	增程式混合系统	单级减速器或多挡减速箱	纯电动汽车减速箱油或专用油	广汽传祺GA5PHEV
		并联	大众 GTE，长城 Pi4	自动变速箱或电驱动桥	专用油	大众途观 L PHEV，长城 WEY P8
		开关式混联	本田 i - MMD，上汽 EDU	专用混动变速箱	专用油	荣威 eRX5
		分路式混联（功率分流）	丰田 THS，通用 Voltec	专用混动变速箱	专用油	丰田卡罗拉双擎 E +，凯迪拉克 CT - 6 Plug - in

专用混动变速箱具有空间和质量等优势，结构相对简单，但前期开发成本较高，如果产量较低，较高的研发成本摊销较大。

3）冷却系统

与纯电动汽车系统一致。

3.3.2.2 混动乘用车油液需求

1）内燃机用油需求

在混合动力汽车中，电池和内燃机同时工作，结构的日趋紧凑使内燃机面临小型化趋势，使用工况有所改变，但暂未对机油产品提出难以逾越的技术障碍，预计会随着技术的进步对发动机油提出更高的新要求。

国际上还没有专门针对混动汽车发动机油的规格或评价试验，在此对混合动力汽车对发动机油理化性能的特殊要求进行如下归纳：

（1）黏度保持能力及抗磨损性：混动汽车的发动机需经常启停的现实，会加剧燃油稀释现象的发生，导致机油黏度显著降低，对其润滑、抗磨极压性能产生不利影响，因此需要平衡燃油稀释、发动机散热和燃油经济性、抗磨损性等多方面的因素。

（2）高温性能：混动汽车小型化的发动机热负荷提高，且大多配备涡轮增压，更加提高了发动机的工作温度。因此对发动机油的高温氧化安定性和高温清净性提出了较高的要求。

（3）水分耐受性：混合动力汽车发动机较长时间处于停机状态，发动机油温较低，易造成水在发动机油中存留。因此混合动力汽车发动机油要具有良好的耐水性，并且具有较好的乳化性能，能和水形成“油包水”结构的稳定乳化液，避免油水分离，从而减少腐蚀和锈蚀。

（4）清净分散性：混合动力汽车发动机油温度较低，不利于油泥分散，使黏度过高，影响发动机的动力性。因此，混合动力汽车发动机油应重视清净分散剂的使用，有效抑制油泥的生成、分散已生成的油泥。

2)传动系统用油需求

对于混合动力传动系统而言，其传动系统的结构呈现多样化的发展和应用，变速机构在设计及传动形式上存在差异，其中AT属于行星齿轮传动，CVT通过带轮传递扭矩，DCT通过双离合器的啮合、分离来换挡，因此各类型的变速箱油品需要兼顾各类型变速箱的摩擦性能要求不同进行性能区别。ATF需要良好的摩擦性能和抗抖动性能，CVT的钢带和盘之间需要合适的摩擦力，因此ATF油品应具备合适的摩擦特性以及更苛刻的剪切稳定性和抗磨性；DCTF要同时兼顾ATF良好的摩擦性能和抗抖动性能以及MTF对齿轮和同步器磨损、点蚀良好的保护性能；专用的DHT变速箱油也需要兼顾变速箱中离合器等部件的摩擦性能来进行配方的筛选。

因此，油品也需要根据变速箱的特点来进行推荐和应用，见表2－3－8。

表2－3－8　电动化润滑油品解决方案

传动方式	技术特点	解决方案
普混	串联＋单级减速器	ERO 75W ATF VI
	多挡减速器 电机＋减速器一体化 电机接触润滑油	MTF D－I 75W
	P2/P3/P4 传统 AT/CVT/DCT	ATF HP 系列 CVTF X＋ DCTF X＋
	丰田 THS	专用油
插电式混合动力	P2/P3/P4 传统 AT/CVT/DCT	ATF HP 系列 CVTF X＋ DCTF X＋
	专用 DHT 变速箱	专用油

未来应针对混合动力乘用汽车传动系统技术的发展趋势，我们紧跟技术发展趋势，制定相应的润滑解决方案和产品对策，也正在同国内外具有重要影响力的OEM厂商开展电动汽车减速箱油的同步研发工作。比如，正在进行的与丰田开展新一代e－TAF油品开发，以满足丰田第五代Prius混动系统的用油需求；与广汽合作开发混合动力DCTF油品。

3)冷却系统用液

同纯电动乘用车。

3.3.3　混动商用车及其润滑需求

3.3.3.1　混动商用车关键用油设备

1)内燃机

由于受国家补贴政策等原因的影响，插电式混合动力商用车的市场份额极低，2019年市场销量仅有几千台。目前，全世界的重卡上做混动的相对较少，多集中在轻卡、客车等领域。

2)传动系统

对于插电式混合动力客车中，目前国内也存在串联，以及并联，混联系统两条技术路线。混联系统由于没有变速箱换挡，从而使其节油性和舒适性略好，但总体成本要高于其他类型的插电混合动力，并联系统主要就是在传统燃油车基础上增加多了一个电动机，以及多一个电控而成，共同驱动车轮的是电动机与发动机。

插电式混合动力系统商用车的 AMT 自动变速箱是较为重要的核心部件，主要就是在传统形式的商用车手动变速箱基础上加入一套新型的核心电控制系统，进而对变速箱进行控制，并配合电机系统与发动机系统的运行等，来实现商用车的自动换挡、动力传递以及能量有效转化等。

3)冷却系统

插电混动车型与纯电动汽车在乘用车与商用车的性能需求上一致。

3.3.3.2　混动商用车油液需求

对于传动系统，AMT 传动结构的油品选择方面，推荐 MTF 02L 75W－80 油品。

3.4　燃料电池电动汽车(FCEV)及其润滑需求

燃料电池汽车中，作为燃料的氢在汽车搭载的燃料电池中，与氧气发生氧化还原化学反应，产生出电能来带动电动机工作，从而驱动电动汽车。

供氢系统：氢循环泵，从高压气瓶中减压至 1MPa 供氢系统中，通过氢喷射泵或者引射器进入燃料电池系统。氢循环泵用于提高氢气的利用率，根据燃料电池对原料的要求，是无油的。

空气压缩泵：直接影响车的输出功率。要求高压缩比但无油(催化剂中毒)，所以采用固态润滑，但压缩热难以排除，需要外加冷却水。

轮毂电机：轮毂电机的能量利用率高、简化车结构、降低总体成本，是未来大型商用车的电机选择趋势。

根据定子和转子的位置分为减速驱动型和直接驱动型，但散热润滑都是主要技术问题之一。散热包括风冷、水冷和油冷，以水冷为主。目前水冷通道大都设计在定子及其支撑结构上(不接触绕组)，油冷是通过流道设计浸没电机。润滑部位主要是轴承。

燃料电池冷却包括三套冷却系统：氢燃料电池冷却系统、电机等冷却系统和热管理系统。氢燃料电池冷却系统包括：冷却燃料电池电堆，与双极板直接接触，有缓蚀性能、电导率要求。热管理系统包括冷却车载逆变器、电池管理系统、动力锂电池组，有缓蚀性要求，没有电导率要求。电机冷却系统：传统结构电机与减速器使用减速器油作为冷却介质，轮边电机目前为比亚迪 K9、中植汽车等车企采用，主要使用水冷电机，冷却液有缓蚀、防冻要求，无电导率要求。

燃料电池热管理系统结构主要包括散热器、冷却风扇、冷却水泵、补水壶、节温器、去离子器、PTC 加热器。在冷却液循环部分中，冷却液由水箱通过冷却水泵进入电堆，流出电堆后进入节温器自动调节进入大循环和小循环的水流量。小循环即温度不高时冷却水由节温器出口直接进入电堆，将电堆中氢气和氧气化学反应的废热带出，再次回到冷却水泵入口，形成小循环；大循环即温度较高时，冷却水由节温器出口进入前段散热器，将较高的热量由整车散热器通过进气格栅进风和散热风扇抽风带走，温度降低的冷却液再由散热器出口进入电堆，将电堆内部反应余热排出后重新回到冷却水泵入口，形成大循环。

水泵是燃料电池冷却系统的最为核心部件，其功能是在燃料电池不同的运行工况下，提供一定流量和压力的冷却循环水，以满足电堆散热要求。

节温器根据冷却水温度自动调节进入散热器的水量，以保证燃料电池在合适的温度范围内工作，可起到节约能耗等作用。

去离子装置是燃料电池热管理系统中独有的部件，由于燃料电池是发电装置，其冷却水也会将导电离子带出，这将会产生冷却液导电的危险。为了去除冷却水中的导电离子，需在冷却系统中安装一个去离子装置，将系统中离子浓度维持在一个较低水平，保证电绝缘，因去离子装置的压损太大，影响整个系统的工作，故一般设计与主冷却水路并联。

PTC 加热器满足燃料电池发动机冷启动时的电堆温度需求。当环境温度较低时，燃料电池发动机启动需要主散热系统对电堆进行预加热，故主散热系统中需要并联一路小循环，小循环中利用加热器加热冷却水。加热器通常选择效率较高的 PTC 电加热器，加热功率由电堆冷启动需要的加热时间决定。

冷却液流经双极板上的水通道，需要具有极低的电导率，通常要求冷却液的电导率低于 5μS。

补水壶(膨胀水箱)作用是补偿温度变化引起的冷却液体积的变化，调节水泵进口的压力。若膨胀水箱内部的空气压力大于或小于某一规定值时，可以通过膨胀水箱上的双向阀门和周围空气交换；当冷却液体积膨胀引起水箱过满时，可以通过膨胀水箱上的溢水阀排出液体。

电堆热管理系统可以与空调暖风系统集成，通过电池三通阀控制进入空调暖风系统中的冷却液流量，有效利用电堆系统余热，降低采暖能耗，提高燃料电池发动机效率。

燃料电池重卡常采用燃料电池和动力电池混合驱动的技术路线，共有电堆热管理、电池热管理和电机冷却等三套热管理系统。

电池热管理系统多采用液冷的热管理技术，电池的适应工作温度一般为 20～40℃，其热管理系统分为电池冷却系统和电池加热系统两部分。电池冷却系统主要由板式换热器、电动水泵、电动压缩机、膨胀阀、电动风扇、冷凝器、高压预充、高低压线束、传感器、控制单元等零部件组成。动力电池在低温环境下的放电性能较差，故需对电池进行预热。目前主要有两种加热方式，一种是在电池冷却系统中串联 PTC 加热器，另一种是在电池包中增加加热膜，现多采用第二种加热方式。电池包液冷系统与纯电动汽车电池包液冷系统结构相同，采用普通汽车发动机冷却液作为冷却液。

电机冷却系统的散热原理与电堆冷却类似，也采用强制液冷的冷却方式。电机的冷却液出口温度一般不超过 70℃，控制器的冷却液出口温度一般不超过 65℃，故将控制器统一接入电机冷却系统。电机冷却系统热源有空压机控制器、燃料电池 DCDC、电机、电机控制器、四合一控制器等，需散热零部件较多，故电机冷却可采用并联或混联的方式。目前该系统采用普通汽车发动机冷却液。

第4章 车辆润滑中的常见问题

4.1 发动机润滑系

4.1.1 车辆内燃机油选用原则

选用合适的内燃机油是保证发动机正常工作、延长其使用寿命的重要条件，应根据发动机结构特点和要求，先确定其合适的质量等级，再根据发动机使用工况、车况、外部环境温度等选择黏度等级。在实际选油时，应严格按发动机说明书规定的用油等级选取油品，一般来说，高等级的内燃机油可替代低等级的内燃机油，但低等级的内燃机油绝不能替代高等级的内燃机油。

选择内燃机油的质量等级应根据发动机结构特性和工作条件来选择。

汽油机油质量等级应根据设备厂家推荐级别、发动机工况的苛刻程度、发动机关键技术来选择。

内燃机油黏度等级的选用对维持内燃机的正常运转也是至关重要的。黏度表示液体分子内摩擦力的大小，是评价内燃机油品质的一个重要指标。它的大小直接影响内燃机油的减磨、降温、清洗、吸收振动、密封等作用。内燃机油黏度越小，相应的流动性就越好，发动机运转阻力越小，运转越顺畅，能够减少燃油油耗，但高温时油膜易受破坏，润滑效果较差；黏度越大，油膜厚度、密封等方面较好，但低温启动时润滑油从油底壳泵送到润滑部位的时间较长，易出现干摩擦，而且黏度越大，发动机运行阻力越大，燃油油耗也越高，造成发动机功率下降。因此内燃机油黏度选用要适当，通常情况下选择黏度等级的原则就是在满足使用的前提下，黏度等级越低越好。但长期以来，黏度等级的选用存在一个误区，选用内燃机油黏度偏大的较多，对选用中高档油品则重视不够，广大用户一般认为机油压力越高越好，因为机油压力跟发动机油黏度呈线性关系，同样情况下机油压力越大则表示润滑油黏度越大，但是这样会带来一系列问题，这应该引起广大用户注意。一般要遵循以下原则：

(1)应根据工作地区的环境温度、发动机负荷、转速选用适宜黏度等级的内燃机油，以保证摩擦副正常润滑。一般我国南方夏季气温较高，对重负荷、长距离运输、工况恶劣的汽车应选用黏度较大的内燃机油。我国北部地区冬季气温低，应选用低温黏度低的内燃机油，以保证发动机易于启动，减少零部件磨损。新发动机磨合期应选用低黏度的内燃机油。

(2)应尽量选用黏温特性好、黏度指数高的多级油。多级润滑油是一种黏温性能好、工作温度宽、节能效果明显的润滑油品，多级油使用温度范围比单级油宽，具有低温黏度油和高温黏度油的双重特性。多级油既含有 W 黏度级号，W 为 winter 即冬天的意思，又含有 100℃运动黏度级号。例如：10W/30 油，它既符合 10W 黏度级号要求，即低温 CCS 黏度在 -25℃时不能大于 7000mPa·s，边界泵送温度不高于 -30℃，还满足 30 黏度级号油的要求，即 100℃时黏度在 9.3 ~ 12.5m^2/s 范围内，所以 10W/30 油符合多级油定义，为多级润滑油。多级润滑油与单级润滑油的区别主要在于黏温特性不同。黏温特性是润滑油黏度随温度变化而变化的性能，黏度特性的好坏在国际上通常用黏度指数来表示，黏度指数值越大，表示油的黏温性能越好，多极油与单级油相比极大地扩大了使用范围。这样不仅可以减少因气温变化带来更换内燃机油的麻烦，而且可以减少内燃机油的浪费，降低成本及维护费用。

推荐选用中国石化润滑油有限公司车辆内燃机油产品。

4.1.2 内燃机油的真伪鉴定

内燃机油的真伪要通过专业的检测设备来鉴定，对于普通用户来说，鉴别内燃机油的真伪优劣是比较困难的。那么，如何在无检测条件的情况下，简单判断真假油品呢？可以用以下十分简易的方法，通过感官来判断。

首先，通过肉眼来辨别。将油倒在透明杯子里，油品可能因为种类、质量等级的不同而颜色有深有浅，但是不论颜色深浅，好的油品都应该是清澈透明、无沉淀、无杂质结块；反之则可能是假油。

其次，可以闻油的味道。一般的内燃机油(不包括某些齿轮油)气味比较温和，无刺激性气味，如果加热后汽柴油味太浓就可能是燃油增稠的假油。

还可以把机油滴在滤纸上让其扩散，好的油品应该是比较均匀地扩散，若含有沥青、抽出油或馏分油等成分，则油滴中心有深色黑斑，说明油品质量不好。

当然，鉴于部分不法厂商的伪冒手段很高明，用户难于从包装上去辨认，或者利用以上简便方法也不能百分之百地鉴别真假油品，因此，应该尽量从信誉好或厂方指定的当地代理商处购买，才能保证买到正牌优质的润滑油。

4.1.3 内燃机油的储存

润滑油在搬运和储存时容易受到污染、变质而不能使用，主要影响因素有容器损坏、湿气凝结、用以搬运的设备肮脏、暴露在灰尘或化学烟雾和蒸汽中、不妥善的室外储存、混合使用不同牌号或种类的油、暴露在过热或过冷的环境中，以及储存太久等。因此必须采用正确的方式储存和运输润滑油品。

4.1.3.1 室内储存

一般情况下润滑油应在室内储存，而且必须远离蒸汽管道、加热器或厂房内任何会产生高温的设备，也不应放置于寒冷或气温变化太大的地方。所有镀锌的桶或管道不能用作储存润滑油，因为润滑油中的添加剂可能与锌起化学作用，严重污染润滑油。各类别的润滑油应有系统地排列，方便取用。储存较久的油品应先使用。

4.1.3.2 室外储存

润滑油储存时应尽量避免储存于室外。当必须存放于室外时，应采取一些预防措施，避免对润滑油造成不好的影响，最主要的是要考虑防水、防潮等因素。盛放润滑油的油桶必须储存在距地面十多厘米的架子上，以防受潮。油桶应该横放，使其桶盖上的两个桶塞在同一水平线上。在此位置时，桶塞内侧浸在润滑油内而不会吸入空气中湿气，且水分亦不会积聚在桶面边沿。尽量勿让油桶受到阳光直接照射，以减低桶内昼夜温差变化。因为当气温升降时，冷缩热胀的作用会使水分经由桶塞逐渐渗入桶内。水分除了污染桶内润滑油，亦会造成油桶内部生锈，产生其他不必要的污染。

4.1.4 内燃机油旧油性状判断与换油指标

内燃机油在发动机内使用一段时间之后，由于高温、空气以及金属的催化氧化作用，会产生油泥、漆膜和积炭，而且由于油品本身的添加剂在长期使用后分解，引起油品质量变差，此时的润滑油必须更换。具体来说，影响因素很多，首先我国路况较差，粉尘多，道路灰尘和砂土及发动机正常磨损产生很小的金属颗粒都会进入润滑油随着油循环，在某些情况下，机油滤清器无法完全过滤产生的磨粒，如果磨粒数量足以使磨料磨损成为气缸中主要的磨损形式，就会改变气缸磨损特性，使气缸磨损加剧。此外，燃料燃烧产生大量的水蒸气及酸性物质，经排气管排出。当发动机处于低温时，水蒸气和酸性物质会凝结在气缸壁上，而后进入到曲轴箱和机油内，形成油泥，酸性物质对发动机摩擦副的金属镀层会产生致命影响，并加速油品的氧化变质，燃料不完全燃烧产生烟炱和积炭以及其他沉积物，也对油品质量有不好的影响。而且，发动机长期使用致使摩擦副间隙变大，燃烧室的高温气体会窜到曲轴箱，窜气燃料稀释也降低了添加剂的性能，并造成润滑油黏度下降、闪点降低，使油膜强度降低、油耗增大，缩短了使用周期。

如何确定油品的换油周期，在使用性和经济性之间取得平衡，需要经过长期的实验，积累大量的数据。

在润滑油的使用过程中必然存在着润滑油使用寿命的问题，国标对润滑油的换油期也有具体要求，国内也制定了相应的国家标准，但是从润滑油的发展看，国家标准已经不能适应行业发展的要求。

表2-4-1，表2-4-2列出了国标中规定的汽油机油及柴油机油的指标要求。

表2-4-1 汽油机油换油指标（GB/T 8028—2010）

项目	换油指标		试验方法
	SE、SF	SG、SH、SJ(SJ/GF-2)、SL(SL/GF-3)	
100℃运动黏度变化率/% >	±25	±20	GB/T 265 或 GB/T 11137
水分/% >	0.2		GB/T 260
闪点(闭口)/℃ <	100		GB/T 261
(碱值-酸值)(以KOH计)/(mg/g) <	—	0.5	SH/T 0251 GB/T 7304
燃油稀释/(质量分数)% >	—	5.0	SH/T 0474
酸值增加值/(mgKOH/g) >	2		GB/T 7304

续表

项目		换油指标		试验方法
		SE、SF	SG、SH、SJ(SJ/GF-2)、SL(SL/GF-3)	
铁含量/(mg/kg)	>	150	70	SH/T 0197 或 SH/T 007
铜含量增加值/(mg/kg)	>	—	40	GB/T 17476
铝含量/(mg/kg)	>	—	30	GB/T 17476
硅含量增加值/(mg/kg)	>	—	30	GB/T 17476
正戊烷不溶物/%	>	2		GB/T 8926B 法

表 2-4-2　柴油机油换油指标(GB/T 7607—2010)

项目		换油指标				试验方法
		CC	CD、SF/CD	CF-4	CH-4	
100℃运动黏度变化率/%	>	±25		±20		GB/T 11137 和 GB/T 7067 中 3.2
碱值下降率/%	>	50				SH/T 0251、SH/T 0688、GB/T 7067 中 3.3
正戊烷不溶物质量分数/%	>	2.0				GB/T8926 B 法
铁含量/(mg/kg)	>	200 100①	150 100①	150		GB/T 17476SH/T 0077、ASTM D6595
铜含量/(mg/kg)	>	—	—	50		GB/T 17476
铝含量/(mg/kg)	>	—	—	30		GB/T 17476
硅含量增加值/(mg/kg)	>	—	—	30		GB/T 17476
酸值增加值/(mgKOH/g)	>	2.5				GB/T 7304
闪点(闭口)/℃	<	130				GB/T 261
水分/%	>	0.2				GB/T 260

注：①适用于固定式柴油机。

国外石油公司提出的内燃机油正常使用和达到危险的水平指标可供我们参考：

(1)运动黏度(100℃)，以新油为准，黏度下降不低于25%，或黏度增长不大于25%。

(2)总碱值(TBN)，不低于1mgKOH/g(SH/T 0251)。

(3)内燃机油在使用过程中不应有强酸存在。

(4)柴油机油闪点不低于新油闪点25℃。

(5)水含量不高于0.5%，无游离水存在。

(6)戊烷不溶物不允许增加到5%～6%。

(7)燃料稀释可接受的限度为5%(一般汽油机油为1%～2%)。

(8)磨损金属。

铁不应高于500×10^{-6}；铝危险水平60×10^{-6}，正常水平低于20×10^{-6}；铜危险水平75×10^{-6}，正常水平低于30×10^{-6}；柴油机正常含铅量很低，低于30×10^{-6}；硅的正常水平低于25×10^{-6}，达到100×10^{-6}或更高，发动机会发生磨料磨损。

此外，内燃机油在使用过程中，旧油(使用过的油)质量的检验、质量变化控制指标见表2-4-3、表2-4-4。

表2-4-3　旧油(汽油机油)的质量检验

油品使用检验项目	质量变化控制指标	备注
基本检验项目		
外观和气味	迅速变化	观察者判断
斑点试验	密集，黑和小	观察者判断
爆裂试验	有水	测水分
黏度		
40℃降低	25%	
40℃增加	50%	
补充检验项目		
燃料稀释/%(体积)	5	测定黏度降低百分比
水/%(体积)	0.2	只用在爆裂实验有水情况
乙二醇	有乙二醇	只用在使用防冻液情况
微量磨损金属/(mg/kg)		金属来源
铝	40	活塞、轴承
铬	40	活塞环、缸套、水质
铜	40	轴承、轴瓦

表2-4-4　旧油(柴油机油)的质量检验

油品使用检验项目	质量变化控制指标	备注
基本检验项目		
外观和气味	迅速变化	观察者判断
斑点试验	密集，黑和小	测定戊烷不溶物
爆裂试验	有水	测定水分
黏度		
40℃降低	25%	
40℃增加	35%	
总碱值(TBN)/(mgkOH/g)	2	
补充检验项目		
燃料稀释/%(体积)	5	测定黏度下降
闪点/℃	150	只用于确定有燃料稀释的情况
水/%(体积)	0.2	只用于爆裂实验是水的情况
乙二醇	有乙二醇	只用于使用抗冰剂的情况
非凝结不溶物/%(质量)	1.5	只用于斑点试验不合格情况
戊烷	0.7	只用于戊烷不溶物>0.8%(质量)
苯		的情况
微量磨损金属/(mg/kg)		金属来源
铝	40	活塞、轴承环、
铬	40	缸套、水质轴承、
铜	40	轴承
铁	100	发动机部件
铅	100	轴承
硅	20	沙和灰尘，调整空气过滤器

续表

油品使用检验项目	质量变化控制指标	备注
黏度降低	补加了低黏度油燃料稀释	再装满合适的油品调节喷嘴作用和燃烧的因素
黏度增加	补加了高黏度油品高温操作超过或延长换油期	重新装满合适的油品调整冷却系统减少超负荷操作勤换油和使用较合适条件的油
TBN 迅速降低	高硫燃料油品氧化	用高 TBN 油，勤换油，减少高温操作
有水	低温操作 冷却剂泄漏	调整发动机的恒温自动控制器勤换油 纠正冷却系统漏损
不溶物含量高	燃料烟炱 油品氧化 沙和灰尘	调整喷嘴作用 减少高温操作不超过或不延长换油期 调整空气过滤器的操作
磨损金属迅速增加	空气过滤油缺陷 油过滤有缺陷 发动机启动失败	调整空气和油过滤器操作 调整发动机的操作条件 检查维护程序

4.1.5 发动机润滑系常见故障分析

1)润滑系油压低、亮红灯

可能导致润滑系亮红灯的因素有很多。发动机润滑系主要由机油泵、机油滤清装置、限压阀、旁通阀、油道、油底壳、机油散热器以及机油压力传感器和压力指示装置等部件组成。首先从理论角度来分析，为了便于研究，我们可以把发动机润滑系简单化，建立数学模型，根据相关液压原理可以分析影响主油道压力的因素。由欧根公式可知，主油道压力与油品的黏度成正比关系，与通过摩擦副的机油流量平方成正比，与摩擦副的面积平方成反比。由于汽车发动机润滑系机油泵是由发动机曲轴直接驱动，则影响发动机润滑系机油压力的主要因素有：润滑油的黏度、发动机转速以及主要摩擦副的间隙大小。根据这个理论，可以较好地解释以下常见现象：

在实际行车中，随着发动机转速的升高，机油压力会稳定上升到一定水平，此时可以认为其他条件不变，压力随发动机转速升高而升高。

在同样的转速下，磨损较严重的车辆其摩擦副的间隙增加，油压下降。因此，使用同一品种、同一质量黏度等级的车辆，黏度因素可以认为不变，随着车况变差，机油压力随磨损或运转间隙的增大而变小。

在油温升高以及剪切作用下，油品的黏度有较大的下降并超过转速上升的影响时，油压下降。因此高速高温运转情况下，使用多级油的车辆容易发生油压下降亮红灯的现象。

在转速和磨损情况不变时，燃料稀释导致油品黏度有较大的下降时，油压会下降。

当其他运转条件不变时，机油的黏度增加，机油压力随黏度的增大而升高；当其他条件不变时，温度升高导致油品黏度降低，从而使油压降低。

换上清净分散性能好的油之后，会使机油压力下降。这主要是因为能除去阻塞在轴承间隙内的污垢，增大了摩擦副之间的间隙。

从实际情况来看，影响发动机润滑系机油压力、导致亮红灯的因素可以大致分为润滑油的因素以及机械因素。

从润滑油角度来看，当超速超载或者车况较差选油等级不当时或者使用了劣质润滑油以及剪切稳定性不好的润滑油时，容易造成亮红灯现象。

从机械角度来看，影响因素很多，具体如下：

①机油压力表或机油感应塞工作不正常或损坏。多数车辆有高低压 2 个油压传感器，分别探测高、低转速的机油压力。

②机油泵损坏，零件严重磨损。当机油泵的端面间隙过大、齿轮啮合间隙过大、轴与轴承间隙过大时，由于密合面的严密性较差，使机油泵的工作性能降低，而导致机油压力过低。或者是机油泵转速过慢或间隙过大不能提供足够的润滑油。

③连杆轴承、凸轮轴承或曲轴主轴承磨损过大，轴瓦磨损造成了机油通过间隙被泄压，造成机油压力低。常见于刚大修完或较旧的车辆。

④机油限压阀调整不当或弹簧过软。

⑤机油滤清器裂漏、机油集滤器堵塞，旁通阀不密封或卡住。

⑥机油的各油道或油管有堵塞情况。

⑦油底壳油量不足，机油油面过低。需要添加机油，并检查是否有密封不严造成机油泄漏。

⑧进油管接头松动或油管破裂。

⑨冷却水温度的影响。

⑩汽油泵膜片破裂而使汽油漏入油底壳；或冷却水漏入。

⑪机油过热致使润滑油黏度过稀。需要检查是否水温过热，是否使用了适宜黏度的润滑油。

⑫燃油稀释了润滑油。一般由于燃烧室内可燃气通过活塞组与缸壁的间隙进入曲轴箱造成，部分车辆用柴油或煤油清洗过发动机，也易造成该故障。可通过检测油样的闪点和黏度检测出。

2）抱轴、烧瓦

汽车曲轴轴颈－轴承是发动机中的主要摩擦副，一般轴承采用双层金属形式，有些则采用多层形式。第一层为钢质瓦背以保证机械强度；第二层为轴承合金以保证表面工作性能，主要有巴氏合金（白合金）、铜铅合金等材料；第三层是在上述两层的基础上再镀以极薄的合金，以进一步改善表面工作性能。在轴瓦表面要镀一薄层银或铟，或对表面进行处理。从润滑角度讲，轴颈轴瓦属于发动机摩擦副中润滑条件较好的一对摩擦副，属于流体动压润滑。根据流体润滑理论，要形成流体动压润滑，必须满足几个条件：摩擦副必须有楔形间隙，形成楔形油膜；润滑油必须有一定的黏度；曲轴转速要达到一定值。而且，轴承所承受的载荷不能大于油膜的承载能力。当轴承轴瓦之间的液体润滑的条件被破坏时，会出现轴颈和轴承金属的直接接触，使轴承表面擦伤，防护层部分脱落，表面高温使金属涂层局部熔融，造成抱轴、烧瓦现象。

因此，出现抱轴、烧瓦现象时，主要都是因为破坏了正常轴承轴瓦的润滑条件，其中机械原因占了很大部分，当然也有润滑油方面的原因。

①由于机械方面原因造成的油压过低。

②曲轴与瓦的质量不好，轴颈与瓦面的光洁度差，尤其是大修更换过轴瓦的车辆，大修中磨轴刮瓦的工作不够精细，接触面过小难以形成油膜，加上瓦背面存在间隙，合金与瓦不能完全紧密贴合而松动走外圆，遮堵油孔致使供油中断形成干摩擦。轴瓦配合间隙不当，过大易造成机油压力低，过小则迅速抱瓦，常见于刚大修过的车。

③油路阻塞，长期不换机油或使用劣质机油滤清器，造成异物进入油道，夹在轴与轴瓦间造成抱瓦。

④使用劣质空气滤清器，造成空气中的颗粒物大量进入发动机，产生磨料磨损，甚至引起抱瓦。

⑤大、小瓦安装不正确，间隙调整不当，接触面积过大或过小，都会使轴与瓦的接触面上难以形成机油油膜。有时轴瓦的紧固螺栓扭力过小，时间长了致使轴瓦松动，也会造成间隙变化影响润滑。

⑥机油泵的齿轮严重磨损失效，供油压力减小，机油难以供应到指定润滑位置，造成轴瓦干摩擦。

⑦机油油道被不洁杂质堵塞，使通往曲轴的机油受到阻隔，形成轴瓦干摩擦。

⑧机油管路发生泄漏，机油循环供应系统压力下降，机油难以供应到指定润滑位置，形成轴瓦干摩擦。

⑨冷车启动时猛轰油门，机油在低温较黏稠状态时尚未泵送到轴瓦，而轴瓦表面已形成瞬时高温，造成金属相互烧熔。

⑩发动机严重超负荷运转，出现长时间低速高扭矩工况，因发动机转速低时机油泵转速也低，供油量不足，但轴与瓦之间却形成高温，造成抱死。

上述机械性问题是造成“烧瓦抱轴”的主要原因。

由于润滑油的原因造成抱轴烧瓦的有：

①由于冷却水渗入机油中，造成机油乳化、变质，黏度完全丧失，在轴与瓦表面不能形成油膜，造成较严重的干摩擦。

②冬季发动机温度过低，使燃油雾化不好，燃烧不完全使燃油顺缸壁流入油底壳稀释了润滑油，也容易造成“烧瓦抱轴”。

③严寒季节使用黏度过大、倾点过高的机油，或不加选择地将一些含有增黏作用的添加剂大量混入机油中，都可能造成机油在油道中流速过慢，不能按时泵送至轴瓦，致使轴瓦之间摩擦。

4.2　发动机冷却液

4.2.1　汽车发动机冷却液的选用

近年来，从国外引进的重型汽车发动机、高档轿车以及国内生产的高档发动机，都十分强调长年使用汽车冷却液。我们应深刻认识冷却液的作用，保持长年使用，从而使汽车具有良好技术状态，取得良好的经济效益。选择冷却液要适当，冰点既不过高也不过低，一般应选择低于当地最低气温 5～10℃为宜，没必要选择冰点过低的冷却液，这主要是考虑到经济性。一般长江以南地区应选用冰点在 -25～-35℃的冷却液；长江以北地区一般应选用冰点 -35～-50℃的冷却液。

在选择冷却液时，尽量选择正规品牌的冷却液，但要注意不同生产厂家的产品不可以混用。市场上的冷却液基本上都是乙二醇型的，以前曾经有过甲醇和乙醇型和甘油型的，由于甲醇、乙醇的氧化安定性差，易挥发，所以逐渐被淘汰了。而甘油型的因为其流动性差也在逐渐退出市场。乙二醇则克服了上述缺点，是目前比较理想的冷却液冰点抑制剂。乙二醇型冷却液不能与其他类型的冷却液混用，但同为乙二醇型的冷却液也不能混用，主要是因为每个合格品牌的冷却液都有一组优良而持久的缓蚀剂，对各种金属有均衡的腐蚀抑制作用。一般的冷却液中的缓蚀剂由几种甚至几十种的化学制剂按一定的配比组成，它们之间具有良好的化学平衡性，也会产生较好的协同作用。不同的品牌有不同的缓蚀剂，一旦混合会打乱原有的平衡，起不到原有的作用，反而会造成对金属的腐蚀。

推荐选用中国石化润滑油公司冷却液产品。中国石化“长城”牌多效冷却液具备优良的冷却性能；优异的防腐蚀性能；低冰点、高沸点、四季通用；符合 GB 29743—2013、ASTM D3306、ASTM D4985 和 ASTM D6210 标准。中国石化“长城”牌全有机型汽车发动机冷却液是一种长寿命、高性能的发动机冷却液，它具有许多传统无机型发动机冷却液无法比拟的卓越性能，为冷却系统提供长期的防腐蚀保护，不含有对环境有害的化学品。

4.2.2　冷却液的存储

发动机冷却液不宜露天存放，避免阳光直晒，宜密封存放在阴凉的环境中。一般情况下，混合型的发动机冷却液存储期不超过 2 年，有机型发动机冷却液存储期不超过 5 年。

4.2.3　冷却液真伪的辨别

目前市场上冷却液种类众多，鱼龙混杂，根据标准要求冷却液在正式投入市场前必须进行一系列质量评估，包括理化分析和台架试验等，产品检验合格后才能投入使用。而一般小调和厂生产的冷却液只使用冰箱对冷却液的冰点测定后即投放市场，这些没有经过正规检验的产品往往具有较强的腐蚀性，会对汽车的冷却系统造成损害，有些冷却液还会将水箱腐蚀穿孔后流入发动机，造成重大事故，因此，在用户选择冷却液时建议选择正规品牌的冷却液。

现在市场上的冷却液有很多种颜色，例如：长城多效冷却液为荧光黄色，长城有机型冷却液为红色，加德士特级冷却液为橙色，蓝星冷却液为蓝色，统力不冻液为红色。冷却液本身是无色透明的液体，这些冷却液之所以做成鲜艳的颜色，主要是为了便于区分和辨别而加入了一些染色剂，另外一个作用就是防止误食。冷却液的颜色与它的性能及质量没有必然的联系。长城多效冷却液制备成特殊的荧光黄色，是加入了荧光物质，主要是为了便于检漏。有些用户在选择冷却液时用“尝”的方式，说甜的是“好冷却液”，苦的是“坏冷却液”，此种方法不可取。用户采用这种方式的主要原因是冷却液的主要成分是乙二醇或丙二醇的水溶液，这两种物质都是甜的，一些杂牌产品为了减少成本采用价格较便宜有苦味的甲醇或酒厂下脚料——杂醇来代替乙二醇或丙二醇，虽然也能获得所需的冰点，但由于这两种物质的沸点很低所以极易“开锅”，所以采用“尝”的方式可以在一定程度上鉴别冷却液，但是这种方式是不科学的，因为甲醇或一些杂醇都有较高的毒性，致死量较低，服用后可能导致失明，严重的还会致命。此外。用这种方法也难以测定冷却液的防腐蚀性能，因此要判定冷却液的“好”和“坏”，还需要科学的手段和设备进行检测和分析。

4.2.4　冷却液的更换

正确更换冷却液对设备来说也是很重要的。

①加注冷却液前一定要对发动机冷却系统进行一次认真的清洗。这是因为冷却液中加有除垢剂和清洗剂，使用前如果没有对发动机冷却系统进行认真清洗，直接加入冷却液后，发动机冷却系统中原有的水垢与冷却液接触后脱落，使冷却液变浊、变稠，甚至变色、变味，严重时堵塞水管、水道或沉淀在水箱下部弯管接头部位，造成散热不良，冷却液不能循环，致使发动机温度过高。为防止这些现象的发生，在加注冷却液前，应使用合格的水箱清洗剂进行清洗，再将清洗液排放，然后用软化水反复冲洗 2 ~ 3 次，以清除发动机冷却系统中原积存的水垢，冲洗完后才能加注冷却液。

②加注冷却液前要检查发动机冷却系统有无渗漏现象，并应及时排除后才能使用冷却液。

③不同厂家生产的冷却液不能混加，混加容易腐蚀发动机和水箱。

④冷却液沸点高、热容量大、蒸发损失小、冷却效率高，需要注意的是使用冷却液时发动机冷却温度要比使用软化水冷却时高出 10℃左右，此时，不能错误地认为是发动机故障，切不可打开水箱盖，以免热气冲出导致烫伤。

⑤因冷却液具有毒性，使用中应注意避免与人体接触，尤其不得弄入眼内。

4.2.5　故障解析

(1)为什么电喷发动机的车辆在夏季更易“开锅”？

相对于传统发动机，电控发动机由于其高转速、高压缩比和高功率的工作特点，使其机械负荷及热负荷更大，摩擦热更高，因此对冷却介质的要求更高。在炎热的夏季，传统发动机中冷却介质的正常工作温度为 80 ~ 90℃，而电喷发动机的冷却介质的正常工作温度要求提高到 95 ~ 105℃。因此建议电喷发动机的用户不要在夏季换上沸点为 100℃的水，而应使用沸点较高且传热性能较好的冷却液作冷却介质。

为什么有时没发觉水箱泄漏，冷却液的液面却下降较快？有些用户反映：有时冷却液“蒸发”很快，没有发觉水箱有泄漏，冷却液的液面却下降较快。其实，冷却液的沸点较高，通常蒸发很小，有时冷却液液面下降是由于水箱里的气阀弹簧老化造成的。平时停车时，水箱内的气压较低，故障不明显。当发动机功率较大时，水温会升高，水箱里的膨胀压力也会随之增大，并将水箱盖的气阀弹簧推开，使冷却液从水箱入水口颈部的胶管流出来。由于此故障常在汽车行驶中出现，流出来的冷却液又会被气流及发动机的高温所蒸发，而且发动机盖也已盖好，所以很难察觉。遇到这种情况，只需换上一个新的水箱盖，故障即会排除。

为什么有时使用冷却液，汽车水箱仍会出现开锅的现象？发动机长期使用后，在散热系统中可能沉积过多的锈垢、水垢及尘土而造成散热困难，使发动机温度过高造成水箱开锅。

(2)气缸盖腐蚀的故障分析。

车用铝合金气缸盖，虽然导热性能好，有利于提高压缩比，能量利用率高，但最大的缺点是刚性差、易变形，特别容易被水中的酸碱物质腐蚀。目前汽车常用的冷却液是乙二醇－水冷却液，是根据当地的最低气温，按规定的配方和比例配成的。乙二醇的缺点是容易氧化并生成酸性物质，配制时要加入缓冲剂、缓蚀剂、消泡剂才能使用，可预防气缸盖各种腐蚀。

(3)冷却系统故障造成发动机过热的原因是什么？

发动机燃烧时，除了做功所利用的热量之外，其他很大部分热量都由冷却系统排出，一旦冷却系统出现故障，就不能及时带走传到缸体的热量，必然导致发动机过热。

(4)冷却液消耗过多的原因是什么？

发动机在运转过程中，冷却液是会逐步蒸发消耗的，当冷却液消耗过多或储量不足，就不能对发动机取得较好的冷却作用，从而导致发动机过热。

解决方法：经常注意检查、补充冷却液。

(5)散热器内水垢过多的原因是什么？

散热器内水垢过多，就会散热不良，不能及时将缸体内的气体燃烧发出的热量传给冷却液带走，而且水垢积存还会阻碍水的流动，从而使发动机发生过热。

解决方法：水垢是沉淀或固着在金属表面的硫酸钙、碳酸钙等物质，清除它们要加入水箱清洗剂，才能使水垢溶解。

(6)风扇皮带变松(或有油污)或损坏如何操作？

若是风扇皮带松弛，可以通过调节电机上的调节臂位置来调整；若是沾有油污，擦净即可；若是风扇皮带损坏，应及时更换，不允许新旧混用。

(7)水泵性能恶化如何操作？

水泵性能的恶化，一般是由于密封产品损坏漏水造成的，所以应拆下水泵，更换或修理损坏的密封件。

(8)节温器失效如何操作？

必须更换新的节温器。

(9)散热器或管路漏水或部分堵塞如何操作？

若散热器漏水，则只能进行补焊；若橡胶管漏水，应加以更换；若发现堵塞现象，则需要疏通或更换管道。

(10)低温下为什么“开锅”？

购买冷却液，刚刚用上几个小时，就看到水箱处冒沫，水箱也开锅了，可一看水温表才70℃左右。而以前用的质量不太好的冷却液却没有这种现象，怎么用名牌的冷却液却开锅了呢？这是由于这些车在夏季使用了自来水而使水箱产生了大量的水垢，而当今优质冷却液具有除垢功能，冷却液中的添加剂与水垢会发生反应，将水垢溶解，同时产生二氧化碳气体。这些二氧化碳气体从水箱盖处冒出产生大量的气泡，这个过程与汽水瓶盖刚启开时冒沫是完全相同的，许多司机却认为是开锅了。这时可以继续将车运行一两天，待泡沫消失后将冷却液放掉，再加入新的优质冷却液即可。

在此要提醒大家，如果在加入冷却液之前，就知道水垢很多的话，最好用水箱清洗剂对冷却系统清洗干净之后，再加入冷却液，这样就不会出现冒沫和开锅现象了。

(11)为什么有的车在使用优质的冷却液之后，冷却液变浑成铁锈色，同时有絮状物产生？

这是由于这些车使用过自来水或劣质的冷却液，已造成发动机冷却系统的锈蚀，由于优质的冷却液具有防锈添加剂，这些防锈添加剂将铁锈溶解到冷却液中，同时将沉积在冷却系统的油泥和水垢清洗下来，这就是所看到的冷却液变成铁锈色和冷却液中有絮状物的原因。

如果水锈不是特别多的话，冷却液可以正常使用，如果水锈过多，在运行数周后，将冷却液放掉，加入新的冷却液即可。

(12) 怎样防止发动机冷却系的油类污染？

A. 油类进入渠道：

①加水用的桶内残留有油脂。

②加注水泵黄油过量，将水泵水封挤坏。

③维修发动机清洗零件用油。

④发动机气缸垫冲坏，连通水道、油道和气缸。

⑤机体、缸盖内部开裂。

B. 预防措施：

①添加冷却水时应当注意水质，加水桶应当清洁，不得有残留物。

②水泵加注黄油应适时、适量。

③发动机气缸垫冲坏应及时修复，不得强行开车。

④维修发动机尽量使用金属清洗剂。

⑤发现散热器里有水垢、油脂应做早期处理，不要等到散热器“开锅”了再做应急处理。

4.3 传动系

车辆传动系一般为齿轮传动，包括变速箱齿轮及后桥齿轮。齿轮是一种重要的传动机构，用于传递运动和动力。从齿轮润滑的角度，齿轮可分为如下三类：①正齿轮、伞齿轮、斜齿轮、人字齿轮和螺旋伞齿轮。②蜗轮蜗杆齿轮。③双曲线齿轮。

以上三类齿轮的几何形状不同，齿轮啮合方式不同，齿轮油膜的形成有显著的差异。正齿轮、伞齿轮、斜齿轮、人字齿轮和螺旋伞齿轮容易在齿面上形成润滑油膜；蜗轮蜗杆齿轮面相对滑动速度大，摩擦热大，较难解决润滑问题，须使用高黏度并含有摩擦改进剂和抗磨剂的齿轮油；双曲线齿轮体积小，传递动力大，齿面相对滑动速度大，齿面上难以形成润滑油膜，是最难润滑的摩擦副之一，须使用加有高活性极压剂的齿轮油。因此，在选择齿轮油时，应根据齿轮的用途、种类选择合适的油品。

4.3.1　传动系选油原则

(1)环境温度和使用负荷/温度。车辆齿轮油的黏度等级选择依据是环境温度，黏度等级选用见表2-4-5。

表2-4-5　汽车辆齿轮油的黏度等级选择

环境温度/℃	车辆齿轮油黏度等级	环境温度/℃	车辆齿轮油黏度等级
-57～+10	75W	-12～+49	90
-25～+49	80W-90	-15～+49	85W-140
-15～+49	85W-90	-7～+49	140

(2)齿轮结构及负荷。

汽车厂商推荐；后桥GL-5，MIL-PRF-2105E；变速箱MTF。

(3)不用低档油。

(4)不同品牌、不同种类的油品不可混合使用。

推荐选用中国石化润滑油有限公司传动系润滑油。

4.3.2　车辆齿轮油产品伪劣区分

目前市场上车辆齿轮油伪劣产品较多，其质量低劣，不能满足车辆使用要求。

判断车辆齿轮油的真伪应通过专业的检测设备来鉴定。对客户来说如何判定真假油品呢？油品可能因为种类质量等级的不同而颜色有深有浅，但是不论颜色深浅，好的油品都应该清澈透明、无沉淀、无杂质结块。车辆齿轮油伪劣产品颜色发黑，有时可观察到分层或沉淀。伪劣产品的基础油中加有渣油、沥青、劣质橡胶或润滑油溶剂精制的抽出油等，这些组分热氧化安定性差，黏温性质差，储存时易析出杂质或有效组分。伪劣产品的添加剂质量低下，添加剂多使用氯化石蜡，加入量不够或配比不当，性能难以达到规格指标。对于用户来说，为了保护自己的爱车，应该尽量购买知名品牌的产品，这样的产品质量有保障，不至于使自己的爱车受到伤害。

4.3.3　传动系常见故障解析

传动系的齿轮在工作时经常遇到的问题有腐蚀、擦伤、点蚀、胶合、沉淀或油泥、齿面磨粒磨损、齿面烧伤、不正常发热、黏度增加、黏度下降、齿轮箱漏油、泡沫等。造成这些问题的因素各不相同，出现了问题要具体问题具体分析，找到问题的解决办法，减少不必要的损失。

1)腐蚀

齿轮腐蚀与以下几个方面有关：①缺少防锈剂；②油中含水；③腐蚀性的极压剂污染物。

改进措施：①用加足够防锈剂的油；②勤排水，勤换油；③防止污染物进入油中。

2)擦伤

造成齿面擦伤的因素：①齿面温度过高；②油膜破裂。

解决方法：①降低操作温度；②使用极压齿轮油。

3）点蚀

出现点蚀的因素：①油黏度太小；②齿面粗糙；③局部压力太高；④重载荷下滑动。

解决方法：①增加油的黏度；②提高齿面光洁度；③使用极压齿轮油。

4）胶合

齿轮胶合因素：①齿面粗糙；②安装误差引起齿轮啮合不良；③低温启动。

解决方法：①提高齿面光洁度；②改进装配质量；③低温启动前预热油；④使用极压抗磨性好的齿轮油。

5）沉淀或油泥

使用中造成沉淀或油泥的因素：①添加剂析出；②遇水乳化油；③氧化生成不溶物。

解决方法：①使用储存稳定性好的油；②使用破乳化性好的油或补加破乳剂；③使用氧化安定性好的油。

6）齿面磨粒磨损

齿面磨粒磨损的因素：磨屑或其他污染粒子。

解决办法：换油，清洁齿轮箱。

7）齿面烧伤

齿面烧伤的因素：①缺油；②载荷过高。

解决方法：①提供足够的油量；②降低载荷。

8）不正常发热

齿轮箱出现不正常发热的原因：①油箱中油太多；②油黏度太大；③齿轮表面油量不足；④载荷过高；⑤齿轮箱外尘土堆积，妨碍散热。

解决办法：①控制加油量；②降低油黏度；③降低载荷；④清洁齿轮箱外壳及邻接的金属部件。

9）黏度增加

车辆齿轮油使用中致使黏度增加的原因：①氧化；②过热。

解决方法：①使用氧化安定性好的油；②避免过热。

10）黏度下降

车辆齿轮油使用中致使黏度下降的原因：黏指剂被剪切。

解决方法：使用剪切稳定性高的黏指剂。

11）齿轮箱漏油

齿轮箱出现漏油的原因：①齿轮箱缺损；②密封件损伤。

解决方法：①更换密封件；②使用与密封件相容性好的油。

12）泡沫

齿轮油中出现大量泡沫的原因：①缺少抗泡剂；②抗泡剂析出；③油面高度不当；④空气进入油中；⑤油中含水。

解决方法：①用含抗泡剂的油；②补加抗泡剂；③控制加油量；④防止空气和水进入油中。

4.3.4　车辆齿轮油的换油周期及换油指标

车辆齿轮油在使用过程中逐渐老化，理化性质和使用性能发生变化，黏度、酸值、油不溶物、水分、铁含量等逐渐增加，达到一定界限就会影响油品使用。经验表明，对于新出厂的车辆，磨合期结束时应换油，以排除磨合时产生的磨屑。在正常运转条件下，中、高档齿轮油的寿命可达50000～60000km。

GL－5重负荷车辆齿轮油的换油指标则参照国家标准GB/T 30034—2013，见表2－4－6。

表2－4－6　重负荷车辆齿轮油（GL－5）换油指标

项目		换油指标	试验方法
100℃运动黏度变化率/%	>	+10～－15	GB/T 265
酸值（变化值，以KOH计）/（mg/g）	>	±1	GB 7304
戊烷不溶物/%	>	1.0	GB 8926 B法
水分/%	>	0.5	GB/T 260
铁含量/（μg/g）	>	2000	GB/T 17476
铜含量/（μg/g）	>	100	GB/T 17476

第三篇 工程机械润滑剂

前　言

工程机械通常是指用于建筑、道路、桥梁、隧道、水利(水坝)、铁路等施工使用的机械。工程机械包括的种类繁杂，常见的有可移动式空气压缩机、风动(压缩气动)工具、柴油机打桩机、钻孔机械、推土机、液压挖掘机、铲斗式装载机、铲运机、平地(路)机、天车(龙门吊)、升降机、带式输送机、装载机(叉车)、汽车起重机、卸料机、破碎机、盾构机、高空作业平台、混凝土泵车等，各种设备的润滑类型与方式存在较大的差异，因此对润滑油的产品类型与性能要求也是不同的。

工程机械是量大面广、品种繁多的设备，其结构特点、工况条件及使用环境条件有很大差异，对润滑系统和使用的润滑剂有不同的要求。工程机械中的主要润滑部件为发动机、轴承、齿轮、制动系统、传动系统、离合器、液压系统、凸轮等典型机械零部件，标准化、通用化、系列化程度高。主要润滑部件对润滑剂的性能要求如下：

(1)发动机。工程机械发动机由于其转速、压缩比和功率以及工作特点和工作环境差异较大，其常常在超载、大功率、低速工况下工作，选用合适的内燃机油是保证发动机正常工作、延长其使用寿命的重要条件。选择内燃机油应根据发动机结构特点和要求，先确定其合适的质量等级，再根据发动机使用工况、车况、外部环境温度等选择该质量等级中的黏度等级。

(2)轴承。由于滚动轴承具有摩擦系数小、运转安静等优点，因而机动机械上大多采用滚动轴承。滚动轴承多采用润滑脂进行润滑，但其中 d_n 值在200000以上或轴速在5m/s以上的高速滚动轴承使用润滑油润滑。

(3)齿轮。齿轮是一种重要的传动机构，用于传递运动和动力，工程机械的齿轮的冲击和振动大，负荷较大，而一般需要使用含极压添加剂的润滑油。需要注意的是，齿轮可能处于高温、振动、有气、水、尘埃等环境中，这些因素极大地影响着润滑过程，冲击负荷较大的冲压或剪切机床的齿轮，应使用含极压抗磨剂的齿轮油。

(4)液压系统。为保证液压系统正常和稳定工作，液压油是液压系统实现能量传递、转换和控制的工作介质，此外，还担负着系统的润滑、防锈、防腐和冷却等作用。液压油性能的优劣直接影响到系统动作的灵活、准确和可靠。液压油的性能要求是根据液压系统的设计参数、运行状况、液压泵的结构和工作环境确定的。

(5)制动系统。机车制动液又称刹车液，是用于机车液压制动系统中传递压力(能量)的一种功能介质，具有传能、散热、防锈防腐蚀、润滑等作用。其性能直接关系到汽车的行车安全性，选用时需根据发动机技术水平、制动系统结构、路况、工作环境对制动液的性能要求有所不同。制造商通常在维护手册和车辆使用中，明确指出制动系统所用零配件的规格及制动液的技术要求。因此，必须按照车辆技术性能要求，使用相应质量等级的制动液产品。

工程机械的种类繁多和工作特点复杂，其润滑主要包括发动机、轴承、齿轮、液压系统、制动系统、传动系统的润滑，因此工程机械用润滑剂主要为内燃机油、润滑脂、工业齿轮油、液压油、汽轮机油和制动液等。

第1章 工程机械润滑油一般性能要求和选油原则

1.1 工程机械润滑的特点

工程机械大多数都是移动式或自行式，因此要求体积小、重量轻、速度快、功率大，而且可靠性高、检修方便等。主要特点有：

(1)发动机是工程机械的关键，要求十分可靠，并保证有较高的效率，由于工程机械使用环境较为恶劣，因此要求发动机润滑产品需具备较为优异的性能。

(2)机械运转条件变化多，负荷变化大，开开停停，冲击振动较大，所用润滑油必须具有良好的油性与极压性能。

(3)野外露天作业多，常受到风吹雨淋和尘埃侵袭。温度变化大，因此所用油品必须具有良好的黏温性能，油品的抗氧化性能好。

(4)由于作业的复杂情况，因此机械运转速度变化大，且开停频繁，要求润滑油有良好的抗磨性能。

(5)一般施工现场距基地较远，而维修保养也多有不便，因此要求润滑油有长的寿命和好的润滑性能。

(6)施工现场环境不同，地方狭窄，活动不便，操作受到限制，要求润滑油耐用期长、更换与加注方便。

(7)施工现场工作人员多，障碍物多，安全工作存在一定的难度，而且要求动作十分灵活可靠，特别是液压操作的机械，要求液压系统工作必须准确，对于使用伺服阀等高精密阀件的高压液压系统，要求使用具有较高清洁度的液压油。

(8)施工机械种类多，设备差异大，结构复杂，工作条件差别大，对润滑维护要求也不同，因此对润滑剂的要求高。

1.2 工程机械润滑油(脂)性能要求

根据工程机械的种类繁多和工况特点复杂等具体情况，对其润滑剂性能的综合性要求较高。

1.2.1 对润滑油的性能要求

(1)运动黏度要适当。严格按照设备说明书的要求，选用适当黏度、质量符合要求的润滑油。

(2)要有良好的黏温性能。为避免润滑油黏度随温度快速变化，影响设备的正常使用，要求油品有良好的黏温性能，由于表征油品黏温性能的指标是黏度指数，就是说要求润滑油有较高的黏度指数。必须充分考虑到工程机械的施工环境温度。

(3)要有良好的氧化安定性。由于某些施工机械的备品较少，特别是部分工程对工期有要求，要求设备长期不停地工作，此外在建设工地对设备的检修和换油都不方便，因此要求润滑油具有较长的寿命。

(4)要有良好的防锈和防腐蚀性。工程机械大多在户外露天、风吹、日晒、雨淋的条件下工作，因此要求润滑油有良好的防锈性能；有些机械在有腐蚀性气体或烟尘的环境里工作，因此要求润滑油具有良好的防腐蚀性能。

(5)要有良好的抗磨性能。工程机械的特点就是工作负荷变化大，开停频繁，运动方向变化多，甚至有振动负荷或冲击负荷等特点，对润滑油膜的形成和保持都不利，因此根据负荷情况要求润滑剂具有必要的抗磨性或抗极压性能。

(6)要求良好的耐水性能。工程机械大多在户外工作，易受雨水或潮气的侵袭，因此要求润滑油有良好的抗乳化性和油水分离性。

(7)要求良好的密封性能和密封材料适应性。由于工程机械可能在尘埃或有害杂质飞扬的情况下工作，因此要求润滑剂具有密封性能以及和密封材料的适应性，以防止杂质的侵入和漏油。

1.2.2 对润滑脂的性能要求

根据工程机械的特点，如负荷变化大，开开停停，冲击振动较大，机械运转速度变化大，且开停频繁，大多在户外露天风吹、日晒、雨淋的条件下工作，温差大，所以要求润滑脂必须具备以下性能才可以满足工程机械设备的运行要求。

(1)适宜的稠度。用锥入度表示，是润滑脂稠度和软硬程度的衡量指标。

(2)优良的胶体安定性(析油性)。指在外力作用下润滑脂能在其稠化剂的骨架中保存油的能力，用分油量来判定。当润滑脂的析油量超过5% ~20%时，此润滑脂基本上不能使用。

(3)优良的抗水性能。指在水中不溶解、不从周围介质中吸收水分和不被水洗掉的能力。

(4)优秀的极压抗磨性能。指在设备负载较大时，通过减磨作用有效避免摩擦副表面的磨损。

(5)好的机械安定性。指在机械工作条件下抵抗稠度变化的能力。机械安定性差，易造成润滑脂的稠度下降。

(6)优良的氧化安定性。指在储存和使用中抵抗氧化的能力。

(7)优良的蒸发损失。指在规定条件下，其损失量所占总量的百分数。它是影响润滑脂使用寿命的一项重要因素。

1.3 工程机械润滑油脂的一般选取原则

1.3.1 根据机械的工作条件选用

(1)载荷。载荷大的，选用黏度大、油性或极压性能优良的润滑油。

(2)运动速度。机械润滑部位摩擦副运动速度高的，应选用黏度低的润滑油；低速部件可选用黏度高的润滑油。

(3)温度。对低温环境下使用的机械，应选用黏度和倾点较低的润滑油；对于工作温度高的机械，则应选用黏度高、闪点高、氧化安定性好的润滑油。

(4)环境温度和与水接触情况。在潮湿的工作环境里，或与水接触较多的工作条件下，应选用抗乳化性能较强、油性和防锈性能较好的润滑油。

1.3.2 根据润滑油名称与使用对象一致以及所要求的油品性能选用

(1)根据油名。油名一般用于相同名称的机械部件，并且油品的性能符合该润滑件要求，如齿轮箱润滑用适宜的齿轮油，轴承润滑用适宜的轴承油。

(2)根据性能。有的油品虽然与所需润滑的部件名称不一致，但油品的性能能够满足甚至更能满足润滑部件的润滑要求，也能选用。如工程机械中轴承润滑，以前大多采用相应的轴承油或全损耗系统油。由于机械的发展，要求所用的油品性能更好、更全面，因而选用了 L－HL 抗氧防锈液压油作为全损耗系统油的升级换代品，因为 L－HL 抗氧防锈液压油比之全损耗系统油有更好的抗氧防锈性、抗乳化性和抗泡性等，更能满足现代工程机械的轴承等部件的润滑要求。

1.3.3 工程机械润滑脂的选择和使用

设备运行良好是设备维护的最终目的，根据设备要求选用综合性能优良的润滑脂品种是实现这一目的最基本条件，选择润滑脂时，主要应考虑摩擦副的工况(负荷、速度、温度)、工作状态(连续运转、断续运转、有无振动和冲击等)和工作环境(湿度、气温、空气污染程度等)。

1.3.3.1 工程机械润滑脂的选择

(1)根据设备工作温度选用润滑脂。主要看润滑脂的滴点、蒸发量及高温水淋性能、基础油的黏度，润滑脂的使用温度应至少低于其滴点 20～30℃。在使用温度高时，应选择抗氧化性能好、蒸发损失小和滴点高的脂；在使用温度低时，应选择低启动矩、相似黏度小的脂，如以合成油为基础油的脂。

(2)所选的润滑脂应与被润滑摩擦副的使用速度相适应。在高转速时，要选用低黏度基础油制成的锥入度较大的润滑脂；对于低速用的脂，应选择以高黏度基础油制成的高锥入度牌号的润滑脂。

(3)所选润滑脂应与负荷大小相适应。重负荷时，应选择基础油黏度高、稠化剂含量高的润滑脂；负荷特别大时，应注意选择加有极压添加剂或填料(二硫化钼、石墨)的润滑脂；中低负荷时，一般选用 2 号稠度皂纤维结构短、中等黏度基础油的润滑脂。

(4)所选润滑脂应与所使用的环境条件相适应。在空气潮湿或与水接触的环境下，应选用如钙基、锂基、复合锂基等抗水性好的脂；尘埃多时，应选择较稠硬(即牌号高一些)的脂，这样密封性较好，可防止杂质混入摩擦副中。在强化学介质环境下，应选用合成油润滑脂。

(5)所选润滑脂应与摩擦副的供脂方式相适应。属集中供脂时，应选择 00～1 号润滑脂；对于定期用脂枪、脂杯等加注脂的部位，应选择 1～3 号润滑脂；对于长期使用而不换脂的部位，应选用 2 号或 3 号润滑脂。

(6) 所选润滑脂应与摩擦副的工作状态相适应。在振动较大时，应用黏度高、黏附性和减振性好的脂，如高黏度环烷基或混合基润滑油稠化的复合皂基润滑脂。

(7) 所选润滑脂应与其使用目的相适应。对于润滑用的脂，须按摩擦副的类型、工况、工作状态、环境条件和供脂方式等的不同而作具体选择；对于保护用的脂，应能有效地保护金属免受腐蚀，如保护与海水接触的机件，应选择黏附能力强、抗水能力大的铝基润滑脂；一般保护用脂，可选用固体烃稠化高黏度基础油制成的脂；对于密封用脂，应注意其抵抗被密封介质溶解的性能。

(8) 润滑脂应尽量保证减少脂的种类，提高经济效益。满足要求的情况下，尽量选用锂基脂、复合皂基脂、聚脲脂等多效通用的润滑脂。这样，既减少了脂的种类，简化了脂的管理，且因多效脂使用寿命长，可降低用脂成本，减少维修费用。

1.3.3.2 工程机械润滑脂的正确使用

(1) 所加注的润滑脂量要适当。加脂量过大，会使摩擦力矩增大，温度升高，耗脂量增大；而加脂量过少，则不能获得可靠润滑而发生干摩擦。一般来讲，适宜的加脂量为轴承内总空隙体积的 1/3～1/2。但根据具体情况，有时应在轴承边缘涂脂而实行空腔润滑。

(2) 注意防止不同种类、牌号及新旧润滑脂的混用。避免装脂容器和工具的交叉使用，否则将对脂产生滴点下降、锥入度增大和机械安定性下降等不良影响。

(3) 重视更换新脂工作。由于润滑脂品种、质量都在不断地改进和变化，老设备改用新润滑脂时，应先经试验，试用后方可正式使用；在更换新脂时，应先清除废润滑脂，将部件清洗干净。在补加润滑脂时，应将废润滑脂挤出，在排脂口见到新润滑脂时为止。

(4) 重视加注润滑脂过程的管理。在领取和加注润滑脂前，要严格注意容器和工具的清洁，设备上的供脂口应事先擦拭干净，严防机械杂质、尘埃和砂粒的混入。

(5) 注意季节用脂的及时更换。如设备所处环境的冬季和夏季温差变化较大，如果冬夏用脂颠倒，结果将适得其反。

(6) 注意定期加换润滑脂。润滑脂的加换时间应根据具体使用情况而定，既要保证可靠的润滑又不致引起脂的浪费。

(7) 不要用木制或纸制容器包装润滑脂。防止失油变硬、混入水分或被污染变质，并且应存放于阴凉干燥的地方。

润滑脂的各种性能是相互联系的，有的性能甚至是相互制约的，所以，选择润滑脂时，要对设备的各种工况条件考察仔细，再选择综合性能可以满足设备要求的产品，这样，才能达到润滑、维护设备的目的。润滑脂为胶体结构并加有各种添加剂，在搬运和储存过程中，要尽量避免高温、水或粉尘等杂质、剧烈震荡等因素对它的影响。在润滑脂管理中，最好做到定人、定点、定质、定时、定量，以使它发挥更大的作用。

第2章　工程机械的主要种类、润滑部位和推荐用油

工程机械的种类多，各种机械的润滑技术和对润滑油(脂)的性能要求及选用必须有针对性，按照设备的要求合理地选用润滑剂，确保设备的高效、长周期及长寿命。

2.1　可移动空气压缩机

工地用空气压缩机是提供施工压缩空气的设备，一般都是小型的低压压缩机。由于设置在现场，常用临时性或移动性的基础，造成运转不稳和振动较大。而且这种专用压缩机(无论是活塞式还是回转式)都是体积紧凑，采用风冷的形式，因此对润滑油质量要求较高。一般要用热氧化安定性好、结焦倾向小、积炭少且松软的、防锈与防腐蚀性能好，40℃时运动黏度在28.8～50.6mm^2/s、具有良好抗磨性能的润滑油，即牌号为32号、46号的润滑油。而其驱动所用的动力机械，则应根据设备的类型选用合适的润滑油。

2.2　风动(压缩气动)工具

风动工具是工程施工中常用的设备，有风镐、风钻、空气锤等。由于风动机械的振动大，且为高冲击负荷，因此要用有较高极压性能的润滑剂。回转式工具的行星齿轮和轴承，用40℃时运动黏度为90～110mm^2/s稠化的、具有抗磨性能的1号、2号极压锂基润滑脂。活塞式工具的活塞、气缸、阀等的润滑，在一般温度下多用46号或68号的润滑油。

2.3　柴油机打桩机

柴油机打桩机(机动吊锤)是由发动机直接驱动的锤式打桩机，受重负荷和冲击负荷，是建筑工程地基打桩最常用的设备。其主要部件除发动机外，主要有活塞和气缸组，由于温度较高，因此下部活塞润滑要用黏度较高、高闪点的高质量润滑油，见表3－2－1。

表3－2－1　柴油机吊锤式打桩机用润滑油

润滑部位	润滑方式	润滑油质量水平	常用黏度/(mm^2/s)及脂号参考	
			40℃	100℃
上部活塞油底壳(冲压油凹)	油浴	CD、CF－4、CH－4、CI－4等质量级别柴油机油	>15(气温) SAE 40 <15(气温) SAE 30	12.5～16.3 9.3～12.5
下部活塞油底壳(砧座)	油杯	汽缸油	612～1100	38～55
观察孔旋塞	涂抹	耐热润滑脂、锂基脂、复合钙基脂	2号	
转向导杆	涂抹	极压复合锂基脂	1号	

2.4 钻孔机械

钻孔机械是建设工程中常用的机械，种类和规格很多，但大体分为电动机驱动和内燃机驱动两类，也有用压缩空气驱动的小型钻孔机。对润滑油的要求是抗氧化、抗磨损性能好的通用型润滑油。履带式钻机的润滑油选用见表3－2－2。

表3－2－2 履带式气动钻孔机用润滑油(脂)

<table>
<tr><th colspan="2" rowspan="2">润滑部位</th><th rowspan="2">润滑方式</th><th rowspan="2">润滑油质量水平</th><th colspan="2">常用黏度/(mm²/s)及脂号参考</th></tr>
<tr><th></th><th>ISO VG</th></tr>
<tr><td colspan="2" rowspan="4">液压系统油箱</td><td rowspan="4">油环，泵送</td><td rowspan="4">防锈汽轮机油、抗磨液压油(随使用温度的降低可依次选用L－HM、L－HV、L－HV质量等级的产品)</td><td>－40～40℃</td><td rowspan="2">32</td></tr>
<tr><td>28.8～35.2</td></tr>
<tr><td>>40℃</td><td rowspan="2">46</td></tr>
<tr><td>41.1～50.6</td></tr>
<tr><td rowspan="2">空气马达</td><td>气缸</td><td>喷雾</td><td>内燃机油或极压汽轮机油</td><td>61.2～110</td><td>68，100</td></tr>
<tr><td>轴承</td><td>飞溅、脂枪</td><td>防锈汽轮机油或防锈抗氧通用脂(锂基、复合钙基等)</td><td>41.4～50.6
2号</td><td>46
2号</td></tr>
<tr><td colspan="2">密闭式齿轮(减速齿轮)</td><td>油浴</td><td>L－CKC、L－CKD工业齿轮油</td><td>100～460</td><td>100、150、220、320、460</td></tr>
<tr><td colspan="2">轴承</td><td>脂枪</td><td>防锈抗氧通用极压脂、锂基、复合钙基脂</td><td>2号</td><td>2号</td></tr>
<tr><td colspan="2">管线供油润滑装置</td><td>喷雾</td><td>防锈汽轮机油、极压汽轮机油或内燃机油</td><td>61.2～74.8</td><td>68</td></tr>
<tr><td colspan="3">中心升降器、前齿轮、链轮、弹簧钩、诱导轮、上滚、下滚、支杆、铰链拆叶销</td><td>防锈、抗氧通用极压锂基或脂复合钙基</td><td>2号</td><td>3号</td></tr>
</table>

2.5 推土机

推土机是工程施工中最常用的关键机械，是平整土地、道路建设、挖掘工程中不可缺少的设备。由于使用条件苛刻而且变化大，如山间寒地、池沼湿热等野外作业环境，所以对润滑剂要求严格而特殊。

驱动动力一般多用高速、高强化系数的柴油机，需要满足API CD以上的柴油机油(考虑到温度与节能，最好使用多级通用型内燃机油)。

液压系统用润滑油则应考虑到野外环境温度变化因素，因此使用的液压油要用具有良好黏温性能的高压抗磨液压油(最好使用低温型液压油)。

减速齿轮等要用多级极压型车辆齿轮油。

履带行走装置包括启动轮、导轮、上下转轮及履带等，滑动部分的负荷大、有冲击、杂质多而润滑条件差，一般用齿轮油或内燃机油润滑。齿轮油负荷性能好，但耐热性差，遇水易乳化等，因此尽可能选用内燃机油。也可用具有防锈性能的极压锂基或复合钙基脂。

需要用润滑脂润滑的部位最好选用多效通用的2号极压锂基润滑脂。推土机选用油脂见表3－2－3。

表3－2－3 推土机用润滑油脂

润滑部位		润滑方式	润滑油质量水平	常用黏度/(mm^2/s)及脂号参考	
				40℃	100℃
内燃机	油底壳(曲轴箱)燃料喷射泵控制装置启动马达；计时表	油浴压送油浴	CD、CF－4、CH－4、CI－4等质量级别柴油机油10W/30	—	9.3～12.5
	计时表、冷却水泵	脂枪	—	2号复合锂基脂	
传动系统	变速箱、转向离合器杆轴、钟锤杠杆轴(操纵手把轴)、制动器踏板、助推器弹簧	脂枪	多用途极压锂基脂或复合钙基脂	2号	
	最终减速齿轮箱、变速箱	油浴	GL－4 80W/90	150Pa·s －26℃以下	>7 13.5～24
回转装置	主动小齿轮启动轮轴轴承、对角链条、上下滚轮轴、引导滚轮轴	脂枪	多用途极压锂基脂或复合钙基脂	2号	
铲斗	液压系统	压送循环	低温抗磨液压油、汽轮机油	32号、46号	
	升降臂轴、升降缸支撑轴、倾卸缸轴、倾斜杠杆销、铲斗销、铲斗操作杠杆轴、其他	脂枪	多用途极压锂基脂或复合钙基脂	2号	

液压操纵推土机的内燃机曲轴箱、转向离合器(变速箱、扭矩变换器)、终级动齿轮箱、反冲弹簧箱等用10W/30 CD、CF－4以上柴油机油，液压罐用黏度为10W/30、添加有FM剂的CD级柴油机油；风扇皮带轮、张紧轮、张紧轮托架、支撑螺旋、气缸支架轭、倾斜气缸球接头、顶梁球接头、臂杆球接头、变扭器主轴、对角拉条、万向节、空转调整杆、变扭器联轴节、平衡梁轴、制动脚踏杠杆轴、燃料调整杠杆轴、减压杠杆轴、减速、变速杠杆轴、转向杠杆轴、刮板杠杆轴等用2号锂基脂。

2.6 液压挖掘机

挖掘机(液压大铲或挖斗)是工程机械的一类主要机种，是土石方工程中的主要施工设备，主要应用于工业与民用建筑、交通、水利电力、管道、农田改造、矿山采掘以及现代化军事等工程的施工。据统计，工程中约有60%～75%的工程量由挖掘机完成，被誉为工程机械之王。主要分为单斗挖掘机和多用途挖掘机，其中单斗挖掘机又可分为履带式、轮式、汽车式和步履式等类型。这种机械的作业条件苛刻，负荷变化大，甚至在更换工作装置和属具后还可进行更高冲击负荷的作业，如破碎、装卸、起重和打桩等。因此对所用润滑油(脂)油膜强度要求高，黏附性好，一般要求所使用的润滑油有较好的油性和极压抗磨性能。由于挖掘机的工作环境不好，经常在风吹雨淋和尘土飞扬的条件下工作，因而必须加强润滑部位的防尘、防雨等防护措施，以免尘埃雨雪等进入，增加机械磨损和促使润滑油(脂)变质。

液压式挖掘机用润滑油脂见表 3-2-4。

表 3-2-4　液压式挖掘机(铲斗)用润滑油脂

润滑部位	品种及常用黏度等级参考
内燃机油底盘(曲轴箱)	-20~0℃，CD 级别以上柴油机油，SAE 10W/30； -10~35℃，CD 级别以上柴油机油，SAE 30； 25~40℃，CD 级别以上柴油机油，SAE 40
液压装置系统	-20~0℃，L-HV 低温液压油，ISO VG，22，32； -10~40℃，L-HM 抗磨液压油(高压)，ISO VG，32，46
回转装置、泵、变速箱、马达、减速齿轮、停车制动	-20~40℃，GL-4 车辆齿轮油，SAE90 或 CD 级 15W/40 柴油机油
吊杆、悬臂、铲斗、气缸销、回转轴承、回转齿轮、中央联结、液压调整装置、传动轴、操纵杆	多效通用极压锂基脂 2 号(冬天用 1 号)

2.7　装载铲

铲斗式装载机有两种：一种为履带式液压长单臂挖掘装载并用的牵引动力铲，也称挖掘铲；另一种为轮带式液压短双臂推土装载并用的轮式装载铲，也称装载推土铲。我国常称前者为挖掘机，后者为装载机或铲运机。相同之处是两者都带有铲斗，都可用于沙、石、土等的装载；不同之处是前者有挖掘功能，后者具有推平或成堆功能，前者扬程高而后者低。

挖掘机用油情况：发动机使用 CD 级以上的柴油机油(或通用发动机油)，黏度级别一般为 SAE 10W/30；齿轮箱一般使用 GL-4 或 GL-5 质量等级的车辆齿轮油，黏度级别一般为 SAE 75W/90。液压箱使用黏温性能好的低温抗磨液压油(最好使用 L-HV 低温液压油或 L-HS 超低温液压油)，常用黏度等级参考 ISO VG32 或 46。至于轮毂、底盘、悬挂、转向、操纵等部位使用锂基润滑脂或复合钙基润滑脂。

2.8　铲运机

铲运机也称为铲斗车，是土方工程或矿山开采常用机械。铲运机可以节省装卸倒运的麻烦，适用于近距离搬运之用，如矿产、沙石料等的倒堆、送料等，近距离的挖高补低等平整土地之用。铲运机的工作条件变化多，挖掘时的负荷极大而且有振动和冲击，铲运时方向变化多，且一般都是行走在高低不平的地面上，因此要求所用润滑油(脂)的油性和极压性能好，油膜强度大，并能耐冲击负荷。

此外，由于野外露天作业，要求润滑油具有良好的黏温性能、密封适应性能以及良好的抗乳化及水解安定性能。

两种铲运机润滑适用油脂见表3-2-5。

表3-2-5 铲运机用润滑油(脂)

机械名	润滑部位	油润滑			脂润滑	
		性能	运动黏度/(mm^2/s)	ISO VG	脂基性能	NLGI 号
(1)262B 铲运机(大型)						
发动机 变速箱 旋转装置 悬挂装置 风扇 万向节	油底曲轴活塞等(前后) 齿轮、差速器及行星轮等(前后) 旋转臂连接转向支承销等轴承(前后) (前后)	CD、CF-4、CH-4、CI-4级柴油机油 GL-5或GL-4	—	SAE 15W/40或10W/30 SAE 80W/90或75W/90	极压锂 极压锂 极压锂 极压锂	2号，3号 2号，3号 2号，3号 2号，3号
液压装置 制动装置	液压系统油泵油箱 制动油缸(前后)	低温液压油合成制动液	28.8~50.6	32号，46号	—	—
铲斗装置(后) 液压制动(后)	油缸、操纵杆和推板油缸关节销壳体，铲斗挡板枢轴挡板导轮主制动缸	—	—	—	极压锂 极压锂	2号，3号
(2)ZL40 铲运机(小型)						
发动机 传动装置 液压装置 制动装置 铲斗 动臂装置 操纵机构 变扭器变速器	油底、曲轴、活塞等 前后桥、转向器车轮 油箱、泵、液压系统 制动缸、制动系统 销轴、拉杆销轴 拐臂、动臂缸头、大臂铰接轴动臂 缸座、铰接架、起落油缸及架转向油缸铰接点 传动轴，万向节各油底和润滑点	CD、CF-4、CH-4、CI-4柴油机油 GL-4车辆齿轮油 抗磨液压油 合成制动液 抗磨与液力传动油	28.8~50.6	SAE15W/40或10W/30 SAE 75W/90或80W/90 32 32号，46号 32号	极压锂 极压锂 极压锂 极压锂	2号，3号 2号，3号 2号，3号 2号，3号

注：油缸即液压动力传动缸。

2.9 平地(路)机

平地机是道路工程、建筑工程和农田建设中平整土地必需的机械。平地机的负荷和运转方向经常变化，而且是满负荷与空负荷交替使用的，尤其是负荷量偏向一个方向，而摩擦部分经常被磨偏变形而不利润滑，因而要求润滑油(脂)的润滑性能极好，黏附性很强。由于在尘土飞扬的条件下工作，还要有良好的密封性。平地机润滑见表3－2－6。

表3－2－6　平地(路)机用润滑油(脂)

润滑部位	油润滑			脂润滑	
	种类质量等级及	黏度/(mm^2/s)	ISO VG	脂基性能	NLGI 号
发动机：曲轴箱、活塞气缸；变速箱：变速齿轮、差速齿轮；双驱动：壳体、铲刀操纵装置(提升、变位、油缸、接头)	CD 以上柴油机油	9.3～12.5(100℃)	SAE 10W/30	—	—
传动行走装置：前后桥齿轮、前轮链轴承、圆环驱动壳	GL－5 车辆齿轮油	4.1～24(100℃)	SAE 75W/90 或 SAE 80W/90	—	—
液压装置：液压泵、系统、油箱；圆环导向板：环转动表面，斜臂导向轴承，主销轴承，斜杆轴承；油缸导销、泵驱动万向节、绞车连接轴承(上、下)、风扇轴承	L－HV 低温液压油	28.8～50.6	VG32 、VG46	极压锂	2 号，3 号

2.10 天车(龙门吊)

天车(龙门吊)是建筑工程预制件现场搬运工具，都是在露天使用的。机件种类多，结构也较复杂，要求润滑剂品种较多，特别要求具有良好的防锈性能和耐水淋及耐高温及低温性能。润滑剂选用情况见表3－2－7。

表3－2－7　天车(龙门吊)用润滑油(脂)

润滑部位		润滑方式	要求使用性能及质量水平	油黏度/(mm^2/s)及脂号	
				40℃	100℃
齿轮减速机	闭式	飞溅	多效通用中等极压车辆齿轮油 GL－4，SAE 90	—	14～24
	开式	涂抹	—	—	100～150
轴承	滚动	脂枪	多效通用锂基脂(或复合钙基脂)	2 号	
	滑动	脂杯集中		2 号 0 号	
吊钩总成	吊钩挡块	脂杯	多效通用锂基脂(或复合钙基脂)	2 号	
可绕接头钢索	齿轮式－	油浴 涂抹	多效通用中等极压车辆齿轮油 GL－4，SAE 90 混脂齿轮油 8comp	—	14～24 120～200
随动升降机		封入	ISO VG 7，10 重负荷锭子油	6.12～11.0	—
机械制动装置		油浴	ISO VG 68 L－HM 抗磨液压油	61.2～74.8	—
推进器(顶推装置)		油浴	重负荷锭子油 ISO VG 7，10	6.12～11.0	—

2.11　升降机

升降机是高层建筑施工和使用的专用设备，一般设在室内，但其动力驱动设备的工作温度则是接近室外温度，因而所使用的润滑油必须具有良好黏温性能及极好的低温流动性能。蜗轮减速装置使用极压型蜗轮蜗杆油，黏度牌号为 ISO VG 220、320 专用导轨油，黏度牌号为 ISO VG 68、100。

2.12　带式输送机

带式输送机是建设工程中常用的高效率运输机械之一，用于大批散装物料短距离运输，设备简单，操作方便。但由于其工作条件受尘埃或风雪等侵袭，要注意设备的润滑和维护，完善润滑部位的密闭防尘设施，并要求所用润滑油(脂)有利于密封和防尘，并具有耐水、防锈等性能。

①滚动轴承、滑动轴承、链索销子用锂基脂或复合钙基脂。

②轴套轴瓦用 0 号或 1 号锂基或复合钙基脂。

③滚动轴承用 ISO VG 46 或 68 防锈汽轮机油或极压汽轮机油。

④减速齿轮、蜗轮蜗杆用 ISO VG 460 极压型蜗轮蜗杆油。

⑤密闭齿轮用 ISO VG 150(或 220) L－CKC 或 L－CKD 工业齿轮油。

⑥开式齿轮用 8 comp 混脂齿轮油。

2.13　叉车

叉车是建筑安装工程和工业生产中常用的装卸和搬运工具。一般叉车的动力驱动所用润滑油和一般内燃机相同，其他润滑油则依叉车的大小、结构和工作条件有所不同。具体用油脂情况与铲运机一致。

2.14　汽车起重机

汽车起重机(汽车吊)是工程建设中使用最广的起重设备，一般有机械悬臂式和液压悬臂式两种，起吊重量和提升高度有多种不同的规格。驱动部分按发动机的要求及环境温度选用合适的内燃机油质量等级与黏度牌号；其他各部位的润滑油(脂)的选用可参考表 3－2－8。

表 3－2－8　汽车起重机用润滑油(脂)

润滑部位	润滑方法	要求使用性能及质量水平	油黏度等级、脂号
液压油传动装置	循环	L－HV(HS)或低倾点 L－HM 抗磨液压油	ISO VG 32（或 46）
尼龙板	脂枪	多效通用锂基脂或复合钙基脂	2 号
伸缩缸铰链	脂枪	多效通用锂基脂或复合钙基脂	
导向滑轮	涂抹	多效通用锂基脂或复合钙基脂	1 号
钢丝绳	涂抹	防锈脂	—
绞盘齿轮箱	油浴	L－CKD 工业齿轮油	ISO VG 220～460

续表

润滑部位	润滑方法	要求使用性能及质量水平	油黏度等级、脂号
回转减速齿轮箱	油浴	L-CKD 工业齿轮油	ISO VG 220~460
回转减速小齿轮	涂抹	多效通用锂基脂或复合钙基脂	2号
回转轨道齿轮	涂抹	多效通用锂基脂或复合钙基脂	
回转轨道	涂抹	多效通用锂基脂或复合钙基脂	
起重器悬臂梁、滑动面	涂抹	多效通用锂基脂或复合钙基脂	
起重器伸缩缸绞索	脂枪	多效通用锂基脂或复合钙基脂	
主、副卷绞盘鼓	脂枪	多效通用锂基脂或复合钙基脂	
万向节接头	脂枪	多效通用锂基脂或复合钙基脂	
花键轴	脂枪	多效通用锂基脂或复合钙基脂	

2.15 卸料机

卸料机(卸载机)是建设工程中卸大批沙石、煤炭等散装物料常用的搬运设备。一般多为间断性或突击性的运转，而且载荷变动大，甚至有冲击性和振动性。大都是在露天、风尘、雨雪等不利条件下运转，因此要求所用润滑油(脂)的抗氧化性能、润滑性能、黏附性能、抗乳化性能和耐水淋性能良好。常用卸料机润滑油(脂)选用见表3-2-9。

表3-2-9 卸料机用润滑油(脂)

润滑部位	润滑方法	要求使用性能及质量水平	油黏度/(mm^2/s)及脂号
驱动机械 (电动机和发动机)	—	根据设备制造商推荐的质量等级	—
连杆联结部槽轮	填充	多效通用锂基脂或复合钙基脂	2号
车轮轮毂轴承(滚动)	填充	多效通用锂基脂或复合钙基脂	2号
止推轴承(滑动)	填充	多效通用锂基脂或复合钙基脂	2号
夹轨器(滑动)	填充	多效通用锂基脂或复合钙基脂	2号
回转第二齿箱	填充	多效通用锂基脂或复合钙基脂	2号
卷起开停限位开关齿轮箱	填充	多效通用锂基脂或复合钙基脂	2号
润滑脂集中供油润滑部位	集中润滑	极压润滑脂	0或1号
齿条小齿轮及其他开式齿轮	涂抹	极压润滑脂	1号
卷起密闭齿轮箱、齿轮联轴节、循环减速器、牵引机械供油罐、行走齿轮箱	油浴	L-CKD 工业齿轮油	ISO VG 100、150
回转蜗轮蜗杆箱	油浴	L-CKE/P 极压蜗轮蜗杆油	ISO VG 100、150
夹轨器用齿轮箱	油浴	L-CKC 、CKD 工业齿轮油	ISO VG 68
推进器	油浴	重负荷锭子油	ISO VG 7、10

2.16　破碎机

破碎机是道路建设或水利工程中必需的设备，常用的有回转式破碎机、液压锥式破碎机(细碎专用)和颚式破碎机等。由于工作负荷的冲击性和振动性较大，并大都在露天、风尘、雨雪侵袭等条件下运转，因而要求所用润滑油(脂)的耐冲击、抗磨润滑性和耐水、抗乳化及密封性良好。其选用见表3-2-10和表3-2-11。

表3-2-10　回转式及液压锥式破碎机用润滑油(脂)

润滑部位	润滑方法	要求使用性能及质量水平	周围温度/℃	脂号及油黏度/(mm^2/s)	
				40℃	100℃
十字轴轴承	脂杯自流	高黏度油或油膜强度大的锂基或钠基软质润滑脂	-10~5 5~38 80~120	00号滴点>100℃ 0号滴点>100℃ 2号滴点>100℃	
偏心轮轴承、阶式止推轴承、螺旋齿轮、伞齿轮 小齿轮轴承 液压装置	循环 油浴 循环	Timken试验负荷在160N以上、黏度指数80以上，倾点(冬)-25℃、(夏)-10℃以下的中负荷工业齿轮油 L-HM抗磨液压油(高压)	-10~5 5~38 -10~5 5~38 -10~5 5~38	28.8~74.8 90~165 28.8~74.8 90~165 28.8~74.8 90~165	5~10 10~15 5~10 10~15 5~10 10~15

表3-2-11　鄂式破碎机用润滑油(脂)

润滑部位	润滑方法	要求使用性能及质量水平	周围温度/℃	脂号及油黏度/(mm^2/s)	
				40℃	100℃
主轴承、连杆轴承	油浴	Timken试验负荷在160N以上、黏度指数80以上，倾点(冬)-25℃、(夏)-10℃以下的中负荷工业齿轮油	<5 5~38 38以上	28.8~74.8 90~165 132~242	5~10 10~15 15~20
动鄂轴套轴承 迷宫环密封	脂枪 脂枪	极压锂基脂，滴点>135℃ 钙基脂，滴点>70℃	—	1号、2号或3号	—

2.17　盾构机

盾构掘进机是盾构施工法中的主要施工机械。盾构机用于土质隧道的暗挖施工，它具有金属外壳，壳内装有整机及部分辅助设备，在盾壳掩护下进行土体开挖、土渣排运、整机推进、管片拼装等作业，它是通过刀具截割土体而使隧道一次成型的机器。

现代盾构机集光、机、电、液、传感、信息等多种技术于一体，具有开挖切削土体、输送土渣、拼装隧道衬砌、测量、导向纠偏等功能，而集中润滑只是其中一部分，但却是非常重要的一部分，它作用在驱动、轴承密封等盾构机的关键部位。由于盾构机工作的特殊性，外部覆盖泥沙，某些部位人员不能达到，一旦发生故障将是致命的。若集中润滑系统发生故障，盾构机就必须停机。

盾构机的集中润滑系统在设计中要正确选型，根据盾构机工作的工况选择合适的压力和流入油脂的量，过低的压力和注油脂量将不能维持系统的正常工作，过高的工作压力和注油脂量将加大油脂的使用量，造成浪费，增加成本。盾构机选用油脂见表 3-2-12。

表 3-2-12　盾构机用润滑油(脂)

润滑部位	品种及常用黏度等级参考
液压回路/液压传动、泡沫泵	低温环境，L-HV 低温液压油/L-HS 超低温液压油，ISO VG，46； 普通环境，L-HM 抗磨液压油(高压)，ISO VG，46
齿轮箱、减速机	L-CKD 工业齿轮油，ISO VG，150、220、320、680
刀盘驱动密封系统、旋转输送机密封系统、旋转接头、其他机械结构(轴承)	多效通用极压锂基脂 1 号、2 号
刀盘迷宫	防水密封脂
盾尾密封	防火盾尾密封脂
螺栓、螺帽	石墨润滑脂

2.18　高空作业平台

高空作业平台是用来供人高空作业的专用设备，主要用于建筑、设备维护、设备安装及建筑物清洁等领域的高空作业。在国内也称作高空作业车、升降车、升降机、升降平台等。

从高空作业平台臂的提升形式可分为个人移动式单柱式高空作业平台、剪叉式高空作业平台、曲臂式高空作业平台；从移动方式上可分为人力移动式高空作业平台、拖车式高空作业平台、自行式高空作业平台；从外形上可分为移动式高空作业平台、自行式高空作业平台和蜘蛛式高空作业平台。

液压系统用润滑油应考虑到户外环境温度变化因素，因此使用的液压油要具有良好黏温性能的高压抗磨液压油，最好使用低温型液压油。高空作业平台用润滑油(脂)见表 3-2-13。

表 3-2-13　高空作业平台用润滑油(脂)

润滑部位	品种及常用黏度等级参考
发动机	满足国Ⅲ标准：CH 级别以上柴油机油，SAE 5W/40； 满足欧Ⅳ标准：CI 级别以上柴油机油，SAE 5W/40
液压装置系统(液压泵、液压马达等)	L-HV 低温液压油，ISO VG，32； L-HM 抗磨液压油(高压)，ISO VG，32
齿轮箱(回转减速机、行走减速机)	GL-5 车辆齿轮油，SAE 80W/90、85W/90
回转支撑、伸缩臂、剪叉滑道	通用极压锂基脂 2 号、3 号

2.19 混凝土泵车

混凝土泵车(混凝土输送车)是利用发动机驱动混凝土输送液压泵，输出压力油，通过压力油来驱动泵送油缸往复运动交替驱动活塞，经过输料管道对混凝土进行泵送和浇注的专用汽车。混凝土泵车广泛运用于城市现代化建设，多见于机场、道路、桥梁、水利等混凝土建筑工程施工现场。按车型分为车载式、拖挂式和自行式(车载泵)三种；按分配阀形式分为挤压式和活塞式两种；按混凝土泵的主动力类型可分为电动机泵和柴油机泵两种，车载泵按主动力类型可分为电动机车载泵、柴油机车载泵和组合动力车载泵三种。混凝土泵车是对混凝土进行泵送，无法独立行走和布料，车载泵增加了底盘及其他相关附件保证不受地域限制。混凝土泵车的工作环境相对恶劣，连续回转，工作强度大，常在潮湿、灰尘多或空气中含有较多粉尘颗粒及温差变化环境工作，容易造成泵车的混凝土泵及车载泵的料斗、摇臂、混凝土活塞等运动副有较大磨损，因此整机重要零部件的润滑十分重要。混凝土泵车用润滑油(脂)见表3-2-14。

表3-2-14 混凝土泵车用润滑油(脂)

润滑部位	品种及常用黏度等级参考
柴油发动机	CH-4级别及以上，SAE 5W/40
变速箱、转台回转减速器、PTO取力齿轮箱	GL-4、GL-5车辆齿轮油，SAE 80W/90、85W/90
液压系统（砼缸活塞、线性分配器阀塞）	普通环境：L-HM抗磨液压油，ISO VG 32/46/68； 低温环境：L-HV低温液压油、L-HS超低温液压油，ISO 32/46/68
轴销、回转减速齿轮轴端油嘴、回转大齿圈轴承、各臂架关节和支腿关节；油钟	极压锂基润滑脂或二硫化钼锂基润滑脂；2号
集中润滑系统(气动润滑泵、阀芯)；泵送系统润滑；液压同步润滑泵、电控自动润滑泵	非极压型半流体锂基脂；夏季用0或1号；冬季用00或0号

第3章　工程机械润滑油的质量监控

对运行中的工程机械用油进行质量监控，判定合理的换油指标和换油周期，加强润滑油脂的管理，是正确长效使用润滑油的重要内容。要做到以科学管理手段，按照技术规范要求，实现设备的及时、正确、合理地润滑和节约用油，确保机械安全正常地运行。

3.1　质量监测

润滑剂在使用过程中，由于受到机械剪切、搅动、金属催化、高温等作用以及外界条件(如机械杂质、灰尘、氧化物、水气等)的影响而氧化、变质、解聚和老化，生成羧酸、胶质、沥青等产物，油脂的颜色变暗、黏度或稠度变大、酸值增大，腐蚀性增强，使用性能变坏，寿命缩短，因而需要增补或更换新的同类油脂。为了了解油品在使用过程中发生上述变化的情况和程度，应定期或根据具体情况不定期地对油品的相关质量进行测试。对于工程机械用油(脂)的常规监测，一般有以下项目：

(1)外观。通过目测比较其颜色的历次观察结果，可以大致估计其氧化、变质和受污染的情况，如颜色变深，除了受深色物质污染的可能外，则表明氧化变质。又如颜色变乳浊，则油品中必有水或气泡存在，从而可以初步判定使用的油脂是否处于正常状态并加以适当的处理。

(2)黏度(脂为锥入度)。黏度是各种润滑油分类分级和评定产品质量的重要指标。在使用中，黏度变化的大小，反映了润滑剂受到机械和氧化等作用时自身稳定的程度。黏度减少，会造成油膜变薄甚至流失而造成机械的磨损加速等现象；黏度变大，会使内摩擦力增加，流动性能变差，引起机械发热、能耗增大、润滑不良等现象。因此润滑剂的黏度或稠度是一个很重要的检测项目之一。

(3)水分。润滑油中的水分会促使油品氧化变质，破坏润滑油形成的油膜，使润滑效果变差，加速有机酸对金属的腐蚀作用，腐蚀设备，使油品产生沉渣，而且会使添加剂发生水解反应而失效，产生沉淀，堵塞油路，妨碍润滑油的循环和供应。由于纺织机械油接触水分的机会较多，因此监测油品水分是否正常也是很重要的。

(4)酸值(或碱值)。测定使用油的酸值变化情况，实际是了解油品在使用中氧化变质的程度。润滑油在储存和使用过程中，由于在一定的温度下与空气中的氧发生变化，测得的酸值过大，说明油品氧化变质严重，会造成机械的严重磨损和腐蚀等，因此应考虑换油。

(5)机械杂质。机械杂质含量也是工程机械用油的一项需要经常监测的项目，油品在使用、储存、运输中混入灰尘、泥沙、纤维、金属碎屑、铁锈及金属氧化物等，由于这些杂质的存在，会加速机械的磨损，严重堵塞油路、油嘴和滤油口，破坏正常润滑；另外，金属碎屑在一定温度下对油起催化作用，加速油品氧化变质。

3.2 换油期的确定

液压油在使用过程中，在温度、空气、金属催化、机械剪切、有害介质等因素作用下，其组成中的基础油会发生氧化、裂化、聚合等反应，性能逐渐变差，添加剂在使用中也逐渐消耗和失效，导致性能下降。

使用变质的液压油会造成液压元件的损坏，破坏液压系统正常工作，过早换油会造成浪费，为了保护设备，掌握合适的换油期显得十分重要。一般设备制造商或润滑油生产商都有换油期的推荐值，但这些推荐只是指导性的，因为各用户设备工况和环境千差万别，润滑油变质程度相差甚远，因此应对在用油进行监测，按质换油。表3－3－1、表3－3－2分别列出了不同质量等级的液压油的换油指标。

表3－3－1 L－HL液压油换油指标(SH/T 0476—92)

项 目		油指标换	试验方法
外观		不透明或浑浊	目测
40℃ 运动黏度变化率/%	>	±10	SH/T 标准中3.20476—92
色度变化(比新油)/号	≥	3	GB/T 6540
酸值/(mgKOH/g)	>	0.3	GB/T 264
水分/%	>	0.1	GB/T 260
机械杂质/%	>	0.1	GB/T 511
铜片腐蚀(100℃，3h)/级	≥	2	GB/T 5096

表3－3－2 L－HM液压油换油指标(NB/SH/T 0599—2013)

项 目		换油指标	试验方法
40℃ 运动黏度变化率/%	>	+10	GB/T 265
水分/%	>	0.1	GB/T 260
色度变化(比新油)/号	>	2	GB/T 6540
酸值增加①/(mgKOH/g)	>	0.3	GB/T 264或GB/T 7304
正戊烷不溶物②/%	>	0.10	GB/T 8926 A法
铜片腐蚀(100℃，3h)/级	>	2a	GB/T 5096
泡沫特性(24℃)(泡沫倾向/泡沫稳定性)/(mL/mL)	>	450/10	GB/T 12579
清洁度③	>	－18/15或NAS 9	GB/T14039或NAS 1638

注：①结果有争议时以GB/T 7304为仲裁方法。

②允许采用GB/T 511方法，使用60～90℃石油醚作为溶剂，测定试样机械杂质。

③根据设备制造商的要求适当调整。

原则上，上述指标中有一项达到换油指标就应换油。

第4章　工程机械润滑油的管理

工程机械的润滑管理是工程机械管理中的一个重要组成部分。润滑管理的目的在于预防设备润滑故障，减少机械设备停车造成的损失，节约保养劳务费和减少零部件更换，延长设备使用寿命，减少固定资产投资，降低润滑剂的消耗量，节约费用。因此，搞好润滑管理工作是企业提高经济效益的重要途径之一。润滑管理的主要内容有：

①建立切实可行的管理机构和规章制度，配备专职或兼职的润滑工作人员。

②制定设置润滑的技术标准，执行"定点、定质、定期、定量、定人"的五定工作规范。

③控制润滑油(脂)的购、储、用全过程，最好定出全厂统一的代表各种油料牌号的颜色，便于区分，防止混杂。

④开展润滑技术培训。

⑤加强对润滑系统及重要设备的运行状态的检测。

⑥制定各种机型润滑材料的消耗定额。

⑦做好废旧油料的回收与再生利用。

⑧润滑管理效果的评价与改善。

4.1　新油的储运与入库校验和保管

对润滑油(脂)的储运与入库校验均应严格按照要求进行：

①在储运前对储罐、输油管、油罐顶盖板等进行清洗，保持干净，运输中防止污染。

②油桶进厂后应放入有屋顶的通风干燥的仓库中。

③出售新油要向客户开具产品合格证。

④客户要仔细检查合格证每一项指标以确保润滑油(脂)质量合格。并要注意防水、安全，未经化验合格的油品，采购人员不应采购，验收人员应拒绝验收入库。

⑤购入的合格油(脂)如需露天放置，应用防雨布等搭棚遮盖。若一时量大而又无防雨布时，则须将桶倾斜立置并与地面成75°角，以防雨水渗入。

4.2　机械润滑的"五定"和"三级过滤"规范

4.2.1　五定

(1)定点。要确定机械设备有几个润滑油箱、油盒油杯、油孔及密封或外露的润滑点。

(2)定质。要确定各润滑点(部位)要求使用何种牌号的油，根据摩擦副的特点，掌握代用油或掺和调配方法，保持油料不受污染或变质。

(3)定期。要确定各润滑点多长时间给油一次，根据油箱油质情况及时换油。

(4)定量。要确定每个润滑点加多少油量为宜，规定消耗定额。

(5)定人。各机械设备要有专人分工负责加换油脂。

4.2.2　三级过滤

进厂合格的润滑油在应用到设备润滑部位前，一般都要经过几次容器的倒换储存，每倒换一次或移动位置都应进行一次过滤，以杜绝杂质的二次污染。润滑油的三级过滤是：

①合格油品进润滑站固定油桶时要进行第一次(一级)过滤。

②润滑站固定油桶的油进加油工具时要进行第二次(二级)过滤。

③加油工具里的油进入设备润滑点时要进行第三次(三级)过滤。

第 5 章　常见润滑故障及排除

5.1　发动机润滑系统常见故障分析

5.1.1　润滑系统油压低、亮红灯

在当前我国运输条件、车况及路况条件下，随着发动机应用多级油的普遍化，发动机主油道油压值低于规定值而亮红灯的事件屡屡发生。导致润滑系亮红灯的因素有很多。

发动机润滑系主要由机油泵、机油滤清装置、限压阀、旁通阀、油道、油底壳、机油散热器以及机油压力传感器和压力指示装置等部件组成。首先从理论角度来分析，为了便于研究，我们可以把发动机润滑系统简单化，建立数学模型，根据相关液压原理可以分析影响主油道压力的因素。由欧根公式可知，主油道压力和油品的黏度成正比关系，和通过摩擦副的机油流量平方成正比，和摩擦副的面积平方成反比。由于汽车发动机润滑系机油泵是由发动机曲轴来直接驱动，可知影响发动机润滑系统机油压力的主要因素有：润滑油的黏度、发动机转速以及主要摩擦副的间隙大小。根据这个理论，可以较好地解释一些常见的现象。

在实际行车中，随着发动机转速的升高，机油压力会稳定上升到一定水平，此时可以认为其他条件不变，压力随发动机转速升高而升高。

在同样的转速下，磨损较严重的车辆其摩擦副的间隙增加，油压下降。因此，使用同一品种同一质量黏度等级的车辆，黏度因素可以认为不变，随着车况变差，机油压力随磨损或运转间隙的增大而变小。

在油温升高以及高剪切作用下，油品的黏度有较大的下降并超过转速上升的影响时，油压下降。因此高速、高温运转情况下，使用多级油的车辆容易发生油压下降亮红灯的现象。

在转速和磨损情况不变时，燃料稀释导致油品黏度有较大的下降时，油压会下降。

当其他运转条件不变时，随着机油黏度的增加，机油压力升高；当其他条件不变时，温度升高导致油品黏度降低，从而使油压降低。

把清净分散性能好的油换上后，机油压力会下降。这主要是因为能除去阻塞在轴承间隙内的污垢，增大了摩擦副之间的间隙。

从实际情况来看，影响发动机润滑系统的机油压力、导致亮红灯的因素可以大致分为润滑油因素以及机械因素。

1）润滑油因素

主要是多级油导致亮红灯，因为多级油中存在剪切稳定性的问题，其中使用的黏度指数改进剂会随着剪切率的增加而下降，造成油品黏度的暂时性降低和永久降低，进而会影响到机油压力，当超速超载或者车况较差选油等级不当时或者使用了劣质润滑油以及剪切稳定性不好的润滑油时，容易造成亮红灯现象。

2)机械因素

①机油压力表或机油感应塞工作不正常或损坏。多数车辆有高、低压两个油压传感器，分别探测高、低转速的机油压力。

②机油泵损坏，零件严重磨损。当机油泵的端面间隙过大、齿轮啮合间隙过大、轴与轴承间隙过大时，由于密合面的严密性较差，使机油泵的工作性能降低，而导致机油压力过低。或者是机油泵转速过慢或间隙过大不能提供足够的润滑油。

③连杆轴承、凸轮轴承或曲轴主轴承磨损过大，轴瓦磨损造成了机油通过间隙被泄压，造成机油压力低。常见于刚大修完或较旧的车辆。

④机油限压阀调整不当或弹簧过软。

⑤机油滤清器裂漏、机油集滤器堵塞，旁通阀不密封或卡住。

⑥机油的各油道或油管有堵塞情况。

⑦油底壳油量不足，机油油面过低。需要添加机油，并检查是否有密封不严造成机油泄漏。

⑧进油管接头松动或油管破裂。

⑨冷却水温度的影响。

⑩汽油泵膜片破裂而使汽油漏入油底壳，或冷却水漏入。

⑪机油过热致使润滑油黏度过稀。需要检查是否水温过热，是否使用了合适黏度的润滑油。

⑫燃油稀释了润滑油。一般由于燃烧室内可燃气通过活塞组与缸壁的间隙进入曲轴箱造成，部分车辆用柴油或煤油清洗过发动机，也易造成该故障。可通过检测油样的闪点和黏度检测出。

5.1.2 抱轴、烧瓦产生的原因

汽车曲轴轴颈－轴承式发动机中的主要摩擦副，一般轴承采用双层金属形式，有些则是多层形式，第一层为钢质瓦背以保证机械强度，第二层为轴承合金以保证表面工作性能，主要有巴氏合金(白合金)、铜铅合金等材料，第三层是在上述两层的基础上再镀以极薄的合金，以进一步改善表面工作性能。在轴瓦表面要镀一薄层银或铟，或对表面进行处理。从润滑角度讲，轴颈轴瓦属于发动机摩擦副中润滑条件较好的一对摩擦副，属于流体动压润滑。根据流体润滑理论，要形成流体动压润滑，必须满足几个条件：摩擦副必须有楔形间隙，形成楔形油膜；润滑油必须有一定的黏度；曲轴转速要达到一定值。而且，轴承所承受的载荷不能大于油膜的承载能力。当轴承轴瓦之间的液体润滑的条件被破坏时，会出现轴颈和轴承金属的直接接触，使轴承表面擦伤，防护层部分脱落，表面高温使金属涂层局部熔融，造成抱轴、烧瓦现象。

因此，当出现抱轴、烧瓦现象时，主要是因为破坏了正常轴承轴瓦的润滑条件，其中

机械原因占了很大部分，当然也有润滑油方面的原因。

1)由于机械原因造成的抱轴烧瓦

①由于机械方面原因造成的油压过低。

②曲轴与瓦的质量不好，轴颈与瓦面的光洁度差，尤其是大修更换过轴瓦的车辆，大修中磨轴刮瓦的工作不够精细，接触面过小难以形成油膜，加上瓦背面存在间隙，合金与瓦不能完全紧密贴合而松动走外圆，遮堵油孔致使供油中断形成干摩擦轴承装配不当。轴瓦配合间隙不当，过大易造成机油压力低，过小则迅速抱瓦，常见于刚大修过的车。

③油路阻塞，长期不换机油或使用劣质机油滤清器，造成异物进入油道，夹在轴与轴瓦间造成抱瓦。

④使用劣质空气滤清器，造成空气中的颗粒物大量进入发动机，产生磨料磨损，甚至引起抱瓦。

2)由于操作不当造成的抱轴烧瓦

①大、小瓦安装不正确，间隙调整不当，接触面积过大或过小，都会使轴与瓦的接触面上难以形成机油油膜。有时轴瓦的紧固螺栓扭力过小，时间长了致使轴瓦松动，也会造成间隙变化影响润滑。

②机油泵的齿轮严重磨损失效，供油压力减小，机油难以供应到指定润滑位置，造成轴瓦干摩擦。

③机油油道被不洁杂质堵塞，使通往曲轴的机 油受到阻隔，形成轴瓦干摩擦。

④机油管路发生泄漏，机油循环供应系统压力下降，机油难以供应到指定润滑位置，形成轴瓦干摩擦。

⑤冷车启动时猛轰油门，机油在低温较黏稠状态时尚未泵送到轴瓦，而轴瓦表面已形成瞬时高温，造成金属相互烧熔。

⑥发动机严重超负荷运转，出现长时间低速高扭矩工况，因发动机转速低时机油泵转速也低，供油量不足，但轴与瓦之间却形成高温，造成抱死。上述机械性问题是造成“烧瓦抱轴”的主要原因。

3)由于润滑油的原因造成的抱轴烧瓦

①由于冷却水渗入机油中，造成机油乳化、变质，黏度完全丧失，在轴与瓦表面不能形成油膜，造成较严重的干摩擦。

②冬季发动机温度过低，使燃油雾化不好，燃烧不完全使燃油顺缸壁流入油底稀释了润滑油，也会造成“烧瓦抱轴”。

③严寒季节使用黏度过大、倾点过高的机油，或不加选择地将一些含有增黏作用的添加剂大量混入机油中，都可能造成机油在油道中流速过慢，不能按时泵送至轴瓦，致使轴瓦之间摩擦。

5.2 液压系常见问题

(1)液压油的选用需要考虑哪些因素?

首先要参考机器设备的推荐用油。在此基础上，对于液压油品种的选择，还要考虑到液压系统的工作环境和系统的工况条件(主要是指温度和压力)。系统的工作环境可分为以下四种：室内、固定液压设备，环境温度变化小；露天、寒区或严寒区、行走液压设备，环境温度变化大；地下、水上的液压设备，环境潮湿；在高温热源和明火附近的液压设备。

在液压油品种选择确定后，还必须确定其使用的黏度。液压油的黏度选择主要取决于启动要求、系统的工作温度和所用泵的类型。

在选用液压油时经济性是不可缺少的一个重要部分，但也不能只注意到油的价格而忽视油品的品种和质量。液压系统运行故障中选用油不当是一个重要的原因。因此正确合理地选用液压油可提高液压设备运行的可靠性，延长系统和元件的使用寿命，有助于设备安全运行。

(2)含锌抗磨液压油又细分为高锌、低锌，区别在何处？

含锌抗磨液压油均含有主剂二烷基二硫代磷酸锌，按油中的含锌量又可细分为高锌和低锌两种，其标准以油中锌含量0.03%为界：含量大于0.03%者为高锌抗磨液压油，低于0.03%者为低锌抗磨液压油。在全部都符合质量标准的情况下，高锌油抗磨性更好，而低锌油抗水、抗氧化等性能更佳。

(3)国内的液压油有几种？特点是什么？

国内较常用的液压油有L－HL液压油、L－HM抗磨液压油、L－HV低温抗磨液压油、L－HS超低温液压油、L－HG液压导轨油、抗燃液压油。这些液压油的黏度牌号，以40℃运动黏度划分，主要有22号、32号、46号、68号、100号等，但性能各有特点。

L－HL抗氧防锈液压油具有一定的抗氧防锈性能，适用于系统压力低于7MP(70kg)的液压系统。

L－HM抗磨液压油，除了具有L－HL抗氧防锈液压油的性能外，抗磨性能强是其特点。例如，在专门抗磨性能测试中，L－HL抗氧防锈液压油的磨损量是600mg以上，而L－HM抗磨液压油的磨损量仅是20mg以上，适用于系统压力7～21MPa及更高的液压系统，某些知名品牌生产的抗磨液压油，能在系统压力为35MPa情况下正常工作，例如长城润滑油公司生产的高压抗磨液压油。L－HV低温液压油、L－HS超低温液压油均在L－HM抗磨液压油的基础上加强了黏温性能和低温流动性。例如，L－HM抗磨液压油的黏度指数一般在100左右，倾点在－10℃左右；L－HV低温液压油和L－HS超低温液压油的黏度指数一般可达140以上，倾点分别在－30℃和－40℃以下，可在寒区或严寒区代替L－HM油使用，长城润滑油公司生产这两种抗磨液压油。

L－HG液压导轨油有特殊的“抗黏滑(防爬)”性能，适用于润滑机床导轨及其液压系统。

抗燃液压油是非矿油的润滑剂，有水/油基、水－乙二醇型、磷酸酯型等应用在高温、有明火、易燃的场合，其中，水－乙二醇型、磷酸酯型的价格较高。

(4)中国石化润滑油公司现有液压油种类、质量级别、黏度级别、产品出厂名称及分别适用场合？

长城各液压油产品所包含的黏度等级见表3－5－1。

表 3-5-1　长城液压油产品名称及黏度等级

产品线	产品名称	牌号等级
AE 高端系列	AE 液压油(高清) AE-U 液压油 AE-K 工程机械液压油 AE-S 液压油 AE-D 高温清净液压油 AE-M 节能液压油 AE-VX 极地专用油	32、46、68、100 32、46、68、100 32、46、68 32、46、68 46 46 32
卓力(高压高清)系列	L-HM 抗磨液压油(高压高清) L-HV 低温液压油(高清) L-HS 超低温液压油(高清)	32、46、68、100 32、46、68 32、46
普力(高压)系列	L-HM 抗磨液压油(高压)	32、46、68、100
抗磨液压油(普通)系列	L-HM 抗磨液压油 L-HM 抗磨液压油(HF-2)	32、46、68、100

各产品推荐的使用场合为：

①长城 L-HM 抗磨液压油(普通)，适用于中低压液压系统。

②普力 L-HM 抗磨液压油(高压)、卓力 L-HM 抗磨液压油(高压高清)、AE 液压油(高清)、AE-U 液压油适用于高温、高速和高负荷的叶片泵和柱塞泵的液压系统、车辆和工业机械的液压系统，卓力 L-HM 抗磨液压油(高压高清)、AE 液压油及 AE-U 液压油特别适用于对清洁度有较高要求的场合。

③L-HV 低温液压油、AE-S 液压油适用于露天、寒区及温度变化大的地区的设备、车辆的液压系统，AE-S 液压油具有超长的使用寿命，是国内率先通过 5000h 实机验证的高端液压油。

④L-HS 超低温液压油，适用于严寒区及温度变化大的地区的设备及车辆的液压系统。

⑤AE-VX 32 极地专用液压油，适用于极地地区设备及车辆液压系统。

⑥AE-D 高温清净液压油，适用于高温、对清净性具有较高要求的设备的液压系统，如陶瓷压砖机设备等。

⑦AE-M 节能液压油，能够有效提升液压系统效率，适用于高温、高压液压系统，移动设备和工业设备的液压系统，以及对节能有要求的各类设备液压系统的润滑与密封。

5.3　润滑脂常见问题

(1)钙基脂与锂基脂有何区别?

钙基脂是由天然脂肪酸或合成脂肪酸与氢氧化钙反应生成钙皂稠化中等黏度石油润滑油制成，滴点在 75~100℃之间，使用温度不能超过 60℃，具有良好的抗水性、剪切安定性、触变安定性、润滑性和防护性。

锂基脂是由天然脂肪酸锂皂稠化石油润滑油或合成润滑油制成。滴点高于180℃，能长期在120℃左右环境下使用，具有良好的抗水性、机械安定性、化学安定性，锂皂的稠化能力较强，在润滑脂中添加极压剂、防锈等添加剂后，可制成多效长寿命脂。

(2)市场上常见的润滑脂品种各有哪些特点？

①钙基润滑脂：抗水性好，但耐热性差，最高使用温度为60℃，价格低。

②钠基润滑脂：拉丝性好，抗水性极差，耐热性较好，一般最高使用温度在80℃以上，价格较低。

③铝基润滑脂：触变性好，抗水性好，最高使用温度50℃左右，适用于集中润滑系统。

④通用锂基润滑脂：耐热性好，抗水性、防锈性好，最高使用温度120℃。价格适中。

⑤极压锂基润滑脂：耐热性好，抗水性、防锈性好，极压性能好，最高使用温度120℃，适用于负荷较高的机械设备和轴承及齿轮的润滑。价格适中。

⑥二硫化钼极压锂基脂：耐热性好，抗水性、防锈性好，极压性能好，最高使用温度120℃，适用于负荷较高或有冲击负荷的部件。价格适中。

⑦膨润土润滑脂：抗剪切性能优异，热安定性好，润滑性一般，最高使用温度在150℃左右，价格较高。

⑧复合钙基润滑脂：耐热性、抗水性、防锈性好，机械安定性(抗剪切性)较好，最高使用在130℃左右。价格较高。

⑨极压复合锂基润滑脂：耐热性、抗水性、防锈性、机械安定性、极压性好，最高使用在160℃。价格较高。

⑩聚脲脂：耐热性好、抗氧化性好、抗水性好、极压性好，有较长的轴承寿命，还具有一定的抗辐射性，是一种新型润滑脂产品，目前国内还没有国标和行业标准。价格高。

(3)润滑脂在使用中为什么会流失？怎样避免？

主要有三方面的原因：

①化学原因：由于在摩擦润滑部位受热及空气的影响，基础油和稠化剂被氧化，导致润滑脂的皂结构被破坏，使用中出现软化流失。

②物理原因：由于摩擦部位的运转，润滑脂不断受到剪应力的影响，使皂结构受到破坏，软化流失。

③杂质原因：运动体内产生磨耗，这些金属粉能加速润滑脂的氧化产生有机酸，从而破坏脂结构，造成润滑脂失效。

根据设备的使用工况(包括负荷、温度、转速等)正确选择润滑脂，可延长润滑脂的使用寿命。

5.4 故障处理实例

5.4.1 推土机“等挡”故障的排除

一台TY220型推土机，工作了约2000h后，出现了启动后“等挡”现象，即挂挡后机器不行走，需要运转6~10min后才能行走，或者要从变速油路细滤器测压口进行人为排气后才能行走，行走后工作一切正常。

“等挡”的实质是油压建立不及时。油压不能及时建立起来的原因主要在于变速泵吸空，即变速泵吸油油路中有空气，则变速泵在运转中边排油边排气，等到将吸油路中的空气排完、变速泵不再吸空时，油压才能建立起来。导致变速泵吸空的原因可能是：吸油油路中管接头密封不良；吸油软管破损；变速泵骨架油封损坏等。

根据“由简到繁”的原则，我们对该机进行了逐一排查。先检查并更换了粗滤器及变速泵吸油口的“O”形圈，但故障未被排除；又检查了变速泵吸油胶管，并对吸油胶管进行了打压试验，结果确定该管无破损；接着拆检了变速泵，发现骨架油封并未损坏，为保险起见，我们还是换上一个新变速泵，但故障仍未被排除；最后，发现转向泵的吸油口处有漏油痕迹，经检查是油管坚固螺栓松动造成的，于是，更换了转向泵吸油口的“O”形圈，检查了转向泵吸油软管并予以紧固。结果，“等挡”的故障得以排除。

经分析知：该机的变速油路和转向油路共用一只粗滤器，且转向泵吸油口在下，变速泵吸油口在上；当转向泵吸油管路漏气时，停机一段时间后使粗滤器中不存油，因此造成启动时变速泵吸空，这就是该机“等挡”的真正原因。

5.4.2 挖掘机液压件常见噪声故障分析

这里以 WLY100 型液压挖掘机的液压系统为例，对其可能产生噪声的原因、排除方法介绍如下。

1)柱塞泵或马达的噪声

(1)吸空现象是造成液压泵噪声过高的主要原因之一。

当油液中混入空气后，易在其高压区形成气穴现象，并以压力波的形式传播，造成油液振荡，导致系统产生气蚀噪声。其主要原因有：

①液压泵的滤油器、进油管堵塞或油液黏度过高，均可造成泵进油口处真空度过高，使空气渗入。

②液压泵、先导泵轴端油封损坏，或进油管密封不良，造成空气进入。

③油箱油位过低，使液压泵进油管直接吸空。

当液压泵工作中出现较高噪声时，应首先对上述部位进行检查，发现问题及时处理。

(2)液压泵内部元件过度磨损。

如柱塞泵的缸体与配流盘、柱塞与柱塞孔等配合件的磨损、拉伤，使液压泵内泄漏严重，当液压泵输出高压、小流量油液时将产生流量脉动，引发较高噪声。此时可适当加大先导系统变量机构的偏角，以改善内泄漏对泵输出流量的影响。液压泵的伺服阀阀芯、控制流量的活塞也会因局部磨损、拉伤，使活塞在移动过程中脉动，造成液压泵输出流量和压力的波动，从而在泵出口处产生较大振动和噪声。此时可对磨损、拉伤严重的元件进行刷镀研配或更换处理。

(3)液压泵配流盘也是易引发噪声的重要元件之一。

配流盘在使用中因表面磨损或油泥沉积在卸荷槽开启处，都会使卸荷槽变短而改变卸荷位置，产生困油现象，继而引发较高噪声。在正常修配过程中，经平磨修复的配流盘也会出现卸荷槽变短的后果，此时如不及时将其适当修长，也将产生较大噪声。在装配过程中，配流盘的大卸荷槽一定要装在泵的高压腔，并且其尖角方向与缸体的旋向须相对，否则也将给系统带来较大噪声。

2）溢流阀的噪声

溢流阀易产生高频噪声，主要是由于先导阀性能不稳定所致，即为先导阀前腔压力高频振荡引起空气振动而产生的噪声。其主要原因有：

①油液中混入空气，在先导阀前腔内形成气穴现象而引发高频噪声。此时，应及时排尽空气并防止外界空气重新进入。

②针阀在使用过程中因频繁开启而过度磨损，使针阀锥面与阀座不能密合，造成先导流量不稳定、产生压力波动而引发噪声，此时应及时修理或更换。

③先导阀因弹簧疲劳变形造成其调压功能不稳定，使得压力波动大而引发噪声，此时应更换弹簧。

3）液压缸的噪声

①油液中混有空气或液压缸中空气未完全排尽，在高压作用下产生气穴现象而引发较大噪声。此时，须及时排尽空气。

②缸头油封过紧或活塞杆弯曲，在运动过程中也会因别劲而产生噪声。此时，须及时更换油封或校直活塞杆。

4）管路噪声

管路死弯过多或固定卡子松脱也能产生振动和噪声。因此，在管路布置上应尽量避免死弯，对松脱的卡子须及时拧紧。

附录　工程机械各系统部位用油长城牌推荐表

工程机械用润滑剂包括内燃机油、齿轮油、液压油、液力传动油、汽车制动液和润滑脂，其选用分别列于附表3－1、附表3－2和附表3－3。本表适用于工程机械的生产厂、用户以及润滑剂供货单位对润滑剂的选用。

附表3－1　内燃机油、齿轮油、液压油、液力传动油、汽车制动液的选用

序号	油品名称	润滑剂品种	牌号	应用场合
1	内燃机油	长城CD 柴油机油	30 40 5W/30 10W/30 15W/40	适用要求高效地控制磨损和沉积物的高速、高负荷、高增压的柴油机的润滑
		长城CF－4 柴油机油 （威龙王）	30 40 5W/30 10W/30 15W/40	适用要求高效地控制磨损和沉积物的高速、高负荷、高增压的柴油机的润滑
2	齿轮油	长城GL－4 中负荷车辆齿轮油	90 80W/90 85W/90	适用汽车手动变速箱和螺旋伞齿轮后桥的润滑
		长城GL－5 重负荷车辆齿轮油	90 140 80W/90 85W/90 85W/140	适用在高速冲击负荷、高速低扭矩和低速高扭矩工况下使用的车辆齿轮。特别是客车和其他各种车辆的准双曲线齿轮驱动桥，也可用于手动变速器
3	液压油	长城卓力L－HM （高压高清） 或AE（高清）	32、46、68	适用低、中、高压液压系统，也可用于其他具有中等及以上负荷的机械润滑部位
		长城卓力L－HV （高清） 或AE－S（高清）	32、46、68	适用环境温度变化较大和野外作业的低、中、高压液压系统及其他中等负荷及以上的机械润滑部位
		长城卓力 L－HS（高清）	32、46	适用北方冬季，也可全国四季通用
		长城液力传动油	6号、8号	适用液力传动、变速器、液力偶合器、动力换挡变速箱
4	制动液	长城合成制动液	—	适用机动车辆液压制动系统

附表3－2 工程机械用润滑剂的选用

序号	油品名称	润滑剂品种	牌号	应用场合
1	润滑脂	长城通用锂基润滑脂	L－XBCHA 2号	适用工作温度为－20～120℃的各种机械设备的滚动轴承、滑动轴承及其他摩擦部位
		长城极压锂基润滑脂	L－XBCHB 2号	适用工作温度为－20～120℃的高负荷机械设备的轴承及齿轮的润滑
		长城二硫化钼极压锂基润滑脂	L－XBCHB 2号	适用工作温度为－20～120℃的高负荷轴承及齿轮的润滑及有冲击负荷的部件
		长城7014－1号高温润滑脂	2号	适用高温下工作的各种滚动轴承，也可用于一般滑动轴承和齿轮的润滑。使用温度为－40～200℃

附表3－3 工程机械液压系统用油推荐表

项目机具名称	用油部位	用油量/L	用油名称（冬季或四季通用）	用油名称（夏季）
挖掘机	液压油箱及工作装置	300～800	长城AE－S46（高清）、L－HV46（高清）或L－HS46（高清）	长城卓力L－HM46（高压高清）或L－HM68（高压高清）；长城AE46（高清）或AE68（高清）
推土机	工作液压箱与转向装置	100～200	长城AE－S32（高清）、L－HV32（高清）或L－HS32（高清）	长城卓力L－HM46（高压高清）或L－HM68（高压高清）；长城AE46（高清）或AE68（高清）
装载机	液压系统、转向系统及工作装置	100～250	长城AE－S46（高清）、L－HV46（高清）或L－HS46（高清）	长城卓力L－HM46（高压高清）或L－HM68（高压高清）；长城AE46（高清）或AE68（高清）
压路机	液压油箱	—	长城AE－S46（高清）、L－HV46（高清）或L－HS46（高清）	长城卓力L－HM46（高压高清）或L－HM68（高压高清）；长城AE46（高清）或AE68（高清）
平地机	液压油箱及工作油箱	100～180	长城AE－S46（高清）、L－HV46（高清）或L－HS46（高清）	长城卓力L－HM46（高压高清）或L－HM68（高压高清）；长城AE46（高清）或AE68（高清）
履带钻机	液压油箱、润滑油箱、风动马达、润滑器、推进链条	—	长城AE－S32（高清）、L－HV32（高清）或L－HS32（高清）	长城卓力L－HM46（高压高清）或L－HM68（高压高清）；长城AE46（高清）或AE68（高清）
螺杆空压机	油气分离器	—	长城AE－S32（高清）、L－HV32（高清）或L－HS32（高清）	长城卓力L－HM46（高压高清）或L－HM68（高压高清）；长城AE46（高清）或AE68（高清）

续表

项目机具名称	用油部位	用油量/L	用油名称（冬季或四季通用）	用油名称（夏季）
三臂凿岩机	液压油箱、千斤顶内转向系（液压臂）	—	长城 AE - S32（高清）、L - HV32（高清）或 L - HS32（高清）	长城卓力 L - HM46（高压高清）或 L - HM68（高压高清）； 长城 AE46（高清）或 AE68（高清）
起重机	液压油泵（三联齿轮泵）及液压马达（柱塞马达 + 齿轮马达）	300 ~ 800	长城 L - HS46（高清）、L - HV46（高清）或 AE - S46（高清）	长城卓力 L - HM46（高压高清）或 L - HM68（高压高清）； 长城 AE46（高清）或 AE68（高清）
叉车	升降液压缸、倾斜液压缸	100 ~ 300	长城 AE - S32（高清）、L - HV32（高清）或 L - HS32（高清）	长城卓力 L - HM46（高压高清）或 L - HM68（高压高清）； 长城 AE46（高清）或 AE68（高清）
液压混凝土输送泵	齿轮泵	—	长城 AE - S46（高清）、L - HV46（高清）或 L - HS46（高清）	长城卓力 L - HM46（高压高清）或 L - HM68（高压高清）； 长城 AE46（高清）或 AE68（高清）

第四篇

冶金润滑剂

前　言

我国经济的持续快速增长，有力地拉动了对钢铁产品的巨大需求，钢铁行业的发展非常强劲，使我国一举成为世界钢铁生产大国、强国。近年来，钢铁工业科技创新取得举世瞩目的成就，整体水平明显提高。钢铁产业结构不断优化，品种质量显著改善，节能环保迈出了大步伐，科技创新成果不断涌现。为此，一些新技术、新工艺、新设备在钢铁工业中获得广泛的应用。原有的一些设备，也正在力图通过挖潜、革新、改造的途径，发挥现有设备的生产潜力，提高生产能力，延长设备使用寿命。因此，行业的发展对机械设备的润滑提出了更高的要求。

冶金机械设备的工作条件比较苛刻，且不同生产流程的设备，工况特点差别较大，如混料机设备负荷较高，连铸机设备高温多水，线材轧机速度很高。要确保设备正常运转，必须加强设备的日常维护和日常管理工作。而机械设备的良好润滑是设备维护管理工作中极为重要的一环。实践证明，搞好设备润滑，对控制摩擦、降低磨损、延长设备运行周期、预防事故、降低设备消耗、提高设备完好率、节约能源都十分必要。

据中钢协冶金设备分会统计，2018 年我国钢铁行业润滑脂吨钢消耗为 0.0767kg/t，即我国钢铁行业一般每千万吨钢产量需润滑脂 767t 左右，而且由于不同生产流程设备工况差别较大，因此所用的润滑脂品种牌号繁多，譬如，集中润滑部位需要使用泵送性能良好的 1 号或 0 号润滑脂产品，高温部位需要使用耐高温性优良的高温润滑脂产品，高负荷部位需要使用极压抗磨性优良的极压润滑脂产品。在实际应用过程中，出现过许多由于润滑产品选用不当而造成的齿轮点蚀剥落和轴承卡死损坏等问题，从而造成设备运转出现故障进行停机维修等不良后果。因此，合理选用润滑剂对冶金企业的设备维护保养至关重要。

冶金行业一般包括采矿、选矿、焦化、烧结、炼铁、炼钢、连铸、轧钢等生产流程。其中使用的润滑油主要有抗磨液压油、齿轮油、油膜轴承油、汽轮机油、蜗轮蜗杆油、轧制油、磨削液及一些特种油；主要的润滑脂有矿业设备用脂、焦化设备用脂、烧结和炼铁设备用脂、炼钢和连铸设备用脂、轧钢设备用脂等。下面对不同部位所用的产品分别进行叙述。

第1章　矿山设备用油脂

1.1　矿山机械的特点

矿山按开采方式的不同通常分为井下开采和露天开采两大类型。矿山机械属野外作业机械，较之于相对固定的机械作业环境，矿山机械具有如下突出的特点：

①由于矿井空间有限，要求矿山机械的结构紧凑、体积小，因而轴承和齿轮承受的压力和负荷较大。

②要求能便于经常移动，工作条件多变，载荷变化大。

③基本属重负荷、中速或低速传动，大都要求频繁启动，并经常承受冲击负荷。

④矿山环境恶劣、潮湿，有岩尘、煤尘及瓦斯(主要成分是甲烷)，有的矿山还有含硫的有害气体(二氧化硫、硫化氢)，因此许多矿山机械都要遇到防火、防爆、防腐蚀问题。

⑤露天矿山机械还要能经受风吹、日晒、雨淋以及夏热冬冷等气候条件的变化。

⑥由于矿井空间狭小，机械部件的维修较地面困难，因此要求矿山机械要耐用，要便于维修。

1.2　矿山机械对润滑油的要求

①井下作业的矿山机械的体积和油箱的容积都小，所装的润滑油的量也少，工作时油温较高，这就要求润滑油有较好的热稳定性和氧化安定性。

②因为矿山环境的恶劣工况条件，煤尘、岩尘、水分较多，润滑油难免受到这些杂质的污染，所以要求润滑油要有较好的防锈、抗腐蚀、抗乳化性能；当受到污染时，要求润滑油性能变化不会太大，即对污染的敏感性要小。

③露天矿的机械冬夏温度变化很大，有的地区昼夜温差也大，因此要求润滑油黏度随温度的变化要小，既要避免在温度高时，油品黏度变得太低，以致不能形成润滑膜，起不到应起的润滑作用，又要避免在温度低时黏度太高，以致启动、运转困难。

④对于某些矿山机械，特别在容易发生火灾、爆炸事故的矿山中使用的一些机械，要求使用抗燃性好的润滑剂(抗燃液)，不能使用可燃的矿物油。

⑤要求润滑剂对密封件的适应性要好，以免密封件受到损坏。

1.3　矿山主要设备用油脂

矿山主要设备包括：挖掘设备(电动挖掘机和电铲等)，运输设备(电力机车和重型矿车等）和破碎设备（破碎机、球磨机），潜孔钻，皮带机，磁选机，空气压缩机等。

1.3.1 电铲用油脂

电动挖掘机一般采用4种润滑方式：集中压力供脂润滑，自动滴油润滑，油浸润滑，循环润滑等，W1002电动挖掘机润滑情况见表4－1－1。

表4－1－1 W1002电动挖掘机润滑情况

序号	主要润滑部位	润滑点数/个	油脂型号
1	传动行走部分	64	长城2号极压锂基脂
2	传动行走部分	21	长城8号液力传动油
3	减速器	1	长城CKC68齿轮油
4	涡轮减速器	1	长城GL－5－140齿轮油
5	电机轴承	1	长城2号锂基脂
6	钢丝绳	3	长城MCL－S润滑脂

大型电铲回转齿轮由于齿轮直径大、负荷重，所以用GRK－A润滑脂，可满足苛刻工况使用要求。

1.3.2 矿车用油脂

电力机车的主要润滑部位为减速箱、气泵和各部轴承。减速箱采用中负荷工业齿轮油，气泵采用长城DAB100号压缩机油，各部轴承采用机车轮对脂。

大型矿车内燃机油用长城15W－40CF－4油，轴承采用长城BLC－A润滑脂。

1.3.3 球磨机用油脂

球磨机主要润滑装置是传动装置的开式齿轮润滑，推荐使用长城GRK－C开式齿轮润滑脂。

长城GRK－C开式齿轮润滑脂具有优良的黏附性能，可以有效地黏附于开式大齿轮齿面，不易甩油；并且有优良的极压抗磨性能，P_D值实测数据可达500kg以上，FZG齿轮试验可以达到11级以上，能够满足球磨机苛刻工况的润滑要求。

1.3.4 破碎机用油脂

破碎机有液压圆锥破碎机和颚式破碎机等。润滑油部分采用油泵集中、连续循环润滑，润滑脂部分电动干油泵加注或人工定期加注。

颚式破碎机润滑情况见表4－1－2。

表4－1－2 颚式破碎机润滑情况

序号	主要润滑部位	润滑油脂	换（注）油周期
1	主轴瓦	长城HL100号液压油	720d
2	动颚轴承	长城2号锂基脂	每班前
3	连杆	长城2号锂基脂	每班前
4	推力扳支撑面	长城2号极压锂基脂	每班前
5	电机轴承	长城2号锂基脂	180d

颚式破碎机润滑时应注意以下几点：

①润滑油部分油箱内油量不少于油箱容积的1/3。

②油泵及管路不能泄漏，油站不得堵塞。

③不符合规定牌号的润滑油严禁使用。

④油压表压力必须达到说明书要求。

⑤机械正常油温不得高于60℃。

第2章 烧结及炼铁设备用油脂

2.1 烧结及炼铁设备的润滑

炼铁用原料焦炭的生产设备炼焦机、推焦机等，和烧结及炼铁的其他设备，如石灰石及矿石烧结设备、大型鼓风机、矿石斗牵引钢丝绳、炉顶设备、化铁炉、高炉、带输送机等，多半暴露在大气及粉尘、腐蚀性烟尘环境中，容易遭受到腐蚀、磨料磨损及气蚀。所以要对其中相应的轴承、减速机、齿轮、蜗轮、液压系统、钢丝绳等应进行润滑。

炼焦机械因经常暴露在煤粉弥漫的空气中，因而必须进行密封润滑，如炉门开关及翻底车和水淋急冷车等的液压系统，一般应使用水－乙二醇等难燃液压液；带输送机轴等要用锂基或复合锂基脂的润滑。

推焦机间接工作，且是冲击负荷，处于煤尘和高温环境，需使用耐热、耐水性好的极压复合锂基脂或使用抗氧、防锈极压润滑油进行循环润滑，液压系统使用难燃液压液。

煤气净化和化学副产品回收部分机械，因有粉尘和腐蚀性烟尘，因此如煤气排送机所用润滑剂应是抗氧防锈型汽轮机油，并应用带过滤器的循环润滑系统。

石灰石及矿石烧结设备，经常在尘埃和振动及高温情况下工作，因而要使用复合锂基、膨润土或复合铝基润滑脂。

烧结及炼铁厂的主要设备是混料机、烧结机、振动筛、球团厂竖炉、高炉、风机及液压系统。

大型鼓风炉、矿石斗曳引钢丝绳等炉顶设备一般可采用0号或1号极压锂基脂的干油润滑系统进行润滑，炉顶机械可用磷酸酯难燃液作为液压介质。铁水包车负荷较大，温度高，需用滴点大于175℃的极压锂基脂润滑。

2.2 混料机用润滑脂

2.2.1 混料机润滑脂的现场应用环境

原料混合是冶金企业烧结厂烧结前的一道工序，混料机是主要设备。混料机属重负荷低转速设备，它通过大齿圈和小齿轮啮合传输动力，两边有托辊支撑，转速约6～10r/min，其负荷依据烧结面积不同，从80t到300t不等。并且烧结现场粉尘大，一般为露天使用，受气候条件影响较大，应用条件比较苛刻。

根据现场情况，可知应用设备要求润滑脂必须有优秀的极压性能，以满足设备的高负荷要求，同时要有优良的黏附性和足够的成膜性，以满足在托辊上的黏附性要求和现场高粉尘污染的要求。

2.2.2　混料机用润滑脂的类型

现在市场上应用于混料机上的润滑产品比较杂，质量参差不齐，且混料机的润滑未得到应有的重视，有的甚至用废机油或一般润滑脂代替，这种润滑方式根本就不能满足润滑要求。现就市场上比较正规的产品加以介绍。

1)溶剂沥青型产品

一般为含氯挥发性溶剂溶解沥青，当润滑脂喷到工作表面时，溶剂挥发，留下一层坚固的沥青膜，以满足泵送性和成膜性的双重要求。虽然这种产品的成膜性能是其他类型产品所无法比拟的，但是这种类型的产品也有其致命的弱点，那就是含氯溶剂对环境的污染比较大，对人有害，并且沥青对环境也有污染，对于现场维护来说，难于清洗，为现场管理造成困难；在现场应用上，由于溶剂的挥发性和沥青的难泵送性，造成了停机后再启动时管路堵塞，影响生产。所以，随着人们环保意识的增强和生产管理、现场管理观念的增强，这种类型的产品必将逐渐淘汰，被其他产品代替。

2)半流体型润滑脂

该产品由金属皂稠化高黏度矿物油，并加入S-P型液体极压抗磨剂、固体添加剂、黏度指数改进剂和防锈剂等，利用半流体润滑脂特有的润滑性能、流变学性能，使产品具有优良的黏附性、极压性和泵送性，并在环保方面达到要求。

3)合成型半流体型润滑脂

这种润滑脂由金属皂稠化高黏度合成油或半合成油，加入极压剂、黏度指数改进剂和防锈剂等，做成半流体润滑脂，使产品在满足半流体型润滑脂性能的基础上，其低温泵送性能达到新的水平，以适应各种气候条件、各种地区的使用。此类型产品应为将来的应用方向。

2.2.3　混料机润滑脂的要求

根据混料机工况，混料机润滑脂必须有优良的极压性、泵送性、防锈性和黏附性，并且应是环保型的。具体要求如下：

1)良好的流动性

因为集中喷雾润滑或涂刷润滑，所以要求润滑脂具有好的流动性、可喷性和低温适应性。润滑脂稠度即锥入度范围对其的影响较大，为了满足在不同环境条件、气候条件下对润滑脂的这种要求，混料机润滑脂应具有不同的稠度等级，以满足不同地区和不同季节的使用。

2)优异的极压性

由于润滑部位主要为开式齿轮和托辊，所以该类产品应具有较高的梯姆肯OK值、P_B值、P_D值来反映开式齿轮的极压性能要求的指标。

3)防锈性

混料机多在露天使用，受气候条件影响较大，所以对润滑剂的防腐蚀性有较高的要求。

2.2.4 长城GRK－D开式齿轮润滑脂

中国石化润滑油公司根据混料机的工况要求开发了GRK－D开式齿轮润滑脂，该产品具有优良的极压抗磨性、抗水性和防护性，足够的成膜性以及优良的泵送性、流动性和良好的高低温适应性。长城牌GRK－D开式齿轮润滑脂用于混料机托辊以及开式齿轮等部位。

2.3 烧结机用润滑脂

2.3.1 烧结机的工作过程

烧结机通过动力系统使带式烧结小车循环移动，由给矿部分供给烧结台车原料，然后通过点火炉使原料表面的焦炭着火，在小车移动的同时，由表面向下燃烧，在达到排矿部分以前完成烧结，并将烧结矿排出，再由破碎机破碎成适当的颗粒度。在烧结过程中，原料燃烧所需的空气由主排风机在原料上方供给，燃烧气体的排放由配置的许多风箱通过连接风箱的抽吸管集合于气体主导管，由烟道排向大气。

2.3.2 烧结机弹性滑道对润滑剂的要求

烧结机的烧结作业通过高负压作业来实现，抽吸负压达到－267kPa，而且与大气的压差日益增大。另外，烧结机的空气密封片具有自重和弹力，在压力作用下压在滑道上，由于滑动产生磨损、热变形等，在滑道和空气密封片的接触面上产生间隙，导致漏气，由此造成生产成本等方面的不利影响。烧结机的滑道与空气密封片之间的漏气除与机械结构有关外，还与烧结矿在烧结过程中的温度(密封部件的温度为150～200℃)及原料、烧结矿粉尘等因数有关。高温下润滑脂软化，流出和供脂故障引起的供脂不良，以及灰尘混入引起的密封不良等会加速密封部分的异常磨损。热变形以宽度方向上的下挠和对角线方向的扭曲为主，下挠会引起间隙加大，使漏气加剧；扭曲使密封片与滑道不能形成面接触而使漏气增加。

2.3.3 长城烧结机弹性滑道密封装置专用润滑脂

烧结机弹性滑道密封装置用润滑脂一般通过自动供脂装置来供给。以前一般采用1号或2号锂基润滑脂。但这类润滑脂的高温性差，容易软化流失，而且在接触面上只要有一点间隙，压差就会使润滑脂所形成的密封结构破坏，发生漏气。密封破坏还会影响润滑功能，使滑道和空气密封件的磨损加速，间距扩大，漏气增加。而且随着漏气被抽吸的润滑脂还会在排汽系统的集尘器内发生燃烧和爆炸。为解决以上问题，根据烧结机具体工况，中国石化滑油公司专门研制了烧结机专用润滑脂：长城MCL－C润滑脂、长城SJ－100和长城MCS－F润滑脂。长城烧结机润滑脂稠化剂具有很强的附着性和润滑性；优良的耐高温性，高温不流失；良好的泵送性，能满足烧结机集中润滑系统的要求。与SO_2、NO_2等酸性气体不发生反应，因而可以很好地保护机械部件。在100～180℃时，稠度变化较小，可以在滑道与空气密封件之间起到很好的密封作用，防止漏气。长城MCS－F润滑脂具有突出的抗氧化性和优良的抗磨性能，可延长加脂周期和减少弹性滑道磨损，延长设备使用寿命。

2.3.4 应用业绩

长城烧结机润滑脂已成功应用于济钢、莱钢、武钢、沙钢、宁钢、马钢、建龙、三明钢铁等钢厂的烧结机上，效果良好。例如，从某炼钢厂烧结机换用长城密封润滑脂前后各一个月的电耗降低平均值来看，可节约130kWh/h，降低成本明显。某钢厂原使用复合锂型烧结机脂产品，在使用长城MCS－F脂进行降本替代后，用脂量降低40%以上，设备运转良好，且为客户降低成本30%以上。另据报道，国外烧结机最大漏风率不超过30%，而国内目前运转的烧结机的漏风率一般为40%～60%，该种情况的解决除改进设备外，还需加强对润滑脂的选用。

2.4 振动筛用润滑脂

2.4.1 振动筛的工况

振动筛的工况是：轴承速度较高，多尘，负荷较大。

2.4.2 振动筛用润滑脂

根据工况，推荐激振器轴承用长城MCL－G润滑脂。

2.5 球团厂竖炉用脂

竖炉用脂要求：良好的极压性、良好的黏附性(密封作用)、良好的泵送性(集中供脂)。

推荐用脂：极压复合锂基脂、极压锂基脂(温度中等或密封好时)。

2.6 高炉用脂

高炉一般部位推荐使用长城极压锂基脂；炉门推荐用长城MCL－G润滑脂。

2.7 风机轴承用油

风机轴承推荐选用长城TSA汽轮机油。

2.8 液压系统

2.8.1 普通液压系统

选用HM抗磨液压油。

2.8.2 伺服系统

选用高清净度液压油(NAS8级以下，最高不高于9级)。

2.8.3 炉前液压站

选用抗燃液压油(水－乙二醇或合成酯)，否则在泄漏时可能引起火灾，发生安全事故。

第3章 炼钢设备用油脂

近代炼钢炉的操作采用计算机控制，自动化程度高，所用设备要求相应的润滑系统和润滑剂。

在氧转炉设备中，吹氧转炉由极限回转轴支撑，支撑滚动轴承采用二硫化钼锂基脂润滑，静压轴承和聚四氯乙烯油垫，也可用润滑脂润滑。转炉驱动装置齿轮中负荷或重负荷工业齿轮油润滑。主要附属设备如排风机、电机、装料天车及吊车的润滑点很多，都用相应润滑脂干油润滑系统润滑，驱动齿轮常用油浴润滑。

连铸机，包括铸机转台、天车、铸模摆动器及取锭台等的滚动轴承处于高温下，一般用复合锂基润滑脂等润滑。铸模的润滑则采用防止铸模磨损和黏结的润滑剂。连铸件的液压介质常用水－乙二醇型或磷酸酯型介质。

3.1 钢包耳轴

根据温度情况，推荐选用极压复合锂基脂、二硫化钼脂或长城 MCT－A 润滑脂。

3.2 连铸机

连续铸钢与常规钢铁生产过程相比，具有生产简化、金属收得率高、能源消耗降低、劳动条件得到改善和连铸质量好等优点，因此是当前钢铁工业中发展最快的技术之一。

2000 年以来，全国连铸比超过 80% ，接近世界平均水平。20 世纪 80 年代末，日本、意大利、法国、比利时、德国等国家的连铸比一般超过或接近 90%，日本五大钢铁公司 1992 年的连铸比在 90% 以上。截至 2001 年，国内已建立了 272 台方坯连铸机，共 12791 流；板坯连铸机 55 台，共计 77 流；薄板坯连铸机 3 台，并且有许多项目正在建设中。近年来，钢铁工业科技创新取得举世瞩目的成就，整体水平明显提高。根据中国钢铁工业协会统计数据显示，到 2017 年，我国的连铸比已达到 99.69%，已经相当于全部连铸化。下面结合具体事例分析在此设备润滑状况下的润滑脂选用。我国的炼钢设备及工艺水平虽然有了极大的提高，但与欧美及日本等发达国家相比，在设备维修，特别是对设备润滑的认识上，仍存在很大差距。鉴于连铸机在钢铁企业的重要性，有必要对连铸机的原理和工艺进行更深一步的了解。对润滑工况的了解是正确选择润滑剂的重要前提。

3.2.1 连铸机的工艺和基本原理

连铸是指液态钢水经固化形成方坯、矩形坯、异形坯及板坯等“半成品”以备后续轧制成材的过程。20 世纪 50 年代，引入连铸之前，钢水直接浇入传统的模具形成“钢锭”，从此，连铸技术为钢坯生产带来较高的产量、质量及经济效益。钢水经电炉或转炉炼制完后倒入钢包，再送到连铸机。钢包首先被吊至钢包回转台上，然后钢水流到漏斗中，进入水冷铜结晶器，钢水开始固化，接着连续通过一区及导辊段，在这个结构中，钢坯被矫直、切割，然后送到储存区或热送轧制。图4-3-1为连铸的三种基本形式，图4-3-2为矩形坯及方坯连铸机结构图。

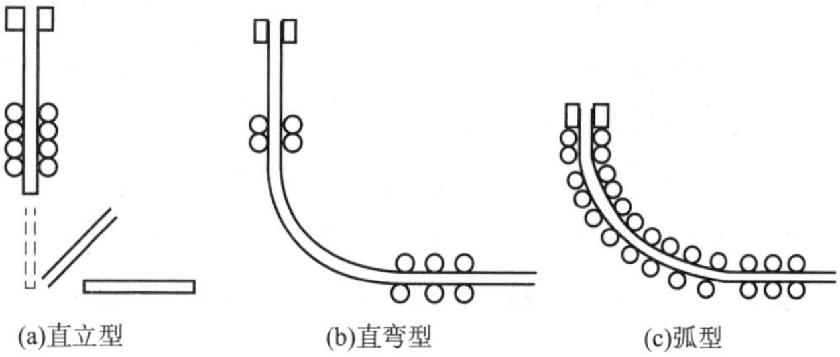

图4-3-1　连铸机的三种基本形式

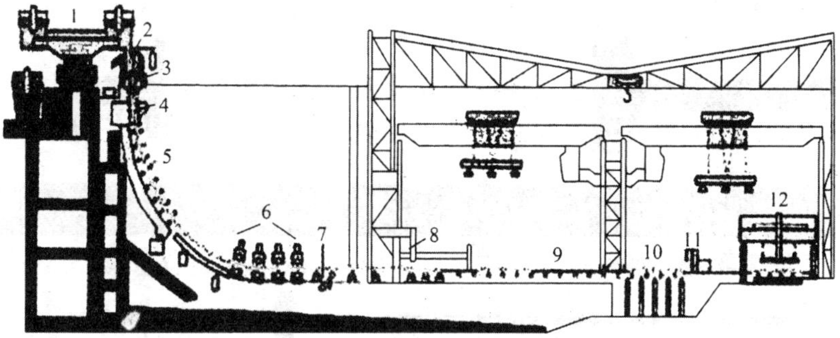

图4-3-2　矩形坯及方坯连铸机结构图

1—大包回转台；2—中间包；3—结晶器；4—一冷区(二冷)；5—扇形段(二冷)；6—矫直回收单元；7—引锭杆拉出辊；8—火焰切割机；9—引锭杆存放区；10—交叉传送台；11—钢坯检测系统；12—钢坯发送区

图4-3-3描述了板坯连铸机的布局。需注意的是，板坯连铸机延长的支撑辊与方坯、矩形坯不同，它是用来在钢坯最终的固化过程中继续保持其形状。

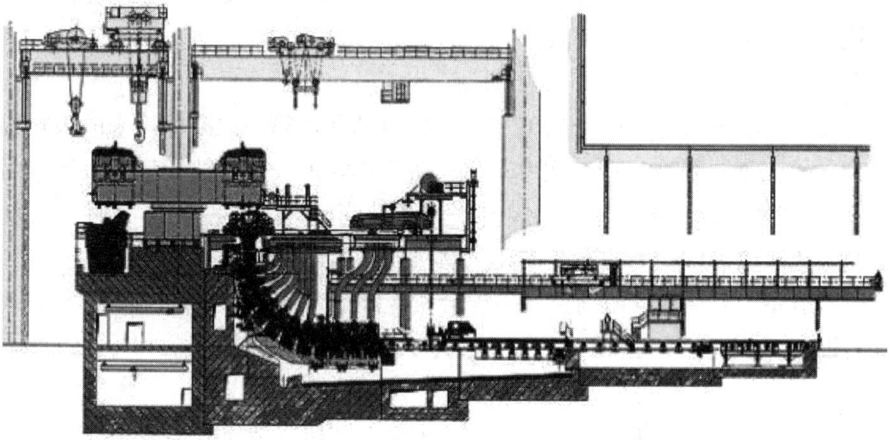

图4-3-3　板坯连铸机布局

3.2.2　连铸机的分类和发展趋势

根据产品的用途，可以铸造各种形状的钢坯(图4-3-4)，按钢坯的最终形态分类，连铸可分为板坯连铸(铸坯横截面长边长度大于短边长度2.5倍的连铸坯为板坯)、矩形坯连铸、方坯连铸、圆坯连铸和异形坯连铸(横截面为H形的连铸坯为异形坯)等，其中板坯连铸又分为传统的板坯连铸和薄板坯连铸连轧类(通常将厚度为40~70mm的板坯称为薄板坯)连铸。总体上说，连铸的发展趋势是近终形和高效化等。最近几年，钢坯形状充分遵循最终产品形状，钢铁的冶炼、铸造、轧制过程结合很紧密。近终形连铸已经最大限度地应用于梁及板材产品，取得了较高的效率。从液态钢水到最终轧制产品可以在2小时内完成。

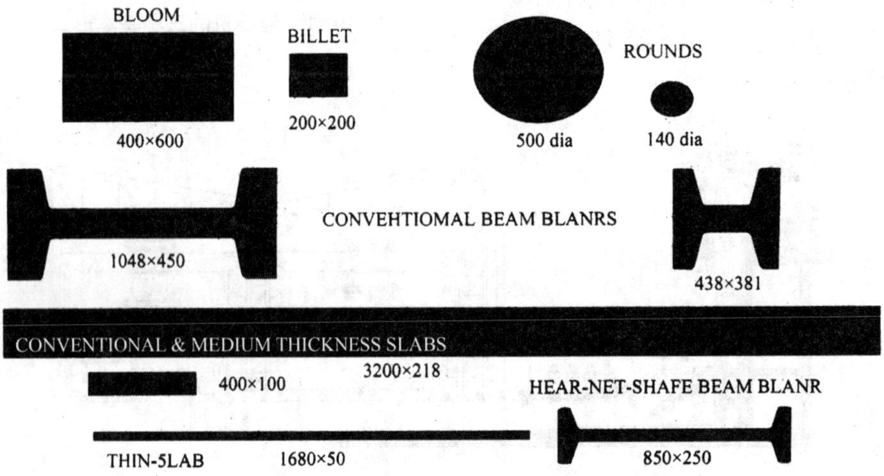

图4-3-4　连铸坯形状(单位：mm)

3.3　连铸机对润滑脂的要求

3.3.1　连铸设备主要工况特点

连铸设备的功能主要是将钢水通过冷却形成固体的钢坯，其整个过程设备处于恶劣的环境中，其生产工况有以下几个特点：

1)高温

连铸机开浇时的钢水温度在1550℃以上，经过结晶器第一次冷却出来的板坯温度大约为1200~1300℃，通过弧形夹送二次冷却拉坯矫直逐渐形成固体的板坯，板坯表面温度在800℃以上。这些生产设备长期受到高温辐射烘烤，当生产发生漏钢事故时，大量的钢水直接泼在设备上，设备所承受的温度更高。物料的高温通过传导、对流和辐射将热量传递给轴承里的润滑脂。润滑脂的耐高温性不好会发生润滑剂流失、轴承干涸润滑失效，影响整个系统的运转。

2)多尘

生产过程中产生大量的灰尘、氧化铁皮、钢渣、铁屑、杂质等会侵蚀设备，造成设备运行中可能出现的磨料现象，加剧设备摩擦部位的磨损。润滑脂的非牛顿性可以防止一般灰尘进入轴承的润滑动空间，减轻磨料磨损。

3)水淋

连铸坯的形成是由钢水经过冷却之后逐渐凝固的，当钢水经过结晶器第一次冷却后，进入连铸机二次冷却区域时，钢坯和设备同时受到约 950m^3/h 水量的冷却和冲刷，产生大量的水蒸气侵入设备及轴承中。润滑脂本身具有一定的抗水性，好的稠化剂类型和高档的基础油可以大大增强润滑脂的防水性。

4）低速重载

连铸机的生产过程是在低速重载状态下进行的。炼钢炉生产出的钢水由行车吊运钢包运送的连铸平台附近，然后由钢包回转台将钢包旋转到连铸结晶器上方进行浇铸。盛钢水的钢包重量在几十吨到几百吨，钢包回转台回转轴承等部位承受较高载荷。铸坯拉速通常最低为 0.3m/min，最高为 7m/min，一般在 1～1.4m/min。板坯进入扇形段时受到的矫直力约为 450t · m。实践证明，高质量的润滑脂可以很好地满足润滑工况的使用要求。

3.3.2 主要润滑部位的润滑要求

1）钢包回转台

（1）高的负荷承载能力。钢包回转台承载着上百吨重的钢包，当两个臂都承托着盛满钢水的钢包时，所承载负荷最大。同时，钢包一满一空的工况下，回转台会产生较大的倾翻力矩；钢包安放及行走时，对回转台的冲击不可避免，这种冲击会使回转台主轴承产生强烈振动负荷。因此，要求所用的润滑脂具有优良的极压抗磨性，以提供较高的负荷承载性能和抵抗冲击振动负荷。

（2）中等耐温性。钢包回转台受钢包中高温钢水辐射热影响，但距离润滑点较远，虽具有一定温度，但其温度一般不高于 120℃。因此，要求所用润滑脂具有中等耐温性。经对进口润滑脂和我国现使用润滑脂分析，采用极压锂及更高耐温性产品可满足要求。

2）扇形段

（1）耐高温性。连铸机开浇时温度一般在 1500℃以上，经过结晶器第一次冷却出来的钢坯一般在 1200～1300℃，在二冷段出来后钢坯表面温度约为 900℃，辊子轴承长期处于钢坯高温辐射烘烤下，现场温度很高，加之为保证钢坯质量，二冷段的喷淋水量较小，这使得轴承的工作环境更为恶劣，经现场检测，轴承外部温度一般在 120～200℃之间，其内部温度会更高，这样的温度环境下，一般的润滑脂很难适应。高温工况对润滑脂的性能有以下要求：具有较高的滴点，在高温下润滑脂不流失，在轴承内保持一定的胶体结构。滴点一般应大于 250℃，具有较好的高温抗氧化性能，基础油必须经过深度精制且加入足够的高温抗氧剂，以减少润滑脂在高温下氧化倾向。在高温下不结焦，不硬化，防止堵塞输送管道和轴承卡死。

（2）黏附性和润滑性。连铸机扇形段等部位对钢坯进行矫直时，会产生较大的矫直力，但是由多根辊子共同矫直时，矫直力会分散到各个辊子上，单个辊子轴承所受的载荷属于中等范围，同时铸坯拉速相对较低，因此扇形段部位辊子轴承的工况特点是低速中等负荷。由于速度较低且有一定负荷，故轴承内油膜不易形成，要求所用润滑脂具有良好的黏附性和润滑性，以形成较好的油膜来保障轴承运转良好。

（3）抗水性。连铸坯的形成是由钢水经过冷却之后逐渐凝固的，当钢水经过结晶器第一次冷却后，进入连铸机二次冷却区域时，钢坯和设备同时受到约 950m^3/h 水量的冷却和冲刷，产生大量的水蒸气侵入设备及轴承中。因此，要求所用润滑脂产品应具有良好的抗水性，以减少润滑脂遇水乳化流失导致轴承润滑不良甚至损坏的问题。当稠化剂具有很强的抗水性能，同时又选用优质基础油时，抗水性能会进一步提高。

(4)高低温泵送性能。只有润滑剂在外力下不停地送到润滑部位，润滑剂才能发挥作用。当润滑剂由于低温或受热稠度变大，泵送发生困难时，润滑部位得不到应有数量的润滑脂，轴承会发生快速磨损。所以，应避免在此使用低温表观黏度大和随温度升高而显著变稠的润滑脂，以免造成润滑系统泵送困难而导致轴承缺油损坏现象。

3)出坯辊道

钢坯从二冷区出来经切割后温度降低，水冲淋减少，负荷一般，因此对润滑脂的耐高温性和抗水性等要求降低，可以使用扇形段所用的同款润滑脂产品，也可使用耐高温性和抗水性低一些的其他产品，如普通的复合锂和复合铝产品等。

3.4 长城牌主要连铸机用润滑脂

3.4.1 长城复合锂型连铸机润滑脂

长城 MCC－D 润滑脂由高性能复合锂皂稠化优质矿物油，并添加极压抗磨、抗氧防锈等多种添加剂而制成。它具有优良的耐高温性、良好的抗水性、较高的负荷承载能力、优良的泵送性等，适用于各类连铸设备的集中供脂润滑系统，在武钢、首钢等国内多家钢铁企业都有成熟的应用案例，满足 CSP 连铸机和传统板坯连铸机的润滑使用要求。

3.4.2 长城复合磺酸钙型连铸机润滑脂

1)长城复合磺酸钙型连铸机润滑脂的主要特性

(1)优良的抗水性能。遇水后稠度和黏性变化小，可以使得磺酸钙润滑脂在轴承内具有良好的保持能力，在有水工况下用量比其他润滑脂可以节约一半以上，水处理成本可大幅度降低。

(2)优良的防锈性能。含有强极性 SO_3^{2-} 的特殊结构具，极易吸附在金属表面上，同时具有高的碱值，能够中和由于油脂氧化而产生的酸类物质。

(3)高温抗硬化性好。具备高温条件下不结焦的特点，有效地克服了远距离泵送时润滑脂高温硬化引起的管路堵塞的缺点。

(4)突出的极压抗磨性能。长城复合磺酸钙基润滑脂的 Timken OK 值可达到 50 磅，能很好地满足重负荷高强度运转的机械润滑需求；四球 P_D 值达 400kg 以上，能防止苛刻使用条件下金属烧结现象的发生；四球长磨试验，具有很小的磨斑直径，说明其减磨润滑效果优异。长城复合磺酸钙型连铸机脂典型数据见表 4－3－1。

表 4－3－1 长城复合磺酸钙型连铸机脂典型数据

项目	复合磺酸钙基脂	试验方法
工作锥入度/0.1mm	309	GB/T 269
滴点/℃	330	GB/T 3498
腐蚀（T_2铜，100℃，24h）	合格	GB/T 7326(乙)
水淋流失量（79℃，1h)/%	1	SH/T 0109

续表

项　目	复合磺酸钙基脂	试验方法
防腐蚀性(52℃，48h)	合格	GB/T 5018
延长工作锥入度(十万次)/0.1mm	334	GB/T 269
极压性能(梯姆肯法)OK值/N	222	SH/T 0203
极压性能(四球法)烧结负荷 P_D 值/N	3923	GB/T 12583
抗磨性能(四球法)磨痕直径/mm	0.40	SH/T 0204
相似黏度(-10℃，$10s^{-1}$)/Pa·s	320	SH/T 0048

2)长城复合磺酸钙型连铸机润滑脂应用业绩

(1)典型案例：

首钢炼钢部二炼钢的硅钢产量增大，生产节奏不断加快，加之生产硅钢的特殊工艺要求，浇钢过程中水平段外弧无喷淋冷却水，导致部分分配器至轴承座分支油管路堵塞，如不能及时检查发现处理，部分扇形段辊子轴承润滑不良，扇形段辊子无法转动，对正常生产秩序造成严重影响。

使用长城复合磺酸钙型连铸机润滑脂产品长城 MCC－E 润滑脂后，抗磨性能提升16%～25%，极压性能提升1～3档，轴承拆解时，润滑脂状态饱满，稠度及黏附性保持良好，颜色外观正常。使用期间输脂管路堵塞情况明显改善，仅水平段年维护成本可节省约54万元。

(2)其他案例：

长城复合磺酸钙型连铸机润滑脂产品还成功应用于太钢、宝钢湛江、武钢、京唐钢、首钢迁钢、攀钢、邯钢、包钢、日照钢铁、涟钢、舞阳钢铁、中天钢铁等许多钢铁企业的连铸机上，润滑使用效果良好。

3.4.3　长城复合铝基高温连铸机润滑脂

1)长城复合铝基高温连铸机润滑脂的性能特点

(1)优良的高温性能。由于采用精制原料和先进的工艺，使得产品高温性能有较大提高，滴点可达300℃以上。加入新型添加剂提高了高温抗氧性能，有效地防止了润滑脂高温氧化和结焦，在195℃、24h储存试验中，润滑脂颜色稍深，稠度无明显变化；在220℃、24h储存试验中，润滑脂颜色变深，稠度变小，温度下降后，润滑脂恢复原来性能，仍能继续使用。这对于连铸设备高温工况条件具有重要意义。

(2)优良的润滑性能。由于使用了优质矿油，即使在高温下也能形成足够厚度与强度的油膜，有效地保证了轴承润滑。

(3)优良的泵送性能。产品皂粉独特的短纤维结构及低凝点基础油使润滑脂具有优良的低温流动性能。

(4)良好的机械安定性和胶体安定性。采用先进的后处理生产工艺，使稠化剂有效地分散在基础油中，形成十分稳定的胶体结构。

(5)优良的抗水性能。由于稠化剂具有很强的抗水性能，同时又选用优质矿油，并进行配方工艺优化，使产品抗水性能进一步提高。

长城复合铝基高温连铸机润滑脂的典型数据见表4－3－2。

表4－3－2　长城复合铝基高温连铸机润滑脂的典型数据

项目	复合铝基连铸机脂	试验方法
工作锥入度/0.1mm	315	GB/T 269
延长工作锥入度(10万次)/0.1mm	347	GB/T 269
滴点/℃	303	GB/T 3498
腐蚀(T_2铜片，100℃，24h)	合格	GB/T 7326(乙)
蒸发量(99℃，22h)/%	0.15	GB/T 7325
钢网分油(100℃，24h)/%	5.7	SH/T 0324
相似黏度(－10℃，$10s^{-1}$)/Pa·s	262	SH/T 0048
杂质(显微镜法)/(个/cm^3) 25μm以上 75μm以上 125μm以上	 500 0 0	SH/T0336
氧化安定性(99℃，100h，758kPa) 压力降/kPa	50	SH/T 0325
水淋流失量(38℃，1h)/%	1	SH/T 0109

2)长城复合铝基高温连铸机润滑脂的应用业绩

在宝钢连铸设备使用的复合铝耐热润滑脂，采用了特殊原料与先进工艺，在宝钢已经使用了10年以上，取得了良好的效果。

长城FPNR润滑脂在武钢、包钢、邯钢、莱钢、天钢、安钢、营口中板等多家钢铁企业的方坯、板坯和异型坯等各类连铸设备上均成功应用多年，润滑使用效果良好。

3.5　炼钢用油

3.5.1　液压系统

(1)普通液压系统：选用HM抗磨液压油。

(2)伺服系统：选用高清静度液压油(NAS8级以下，最高不高于9级)。

(3)拉矫机液压站：选用抗燃液压油(水－乙二醇或合成酯)，否则在泄漏时可能引起火灾，发生安全事故。

3.5.2　其他

(1)结晶器：推荐使用长城结晶器油。

(2)齿轮部位：天车选用长城CKD齿轮油；输送辊道减速机选用长城CKC齿轮油。

(3)油气润滑装置：推荐长城OA油气润滑油系列。

第 4 章　轧钢用润滑油脂

4.1　轧钢的生产工艺

典型热轧板流程示意图如图 4 – 4 – 1 所示。

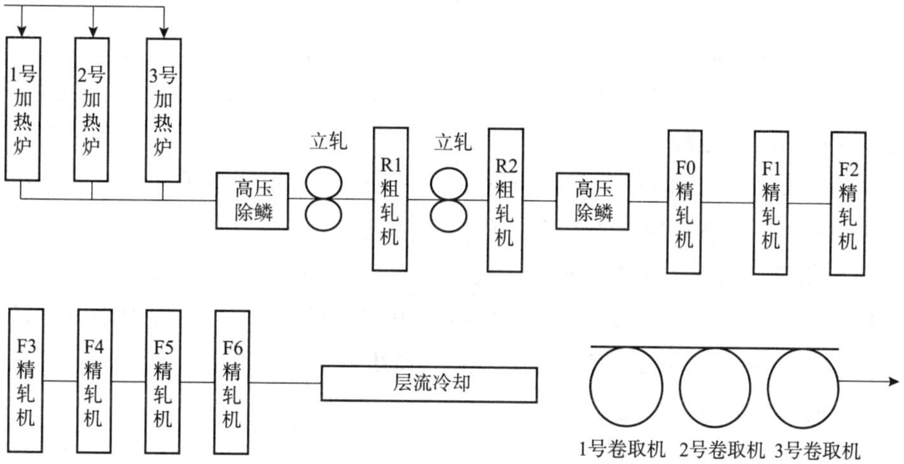

图 4 – 4 – 1　典型热轧板流程示意图

4.2　轧钢机的润滑特点

4.2.1　轧钢机主要设备

其主要设备包括轧钢机工作机座、万向接轴及其平衡装置、齿轮机座、主联轴器、减速机、电动机联轴器和电动机及前后卷取机、开卷机等。

4.2.2　轧钢机对润滑的要求

润滑脂润滑，如热带钢连轧机中炉子的输入辊道、推钢机、出料机、立辊、机座、轧机辊道、轧机工作辊、轧机压下装置、万向节轴和支架、切头机、活套、导板、输出辊道、翻卷机、卷取机、清洗机、翻锭机、剪切机、圆盘剪、碎边机、剁板机等都用润滑脂润滑；润滑油采用循环润滑，如以宝钢 2030 五机架冷连轧机为例，带钢冷却与润滑的乳液系统和给油系统的开卷机、五架机、送料辊、滚动剪、导辊、转向辊和卷取机、齿轮油、平整机等设备润滑，各机架的油膜轴承系统等；高速高精度轧机的轴承，用油雾润滑和油气润滑。

4.2.3 轧钢机工艺润滑冷却常用介质

在轧钢过程中，为了减小轧辊与轧材之间的摩擦力，降低轧制力和功率消耗，使轧材易于延伸，控制轧制温度，提高轧制产品质量，必须在轧辊和轧材接触面间加入工艺润滑冷却介质(热轧油、冷轧油)。

4.3 热轧板型轧机用润滑脂

板带技术是轧钢生产中技术含量最高、产品附加值也最高的技术，宝钢的1580、2050热连轧带钢生产线的建成投产，以及我国多套薄板坯连铸连轧线(CSP)的建成投产，表明我国板带生产技术已跨入世界先进行列。为了改善轧制产品的板形及表面质量，大部分板带轧机采用了CVC、弯辊、窜辊及其他世界先进技术，但由于此类轧机轴承工况比较苛刻，因此选择合适的润滑脂进行润滑显得尤为重要。

4.3.1 板型轧机工作辊简介

(1)精轧机一般采用CVC窜辊、弯辊、液压AGC、快速换辊及全液压卷取机等技术，其中精轧机F1~F6工况如下：

F1~F6：一般设有工作辊弯辊装置(WRB)，采用工作辊正弯辊闭环控制系统，弯辊装置采用Mea-west弯辊块形式，弯辊力有的达到120t/辊颈。

F1~F3：机架通常采用工作辊连续凸度控制系统(CVC)，CVC-plus。

F4~F6：一般增设工作辊窜辊装置(WRS)，CVC和WRS窜辊量±100mm，轧辊长度增加200mm，并采用液压厚度自动控制(HAGC)系统。

(2)精轧机工作辊轴承工况分析如下：

轧机种类：通常为CVC轧机。

轴承类别：每个工作辊传动侧配有1只径向轴承(四列圆锥滚子轴承)，每个工作辊工作侧配有1只径向轴承(四列圆锥滚子轴承)、1只止推轴承(两列圆锥滚子轴承)。

轴承生产厂家：SKF、NSK等著名轴承公司。

加脂方式：磨辊时注脂，在线不加脂。

4.3.2 工作辊轴承工况

(1)高温：钢坯的出炉温度为1200℃以上，在轧制过程中，其辐射热及传导热可使工作辊轴承座温度达到100℃以上。

(2)重负荷：轧机轴承要承受很大的轧制力及冲击负荷，特别是由于CVC轧机、窜辊及弯辊的共同作用，轧机轴承承受的轧制力可分解为轴向力和径向力，轴向力主要由窜辊引起(窜辊±100mm)，径向力主要由轧制力及弯辊力(弯辊力为120t/辊颈)组成。

(3)多水：钢坯在轧制过程中，需大量喷淋水对轧辊进行冷却，喷淋水很容易进入到轴承内，特别是下工作辊尤为突出。

(4)高速：钢坯在精轧区轧制速度很高，F6机架的钢坯线速度可为13m/s。

某生产线精轧机工作辊轴承工况见表4-4-1。

表 4-4-1　某生产线精轧机工作辊轴承工况

精轧机	F1	F2	F3	F4	F5	F6
冷却水量/(m^3/h)	545	570	530	465	400	370
轧制力/t	1250	1200	1150	1000	800	750

4.3.3　轧机轴承对润滑脂的要求

通过对设备工作状况的分析，可以看到轧机轴承对润滑脂的要求一般为：

(1)优良的耐高温性能。轧机轴承润滑脂的稠化剂的物理稳定性高，在使用的环境温度下不熔化、不分解；润滑脂在高温下软化的趋势小，并且具有良好的热可逆性。该脂滴点应大于250℃，确保能使用于高温环境。在较低温度下也具有较好的泵送性能，使用温度范围较宽。

(2)优良的抗水性能。轧机轴承润滑脂在与水接触，甚至与水混合后稠度不应降低很多，防止润滑剂的流失使其润滑性不降低，而且仍有很好的防护性。

(3)优良的防锈性及防腐蚀性能。轧机轴承润滑脂应能在水汽和灰尘环境下仍能保持良好的防护性和润滑性，延长轴承的寿命。

(4)良好的极压抗磨性。轧机轴承润滑脂要能承受很大的轧制力及冲击负荷，特别是在 CVC 轧机、窜辊及弯辊的共同作用力下仍能很好地形成良好的油膜厚度。

根据上面的工况要求，润滑油公司开发了板带轧机工作辊轴承专用润滑脂——长城 Super Grease 润滑脂。

4.3.4　应用范例

1)梅钢 1422mm 轧机

2002 年，梅钢对引进日本新日铁 1422mm 热轧设备进行改造，5 月份设备停产安装，6 月 10 日试生产。主要改造：新添一座加热炉，精轧机改造，卷取机改造。工艺设备引进德国西马克公司(SMS－Demag)，三电设备引进美国通用电气公司(GE)。轧制带钢厚度为 1.2～12.7mm，年设计产量为 200×10^4t。由于精轧机引进 CVC 窜辊、弯辊、液压 AGC、快速换辊及全液压卷取机等国际先进技术，改造后薄板质量得到了大幅提高，取得了明显的经济效益。其中精轧机 F1～F6 改造如下：F1～F6：设有工作辊弯辊装置(WRB)，采用工作辊正弯辊闭环控制系统，弯辊装置采用 Mea－west 弯辊块形式，弯辊力 120t/辊颈。F1～F3：机架采用工作辊连续凸度控制系统(CVC)，CVC－plus。F4～F6：增设工作辊窜辊装置(WRS)，CVC 和 WRS 窜辊量 ±100mm，轧辊长度增加 200mm，并采用液压厚度自动控制(HAGC)系统。根据精轧机工作辊轴承的工况及合理润滑的原则，中国石化润滑油润滑脂分公司的长城 Super Grease 1A(磺酸钙基)润滑脂在梅钢热轧设备上使用，并得到西马克专家的认可。

长城 Super Grease 1A 润滑脂在热轧机工作辊轴承中使用后性能无明显变化。其中工作锥入度在混入水后变小，润滑脂黏附性能没降低，说明其确实具有良好的抗水性能。而且产品在轴承中使用一段时间后，极压抗磨性能仍然保持良好，证明该润滑脂确实适用于高负荷的工况，能有效保护润滑部位。另外，使用后产品的滴点变化非常小，表明该脂具有超凡的抗高温能力。从打开工作后的轧机轴承座看，轴承光亮、润滑脂饱满，并且轴承磨损很小，延长了轴承的使用寿命，大大节约了备件费用。通过近一年的使用观察，该脂使用正常，没有因为润滑问题而影响生产，确保了轧机的正常润滑，有力地保证了设备及时达产。由此可以证明，长城 Super Grease1A 润滑脂完全能满足板带轧机轴承苛刻工况条件下的润滑需求，是一种耐高温性能、抗极压性能、抗水性能、防锈性能、润滑性能都非常优异的新型润滑脂，值得推广使用。

该脂与国外同类型的润滑脂(HV 脂)性能相当，典型数据见表 4 -4 -2。

表 4 -4 -2　长城 Super Grease 1A 与国外同类型脂性能比较

项目	长城 Super Grease 1A	国外脂	试验方法
外观	深褐色均匀油膏		目测
工作锥入度/0.1mm	292	294	GB/T 269
滴点/℃	>330	327	GB/T 3498
腐蚀(T_2 铜片，100℃，24h)	铜片无绿色或黑色变化		GB/T 7326
钢网分油(100℃，24h)/%	0.6	—	SH/T 0324
相似黏度($10s^{-1}$)/Pa·s -20℃ -10℃ 0℃ 10℃ 20℃	 1513 461 201 143 113	 1812 404 172 118 91	SH/T 00048
极压性能(梯姆肯法) OK 值/N	222	244	SH/T 0203
极压性能(四球机法) P_D 值/N	4900	3920	GB/T 12583
抗磨性能(四球机)(392N，60min) 磨痕直径/mm	0.43	0.44	SH/T 0204
蒸发量(99℃，22h)/%	0.38	—	GB/T 7325
水淋流失量(79℃，1h)/%	0.25	4.5	SH/T 0109
滚筒安定性(80℃，100h 与 0h 的 1/4 锥入度之差)/0.1mm 不加水 加水 20%	 2 3	 5 3	SH/T 0122
防腐蚀性(52℃，48h)/级	一级	一级	GB/T 5018

2)太钢 2250mm 轧机

太钢 2250 热连轧生产线主要采用德国西马克设备及先进的 CVC 技术，可以轧制齐全高质量的钢种，是热轧宽带钢轧机的典型代表。该条生产线轧机工作辊轴承自 2006 年 6 月投产，一直使用进口复合磺酸钙润滑脂，轴承润滑状况良好。中国石化润滑油公司润滑脂分公司与太钢热轧厂经过多次交流，就长城复合磺酸钙润滑脂产品在国内钢铁企业的应用做了介绍，分享了在国内多家大型钢铁企业热轧工作辊的应用经验，充分证明了其具有在复杂、苛刻热轧机轴承上的应用水平。2014 年 3 月双方达成一致，决定共同开展太钢 2250 热轧工作辊轴承用脂国产化项目。

在保持现有供脂周期不变的情况下，通过拆解的轴承箱来看，润滑脂饱满，清洗后轴承光亮，同时检测使用后润滑脂的含水量、极压抗磨性、金属含量及轧机轴承温度，通过一年对比观察，长城 Super Grease 1B 在太钢 2250 热轧机工作辊轴承中润滑效果与进口产品相当(表 4 -4 -3)，满足轧机的润滑要求，已全线推广使用。

表 4 -4 -3　长城 Super Grease 1B 与国外同类型脂性能比较

分析项目	长城 Super Grease 1B	进口产品	试验方法
外观	黄褐色均匀油膏	黄褐色均匀油膏	目测
工作锥入度/0.1mm	302	305	GB/T 269
相似黏度(-10℃，$10s^{-1}$)/Pa·s	424	404	SH/T 0048
腐蚀(T_2铜，100℃，24h)	合格	合格	GB/T 7326
水淋流失量(79℃，1h)/%	0	2	SH/T 0109
极压性能(四球机法) 烧结负荷(P_D值)/N	3923	3923	GB/T 12583
抗磨性能(四球机法)磨痕直径(392N，60min)/mm	0.42	80.44	SH/T 0204
极压性能(梯姆肯法)OK 值/N	222	222	SH/T 0203
防腐蚀性(52℃，48h)	合格	合格	GB/T 5018
加水 10% 后延长工作锥入度(100000 次)与工作锥入度差值/0.1mm	15	28	GB/T 269
滚筒安定性(80℃，50h 与 0h 1/4 锥入度差值)/0.1mm			SH/T 0122
不加水	7	6	
加水 40%	-8	-5	

4.4　窄带棒线材轧机用润滑脂

窄带钢是一种 650mm 以下的钢材，产品以成条或成卷出现。棒材是一种简单断面型材，一般以条状交货，断面形状有圆形、方形和六角形，以及建筑用螺纹钢筋(周期断面)等。线材是热轧产品中断面面积最小、长度最长且以盘卷状态交货的产品，断面形状有圆形、方形、六角形和异形。

国外一般将棒材的直径定义为 9 ~300mm，线材直径定义为 5 ~40mm；国内一般将棒材的直径定义为 10 ~50mm，线材直径定义为 5 ~10mm。棒线材的用途十分广泛，除了建筑用的螺纹钢筋和线材等直接用作成品外，一般都要经过深加工才能制成产品。

窄带钢、棒材和线材占全国钢材产量的 30% 以上，这类型材主要采用中小型轧机轧制而成，大部分都是 30 ~50 年的装备水平，设备陈旧、工艺落后，中型、小型、线材轧机约占全国轧机总数的 60%，品种调剂余地不大。轧机数量、质量、品种规格、标准以及生产工艺的革新改造，新设备、新工艺的采用与工业发达的国家相比都存在着明显的差距。由于中小型轧机装备水平老旧，密封效果不佳，润滑工况恶劣，对轧机用脂提出更多的要求。

4.4.1 窄带棒线材工作辊简介

热轧窄带钢轧机多数是在横列式型钢轧机基础上，经过改造而形成的纵列式轧机。国内外新建棒线材生产大都采用平、立交替布置的全线无扭轧机。粗轧机组采用易于操作和换辊的机架，为“水平/垂直”布置的悬臂式轧机；中精轧机采用预应力线高刚度轧机，工况如下：

纵列式轧机：按轧件轧制防锈顺序排成一行，轧件在每架轧机上只轧一道，每架轧机单独传动，各架轧机具有不同的轧制速度。

悬臂式轧机：一种广泛应用于小型材生产中的轧机，悬臂式轧机的辊环装在一个直径特别大、由合金钢经热处理和磨床加工而成的悬臂辊轴上。

预应力线高刚度轧机：拉杆承受预载荷预应力，在轧制载荷下不产生任何进一步的应变，轴承座间的中心线固定，不随轧辊的操作调速而动，实际上它是由偏心套传动而获得的。轧制载荷沿轴承宽度均匀分布，对于给定直径的辊颈可以承受更大的轧制力。

轴承生产厂家：SKF、NSK、瓦轴、洛轴等著名轴承公司。

加脂方式：磨辊时注脂，在线不加脂。

4.4.2 工作辊轴承工况

(1)高温：钢坯的出炉温度为1200℃以上，在轧制过程中，其辐射热及传导热可使工作辊轴承座温度达到100℃以上。

(2)重负荷：轧机轴承要承受很大的轧制力及冲击负荷，轧机轴承承受的轧制力可分解为轴向力和径向力，轴向力主要由窜辊引起，径向力主要由轧制力及弯辊力组成。

(3)多水：钢坯在轧制过程中，需大量喷淋水对轧辊进行冷却，由于窄带棒线材轧机大部分都是投入使用30~50年的中小型轧机，设备老旧，密封效果差，喷淋水更容易进入到轴承内，特别是下工作辊尤为突出。

(4)高速：钢坯经初轧、精轧轧制，速度逐步提高，不同型材的轧机轧制速度不同，高线轧机轧制线速度可达到100m/s以上。

4.4.3 轧机轴承对润滑脂的要求

通过对设备工作状况的分析，轧机轴承对润滑脂的要求如下：

(1)优良的耐高温性能。中小型轧机的工作温度与板坯轧机相比不算高，但由于受钢坯温度辐射，轧机轴承仍有较高的运行温度，轧机轴承润滑脂在使用的环境温度下不软化、不流失。

(2)优异的抗水性能。轧机轴承润滑脂遇水不乳化变软流失，并且保持良好的黏附性和润滑性，在设备密封较差的环境下仍具有密封补充性能，延长轴承的寿命。

(3)优良的防锈性及防腐蚀性能。轧机轴承润滑脂应能在水汽和灰尘环境下仍能保持良好的防护性，避免轧机轴承与水直接接触产生锈蚀。

(4)良好的极压抗磨性。轧机轴承润滑脂要能承受很大的轧制力及冲击负荷，轧制过程中在轴向力和径向力共同作用力下仍能很好地形成良好的油膜厚度。

根据上面的工况要求，润滑油公司开发了中小型轧机工作辊轴承专用润滑脂——长城 MCR－D 润滑脂。

4.4.4　应用范例

建龙钢铁带钢厂的工况，轴承受钢坯热辐射影响使用的最高温度在120℃以下，实际在较高的水淋条件下轧机工作辊轴承的温度在100℃以下，主要是轧机工作辊轴承座密封较差，大量冷却水进入，要求润滑脂遇水后稠度下降小、水淋流失小等。长城 MCR－D 润滑脂经现场使用试验，润滑效果良好，在应用试验期间没有发生因润滑问题造成的设备故障，确保了轧机的正常运行，保证了轧钢厂的生产产量预期。因此长城 MCR－D 润滑脂完全能满足轧制窄带棒线材等型材的中小型轧机轴承的恶劣工况条件下的润滑需求，是一种抗水性能、抗极压性能、防锈性能、突出的润滑脂产品，可以面向全国冶金行业中小型轧机进行推广应用。

该脂与国内竞品相比，抗水性能优异，典型数据比较见表4－4－4。

表4－4－4　长城 MCR－D 与国内同类型脂性能比较

项目	测试数据		试验方法
	长城 MCR－D 润滑脂3号	国内同类竞品	
工作锥入度/0.1mm	232	227	GB/T 269
滴点/℃	193	190	GB/T 3498
防腐蚀性(52℃，48h)	合格	合格	GB/T 5018
腐蚀(T_2铜，100℃，24h)	合格	合格	GB/T 7326
蒸发损失(99℃，22h)/%	0.13	0.24	SH/T 0109
滚筒安定性(80℃，4h，50mL 水)1/4 锥入度差值/0.1mm	7	25	SH/T 0122
极压性能(四球法)P_B值/N	735	618	GB/T 12583
承载能力(梯姆肯法)OK 值/N	178	178	SH/T 0203
喷雾失重(38℃，5min)/%	15	28	SH/T 0643

4.5　输送辊道用脂

4.5.1　输送辊道工况

高温(钢坯出炉时温度高达1200℃)、重负荷、多水(特别是层流水道)，集中供脂。

4.5.2　推荐用脂

推荐使用 MEP 润滑脂。

4.5.3　推荐脂的性能

1)适宜的基础油黏度

高黏度基础油易形成较厚的动压油膜，承受负荷能力大，但黏度太大，摩擦热较大，轴温升高且不利于集中供脂，所以我们选择了一定黏度的润滑油作为基础油。

2)优良的极压抗磨性

为保证轴承在边界摩擦和混合摩擦中具有很好的润滑性，本产品加入了环保型的复合极压抗磨剂，Timken OK 值达到40磅。

3)优良的抗水性

本产品由锂钙皂为稠化剂，因此具有优良的抗水性。

4)良好的泵送性

由于选择了适宜黏度的基础油，因此具有良好的泵送性。并且有多个牌号适合不同季节的润滑。

5)良好的防腐蚀性

铜片腐蚀合格，静态防锈1级，动态防锈评分为0。

4.5.4 应用业绩

MEP润滑脂应用于宝钢2050、1580热轧厂、宝钢梅山热轧板厂、珠钢CSP厂、邯钢CSP厂、大连棒材连轧设备等。

①珠钢CSP于1999年投产，输送辊道、层流辊道等采用进口EP2润滑脂，2001年11月开始使用津江MEP润滑脂替代该脂，目前使用状况良好。

②邯钢CSP于1999年12月投产，输送辊道、层流辊道等采用国外EP润滑脂，2001年3月开始使用津江MEP润滑脂替代该脂，目前使用状况良好。

③宝钢2050热轧设备是从德国西马克公司引进的，1989年正式生产，设计能力400万吨/年，实际能力达到490万吨/年，可轧制1.2～25.4m的各种钢板。1998年10月，津江MEP-2润滑脂开始在卷取及层流冷却辊道上试用，12月份开始在精轧、粗轧设备上全线使用，使用期间检查拆开的轴承发现，润滑到位，状态正常，质量饱满，该脂在炉前辊道等高温部位无流失，且冬季仍表现出良好的泵送性。1999年底，2050热轧厂发现泵送压力偏大，天津分公司又开发了津江MEP-2T牌号，调整了稠度和表观黏度，试验良好，冬季或全年使用MEP-2T，夏季使用MEP-2。

④宝钢1580热轧设备采用日本新日铁技术，三菱重工的PC轧机，于1996年投产。可轧制多种厚度的钢板，并于厚部冷轧配套。1998年12月津江MEP-1在加热炉粗轧作业区使用，1999年2月在精轧的辊道和卷取机组全线使用，使用期间，检查拆开的轴承发现，润滑到位，状态正常。

⑤宝钢集团梅山钢铁公司热轧板厂于2002年7月技改后引进德国西马克设备，粗轧机、输送辊道、卷取机等部位推荐用脂为国外EP脂，后经西马克专家认可，选用津江MEP润滑脂，目前设备润滑状况良好。

⑥大钢集团棒线材分厂的进口连轧机辊道轴承一直使用进口极压润滑脂，1999年8月，冬季试用津江MEP-1润滑脂，夏季试用津江MEP-2润滑脂，对现场重载、高温、潮湿等恶劣环境表现出良好的适应性。

津江MEP-2T润滑脂与国外同类产品数据(EP-2)比较见表4-4-5。

表 4-4-5 津江 MEP-2T 润滑脂与国外同类产品数据(EP-2)比较

项 目	EP-2	MEP-2T	试验方法
工作锥入度 (25℃)/0.1mm	290	306	GB/T 269
滴点/℃	187	185	GB/T 4929
钢网分油 (100℃, 24h)/%	4.1	3.1	SH/T 0324
腐蚀(T_2铜, 100℃, 24h)	合格	合格	GB/T 7326
蒸发量 (99℃, 22h)/%	0.62	0.39	GB/T 7325
水淋流失量 (38℃, 1h)	1.58	1.00	SH/T 0109
延长工作锥入度 (10^5次)与工作锥入度差值/0.1mm	+21	+26	GB/T 269
防腐蚀性 (52℃, 48h)/级	1	1	GB/T 5018
极压性能(Timken 法)OK 值/N	156	178	SH/T 0203
表观黏度(-10℃, $10s^{-1}$)/Pa·s	260	173	JIS K2220.19
微镜杂质/(个/cm^3) 25μm 以上 75μm 以上 125μm 以上	 700 0 0	 300 0 0	SH/T 0336

4.6 冷轧设备用脂

4.6.1 冷轧设备用脂要求

润滑脂要有优良的润滑性能、极压性能、泵送性能、抗介质性能(工作辊轴承可能被轧制液侵入)。

4.6.2 推荐润滑脂品种

长城 MEP 润滑脂和 9301 EP 润滑脂用于输送辊道；聚脲基润滑脂用于温度较高的工作辊轴承和退火炉；齿形联轴器润滑脂用于联轴器。

4.7 轧钢用润滑油

(1)普通液压系统：选用抗磨液压油。

(2)伺服系统：选用高清静度液压油(NAS8 级以下，最高不高于 9 级)。

(3)齿轮箱：CKD 齿轮油(要求分水性好)。

(4)支撑辊轴承：油磨轴承油。

(5)油气润滑装置：油气润滑油。

4.8 轧制油液

轧制是在一定的条件下旋转的轧辊给予轧件以压力，使轧件产生塑性变形的一种加工方式。轧件在受到压力的情况下，断面减少、形状改变、长度延伸，并伴有展宽 。

4.8.1 使用轧制油的目的

保护轧辊表面、提高钢板表面质量、减少加工能源。

4.8.2 长城轧制油

1)M1713 轧制油

(1)性能特点:

良好的润滑性能;适宜的乳液稳定性;良好的清净性能;良好的防腐性能。

(2)适用范围:

轧机:单机架四辊或六辊可逆轧机。

轧制工艺:普碳板、低硅含量电工板。

宽度:400 ~ 1200mm。

厚度:0.17mm 以上。

轧制速度:600 ~ 1000m/min。

2)M1714 轧制油

(1)性能特点:

良好的润滑性能;适宜的乳液稳定性;良好的清净性能;良好的防腐性能。

(2)适用范围:

轧机:四机架、五机架四辊或六辊连轧机。

轧制工艺:普碳板、轿车板、低硅含量电工板。

宽度:1200 ~ 1900mm。

厚度:0.17mm 以上。

轧制速度:1200 ~ 1800m/min。

3)M1715 硅钢片轧制油

(1)性能特点:

优异的润滑冷却性能;优异的防锈性能;良好的轧机清净性;良好的清洗性能;使用寿命长;环境友好。

(2)适用范围:

轧机:二十辊森吉米尔轧机。

轧制参数:

宽度:750 ~ 1060mm。

厚度:0.2 ~ 0.85mm。

含硅量:3% ~ 3.5%。

轧制速度:不大于 800m/min。

4)M0781 不锈钢轧制油

(1)性能特点:

优良的润滑和冷却性能,避免黏辊现象;优异的抗氧化性能,有效阻止油品氧化,大大延长油品的使用寿命;极佳的退火清净性能,完全满足退火光亮性要求;良好的耐腐蚀性能，保证工序间防腐性能要求；不含对人体有害物质，环保健康。

(2)适用范围：

轧机型式：单机架四辊、六辊、十二辊、十四辊、二十辊可逆轧机。

轧制材质：各类精密合金钢、不锈钢、碳钢等。

带材厚度：0.03mm 以上。

5)M0788 不锈钢管轧制油

(1)产品性能：

具有良好的润滑性能、防锈性能、清洗性能、抗磨性能；易被有机溶剂和水基脱脂剂清洗干净。

(2)主要用途：

不锈钢管的轧制拉拔工艺，能明显提高成品表面质量，延长模具寿命；不锈钢、碳钢棒线材的拉拔加工。

4.8.3　长城轧制油应用业绩

宝钢股份特殊钢分公司、佛山精密电工合金有限公司、冶科金属有限公司、太原日德泰兴精密不锈钢制品有限公司、北京冶金工程技术联合开发中心。

第5章　部分特种脂

5.1　减速机用润滑脂

钢铁工业机械设备传动齿轮最多。对于齿轮传动的润滑，过去主要是使用润滑油，近年逐渐发展采用半流体润滑脂润滑，即现在是用润滑油和半流体润滑脂两种类型。

5.1.1　减速机用润滑脂的优点

一般减速机用润滑使用的是中负荷齿轮油，在使用中存在下列问题：由于工作环境温度高，油黏度下降，易漏失，既污染了环境，又造成浪费，齿轮达不到润滑、防护的效果，造成齿轮、轴承磨损严重，过早报废；或者需要不断更换新油，使成本上升。因此，解决泄漏问题和耐高温性能是解决这个难题的关键。要解决泄漏问题，则要求这种产品既具有油的流动性，满足齿轮飞溅润滑的要求，又要有脂的高温性能，这样即可以起到润滑和密封的双重功效。

5.1.2　减速机脂品种

长城减速机润滑脂；长城 Complex EP 润滑脂。

5.2　联轴器润滑脂

5.2.1　联轴器工作原理及润滑要求

联轴器有双头齿形、单嵌式、弹簧片式、盘式弹簧、十字滑块式和滚子链式等类型。因种类不同，有的用润滑油润滑，有的则用润滑脂润滑。钢厂轧钢机主联轴器是指十字块式万向联轴器，这种联轴器是轧钢设备不可缺少的部件，工作条件极为苛刻。半圆铜滑块必须在严重的冲击负荷下工作(连杆的偏斜角常常大于12°)。因此，滑块的平面和圆弧表面会产生严重磨损。此外，整个联轴器还受到灰尘、铁鳞、水分和高温的侵袭。显然，在这样苛刻的工作条件下，保持良好的润滑是非常重要的。

5.2.2　联轴器用脂要求

轧钢机主联轴器滑块用的润滑脂，主要为极压锂基脂(包括半流体极压润滑脂)。有特殊要求的地方，应选用适合的特种润滑脂。在串联轧钢机主轴联轴器中，一般使用滑动型和齿轮型，在润滑方面有共性，使用锂基脂或 MoS_2 为主体的减摩剂，可以获得减少摩擦的效果。同时，要求联轴器润滑脂具有好的黏附性、压送性、极压性，以减少摩擦铁粉量以及提高作业性和延长齿轮的寿命。此外，对于挠性和齿形联轴器，一般是用润滑脂润滑。即当联轴器工作时，可以因润滑脂的挤入而得到润滑；而装配时，则涂以润滑脂，确保内部有足够的润滑。高速装置中用的润滑脂要有耐热性，且必须保证在离心力的作用下油皂不分离，否则联轴器漏油降低润滑效率，在低温工作时又要有一定的耐寒性。弹簧片式联轴器的润滑，大都应用润滑脂。当装配时，润滑脂必须填满栅片之间，包扎好且不漏脂。在工作时要定期检查，补加润滑脂一般采用极压锂基脂。销钉式联轴器及挠性链式联轴器，一般也是使用极压锂基脂。万能主联轴器也是采用润滑脂挤入润滑，在不停机的情况下也能经常加脂，这种润滑脂一般要求抗水性好、黏附性能强。

5.2.3　联轴器润滑脂应用实例

酒泉钢铁公司二轧厂高速线材车间的齿型联轴器是由德国引进的。原规定用 CLP－320 齿轮油润滑，由于漏油比较严重，后改用普通的 00#半流体脂，运行半年已发生严重磨损，故需更换。自采用 00#稠度、长城 7420 重负荷半流体脂，运行一年，润滑良好。

长城齿型联轴器润滑脂(H)在太原钢铁集团公司应用，该设备是德国西马克制造，齿接手直径 586mm，转速 80～90r/min，使用结果证明，长城齿形联轴器润滑脂(H)完全满足要求。

5.3　曳引链条用润滑脂

5.3.1　使用设备的工作特性

链传动是两个或多个链轮之间用链作为绕性拉曳元件的一种啮合传动形式。它具有传动效率高($\eta > 98\%$)、传动轴载荷小和适应环境性强等特点。曳引链条是链条家族中主要品种之一，主要用来输送和移动重物，运行速度慢，可以在比较恶劣的环境下使用，如高温多水等。钢铁企业的钢坯输送链条多数属于曳引链条，下面结合大无缝的设备情况具体分析曳引链条对润滑剂的具体要求。

1)适合高温潮湿的环境

钢坯在加热炉内被加热到 800～1000℃后才能完成下一步的穿孔和定径过程，所以红热的钢坯直接通过传导和辐射将热量传递给输送链条。经现场测量发现，被输送的钢坯表面温度为 700℃左右，钢坯停留时间较长的链条底部温度大约为 200～250℃，其他部位为 150～160℃。钢坯被输送过程中，由于空气的冷却作用，表面会产生大量的氧化铁皮脱落在链条上造成磨粒磨损。链条后退时有一定速度的水冲刷链条，一方面是冲掉氧化铁皮，另一方面使链条降温，整个链条会被水汽所笼罩。所以，链条润滑剂除了要具有一定的高温性以外，还要有强的抗水性和附着能力。

2)具有链条润滑特点的流动性

链条由内链板、外链板、销轴、套筒滚子等组成。内链板和外链板之间、销轴和套筒滚子之间，以及销轴和其他部件之间多为滑动摩擦。由于相对运动元件之间的空隙非常小，只有短时间内润滑脂能迅速进入接触区，链条才能得到充分润滑。因此，在保证黏附性的基础上，链条润滑剂还要同时具有铺展性和渗透性才能尽量保证链条的部件不发生干摩擦和黏着磨损。

3)满足冲击负荷和滑动摩擦的工作特性

链条的运动是由链轮通过轮齿对链节的进退啮合来带动的，链条链轮之间的摩擦特性和齿轮传动极为相似，所不同的是链轮启停比较频繁，同时在启动时要承受整个出炉钢坯近1m高落体的冲击。链条的加速启动和冲击会极大地破坏在稳定运行时形成的弹性流体油膜，对齿轮和链节损伤严重。前文分析到链条的各个元件之间以及整个链条和底部托板之间为滑动摩擦，滑动摩擦运动不具有形成流体润滑油膜的压力条件，所以滑动摩擦的润滑状态为边界润滑，典型的油膜厚度为0.001～0.1μm，远远小于表面粗糙度的数量级单位。输送链条的这些运转的特性不但要求所使用的润滑脂要具有良好的抗滑动摩擦性，还要有较强的抗冲击性。

4)满足润滑剂长距离小口径管路的输送要求

由于设备整体设计的原因，甘油站距离润滑点距离远，油管直径细，北方冬季露天温度可达-20℃。润滑脂选择不当会造成油泵压力超标、泵送管线堵塞等现象。选择稠度小的油脂可以一定程度上解决泵送问题，但稠度降低会带来黏附性降低、流失严重等问题，造成设备的润滑不良。

5.3.2 曳引链条对润滑脂的要求

通过对大无缝曳引链条润滑状况的分析，确定了链条润滑剂所应具有的性能如下：

1)良好的泵送性能

润滑脂为非牛顿流体，它在管中的栓塞流动特性和牛顿流体的层流形式有很大的区别。为了获得新产品良好的泵送性能，根据实际工况中油脂的流动速度，我们选用SH/T0048—91相似黏度仪来模拟应用过程中油脂在管中的流动情况。其基本原理为：在一定直径的毛细管一端施加一定的压力迫使油脂流动，同时获得相关流动阻力的参数。

$$\tau = PR/2L = K_{\mathrm{P}}$$

式中 τ——剪切应力，Pa；

P——毛细管两端的压力差，N/cm^2；

R——毛细管半径，cm；

L——毛细管的长度，cm。

对一定毛细管来讲，k值为一个常数。该试验可以测定-30℃～室温润滑脂在管中的黏度。通过选择优质的基础油和控制稠化剂含量，我们筛选出了能很好满足实际应用的润滑脂配方。

2)优异的铺展性和渗透性

这种性能对链条的润滑具有重要意义。只有润滑脂在自身重力和振动力的情况下迅速分布于相对运动元件之间，链条才会减少干摩擦的可能。从对润滑脂Herschel—Bulkley流动模型$\tau = \tau_0 + \eta(du/dz)^n$的分析可以看出，屈服剪切力$\tau_0$为控制铺展性的主要指标，对于一定质量$M$的油脂，重力$mg$和铺展角$\theta$会建立一对平衡，当$\tau \cdot s$减少时，$\theta$会相对降低。通过试验我们发现，$\tau_0$由油脂的稠化剂含量和基础油黏度一起控制。渗透性在这里主要是指润滑脂在金属表面的扩展能力，它和塑性黏度η直接相关。我们在实验室内用德国DIN51802流动压力测试仪来综合模拟这二项性能。它的试验原理为：将一定量油脂装入台锥形容器内，上部施加一定空气压力使其滴落，滴落时的压力 P 即为测试结果：

$$P=\frac{(\tau\cdot s+mg)(\sin\theta-\mu\cos\theta)}{(\mu\cos\theta-\sin\theta)}$$

式中 τ——润滑脂的剪切应力；

s——台锥形容器内部面积；

m——润滑脂的质量；

θ——锥体和水平面的夹角；

μ——润滑脂和金属表面的摩擦系数。

3)优良的高温性能

润滑脂的高温性能是由稠化剂的高温性、基础油的高温性及其固体添加剂来共同决定的。在长城 HTGL 产品中我们选择了复合稠化剂，其滴点大于 250℃，可长期在 200℃下使用。对于基础油我们选择了闪点大于 260℃的低凝点合成油。为了保证油脂能长期在 500℃以上环境下起到润滑作用，HTGL 润滑脂中加入了一定含量的固体润滑剂，这种润滑剂熔点极高，开始氧化温度在 500～600℃，在 800～900℃时仍能起到润滑作用，同时具有导电性、导热性、耐侵蚀性和无毒，这是任何其他油脂所不可及的。当 HTGL 润滑脂受到高温，基础油蒸发后，留下的固体润滑剂仍能起到润滑链条的作用。

4)突出的极压抗磨性能

为考察边界膜的形成情况，我们选用了 Timken 环块试验机，通过考察一定载荷下的磨痕来判断添加剂的使用效果。根据链条的滑动摩擦和周期冲击特性，我们在 HTGL 润滑脂中同时添加了液态极压剂和高温固体润滑剂。液态极压剂在链条处于边界润滑时能在金属表面形成低剪力的化合物，其固体添加剂具有层状结构，同一层平面内相邻原子之间的距离比层与层之间的原子距离小得多，并以较强的共价键相连，层与层之间原子是以较弱的 π 电子键结合。所以这种弱结合力在层间容易被剪切，表现为低摩擦系数。当这种固体添加剂在水蒸气气氛中使用时，金属的磨损会随湿气压力的增加而急剧降低，降低比率可达原来的 1/10。

磨损速度和水蒸气压力的关系见表 4－5－1。

表 4－5－1 磨损速度和水蒸气压力的关系

水蒸气压力/10^3 Pa	磨损速度/(10^{-9} m^3/s)
0	0.075
0.01	0.059
0.4	0.028
1.3	0.011
2.0	0.008
3.5	0.001

5.3.3 应用范例

通过对设备工况和主要关键润滑技术的研究，中国石化润滑油天津分公司开发了

HTGL润滑脂，并实现工业化。表4－5－2为工业化生产的长城HTGL润滑脂与国外润滑脂的对比数据。

表4－5－2 长城HTGL润滑脂与国外指定润滑脂对比数据

项目	长城HTGL	国外脂
滴点/℃	250	190
工作锥入度/0.1mm	355	345
相似黏度（－10℃，$10s^{-1}$）/Pa·s	315	324
腐蚀（45号钢，100℃，3h）	合格	合格
极压性能（梯姆肯法）OK值/N	156	156
流动压力（－10℃）/Mbar（1bar＝0.1MPa）	290	300

1）天津大无缝钢管有限公司

天津大无缝钢管有限公司为中国生产石油套管的主要厂家，为“八五”国家重点项目，1992年投产，工艺引进意大利限动芯棒连轧机组技术（MPM），具有20世纪80年代末期国际领先水平。年产50万吨管材、35万吨石油套管，产品部分出口。从2001年9月开始该公司在其关键设备上应用长城HTGL润滑脂，效果良好，其流动性和耐高温性优于CEP380，2001年底开始全面替代国外指定润滑脂，为该公司节省大量外汇，同时降低了生产成本。

2）包头钢铁公司

包头钢铁公司小无缝生产厂其生产技术和天津大无缝钢管公司基本相同，原用国内某厂的聚脲润滑脂，注脂量大，噪声高，润滑性差，链条磨损严重。2002年4月开始使用长城HTGL润滑脂，效果良好，维修率明显降低。长城HTGL润滑脂也已应用在包钢炼钢厂的拉绞机的链条上，使用效果良好。

鉴于以上成功的使用经验，长城HTGL润滑脂可在其他钢厂的重载、慢速链条或齿轮等相近工作状况条件下使用。

第6章　冶金用油

6.1　抗磨液压油

6.1.1　正确选用液压油

1)液压油的选用原则

首先确定系统应选用什么类型液压油，其次要确定系统应选用什么黏度级别的液压油。了解所选用液压油的性能，了解产品的价格。

(1)确定系统应选用什么类型液压油。

①工况要求：流体静压系统还是流体动力传动系统；液压泵的类型；工作压力和温度；接触哪些金属和非金属材料；连续还是间断操作；系统运转的时间；特殊要求。

②工作环境要求：室内、室外；水上、地下；是固定还是行走设备；是否有冬季在寒区或严寒区野外作业的要求；附近是否有高温、热源或明火等。

(2)液压油黏度级别的确定。

液压油的黏度级别是根据40℃时的运动黏度来划分的，黏度是保证液压系统处于最佳工作状态的必要条件，液压油的黏度选择是根据液压泵的类型、工作温度、启动温度来定。

(3)了解所选用液压油的性能。

首先要了解选定品种液压油的主要性能是否能满足系统的工作要求，包括抗乳化性、水解安定性、抗泡性、空气释放性。其次要了解液压油是否能满足系统的特殊性能要求，包括难燃性、低温冷启动性、黏滑性、清洁度。

还要注意：不同生产厂的不同品牌的液压油质量有一定的差别。

(4)产品的价格。

不同生产厂生产的同类产品的价格是不等的，这里有一个性能/价格比的问题。不一定是价格越贵质量越好、越适用。在考虑经济效益的基础上，选用质量较好的产品应当是首选。

特别要注意的是，目前市场上有许多假冒伪劣产品，虽然价格较便宜，但由于质量达不到使用要求，易造成机械设备损伤事故，结果会带来更大的经济损失。

2)液压油品种的选择

(1)根据工作压力、温度和泵类型选择液压油品种。

压力 <7.0MPa，温度 <50℃，使用 HL；压力 7.0~14.0MPa，温度 50~70℃，使用

HL 或 HM；压力 >14.0MPa，温度 >70℃，使用 HM。

叶片泵建议使用 HM 高锌含量油(油中 Zn >0.05%)；柱塞泵使用无灰型抗磨液压油，一般压力可用 HL 型液压油；同时存在柱塞泵和叶片泵使用 HM 低锌油(油中 Zn < 0.03%)；齿轮泵或螺杆泵使用 HL 或 HM。

(2)根据工作环境选择液压油品种。

室内的设备使用黏度指数达到 90 即可；如果是行走设备或长期在室外工作的设备，黏度指数应大于 130，还要求在低温下启动性能好。寒区要选用 HV 低温液压油，一般可用至 -20℃；在严寒区应选用 HS 低温液压油，可用至 -30 ~ -40℃。

在高温热源和明火附近工作要求使用难燃液压油，包括 HFAS 高水基液、HFB 油包水乳化液、HFC 水 - 乙二醇难燃液、HFDR 磷酸酯难燃液压油等。

(3)根据特殊性能选择液压油品种。

液压系统中含有镀银的部件选用专用的抗银液压油；数控机床虽然在室内工作，要选用 HR 高黏度指数液压油；有些液压系统中有高精密的伺服阀，要选用清净液压油；机床的进刀系统要求油品有较好的黏滑性，选用 HG 液压导轨油。

液力传动系统油包括：PTF -1 又称自动传动液(ATF)；PTF -2 用于重负荷传动系统；PTF -3 又称液压、传动两用油或液压、传动及刹车三用油。

生物可降解润滑油包括：HETG 属于植物油型；HEPG 是以聚醚为基础油；HEES 是以合成酯为基础油；HEPR 是聚 α - 烯烃合成油。

3)液压油黏度的选择

选用黏度级别首先要根据泵的类型决定，液压油黏度选择见表 4 -6 -1。

表 4 -6 -1　液压油黏度选择　　mm^2/s

泵类型	最佳黏度	最小工作黏度	最大启动黏度
叶片泵	25 ~ 68	>10	<700
柱塞泵	30 ~ 115	>8	<1000
齿轮泵	30 ~ 115	>20	<2000

考虑泵的工况：使用温度和压力高的液压系统要选用较高的黏度液压油；温度和压力较低应选用较低的黏度液压油。液压油在系统最低温度下的工作黏度不应大于泵的最大启动黏度。

6.1.2　液压系统的故障分析

1)液压系统的故障

设备的机械故障：液压系统设计不合理、安装间隙不正确、液压元件质量问题、密封件选用不当等。

操作失误造成液压系统故障：错误开闭阀门、突然中断电源、操作温度或压力过高、补油时加错油品、油箱油面过高或过低、不及时从油箱底部放出分离的水。

液压油的质量造成液压系统故障：选油不当或使用了不合格的油品、液压油使用时间过长、不及时更换新油。

2）液压油系统油温过高自动停机

主要是系统设计、设备故障或操作不当造成；在油路设计中在缺省变量泵的情况下，采用节流调速会引起能量损耗，部件发热；冷却器由于堵塞不工作或冷却风扇转速过慢造成散热不好；长时间超负荷工作；压力管与回流管之间的油流量偏低；周围环境温度太高，泵过热等。

从液压油的角度来看：油的黏度太高会生成摩擦阻力增加而发热；某些液压油的热容较高，例如用加氢油调制的液压油受热后不易将热散出，容易自身发热。

液压系统温度过高的影响：油品的黏度变低，内泄漏增多，油泵容积效率下降，磨损增加，缩短使用寿命。液压元件产生热膨胀，配合间隙减小，造成元件失灵或卡死。密封件变形和老化而失去弹性，发生漏油。过高温度还能使导管和接缝破坏。液压油长期在较高的温度下工作会加速油品的氧化，缩短液压油的使用寿命，酸性氧化产物还会腐蚀金属，氧化产生的油泥会堵塞油滤，增加泵的磨损。

3）液压系统压力不稳或不足

主要是液压泵的问题造成；设计时泵的参数选择不当；安装时部件的间隙过大；长期工作产生磨损使间隙增大；泵出现故障，冷却水不足，泵本身温度过高；电压不稳，联轴器或传动不正常会使泵的转速降低；压力油路系统密封件损坏或液压缸活塞或活塞杆密封损坏。

液压油的问题：选用黏度过低；油中混有空气或油品的抗泡性差；液压油的空气释放性差。

4）液压系统进水的影响

液压系统中水的来源：基础油和添加剂；冷却水的蒸汽；雨水。

液压油中允许水含量如下：①一般系统：<0.5%；②油可能停在回路并返回油箱：<0.1%；③部分油压管路中油不返回油箱：<0.05%；④精密仪器：<0.03%。

油中存在水分的后果：加速油品的老化；产生油泥；润滑性下降；腐蚀金属；产生锈蚀。

水分对液压油的性能影响在液压油规格中主要有三项指标要求：①破乳化性：油品和水形成乳化液分为两层的能力：②防锈性：油品阻止与其相接触的金属生锈的能力；③水解安定性：指液压油与水混合时，油抗水反应的能力。

5）液压系统混入空气

空气的来源：在油品生产中带入；密封件泄漏。

液压油中空气的溶解量如下：①矿物油：5%～10%；②油包水：5%～7%；③水－乙二醇：1%～2%；④磷酸酯：5%。

油中存在空气的后果：影响液压系统正常工作；产生气蚀；产生振动和噪音；加速油品老化变质。

空气对液压油的性能影响在液压油规格中主要有两项指标要求；①起泡性：油品生成泡沫的倾向以及生成泡沫的稳定性能；②空气释放性：油品释放分散在其中的空气泡的能力。

6)液压系统的颗粒污染

污染源：制造中的磨屑；安装带入的尘土；清洗和维修时的杂质；磨损物；氧化产物；某些添加剂的水解产物。

油品污染后的后果：堵塞油滤；擦伤密封件；堵塞元件；加速油品的老化；腐蚀金属；使油水不能分离。

典型液压油清洁度的要求见表4-6-2。

表4-6-2　典型液压油清洁度的要求

部件	NAS 1638	ISO 等级	SAE 等级
伺服阀	5	14/11	2
叶片及柱塞泵	7	16/13	4
方向及压力阀	7	16/13	4
齿轮泵	8	17/14	5
流量控制阀	9	18/15	6

7)液压系统中混入其他油品

液压系统不允许用其他油品替代或混用：混入内燃机油，破乳化性明显变差，还会造成锈蚀；混入了齿轮油，容易造成对金属的腐蚀。

液压油不同品种不能互换和混用：HL 混用了 HM 抗磨液压油会缩短油品的使用寿命；抗磨液压油中混入了 HL 油则会降低液压油的极压抗磨性；石油基液压油更不能与油包水、水-乙二醇和磷酸酯混用，不但它们的难燃性不同，而且也不互溶。

对于相同质量等级和黏度级别的液压油，不同品牌的产品一般也不允许混用。混用后会发生添加剂之间的相互作用，影响油的性能，甚至会发生混浊、产生沉淀。

6.1.3　液压油的更换和液压系统的清洗

1)液压油的变质

液压油在使用中会发生变质，使用变质的液压油会造成液压系统工作不正常，零部件磨损和腐蚀，严重时会造成重大事故。

若液压油还没有变质就更换，不但造成浪费，而且还需停机换油，增加不必要的开支。

液压油的变质包括油品组成和性质的变化：液压油的氧化变质、轻质馏分的挥发、添加剂损耗、油品污染。HL 和 HM 液压油的换油指标见表4-6-3。

表4-6-3　HL 和 HM 液压油的换油指标

项　目		HL 油换油指标	HM 油换油指标	试验方法
外观		不透明或浑浊	—	目测
40℃运动黏度变化率/%	>	±10	+15 或 -10	GB/T 265
色度变化(比新油)/号	≥	3	2	GB/T 6540
酸值/(gmKOH/g)	>	0.3	—	GB/T 264
酸值				
增加/%	>	0.1	0.4	GB/T 264
降低/%	>		35	

续表

项　目		HL 油换油指标	HM 油换油指标	试验方法
水分/%	>	0.1	0.1	GB/T 260
机械杂质/%	>	2	—	GB/T 511
铜片腐蚀(100℃，3h)/级	≥	—	2a	GB/T 8906
正戊烷不溶物/%	>		0.1	GB/T 8926A

2)液压系统的清洗

新的液压系统在使用前要清洗干净。换油时，放出旧油后注入新油前，要对设备和管道进行清洗。先加油至系统允许运行的最小量，然后运行 30min ~ 1h，取运转后的油样进行主要理化性能分析，例如：黏度、酸值、闪点、水分及破乳化值等。如果分析结果与新油相当，则可继续加油至油量的正常运行量，系统正常运行。

6.2 齿轮油

6.2.1 工业齿轮油的种类

1)闭式工业齿轮油

(1)抗氧防锈齿轮油。以精制矿物油为基础油，具有抗氧、防锈、抗泡等特点，无极压抗磨添加剂。适合于轻负荷下运转的齿轮，如齿面接触应力小于 500N/mm^2 的一般齿轮传动。

(2)中负荷工业齿轮油。在抗氧防锈油的基础上提供了极压抗磨性，适用于中等负荷运转的齿轮，如齿面应力小于 1100N/mm^{2}的矿山机械的齿轮传动。国外常常用重负荷工业齿轮油代用，不设此档。我国根据国内机械状况，保留了这一档次。

(3)重负荷工业齿轮油。在中负荷工业齿轮油的基础上进一步提高了极压抗磨性、热氧化安定性、抗乳化性。适用于重负荷、高温有水混入等工况下运转的齿轮。如齿面接触应力大于 1100N/mm^{2}的冶金轧钢、采掘等高温、有冲击、含水部位的齿轮传动。它是闭式齿轮油中的最高档次油品。

(4)蜗轮蜗杆油。适用于钢 – 铜结构的蜗轮蜗杆传动系统。是以精制矿物油和油脂为基础油，除具有明显的降低摩擦系数特点外，还具有抗氧、抗腐、防锈、抗泡等能力。

2)开式齿轮油

适用于开式及半封闭式齿轮箱和齿轮装置及低速重负荷齿轮装置(齿轮和轴承分开的润滑系统)。普通开式齿轮油通常是具有抗腐的复合型聚合物产品；极压型油是在此基础上改善和提高极压、抗磨、抗腐性。具有良好的黏附性是开式齿轮油的重要特点。我国目前相关的标准只有 SH 0363—1992，属沥青型产品。但是长城润滑油公司开式齿轮油是矿油型产品，不含沥青质，不含溶剂，可适用于浸润式或喷雾式等不同的润滑方式，应用灵活，同时也对在操作环境的保持性、安全性等方面比沥青质产品具有更好的优势。

6.2.2 工业齿轮油选用和使用

1)齿轮失效的主要形式

断齿、磨损、点蚀、胶合等。

2）工业齿轮油的选油原则

①根据应用的特殊性确定类型，如开式齿轮油、闭式齿轮油、蜗轮蜗杆油等。

②根据齿面接触应力确定档次，如抗氧防锈齿轮油、中负荷、重负荷。

③根据齿轮线速度，使用温度等因素确定油品黏度，如 220、320 等。

3）闭式齿轮装置润滑油档次和黏度

①可以按照表 4－6－4 确定齿轮油档次，一般来说，质量等级就高不就低，高档油可用于低档次场合，反之则不宜。

闭式工业齿轮油档次选择见表 4－6－4。

表 4－6－4　闭式工业齿轮油档次选择

齿面接触应力/（N/mm^2）	推荐用油
<350	抗氧防锈齿轮油
350～500（低负荷齿轮）	抗氧防锈齿轮油或中负荷工业齿轮油
500～1100（中负荷齿轮）	中负荷工业齿轮油
>1100（重负荷齿轮传动）	重负荷工业齿轮油

②按照齿轮生产商和设备售出商指定或推荐的油品，但是有时也存在推荐不当甚至错误的现象。因此，为了保证齿轮机构的功效，最好是参考各种资料认真选油。新型设备还选用老牌号油品时，更应慎重选用。

③选择黏度就高不就低的看法是片面的：选择黏度就高不就低，有利于流体润滑状态，提高油膜强度，起到良好的极压抗磨和减震、密封等作用，但由于黏度大产生了更大的摩擦阻力，消耗较多的动力能量。现代的工业齿轮油都含有高效功能添加剂，在齿轮传动过程中产生的混合润滑和边界润滑条件下能够形成有效的润滑保护膜，因而在保证油膜润滑的情况下，尽量采用低黏度的润滑油更有利于节能。润滑油的低黏化是当前国际润滑油发展的趋势，但是低黏化的程度一定要根据实际判断。

④不同品牌的油品不能随意混合使用。

6.3　油膜轴承油

6.3.1　轧机油膜轴承的润滑

油膜轴承属滑动轴承一族，在工作条件下，处于全流体润滑状态。油膜轴承是利用流体的动压润滑原理，即靠轴与轴承元件的相对运动，借助于润滑油的黏性和油在轴承副中的楔形间隙形成的流体动压作用，而形成承载油膜的轴承。

承载油膜又称压力油膜，它可平衡负载、隔离轴颈与轴套，将金属间的固体摩擦转化为液体内部的分子摩擦，将摩擦磨损降至最低限度，因而能在最大范围内满足承载压力、抗冲击力、变换速度、轧制精度、结构尺寸与使用寿命等要求。

根据雷诺方程设计，将轧制压力、轧制速度、轴承间隙和润滑油黏度四要素相匹配，形成不间断的稳定承载油膜，实现液体动压润滑，以满足轧机在不同运转状态下的摩擦与润滑，如在启动、停机、正转、反转变换时处于半干摩擦和边界摩擦的润滑，在冲击负荷或大量进水的混合摩擦的润滑，在正常运转和满负荷，连续作业时的液体摩擦与润滑。

所以油膜轴承润滑常以下面3种形式表现：

(1)启动或停机时，尽管轴与轴承间有润滑油，但由于运动速度等于零或趋近于零，流体动压润滑尚未形成或逐渐消失，轴与轴承必然直接接触，此时处于边界润滑甚至是半干摩擦状态。

(2)轧机操作中，由于产生震动或进水过多或供油不足或油质有问题都可能产生混合润滑。

(3)轧机运转正常平稳时，呈流体润滑。

因此，油膜轴承的润滑特点是上述三种情况交替存在的混合润滑。

为适应钢铁企业高速、重载、自动化、大型化和高产的需要，解决轧机油膜轴承的润滑要求，满足日趋苛刻的工况条件，轧机油膜轴承所用的润滑油——油膜轴承油应运而生。

6.3.2 油膜轴承油的使用性能要求

轧机油膜轴承的润滑特点，决定了油膜轴承油必须满足其使用性能要求，方可保障轧机的正常运转和连续生产，因此，油膜轴承油需具备下列性能：

(1)优良的黏温性能(高黏度指数)，在轴承温度大幅度变动时，仍能实现各个润滑部位的正常润滑。

(2)优越的抗乳化性能(即分水性)，在长期使用中能迅速分离油中水分。

(3)良好的抗磨及极压性能，运转时油中混入少量水分时，仍能形成油膜保持重载和抗磨性能。

(4)良好的抗磨、防锈、抗泡沫性能，防止润滑系统产生锈蚀，阻塞油路、造成磨损和供油不足。

(5)良好的氧化安定性、清洗性与过滤性，使润滑系统油路畅通，保证润滑正常。

6.3.3 油膜轴承油的润滑管理及使用要求

6.3.3.1 油膜轴承油的润滑管理

引起机械故障或早期磨损的主要原因，一半以上都与润滑技术管理有关。搞好润滑管理，防止轴承的擦伤或烧结，防止和减少磨损，减少摩擦阻力，预防设备事故的发生，提高设备生产效率；节约能源，提高能源有效利用率，增加经济效益，是润滑管理工作的主要任务。

(1)润滑管理是一项专业技术管理，应设专职润滑技术管理人员，制定润滑管理制度，进行润滑技术知识的培训。

(2)在合理的油箱容量前提下，保持油箱合理的油位，经常向油箱添补润滑油，使油箱内油液始终处于合理的运行油位，对油液脱气、沉淀机杂、分离水分和降低箱内油温均有利。

(3)定时、定位抽取运行中油样，从油品气味、色度、黏度变化、含水量、分水性能、污染物类别与含量、抗泡性能等进行检测化验。进入润滑点的油中含水量超过 0.1% 时，机械磨损急剧增加；超过 0.5% 时润滑状况将很危险。做好检测记录。

(4) 分析比较每次检测记录，对不良的润滑状态进行预测预报，制定出改进或防患措施。系统的油位、油质、油温、油压控制报警与联锁要安全可靠，杜绝润滑事故的发生。

(5) 防止混油和控制油的污染。

①油品购买、入库、储存、发出和废油处理，应有严格的管理制度，按不同品种、牌号分别进行，有明显的易于区分的标牌或标志，标明品名、牌号、日期等。严禁混存，防止错用造成混油事故。

②储运和储存中，要严格保证容器的清洁和密闭，防止尘埃、杂质、雨水的侵入。应在避光、阴凉通风、留有消防通道的库房存放。临时露天存放时，应使桶盖保持略显倾斜状态的位置，以防雨水侵入。油品勿与铜铅等促进氧化反应的金属接触。

③润滑油验收复验主要项目：黏度、黏度指数、含水量、抗乳化性、极压性。清洁度要求机械杂质在 0.01% 内，无水分和沉淀物痕迹等。

④油箱顶部的人孔盖板应盖严，切勿敞开。所设空气滤清器过滤精度在 100 目以上，定期检查清理，油箱下部的排污阀定时排放。往油箱添补润滑油应用管道泵送，并装设适当过滤精度的过滤器。油箱应定期清理沉淀油泥，不允许用纤维织物擦抹油箱内表面。

⑤更换堵塞的过滤器滤芯时，应排尽滤筒内存油，谨防污物进入过滤器下游管道，造成严重的无法挽救的二次污染，否则将直接危及润滑点处的正常润滑。

⑥根据在用油品的色度、黏度、水分和污染度等指标变化情况，按时按质换油。

⑦首次使用油膜轴承油的单位，除对原润滑系统和设备进行全面彻底循环清洗合格外，还须做好如下几项工作：

a. 将油膜轴承油的理化性能指标的标准值和实际测试值，与国内外有关厂商油品的理化指标进行对比分析，结合自身设备工况情况，制定出替代使用的工作计划及意外情况发生时的技术措施，做到万无一失。

b. 用油部门应组织有关技术人员进行油品技术数据分析和研讨，以便充分了解油品的性能和正确的使用方法。

c. 新油品与在用油品的混兑试验，对两者之间相容性或发生化学反应、油质变化的客观情况应进行记录，并测试相关理化性能数据。

6.3.3.2　油膜轴承油在设备中的使用要求

1) 对润滑系统装置的技术要求

润滑装置必须能对供油油质、油温、油压和油位进行全面控制，减少对在线润滑油的污染物侵入。对装置有如下技术要求：

①油箱设备两个，一用一备，定期切换，备用油箱清洗，油液升温沉淀，净油分水。

②油箱容积应为油泵每分钟排量的 35 ~ 40 倍，有的甚至更大。在高油位运行情况下，保证油液在油箱内足够长的滞留沉淀时间。

③油箱内应设置：回油区脱气板，减少加油油流冲击；磁栅装置，吸附回油区中铁性

机杂；浮动吸油口，液面下方适当位置吸油；自动排水装置或浸水报警装置，将沉淀分离出水及时排出；动态液位控制，对突发性大量油液外泄报警或联锁。

④供油过滤精度高，一般要求过滤精度达到10~20μm，以保证油品的清洁度。

⑤供油温度应控制在(40±2)℃之间，保证供油油液的黏度。

⑥过滤器必须排尽过滤筒内残存空气后再进行切换。

⑦供油压力要保持恒定，润滑系统工作压力控制装置要有高的灵敏度和精确度，避免因压力变化产生工作压力降，造成局部润滑系统供油不足，发生油膜轴承的磨损和烧结。

⑧润滑系统中的压力罐必须正常运行，控制合理的充油流量值和罐内液位，起到部分缓冲系统压力波动和应急油源的供给。

⑨润滑装置启泵供油后，应有一定的供油循环时间，使润滑供油管道和设备润滑部位的温度达到或接近供油油温，有利于各个润滑点工作油膜的形成，同时也有利于排尽供油管道中残存的气体。

⑩油箱中油液加热提温速度不宜过快，同时最好启泵进行油循环，以防止局部发生油过热变质。当进行加热沉淀分水时，油液加热温度以不超过65℃为宜。

⑪轧机启停加减速的时间长些较好，以减少机械振动冲击而影响油膜强度。

2)润滑装置的清洗和投用

润滑装置的清洗分为新建系统和在线使用系统两种情况，一般通过系统管道，以循环方式进行冲洗。对于新建润滑系统，参照冶金部标准YBJ207—1985冶金机械设备安装工程施工及验收规范：液压、气动和润滑系统的有关技术规定执行。在线使用系统的循环冲洗要点简介如下：

①排尽润滑系统和设备中的原用油液。

②清洗油箱，检查箱体内壁，涂漆层或防锈剂涂层应完好，无返锈脱落等现象，不应有任何肉眼可见污染物。

③循环冲洗回路应使设备润滑点与冲洗回路分开，无死角管段。并将回路中截止阀、节流阀和减压阀调整到最大开启度。

④洗油液用纯净的低黏度的基础油，与系统工作介质相容。冲洗油液应经过滤加入油箱，过滤精度不宜低于系统使用的过滤精度。冲洗油液温度不超过60℃。

⑤冲洗油液应与冲洗回路的内壁全部接触，冲洗流速应使油流呈紊流状态，冲洗过程中应采用振动管路的方法来加强冲洗效果。

⑥在过滤器出口管道至供油干管末端之间分段抽取冲洗油样进行检验。连续进行2~3次，以平均值达到清洁度等级的要求。抽取油样严格按规定的程序，取样容器必须清洁，以免油样失真。

⑦系统冲洗合格后，将冲洗油液全部排除干净，不得剩留残液。为防止工作油黏度下降，必要时可再用工作油液进行冲洗，并做相应检验，确保润滑系统投运的清洁度。

⑧工作油经过滤加入油箱至高油位后，进行系统的油温、油压、油位、油质等控制调节，并检查润滑系统的控制报警和联锁，按润滑系统操作规程要求投入运行。

6.4 蜗轮蜗杆油

蜗杆传动具有传动比大、自锁性好等优点，因此在冶金企业被广泛使用。但有些企业存在用油不当的问题，表现为不是用蜗轮蜗杆专用油，而是采用工业齿轮油润滑，这会造成蜗轮的早期磨损。因为蜗轮蜗杆中有铜部件，蜗轮蜗杆油与工业齿轮油的最大差别是不能以化学活性高的含硫极压剂作为主剂，而采用中等活性的油性剂作为主剂。原因是含硫极压剂在边界润滑条件下与铁反应生成硫化铁膜，其熔点高，有较好的抗烧结性能，能有效地防止齿面磨损。但含硫极压剂与铜生成硫化亚铜膜，韧性差，很容易从基体上磨掉，导致磨损增加，摩擦系数增大。因此，蜗轮蜗杆油不能用工业齿轮油代用，否则会加速腐蚀磨损，降低蜗轮蜗杆装置的承载能力和使用寿命。所以建议蜗轮蜗杆选用长城 L－CKE，L－CKE/P 蜗轮蜗杆油。

6.5 油气润滑油

6.5.1 YPOA－1 润滑油

1)概述

YPOA－1 油气润滑油系采用深度精制基础油，加入进口优质复合添加剂，采用先进生产工艺调配而成。按 GB3141 分为 100、150、220、320、460 和 680 六个黏度牌号，符合 ZD. 194—2004 标准。

2)典型数据

项目	100	150	220	320	460	680	试验方法
运动黏度/(40℃)/(mm^2/s)	94.82	150.7	212.0	333.2	445.2	677.5	GB/T 265
黏度指数	102	100	98	97	97	119	GB/T 2541
闪点(开口)/℃	245	257	247	249	261	239	GB/T 3536
倾点/℃	－18	－18	－17	－14	－15	－14	GB/T 3535
腐蚀(T_2Cu，100℃，3h)/级	1a	1b	1b	1b	1b	1b	GB/T 5096
液相锈蚀试验(A 法)	无锈	无锈	无锈	无锈	无锈	无锈	GB/T 11143
四球试验烧结负荷 P_D/N	3087	3087	3087	3920	3087	3087	GB/T 3142

3)主要性能

本产品具有优良的氧化安定性、突出的极压抗磨作用、优良的防锈抗腐蚀性，以及好的分水性能等。

4)用途

该产品适用于采用油气润滑装置的润滑系统，如冶金行业的各式冷热轧、板带轧机、线材及棒材轧机及附属设备的轴承，各类磨床高速主轴，水泥化工行业的大型开式齿轮(如球磨机、回转窑等)、各种导轨、机车轮缘与轨道的润滑等。

5)包装形式

3.5kg、170kg 或按用户需要包装。

6)使用注意事项

本产品应避免与其他油品混用。

储存及运输过程中应避免混入水分及杂质。

6.5.2　YPOA -2 润滑油

1)概述

YPOA -2 油气润滑油系采用深度精制基础油，加入抗氧、极压抗磨、防锈、破乳等多种添加剂精制而成。按 GB3141 分为 100、150、220、320、460 和 680 六个黏度牌号，符合 ZD.194—2004 标准。

2)典型数据

项目	100	150	220	320	460	680	试验方法
运动黏度(40℃)/(mm^2/s)	92.6	144.5	217.0	312.3	455.2	667.3	GB/T 265
黏度指数	102	99	98	98	97	117	GB/T 2541
闪点(开口)/℃	269	271	275	281	283	264	GB/T 3536
倾点/℃	-18	-17	-15	-15	-14	-13	GB/T 3535
腐蚀(T_2Cu，100℃，3h)/级	1b	1b	1b	1b	1b	1b	GB/T 5096
四球烧结负荷 P_D/N	2453	2690	2960	3090	3087	3090	GB/T 3142

3)主要性能

本产品具有优异的氧化安定性、良好的极压抗磨作用、优良的防锈抗腐蚀性，以及良好的分水性能等。

4)用途

该产品适用于采用油气润滑装置的润滑系统，如冶金行业的各式冷热轧板带轧机、线材及棒材轧机、连铸机及附属设备的轴承，各类磨床高速主轴，水泥化工行业的大型开式齿轮(如球磨机、回转窑等)，各种导轨、机车轮缘与轨道的润滑等。较之 YPOA -1 尤其适用于使用温度较高、氧化条件较苛刻的场合。

5)包装形式

3.5kg、170kg 或按用户需要包装。

6)使用注意事项

本产品应避免与其他油品混用。

储存及运输过程中应避免混入水分及杂质。

6.5.3　YPOA -3 合成润滑油

1)概述

YPOA -3 油气润滑油系采用合成油为基础油，并加有抗氧、极压抗磨、防锈等添加剂精制而成。按 GB3141 分为 100、150、220、320、460 和 680 六个黏度牌号，符合 ZD.194—2004 标准。

2)典型数据

项目	100	150	220	320	460	680	试验方法
运动黏度(40℃)/(mm^2/s)	101.6	144	222.0	342.6	421.8	687.8	GB/T 265
黏度指数	182	195	204	211	226	239	GB/T 2541
闪点(开口)/℃	245	257	274	286	261	293	GB/T 3536
倾点/℃	-40	-36	-36	-34	-34	-30	GB/T 3535
腐蚀(T_2Cu片, 100℃, 3h)/级	1a	1b	1b	1b	1b	1b	GB/T 5096
液相锈蚀法试验(A法)	无锈	无锈	无锈	无锈	无锈	无锈	GB/T 11143
四球烧结负荷 P_D/N	2960	3087	3150	3230	3260	3087	GB/T 3142

3)主要性能

本产品具有优异的黏温性、低温流动性、耐热稳定性和优良的极压抗磨性，在高温下长期使用不结焦、无沉淀物生成。

4)用途

该产品适用于采用油气润滑装置的润滑系统，如冶金行业的各式冷热轧板带轧机、线材及棒材轧机、连铸机及附属设备的轴承，各类磨床高速主轴，水泥化工行业的大型开式齿轮(如球磨机、回转窑等)，各种导轨、机车轮缘与轨道的润滑等。较之 YPOA-1、YPOA-2 尤其适用于使用温度较宽、易氧化结焦的场合。

6.6 磨削液(磨辊)

轧辊的淬火硬度主要取决于马氏体中含碳量及其组织形态。碳含量越高，硬度越高。Cr、Mo、Mn 等合金元素的加入，提高了材料的淬透性，可使淬火组织更均匀、细化。硬度达 1300~1800HV。

轧辊在使用一段时间后，表面会出现缺陷，必须经磨削处理，否则会引起所轧材料表面缺陷。轧辊修磨一般要使用磨削液，有些厂家直接用水作为磨削液，这首先会引起轧辊表面锈蚀，近而引起晶间腐蚀，产生微裂纹，使表面因疲劳产生表面层脱落；其次因为水的润滑性较差，不但会引起表面烧伤，使表面硬度下降，降低轧辊的使用寿命，而且磨削后的表面相对粗糙，对于表面粗糙度要求高的冷轧辊是不适合的。一些劣质的磨削液和水引起的现象差不多，另有些劣质的磨削液含有大量的如亚硝酸钠等致癌性物质，虽然使用性能还可以，但严重危害操作人员的身体健康。国外一些大公司的磨削液产品质量较好，但价格较昂贵。中国石化润滑油公司经多年研制，开发了 HP 多功能金属加工液，该产品在天津卫生防病中心进行毒性试验，皮肤刺激试验和吸入试验获得通过。该产品在酒钢中板厂磨辊车间替代进口产品使用效果良好，并在其他厂家推广使用。

1)概述

本产品是在水中加入多种进口水溶性添加剂构成。

2)性能特征

本品具有优异的防锈、冷却、润滑和清洗性能；不含亚硝酸盐，无毒、无不良气味，不腐蚀机床和夹具；抗硬水能力强，耐腐败，使用寿命长。

3)推荐应用

适用于各种钢材、铸铁的车、铣、钻、磨削加工，特别适用于用树脂作黏接剂的砂轮的磨削加工。使用时用自来水稀释浓度如下：车、铣、钻、扩、磨：5%～8%；镗(铰)孔、攻丝：8%～10%。

4)注意事项

本品不得与其他切削液混用；

室内密闭储存，防止日晒、雨淋及混入杂质。

6.7　抗然液压液(合成脂)

YPHEES(4632)号酯型难燃液压油见表4－6－5。

表4－6－5　YPHEES(4632)号酯型难燃液压油

<table>
<tr><td>性能特征</td><td colspan="7">(1)闪点、燃点高，阻燃性能好；黏度指数高，使用温度范围宽，使用压力可达40MPa；
(2)与金属、非金属材料具有较好的适应性；
(3)使用安全，生物降解率高</td></tr>
<tr><td>产品组成</td><td colspan="7">以特定结构的合成油为基础油，并加有抗氧、防腐蚀和润滑等添加剂制成，属于无毒、可生物降解的新一代绿色润滑剂</td></tr>
<tr><td>推荐用途</td><td colspan="7">(1)适用于钢铁行业连铸生产线液压系统和高炉、拆炉机、热轧厂、铸造厂、钢水包阀、电站、煤矿等要求抗燃、安全性设备的液压系统，并可替代磷酸酯型抗燃液压油；
(2)适用温度范围：－20～＋150℃</td></tr>
<tr><td rowspan="12">典型数据</td><td colspan="7">符合Q/SH303 108标准。</td></tr>
<tr><td colspan="2" rowspan="2">项目</td><td colspan="4">质量指标</td><td rowspan="2">试验方法</td></tr>
<tr><td>32</td><td>46</td><td>68</td><td>100</td></tr>
<tr><td colspan="2">外观</td><td colspan="4">浅黄色透明液体</td><td>目测</td></tr>
<tr><td>运动黏度/(mm²/s)
100℃
40℃</td><td>≥</td><td>7.0
28.8～35.2</td><td>9.0
41.4～50.6</td><td>11.0
61.2～74.8</td><td>13.0
90～110</td><td>GB/T 265</td></tr>
<tr><td>黏度指数</td><td>≥</td><td colspan="4">180</td><td>GB/T 1995</td></tr>
<tr><td>闪点/℃</td><td>≥</td><td colspan="4">270</td><td>GB/T267</td></tr>
<tr><td>燃点/℃</td><td>≥</td><td colspan="4">300</td><td>GB/T 267</td></tr>
<tr><td>凝点/℃</td><td>≤</td><td colspan="4">－26</td><td>GB/T 510</td></tr>
<tr><td>酸值/(mgKOH/g)</td><td>≤</td><td colspan="4">4.0</td><td>GB/T 7304</td></tr>
<tr><td colspan="2">歧管着火试验(704℃)</td><td colspan="4">通过</td><td>SH/T0567</td></tr>
<tr><td colspan="7"></td></tr>
<tr><td>安全使用信息</td><td colspan="7">(1)本产品替代矿油液压油时，系统中矿油含量应小于5%；
(2)替代水基抗燃液压油时，系统中水含量应小于0.2%；
(3)替代磷酸酯和其他酯型抗燃液压油时，应注意相容性和密封件的适应性</td></tr>
</table>

第 7 章　用油注意事项

7.1　润滑油(脂)使用管理意义

润滑管理是机械管理中的一个重要组成部分。润滑管理的目的在于预防设备润滑故障，减少机械设备停车造成的损失和提高生产，节约保养劳务费和减少零部件更换，延长设备的使用寿命，减少固定资产投资，降低润滑剂的消耗量，节约费用。因此，搞好润滑的管理工作是企业提高经济效益的重要途径之一。

7.2　润滑管理的主要内容

(1)建立切实可行的管理机构和规章制度，配备专职或兼职的润滑工作人员。

(2)制定设置润滑的技术标准，执行“定点、定质、定期、定量、定人”的五定工作规范。

(3)控制润滑油脂的购、储、用全过程，最好定出全厂统一的代表各种油料牌号的颜色，便于区分，防止混杂。

(4)开展润滑技术培训。

(5)加强对润滑系统及重要设备的运行状态的检测。

(6)制定各种机型润滑材料的消耗定额。

(7)做好废旧油料的回收与再生利用。

(8)润滑管理效果的评价与改善。

7.3　润滑油脂的储运与入库校验和保管

润滑油脂的储运与入库校验均应严格按照要求进行，以确保润滑油脂质量合格。

(1)未经化验合格的油品，采购人员不应采购，验收人员应拒绝验收入库。

(2)散装油储存在油罐内，储存罐底设计以窝蝶形或倾斜为主，并安装放油孔，以便按时将沉淀物排出，并定期对油罐内部进行清理。

(3)装卸时防止倒塌，避免从卡车、火车等高处坠落。搬运时禁止碰撞，以免损坏包装。

(4)购入的合格润滑油脂应尽量储存于室内，如需露天放置，应用防雨布等搭棚遮盖。若一时量大而又无防雨布时，则须将桶倾斜立置并与地面成75°角，以防雨水渗入。

(5)包装不得倒置或横放，不要对包装进行重压，以防包装变形、损坏和产品泄漏。

7.4　润滑油脂使用注意事项

在润滑油脂地使用中，需认真执行机械润滑的“五定”和“三级过滤”规范。

7.4.1　五定

(1)定点：要确定机械设备有几个润滑油箱、油盒、油杯、油孔及密封或外露的润滑点。

(2)定质：要确定各润滑点(部位)要求使用何种牌号的油，根据摩擦副的特点，掌握代用油或掺和调配方法，保持油料不受污染或变质。储存少量润滑油和补油的容器，必须专油专用，有盖且保持清洁。擦拭时，切不可用易于脱落纤维的废棉纱。

(3)定期：要确定各润滑点多长时间给油一次，根据油箱油质情况及时换油。

(4)定量：要确定每个润滑点加多少油量为宜，规定消耗定额。

(5)定人：各机械设备要有专人分工负责加换油脂。

7.4.2　三级过滤

进厂合格的润滑油在应用到设备润滑部位前，一般都要经过几次容器的倒换储存，每倒换一次或移动位置都应进行一次过滤，以杜绝杂质的二次污染。润滑油的三级过滤是：

合格油品进润滑站固定油桶时要进行第一次(一级)过滤；

润滑站固定油桶的油进加油工具时要进行第二次(二级)过滤。

加油工具里的油进入设备润滑点时要进行第三次(三级)过滤。

(1)打开桶盖前将桶盖表面及边缘擦干净，取用时使用洁净工具，使用后用桶盖密封，防止进入杂质、水等。

(2)对新设备或大修装置的润滑系统必须进行清洗，并按规定磨合。

(3)润滑脂使用后应当抹平，防止析油。

(4)组织进行机械设备的故障分析，做到“三不放过”。

(5)不能与不同类别的润滑油脂混合使用，不能加热熔化后使用。

(6)确保新油和旧油标识明确，避免不必要的浪费。

(7)不同公司的同类润滑油产品不得混用，必须混用时则要求进行试验。同一公司不同质量等级的产品不得混用，油品代用必须“以高代低”，且要求黏度级别相同。

7.5　安全、健康、环保

(1)不能对包装物进行焊接、加热。使用和储存时严禁与明火接触，发生火灾时用干粉或泡沫灭火器灭火。

(2)从油桶中取油时，应采取适当的措施，防止润滑油飞溅到地面。

(3)残留及废弃润滑油脂不得随意丢弃，应按法规妥善处理。

(4)使用后的包装物按法规妥善处理。

(5)开启容器时戴上手套并使用工具，以免伤手。

(6)必要时安装排风装置，减少空气中的油雾浓度。

(7)使用时防止接触皮肤，防止溅入眼内，进入眼内及时找医生诊治。

(8)不穿被油渗透的衣服，不用脏抹布擦皮肤上的油迹，以免抹布中有异物划伤皮肤。

(9)接触皮肤后，用水、肥皂及时清洗干净。工作场所配备必要的清洗用具、医疗用具和急救用品。

(10)禁止食用，误食后请找医生诊治。

(11)置于儿童不能触到的位置。

第五篇 船舶润滑剂

前 言

随着中国经济的快速发展，国际海运贸易也发生了巨大变化，主要物流增长来自亚洲—欧洲和亚洲—北美航线。中国的造船工业排名世界第一；中国的港口吞吐量在国际上具有举足轻重的地位，在世界十大港口中，中国占据七席，而上海已经成为世界第一大港口。为此，不难看出航运业在中国的快速增长。国内的航运业形成了以两家公司为主、民营航运公司多方位补缺的格局，中国远洋海运集团有限公司、招商局能源运输股份有限公司依然在行业中占据主导地位。航线以远洋、沿海、长江运输为主，内河航线为辅。

船舶在国民经济中的应用也极其广泛，小到高速快艇，大到十万吨级的货轮，因此船用发动机的功率从小到大，呈系列化。我国的船用发动机高速、中速、低速都有，并以低速十字头发动机为主，但是用作电力输出和动力输出的中速筒状活塞发动机也有较大的数量。船用低速柴油机主要来自 MAN Energy Solutions 公司和 Winterthur Gas & Diesel 公司，以及采用这两家公司低速机专利技术，通过许可证形式，由中国船舶集团有限公司和中国船舶重工集团有限公司等组织生产。船用中速柴油机主要来自 MAN Energy Solutions 公司、Wärtsilä 公司、CATERPILLAR 公司等，以及采用这些公司中速机专利技术，通过许可证形式，由中国船舶集团有限公司等组织生产。船用高速柴油机在国内的各大柴油机厂都有研制和生产，并且拥有较大的生产规模。

通常把发动机转速小于 300r/min 的柴油机称为低速柴油机。经过多年的发展演变，低速柴油机的型式已定格为：二冲程，直流扫气，排气阀由液压驱动，定压增压，直接倒车。每年交付使用的新造商船大部分采用低速柴油机作为推进动力，尤其是近年来新造的大中型散货船、油船和集装箱船几乎都采用低速柴油机作为推进主机。这是因为低速柴油机具有下列无可置疑的优点：热效率高、燃油消耗率低、可靠性好。

曲轴输出转速超过 300r/min 而又低于 1000r/min 的发动机统称为中速柴油机，除去一、二种极个别机型，中速柴油机多为四冲程。中速柴油机在小部分中小型船舶上作为主机提供推进动力，而在大部分大中型船舶上作为发电机组提供电力。

船用高速柴油机是指转速大于 1000r/min 的船用柴油机。船用大功率高速柴油机主要用于应急电机、高速轻型船舶等。

从统计资料来看，目前世界船用低速机市场仍被 MAN Energy Solutions、Winterthur Gas & Diesel 和 Japan Engine 三大公司垄断；与船用低速机市场几乎为 MAN Energy Solutions 独霸不同，中速柴油机市场为多家公司分享，Wärtsilä、MAN Energy Solutions 和 CATERPILLAR 等几家公司排行靠前；船用高速柴油机制造商则主要有 MTU、Deutz、Pielstic 和 Paxman 等。

经过近几十年尤其是近十年的发展，现代船用柴油机已经发展到一个较高的技术水平。今后，随着生产力的发展，将会对船用柴油机提出更高的要求，船舶柴油机也将继续发展改进。船用大功率柴油机不论是低速、中速还是高速，其技术发展基本都是相同的，目前的发展主要围绕着不断提高平均有效压力、降低油耗和排放以及采用电子控制。当前柴油机技术的发展可以概括为：以节能为中心，充分兼顾到排放与可靠性的要求，全面提高柴油机性能。根据此发展目标，今后的研究趋势大致为：

(1)提高经济性的研究，包括燃烧、增压、低磨损等的研究。

(2)降低柴油机的排放的研究，排放是现代当代柴油机面临的严重挑战，随着对船舶柴油机排放控制的限制，使得经济性的提高更加困难，这也是船舶柴油机发展中的新课题。

(3)提高可靠性与耐久性的研究。

(4)电子控制技术的研究。

(5)低硫燃料的研究。

(6)替代燃油的研究。

船用润滑油是随着发动机技术的改进而发展的。发动机设计的改进无疑使得船用油的使用工况更加苛刻，而其中对润滑油性能要求有较大影响的参数包括：发动机燃烧性能、涡轮增压和平均有效压力、单位气缸体积的燃油消耗以及发动机轴的转动频率等。针对以上发动机参数的变化，船用润滑油的发展趋势可以概括为以下几点：

(1)选用更高黏度指数的基础油。

(2)降低油品碱值，提升碱值保持性。

(3)提高油品清净性和高温性能。

(4)提高油品的防腐防锈性能。

(5)提高油品的分水抗乳化性能。

另一个对船用润滑油产生影响的是环保法规对排放的要求。IMO 2020 已经生效，各个国家在这方面的要求也不尽相同。但是可以肯定的是，继汽油发动机和陆用柴油发动机的排放问题引起人们的广泛关注之后，排放问题更为严重的水上交通和航运必将成为一个新的热点，国际航运组织(International Maritime Organization)也一直致力于制定相应的环保法规。

对船舶排放的限制主要集中在硫、氮的氧化物、温室气体以及微粒上。当然，应该对排放负责的并不是只有润滑油，它还包括船舶制造商、发动机制造商、燃油和润滑油供应商以及最终的船舶用户。计算数据显示，由于燃油燃烧造成的金属微粒排放是润滑油的 3 倍之多。而在润滑油方面，可以进行的改进包括以下几个方面：

(1)控制润滑油的燃烧。

(2)减少配方中的金属和硫酸盐灰分的含量。

(3)改进配方与尾气净化装置的兼容性。

(4)控制润滑油的用量。

长城船用润滑油通过十多年的开发，基本形成三大类船用油产品及航星产品的系列化，气缸油、系统油和中速机油产品等级已基本和国际接轨，产品质量也和国外进口油品相当。在国外各港口的供油能力建设也在逐步推进，船用油市场已经不再仅限于内河、长江及沿海船只，对于全球航行的远洋船舶已经具备了完善的供应能力。适用于船用高速柴油机的柴油机油近几年也得到了关注和发展，部分产品已经在航星系列产品中得以体现。

船舶用润滑油还是以气缸油、中速机油、系统油为主打油品，占船舶用油的 75% 左右的份额。船上其他的品种油如液压油、齿轮油、冷冻机油、压缩机油、汽轮机油、艉轴油等占有比例为 25% 左右。

第1章　船舶动力装置

船舶主要设备通常指船舶的动力装置，即能保证船舶正常航行、作业、停泊以及船员、旅客正常工作和生活所必需的机械设备总和。

1.1　船舶动力的主要装置

1.1.1　推进装置

为推进船舶运动所需要的各种机械，是船舶动力装置的主要部分，包括：

(1)主机：是推进船舶的动力机。

(2)传动设备：指离合器、减速齿轮箱等。

(3)船舶轴系：将主机功率传递给推进器，包括传动轴、轴承和密封件等。

(4)船舶推进器：是现代船舶上将主机发出的能量转化为船舶运动的装置。

1.1.2　辅助装置

产生船上所需的其他各种能量的设备，包括：

(1)船舶发电站：用来产生和供给辅助机械及全船照明所需的电能，如发电机组、配电箱等。

(2)辅助锅炉：供船上加热、取暖及其他生活所需。

1.1.3　船舶管路系统

用来连接各种机械设备、运送工质的系统，包括：

(1)动力系统：为主辅机服务。

(2)船舶系统：用来保证船舶的续航力及船员、旅客日常生活所需的管路系统。

1.1.4　船舶甲板机械

保证船舶航向、停泊及装卸货物所需的机械，包括：锚泊机械设备、操舵机械设备、起重机械设备。

1.1.5　驾机合一装置

用来控制主辅机，包括操纵机构、检测警报系统等。

上述提到的推进装置无疑是船舶最主要设备，而作为推进器的动力机——主机，更是重中之重。由于船舶主机在于把燃料燃烧得到的热能转化为功后推动船舶，所以根据主机采用燃料的燃烧装置、传递介质、工作方式等的不同，可把船舶动力装置分为蒸汽、内燃和核动力三大类，但不论动力装置是何种类型，都有一个共同的要求——经济性，即使用廉价燃料的最小的外形尺寸、质量等，获得最高的出功。

在船舶中，柴油机用作主机和辅机占有绝对地位，绝大多数内河、近海及远洋船舶中，几乎都用柴油机作为主、辅机，至于各种工程船舶、钻井平台、渔船等都无例外地采用柴油机作为动力。

在旅游业方面，采用舷外机作为动力的游艇也相当普遍。

1.2　船用柴油机使用特点、结构

目前，世界商船的主机及其台数统计，柴油机占统治地位。近年来，大型低速十字头柴油机得到很大的发展，尤其在先进技术的开发和应用上，单位重量的功率上升不少，而燃料和润滑油的消耗则有所下降。

1.2.1　船用柴油机使用特点

船用柴油机除了一般柴油机必须具有的良好动力性、经济性、可靠性、耐久性等外，由于船舶运行的特点，它还必须要有以下的使用特点：

(1)能适应使用重油、劣质燃料来保证有良好的经济性。

(2)船舶航行时，经常处在纵倾、横倾一定角度的条件下，所以必须保证发动机能正常航行，动力性能上佳。

(3)除了在一定工作条件下运输外，多变并频繁的倒顺车和正反向启动。

(4)当航行海面天气变化异常，则其进气和负荷也随着有很大变化。

根据上述船用发动机使用特点，船用柴油机除二、四冲程发动机结构原理外，还有其自身的特点。

1.2.2　船用柴油机结构

船用柴油机作为船舶的动力，航行在茫茫大海中，其重要性是显而易见的，一旦出现故障，可导致船舶偏离航线、触礁、碰撞、沉船等重大航运事故。

根据船用发动机在使用中的特殊性，反映在特殊的发动机结构上，大功率的船用柴油机一般采用低速十字头式、活塞连杆结构，而中速机则采用筒状活塞柴油机，中高速发动机则主要用于辅机。

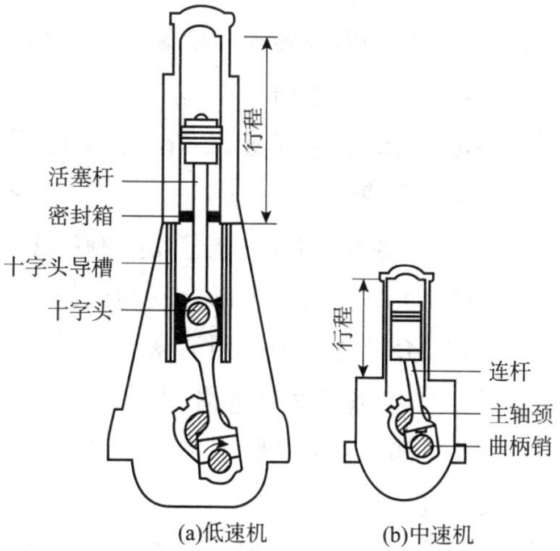

图 5-1-1　船用发动机型结构示意图

图 5-1-1 是船用发动机两种主机的结构示意图。从图中可以看出，十字头发动机活塞是通过活塞杆、十字头与连杆相连接，当发动机工作时，十字头上的十字滑块在导槽上运动，活塞的运动主要由十字头来运作，所以活塞作用于缸套上的压力较小，相对活塞与缸套间的磨损也小些，在良好的润滑下，很少会擦伤或卡死，由

于活塞杆只作垂直方向上的运动，所以为了减少和避免燃烧产物带入曲轴箱从而加速油品老化，在气缸下部有一隔板，通过填料来使气缸和曲轴箱隔开。

中速筒状活塞柴油机与普通柴油机的结构没有很大的区别，活塞与连杆直接相连，活塞运动的导向由活塞裙部来承担，所以产生了活塞与缸套间的压力较大，要求有较好的润滑。

典型船用柴油机的主要参数见表5-1-1。

表5-1-1　船用柴油机主要参数

名称	低速机	中速机		高速机	
单缸功率/kW	300~3000	40~350	370~1200	6~37	60~260
整机功率/kW	1800~36000	150~6000	2200~20000	12~450	350~4200
冲程数	2	4或2	4	4或2	4
气缸数	6~12	4~18	6~18	2~12	6~16
缸径/mm	420~1062	250~420	360~650	85~190	150~180
转速/(r/min)	102~250	350~900	250~650	1000~2000	1000~2200
平均有效压力/MPa	0.7~1.1	0.54~1.6	1~2.2	0.6~1.32	0.95~2.1
活塞平均速度/(m/s)	5~8	6~9	6~9	8~11	8~11
最高燃烧压力/MPa	8.6	6.7~12	6.7~12	13.2	13.2
燃油消耗率/[g/(kW·h)]	190~225	207~245	200~225	218~286	210~250
比重量/(kg/kW)	34~55	34	10~30	6.8~15	1.6~11
用途	远洋和近海船舶主机	海洋、内河船舶主机，发电辅机		近海、内河船舶	

1.2.3　船用柴油机机型划分、适用范围

1.2.3.1　分类

船用柴油机一般以转速和活塞平均速度来划分，分为低速机、中速机或高速机。

1)按活塞平均速度分

低速机：<6m/s；中速机：6~9m/s；高速机：>9m/s。

2)按曲轴转速分

低速机：<300r/min；中速机：300~1000r/min；高速机：>1000r/min。

以上的分类方法对于大部分发动机都是有效的，但随着技术的发展，也有部分发动机制造商开始放弃这种单纯按照活塞速度或曲轴转速的分类方法。

1.2.3.2　特点及适用范围

三种机型都有各自的特点：

1)低速机

优点：耗油低，能烧劣质廉价燃料，磨损相对小，使用寿命长，维修费省，噪音低。

缺点：重量和体积大，舱容和排水量大，加工设备庞大。

适用：大型油轮、远洋船运、大型干散货船。

2）高速机（相对于低速机）

优点：质量轻，体积小，舱容和排水量占用小，制造工艺简单。

缺点：油耗大，磨损大，使用寿命短，维修费用高，安装相对复杂。

适用：中、小型船舶及大、中型船舶的辅机。

3）中速机

介于上述两种机型之间，大多为四冲程，其体积小、制动快，大功率中速机主要用于客运班船、作业船、滚装船等。

1.2.4　船用柴油机型号识别

每种柴油机都有自己特定的代号，即柴油机型号，主要型号的识别如下。

1.2.4.1　国内主要柴油机型号

（1）低速柴油机：型号 6ESDZ 43/82 B，其含义为：

6：气缸数；

ESDZ：技术特征代号；

43/82：缸径（cm）/冲程（cm）；

B：改进序号。

（2）中、小型柴油机：型号 6250ZC，其含义为：

6：气缸数；

250：缸径，mm；

ZC：技术特征代号。

1.2.4.2　Winterthur Gas & Diesel 柴油机型号

Winterthur Gas & Diesel 船用低速柴油机主要有 X、RT－flex 等系列产品，如：型号 X52DF－S1.0 其含义为：

X：发动机型号；

52：缸径，cm；

DF：双燃料发动机；

S：短冲程；

1.0：技术版本号。

1.2.4.3　MAN Energy Solutions 船用低速柴油机型号

如：5G70ME－C10.5－GI－EGRBP，其含义为：

5：气缸数；

G：环保型超长冲程；

70：缸径，cm；

ME－C：电喷控制；

10.5：技术版本号；

GI：气体注入式；

EGRBP：旁路式废弃再循环系统。

1.2.4.4　Japan Engine 船用低速柴油机型号

如：6UEC50LSH Eco C3 EGR，其含义为：

6：气缸数；

UEC：单流式扫气排气涡轮增压十字头式；

50：缸径，cm；

LSH：系列号；

Eco：电喷控制；

C：缸压 2. 2mPa；

3：极低典型燃油消耗；

EGR：低压废弃再循环系统。

表 5－1－2～表 5－1－4 分别列出了船用大型十字头发动机、中速筒状活塞发动机技术参数及通用型高速机的技术指标。

表 5－1－2　船用大型十字头发动机技术参数

制造厂家	机型	缸径/cm	冲程/cm	单缸功率/kW	缸压/MPa	转速/(r/min)
MAN Energy Solutions	G95ME－C10. 6	95	346	6870	2. 1	70～80
	G95ME－C10. 5	95	346	6870	2. 1	70～80
	G90ME－C10. 5	90	326	6240	2. 15	72～84
	G80ME－C10. 5	80	372	4710	2. 1	58～72
	G70ME－C10. 5	70	325. 6	3100	1. 9	66～78
	G70ME－C9. 5	70	325. 6	3640	2. 1	62～83
	S70ME－C10. 5	70	280	3430	2. 1	73～91
	S65ME－C8. 6	65	273	2730	1. 9	75～95
	G60ME－C10. 5	60	279	2840	2. 1	72～103
	S60ME－C10. 5	60	240	2490	2. 1	84～105
	G50ME－C9. 6	50	250	1720	2. 1	79～100
	S50ME－C9. 7	50	221. 4	1780	2. 1	85～117
	S50ME－C8. 5	50	200	1660	2	102～127
	S46ME－C8. 6	46	193. 2	1390	2	105～130
	G45ME－C9. 5	45	225	1390	2. 1	87～111
	S40ME－C9. 5	40	177	1135	2. 1	104～146
	S35ME－C9. 7	35	155	870	2. 1	118～167
	S30ME－B9. 5	30	132. 8	640	2. 1	148～195
Winterthur Gas & Diesel	RT－flex58T－E	58	241. 6	2350	2. 1	90～105
	RT－flex50－D	50	205	1737. 5	2. 1	95～124
	X92－B	92	346. 8	6450	2. 1	70～80
	X82－2. 0	82	337. 5	5500	2. 2	58～84
	X82－B	82	337. 5	4750	1. 9－2. 1	58～84
	X72－B	72	308. 6	3920	2. 1	66～89
	X62－B	62	265. 8	2900	2. 1	77～103
	X62－S2. 0	62	224. 5	2685	2. 2	85～108
	X52－S2. 0	52	204. 5	1910	2. 2	95～120
	X52	52	231. 5	1810	2. 1	79～105
	X40－B	40	177	1135	2. 1	104～146
	X35－B	35	155	870	2. 1	118～167

续表

制造厂家	机型	缸径/cm	冲程/cm	单缸功率/kW	缸压/MPa	转速/(r/min)
Japan Engine	UEC60LSJ	60	240	2380	2	79 ~ 105
	UEC50LSJ	50	230	1780	2. 19	81 ~ 108
	UEC42LSJ	42	193	1260	2. 4	85 ~ 118
	UEC35LSJ/ – SCR	35	155	870	2. 1	118 ~ 167
	UEC50LSH – Eco – C2	50	230	1780	2. 19	81 ~ 108
	UEC42LSH – Eco – D3	42	193	1350	2. 4	85 ~ 118
	UEC33LSH – C2/ – SCR	33	105	775	2. 25	145 ~ 230
	UEC80LSE – Eco – B1	80	315	4440	2. 1	60 ~ 80
	UEC80LSE – Eco – A2	80	315	4230	2	60 ~ 80
	UEC60LSE – Eco – B1	60	240	2490	2. 1	79 ~ 105
	UEC60LSE – Eco – A2	60	240	2380	2	79 ~ 105
	UEC50LSE – Eco – B1	50	205	1750	2. 1	93 ~ 124
	UEC50LSE – Eco – A2	50	205	1660	2	93 ~ 124
	UEC45LSE – Eco – C1	45	193	1440	2. 2	96 ~ 128
	UEC45LSE – Eco – B2	45	193	1380	2. 11	96 ~ 128
	UEC45LSE – 1/ – SCR	45	184	1245	19. 6	98 ~ 130
	UEC45LSE – B2/ – SCR	45	193	1380	2. 11	96 ~ 128
	UEC45LSE – C1/ – SCR	45	193	1440	2. 2	96 ~ 128
	UEC45LSE – Eco – 1	45	184	1245	1. 96	98 ~ 130
	UEC35LSE – B2/ – SCR	35	155	870	2. 1	118 ~ 167
	UEC35LSE – C1/ – SCR	35	155	935	2. 25	118 ~ 167
	UEC35LSE – Eco – B2/ – SCR	35	155	870	2. 1	118 ~ 167
	UEC35LSE – Eco – C1/ – SCR	35	155	935	2. 25	118 ~ 167
	UEC33LSE – C2/ – SCR	33	155	830	2. 25	121 ~ 167

表 5 –1 –3 船舶中速筒状活塞发动机技术参数(已更新)

制造厂家	机型	缸径/cm	冲程/cm	单缸功率/kW	缸压/MPa	转速/(r/min)
MAN Energy Solutions	V48/60CR	48	60	1200	2. 58	514
	L48/60CR	48	60	1200	2. 58	514
	V45/60CR	45	60	1300	2. 73	600
	V32/44CR	32	44	600	2. 71	750
	L32/44CR	32	44	600	2. 71	750
	V32/40	32	40	500	2. 49	750
	L32/40	32	40	500	2. 49	750
	V28/33D STC	28	33	455	2. 69	1000
	L28/32A	28	32	245	1. 93	775
	L27/38	27	38	340	2. 35	800
	L23/30A	23	30	160	1. 71	900
	L21/31	21	31	215	2. 4	1000

续表

制造厂家	机型	缸径/cm	冲程/cm	单缸功率/kW	缸压/MPa	转速/(r/min)
Wärtsilä	46F	46	58	1200	2. 49	600
	32	32	40	580	2. 89	750
	31	31	43	610	3. 01	610
	26	26	32	340	2. 4	1000
	20	20	28	220	2. 5	1200
	14	13. 5	15. 7	84	—	1900
CATERPILLAR	MaK VM46DF	46	61	900	2. 13	500
	MaK M46DF	46	61	900	2. 13	500
	MaK VM43C	43	61	1000	2. 71	500
	MaK M43C	43	61	1000	2. 71	500
	MaK M34DF	34	46	530	2. 12	720
	MaK VM32E	32	46	500	2. 25	720
	MaK M32E	32	46	550	2. 48	720
	MaK M32C	32	48	480	2. 49	600
	MaK M25E	25. 5	40	300	2. 45	720
	MaK M20C	20	30	170	2. 41	900
	C280	28	30	289	—	900
	C175	17. 5	22	125	—	1600
	3516E	17	21. 5	117	—	1600
	3516C	17	19	76. 875	—	1200
	3512E	17	21. 5	84	—	1600
	3512C	17	19	80	—	1600
	3508C	17	19	72. 25	—	1200
	C32	14. 5	16. 2	41	—	1600 ~ 1800
	C18	14. 5	18. 3	56. 5	—	1800
	3406C	13. 72	16. 51	46	—	1800
	C12	13	15	43	—	1800
	C9. 3	11. 5	14. 9	47	—	1800
Yanmar	N21AW	21	29	123	1. 65 ~ 2. 24	800
	EY33W	33	44	562. 5	1. 91 ~ 2. 39	750
	EY26W	26	38. 5	320	2. 02 ~ 2. 5	750
	EY22AW	22	32	229	1. 62 ~ 2. 5	900
	EY17W	17	23	125	1. 06 ~ 2. 21	1400
Daihatsu	DKM - 36e	36	48	584	—	600
	DEM - 33	33	44	565		750
	DCM - 32e	32	40	484		750
	DEM - 28	28	39	374		750
	DKM - 28e	28	39	360		750
	DKM - 26e	26	38	304		750
	DEM - 23	23	32	240		900
	DKM - 20e	20	30	170		900
	DEM - 18	18. 5	28	135		900

续表

制造厂家	机型	缸径/cm	冲程/cm	单缸功率/kW	缸压/MPa	转速/(r/min)
Hyundai	H46/60VP	46	60	1250	—	600
	H32/40VP	32	40	500	—	750
	H17/21VP	17	21	160	—	1800
	H46/60P	46	60	1250	—	600
	H32/40P	32	40	500	—	750
	H25/33P	25	33	290	—	900
	H21CP	21	33	240	—	900
	H21/32P	21	32	200	—	900
广州柴油机厂	G32	32	48	667	2.53	600
	G26	26	39	334	2.57	750
	CS21/32	21	32	220	2.38	1000
	320ZCd	32	44	300	1.495	500
	230ZC	23	30	135	1.73	750

表 5-1-4　通用型高速机的技术性能指标

国别	机型	缸数	缸径/冲程/cm/cm	单缸功率/转速/kW/(r/min)
德国	MAN VP185 MAN 175D	12~18 12~20	18.5/19.6 17.5/21.5	222/1950 200/2000
法国	16PA6-280	16	28/29	6720/1100
法国	AGO16V240 BTC	16	240/220	6000/1500
英国	POXMAN18RP 200	18	197/216	3770/1600
意大利	GMT20VA230	20	230/270	4000/1200
中国	12V180AC	12V	18/20	882/1850
中国	12V190Z	12V	19/21	/1500

第2章 船舶柴油机润滑

2.1 润滑特点

船舶柴油机润滑部位，大致可分为两大部分：活塞、活塞环与缸套间的润滑；十字头轴承、曲轴箱轴承、主轴箱轴承、曲轴轴承、同步齿轮或链条及其工作部件的润滑，即转动机构的润滑。

在这两部分中，以活塞、活塞环与气缸套间润滑最为苛刻，负荷最大，而这部分的良好润滑决定了柴油机性能的发挥。

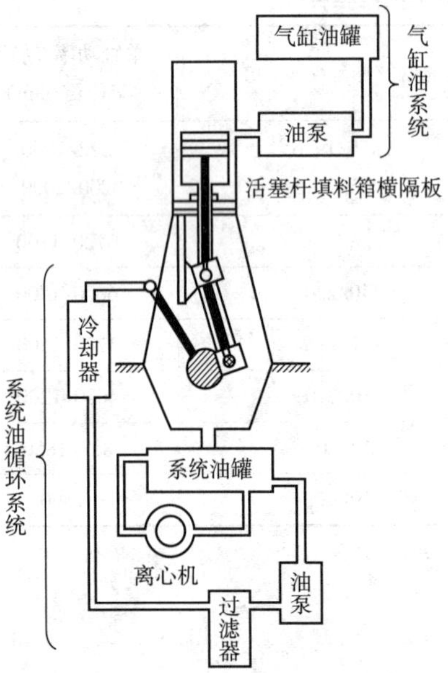

图5－2－1 船用十字头发动机典型的润滑系统

对筒状活塞柴油机来讲，它的气缸下端和曲轴相连，活塞和缸壁靠曲轴转动时飞溅润滑，润滑油同时起到冷却、密封的作用。对大型筒状活塞柴油机，也同时可在缸壁上设置注油孔进行润滑。

与筒状活塞柴油机不同，船用二冲程十字头柴油机设置了横隔板，将气缸部分与曲轴箱分开润滑，气缸部分的润滑油称为船用气缸油，它由缸壁上的注油孔注油至环带区，如MAN公司的低速十字头发动机，每缸至少8个注油孔，在十字头柴油机中气缸润滑油是不循环使用的，属一次性消耗，一般不注入曲轴箱。而其曲轴箱润滑油是独立的循环油系统，亦称系统油，其主要在油泵的压力下流向各润滑面同时冷却活塞。船用十字头发动机典型的润滑系统如图5－2－1所示。

2.2 润滑系统

作为船舶动力装置，船舶柴油机的润滑系统通常包括曲轴箱强制润滑、废气涡轮增压器润滑和气缸油注油润滑等。在某些机型中，曲轴箱强制润滑还为活塞提供冷却润滑。

2.2.1 曲轴箱强制润滑

该系统一般有两种形式：湿式曲轴箱润滑和干式曲轴箱润滑。

(1)湿式曲轴箱润滑。全部润滑油储存在油底壳中，油底壳起着循环油箱作用，这种润滑系统较简单，但由于润滑油易漏到曲轴箱中，与燃气接触机会较多，所以润滑油变质严重。

(2)干式曲轴箱润滑。为保证柴油机的可靠润滑和延长润滑油的使用寿命，目前大多数船用主机和辅机都采用干式曲轴箱润滑。

2.2.2 涡轮增压器润滑系统

涡轮增压器是高转速的机械，选用柴油机曲轴箱油亦可满足其轴承的润滑要求，这样可简化为和主机使用同一个润滑系统，否则需要专用的透平油，需有另一套专门的润滑系统。

2.2.3 气缸注油润滑

大型低速十字头柴油机的底部有横隔板将气缸空间与曲轴箱空间分开，缸套的润滑采用注油方式润滑，专设的气缸注油器将润滑油经注油接头达到气缸周壁的各注油孔，是独立的润滑系统。气缸注油润滑系统示意图如图 5－2－2 所示。

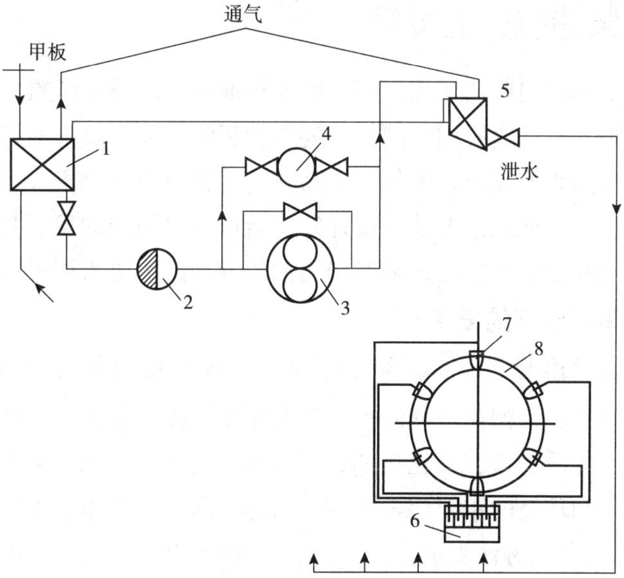

图 5－2－2 气缸注油润滑系统示意图

1—气缸油储存柜；2—气缸油滤器；3—气缸油输送泵；4—手动泵；
5—气缸油日用油柜；6—气缸注油器；7—注油接头；8—气缸套

2.3 船用柴油机油分类

船舶动力装置中所涉及的机械繁多，都需要润滑和使用润滑油脂，包含品种较杂，但归纳起来，大致可分为四大类：

1)气缸油

用于大型低速十字头二冲程柴油机油活塞和气缸套间的润滑。由于二冲程十字头发动机的冲程比较长，所以气缸和曲轴箱是分开润滑的，这从图 5－2－2 中可看出来。

2)系统油

又称曲轴箱油，主要作用是润滑、冷却、防腐等，用于大型低速十字头式发动机的曲轴箱润滑，亦可用于增压汽轮机等的润滑。

3)中速筒状活塞柴油机油

主要用于主机为筒状活塞的中速柴油机的润滑，亦可用于高速辅机的润滑。燃油燃烧产物很易进入曲轴箱中，所以亦应具有气缸油中和酸性产物的作用。

4)高速柴油机油

主要用于高速柴油机的润滑，其发动机特点和使用的燃料基本与陆用柴油机类似，因此相应质量级别的柴油机油可以满足船用高速柴油机的润滑，但要注意使用场合，并考虑油品的防锈性和水分离性。

5)其他油品

舷外机油以及用于不同机械的油品，如透平油、液压油、冷冻机油、齿轮油、压缩机油、尾轴油等。

2.4 船用柴油机油的发展

与普通柴油机油和汽油机油相比，船用柴油机油的发展速度较慢，也没有明显的质量等级的更替。但是为了满足船舶用户的使用要求和新的发动机设计对机械润滑的要求，船用油的质量水平也在不断地提高。碱值的提高只是其更新的一个方面，它反映了船舶用户所用燃油的变化情况，应该说，发动机设计的革新对于船用油的发展具有更具体的技术意义，而正在不断推出的船舶排放法规将对船用油的发展产生更为积极和深刻的影响。

2.4.1 海洋环保法规的要求

据统计，在航运发达的国家(如挪威)，40% ~50% 的氮氧化物 NO_x 排放来自船舶。在港口和航线密集的海区，如英吉利海峡，船舶排放的废气是该地区的主要污染源。加之船舶越来越多地使用劣质燃料，硫化物 SO_x 的排放量也随之增加。船舶发动机的排放也成为影响全球空气质量和环境的重要因素之一。为此，国际海事组织 IMO(International Maritime Organization)提出了让海洋更清洁的口号，于 1990 年 9 月在“防止船舶空气污染及燃油品质”中提出了船舶排放控制标准，1997 年 9 月制定了《73/78 国际防止船舶造成污染公约》(又称 MARPOL73/78 公约)的新增附录Ⅵ——《防止船舶污染大气规则》，规定了船用柴油机的排放控制标准，要求 2000 年 1 月 1 日以后建造或重大改装柴油机都要执行合约的规定。该附录于 2004 年 5 月被 15 个签约国批准，要求 2005 年 5 月 19 日起强制执行，并于 2006 年 8 月 23 日对我国生效。

MARPOL73/78 公约中对船舶柴油机的有害排放主要控制以下几点：

1)关于 NO_x 排放的限制

低速机(转速 <130r/min)：17g/(kW · h)；

中速机(130r/min < 转速 <2000r/min)：17 ~9.84g/(kW · h)；

高速机(转速 >2000r/min)：9.84g/(kW · h)。

2)关于 SO_x 排放的限制

2006 年 5 月 19 日开始，在硫氧化物(SO_x)排放控制区航行的船舶，船上各种设备(包括主机、副机、锅炉、焚烧炉、应急发电机等）使用的燃油的含硫量必须低于1.5%；或使用经认可的废气滤清系统或任何其他技术方法，确保船舶硫氧化物的总排除量不超过6.0g/（kW·h）。到2020年1月1日以后，在排放控制区内航行的船舶使用的燃油的含硫量必须低于0.1%，在排放控制区外航行的船舶使用的燃油的含硫量必须低于0.5%，或配备尾气后处理装置。

3）关于燃油标准

在国际船用燃油市场中，船用燃油除硫含量以外，其他的指标（如黏度、密度、钒含量、铝+硅含量等）必须符合ISO8217：2017的标准。

在国内，2019年1月1日废除了GB 252—2015普通柴油的标准，并将其中的内河船舶用油内容补充到了新版的GB/T 17411当中，将内河船舶船用燃油的硫含量指标定为10μg/g以下。

4）关于排放控制区域及要求

硫氧化物（SO_x）排放控制区，简称“SECA”。船舶进入该区域，必须使用含硫量低于1.5%的低硫燃油，或使用经认可的废气滤清系统或任何其他技术方法以保证船舶硫氧化物的总排出量不超过6.0g/（kW·h）。2006年5月19日起，波罗的海区域（系指波罗的海本身以及波的尼亚湾、芬兰湾和波罗的海入口，以斯卡格拉克海峡中斯卡晏角处的北纬57度44.8分为界）列入硫氧化物排放控制区；2006年11月22日起，北海区域列入SECA；2007年后，SECA扩展至英吉利海峡区域。

国际海事组织（IMO）辖下的海事环境保护委员会（MEPC）于2008年10月6~11日在伦敦总部举行了第58届会议，一致通过对防止船舶造成污染公约（MARPOL）附件Ⅵ条例的修正案，就减低船舶污染物、温室气体排放取得重大突破。该条例于2010年7月1日生效。

新修订的MARPOL附件Ⅵ主要针对船舶硫氧化物（SO_x）、氮氧化物（NO_x）和颗粒物质的排放进行控制，逐步减少有害空气污染物的排放，防止大气污染。经修订，在硫排放控制区（SECA）内，SO_x的排放上限将由现在的1.5%减至1.00%，再从2015年起降至0.10%。另外，MEPC同意减低在船用主机运作时排放的NO_x，凡在2016年起新建船上安装的主机，都必须受MARPOL要求的第三级标准严格管制，在排放控制区内的NO_x释出为3.4g/（kW·h）。

MARPOL73/78公约对航运业的主要影响：一是含硫低质燃料的使用受到了限制，而使用含硫低质燃料是降低运输成本的一项最有效的成果；二是对发动机设计的影响，经过多年的改进，目前绝大部分的发动机已经能够满足对NO_x的控制。但是在控制区还是会受到较大影响，特别是欧洲议会提出的实施计划，将会对在欧盟码头停靠的船只、在欧盟领海水域的船只使用燃油硫含量加以限制。

除此之外，欧盟和美国也日益重视船舶使用高硫燃料对环境的污染，对船舶污染物排放进行了较多限制。

2005年4月13日，欧洲议会表决通过了欧洲法令2005/33/EC《船用燃油含硫量》。这样，欧洲的法令基本与附则VI实现了对接。该法令已于2005年8月11日生效，其主要内容是：①波罗的海从2006年8月11日开始，北海和英吉利海峡从2007年8月11日开始，船用燃油的含硫量不得超过1.5%；②从2006年8月11日开始，航行于欧盟港口之间定期客轮使用的燃油的含硫量不得超过1.5%；③从2010年1月1日开始，内河船和航行于欧盟港区内的海船所使用的燃油的含硫量不得超过0.1%。

美国加利福尼亚州制定了加利福尼亚州海运船舶燃料废气排放法案，规定从2007年1月1日起，在加利福尼亚州所有的管辖水域内，海运船舶的主机必须使用清洁燃油，含硫量不得超过0.5%，2010年1月1日后，燃油含硫量标准减至0.1%，显然这个标准比MARPOL73/78附则VI的规定更加严格。但是在加州的海运船舶燃料废气排放法案通过不久，太平洋商船运输协会(PMSA)就以此法案与CAA法案(联邦空气清洁法案)冲突或违宪为由，提出停止执行该法案，应该由国家出台统一法律。美国联邦法院认定加利福尼亚州海运船舶燃料废气排放法案不生效，有关事项应受CAA法案的调整。但是美国其他多个州也希望政府尽快制定执行MARPOL附则VI的法案，并为部分美国海岸水域向IMO申请成为硫排放控制区。

在国际环保法规要求日益严苛的大背景下，中国对国内排放控制区的要求也日益严格。2018年8月，上海海事局发布了《上海海事局上海市地方海事局关于上海港提前实施在航船舶排放控制措施的通告》，通告明确提到，上海港从2018年10月1日起，提前实施在航船舶排放控制措施。2018年9月，浙江海事局宣布自2018年10月1日起，以宁波舟山港为目的港的海船驶入长三角水域船舶排放控制区范围内应使用硫含量≤0.5%的燃油。2018年12月，中华人民共和国交通运输部印发《船舶大气污染物排放控制区实施方案的通知》，对最新的中国排放控制区进行了新的规定。2019年1月1日起，海船进入排放控制区，应使用硫含量不大于0.5%的船用燃油，大型内河船和江海直达船舶应使用符合新修订的船用燃料油国家标准要求的燃油；其他内河船应使用符合国家标准的柴油。2020年1月1日起，海船进入内河控制区，应使用硫含量不大于0.1%的船用燃油。2020年3月1日起，未使用硫氧化物和颗粒物污染控制装置等替代措施的船舶进入排放控制区只能装载和使用按照本方案规定应当使用的船用燃油。

2.4.2 发动机技术的发展

船用柴油发动机的设计思想是：在满足环保法规的前提下，追求更大的功率和最低的使用费用。目前，在低速十字头发动机方面，最强劲的发动机输出功率已经超过65000kW，而燃油用量已经从200~210g/(kW·h)降至165~170g/(kW·h)乃至更低。围绕这两个目的进行的发动机设计方面的改进有：

(1)为了更高的工作效率，不断提高冲程/缸径比例，目前这个数值已经接近4/1，称为超长紧凑型柴油机。与之相应的是发动机转速不断降低，已从20世纪70年代的120~170r/min降至目前的58~100r/min。国内沪东造船厂从丹麦引进的5S50MC-C型柴油发动机即属于这种新型发动机，其冲程增加了4.7%，而缸径减少了10.4%，主机功率增加了10%。

(2)为了提高燃油经济性，延长了燃油燃烧时间，并且降低了螺旋推进器的旋转速度，从而获得更高的推进效率。

(3)提高平均有效压力，从而大幅度提高发动机的输出功率。平均有效压力已从20世纪70年代的9~12bar提高到目前的17.5~19.5bar(1bar=10^5Pa)。

(4)燃烧室温度比以往有所提高，但发动机部件的热载荷并不因此而提高。

(5)为了满足MARPOL73/78公约，NO_x的降低是以牺牲部分燃油经济性和热效率为代价的，采用直喷式燃烧室、可变喷油定时、废气再循环、缸内喷水等措施，第一环区的温度还将有所降低。而SO_x降低的最有效措施是降低燃料油的硫含量，虽然使用含硫低质燃料是降低运输成本的一项最有效的措施。因此发动机的设计需要在环保法规和燃油经济性之间得到平衡。

(6)其他方面的改进，包括：针对发动机部件承载更有效的涡轮增压系统；改进燃油注射器，从而使得劣质燃料能够有效地燃烧；改进气缸油供应装置以便于润滑控制；降低润滑油的消耗量；延长大修期间隔等。

2.4.3 船用柴油机油的未来发展

发动机设计的改进无疑使得船用油的使用工况更加苛刻，而其中对润滑油性能要求有较大影响的参数有：发动机燃烧性能、涡轮增压和平均有效压力、单位气缸体积的燃油消耗以及发动机轴的转动频率等。针对以上发动机参数的变化，船用润滑油的发展趋势可以概括为以下几点：

(1)新的设计导致了更高的燃烧温度以及更高的系统压力，相应地提高了润滑油膜的热负荷和承载负荷。这就要求润滑油在高温下依然能够保持足够的黏度，能够形成足够油膜强度。提高黏度等级或者选用更高黏度指数的基础油是船用油的发展趋势之一。

(2)在某些新型的发动机中考虑到了发动机部件的冷却问题，较低的温度对于润滑油的高温性能的要求降低了。但是冷却之后的温度却逐渐接近硫酸的露点，从而加剧了设备的腐蚀。而且随着气缸压力的增加，硫酸的露点也相应增高，从而对船用油的碱值及其保持性提出了更高的要求。

(3)燃烧时间的延长使得润滑油膜更长时间地处于高温下，这就要求气缸油具有更好的高温安定性、低挥发性、良好的扩散性、黏附性能。

(4)新的发动机设计增加了系统压力，黏着磨损成为主要关注点，因此要求润滑油有更好的抗磨性能同时也应具备更好的碱保持性能及酸中和能力。

(5)为降低排放，要求润滑油低灰分、低磷、低金属含量，同时还要考虑到新型船机的尾气后处理系统对润滑油组成的限制。

(6)船舶的应用范围在不断扩大，小至小型快艇、大至万吨级的轮船都有快速发展，因此船用柴油机油的品种也在不断延伸，高速柴油机油的品种随着发动机技术的发展也在不断升级。

2.5 船用柴油机油性能要求

2.5.1 气缸油的性能要求

1)气缸油的作用

在大型十字头式柴油机中，气缸润滑是一个独立的润滑系统，在当代船用柴油机的高强度、燃油劣质化的发展中对气缸润滑提出更为苛刻的要求，气缸油的质量直接影响到发动机功率的发挥和使用寿命，同时关系到整机的安全运转、维修周期的长短和航行的安全。为此，船用气缸油应起到以下作用：

(1)减少摩擦损失，防止活塞和缸套的过度磨损。

(2)带走热量和燃烧产物。

(3)帮助密封燃烧室空间。

(4)在金属表面形成油膜，避免燃气和金属表面接触而引起腐蚀。

(5)降低噪音。

2)气缸油的性能

根据气缸油的工作特点以及需要的作用，优质的气缸油应具有以下性能：

(1)润滑性。润滑的基本性能，对发动机来讲必须保证发动机在工作状况下，各摩擦副间有足够的油膜，从而减少金属磨损。而作为船用大型十字头发动机，由于活塞缸径大，尽管缸壁上有多个注油孔，如若没有良好的扩散性，也保证不了良好的润滑。同时，在较高温度下，既要保证气缸油一定的黏度，又要使其迅速均匀地覆盖在有关摩擦副面。

(2)酸中和性。船舶发动机为了降低成本，一般使用劣质燃料。因此气缸油除了必须有足够的总碱值外，还必须有较强的酸中和能力，以中和含硫燃料燃烧产生的腐蚀性物质，克服由此产生的腐蚀磨损，为了控制此类磨损。气缸油除了要具有与燃料硫含量相匹配的总碱值和一定的气缸油注油功率外，还必须使总碱值有效并具有较快的酸中和速度。

(3)清净分散性。船用气缸油的清净分散性，以活塞、缸套与扫气口三个主要部位的沉积物和清洁程度来衡量，但燃烧和燃烧产物对清净分散性能起着重要作用，虽然高质量的气缸油配方是经过科学的复配而成，具有良好的减少沉积物趋势，但不良的燃烧在很大程度上影响了气缸油清净分散性的发挥。

清净分散性在活塞部位，主要表现在活塞的环岸与环槽、活塞裙部、活塞头部沉积物性质及程度，尤其活塞环槽的沉积物，其严重程度是导致磨损加剧的重要因素。

缸套部位是指缸套工作面的清洁程度、漆膜的性状，尤其在进、排气孔出现严重的沉积物是应该避免的。

扫气是指扫气箱内沉积物的生成状况，它与扫气口沉积物形成完全一样，是缸壁刮下的气缸油与燃烧产物在高温下由扫气口进入扫气室所致。

(4)抗磨性。发动机磨损一般有三种形式：腐蚀磨损、废料磨损、摩擦磨损。船用十字头发动机的磨损，主要发生在活塞与缸套间，通常这三种磨损形式都可能存在，但腐蚀磨损占主要方面。

①腐蚀磨损主要指含硫燃料燃烧生成的酸性物质侵入气缸表面与金属接触而产生的磨损，而良好的TBN保持性和快速中和能力是气缸油所必需的性能，从而减缓磨损。

②废料磨损主要是质硬的磨粒进入润滑表面形成，而形成磨损的磨粒主要来自燃烧生成的沉积物，所以要求气缸油配方除了选用高质的添加剂外，还需经过科学的复配，以确保能减少沉积物的生成，从而改善磨损状况。

③摩擦磨损是任何机械运动所正常发生的磨损，对发动机来讲，尤其当活塞处于上死

点时的边界润滑，这时的磨损是最严重的，也是不可避免的。因此对气缸油的承受能力的要求是很重要的。

(5)储存稳定性。船用气缸油是一个特殊的油种，因为在它的配方中，添加剂的加入量相对较高，达30% ~40%。而配制的基础油又都是重质的，一般来讲，众多的高碱性添加剂加入重质基础油中会存在稳定性的问题。另外，由于船用油油品中渗水极易使皂类添加剂油品发生乳化，因此也存在油品遇水稳定性的问题。

2.5.2　系统油的性能要求

系统油又叫多用途油、曲轴箱油，通常用来润滑柴油机曲轴箱内的轴承。在船用中速筒状活塞柴油机中还兼作气缸润滑和活塞的冷却，同时可用于辅机或减压控制油。这种润滑方式的最大特点是润滑油循环使用。

由于系统油不和高温燃气直接接触，所以其工作条件相对缓和，其正常耗量为0.1 ~0.3g/(kW·h)。但它有时会用于油冷活塞，因此还应具有良好的高温抗氧化性，否则会在活塞内腔生成漆膜和积炭，从而恶化对活塞的冷却性能。系统油的性能要求如下：

1)适宜的黏度和黏度指数

适宜的黏度是建立良好润滑油膜的保证，由于油品经常在变工况条件下工作，环境温度变化较大，所以要求其能在较宽的温度范围内可靠地工作，即具有良好的黏温性能，这也是油品具有足够载荷能力的保证。根据经验，系统油的100℃运动黏度为11 ~14mm^2/s，黏度指数大于93适宜。

2)抗腐蚀性

抗腐蚀性对有色金属的轴瓦有重要意义，抗腐蚀性差会引起轴承合金腐蚀或铝－锡、铅－铜等镀层剥落。

3)清净分散性

良好的清净分散性能使炭粒或其他各种颗粒、油泥等分散成细小粒子并悬浮在油中以便能被有效地过滤。一般柴油机润滑油都有该性能要求。

4)抗氧化性

系统油由于兼具冷却高温活塞的作用，窜入的高温燃气使系统油长期处于高温下，加剧了油品的氧化，因此系统油应具有高温抗氧化性能。另外，油品和空气接触多，也促进了油品的氧化变质，同时磨损金属粒子的催化也加剧了油品的氧化。所以抗氧化性能对系统油来讲是至关重要的。

5)抗水性

在低速十字头发动机润滑油系统中，渗入海水或冷却系统泄漏都会使润滑油乳化。如抗水性能差，经过离心循环、飞溅会加剧油品的乳化，形成泡沫，乳化后可能析出的废料会加剧摩擦副的磨损，油品添加剂的降解会使润滑油过早变质。所以抗水性是系统油的主要性能。

2.5.3　中速机油的性能要求

中速发动机的工作原理与高速发动机基本相同，一般船用中速机可多达20个缸，成对排列或V形排列，经减速齿轮箱与推进器连接，润滑油润滑活塞、轴承等，同时亦能润滑齿轮箱。但船用中速筒状活塞发动机特点是燃用劣质燃料，因此和一般高速机相比，船用中速机油有其特殊要求，应兼船用气缸油和船用系统油双重性能的要求。中速筒状活塞柴油机油性能如下：

(1)润滑油膜有足够的承载能力，以保证在边界润滑状态下降低磨损。

(2)优良的热氧化安定性，尽量少的生成漆膜、积炭和油泥。

(3)优异的酸中和性能，根据燃油的硫含量，油品必须具备足够的总碱度，以中和酸性物质防止腐蚀磨损。

(4)优良的清净分散性。中速机作为船用主机，功率大，发动机在工作过程中润滑油总是处在循环、离心、净化状态，因此对油品的清净分散性提出了更高要求，不能在离心净化过程中使油品的清净分散性降低。此外，中速机油在工作过程中直接与高温的活塞、缸套以及燃用劣质燃料而产生更加恶劣的燃气接触。因此，中速机高温沉积物生成倾向更为严重，从而对中速机油的高温清净分散性提出了更高要求。对船用中速机油既要有优良的清净分散性，同时又要求油品在离心净化过程中不降低其清净分散性。

(5)抗水性。一般对船用油都提出了这个要求，而中速机油由于要中和劣质燃料燃烧而产生的酸性产物，因此需其油品具有一定TBN。而高碱性添加剂的加入不利于油品的抗水性，所以更要求其有良好的抗水性。

2.5.4 船用高速柴油机油的性能要求

高速船用柴油机的结构特点与陆用柴油机基本一致，因此，船用高速柴油机油的性能要首先具备柴油机油的基本要求，如合适的黏度范围、优良的清净分散性能、抗氧化性能和抗磨性能。

根据发动机技术的发展，需要合适质量级别的柴油机油，如CF-4、CH-4等相当质量级别的产品以满足船用发动机高功率、低排放的要求。

根据柴油机的强化系数和增压比不同，也需要适合质量级别的柴油机油与之相匹配，以满足不同功率发动机的使用要求。

除此之外，由于船用柴油机的使用环境湿度大，并很容易接触到水，因此对油品的防锈性能和水分离性能也有一定的要求。

第3章　船用柴油机油的选用

船用柴油机润滑系统管理和机油的正确选用对发动机功率的发挥、故障率的降低、使用寿命和维修周期的延长有很大关系。针对船上用油的特点，为确保船舶完全可靠地航行，加强对船舶润滑的管理和机油质量的保证是极其重要的。

在所有船用发动机中，不管其润滑系统是何种形式，在润滑管理中，正确选用润滑油是最重要的。如选用出错，那么其他管理再正确也没有用。

在船用润滑油的选择中，应从以下几方面进行考虑：

(1)根据发动机类型，选择合适的船用油与之相匹配。如低速十字头柴油机应该选用气缸油和系统油，中速筒状活塞柴油机选用中速机油，高速船用柴油机选用高速柴油机油。

(2)根据燃料油的质量品质，选择合适总碱值(TBN)的产品。燃油品质对发动机的磨损会有很大影响，一般渣油含硫和灰分都高，则选用润滑油的 TBN 也可高些，这时的 TBN 为燃油硫含量的 10 倍左右。

(3)应考虑油品的黏度等级，总的来说，在柴油机负荷比较大时，发动机缸套与活塞等主要摩擦副之间的温度也比较高，航行在高温航线时船舶环境温度也比较高，应选择黏度较高的油。平均有效压力大于 0.8MPa 的发动机，要用高于 SAE40 的油；反之，则可选用 SAE40 以下的油。

(4)用户也可以根据说明书进行选油，一般 OEM 在说明书中对黏度等级、总碱值都进行了规定，甚至还会推荐润滑油品牌。

为满足船用内燃机油生产和市场需要，提高标准化的管理水平，中国石化润滑油有限公司以第一起草单位编制了《船用内燃机油》(GB/T 38049—2019)，见表 5－3－1 ~ 表 5－3－3。

表 5－3－1　船用气缸油的技术要求和试验方法

项目		质量指标					试验方法
牌号		5025	5040	5070	5080	50100	—
碱值等级		25	40	70	80	100	—
碱值/(mgKOH/g)		23 ~ 28	38 ~ 43	68 ~ 73	78 ~ 83	98 ~ 103	SH/T 0251
水分(体积分数)/%	≤	0.06			0.12		GB/T 260
机械杂质(质量分数)/%	≤	0.03					GB/T 511
运动黏度 (100℃)/(mm^2/s)		18.5 ~ <21.9					GB/T 265
密度(15℃)/(kg/m^3)		报告					SH/T 0604

续表

项目		质量指标	试验方法
黏度指数①	≥	95	GB/T 1995 或 GB/T 2541
闪点(开口)/℃	≥	220	GB/T 3536
倾点/℃	≤	-6	GB/T 3535
铜片腐蚀(100℃，3h)/级	≤	1	GB/T 5096
硫酸盐灰分(质量分数)/%		报告	GB/T 2433
硫(质量分数)/%		报告	SH/T 0689 或 GB/T 17040 或 SH/T 0172
钙(质量分数)/%		报告	GB/T 17476 或 SH/T 0270 或 SH/T 0631
锌(质量分数)/%		报告	GB/T 17476 或 SH/T 0226 或 SH/T 0631

①结果有争议时，以 GB/T 1995 为仲裁方法。

表 5-3-2 船用系统油的技术要求和试验方法

项目		质量指标				试验方法
牌号		3005	3008	4005	4008	—
碱值等级		5	8	5	8	—
碱值/(mgKOH/g)		5 ~ <7	7 ~ 10	5 ~ <7	7 ~ 10	SH/T 0251 1
运动黏度(100℃)/(mm^2/s)		9.3 ~ <12.5		12.5 ~ <16.3		GB/T 265
密度(15℃)/(kg/m^3)		报告				SH/T 0604
黏度指数①	≥	93				GB/T 1995 或 GB/T 2541
闪点(开口)/℃	≥	220				GB/T 3536
倾点/℃	≤	-9				GB/T 3535
水分(体积分数)/%	≤	0.06				GB/T 260
机械杂质(质量分数)/%	≤	0.01				GB/T 511
泡沫性(泡沫倾向/泡沫稳定性)/(mL/mL)						GB/T 12579
24℃	≤	25/0				
93.5℃	≤	50/0				
后 24℃	≤	25/0				
液相锈蚀(24h)		无锈				GB/T 11143(B 法)
硫酸盐灰分(质量分数)/%		报告				GB/T 2433
硫(质量分数)/%		报告				GB/T 17040 或 SH/T 0172 或 SH/T 0689
锌(质量分数)/%		报告				SH/T 0226 或 SH/T 0631 或 GB/T 17476

续表

项目	质量指标	试验方法
钙(质量分数)/%	报告	SH/T 0270 或 SH/T 0631 或 GB/T 17476
磷(质量分数)/%	报告	SH/T 0296 或 SH/T 0631 或 GB/T 17476
承载能力(FZG) 失效级 ≥	10	NB/SH/T 0306

①结果有争议时，以 GB/T 1995 为仲裁方法。

表 5-3-3 船用中速筒状活塞柴油机油的技术要求和试验方法

项目	质量指标												试验方法
产品牌号	3012	3015	3020	3030	3040	3050	4012	4015	4020	4030	4040	4050	—
碱值等级	12	15	20	30	40	50	12	15	20	30	40	50	—
碱值/(mgKOH/g)	10 ~ <14	14 ~ <18	18 ~ 23	28 ~ 33	38 ~ 43	48 ~ 53	10 ~ <14	14 ~ <18	18 ~ 23	28 ~ 33	38 ~ 43	48 ~ 53	SH/T 0251
水分(体积分数)/% ≤	0.06												GB/T 260
运动黏度/(mm^2/s)	9.3 ~ <12.5						12.5 ~ <16.3						GB/T 265
密度(15℃)/(kg/m^3)	报告												SH/T 0604
黏度指数① ≥	95												GB/T 1995 或 GB/T 2541
闪点(开口)/℃ ≥	220												GB/T 3536
倾点/℃ ≤	-9												GB/T 3535
泡沫性(泡沫倾向/泡沫稳定性)/(mL/mL) 24℃ ≤ 93.5℃ ≤ 后 24℃ ≤	 150/0 100/0 150/0												GB/T 12579
液相锈蚀(24h)	无锈												GB/T 11143 (B 法)
机械杂质(质量分数)/% ≤	0.01												GB/T 511
硫酸盐灰分(质量分数)/% ≥	报告												GB/T 2433
硫(质量分数)/%	报告												SH/T 0689 或 GB/T 17040 或 SH/T 0172

续表

项目	质量指标	试验方法
磷(质量分数)/%	报告	GB/T 17476 或 SH/T 0296 或 SH/T 0631
钙 (质量分数)/%	报告	GB/T 17476 或 SH/T 0270 或 SH/T 0631
锌 (质量分数)/%	报告	GB/T 17476 或 SH/T 0226 或 SH/T 0631
承载能力(FZG) 失效级 ≥	11	NB/SH/T 0306
轴瓦腐蚀试验(L－38 法) 轴瓦失重 ≤ 或程序Ⅷ发动机试验 轴瓦失重/mg ≤	50 33	SH/T 0265 SH/T 0788
高温清净性和抗磨试验(1M－PC 法) 总缺点加权评分(WTD) ≤ 顶环槽充炭率(体积分数)(TGF)/% ≤ 环侧间隙损失/mm ≤ 活塞环黏结 活塞、环和缸套擦伤	240 70 0.013 无 无	SH/T 0786

①结果有争议时，以 GB/T 1995 为仲裁方法。

3.1 气缸油的选用

气缸油用于低速十字头柴油主机气缸的润滑，它可根据所用燃油的质量、机型、工作条件等来选择。

总碱值(TBN)是否和所用燃料的硫含量相匹配，是气缸油首选的指标。TBN 太低，不能有效中和燃烧产物，造成严重的腐蚀磨损；TBN 偏高，虽然不经济，但一般客户在选用时都宁高不低。表 5－3－4 列出了根据不同硫含量适宜的 TBN。

表 5－3－4　燃料硫含量与气缸油适宜碱值

硫含量/%	≤0.1	0.1～≤0.5	>0.5
气缸油总碱值/(mgKOH/g)	15～25	40～100	70～140

气缸油使用中，注油量也是一个重要的指标。在 MAN B&W 公司、Wartsila 开发的润

滑油供油系统中，出于环保和经济性的考虑，都降低了注油量，以更有效地使用气缸油。在 MAN B&W 公司设计的 ALPHA 供油系统中，可以根据燃料油中硫含量计算润滑油的注入量，也可以混配两种气缸油用以调整所需的碱值，通过实时监控气缸油废油调整气缸油的加入量。一般气缸油的耗量可通过下式来推算：

$$L = 0.35B \cdot X \cdot S/TBN_{min}$$

式中 B——燃料耗本，g/(Kw · h)；

S——燃料 S 含量,%；

TBN_{min}——最低时 TBN，mgKOH/g；

X——系数，与缸径有关，对应关系见表 5-3-5。

表 5-3-5 X 与缸径关系表

缸径/mm	110	300	400	500	600	700
X	0.35	0.20	0.15	0.12	0.10	0.08

推荐应用：长城船用气缸油 5025，长城船用气缸油 5040S/5040，长城船用气缸油 5070S/5070，长城船用气缸油 50100。

长城牌船用气缸油的命名前 2 位数字代表 SAE 黏度等级，后 2 位数字代表不同的碱值。长城牌拥有不同黏度等级、不同碱值船用气缸油产品约十余种，并可根据用户的需求，调制不同黏度等级、不同碱值的产品。

3.2 系统油的选用

系统油的选用主要根据柴油机的机型、运转工况、工作环境和所用燃油的质量而定。对于低速十字头柴油机的系统油，对 TBN 的要求并不高，所以可选用 TBN 相对低些的系统油，一般选用 10mgKOH/g 以下，而黏度等级 SAE 30 即可，黏度指数应大于 93。

国内在沿海和内河使用的系统油，黏度等级为 SAE 30 或 SAE 40，TBN 和国外同类产品相当，具有良好的抗水性。但也有不少船舶，使用陆上车用的 CC 级柴油机油，在使用过程中出现不少问题。

推荐应用：长城 3005 船用系统油，长城 4008 船用系统油。

长城牌船用系统油的命名前 2 位数字代表 SAE 黏度等级，后 2 位数字代表不同的碱值。长城牌拥有不同黏度等级、不同碱值船用系统油产品三种。

3.3 中速机油的选用

对于大功率、重负荷的中速筒状活塞柴油，其重要的经济指标是燃用劣质燃料，其燃烧产物会渗落到曲轴箱，尤其对大缸径的筒状活塞柴油机，它兼有气缸油和系统油的双重功能，因此对油品的质量要求更高。除了中速机应有良好性能外，还有一点很重要的方面，即在使用过程中经离心、净化后，油品必须还能保持良好的性能。图 5-3-1 表示苛刻的离心分水分渣流程。

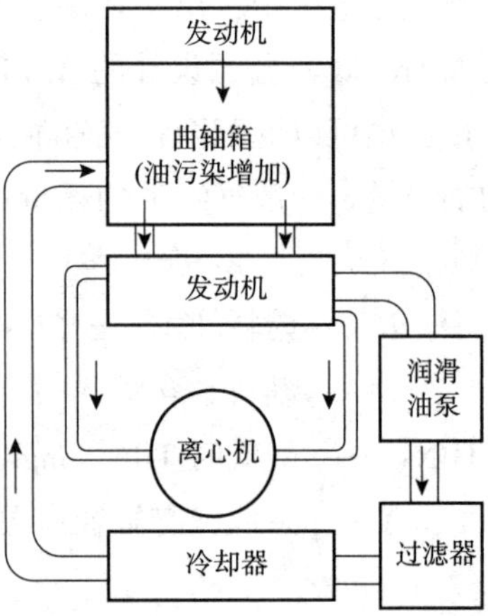

图5-3-1 系统油循环离心净化流程

对于工况条件较缓和所燃用燃料硫含量不高的中速筒状柴油机，也可选用低速十字头发动机用的系统油。国内研制成功的TBN12、25、40、SAE 40的中速机油经实际使用，得到了用户的肯定，是很好的选择。

用户在使用过程中，应注意保持循环油箱中有一个稳定的TBN值，下式表示TBN稳定值的推算：

$$TBN_{\infty} = TBN_0 - 6.5\frac{S}{C}$$

式中 TBN_0——新油，mgKOH/g；

TBN_{∞}——稳定值，mgKOH/g；

S——硫含量，%；

C——润滑油耗量，g/(kW·h)。

国外有些发动机厂商规定 $TTBN_0 \geq (40\% \sim 50\%) TBN_{\infty}$。

推荐应用：长城3012船用中速机油，长城3030船用中速机油，长城3040船用中速机油，长城4012船用中速机油，长城4030船用中速机油，长城4040船用中速机油。

长城船用中速机油的命名前2位数字代表SAE黏度等级，后2位数字代表不同的碱值。长城牌拥有不同黏度等级、不同碱值船用中速机油产品八种，并可根据用户的需求，调制不同黏度等级、不同碱值的产品(表5-3-6)。

表5-3-6 中速机油总碱值的选择

工况	燃油含硫量/%	中速机油 TBN/(mgKOH/g)
苛刻	3.5~4.0	30~50
苛刻	2.0~3.5	20~40
苛刻	1.0~2.0	20~30
苛刻	0.5	12~20
中等苛刻	1.5~2.0	20~30
中等苛刻	0.5~1.5	12~15
中等苛刻	0.5	12~15
缓和	<0.5	12~15

3.4 船用高速柴油机油的选用

目前，许多船用高速柴油机都直接选用车用柴油机油进行润滑。其实，船用高速柴油机与陆用高速柴油机相比，使用条件更为苛刻。首先，船用高速柴油机使用的燃料硫含量偏高。其次，船用高速柴油机工作负荷高，连续工作时间长。船舶在一个航次中基本都处在高负荷运转中，停机时间较为短暂。再次，船用高速柴油机维护保养相对困难。船用发动机的日常维护很难做到完全像车用发动机那样，由专业维护人员定期保养。因此，直接使用车用柴油机油作为船用高速柴油机的润滑油并不妥当，而是应当选择专用的船用高速柴油机油。

船用高速柴油机应用在中小船艇、渡船、拖船、渔船上，功率为 110 ~ 450kW，转速 1500 ~ 2300r/min 不等，柴油机负荷、工作温度、增压比也有很大的差异，这就需要根据柴油发动机的强化系数和增压比来选择合适质量级别的船用高速柴油机油。

根据船用高速柴油机的使用特点，长城牌航星系列产品在不同质量等级的柴油机油的基础上，开发了相应的船用高速柴油机油。

推荐应用：

长城航星 980：达到 CI－4 15W－40 柴油机油的质量水平。

长城航星 780：达到 CH－4 15W－40 柴油机油的质量水平。

长城航星 500 系列产品：

航星 580：达到 CF－4 15W/40 柴油机油的质量水平。

航星 590：达到 CF－4 20W/50 柴油机油的质量水平。

长城航星 300 系列产品：

航星 340：达到 CD 40 柴油机油的质量水平。

航星 380：达到 CD 15W/40 柴油机油的质量水平。

航星 390：达到 CD 20W/50 柴油机油的质量水平。

3.5 船用柴油机油和普通柴油机油的异同点

船用高速柴油机油的航星系列产品，其质量水平相当于相应的柴油机油的质量水平，并根据船舶运行的使用特点，在普通柴油机油的基础上开发而成，因此航星产品可以作为相应质量水平的产品在陆地上替代使用。如长城 4012 中速机油通过了 CF 级柴油机油的台架试验，达到了 CF 级油的要求，可以替代 CD、CF 柴油机油使用；反之则不行。普通柴油机油和气缸油、系统油、中速机油之间存在一定的差异。

1）碱值不同

出于航运成本和 IMO 2020 低硫的考虑，大型船舶普遍使用低硫燃油。船用润滑油，如船用气缸油、船用中速机油，根据燃料油硫含量的不同，可以提供不同碱值的产品。而相比之下，普通柴油机油的碱值稍低，不能有效中和含硫燃料使用后产生的酸性物质。

2）使用特点不同

船用润滑油在使用中，尤其是船用中速机油和船用系统油难免要受到水的污染，所以要求中速机油和系统油要有良好的抗乳化性能、分水性能和防锈性能，而普通柴油机油则没有这些要求。

3）黏度等级不同

船用润滑油的黏度分类只有单级没有多级。而普通柴油机油由于考虑到低温启动的可能性，因此有很多的黏度等级，以满足不同温度下汽车的正常使用。

3.6 用油错误的危害

1)发动机备件消耗增强

由于低碱值的普通柴油机油不能及时、有效地中和燃烧产生的酸性物质，使用劣质燃料的发动机腐蚀磨损明显增大，气缸、活塞的间隙增大，使用寿命缩短，活塞环的更换增多。此外，发动机备件长期在海水和海风的环境下工作，使用没有锈蚀要求的柴油机油，锈蚀将明显增加。

2)使用中冒黑烟

使用重质含硫燃料的船舶，如果依旧采用低碱值的普通柴油机油，航行过程中就会不可避免地出现冒黑烟的现象。

3)进水后不容易分离

如果使用不当，曲轴箱意外进水，采用分水性较好的系统油或中速机油，油品在分水机的作用下，油水逐步分离，润滑油可继续使用；如果使用没有分水要求的普通柴油机油，油品乳化后难以分离，只能换油，由于船用油的用量较大，会造成很大的经济损失。

第4章 长城牌船用柴油机油的实船试验和认证情况

船用油产品中添加剂加入量高，而且使用周期长、使用过程要求较高，因此，对船用润滑油的开发相对比较复杂，研发周期较长。其研制的一般过程，根据发动机的特点，选择合适的基础油和添加剂，在实验室中通过模拟试验平衡添加剂及其加入量。然后按要求通过所有的台架试验，接着进行3000～6000h的实际行船试验。如果需要得到原始设备制造商OEM的认可，先向OEM提出申请，选择合适的发动机，试验前、中、后OEM都要派人参与吊缸检测，并采取油样分析。试验达到OEM的要求，则会得到产品认可书。

长城牌船用润滑油在开发过程中都进行了实船试验中油样的跟踪分析和吊缸检测试验，油样的跟踪分析可以了解油品的衰变规律，吊缸检测试验可以直观地发现发动机的磨损状况和清洁性情况，从而得出比较准确的油品使用试验的结论，为油品进一步的实际使用提供技术依据。在长城牌三大类九个品种的船用油中，都通过了所要求的台架试验或实船试验，并通过专家组的评审鉴定。在产品得到鉴定后，即进行组织生产，投入市场，经受了市场的考验。特别值得指出的是，5070船用气缸油、5070S船用气缸油、4008船用系统油、3008S系统油，进行了MAN B&W公司严格的认证程序，通过了该公司所要求的实船考核。

4.1 长城牌船用柴油机油实船试验概况

长城牌船用柴油机油经过了大量的实际行船实验并得到用户的首肯，在中海集团、上海远洋公司的船队上都进行过行船实验：2004年长城牌船用油得到中国极地中心认可，成为中国南极科考“雪龙号”唯一指定用油；2006年长城牌5070船用气缸油、4008船用系统油通过了MAN的认证实验，在山东海丰公司的“海丰东京”号上进行了6000h的实船试验；2008年，长城牌5070S船用气缸油通过了MAN B&W的认证实验，在Blackhaw Inc Monrovia的“Aries Voyager”号进行了6000h的实船试验。2015年长城船用中速机油4040通过MAN公司认证试验，在德国SAL航运公司(SAL Heavy Lift GmbH)下辖货轮“M V Paula”船舶上进行了6000h的实船试验。2019年长城船用中速机油4012通过MAN公司认证试验，在格陵兰岛的马尼特索克电厂进行了6000h的发动机试验。长城牌船用油应用情况汇总见表5－4－1。

表5-4-1　长城牌船用油应用情况汇总

油品名称	通过的台架试验	试验船舶	试验发动机型	试验结果
5010 船用气缸油	CAT1H2 台架 PETTER W-1	上海远洋公司"丰城"轮	Sulzer 6RD68	磨损率低，使用良好，理化性质变化平稳
5040 船用气缸油	BOLNES 3DNL	长江轮船公司江申-2轮	12VESDZ30/55	磨损率降低一半，积碳松软，易清除
5070 船用气缸油	BOLNES 3DNL	中海集团 振奋-14轮	MAN-B&W 6L42MC 3000h	油耗低，使用良好； 磨损率低，备件费用降低； 积炭减少，减少吊缸检测劳动力
		南极科考船"雪龙"号	MAN-B&W8L60MCE MAN-B&W7L50MC	
		中海"金盛"轮	Sulzer6RND-76 Sulzer9RND-90Su lzer7RND-90 Sulzer 6RLA66	
4008 船用系统油	1135C2 W-1台架	中海集团风丽号、泰山号轮	6000h 实验	油耗低，使用良好；具有良好的分水性能； 延长润滑油的使用周期
		南极科考船"雪龙"号	MAN-B&W8L60MCE	
		中海"金盛"轮	Sulzer6RND-76	
4012 船用中速机油	CAT1G2 L-38	长江轮船公司江申-2轮	6NVD36.1	磨损率低，具有良好的分水性能
4025 船用中速机油	改装1135 L-38	中海集团 友谊-12轮	6PC-2L型	磨损率低，使用良好，耗油量等指标与进口润滑油相当
		长航"渝集-18"轮	潍柴6200	
3030 船用中速机油	—	南极科考船"雪龙"号	辅机 MOTOREN VERKE MANNHEI	
		中海工业江新造1-4 #57300吨散货轮	5L23/30H-ECR 镇江船用柴油机厂	使用情况良好
4030 船用中速机油	改装1135 L-38	广州发电厂	14V40/45型	磨损率低，使用良好，理化性质变化平稳，获MAN-B&W公司认可
		宁波海运明州76#	SXD-MAN B&W, 6L16/24	使用情况良好
4040 船用中速机油	改装1135 L-38	长江轮船公司满江海轮	VSSA4R32D型	磨损率极低，使用良好，理化性质变化平稳，积炭松软，易清除
		长航凤凰长发海	MAN 8L20/37	使用情况良好
航星系列产品	1. 长江上航行的船舶有50%以上船舶柴油机使用的润滑油为长城航星300系列润滑油，其中包括渡轮、游艇、拖船、渔船、消防船、客船、集装箱运输船、滚装船、散装液体货船、散装固体货船、挖泥(沙)等各种类型；航星580在亚通股份有限公司的"亚通2#"上使用效果良好，换油期达到400h以上。经过性能改进，长城航星系列产品必将为众多装配有不同主辅发动机的客货船在长江上安全行驶提供强有力的保障。 2. 在浙江舟山、山东荣成等著名渔港，长城润滑油的使用量名列前茅。经过性能改进，长城航星系列船用柴油机油必将为众多渔轮在风浪颠簸的恶劣环境中航行和作业提供更优质的润滑保障			

4.2　5070 船用气缸油 MAN B&W 公司认证试验

5070 船用气缸油的认证试验是在各方的协同参与下进行的。首先 MAN B&W 公司认可了所参与试验的 MAN B&W 机型，即山东海丰公司“海丰东京”号的主机 HITACHI - B&W 6L50MC，并按照气缸油的实船试验要求，制定了 4000 ~ 6000h 的试验计划，主机润滑油全部使用长城牌自主开发配方的 5070 船用气缸油，选择其中的 2 个缸(2#缸、3#缸)作为检测依据，在试验前、中、后由 MAN B&W 公司工程师亲自上船检测发动机磨损状况，观察气缸和活塞的沉积物情况并进行数据对比；每 2 天检查一次扫气口，每 1000h 对扫气口拍照比较，每 2 周取一次燃料油的油样进行分析记录。

长城牌 5070 船用气缸油于 2005 年 8 月 21 日开始试验，2006 年 3 月 4 日进行扫气箱检测和观察，2006 年 8 月 26 日完成试验后吊缸，实船试验时间近 6000h，期间完全执行试验方案。

MAN B&W 公司工程师详细观察了发动机运行状况，并在试验前后的吊缸中对缸径、轴瓦等进行了测量，得出了令人满意的结果。对扫气口采集的油样进行分析表明，气缸油残油碱值余量合适，能够起到有效的中和作用。从反映发动机磨损状况的金属含量来看，Fe、Al、Si、Pb、Sn 含量均不高，说明长城牌 5070 船用气缸油具有较好的抗磨性能，也说明 5070 气缸油能够满足 MAN B&W 公司发动机的使用要求。在长时间的海外航行中，发动机的运行状况良好，而且没有增加油耗，与原使用的进口油品相当，因此试验船只轮机长、船长也对油品优异的性能表示了满意。

目前长城船用发动机认证齐全，三大油产品已获得国内外主流 OEM 技术认可，详细情况见表 5 - 4 - 2。

表 5 - 4 - 2　长城船用发动机油认证情况

产品种类	长城	长城认证情况
气缸油	50140	MAN
	50100	MAN/WINGD/MITSUBISHI
	5070S	MAN/WINGD/J - ENG
	5040S	MAN
	5040	MAN/WINGD/J - ENG
	5025	MAN(已撤销)/WINGD/MITSUBISHI
	5017	MAN/WINGD
系统油	3005	MAN/WINGD/J - ENG/KEMEL
	3008	MAN/WINGD/J - ENG
	4008	MAN

续表

产品种类	长城	长城认证情况
中速机油	4050	MAN/WARTSILA/HIMSEN
	4040	MAN/WARTSILA/CAT&MAK/DAIHATSU/YANMAR/HIMSEN/KEMEL
	4030	MAN/WARTSILA/CAT&MAK/DAIHATSU/YANMAR/HIMSEN/广柴/KEMEL
	4020	MAN/CAT&MAK/DAIHATSU/HIMSEN
	4015	MAN/YANMAR/DAIHATSU/HIMSEN
	4012	MAN/CAT&MAK/DAIHATSU/YANMAR/HIMSEN/711 研究所/广柴
	3040	MAN/WARTSILA/DAIHATSU/YANMAR
	3030	MAN/WARTSILA/DAIHATSU/YANMAR
	3020	MAN/DAIHATSU
	3015	MAN/YANMAR/DAIHATSU
	3012	MAN/YANMAR/DAIHATSU

第5章 船舶装置其他用油的选用

船舶用油除了气缸油、系统油、中速机油等发动机油品外，船舶动力装置所包含的机械设备都有使用润滑油的要求。

5.1 汽轮机油

对以内燃机为主机的船舶来说，汽轮机油用于下列场合：

(1)以主机余热锅炉产生的蒸汽作动力的汽轮机用以带动发电机、锅炉给水泵、鼓风机等，虽然这种汽轮机的船舶不多，但在节能、综合利用能量方面，有其积极作用。

(2)废汽涡轮增压器轴承的润滑和冷却。

(3)发电机轴承的润滑和冷却。

推荐应用：长城L－TSA系列汽轮机油(A级)，长城AT系列涡轮机油。

5.2 液压油

用于船舶舵机、起货机、起锚机、绞缆机、货舱、天窗、闸阀等的开启和闭合的液压系统的主、副油路。

推荐应用：长城L－HV系列低温抗磨液压油，长城L－HS系列低凝抗磨液压油。

5.3 冷冻机油

用于润滑和冷却制冷压缩机的气缸活塞、曲轴等运动部件，并起密封作用。

推荐应用：长城4524系列合成冷冻机油。

5.4 压缩机油

船舶上压缩机只用于压缩空气，而压缩机主要是活塞往复式的容积型压缩机，这种压缩机的润滑分为两部分，与压缩空气直接接触的内部润滑和不与压缩空气接触的如曲轴、十字头等外部润滑，前者用压缩机油，后者一般用黏度适宜的汽轮机油。

推荐应用：长城4502系列合成压缩机油。

5.5 齿轮油

船舶甲板机械和许多机舵设备，如汽轮机、起货机、起锚机、绞缆机、离心分油机以及某些泵，如压载泵、甲板清洗泵等都有密闭式齿轮箱，而箱中各种齿轮及其负荷滚动轴承的润滑。

推荐应用：长城 L－CKT 系列全合成重负荷工业齿轮油，长城 L－CKD 系列工业闭式齿轮油，长城 AP 系列工业齿轮油。

5.6　通用柴油机油

用于应急发动机和救生艇发动机的曲轴箱的润滑。

推荐应用：长城航星系列柴油机油，长城 CH－4 系列柴油机油，长城 CI－4 系列柴油机油。

5.7　润滑脂

船舶中的许多部位还需要使用润滑脂，如用于发电机、电动机、甲板机械、锚链绞车、卷扬机及其他辅机轴承、舵机轴承、起重机械的滚动轴承等的润滑。

推荐应用：长城极压锂基润滑脂；长城 SUPER GREASE 润滑脂，长城二硫化钼锂基润滑脂。

5.8　其他

防锈油、润滑脂、乳化油、串洗油、舷外发动机油、生物降解型润滑油、生物降解型润滑脂、导热油、传动液、冷却液等。

附 录

附表 5-1 长城船用气缸油和国外油品对照表

公司 Companies	规格 Specifications	100℃运动黏度/ (mm^2/s)	黏度指数	总碱值/ (mgKOH/g)	闪点(开口)/ ℃	倾点/℃
长城 SINOPEC	船用气缸油 50140 Marine Cylinder Oil 50140	19	98	140	252	-24
	船用气缸油 50100 Marine Cylinder Oil 50100	19.99	98	100	258	-15
	船用气缸油 5070S Marine Cylinder Oil 5070S	19	98	70.2	268	-18
	船用气缸油 5040 Marine Cylinder Oil 5040	19.5	97	40.1	274	-12
	船用气缸油 5025 Marine Cylinder Oil 5025	19.12	99	25.9	272	-15
	船用气缸油 5017 Marine Cylinder Oil 5017	19.61	102	15.3	270	-9
美孚 Exxon Mobil	Mobilgard™ 5100 cylinder oil	21.1	103	100	244	-24
	Mobilgard™ 570 cylinder oil	20	104	70	256	-9
	Mobilgard™ 560 VS cylinder oil	20	105	60	248	-20
	Mobilgard™ 540 X cylinder oil	20	102	40	268	-27
	Mobilgard™ 525 cylinder oil	20	102	25	286	-9

续表

公司 Companies	规格 Specifications	100℃运动黏度/(mm^2/s)	黏度指数	总碱值/(mgKOH/g)	闪点(开口)/℃	倾点/℃
壳牌 Shell	Alexia 140	25	—	140	—	—
	Alexia 100	18.5	—	100	—	—
	Alexia 70	18.5	—	70	—	—
	Alexia 40	18.5	—	40	—	—
	Alexia 25	19.5	—	25	—	—
嘉实多 Castrol	Cyltech 140	19.5	133	140	186	—
	Cyltech 100	19.5	—	100	186	-9
	Cyltech 70	19.5	—	70	190	-9
	Cyltech 40SX	19.5	—	40	190	-9
	Cyltech ACT	19.5	—	16	206	-
道达尔 Total	TALUSIA HR 140	20	-	140	>230	-9
	TALUSIA OPTIMA	19.5	—	100	>230	+3
	TALUSIA UNIVERSAL 100	19	—	100	>230	-6
	TALUSIA HR 70	20	—	70	>230	-9
	TALUSIA UNIVERSAL	19	—	57	>230	-9
	TALUSIA LS 40	20	—	40	>230	-9
	TALUSIA LS 25	19	—	25	>230	-10
雪佛龙 Chevron	Taro Ⓡ Ultra 140	19	—	140	>180	-15
	Taro Ⓡ Ultra 100	19	—	100	>180	-15
	Taro Ⓡ Ultra 70	19	—	70	>180	-15
	Taro Ⓡ Ultra 40	19	—	40	>180	-15
	Taro Ⓡ Ultra 20	19	—	20	>180	-12
海湾 Gulf	GulfSea Cylcare 50140	19.7	122	140	236	-9
	GulfSea Cylcare 50100	19.3	97	100	250	-9
	GulfSea Cylcare DCA 5070	19.9	98	70	246	-18
	GulfSea Cylcare DCA 5040	19.9	106	40	274	-18
	GulfSea Cylcare ECA 50S	19.8	105	20	>230	-12
	GulfSea Cylcare ECA 50X	19	107	17	270	-18

续表

公司 Companies	规格 Specifications	100℃运动黏度/(mm^2/s)	黏度指数	总碱值/(mgKOH/g)	闪点(开口)/℃	倾点/℃
卢克 Luk	NAVIGO 140 MCL	22	—	140	240	-6
	NAVIGO 100 MCL	20	—	100	240	-6
	NAVIGO 70 MCL AW	20	—	70	240	-6
	NAVIGO 50 MCL	20	—	55	240	-6
	NAVIGO MCL Extra	19	—	40	230	-6
	NAVIGO MCL Ultra	18.5	—	20	230	-6
昆仑	DCA 5070H	—	—	70	—	—
	DCA 5040	—	—	40	—	—

附表 5-2 长城船用系统油和国外油品对照表

公司 Companies	规格 Specifications	100℃运动黏度/(mm^2/s)	黏度指数	总碱值/(mgKOH/g)	闪点(开口)/℃	倾点/℃
长城 SINOPEC	船用系统油 3005 Marine system oil 3005	10.59	97	5.68	266	-18
	船用系统油 3008 Marine system oil 3008	10.55	98	8.36	270	-18
	船用系统油 4008 Marine system oil 4008	14.05	95	8.8	278	-15
美孚 Exxon Mobil	Mobilgard™ 300 C system oil	11.9	98	9	245	-24
壳牌 Shell	Melina S 30	11.6	—	5	—	—
嘉实多 Castrol	CDX 30	11.5	—	5	>190	-12
道达尔 Total	ATLANTA MARINE D 3005	11.5	—	6	>220	-9
雪佛龙 Chevron	Veritas ® 800 Marine 30	11.9	95	5.6	>180	-18
海湾 Gulf	GulfSea Super Bear 3006	11.1	96	6	220	-18
卢克 Luk	NAVIGO 6 CO	11.5	—	6	220	-6
昆仑	DCC 3008	—	—	8	—	—
	DCC 4008	—	—	8	—	—

附表 5－3 长城船用中速机油和国外油品对照表

公司 Companies	规格 Specifications	100℃运动黏度/ (mm^2/s)	黏度指数	总碱值/ (mgKOH/g)	闪点(开口)/ ℃	倾点/℃
长城 SINOPEC	船用中速机油 4050 Trunk piston engine oil 4050	14.44	99	50.2	250	－15
	船用中速机油 4040 Trunk piston engine oil 4040	14.35	98	40.1	246	－15
	船用中速机油 4030 Trunk piston engine oil 4030	14.04	99	30.3	256	－15
	船用中速机油 4020 Trunk piston engine oil 4020	14.22	100	20.1	248	－15
	船用中速机油 4012 Trunk piston engine oil 4012	14.94	99	13.2	268	－15
美孚 Exxon Mobil	Mobilgard™ M50	14	—	50	228	－6
	Mobilgard™ M440	14	—	40	242	－6
	Mobilgard™ M430	14	—	30	250	－6
	Mobilgard™ M420	14	102	20	271	－15
	Mobilgard™ 412	14.5	100	15	272	－9
壳牌 Shell	Argina S5 40	13.7	—	55	—	—
	Argina S4 40	13.7	—	40	—	—
	Argina S3 40	13.7	—	30	—	—
	Argina S2 40	13.7	—	20	—	—
	Gadinia S3 40	12	—	12	—	—
嘉实多 Castrol	TLX XTRA 504	13.9	107	50	218	－16
	TLX XTRA 404	13.9	105	40	218	－13
	TLX XTRA 304	13.5	103	30	217	－14
	TLX XTRA 204	14.1	101	20	221	－12
	MHP 154	13.5	—	15	>200	－12
道达尔 Total	AURELIA TI 4055	14	—	55	>230	－9
	AURELIA TI 4040	14	—	40	>230	－9
	AURELIA TI 4030	14	—	30	>230	－12
	AURELIA TI 4020	14	—	20	>230	－12
	DISOLA M 4012	14.2	—	12	>230	－9

续表

公司 Companies	规格 Specifications	100℃运动黏度/ (mm^2/s)	黏度指数	总碱值/ (mgKOH/g)	闪点(开口)/ ℃	倾点/℃
雪佛龙 Chevron	Taro 50 XL 40	—	—	50	>180	-12
	Taro 40 XL 40	—	—	40	>180	-12
	Taro 30 DP 40	—	—	30	>180	-12
	Taro 20 DP 40	—	—	20	>180	-12
	Delo ® SHP 40	14	100	12	>180	-18
海湾 Gulf	GulfSea Power 4055	14.5	105	55	>215	-18
	GulfSea Power 4040	14.5	101	40	>215	-18
	GulfSea Power 4030	14.5	100	30	>215	-18
	GulfSea Power MDO 4020	14.5	98	20	>215	-18
	GulfSea Power MDO 4012	14.5	98	12	>215	-18
卢克 Luk	NAVIGO TPEO 50/40	14.5	—	50	230	-6
	NAVIGO TPEO 40/40	14.5	—	40	230	-6
	NAVIGO TPEO 30/40	14.5	—	30	230	-6
	NAVIGO TPEO 20/40	14.5	—	20	230	-6
	NAVIGO TPEO 15/40	14.5	—	15	230	-6
昆仑	DCB 4050H	—	—	50	—	—
	DCB 4040H	—	—	40	—	—
	DCB 4030H	—	—	30	—	—
	DCB 4012H	—	—	12	—	—

第六篇

压缩与制冷设备润滑剂

——压缩机油

前　言

压缩机是一种用来压缩气体、提高气体压力或输送气体的机械。随着生产技术的发展，压缩机的种类和结构形式日益增多，广泛应用于各行各业，对于某些工况或单元操作的重要性而言，又可称为“核心机械”。如今各种类型和规格的压缩机正在石油化工、机械制造、土木建筑、食品等部门被广泛地应用于驱动风镐、风钻、气力扳手、制动车辆、控制仪表、冷冻、冷藏、空调、石油裂解气分离、有机原料气的合成及聚合、重油的轻质化、润滑油加氢处理、石油钻采、油田注气、充气、喷漆、喷雾、食品包装以及煤气输送、气体液化与装瓶等。因此，就其用途广泛而论，压缩机是一种“通用机械”。

压缩机由于润滑不当而引起的故障时有发生。特别是从20世纪40~50年代开始，随着压缩机技术的发展，喷油螺杆式等新型、高速、高压压缩机的不断出现，由于实际使用工况条件日益苛刻，对润滑油提出了更为苛刻的要求，这些要求往往是一般矿物油基压缩机油难以满足的，此外为了确保压缩机运转安全、可靠，延长换油期，进一步促进了高质量、高性能合成压缩机油的研制和发展。

压缩机油主要用于压缩机内部摩擦部件，如气缸、活塞排气阀、主轴承、联杆轴承和十字头、滑板等的润滑，其作用在于减少摩擦与磨损，同时也起到密封、冷却、防锈、防腐蚀等作用。

压缩机油根据使用的基础油不同，分为矿物油型和合成油型两大类。矿物油型压缩机油的生产一般是由经溶剂精制、溶剂脱蜡、加氢或白土精制等炼制工艺得到基础油，再加入多种功能添加剂调和而成。合成油型压缩机油是以化学合成的方法得到基础油再加入多种功能添加剂调配而成。

合成润滑剂是在20世纪30年代中期发展起来的。二次大战前后，由于军事技术的进步要求新的机械设备在较苛刻的条件下工作，一般矿物油不能满足其使用要求，加之石油资源短缺，促使人们通过化学合成的方法研制润滑剂。合成压缩机油诞生于合成润滑剂的大背景下，正是由于合成润滑剂突出的高低温性能，优良的黏温性能、热氧化稳定性、润滑性、较低的挥发性、分子结构的可调整性以及一些特殊性能如抵抗化学介质影响等性能，因而能够满足普通矿物压缩机油所不能满足的使用要求，促进了合成压缩机油的发展及应用。

第1章　压缩机主要种类及润滑油

1.1　压缩机的分类

按不同的划分方式，可将压缩机分成许多种类型。

1.1.1　按压缩气体的方式进行分类

可将压缩机分为容积式压缩机和动力式压缩机两大类，再按其结构的不同可划分如图6-1-1所示。

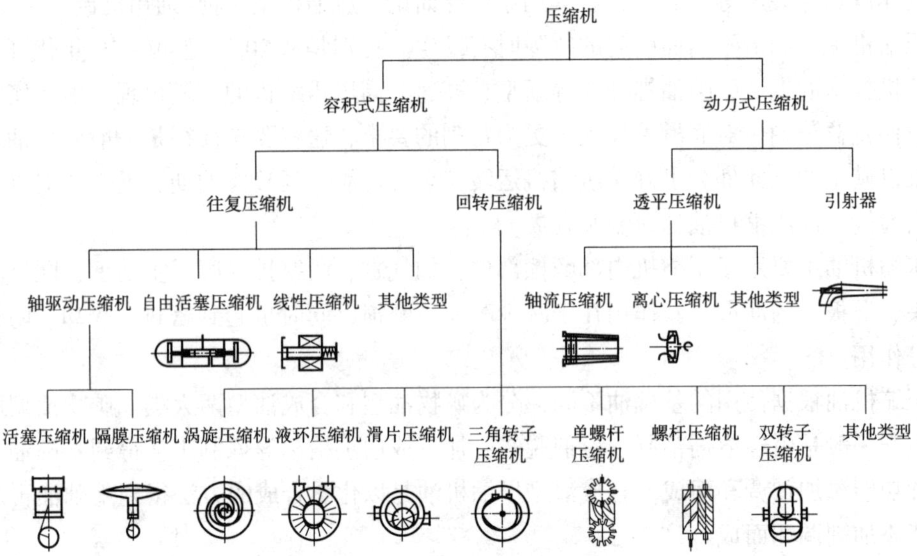

图6-1-1　压缩机分类

1.1.2　按压缩机的最终排气压力、排气量和轴功率进行分类(表6-1-1)

表6-1-1　按排气压力、排气量和轴功率划分的压缩机分类

按最终排气压力分类		按排气量分类		按轴功率分类	
类型	排气压力/MPa	类型	排气量/(m^3/min)	类型	功率/kW
低压压缩机	<1	微型压缩机	<3	微型压缩机	<10
中压压缩机	1~10	小型压缩机	3~10	小型压缩机	10~100
高压压缩机	10~100	中型压缩机	10~100	中型压缩机	100~500
超高压压缩机	>100	大型压缩机	>100	大型压缩机	>500

1.1.3　按压缩介质和用途的不同进行分类

可将压缩机分为动力用压缩机和工艺用压缩机两种。前者压缩介质为空气，主要用于驱动气动机械、工具和物料输送；后者压缩介质为所有气体，用于工艺流程中气体的压缩和输送。

1.1.4　按气缸内压缩室给油与否进行分类

可分为有油润滑压缩机和无油润滑压缩机。

1.2　压缩机的结构特点和润滑要求

1.2.1　容积式压缩机

容积式压缩机是通过改变工作腔容积的大小来提高气体压力的压缩机，它分为往复式和回转式。往复式压缩机常见的形式有轴驱动压缩机、自由活塞压缩机和线性压缩机等。回转式压缩机包括螺杆压缩机、双转子压缩机、三角转子压缩机、滑片压缩机等等。

1.2.1.1　活塞式压缩机

活塞式压缩机是历史最长、技术较为成熟的一类压缩机，通过活塞在气缸内的往复运动，并借助进排气阀的自动开闭，进行气体的吸入、压缩和排出。往复活塞式压缩机作为重要的能量转换机器，是石油、天然气、化工、矿山及其他工业部门中必不可少的关键设备。

1)特点

往复活塞式压缩机与其他类型压缩机相比，具有以下特点：

(1)适应压力范围广。当排气压力波动时排气量比较稳定，因此可工作在低压、中压、高压到超高压范围内。

(2)压缩效率较高。一般的往复活塞式压缩机的气体压缩过程属封闭系统，其压缩效率较高，大型的往复活塞式压缩机的绝热效率可达80%以上。

(3)适应性强。往复活塞式压缩机排气量范围较广，特别是当排气量较小时，做成离心式压缩机难度较大，而往复活塞式压缩机完全可以适应。

(4)对制造压缩机的金属材料要求不苛刻。

2)结构

一台完整的往复活塞式压缩机包括两大部分：主机和辅机。主机包括运动机构、工作机构和机身；辅机包括润滑系统、冷却系统和气路系统。运动机构是一种曲柄连杆机构，它将曲轴的旋转运动转换为十字头的往复直线运动，主要由曲轴、轴承、连杆、十字头、皮带轮或联轴器组成。机身是压缩机外壳，用来支撑和安装整个运动机构和工作机构，又兼作润滑油箱用。曲轴依靠轴承支撑在机身上，机身上的2个滑道又支撑着十字头，2个气缸分别位于机身两侧。

活塞式压缩机结构图如图6-1-2所示。

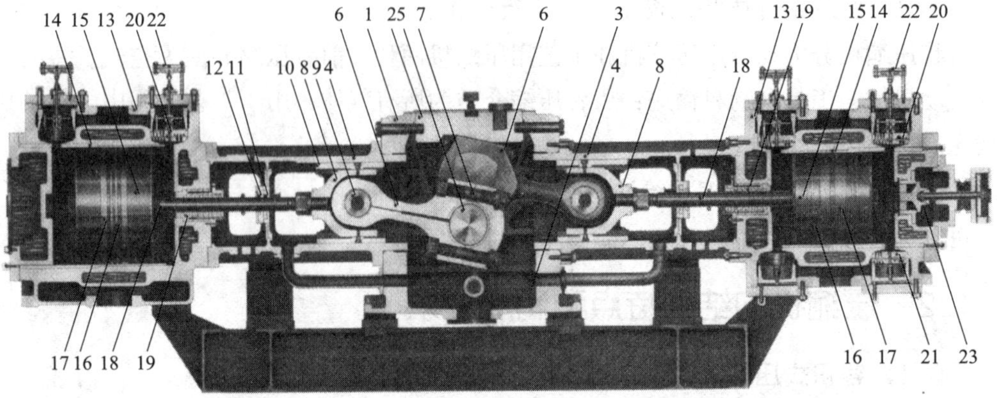

图 6-1-2 活塞式压缩机结构图

1—曲轴箱；2—撑杆；3—润滑油；4—十字头滑道；5—曲轴；6—连杆；7—连杆螺母；8—十字头；9—十字头销；10—十字头滑履；11—刮油环；12—密封环；13—气缸；14—缸套；15—活塞；16—活塞环；17—导向环；18—活塞杆；19—活塞杆填料；20—吸气阀；21—排气阀；22—吸气阀卸荷器；23—余隙腔

在石化行业聚乙烯生产装置中的高压、超高压压缩机是该类型生产装置的关键设备，它将乙烯气加压到反应要求的压力，送入反应器中进行反应。高压乙烯压缩机采用的就是活塞式压缩机。

3) 润滑特点

往复活塞式压缩机润滑可分为与压缩气体直接接触部分的内部润滑和与压缩气体不相接触部分的外部润滑两种。内部润滑系统主要指气缸内部的润滑、密封与防锈、防腐；外部润滑系统即是运动部件的润滑与冷却。内部润滑由于直接接触压缩气体，易受气体性质的影响和高温高压的作用，使用条件比较苛刻。因此，应根据气缸内部工作条件和润滑特点来决定润滑油应具有的性能。往复式压缩机油在气缸内部润滑完毕后被排出，不再回收使用。通常往复式中的膜片式压缩机的气缸不需要内部润滑。

1.2.1.2 螺杆式压缩机

1) 发展历史

螺杆式压缩机是一种借助于气缸内一个或多个转子的旋转运动所产生的工作容积的变化，而实现气体压缩的容积型压缩机。最先发展起来的螺杆式压缩机是无油螺杆压缩机，1957 年喷油螺杆空气压缩机投入了市场应用，1961 年又研制成功了喷油螺杆制冷压缩机和螺杆工艺压缩机。经过随后持续的基础理论研究和产品开发试验，通过对转子型线的不断改进和专用转子加工设备的开发成功，螺杆压缩机的优越性能得到了不断发挥。螺杆式压缩机结构简单、易损件少、排气温度低、压比大，尤其不怕气体中带液、带尘压缩。随着喷油螺杆式压缩机的出现，动力工艺和制冷用的螺杆式压缩机（包括螺杆式空压机、螺杆式制冷机等）在国内外得到了飞速的发展。有资料表明：螺杆式压缩机虽然一次性投资较活塞式压缩机高，而其运行维护费用却明显低于往复活塞式压缩机，具有较好的经济效益，所以螺杆式压缩机技术发展较快。螺杆压缩机结构图如图 6-1-3 所示。

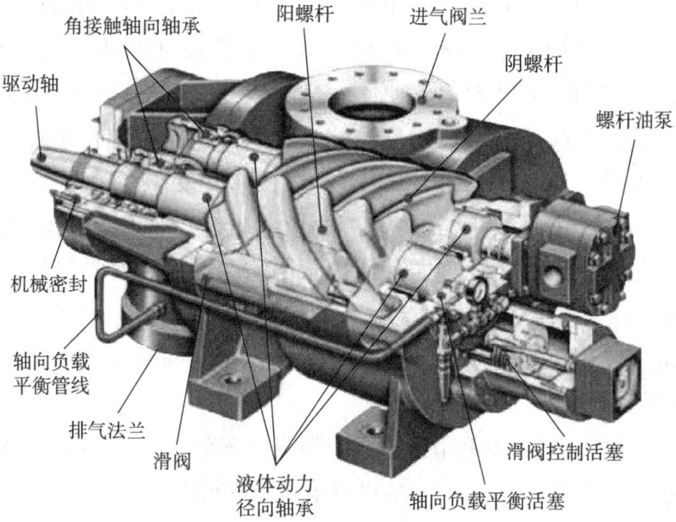

图6－1－3　螺杆压缩机结构图

2）特点

螺杆式压缩机与往复式压缩机相比具有如下特点：

（1）质量轻、体积小；

（2）易损件少、运行可靠性高、维修量少；

（3）噪声低、污染小、功耗小；

（4）制造难度大，精度要求高；

（5）转子需在专用的转子铣床上加工，壳体需在加工中心上制造，价格相对较高。

3）润滑特点

从润滑角度来看，螺杆式压缩机可分为干式压缩机、滴油式螺杆压缩机和喷油式内冷螺杆压缩机。目前喷油式内冷式压缩机是螺杆压缩机应用中最广的一种形式。喷油式螺杆压缩机油在使用过程中，油呈雾状并与高温压缩气体充分混合，受被压缩介质的影响较大，表现在螺杆空气压缩机中，润滑油极易氧化和老化，生成残炭；在烃类气体压缩机中，润滑油极易被烃类气体稀释，使黏度下降，所以对润滑油的性能提出了更高的要求。

1.2.2　动力式压缩机

动力式压缩机是通过提高气体运动速度，将其动能转换为压力能来提高气体压力的压缩机。它分为透平压缩机和引射器，其中透平压缩机常见的形式有轴流式压缩机和离心式压缩机。

1）离心式压缩机（图6－1－4）

离心压缩机是透平压缩机的一种。在早期，离心式压缩机主要用来压缩空气，并且只适用于低、中压力和气量大的场合。后来，

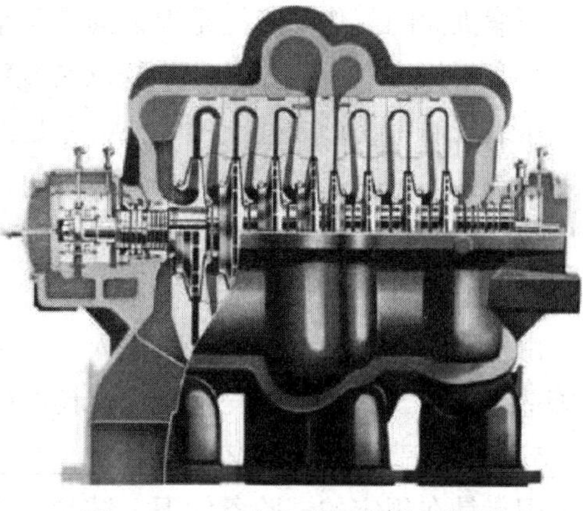

图6－1－4　离心式压缩机结构图

随着各种生产工艺过程的需求和离心式压缩机制造工艺和设计技术的提高，离心式压缩机已应用到高压领域。尤其近十几年来，在离心式压缩机设计制造方面，不断采用新技术、新结构和新工艺，如采用三元叶轮等，使压缩机的效率大大提高；采用干气密封，较好地解决了高压下的轴端密封问题；采用磁悬浮轴承，使得压缩机结构更加紧凑。目前，世界许多厂家已能生产出排气压力达(280～340)×10^5Pa甚至更高的高压离心式压缩机，其进气流量为80～6000m^3/min(标准状况下)。离心压缩机广泛应用于天然气输送处理和石油炼制、化工、大型化肥生产等行业，尤其适用于压缩腐蚀性和有毒气体。

2)轴流式压缩机

轴流式压缩机主要用于大型高炉、天然气液化、石油炼制及大型制气装置等，一般作为低压力、大排量的压缩机使用。

其润滑特点：透平型压缩机的润滑油与气腔隔绝，润滑部位是轴承、联轴节、调速机构和轴封。其中高速旋转的润滑轴承是主体，故可以采用蒸汽轮机轴承润滑所建立的技术理论。

透平型压缩机与透平机的润滑条件相似，可以采用汽轮机油来润滑。

1.3 压缩机油的性能要求

1.3.1 往复式压缩机的性能要求

1)适宜的黏度

随其润滑部位的不同而异：对内部、外部润滑系统独立的压缩机，应采用不同黏度的油；对内外部油兼用的通用压缩机，应以润滑条件差的内部用油来选择。黏度一般是考虑气缸与活塞环之间的润滑与密封要求，根据压缩压力、活塞速度、载荷及工作温度来确定。

往复式压缩机外部润滑系统用润滑油黏度的选择，主要是考虑维持轴承液体润滑的形成。一般可采用黏度等级为32～100的汽轮机油或液压油。

2)良好的热氧化安定性

从往复式压缩机的使用工况来看，润滑油在气缸活塞部位与热的压缩空气不断接触会引起油品的氧化、分解，生成胶质和各种酸类物质。如有磨损的金属杂质掺入，更易引起氧化。分解的油气在气缸中与氧混合到一定浓度和温度时，会发生自燃和爆炸。因此，往复式压缩机油的氧化安定性是保证油品质量的关键指标。

3)积炭倾向小、生成的积炭松软易脱落

压缩机油中易形成残炭的主要物质是沥青质、胶质及多环芳烃的叠合物。润滑油料经深度精制后均可去掉上述大部分物质。通常深度精制的油比浅度精制的油、低黏度油比高黏度油、窄馏分油比宽馏分油的积炭倾向小，环烷基油生成的积炭比石蜡基油松软。

4)良好的防锈防腐性

由于空气中含有水分，空气进入压缩机受压缩后凝缩的水汽会对气缸、排气管及排气阀等造成锈蚀，因此要求压缩机油有良好的防锈防腐性。

5)闪点较高，挥发性较低

闪点是在规定的试验条件下，试验火焰引起试样蒸气着火，并使火焰蔓延至液体表面的最低温度(修正到 101. 3kPa 大气压下)。为防止着火和爆炸，要求使用闪点在 200℃以上的润滑油。

6)良好的油水分离性

空气经压缩机压缩后，水会凝聚出来。如果油水分离性不佳，会造成油品乳化，在摩擦面油膜易于破裂，使设备润滑状态恶化，因此，压缩机油一般都要求有良好的油水分离性能，以便于从冷却器中把油分离出来，避免造成废液难处理，污染环境。

1.3.2　回转式压缩机油的性能要求

1)良好的氧化安定性

从回转式压缩机的使用工况看，润滑的环境苛刻。油品在循环使用中，易被氧化变质生成各种酸类、胶质、沥青质等物质，使油品的颜色变深，酸值增高，黏度增大并出现沉积物，从而减少油的喷入量，使油品和机器的温度升高，产生过量磨损，降低工作性能，甚至可能引起气缸爆炸的危险。因此，回转式压缩机油的氧化安定性是保证油品能长期安全使用的主要质量指标。

2)合适的黏度

合适的黏度是为了得到最有利的冷却，在满足密封要求的前提下，尽量采用低黏度的润滑油，其黏度通常为 5 ~ 15mm^2/s(100℃)。

3)良好的抗乳化性

含有水分的空气只能容纳一定量的水分。如果通过压力或冷却使体积缩小，就没有足够的空气来容纳所有的水分，因此多余的水分析出成为冷凝水。就像晚上温度下降会产生露水一样，压缩空气系统内的温度下降也会产生水汽。压缩机在运行中不断与空气中的冷凝水相遇并被剧烈搅拌，易产生乳化现象，造成油气分离不好，油耗增大。由于油被乳化而使油膜破坏，造成磨损。乳化的油会促使灰尘、砂砾和污泥分散，影响阀的功能，增加摩擦、磨损和氧化。因此，优质压缩机油应具有好的抗乳化性能和油水分离性能。

4)良好的防锈防腐性

压缩机的冷却部件的材质为铜或铜金属，易被腐蚀，会使油品出现早期氧化变质，生成油泥。这就要求油品应有良好的抗腐蚀能力。

空气中的水分易在间歇操作的压缩机气缸内冷却，这对润滑不利，并能产生磨损和锈蚀，要求压缩机油具有良好的防锈蚀作用。

5)挥发性小与抗泡沫性好

回转式压缩机油在循环使用过程中，循环速度快，使油品处于剧烈搅拌状态，极易产生泡沫。压缩机油在启动或泄压时，油池中的油也易起泡，大量的油泡沫灌进油气分离器，使阻力增大，油耗增加，造成严重过载、超温等异常现象。因此，优良的回转式压缩机油均加有抗泡沫添加剂，以保证油品的泡沫倾向性(即起泡性)小和泡沫稳定性(即消泡性)好。

6)其他特性

此外，还要求油品挥发性小、合适的倾点、无机械杂质和水分等性能，以保证压缩机能长期安全运行。

第2章　压缩机油的分类和选用

2.1　压缩机油的分类和标准

国际标准化组织(ISO)为了统一压缩机油标准，提出了压缩机油的分类和规格。把容积式空气压缩机油分为DAA、DAB和DAG、DAH、DAJ五个品种。前两种用于有油润滑的往复式和滴油回转式空气压缩机的润滑，后三种用于喷油回转式空气压缩机中。压缩机油分类见表6-2-1、表6-2-2。

表6-2-1　ISO 6743-3：2003(E)空气压缩机油分类

分类号	应用	应用范围	更具体的应用	产品类型或性能要求	品种代号L	典型应用	备注
D	空气压缩机	压缩腔有油润滑的容积式空气压缩机	往复式或滴油回转(滑片)式压缩机	一般采用高度精制的矿物油，也可采用半合成或全合成油	DAA	普通负荷	见附录A
				一般采用特定半合成油或全合成油，也可采用特定高度精制的矿物油	DAB	苛刻负荷	
			喷油回转(旋片或螺杆)式压缩机	矿物油，或高度精制矿物油	DAG	换油周期≤2000h	
				一般采用特定精制矿物油或半合成油	DAH	换油周期2000~4000h	
				一般采用特定半合成润滑油或全合成润滑油	DAJ	换油周期>4000h	
		压缩腔无油润滑的容积式空气压缩机	液环式压缩机，喷水滑片和螺杆式压缩，往复式无油压缩机，回转式无油压缩				润滑剂用于齿轮、轴承或传动部件
		速度式压缩机	离心式或轴流式透平压缩机				润滑剂用于轴承和齿轮

表 6-2-2 ISO 6743-3：2003(E)工艺气体压缩机油分类

分类号	应用	应用范围	更具体的应用	产品类型或性能要求	品种代号 ISO-L	典型应用	备注
D	压缩机	容积式往复压缩机和回转式压缩机，用于除制冷循环、热泵循环和空压缩机以外的所有气体压缩机	不与深度精制的矿物油发生反应或不使矿物油的黏度降低到不能使用的程度的气体	深度精制的矿物油	DGA	压力 < 10^4 kPa (100bar)的 N_2、H_2、NH_3、Ar、CO_2；任何压力下的 He、SO_2、H_2S；压力 < 10^3 kPa 的 (10bar) CO_2	某些润滑油中所含的添加剂会与氨发生反应
			用于 DGA 油的气体但含有湿气或冷凝物质	特定矿物油	DGB	压力 < 10^4 kPa (100bar)的 N_2、H_2、NH_3、Ar、CO_2	某些润滑油中所含的添加剂会与氨发生反应
			在矿物油中具有高的溶解度而降低其黏度的气体	通常采用合成油	DGC①	所有压力下的烃类气体，压力在 10^4 kPa(100bar)以上的 NH_3 和 CO_2	某些润滑油中所含的添加剂会与氨发生反应
			与矿物油发生化学反应的气体	通常采用合成油	DGD①	所有压力下的 HCl、Cl_2、O_2 和富氧气，压力 > 10^3 kPa (10bar)的 CO_2	对于 O_2 和富氧空气应禁止使用矿物油，并且只有少数合成油是合适的
			非常干燥的惰性还原气（露点 -40℃）	通常采用合成油	DGE①	压力 < 10^4 kPa (100bar)的 N_2、H_2、Ar	这些气体使润滑困难，应特殊考虑

注：在高压下压缩的气体会导致一些困难(需请教压缩机供应商)。

① 用油者在选用 DGC、DGD、DGE 三种合成油时应注意，由于一个名称相同的产品可以由不同的化合物调制而成，因此在供油者没有提供油品使用说明的情况下，不同厂家的合成油不得互相混用。

我国亦参照有关的 ISO 标准制定了相应的矿物油型空气压缩机油产品 DAA、DAB 往复式空气压缩机油、轻负荷回转式空气压缩机油等标准(GB/T 12691—1990、GB/T 5904—1986 等)。长城牌压缩机油产品的典型数据见本篇附录 1，附录 2。

2.2 压缩机油的选择

2.2.1 选择压缩机油的基本原则

按压缩机的不同结构类型来选择压缩机油以适应其性能要求与工作条件，见表 6-2-3。按不同压缩介质来选择压缩机油以使压缩介质不受影响，见表 6-2-4。根据出口压力选用不同压缩机油的黏度，见表 6-2-5。

表6－2－3　不同结构类型的压缩机选油参考表

压缩机类型	润滑部位	油品类型
“无油润滑”压缩机： (1)往复和回转式 (2)透平式压缩机油	曲轴轴承 轴承	DAA、DAB压缩机油或汽轮机油、液压油或发动机油① 汽轮机油或液压油
有油润滑往复式压缩机 (1)空冷往复式压缩机(轴输入功率<20kW) (2)空冷往复式压缩机(轴输入功率>20kW) (3)水冷往复式压缩机及滴油润滑回转式压缩机	气缸	按压缩机载荷轻重选用DAA或DAB压缩机油
	曲轴轴承	压缩机油、汽轮机油或液压油或发动机油①
油冷回转式压缩机	气缸	轻载荷用DAG油或汽轮机油或液压油； 中载荷用DAH油； 重载荷用DAJ油

注：①不可以选用多级油。

表6－2－4　不同压缩介质压缩机选用润滑油参考表

介质类型	对润滑油的要求	气缸内用润滑
空气	因有氧，对油的抗氧化性要求高，油的闪点应比最高排气温度高40℃	见表6－2－1、表6－2－2
氢、氮	无特殊的影响，可用压缩空气时用的油	矿物油型压缩机油
氩、氖、氦	此类气体稀有贵重，经常要求气体中绝对无水、不含油。应用膜片压缩机	矿物油型压缩机油
氧	使矿物油剧烈氧化而爆炸，禁用矿物油	多采用无油润滑
氯(氯化氢)	因在一定条件下与烃起作用生成氯化氢	用浓硫酸或无油润滑(石墨)
硫化氢 二氧化碳 一氧化碳	润滑系统要求干燥，因水分溶解气体后生成酸，会破坏润滑油性能	防锈汽轮机油或矿物油型压缩机油或合成压缩机油
一氧化氮 二氧化硫	能与油互溶，会降低油黏度，系统保持干燥，防止生成腐蚀性酸	防锈汽轮机油或压缩机油或合成压缩机油
氨	如有水分，会与油的酸性氧化物生成沉淀，还会与酸性防锈剂生成不溶性皂	抗氨汽轮机油
天然气	湿而含油	干气可用矿物型压缩机油，湿气用合成压缩机油
石油气	会产生冷凝液，稀释润滑油	矿物型压缩机油或合成压缩机油
乙烯	在高压合成乙烯的压缩机中，为避免油进入产品，影响性能，不用矿物油	合成压缩机油或白油、液体石蜡
丙烷	易与油混合而稀释，纯度高的用无油润滑	合成压缩机油、乙醇肥皂润滑剂或防锈汽轮机油
焦炉气 水煤气	这些气体对润滑油没有特殊破坏作用，但比较脏，含硫较多时会有破坏作用	矿物型压缩机油或合成压缩机油
煤气	杂质较多，易弄脏润滑油	矿物型压缩机油或合成压缩机油

表6-2-5　压缩机油黏度选择参考表

压缩机形式				排气压力/MPa	压缩级数	润滑部位	润滑方式	ISO 黏度等级
容积型	往复式	移动式		10 以下	1~2	气缸	强制、飞溅	46、68
						轴承	循环、飞测	46、68
				10 以上	2~3	气缸	强制、飞溅	68、100
						轴承	循环、飞测	46、68
		固定式		50~200	3~5	气缸	强制	68、100、150
						轴承	强制、循环	46、68
				200~1000	5~7	气缸	强制	100、150
						轴承	强制、循环	46、68
				>1000	多级	气缸	强制	100、150
						轴承	强制、循环	46、68
	回转式	滑片式	水冷式	<3	1	气缸滑片侧盖轴承	压力注油	100、150
				7	2			
			油冷式	7~8	1	气缸	循环	32、46、68
				7~8	2			
		螺杆式	干式	3.5	1	轴承、同步齿轮传动机构	循环	32、46、68
				6~7	2			
				12~26	3~4			
			油冷式	3.5~7	1	气缸	循环	32、46、68
				7	2			
		转子式		—	—	齿轮	油浴、飞溅	46、68、100
				—	—	气缸、轴承	循环	46、68、100
透平型	离心式			7~9	—	轴承（有时含齿轮）	循环（或油环）	32、46、68
	轴流式			10 以下	—			

特别值得注意的是，不是所有的压缩机都要选用压缩机油，如无油压缩机对润滑油的选择。所谓“无油”，指的是气体在压缩过程中完全不与油接触，即压缩机的压缩腔或转子之间没有油润滑，但压缩机中的轴承、齿轮等零部件仍是用普通润滑方式进行润滑的，只是在这些润滑部位和压缩腔之间，采取了有效的隔离轴封。这样，产出的气体中不含任何油分。这在电子制造业和医疗行业中工艺气、氧气等对清净度要求更高的场合。

2.2.2　压缩机使用工况

随着压缩机技术的发展，空气压缩机的使用工况日益苛刻，主要表现在以下几个方面：

1）压缩机排气温度提高

温度是引起空气压缩机油氧化的主要因素。一般来说，温度每升高10℃，油的氧化速度增加1~2倍，压缩机油不仅要吸收摩擦副产生的摩擦热，还要吸收气体压缩产生的压缩热，所以压缩机油长期处于高温下工作。

温度对活塞式压缩机内部润滑的影响更为严重，特别是在高转速、高压缩比的活塞式空气压缩机中，气缸活塞环、排气阀、排气阀管表面的润滑油长期与高温气体接触，容易生成积炭，影响传热，产生局部高温。

螺杆式压缩机中，润滑油喷入气缸压缩腔中，到分离器分离，润滑油基本上是以雾状存在，油的温度上升较快，一直处于高温状态。

2)高的氧分压

空气中氧分压是气体总压与气体中氧的体积分数之积，润滑油的氧化速度与氧分压成正比，因此润滑油在大气中更易氧化。从氧化角度来看，空气压缩机与其他缺氧性压缩机相比，润滑油处于更苛刻的使用条件。特别是螺杆式压缩机，润滑油喷入压缩缸中，空气与润滑油是充分的混合，形成了一种极易氧化的条件。

3)冷凝水的形成

空气中不可避免地含有一定的水分压，特别是在潮湿的野外作业环境下，水分压更大。空气经压缩后冷凝，水分就混入润滑油中。特别是在喷油螺杆式压缩机中尤为严重。水分不仅使润滑油乳化，还对润滑油的氧化起加速作用。试验表明，润滑油含水的情况下，进行氧化试验，油品酸值明显升高较快。另外，由于水分的出现，易使油发生乳化，更易产生锈蚀。

从上面三个方面因素分析，随着压缩机排气压力的提高、压缩机转速的增加、使用环境苛刻度的增加，对空气压缩机油运行安全性提出了更高的要求，这就要求性能更加优异的合成油才能满足压缩机设备安、稳、长、满、优运行。

第3章　压缩机油的质量监控

合理地使用压缩机油不仅是保证压缩机安全正常运转的重要条件，而且是节约能源的重要途径。

3.1　质量监控

压缩机油在使用过程中，由于受到机械剪切、搅动、金属催化、高温等的作用以及外界条件如机械杂质、灰尘、氧化物、水气等的影响而氧化、变质、解聚和老化等，生成羧酸、胶质、沥青等产物，油品的颜色变暗，黏度和稠度变大，酸值增大、腐蚀性增强、使用性能变坏、寿命缩短。为了了解油品在使用过程中发生变质的情况和程度，应定期或不定期根据具体情况进行测试以下相关项目：外观、水分、黏度、机械杂质、酸值、正戊烷不溶物、油品中元素含量等。

3.2　换油期

压缩机油的换油期，随着压缩机的结构形式、压缩介质、操作条件、润滑方式和润滑油质量的不同而异。通常，可以根据油品在使用过程中质量性能的变化情况确定换油，目前尚无统一的换油标准。

往复式压缩机油的内部润滑是全损式润滑，冷却器回收用过的油不再循环使用。外部油和内外部共用油的换油指标可参考表6－3－1。油冷式回转空气压缩机油换油标准可参考表6－3－2。

表6－3－1　压缩机油换油参考指标

类型	润滑部位		换油质量指标				备注
			黏度变化	酸值增加/(mgKOH/g)	残炭/%	正戊烷不溶物/%	
往复式	高压用	内部用(气缸)	—	—	—	—	不反复使用，排出可作轴承润滑用
		外部用(轴承)	1.5倍	2.0	1.0	0.5	—
	低压用	气缸轴承共用	1.5倍	2.0	1.0	0.5	—

续表

类型	润滑部位	换油质量指标				备注
		黏度变化	酸值增加/(mgKOH/g)	残炭/%	正戊烷不溶物/%	
回转式	气缸轴承共用	1.5 倍	0.5	—	0.2	主要使用汽轮机油和回转式压缩机油
离心式	轴承用	1.5 倍	0.5	—	0.2	主要使用汽轮机油

表 6-3-2　油冷式回转压缩机油换油参考指标

项目	黏度变化/%	酸值增加/(mgKOH/g)	闪点下降/℃	机械杂质/%(在油浴最底部取样)
指标	±(15~20)	0.2	8	0.1

值得注意的是：特殊介质压缩机油的换油指标应根据具体情况加以区别。如轻烃气压缩机油，因溶有烃类气体，黏度、闪点等指标可能有较大变化，但油品仍有可能合格且可以继续使用，实际应用常会遇到此类情况。

第4章　压缩机油的使用注意事项

4.1　正确控制给油量

供给压缩机的润滑油，应在保证润滑和冷却的前提下尽量减少用油量。给油量过多，会增加气缸内积炭，使气阀关闭不严，压缩效率下降，浪费润滑油；给油量过少，则润滑和冷却效果不好，引起压缩机过热，增大机械磨损。因此，必须根据压缩机的压力、排气量和速度以及润滑方式和油的黏度等条件来正确控制给油量。关于最佳给油量，一般认为：①遍及气缸全面，无块状油膜。②不从气缸底部外流。达到这种状况的给油量为最佳给油量。

(1)往复活塞式压缩机的气缸内部和传动机构是分别润滑时，气缸的给油量可根据压缩机的类型和运转条件下不同直接用注油器调节，给油量原则上按气缸和活塞的滑动面积确定（表6-4-1）。但即使滑动面积相同，如压力增加，给油量亦要增加。

表6-4-1　往复活塞式压缩机气缸润滑参考给油量

气缸直径/cm	活塞行程容积/cm^3	滑动表面积/(m^2/min)	给油量/(mL/h)	给油滴数/min
15以下	1以下	45以下	3	2/3
15~20	1~2	45~70	5	1
20~25	2~4	70~100	6	4/3
25~30	4~6	100~140	10	1~2
30~35	6~10	140~185	18	2~3
35~45	10~17	185~240	23	3~4
45~60	17~30	240~340	33	4~5
60~75	30~50	340~450	40	5~6
75~90	50~75	450~560	50	6~8
90~105	75~105	560~700	75	8~10
105~120	105~150	700~840	100	10~12

(2)滴油式回转压缩机的给油量按功率大小确定，见表6-4-2。

(3)对新安装或新更换活塞环的压缩机，则必须以2~3倍的最低给油量进行磨合运转。

表6－4－2　滴油式回转压缩机的参考给油量

压缩机的功率/kW	55以下	55～75	75～150	150～300
给油量/(mL/h)	15～25	27～30	20～25	14～20

4.2　压缩机油的新旧牌号对比

原压缩机油的黏度牌号是按其100℃运动黏度值来划分的，新型压缩机油的黏度牌号是按其40℃运动黏度值来划分的。

旧牌号：HS－13、HS－19，用于往复式压缩机；HS－5、HS－9、HS－13，用于回转式压缩机。新旧牌号对比见表6－4－3。

表6－4－3　新旧牌号压缩机油黏度规格

旧牌号	HS－5	HS－9	HS－13	HS－19
新牌号	32#	46#/68#	100#/150#	220#
100℃运动黏度/(mm^2/s)	4.5～5.5	8～10	11～14	17～21

4.3　螺杆式压缩机油换油使用注意事项

螺杆式压缩机油是特种油，必须有专人管理，防止在日常应用中发生混油事故。

(1)不同牌号、档次的螺杆式压缩机油禁止混用。

(2)换螺杆压缩机油必须放尽旧油，同时更换机油旁路滤清器、机油过滤器、油气分离细滤器、粗滤器过滤元件；然后检查设备和润滑系统，检查集滤器、空气滤清器、单向阀、温控报警器等是否完好。

(3)换油时，如果油泥不多，装入1/2的新油后，运转15～60min进行清洗后放净，再装满新油正常运行。如果油泥积炭太多，可拆开油缸后，用人工清除油泥和积炭，然后用专用清洗剂清洗，但是清洗完后，必须要用干燥空气吹干，再加入清洗油清洗100h后，放净清洗油，最后加入新油正常运行。

(4)螺杆式空压机油严禁采用补加或过滤后又重复使用。

(5)换油周期不是一个固定值，设备、环境、机械杂质等因素均可加速油品的老化。为防止积炭、结焦，使用过程中要注意观察润滑油的颜色、黏度、油性等，一旦出现较大变化，则要考虑换油或调整设备。

(6)油温过高发生跳闸一定要找到原因，不能为了维持生产甩掉保护装置。

(7)发现润滑油蒸发损失很大，应首先检查油气分离器是否破裂。

(8)要在现场记录更换润滑油和其他元件的更换时间，检查记录，落实责任人。

4.4　往复式压缩机的换油注意事项

为了取得最佳效果，必须将润滑部位彻底清洗干净。清洗步骤包括放掉旧油，除掉沉积物。

4.4.1　曲轴箱

(1)将压缩机关机并且关掉电源，温度仍然接近运行温度时，按通常方式将油品放掉。

(2)放掉过滤机中的油并清理冲洗干净过滤机，或另换过滤机。

(3)将合适黏度级别的新油加入压缩机曲轴箱。由于清洗过程中松下来的颗粒物和沉积物可能会降低过滤机的寿命，因此建议在运行期间定期监测过滤机。

(4)重新启动压缩机时，请遵照制造商的推荐。

4.4.2　气缸

(1)一旦可能，遵照制造商的推荐拆下进口阀和出口阀。清除阀门、可及的空气通道、内部冷凝器及分离器上的积炭和沉积物。但是管道中仍然有可能存在沉积物和积炭，这些沉积物和积炭会逐步溶解。因此，新油运行初期必须对压缩机沿线进行经常性的检查。

(2)清理后，按照压缩机制造商的要求启动压缩机。如果有必要先磨合，采用压缩机普通操作所需要的同黏度的油品。跑合(磨合)150～250h 后，放掉磨合油。

第5章　压缩机油的常见润滑问题

(1)合成型空气压缩机油主要有哪几种？与矿油型相比具有哪些优点？

压缩机油目前采用的基础油种类主要分为矿物油和合成油两大类。矿物油主要有环烷基和石蜡基。合成油所用基础油主要有合成烃(聚α-烯烃)、合成酯、聚烷撑二醇、硅油等，与矿油型相比具有高温稳定性好、高温下不易生成积炭、使用温度宽、倾点低、挥发性小、使用寿命长等优点，但因价格昂贵，一般用于矿油型压缩机油不能承受的各种苛刻条件下的压缩机。烃与大多数润滑油完全可溶，在轻烃气体压缩机中，由于稀释度低，也可以使用矿物油作润滑剂。但合成润滑剂在这些应用中具有更高的可靠性，其独特的黏度特性和与烃的相容性使系统工作效率提高。在一定温度下升高压力，轻烃气对油的稀释度增大；而在一定压力下升高温度，稀释度减小。轻烃气溶于压缩机油中，会使压缩机油的黏度减小。如果稀释度太大，油的黏度减至不能提供充分润滑的程度，那么设备会过早失效。基于轻烃气的这些特点，合成油越来越多地用于轻烃气压缩机，包括垃圾气压缩机、油井气压缩机、各种高沸点蒸气回收压缩机(如汽油、丁烯和已烷蒸气)和天然气管线增压压缩机。

一般而言，合成油与矿物油相比，具有如下优势：

①合成油由于其基础油制备上的优势，不含普通矿物油所含有的重质组分，相对分子质量较矿物油整齐，油品倾点较低；油品本身具有很好的高温性能和极好的添加剂感受性，因此合成油的使用寿命是普通矿物油寿命的6~8倍。

②合成油在积炭倾向方面优于普通矿物油。石蜡基矿物油的积炭硬而坚固，不易剥落，容易出现累积，出现着火等安全隐患的几率较大。合成油除本身积炭倾向小外，即使有积炭，也较为松散，容易随气体一起排出系统，累积倾向小，因此使用更为安全可靠。

③合成油的润滑性能一般都优于普通矿物油，因此设备的维护成本较低，换油期长。合成油虽然售价相对高于普通矿物油，但从性价比的角度看，使用合成油是划算的。

(2)为什么空压机油必须具备良好的氧化安定性？评定方法是什么？

空压机油由于在气缸内不断地与高压热空气相接触，极易引起氧化、分解，同时在金属磨屑的催化氧化作用下，油品加剧老化而生成各种有机酸、胶质、沥青质等，降低了设备的机械效率，造成磨损，机温升高，甚至会发生气缸爆炸事故，因此空压机油必须具有良好的氧化安定性。

评定方法有《润滑油老化特性测定法(康氏残炭法)》(GB/T 12709)，及《加抑制剂矿物油氧化特性测定法》(GB/T 12581)等。

(3)空气压缩机发生爆炸的主要原因是什么？怎样预防？

抗氧化安定性不好的空压机油，易产生油泥和积炭；热安定性不好的空压机油，易分解产生轻质碳氢化合物和炭尘。二者是造成空气压缩机油发生爆炸的主要原因。

油品中易生成积炭的物质主要是胶质、沥青和多环芳聚合物，可通过深度精制除去，所以空气压缩机油一般采用低黏度、深度精制、不含重质光亮油的窄馏分即残炭值低的油品作基础油，并尽量避免有灰添加剂，以提高油品的氧化安定性能及热稳定性。

(4)空气压缩机油适宜的压缩介质是什么？

空气压缩机油适宜的压缩介质有：空气；各类烃类气体(如天然气、石油气、焦炉气、乙烯、丙烯、丙烷等)；惰性气体(如氢气、氮气、二氧化碳、一氧化碳及氩、氖、氦气等)；活性气体(如氯、氯化氢、氧化氮、二氧化硫等)。

(5)生成积炭的原因有几个方面？

一般而言，气体经过压缩机压缩以后，气体浓度增大，体积缩小，压力增高，部分机械能会转变为热能，整体温度会升高，油品变质速度加快。空气压缩机由于压缩后系统氧分压增加，氧气浓度变大，加上系统金属高温下的催化作用，油品变质更为迅速，部分油品会发生一系列的反应，如脱氢、聚合等，与系统磨损一起形成复杂化合物——积炭。如果大量积炭在排气阀上沉积后，会使排气阀关闭不严，发生窜气，气体遭到重复压缩，排气温度迅速增加，严重者会引起压缩机排气系统着火甚至发生爆炸等安全事故，因此要求压缩机积炭倾向小。部分压缩机用户在选用压缩机油时，过分关注油品价格，而忽略压缩机油品质，从而为压缩机的运行带来了安全隐患，这是得不偿失的。

产生积炭最常见的原因如下：

①排气温度高；

②选油不当，如黏度过大、质量不好等；

③给油量过大；

④被压缩的气体不安全；

⑤油中混入了杂质或水(加速油在高温下的老化)；

⑥管线结垢、锈蚀等。

(6)为什么要严格控制压缩机的进气温度？

压缩机的进气温度高，会导致排气温度过高，使润滑油易于氧化，加速积炭生成，严重时会引起压缩空气输送系统着火或爆炸；再则吸入稀薄而较高温度的空气，会使效率下降。因此，压缩机进气温度应加以严格控制。

(7)压缩机与使用环境有何关系？如何预防？

压缩机如安装在环境条件差的地方，吸入空气中含有颗粒物、灰尘、腐蚀性气体时会影响压缩机润滑油的使用寿命，应考虑安装进气过滤器。同时应经常清洗和定期更换进气过滤器，用来防止与吸入颗粒物有关的潜在事故的发生。

(8)压缩机的换油指标是什么？

一般情况下，运行中的压缩机油应定期取样并分析油品黏度、酸值、正戊烷不溶物等理化性能。轻负荷喷油回转式空气压缩机油出现下列情况之一者应采取相应的维护措施或考虑换油：①运动黏度变化率超过 ±10%；②酸值增加值超过 0.2mgKOH/g；③正戊烷不溶物超过 0.2%；④氧化安定性（旋转氧弹，150℃）小于 50min；⑤水分超过 0.1%。轻负荷喷油回转式空气压缩机油换油指标为 NB/SH/T 0538—2013。

（9）如何排除空气压缩机的故障？

压缩机是高速运转的复杂机器，保证压缩机曲轴、轴承、连杆、活塞等运动件的充分润滑是维持机器正常运转的基本要求。为此，压缩机制造商要求使用指定牌号润滑油，并要求定期检查润滑油油位和性能状态。压缩机故障可分为电机故障和机械故障（包括曲轴、连杆、活塞、阀片、缸盖垫等）。机械故障往往使电机超负荷运转甚至堵转，是电机损坏的主要原因之一。空气压缩机在运行中若出现异常现象，必须立即查明故障原因，即时排除故障，待修复后才能继续使用。切勿盲目继续使用以至发生不可预测的损失。空气压缩机故障排除参照表见表 6－5－1。

表 6－5－1　空气压缩机故障排除参照表

故障现象	可能产生的原因	排除方法及对策
空气压缩机无法启动	1. 保险丝烧断	请电气人员检修更换
	2. 启动电器故障	
	3. 启动按钮接触不良	
	4. 电路接触不良	
	5. 电压过低	
	6. 主电机故障	
	7. 主机故障（主机有异常声，局部发烫）	
	8. 电源缺相	
	9. 风扇电动机过载	
运行电流高，空气压缩机自动停机（主电机过热报警）	1. 电压太低	1. 请电气人员检查
	2. 排气压力过高	2. 检查/调整压力参数
	3. 油气分离器堵塞	3. 更换新件
	4. 压缩机主机故障	4. 机体拆检
	5. 电路故障	5. 请电气人员检查
排气温度低于正常要求	1. 温控阀失灵	1. 检修清洗或更换阀芯
	2. 空载过久	2. 加大用气量或停机
	3. 排气温度传感器失灵	3. 检查、更换
	4. 进气阀失灵，吸气口未全打开	4. 清洗、更换
排气温度过高，空气压缩机自动停机（排气温度过高报警）	1. 润滑油量不足	1. 检查添加油
	2. 润滑油规格/型号不对	2. 按要求更换新油
	3. 油过滤器堵塞	3. 检查更换新件
	4. 油冷却器堵塞或表面污垢严重	4. 检查清洗
	5. 温度传感器故障	5. 更换新件
	6. 温控阀失控	6. 检查清洗、更换新件
	7. 风扇及冷却器积灰过多	7. 拆下清洗、吹净
	8. 风扇电动机未运转	8. 检查电路及风扇电机

续表

故障现象	可能产生的原因	排除方法及对策
排出气体含油量大	1. 油气分离器破损	1. 更换新件
	2. 单向回油阀堵塞	2. 清洗单向阀
	3. 润滑油过量	3. 放出部分冷却油
空气压缩机排气量低于正常要求	1. 空气滤清器堵塞	1. 吹除杂质或更换新件
	2. 油气分离器堵塞	2. 更换新件
	3. 电磁阀漏气	3. 清洗或更换新件
	4. 气管路元件泄漏	4. 检查修复
	5. 皮带打滑、过松	5. 更换新件、张紧皮带
	6. 进气阀不能完全打开	6. 清洗、更换受损件
停机后从空气滤清器吐油	进气阀内的单向阀弹簧失效或单向阀密封圈损坏	更换损坏的元件
安全阀动作喷气	1. 安全阀使用时间长，弹簧疲劳	1. 更换或重新调定
	2. 油气分离器堵塞	2. 更换新件
	3. 压力控制失灵，工作压力高	3. 检查重新调定

第6章　长城牌压缩机油介绍

长城牌压缩机油有矿物油型压缩机油和合成油型压缩机油两大类产品。矿物油型压缩机油有DAA、DAB往复式空气压缩机油，DAG、DAH回转式空气压缩机油和4526乙烯压缩机油等产品；合成油型压缩机油主要有4502、4503、4506、4508、4509合成空气压缩机油和4511、4511-1、4512、4513合成压缩机油等产品。

6.1　往复式空气压缩机油

6.1.1　产品规格

长城牌DAA轻负荷空气压缩机油产品有68、100、125、150、220五个牌号。

长城牌DAB中负荷空气压缩机油产品有46、68、100、150、220五个牌号。

6.1.2　主要性能

长城牌DAA、DAB空气压缩机油产品具有优良的热氧化安定性，长期使用不会产生有害的沉渣；良好的防锈、防腐蚀性能；抗乳化性能好，容易与接触的水分离。

6.1.3　推荐应用(表6-6-1)

本产品适用于有油润滑的活塞式和滴油回转式空气压缩机的润滑，L-DAA用于轻负荷空气压缩机，L-DAB用于中负荷空气压缩机。

表6-6-1　压缩室有油润滑的往复式空气压缩机用油推荐

负荷	品种	工作循环	操作条件		
			排气温度[a]/℃	压力差[b,d]/MPa	排气压力[c,d]/MPa
普通[e]	DAA	间断运转或连续运转	≤165	≤2.5	≤7.0
苛刻[f]	DAB		>165	>2.5	>7.0

注：[a] 气缸排气阀的最高温度。

[b]气缸吸气阀和排气阀的最高压力差。

[c]气缸排气阀的最高压力。

[d]1MPa=10bar。

[e]所有使用条件满足时采用。

[f]其中任何一项使用条件满足或所有使用条件都满足时采用。

6.2　回转式空气压缩机油

6.2.1　产品规格

长城牌L-DAG轻负荷喷油回转式空气压缩机油产品有32、46、68、100四个牌号。

长城牌L-DAH喷油回转式空气压缩机油产品有32、37、46三个牌号。

6.2.2 主要性能

长城牌 L－DAG、DAH 喷油回转式空气压缩机油产品具有极佳的润滑性和防锈、防腐蚀性能；优良的热氧化安定性，有效减少积炭的生成和抑制油品的老化，延长油品的使用寿命；抗乳化性能好，容易与接触的水分离；消除泡沫快，保证设备平稳运转。

6.2.3 推荐应用(表 6－6－2)

长城牌 L－DAG、DAH 喷油回转式空气压缩机油产品使用于滴油回转式(滑片和螺杆式)空气压缩机的润滑，L－DAG 用于轻负荷回转式空气压缩机，L－DAH 用于中负荷回转式空气压缩机。

表 6－6－2 喷油回转式空气压缩机用油推荐

负荷	品种	典型应用	工作循环	操作条件
普通	DAG	润滑油排空周期≤2000h	接近连续运转或连续运转	在任何一级的排气端上空气/润滑剂的最高温度≤100℃
苛刻	DAH	2000h < 润滑油排空周期≤4000h	间断运转	油箱中润滑剂日常循环温度从室温～<100℃，或在任何一级的排气端上空气/润滑剂的最高温度>100℃
			连续运转	在任何一级的排气端上空气/润滑剂的最高温度>100℃

6.3 矿物油型乙烯压缩机油

6.3.1 产品规格

长城牌矿物油型乙烯压缩机油产品主要为 4526 系列，有 220、260 两个牌号，一般用于工艺气体的压缩，如乙烯、乙烷、丙烷等气体的压缩。

6.3.2 主要性能

4526 乙烯压缩机油具有良好的润滑性能、氧化稳定性及热稳定性，残炭低，能够在高温、高压下保持适当的黏度，保持良好的泵送性。

6.3.3 推荐应用

长城牌 4526 乙烯压缩机油产品适用于高压低密度聚乙烯(HP－LDPE)或者乙烯－醋酸乙烯共聚物(EVA)超高压压缩机的气缸润滑，能够为高压聚乙烯装置平稳运行提供必要保证。

6.4 合成压缩机油

6.4.1 产品规格

1)合成空气压缩机油

长城牌合成空气压缩机油产品主要有 4502、4503、4506、4508、4509 五个品种，合成空气压缩机油产品分别有 32、46、68、100、150 等五个牌号，属于 DAB/DAH/DAJ 系列。

2)合成压缩机油

长城牌合成压缩机油产品有 4511、4511－1、4512、4513 四个品种系列，4513 合成压缩机油产品有 68、100、150、220 等四个牌号。这几个品种一般用于工艺气体的压缩，如乙烯、二氧化碳、甲烷、乙烷、丙烷等气体的压缩。

6.4.2 主要性能

1)合成空气压缩机油

4502 压缩机冷却液(原名称 4502 合成压缩机油)具有良好的氧化安定性和抗乳化性能，残炭低，蒸发损失小，使用寿命长。

4503 半合成空气压缩机油具有良好的氧化安定性和低温流动性，具有较高的性价比。

4506 合成空气压缩机油具有很高的黏度指数、优良的高温稳定性和低温启动性，积炭倾向小，抗乳化性好。

4508 合成空气压缩机油具有较高的黏度指数、优良的高温稳定性、良好的防锈性能、良好的抗结焦和积炭性能，具有可生物降解性能。

4509 合成空气压缩机油具有超高黏度指数、优异的抗高温结焦性能和低温启动性、卓越的化学稳定性、超长使用寿命。

2)合成压缩机油

4511、4511－1、4512、4513 合成压缩机油在高温下具有优良的化学稳定性，不易形成残炭和胶质，对密封材料和被压缩气体无反应，具有水溶性，对被传输气体溶解度低，在运转中可防止被压缩气体稀释，保持适当的操作黏度，延长使用时间和设备寿命。

6.4.3 推荐应用

1)合成空气压缩机油

长城牌 4502 压缩机冷却液(原名称 4502 合成空气压缩机油)用于中重负荷回转式空气压缩机，32、46、68 主要适用于低、中压回转式压缩机，也可用于中、小型往复式压缩机；100、150 主要用于中、高压往复式压缩机及大型回转式压缩机。使用安全可靠，使用寿命长。

长城牌 4503 半合成空气压缩机油主要适用于各种叶片式、螺杆式、往复式压缩机的润滑。

长城牌 4506 合成空气压缩机油主要适用于各种叶片式、螺杆式压缩机的润滑。

长城牌 4508 合成空气压缩机油主要适用于螺杆式压缩机的润滑。

长城牌 4509 合成空气压缩机油主要适用于螺杆式压缩机的润滑。

2)合成压缩机油

长城牌 4511 系列合成压缩机油适用于高压聚乙烯装置超高压往复压缩机气缸的润滑和密封，以及其他烃类气体压缩机气缸的润滑。

长城牌 4511－1 系列合成压缩机油适用于高压聚乙烯装置超高压往复压缩机气缸的润滑和密封，以及其他烃类气体压缩机气缸的润滑。

长城牌 4512 合成压缩机油适用于化肥、化学、食品饮料工业中多级高压二氧化碳压缩机气缸的润滑与密封；也适用于压力达 20MPa、气体出口温度达 150℃的多级往复式高压压缩机气缸的润滑。

长城牌 4513 系列合成压缩机油产品适用于炼油厂、油气田、焦化厂、矿井，压缩天然气、瓦斯气、液化丙烷、氯－氟衍生物、乙烯、丁二烯、氯乙烯等烃类气体的增压输送、灌瓶和分离回收的气体压缩机，也特别适用于压缩这些气体的螺杆式压缩机的润滑。

附录1 长城牌压缩机油推荐表(按应用介质)

附表6－1 长城牌压缩机油推荐表

压缩介质	压缩机形式	长城牌推荐用油	使用场合	应用优势
空气	往复式	长城牌DAA、DAB	一般换油场合	来源广，价廉
	回转式	长城牌DAG、DAH	一般换油场合	来源广，价廉
	往复式、回转式	长城牌4503合成压缩机油	要求高档次、长寿命的设备或OEM装机配套	高性价比
	往复式、回转式	长城牌4502、4506合成压缩机油	要求高档次、长寿命的设备或OEM装机配套	长寿命
	回转式	长城牌4508合成压缩机油	要求高档次、长寿命的设备或OEM装机配套	长寿命
	回转式	长城牌4509合成压缩机油	散热条件较差，不易检修的场合	超长寿命，高性价比
高压乙烯气	往复式	长城牌4526乙烯压缩机油	大型炼油厂、石油化工厂的高压聚乙烯装置	无毒，润滑性能及泵送性优异，价廉
	往复式	长城牌4511合成压缩机油	大型炼油厂、石油化工厂的高压聚乙烯装置	无毒，抗乙烯稀释，润滑性能优异，防催化剂中毒
	往复式	长城牌4511－1合成压缩机油	大型炼油厂、石油化工厂的高压聚乙烯装置	无毒，抗乙烯稀释，润滑性能优异，防催化剂中毒
轻烃类	螺杆式、往复式	长城牌4513系列合成压缩机油	炼厂尾气、钢厂煤气、天然气压缩和输送、液化内烷或石油气、火炬气	润滑性能优异，抵抗烃类稀释
二氧化碳	往复式	长城牌4512合成压缩机油	化肥厂、食品工业等场合的二氧化碳压缩机	无毒性，润滑性优异，高黏度指数
氢气	往复式、螺杆式	长城牌4513合成压缩机油	化工厂、制气厂	润滑性优异，防催化剂中毒
	往复式	长城牌DAA、DAB	化工厂、制气厂	来源广，价廉
	螺杆式	长城牌DAG、DAH		
氮气	往复式	长城牌DAA、DAB	化工厂、制气厂	来源广，价廉
	螺杆式	长城牌DAG、DAH		
	往复式、螺杆式	长城牌4513合成压缩机油	化工厂、制气厂	润滑性优异，无毒

附录2　长城牌压缩机油介绍

1. 长城牌往复式空气压缩机油

1.1　概述

本产品采用精制矿物油，加入性能优良的抗氧、防锈、抗泡等多种添加剂精制而成，分为DAA、DAB两个级别。

1.2　性能特点

(1)优良的热氧化安定性，高温下不易生成积炭。

(2)良好的防锈、抗腐蚀性能，防止气缸、排气阀锈蚀腐蚀。

(3)抗乳化性能好，容易与接触的水分离。

(4)闪点高而挥发度低。

1.3　典型数据

附表6-2　L-DAA空气压缩机油典型数据

项目	典型数据				
黏度级别	68	100	125	150	220
40℃运动黏度/(mm^2/s)	69.05	100.1	129.0	149.7	220.2
100℃运动黏度/(mm^2/s)	8.801	11.02	13.14	14.23	18.31
闪点(开口)/℃	230	258	260	258	266
倾点/℃	-18	-18	-18	-9	-9
铜片腐蚀(100℃，3h)/级	1b	1b	1b	1b	1b

附表6-3　L-DAB空气压缩机油典型数据

项目	典型数据				
黏度级别	46	68	100	150	220
40℃运动黏度/(mm^2/s)	45.14	66.34	101.3	148.9	220.5
100℃运动黏度/(mm^2/s)	6.678	8.457	11.29	14.53	18.40
闪点(开口)/℃	231	236	256	260	266
倾点/℃	-18	-18	-18	-12	-12
铜片腐蚀(100℃/3h)/级	1b	1b	1b	1b	1b

1.4　应用范围

适用于往复式压缩机和滴油回转式压缩机的润滑。DAA油用于轻负荷空气压缩机；

DAB 油用于中负荷空气压缩机。

2. 长城牌回转式空气压缩机油

2.1　概述

DAG 采用精制矿物油，DAH 采用加氢基础油，加入优质的抗氧、防锈、防腐、抗乳化、抗泡等多功能添加剂经科学配方调制而成，符合 ISO L－DAG、L－DAH 压缩机油规格。

2.2　性能特点

(1)极佳的润滑性和防锈防腐性，减少磨损，大大延长设备的使用寿命。

(2)优良的热氧化安定性，有效减少积炭生成和抑制油品老化，延长油品的使用寿命。

(3)抗乳化性能好，能迅速与接触的水分离。

(4)消泡快，保证设备平稳运转。

(5)闪点高而挥发度低。

2.3　典型数据

附表 6－4　L－DAG 轻负荷喷油回转式空气压缩机油典型数据

项目	典型数据		
黏度级别	32	46	68
40℃运动黏度/(mm^2/s)	32.62	46.11	67.67
黏度指数	100	99	95
闪点(开口)/℃	220	232	248
倾点/℃	－15	－15	－15
抗乳化性(40－37－3)/min	12	16	20
铜片腐蚀(100℃，3h)/级	1b	1b	1b

附表 6－5　L－DAH 喷油回转式(螺杆)空气压缩机油典型数据

项目	典型数据		
黏度级别	32	37	46
40℃运动黏度/(mm^2/s)	31.55	37.17	45.90
黏度指数	135	133	129
闪点(开口)/℃	238	248	250
倾点/℃	－15	－12	－18
抗乳化性(40－37－3)/min	12	12	12
铜片腐蚀(100℃，3h)/级	1b	1b	1b

2.4　应用范围

(1)适用于喷油回转式(滑片和螺杆式)空气压缩机的润滑。

(2)DAG 油用于轻负荷回转式空气压缩机；DAH 油用于中负荷回转式空气压缩机。

3. 长城牌4502压缩机冷却液(原名称4502合成压缩机油)

3.1 概述

本产品系以合成油为基础油，并加有极压、抗氧、抗腐蚀等多种添加剂精制而成的空气压缩机系统用润滑油。

3.2 性能特点

(1)优异的热氧化安定性能，防止润滑油高温下变质。

(2)优异的抗高温结焦和积炭性能，增强压缩机高温下工作的安全性。

(3)优异的热传导性能，降低压缩机运行温度。

(4)优良的高低温性能，保证系统宽温度范围内正常运转。

(5)良好的材料适应性，避免系统使用中出现泄漏。

(6)良好的润滑性，保护压缩机，减少磨损。

(7)优异的综合性能，保证压缩机系统长达6000~8000h工作寿命。

3.3 执行标准

本产品符合 Q/SH3031 0042 标准。

3.4 典型数据

附表6-6 4502典型数据

项目	典型数据						试验方法
	32号	46号	68号	100号	150号	220号	
运动黏度/(mm^2/s) 40℃ 100℃	 33.19 5.01	 45.43 6.72	 67.73 9.13	 97.82 12.35	 149.2 15.69	 206.1 20.40	GB/T 265
酸值/(mgKOH/g)	0.35	0.32	0.33	0.37	0.39	0.42	GB/T 7304
闪点(开口)/℃	216	223	256	258	256	273	GB/T 267
倾点/℃	-42	-42	-36	-36	-31	-33	GB/T 510
抗乳化性能/min	5.0	3.0	8.0	6.0	8.0	3.0	GB/T 7305
铜片腐蚀 (T_2Cu，100℃，3h)/级	1b	1b	1b	1b	1b	1b	GB/T 5096

3.5 用途

本品可广泛用于钢铁、水泥、化工、机械、电子等行业所用小、中大型单级或多级往复式、回转式空气压缩机的润滑，32~68号主要适用于低、中压回转式压缩机，也可用于中、小型往复式压缩机，100~220号主要用于中、高压往复式压缩机及大型回转式压缩机。适用温度范围：回转式压缩机-40~110℃，往复式-35~200℃短期可达220℃。

3.6 技术认证

写入合肥通用机械研究所产品说明书；

南京英格索兰压缩机有限公司、安徽蚌埠安瑞科压缩机有限公司配套材料技术认可。

3.7　已使用的空气压缩机机型

美国西皮 CP10M^3/7kg 螺杆式空气压缩机；

Ingersoll - rand 公司 6R80/6R30 - 100 型空冷高压压缩机；

ATLAS COPCO 公司的　GA/GR 系列喷油螺杆压缩机；

美国 Quincy 昆西螺杆式压缩机；

美国 TA - 220 螺杆式压缩机；

日本 ST - 15A 螺杆压缩机；

瑞士 T - 11E - 300 往复式空气压缩机；

德国 ESF340H - 20 移动式双螺杆中压两级压缩机；

江西气体压缩机厂 LGY20/12 - 25/20 大型双级中压螺杆压缩机；

日本 CS - 390P 螺杆压缩机；

COMPAIR 压缩机；

安瑞科空气压缩机、南京英格索兰空气压缩机、斯可络空气压缩机等。

3.8　使用案例

3.8.1　在瑞典 ATLAS COPCO 公司空气压缩机上的使用

使用单位：深圳华晶玻璃有限公司、北汽福田、江西制药一厂。

使用工况：深圳华精玻璃有限公司的 GA250W 喷油螺杆压缩机；该机型最大出口压力 10bar，实际出口压力 6.4bar；排气出口温度≤100℃，实际温度 52℃；转子温度 95℃，启动轴转速 1489r/min，喷油压力 3.7bar。

使用效果：设备运行时间 32465h，加载压缩时间(减压阀打开即加载)13348h，至今只换油一次。平均 6500h 换一次，一次加油量约 150L。该设备目前使用良好，设备润滑良好。

3.8.2　在 Ingersoll - rand 公司空气压缩机上的使用

使用单位：泸州天然气化工集团有限责任公司、吉林亚泰水泥、庆龄汽车股份有限公司、云南德胜钢铁有限公司、中国铝业股份有限公司河南分公司等。

使用工况：泸州天然气化工集团有限责任公司。

该机出口压力 24.5MPa，排气量 2.83m^3/min，出口温度 221℃，启动轴转速 1800r/min。

使用效果：4502(100)合成空气压缩机油在该机型上使用，换油周期 6000h，从 1989 年 9 月使用至今，效果良好，压缩机的机件润滑良好，无任何腐蚀、锈蚀现象，各进、排气阀、气缸活塞等机件部位无积炭、结焦现象。

3.8.3　在美国 Quincy 公司空气压缩机上的使用

使用单位：重庆华诚棉纺四厂等。

使用效果：4502(32、46)合成空气压缩机油在该机型上使用，换油周期长达 6000h，较原用油延长了一倍，从 1996 年使用至今，效果良好，压缩机的机件润滑良好，无任何腐蚀、锈蚀现象，各进、排气阀、气缸活塞等机件部位无积炭、结焦现象。

3.8.4　在 COMPAIR 压缩机上的使用

使用单位：天津石油化工公司化纤厂等。

使用工况：出口压力 1.2MPa，排气量 $32m^3/min$，工作电压 6000V，电机功率 250kW。

使用效果：4502(46)合成空气压缩机油在该机型上使用，换油周期长达 8000h，从 2003 年使用至今，效果良好，压缩机的机件润滑良好，无积炭、结焦现象。

3.8.5　在日本三井公司造船公司压缩机上的使用

使用单位：茂名乙烯厂等。

使用工况：4MB 往复式压缩机；缸数 4，段数 4；吸气压力 0.101MPa，排气压力 42.4 MPa；吸气温度 37.5℃，排气温度 109℃；体积流量 $21.33km^3/h$；轴功率 270kW；转子参数：缸径 490/315/225/160，行 220mm，速度 3.59m/s。

使用效果：茂名乙烯加氢车间 C－5000 压缩机是引进日本的往复式压缩机，原设计为无油润滑压缩机，由于使用效果不能满足生产的需求，外方重新改造为有油润滑压缩机，并提供气缸填料的注入油为美孚路路格 53T。茂名乙烯厂选用 4502(46)合成空气压缩机油代替美孚路路格 53T 后，使用效果良好，满足了生产需要，又节约了大量的生产成本，至今仍一直使用 4502(46)合成空气压缩机油。

3.9　注意事项

(1)勿与其他润滑油混用，不同润滑油之间可能会发生物理或化学反应导致性能大大下降。

(2)使用后及时封盖以避免水分、灰尘等杂质的混入。

(3)使用在与橡胶、塑料、油漆等非金属材料接触的润滑部位时，事先应进行材料相容性试验。

(4)本产品在使用中，见光或长期高温下颜色变深属正常现象，不影响使用效果。

3.10　包装

20L 塑桶、200L 铁桶或根据客户需求进行包装。

4. 长城牌 4503 合成压缩机油

4.1　概述

本产品系采用特定组成的半合成基础油，并加入优质高效添加剂精制而成的空气压缩机系统用润滑油。

4.2　性能特点

(1)优良的热氧化安定性和低的积炭倾向性，延缓高温下氧化变质。

(2)蒸发损失小，油耗低。

(3)优良的黏温和低温性能，保证压缩机在较宽温度范围内正常运转。

(4)良好的油水分离性能，使空气中凝结于油中的水分迅速分离。

(5)良好的防锈抗腐蚀性能，防止压缩机部件腐蚀。

(6)良好的润滑性能，减少压缩机磨损。

(7)优异的性价比，使用寿命可达 3000～4000h。

4.3 典型数据

附表 6－7 4503 典型数据

项目	典型数据				
黏度级别	32	46	68	100	150
40℃运动黏度/(mm²/s)	30.64	44.09	67.10	100.9	153.8
黏度指数	125	127	119	109	118
倾点/℃	－38	－36	－30	－24	－24
闪点(开口)/℃	232	246	254	260	264
抗乳化性(40－37－3)/min	8	12	14	6	10
液相锈蚀试验	无锈	无锈	无锈	无锈	无锈
铜片腐蚀(100℃，3h)/级	1b	1b	1b	1b	1b
泡沫特性(泡沫倾向/稳定性)/(mL/mL) 24℃ 93.5℃ 后24℃	 0/0 10/0 0/0	 0/0 10/0 0/0	 0/0 10/0 0/0	 0/0 10/0 0/0	 0/0 10/0 0/0
老化特性试验(B法) 蒸发损失/% 康氏残炭增加/%	 10.12 0.62	 5.31 0.45	 5.40 0.52	 4.67 0.35	 3.69 0.21
四球磨斑直径(392N，60min)/mm	0.47	0.45	0.45	0.42	0.44

4.4 应用范围

本品可用于钢铁、水泥、化工、机械、电子等行业所用中、小型回转式、往复式或离心式空气压缩机的润滑。适用温度：回转式压缩机－30～100℃，往复式－30～200℃，离心式－30～80℃。

4.5 国外性能相当产品

BP公司 Energol RC－R4000 系列、Shell 公司 Corena Oils S3R 系列。

4.6 应用实例

众多压缩机生产厂家将其作为螺杆式压缩机的装机用油和售后服务用油；某钢铁厂用其代替原用矿物油用于离心式压缩机，换油周期大大延长。

4.7 注意事项

(1)勿与其他润滑油混用，如确需混用，则先进行相容性试验。

(2)使用后及时封盖以避免水分、灰尘等杂质的混入。

(3)本产品在使用中，见光或长期高温下颜色变化属正常现象，不影响使用效果。

4.8 包装

200L铁桶或根据客户需求进行包装。

5. 长城牌 4506 合成压缩机油

5.1 概述

本产品系以合成油为基础油，并加有极压、抗氧、抗腐蚀等多种添加剂精制而成的空气压缩机系统用润滑油。

5.2 性能特点

(1)优异的热氧化安定性能，防止润滑油高温下变质。

(2)优异的抗高温结焦和积炭性能，增强压缩机高温下工作的安全性。

(3)优良的热传导性能，降低压缩机运行温度。

(4)优良的高低温性能，保证系统宽温度范围内正常运转。

(5)良好的材料适应性，避免系统使用中出现泄漏。

(6)良好的润滑性，保护压缩机，减少磨损。

(7)优异的综合性能，保证压缩机系统长达6000~8000h工作寿命。

5.3 典型数据

附表6-8 4506典型数据

项目	典型数据			
黏度级别	32	46	68	100
40℃运动黏度/(mm^2/s)	31.10	46.50	64.70	97.70
黏度指数	135	130	140	143
酸值/(mgKOH/g)	0.20	0.20	0.32	0.30
凝点/℃	-60	-57	-52	-50
闪点(开口)/℃	252	257	270	272
抗乳化性(40-37-3)/min	5	5	7	8
铜片腐蚀(100℃，3h)/级	1b	1b	1b	1b
残炭/%	0.02	0.02	0.02	0.02

5.4 应用范围

本品可广泛用于钢铁、水泥、化工、机械、电子等行业所用小、中大型单级或多级往复式、回转式空气压缩机的润滑，特别适用于离心式和螺杆式压缩机。适用温度范围：回转式压缩机-50~100℃，往复式-40~200℃短期可达220℃。

5.5 技术认证

无锡某压缩机有限公司(氯乙烯压缩机)。

5.6 应用实例

5.6.1 在瑞典ATLAS COPCO(柳州富达分公司)公司空气压缩机上的使用

使用单位：新疆八一钢铁集团、深圳华晶玻璃有限、水城钢铁集团有限公司等。

使用工况：新疆八一钢铁集团。

型号：LU450W-80型螺杆式空压机；排气压力0.8MPa；排气量81m^3/min；电机功率450kW。

使用效果：一次加油量约250L，设备使用良好，设备润滑良好。

5.6.2 在Ingersoll-rand公司空气压缩机上的使用

使用单位：茂名石化等。

使用工况：Ingersoll - rand 公司生产 C95055M × 3 离心式压缩机，吸入口压力 0.099MPa；电机功率 950kW；主轴额定转速 2790r/min；一级叶轮转速 32000r/min，二级叶轮转速 38000r/min，三级叶轮转速 38000r/min。

使用效果：该设备自 2002 年投入运行以来，因原 OEM 推荐油品破乳化性能差，严重地影响了设备的正常运行，使用 4506(32)后换周期达到 8000h，成功替代进口油品，降低设备运行费用。

5.6.3　在 COMPAIR 压缩机上的使用

使用单位：涟源钢铁集团有限公司等。

使用工况：Compair 公司的 LeRol@ W2M 500SS 型，排气温度 90℃，工作压力 7.3bar。

使用效果：该机采用空冷，夏季的温度比冬季约 10℃，常出现达到 117℃报警停机的现象，而且原用油破乳化性能差导致压缩室的凝结水进入压缩机油，换 4506(46)后使用，温度正常，压缩机的机件润滑良好。

5.7　注意事项

(1)勿与其他润滑油混用，不同润滑油之间可能会发生物理或化学反应导致性能下降。

(2)使用后及时封盖以避免水分、灰尘等杂质的混入。

(3)使用在与橡胶、塑料、油漆等非金属材料接触的润滑部位时，事先应进行材料相容性试验。

(4)本产品在使用中，见光或长期高温下颜色变深属正常现象，不影响使用效果。

5.8　包装

200L 铁桶或根据客户需求进行包装。

6. 长城牌 4508 合成压缩机油

6.1　概述

本产品系以合成油为基础油，并加有多种优质添加剂精制而成的空气压缩机系统用润滑油。

6.2　性能特点

(1)优异的热氧化安定性能，防止润滑油高温下变质。

(2)优异的材料适应性，避免系统使用中出现泄漏。

(3)优异的热传导性能，降低压缩机运行温度。

(4)优异的抗高温结焦和积炭性能，增强压缩机高温下工作的安全性。

(5)优良的高低温性能，保证系统宽温度范围内正常运转。

(6)良好的润滑性，保护压缩机，减少磨损。

(7)优异的综合性能，保证压缩机系统长达 6000 ~ 8000h 工作寿命。

6.3　执行标准

本产品符合 SHRHYXY4040 标准。

6.4 典型数据

附表 6－9 4508 典型数据

项目	典型数据	试验方法
40℃运动黏度/(mm^2/s)	47.05	GB/T 265
黏度指数	167	GB/T1995
酸值/(mgKOH/g)	0.05	GB/T 7304
凝点/℃	－58	GB/T 510
闪点/℃	265	GB/T 3536
腐蚀(T_2Cu，100℃，3h)/级	1b	GB/T 5096

6.5 用途

本品适用于低、中压回转式螺杆压缩机，适用温度－40～110℃。

6.6 注意事项

(1)勿与其他润滑油混用，不同润滑油之间可能会发生物理或化学反应导致性能下降。

(2)使用后及时封盖以避免水分、灰尘等杂质的混入。

(3)使用在与橡胶、塑料、油漆等非金属材料接触的润滑部位时，事先应进行材料相容性试验。

(4)本产品在使用中，见光或长期高温下颜色变深属正常现象，不影响使用效果。

6.7 包装

4L 铁桶、200L 铁桶或根据客户需求进行包装。

7. 长城牌 4509 合成压缩机油

7.1 概述

4509 合成空气压缩机油采用硅油作为基础油，并添加极压、抗磨、抗腐蚀等多种添加剂精制而成。

7.2 性能特点

(1)优异的热氧化安定性能，防止润滑油高温下变质。

(2)良好的材料适应性，避免系统使用中出现泄漏。

(3)优异的抗高温结焦性能，增强压缩机高温下工作的安全性。

(4)优良的高低温性能，保证系统宽温度范围内正常运转。

(5)良好的润滑性，保护压缩机，减少磨损。

(6)卓越的化学稳定性。

(7)良好的防腐蚀性，保护设备。

(8)优异的综合性能，使用寿命长。

7.3 执行标准

本产品执行标准：Q/SH 3031 0696。

7.4 典型数据

附表 6-10 4509 典型数据

分析项目	典型数据		试验方法
	Ⅰ型	Ⅱ型	
外观	透明液体	透明液体	目测
运动黏度(40℃)/(mm^2/s)	38.36	26.21	GB/T265
黏度指数	430	430	GB/T1995
闪点(开口)/℃	288	250	GB/T3536
倾点/℃	< -50	< -50	GB/T3535
机械杂质(质量分数)/%	无	无	GB/T511
水分(质量分数)/%	痕迹	痕迹	GB/T260
腐蚀(T_2铜，100℃，3h)/级	1b	1b	GB/T5096
挥发性(150℃，24h)/%	0.61	2.23	GB/T7325

7.5 应用范围

可广泛用于钢铁、化工、电子、医药、铁路等行业所用小、中、大型单级或多级空气压缩机的润滑，特别适用于螺杆式压缩机。

使用温度：-50～180℃。

7.6 国外性能相当的产品

4509(Ⅱ型)与 Sullair 24KT 性能相当。

7.7 应用实例

某压缩机生产厂家将其作为螺杆式压缩机的装机用油和售后服务用油。

7.8 注意事项

(1)勿与其他润滑油混用，如确需混用，使用前先进行相容性试验。

(2)使用后及时封盖以避免水分、灰尘等杂质的混入。

7.9 包装

200L 铁桶或根据客户需求进行包装。

8. 长城牌 4511 号合成压缩机油

8.1 概述

本产品系以合成油为基础油精制而成的超高压合成压缩机油，按国际分类标准，属 ISO-L-DAC 类。本产品具有良好的黏温特性、热氧化安定性和高闪点、低凝点、低灰分、不腐蚀金属和优良的润滑性能，低温下易于启动、常温运转可降低功耗、不积炭。

8.2 典型数据

附表6-11 4511典型数据

项目	典型数据
外观	浅黄色透明液体
运动黏度/(mm^2/s) 100℃ 40℃	41.67 223.2
黏度指数	242
中和值/(mgKOH/g)	0.11
闪点(开口)/℃	242
凝点/℃	-43
水分/%	0.06
灰分/%	0.03

8.3 用途

本产品适用于高压聚乙烯装置超高压往复压缩机气缸的润滑和密封，以及其他烃类气体压缩机气缸的润滑。

8.4 包装形式

200L铁桶装、1000L液袋。

8.5 注意事项

(1)首次使用本产品时，请将润滑系统清洗干净。

(2)本品不宜与其他油品混用。

(3)本品启用后，请及时将桶盖严，避免混入水分和杂质。

8.6 应用案例

8.6.1 在大庆石化厂高压聚乙烯压缩机上的应用

大庆石化1#高压一、二次机，2#高压一次机聚乙烯压缩机是用瑞士布卡压缩机，该机原使用的是西德HOECHST公司生产的B11/150合成压缩机油，后用4511号合成压缩机油。

8.6.2 在上海石化厂高压聚乙烯压缩机上的应用

上海石化1#高压一次机塑料厂一次机聚乙烯压缩机是用日立布卡压缩机，原用N260杭炼生产的白油，经过一坪公司的共同努力，换用4511号合成压缩机油后，压缩机的积炭、结焦性能明显改善，润滑油的消耗量明显减少。

9. 长城牌4511-1号合成压缩机油

9.1 概述

本产品系以合成油为基础油精制而成的超高压合成压缩机油，按国际分类标准，属ISO-L-DAC类。本产品具有良好的抗轻烃稀释性能、黏温特性、热氧化安定性和高闪点、低凝点、低灰分、不腐蚀金属和优良的润滑性能，低温下易于启动，常温运转可降低功耗、不积炭。优异的综合性能，压缩机在各种条件下长期正常运转。

9.2　典型数据

附表 6－12　4511－1 典型数据

项目	典型数据
外观	浅黄色透明液体
运动黏度/(mm^2/s) 100℃ 40℃	 41.93 267.8
黏度指数	236
中和值/(mgKOH/g)	0.02
闪点(开口)/℃	257
凝点/℃	－19
水分/%	0.03
灰分/%	0.008

9.3　用途

本产品适用于高压聚乙烯装置超高压往复压缩机气缸的润滑和密封，以及其他烃类气体压缩机气缸的润滑。

9.4　包装形式

200L 铁桶装、1000L 液袋。

9.5　注意事项

(1)首次使用本产品时，请将润滑系统清洗干净。

(2)本品不宜与其他油品混用。

(3)本品启用后，请及时将桶盖严，避免混入水分和杂质。

9.6　应用案例

9.6.1　在茂名石化高压聚乙烯压缩机上的应用

茂名石化 1#高压一、二次机聚乙烯压缩机是用意大利新比隆的压缩机，该机原使用的是嘉实多 CL－1400 合成压缩机油，后用 4511－1 合成压缩机油。茂名石化 2#高压一次机聚乙烯压缩机是瑞士布卡压缩机，该机原使用的是嘉实多 CL－1400 合成压缩机油，后用 4511－1 合成压缩机油。

9.6.2　在上海石化厂高压聚乙烯压缩机上的应用

上海石化塑料厂 2#高压一、二次机聚乙烯压缩机是瑞士布卡压缩机，生产能力 10 万吨/年，原用嘉实多 CL－1400S，后用 4511－1 合成压缩机油。

10. 长城牌4512号合成压缩机油

10.1 概述

本产品系以合成油为基础油，并加有抗磨、防锈等多种添加剂精制而成的合成压缩机油。按国际分类标准，属ISO－L－DAC类。本产品具有高闪点、低倾点、良好的化学稳定性、润滑性、抗磨性和防锈性能，不易被CO_2、烃类气体所稀释，运转过程中保持良好的润滑性。

10.2 典型数据

附表6－13　4512典型数据

项目	典型数据
外观	浅黄色透明液体
运动黏度(40℃)/(mm^2/s)	223.5
黏度指数	212
闪点(开口)/℃	255
凝点/℃	－38
中和值/(mgKOH/g)	0.10
水分/%	0.05

10.3 用途

本产品适用于化肥、化学、食品饮料工业和造气工业中的多级高压二氧化碳压缩机气缸的润滑和密封。可显著地延长设备换油周期，降低设备磨损，保护设备不受腐蚀。也适用于压力达20MPa、气体出口温度达150℃的多级往复式高压压缩机。

10.4 包装形式

3.5kg塑料桶、16kg、200L铁桶装。

10.5 使用注意事项

(1)首次使用本产品时，请将润滑系统清洗干净，本品不宜与其他油品混用。

(2)启用后，请及时将桶盖严，避免混入水分和杂质，影响使用效果。

(3)本品应贮存于清洁、干燥避光处。

10.6 应用案例

1988年泸天化总厂从美国引进了一套尿素生产线，该压缩机是美国德莱塞－兰德公司生产的活塞式压缩机，该压缩机最高出口温度达149℃，出口压力达20MPa，采用的是压力注油式润滑方式，要求油品具有较高的粘温性能，高的闪点高，较好的防锈性能和润滑性能。1989年起，4512号油用于该压缩机，经过使用后检修发现：设备无腐蚀，积炭少，设备磨损正常，完全能满足压缩机设备与工艺的要求。

11. 长城牌4513号合成压缩机油

11.1　概述

本产品系以合成油加入抗氧等添加剂制成。按国际分类标准，属ISO－L－DAC系列，按40℃运动黏度分为68、100、150、220四个牌号。本产品在高温下具有优良的化学稳定性，不易形成残炭和胶质，对密封材料和被压缩气体无反应，具有水溶性，对烃类气体溶解度低，在运转中，可防止被压缩气体稀释，保持适当的操作黏度，延长使用时间和设备寿命。

11.2　典型数据

附表6－14　4513典型数据

分析项目		典型数据			
运动黏度/(mm^2/s)		68	100	150	220
100℃		68.45	19.80	28.87	39.4
40℃		14.03	101.0	151.2	221.5
黏度指数		214	220	227	231
闪点/℃		261	264	269	271
密度(20℃)/(g/cm^3)		1.0125	1.0312	1.0402	1.0424
凝点/℃	≤	－49	－46	－42	－40
T_2铜腐蚀(100℃，3h)	≤	1b	1b	1b	1b

11.3　执行标准

本产品执行标准：Q/SH303 104－2004。

11.4　用途

本产品适用于炼油厂、油气田、焦化厂、矿井，压缩天然气、瓦斯气、液化丙烷、氯－氟衍生物、乙烯、丁二烯、氯乙烯等烃类气体的增压输送、灌瓶和分离回收的气体压缩机，特别适用于压缩这些气体的螺杆式压缩机的润滑。

11.5　包装形式

3.5kg塑料桶、16kg、200L铁桶装。

11.6　使用注意事项

(1)首次使用本产品时，请将润滑系统清洗干净，本品不宜与其他油品混用。

(2)本品应贮存于清洁、干燥避光处。启用后，及时将桶盖严，避免混入水分和杂质。

11.7　应用案例

11.7.1　在山东胜利炼油厂的应用

山东胜利炼油厂引进美国设备HB－TS－300－150螺杆压缩机(设备推荐用油SUMMIT PGS油)，由于进口设备没带油，就使用100号防锈汽轮机油，使用3d后油黏度急剧下降，造成压缩机自动停车，不能正常地连续运转。从1995年起，应用4513－100号合成压缩机油，适应了工艺、设备及运输介质的要求，消除了压缩介质中凝缩油(重组分烃类化合物)溶于润滑油，造成润滑油黏度、闪点下降，保证了压缩机长时间、正常的运转。

11.7.2 在北京燕山石化 HOWDEND 压缩机上的应用

北京某石化厂引进了 HOWDEN 的螺杆压缩机，该压缩机推荐用油为：CP－1516－100、CP－1507－100、SHELL“Madrela GS”、ROYAL“ROYCO 886”，由于进口压缩机没有附带润滑油，就直接用4513－100 号油替代，运转一切正常，从 1997 年起从没因油而发生任何故障。

11.7.3 在兰炼的应用

兰州某炼油厂引进的螺杆压缩机，该压缩机推荐用油为：CP－1508－100。从该油的指标上看为 PO、EO 共聚醚，用4513－100 号替代后，运转正常。

11.7.4 在天津乙烯火炬气压缩机上的应用

设备参数：

进口压力：0～0.006MPa；

出口压力：0.600MPa；

进口温度：－10～45℃；

出口温度：80～95℃；

功率：110kW；

压缩转速：2960r/min；

压缩机形式：双螺杆；

气体介质：轻烃；

机组功能：用于压缩乙烯厂尾气管网的轻烃；

使用时间：2004 年 8 月～2009 年 2 月；

现用油牌号：4513－1 合成压缩机油；

机组生产厂家：约克(YORK)；

应用效果：对替代油装机前后油品本身黏度、酸值、金属元素含量等理化指标的变化趋势及对压缩机组运行参数的跟踪对比表明，4513－1 油的性能与原用油相当，关键金属元素如铁、铜等的含量极低，显示机组运行状况较好，完全满足机组运行要求。

11.7.5 在石家庄炼化火炬气压缩上的应用

进口压力：0～0.003MPa；

出口压力：0.600MPa；

进口温度：≤45℃；

出口温度：≤95℃；

功率：560kW；

压缩转速：2978r/min；

压缩机形式：双螺杆；

机组功能：用于压缩炼厂低压管网的火炬气；

使用时间：2007 年 3 月～2009 年 2 月；

现用油牌号：4513－1 合成压缩机油；

生产厂家：沃科德克(OAKTECH)；

应用效果：4513－1合成压缩机油在火炬气压缩上的运行开始以来，对替代油装机前后油品本身黏度、酸值、金属元素含量等理化指标的变化趋势及对压缩机组运行参数的跟踪对比表明，4513－1油的性能完全满足机组的运行要求。

11.7.6　在洛阳石化火炬气压缩上的应用

进口压力：0～0.003MPa；

出口压力：0.650～0.700MPa；

进口温度：≤45℃；

出口温度：85℃；

功率：560kW；

压缩转速：2978r/min；

压缩机形式：双螺杆；

机组功能：用于压缩炼厂低压管网的火炬气；

使用时间：2007年6月～2009年2月；

现用油牌号：4513－1合成压缩机油；

生产厂家：沃科德克(OAKTECH)；

应用效果：2007年6月15的运行参数很好的证明了4513－1的抗轻烃稀释作用。各项参数均处于理想的变化范围。4513－1合成压缩机油完全能够满足设备运行要求。

12. 长城牌4526乙烯压缩机油

12.1　概述

本产品采用深度精制基础油，加入精选添加剂精制而成。本产品具有良好的润滑性、较低的积炭倾向性、优异的氧化稳定性及热稳定性，能在高温、高压下保持适当的黏度，保持良好的泵送性。

12.2　典型数据

附表6－15　4526典型数据

项目	4526乙烯压缩机油	
外观	220	260
运动黏度/(mm^2/s) 100℃ 40℃	20.93 224.6	24.57 261.4
黏度指数	110	119
中和值/(mgKOH/g)	0.01	0.00
闪点(开口)/℃	230	254
凝点/℃	－18	－23
水分/%	0.03	0.03
灰分/%	0.001	0.001

12.3 用途

本产品适用于高压低密度聚乙烯(HP－LDPE)或者乙烯－醋酸乙烯共聚物(EVA)超高压压缩机的气缸润滑，能够为高压聚乙烯装置平稳运行提供必要保证。

12.4 包装形式

200L 铁桶装、1000L 液袋。

12.5 注意事项

(1)首次使用本产品时，请将润滑系统清洗干净。

(2)本品不宜与其他油品混用。

(3)本品启用后，请及时将桶盖严，避免混入水分和杂质。

12.6 应用案例

12.6.1 在上海石化高压聚乙烯压缩机上的应用

上海石化塑料厂 1 号高压二次机聚乙烯压缩机是日立布卡压缩机，生产能力 6 万吨/年，原用 N260，后用 4526 乙烯压缩机油。

12.6.2 在燕山石化高压聚乙烯压缩机上的应用

燕山石化塑料厂 3 号线聚乙烯压缩机是瑞士布卡压缩机，生产能力 6 万吨/年，原用索恩本 CL－1000，后用 4526 乙烯压缩机油。

第七篇

压缩机与冷冻设备润滑剂

——冷冻机油

第1章　制冷行业的发展概述

制冷技术是为适应人类对低温条件的需要而产生和发展起来的，是从低于环境温度的空间或物体中吸收热量，并将其转移给环境介质，进而获得低于环境温度的技术。

随着制冷工业的发展，制冷技术的应用也日益广泛，现已渗透到人们生活和生产活动的各个领域，从日常的衣、食、住、行，到尖端科学技术都离不开制冷技术。制冷技术的主要应用领域包括食品工程、空调工程、机械与电子工业、医疗卫生事业以及国防工业和现代科学等。实现制冷的方式多种多样，包括蒸气压缩式制冷、热电制冷、扩散－吸收式制冷、磁制冷、吸附制冷等。其中涉及冷冻机油的制冷方式主要是蒸气压缩式制冷循环，该方式也是目前最为常见的制冷方式。

典型的蒸气压缩式制冷系统如图7－1－1所示。制冷系统主要由制冷压缩机、冷凝器、节流装置、蒸发器等组成。制冷系统的基本工作原理主要包括压缩、冷凝、节流、蒸发这四个过程。制冷压缩机将高温低压气态制冷剂压缩成高温高压气态制冷剂，然后经过冷凝器放热变成低温高压液态制冷剂，然后通过节流膨胀装置变成低温低压液态制冷剂，随后通过蒸发器吸热变成低温低压气态制冷剂，最后高温低压气态制冷剂回到制冷压缩机进行下一个制冷循环，周而复始，达到降温效果。

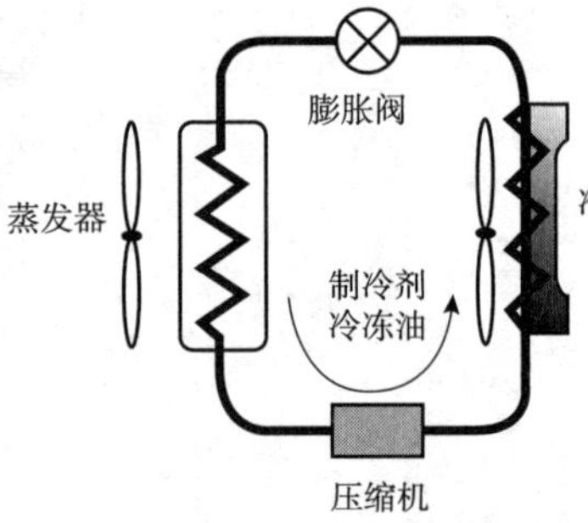

图7－1－1　制冷系统原理

可以看出，蒸气压缩式制冷系统实际上就是利用制冷剂不断循环进行气液相的转变从而实现热量的持续转移。作为制冷系统的核心工作介质，制冷剂的性质直接关系到制冷系统的制冷效果、经济性、安全性及运行管理。因此，制冷剂的发展历程很大程度上可以代表制冷技术的发展历程。

1.1　制冷剂的发展综述

1.1.1　制冷剂的发展历程

制冷剂，又称制冷工质、雪种，是在制冷系统中不断循环并通过其本身的状态变化完成能量转化的媒介物质。制冷剂的发展一共经历了四代技术的变革。

第一代制冷剂为CFC(氟氯烷烃)类物质，其中主要包括R11和R12，这是最早出现的制冷剂，CFC制冷剂被认为是导致臭氧层破坏的主要原因之一。1987年颁布的《蒙特利尔议定书》以臭氧层消耗潜值(ODP)和全球变暖潜值(GWP)作为衡量制冷剂环保性的标准。ODP 以 R11 的臭氧破坏影响作为计算标准制定 R11 的比值。GWP 规定 CO_2 为参照气体，设定其气候变暖潜值为 1，而其他物质的 GWP 均以 CO_2 进行比较得出其 GWP 数值。

HCFC(氢氟氯烃)是取代 CFC 的第二代制冷剂，最具代表性的产品为人们所熟知的 R22，它几乎与第一代制冷剂同时问世，被广泛应用于空调、冷冻、发泡等行业。此类制冷剂对臭氧层破坏较小，在欧美国家已淘汰，在我国应用广泛，目前也处在淘汰期间。

HFC(氢氟烃)作为第三代制冷剂，以 R134a 和 R410a 为代表，其 ODP 为零。凭借着优秀的能效与环保特性，HFC 自推出后在空调、制冷、发泡等行业得到了迅速且广泛的应用。尽管第三代制冷剂的 ODP 为 0，对臭氧层无破坏，但是具有较高的 GWP，对气候的制暖效应较强，大量使用仍会加速全球变暖。第三代制冷剂在国外目前已处于淘汰初期，而在我国还在广泛推广应用，特别是针对替代 R22 的领域。制冷设备从开始使用一种制冷剂到淘汰一般需要 8 ~ 10 年的时间，因此第三代制冷剂依然有很大的需求空间。

第四代制冷剂主要是指 HFO(氢氟烯烃)制冷剂，其为化学合成工质，相较于第三代制冷剂，因其具有较低的 GWP 而受到广泛的关注。HFO 的代表产品主要包括 R1234ze 和 R1234yf，其中 R1234yf 制冷剂是美国霍尼韦尔与杜邦公司共同开发的环保型制冷剂，目前正在欧美市场大力推广，主要针对车用空调市场。由于当前 HFO 制冷剂本身的高成本及相关专利和设备成本的提升，目前尚未完全进入规模化应用。

1.1.2 制冷剂的种类

根据分子结构和组成进行分类，制冷剂主要分为无机化合物、有机化合物以及混合工质等。无机化合物类主要有氨、二氧化碳、水等；有机化合物主要包括卤(氯、氟)代烃和碳氢化合物两大类；混合工质是由两种或两种以上制冷剂按照一定比例混合而成。目前常见的代表性制冷剂见表 7 - 1 - 1。

表 7 - 1 - 1 代表性制冷剂

制冷剂	类型	分子式或组成	ODP	GWP
R717	无机化合物	NH_3	0	—
R744		CO_2	0	1
R290	碳氢化合物	$CH_3CH_2CH_3$	0	5
R600a		$CH(CH_3)_2CH_3$	0	20
R12	卤代烃	CCl_2F_2	1	8500
R22		$CHClF_2$	0.034	1760
R143a		$C_2H_3F_3$	0	3800
R125		C_2HF_5	0	2800
R134a		CH_2FCF_3	0	1300
R32		CH_2F_2	0	675
R1234yf		CH_2CFCF_3	0	4

续表

制冷剂	类型	分子式或组成	ODP	GWP
R410A	混合工质	R32/R125	0	1920
R407C		R32/R125/R134a	0	1620
R507		R125/R143a	0	39Z0

注：ODP 指臭氧层消耗潜值；GWP 指全球变暖潜值。

1.1.3 政策法规对制冷剂行业的影响

由于制冷剂对臭氧层破坏和全球变暖的深远影响，1987 年国际社会签署了《关于消耗臭氧层物质的蒙特利尔议定书》，从 1990 年开始启动了全球 ODS(消耗臭氧层物质)淘汰行动，并在 2016 年《蒙特利尔议定书》基加利修正案中规定，发达国家应在其 2011 ~ 2013 年 HFCs 使用量平均值的基础上，自 2019 年起削减 HFCs 的消费和生产，到 2036 年后将 HFCs 使用量削减至其基准值 15% 以内；发展中国家应在其 2020 ~ 2022 年 HFCs 使用量平均值的基础上，2024 年冻结削减 HFCs 的消费和生产，自 2029 年开始削减，到 2045 年后将 HFCs 使用量削减至其基准值 20% 以内。

在臭氧层保护取得有效进展的同时，近年来温室气体排放、全球变暖已为全球环境保护的首要任务。1992 年签署的《联合国气候变化框架公约》成为世界上第一个全面控制二氧化碳等温室气体排放的国际公约。1997 年《京都议定书》成为《联合国气候变化框架公约》的补充条款，其目标是将大气中的温室气体含量稳定在一个适当的水平，进而防止剧烈的气候改变对人类造成伤害。同时，《巴黎协定》的诞生也对全球环境和制冷剂行业产生了重要影响。2018 年联合国气候变化大会上完成了《巴黎协定》实施细则谈判，全面落实了《巴黎协定》各项条款要求。巴黎协定的达成，意味着世界各国应对气候变暖的决心。

我国根据《蒙特利尔议定书》对 R22 制冷剂的禁用期限规定，从 2013 年开始对第二代 HCFCs 制冷剂的消费和生产实施配额制政策，从 2013 年的 30.8 万吨削减到 2015 年的 27.4 万吨，计划到 2020 年削减至 22.5 万吨，直至 2030 年完成生产量与消费量的淘汰，2030 ~ 2040 年除保留少量(约 2.5%)维修用途外将实现全面淘汰。我国严格遵守承诺，“十三五”期间，中国为实现在 2015 年消减含 HCFCs 生产基线水平 10% 的履约目标，采用关闭和拆除的方式淘汰 HCFCs 生产配额以及相应的生产能力，设置高额产能准入门槛，严格推动第二代和第三代制冷剂的逐步替换，推动环保型替代制冷剂研发工作的有序进行。政府主管部门先后颁布了多项与加速淘汰 HCFCs 有关的政策法规。目前我国房间空调器行业正在《蒙特利尔议定书》框架下加快淘汰 R22，房间空调器行业于 2015 ~ 2020 年在基线水平基础上削减 45% 的 R22 消费量，这比原定淘汰进度大为提前。

1.2 制冷行业的发展综述

从目标客户群体角度出发，制冷行业大体可分为工业制冷和民用制冷，其中民用制冷在制冷行业中占据主导。民用制冷市场又可以进一步细分为空调领域、冰箱/冰柜领域以及汽车空调领域等。

1.2.1　空调领域

据国家统计局数据显示：2019年我国空调总产量为21866.2万台，相比2018年提升6.74%。2020年受新冠肺炎疫情影响，中国空调产量有所下滑，2020年中国空调产量为21064.6万台，较2019年减少了801.56万台，同比减少3.7%。2018～2020年这3年中，我国空调产量持续占据全球80%以上份额，尤其是以格力、美的、海尔三大巨头为首的中国空调品牌更是在中国空调发展轨道上一骑绝尘，引领中国空调行业的发展。目前我国空调压缩机已基本实现全面国产化，其中美芝(隶属美的集团)和凌达(隶属格力电器)两家空调压缩机企业的市场份额超过50%。

近几年来，空调所用制冷剂的结构呈现R32份额快速增长、R22加速淘汰、R410A份额受到挤压、R290明显增量的特征。产业在线数据显示，2019年R32空调的市场份额为39.2%，R410A空调为36.5%，R22空调为24.3%；2020年R32空调的市场份额快速上升为54.2%，R410A空调为36.0%，R22空调占比大幅下降至9.5%。在某些品牌产品中，R32空调的占比甚至接近90%。目前R32已成为空调领域的首选制冷剂。

尽管R32空调份额快速增长，但是R32温室效应潜能值(GWP)为675，仍然具有较高的GWP值。在制冷剂低GWP标准的趋势下，如何做到更加节能高效、低碳环保是未来的发展方向。

根据基加利修正案规定，中国等大部分发展中国家将从2024年开始冻结HFCs的消费量，并从2029年启动削减。削减的配额，将根据2020～2022年HFCs的平均生产量/消费量和65%基线水平的HCFCs的生产量＋消费量(2009～2010年)的总和进行计算。现阶段R32应用量快速增长对2020～2022年HFCs的基线值产生一定影响，对中国空调行业未来进行HFCs削减工作带来一定挑战。

政府最新提出的“碳中和”目标将加速环保制冷剂对传统制冷剂的替换，对节能减排意义重大。相比之下，R290的优势在于比含氟制冷剂大多所依赖的萤石资源要更容易获取，比合成制冷剂的成本更低，同时GWP值和ODP值接近0。从国际环保趋势来看，2019年1月1日生效的基加利修正案更是助力于R290空调的推广和发展。随着更多国家加入基加利修正案，将为R290产品拓展海外市场提供更多机会。产业在线数据显示，美芝R290空调压缩机2020年销售量同比增长54.7%，凌达R290空调压缩机2020年销售量同比增长45.6%，均呈现出快速增长的态势。

2021年，我国相关政府部门已经制定了明确的R290空调推广计划，将有R290空调生产线和压缩机生产线完成改造，将继续支持家用空调行业开展R290空调的技术研发工作以及开展公共宣传和推广活动。目前多个压缩机企业均已推出R290环保冷媒压缩机，未来随着生产线改造完成，以及下游应用的拓展，R290空调的市场份额预计将会不断增长。

1.2.2　冰箱/冰柜领域

据国家统计局数据显示：2019年我国冰箱总产量为7904.3万台，相比2018年增长8.1%。2020年未受新冠肺炎疫情影响，2020年我国冰箱产量继续增长，达到9014.3万台。近三年我国冰箱产量平均增长率超过8%，呈现出需求量逐渐增大的景象。与冰箱相似，2020年我国冰柜产量为3717万台，同比增长36.7%。冰箱冰柜产量的大幅度增长主要是由于随着中国经济的发展和居民可支配收入的提升，人们生活水平不断提高，对生鲜商品的健康保鲜需要越来越高。近年来以节能环保、健康保鲜、消费升级为核心，个性化、多样化消费逐渐成为冰箱/冰柜市场的主流，保证产品质量安全，通过创新供给激活消费的重要性显著提升，也给冰箱/冰柜产业带来新的机遇。

在一线品牌不断整合兼并、市场占有率持续增长的态势下，我国冰箱市场的品牌集中度日益提高。据统计，2019年海尔、美的、海信和美菱四个品牌的国内市场份额占比已经超过65%。与冰箱类似，国内冰箱压缩机厂商也在不断整合优化，包括华意压缩、黄石东贝、美芝、万宝以及钱江制冷等几大冰箱压缩机品牌目前已占据超过80%的市场份额。

冰箱用制冷剂经过由R12过渡到R134a、进一步转变为R600a后，由于R600a具有优异的环保特性，因此目前冰箱用制冷剂暂时没有更新换代的迹象。中国是全球范围内在冰箱领域最早全面使用R600a制冷剂的国家。最近，美国环保部公布了家用冰箱和冷柜中的碳氢类制冷剂的充注量限值从57g提高到150g，基本覆盖了冰箱、冰柜的应用范围。因此可以预见，在未来相当长的一段时间内，冰箱、冷柜领域用制冷剂将会是R600a和R290等环保型制冷剂，少量的R134a也将会被完全替代。

1.2.3 汽车空调领域

随着汽车发展的成熟，以及消费者对汽车驾驶舒适性的追求，中国汽车空调市场规模不断扩大。汽车保有量和产销量不断提高的同时，汽车空调作为汽车的重要部件已被广泛运用。目前，国内生产的轿车空调安装率已经接近100%，在其他车型上的装置率也在逐年提高，汽车空调装置已成为衡量汽车功能是否齐全的标志之一。

我国已成为全球最大的汽车产销国，同时也是全球主要的汽车空调压缩机生产地之一。2011~2017年，我国汽车空调压缩机产量逐年稳定增长，2016年产量为3125万台，同比增长9.2%，2017年产量达到3402万台。随着我国汽车制造能力不断提升，汽车空调压缩机行业技术水平也随之不断进步。

自2002年我国开始全面使用R134a作为汽车空调制冷剂，截至目前我国汽车空调所使用的制冷剂还基本是R134a。全球范围内R134a作为制冷剂，有50%以上被应用到了汽车空调领域。

根据欧盟已通过的含氟温室气体控制法规的要求，自2017年1月1日起，欧盟将禁止新生产的汽车空调使用GWP值大于150的制冷剂，由于R134a具有较高的GWP值，因此被禁止使用。该项法规可以看出广泛作为汽车空调制冷剂的R134a逐步淘汰将成为必然趋势。杜邦与霍尼韦尔公司推出的第四代制冷剂R1234yf和R1234ze被认为是替代R134a的新一代环保制冷剂，其中R1234yf经过数年的严格测试，已经得到了美国、欧洲、日本和韩国许多汽车制造商的认可。同时，霍尼韦尔已开始与中国主要汽车制造商合作进行HFO1234yf的测试工作。此外，CO_2也作为未来汽车空调制冷剂的重要选择被广泛研究，并在西方发达国家实现小范围应用。

1.2.4　工业制冷领域

由于工业制冷压缩机的用户比较零散，工业制冷压缩机的数量难以准确统计。据产业在线初略统计，近几年来我国工业螺杆式制冷压缩机的年产量基本稳定在(5～6)万台，离心式制冷压缩机的年产量约为1万台。经过一系列的并购和重组，我国工业制冷压缩机厂商的集中度日益增高，目前代表性的厂商主要包括大连冰山、烟台冰轮、雪人股份、汉钟精机等。

传统工业制冷压缩机所使用的制冷剂主要为 NH_3 和 R22。由于 NH_3 具有较大的毒性，不适用于在室内或者密封环境下使用。针对上述情况，常采用 NH_3/CO_2 复叠式制冷。由于 R22 会破坏臭氧层，已逐渐限制并将禁止使用，工业制冷领域新开发的制冷压缩机目前已多采用各类 HFCs 制冷剂代替 R22。

第2章　制冷压缩机的类型、冷冻机油的分类及推荐用油

制冷技术的发展与制冷压缩机的发展密切相关。制冷压缩机的技术水平在一定程度上代表制冷技术的发展水平。制冷压缩机是蒸气压缩式制冷系统的关键部件，制冷系统能源效率的提高很大程度上依赖制冷压缩机的效率。因此，制冷压缩机的发展对于制冷行业产品的节能、制冷剂的更新换代以及制冷产品在应用领域的拓展有着至关重要的作用。

2.1　制冷压缩机的类型

制冷压缩机的分类方式多种多样，主要包括以下两种：

2.1.1　按提高气体压力的原理分类

按提高气体压力的原理分类，制冷压缩机可分为容积型制冷压缩机和速度型制冷压缩机。

1)容积型制冷压缩机

在容积可变的封闭容积中直接压缩制冷剂蒸气，使其体积变小，从而达到提高压力的目的，这类压缩机称为容积型制冷压缩机。

容积型制冷压缩机主要包括往复式、螺杆式、涡旋式、滚动转子式和滑片式等压缩机。

(1)往复式制冷压缩机：主要由气缸、活塞、曲轴、进气阀组成，通过活塞的运动完成制冷剂的压缩过程。一般小功率采用单缸，大功率采用双缸。电动机带动曲轴旋转，通过它上面的连杆，带动活塞作往复运动。阀板上的吸气阀、排气阀控制压缩机进行吸气、排气。活塞是压缩机的主要组件，电机消耗的功大部分用在活塞压缩气体做功。在活塞外圆上开一道或几道凹槽，用来储留润滑油，起密封和润滑作用。压缩机的润滑油采用偏心压力输送方式，通过曲轴下端的偏心孔，在离心力作用下向各个摩擦面提供润滑油。

(2)螺杆式制冷压缩机：主要由机壳、螺杆转子、轴承、能量调节装置等组成。冷冻机油主要起润滑其转子轴承、密封其螺杆间隙、调节油压差驱动活塞、降低噪声等作用，并吸收压缩气体产生的热量。

(3)涡旋式制冷压缩机：涡旋压缩机由动静涡轮盘组成，依靠涡轮盘的周期性转动，进行制冷剂蒸气的压缩和吸排气，涡轮盘是其主要的摩擦部件。由于涡旋式压缩机构造简单，不需要吸、排气阀，吸气压力损失小，因此可靠性高，容积效率高，功耗小；由于涡轮回旋运动能形成几对压缩腔，因此力矩变化小，振动平稳。冷冻机油在其中起润滑、密

封、冷却的作用。

(4)滚动转子式制冷压缩机：由圆形气缸、转子、排气阀、紧贴在转子外表面的滑片以及封盖组成封闭体积。因转子偏心设置，曲轴旋转时封闭体积不断缩小，气体压力升高，压力达到排气压力后从排气孔排出。冷冻机油在其中起到润滑、密封、冷却的效果。

(5)滑片式制冷压缩机：旋叶式压缩机由气缸、转子、叶片等组成。转子偏心安装在转轴上，转子上开有槽，滑片装在槽中，滑片与槽的配合，既要严密，又能自由滑进滑出。当电动机带动转子高速旋转时，滑片靠离心力的作用甩出，与缸壁严密接触，滑片前方的空腔容积逐渐压缩，滑片后方的空腔容积逐渐膨胀，因此起到把气体吸入、压缩和排出的作用。整个气缸浸在润滑油中，润滑油可起到润滑、密封、冷却、消声的效果。

2)速度型制冷压缩机

速度型制冷压缩机提高制冷剂压力的途径是先提高气体动能(同时压力也有部分提升)，再将动能转变为位能，从而提高压力。

速度型制冷压缩机有离心式和轴流式两种。因轴流式制冷压缩机的压缩比较小，不适用于制冷系统，因此速度型制冷压缩机一般指离心式制冷压缩机。

离心式制冷压缩机一般都用于大容量的制冷系统。主要由进口能量调节机构、叶轮转子、扩压器、涡室、增速器、轴承等部件组成。冷冻机油主要润滑其转子和轴承，并在轴颈处和接头等处进行密封，防止制冷剂蒸气泄漏。

2.1.2　按密封方式分类

按密封方式分类，制冷压缩机可分为开启式、半封闭式和全封闭式三类。

1)开启式制冷压缩机

一种靠原动机驱动其伸出机壳外的轴或其他运转零件的压缩机。它的特点是容易拆卸、维修。由于原动机与制冷剂和冷冻机油均不接触，原动机不必具有耐制冷剂和耐油的要求，因而可用于氨制冷系统。

2)半封闭式制冷压缩机

一种外壳可在现场拆卸修理内部机件的无轴封的制冷压缩机。因电动机为内置电动机，故主轴不必穿过压缩机外壳，不需要轴封。

3)封闭式制冷压缩机

一种压缩机和电动机装在一个熔焊或钎焊焊死的外壳内的制冷压缩机。焊接的外壳保证制冷剂不会外泄，但也因此使机壳不易打开、修理。

2.2　冷冻机油的分类、性能要求和选油原则

2.2.1　冷冻机油的分类

国际标准化组织在 ISO 6743－3：2003E part 3 分类标准中根据冷冻机油的组成特性、制冷剂的类型以及冷冻机油与制冷剂的相溶性将冷冻机油分为 DRA、DRB、DRC、DRD、DRE、DRF、共计 7 种。具体分类情况见表 7－2－1。

表 7-2-1　ISO 6743-3：2003E 冷冻机油的分类

分组字母	主要应用	制冷剂	润滑油类别	润滑油类型	代号	典型应用	备注
D	压缩机制冷系统	NH_3	不相溶	深度精制矿物油(环烷基和石蜡基)、烷基苯、合成烃	DRA	工商制冷	开启式或半封闭式压缩机的满液式蒸发器
			相溶	聚亚烷基二醇	DRB	工商制冷	开启式压缩机或工厂厂房装置用的干式蒸发器
		HFC	不相溶	深度精制矿物油(环烷基和石蜡基)、烷基苯、合成烃	DRC	家用制冷、民用商用空调、热泵、公共汽车空调系统	小型封闭循环系统
			相溶	聚酯、聚乙烯醚、聚亚烷基二醇	DRD	车用空调、家用制冷、民用商用空调、热泵，商业制冷包括冷链	
		CFC/HCFC	相溶	深度精制矿物油(环烷基和石蜡基)、烷基苯、聚酯、聚乙烯醚	DRE	车用空调、家用制冷、民用商用空调、热泵，商业制冷包括冷链	制冷剂中含氯有利于润滑
		CO_2	相溶	深度精制矿物油(环烷基和石蜡基)、烷基苯、聚亚烷基二醇、聚酯、聚乙烯醚	DRF	车用空调、民用商用空调、热泵	聚亚烷基二醇适用于开启式汽车压缩机
		HC	相溶	深度精制矿物油(环烷基和石蜡基)、聚亚烷基二醇、烷基苯、聚酯、聚乙烯醚	DRG	工业制冷、家用制冷、民用商用空调，热泵	工厂厂房用的低负载制冷装置

此外，具有较高国际认可度的冷冻机油标准还包括德国国家标准 DIN 51503-1。我国也参考国外相关标准，由中国石油化工股份有限公司石油化工科学研究院牵头制定了冷冻机油的国家标准 GB/T 16630《冷冻机油》，目前版本为 2012 年版，详细信息见附录 1。

2.2.2　冷冻机油的性能要求

1)冷冻机油的功能

(1)润滑：减少压缩机运行摩擦和磨损程度，延长压缩机使用寿命。

(2)密封：保证压缩机活塞与气缸面之间、各转动的轴承之间的密封，防止制冷剂泄漏。

(3)散热：转移压缩机内摩擦所产生的热量，提高压缩机效率和使用可靠性。

(4)能量调节：对于具有能量调节功能的压缩机，可利用油压作为能量调节机械的动力。

2)冷冻机油的基本性能要求

(1)适宜的黏度和良好的黏温性能。

(2)良好的低温流动性以及热稳定性。

(3)良好的化学稳定性(制冷剂气氛下)。

(4)适宜的制冷剂相溶性。

(5)优良的电绝缘性能。

(6)极低的水含量和机械杂质。

(7)良好的材料相容性。

一般说来，满足上述基础理化性能的冷冻机油还必须经过严格的系统压缩机台架试验，才能判断适合某一制冷系统。此外，由于不同制冷系统设计上的差异性，对冷冻机油的性能要求也有所区别，需要根据实际情况进行分析判断。

2.2.3　冷冻机油的选油原则

对于某一制冷系统，冷冻机油的选择主要取决于两个方面：一是制冷压缩机的类型；二是制冷系统所使用的制冷剂类型。

1)根据制冷压缩机的类型

制冷压缩机的种类繁多，由于冷冻机油在不同类型制冷压缩机中的使用环境有所差异，所以不同类型的制冷压缩机对冷冻机油具有不同的要求。

在大多数类型的制冷压缩机中，部分冷冻机油通常会不可避免地进入制冷系统而且与制冷剂直接接触，因此需要考虑冷冻机油与制冷剂两者间的相互影响。而对于离心式制冷压缩机，由于冷冻机油原则上不进入制冷系统并且基本不会与制冷剂接触，选择冷冻机油时仅需考虑制冷压缩机的负荷以及转速等。

制冷剂压缩机的负荷以及转速通常是选择冷冻机油黏度等级的重要依据。相关制冷压缩机 OEM 厂商通常均会根据设备的具体参数工况推荐冷冻机油的黏度牌号。

2)依据制冷剂的类型

根据制冷系统的运行使用要求，一般要求选用与制冷剂具有良好相溶性的冷冻机油。若冷冻机油与制冷剂的相溶性不佳，则制冷剂与冷冻机油在制冷系统中会发生相分离，导致部分冷冻机油黏附在冷凝器或蒸发器的内壁，降低换热效率，进而影响系统的制冷效果；同时也会造成系统无法顺利回油而出现压缩机缺油现象，导致压缩机的润滑无法得到保障，进而影响压缩机的使用寿命。进一步地，还需要根据蒸发温度等重要工艺参数的具体情况，进一步优选冷冻机油产品(冷冻机油与制冷剂的临界互溶温度应低于蒸发温度)，以保证制冷系统运行的稳定可靠。

需要特别指出的是，部分制冷系统由于系统设计的特殊性(如采用满液式蒸发器)，要求使用与制冷剂不相溶的冷冻机油。例如：对于基于满液式蒸发器的制冷系统(多常见于氨制冷系统)，则需要使用与制冷剂不相溶的冷冻机油。

基于常规的工业制冷系统，依据制冷压缩机类型以及制冷剂类型所确定的工业制冷用冷冻机油推荐见附录2。

2.3 长城冷冻机油推荐

中国石化润滑油有限公司拥有较为完整的冷冻机油产品线，目前实现量产的产品包括4521、4522、4523、4524和4529共计五大系列冷冻机油产品，特别是4524酯型冷冻机油产品，包括22至320共计10个黏度牌号，可广泛应用于各类工业制冷系统。相关产品的详细信息见附录3。此外，中国石化润滑油有限公司正在开发应用于家用空调、冰箱的高端冷冻机油产品。

长城牌系列冷冻机油见表7-2-2。

表7-2-2 长城牌系列冷冻机油

产品系列	基础油类型	适用范围
4521	合成烃	适用于氨、HCFC(R22)、CFC(R12)等制冷剂，可用于各种工业制冷系统
4521-1	矿物油+合成烃	适用于氨、HCFC(R22)、CFC(R12)等制冷剂，可用于各种工业制冷系统
4522	聚亚烷撑二醇	适用于丙烷等烃类制冷剂，可用于油田、天然气工业等大中型工业制冷系统
4523	合成烃+烷基苯	适用于氨、HCFC(R22)、CFC(R12)等制冷剂，可用于各种工业制冷系统
4524	酯类	适用于HCFC(R22)、HFC(如R134a、R407C、R410a、R404)等制冷剂，可用于工业和民用制冷系统
4529	聚亚烷撑二醇	适用于HFC(如R134a)为制冷剂的汽车空调系统等

第3章　冷冻机油的质量控制

3.1　冷冻机油的性能指标

冷冻机油的重要指标主要包括：黏度和黏度指数、酸值、闪点、倾点、水分、泡沫性能、与制冷剂的互溶性、热化学安定性(密封管实验)和润滑性能等。

3.1.1　黏度和黏度指数

黏度是指润滑油的黏稠程度，是润滑油的重要特性之一，也是润滑油牌号划分的基准之一，是重要的选油指标。适宜的黏度是确保制冷压缩机处于流体动力润滑状态、减少磨损、降低能耗的重要因素。黏度过低，不能形成适宜的油膜，同时也影响密封性能；黏度过高，会造成压缩机的动力消耗过大。由于压缩机工作温度范围大，高压侧处于高温状态，吸气低压端处于低温状态，因此还需要油品黏度随温度的变化小，即有较好的黏度指数。一般而言，精炼程度越高的油品，黏度指数越好。石蜡基油黏度指数好于环烷基油，合成油好于矿物油。通常在进行黏度选择时，低温、冷冻范围内的工作系统，使用低黏度的油品；空调、高温范围内的制冷系统，选用黏度较高的冷冻油。特别要注意的是，油品混有制冷剂时，黏度通常会下降很多。黏度测定方法有 GB/T 265 等。

润滑油流动行为的变化取决于温度和压力，它们的黏度随温度的上升而下降。润滑油的黏度对润滑功能有很大影响，黏度增大可使润滑剂油膜厚度增加，因而改善润滑性能，若黏度太高则增加涡流和剪切损失，若黏度太低，混合摩擦状况占优势，造成磨损增加。对于启动温度远低于操作环境温度或者环境温度波动较大的情形，一般需选用黏度指数较高的润滑油产品，这也是合成润滑油的优势所在。黏度指数就是衡量润滑油黏度随温度变化能力的一种指标，主要与产品分子结构特性相关。国内冷冻机油对黏度指数的测试方法一般采用 GB/T 1995。

3.1.2　酸值

酸值是表明油品中含有酸性物质，即有机酸和无机酸的总值，一般采用中和 1g 润滑油中酸性物质所需的氢氧化钾毫克数来表示。润滑油酸值的大小对润滑油的使用有很大影响。润滑油的酸值大，表示其有机酸含量高，有可能对机械零件造成腐蚀，尤其是有水存在时。另外，润滑油在贮存和使用过程中被氧化变质，酸值也会逐渐变大。有制冷系统中，酸值变化也是表征冷冻机油变质程度的一个指标。酸值增大意味着冷冻机油或制冷剂发生分解。

测定油品酸值指标的变化，可监测到油品的变质程度。酸值过大，会造成严重的机械磨损和腐蚀。对制冷系统而言，还可能会加重镀铜现象，影响制冷性能。对酸值的监测除在出厂检验中进行控制外，使用过程中，条件许可时仍需对酸值进行检测，并可依据酸值的变化情况制定换油指标。但是酸值的大小与机械设备的腐蚀并无直接关系。有些润滑油添加剂也会增加油品的酸值，但根据酸值变化能够判断润滑油的变质情况。酸值测定方法有 GB/T 7304 等。

3.1.3 闪点

闪点是在规定的开口杯或闭口杯中，用规定数量的试油加热到它蒸发的油气和空气的混合气中，在空气(大气压 101.3kPa)中的分压达到 666.7Pa 左右的浓度，接触规定的火焰就能发生闪火时试油的最低温度。闪点是油品使用安全性能的重要指标。冷冻机油同时也是一种压缩机油，具备压缩机油的使用性能，质量控制较为严格。不少冷冻机油可以用于相关的压缩机系统；反之，压缩机油则不能用于制冷系统。对冷冻机油的闪点控制主要是因为冷冻机压缩制冷介质后，会产生热量，在机械出口处仍会产生高温。部分制冷介质又是易燃易爆物质，闪点低的冷冻机油仍会对设备运行和操作人员的人身安全造成威胁。因而冷冻机油一般都对闪点有一定要求。目前闪点的测定有 GB/T 3536、GB/T 267 等方法。

3.1.4 倾点

冷冻机油由于系统工作环境的独特性，对低温流动性要求较高，倾点即是一个重要指标。由于系统内不可避免地有油品参与循环，油品进入蒸发器等低温段后，必须尽快流回到压缩机。否则，可能会导致制冷性能下降，能耗增加。严重者会发生跑油现象，压缩机缺油，发生抱轴事故，压缩机损坏。倾点的测定方法有 GB/T 3535。

3.1.5 水分

冷冻机油之所以对水分的要求十分严格，主要是因为水分对空调等制冷系统有百害而无一益。在使用氟利昂 R12 作制冷剂的制冷系统，其冷冻机油含水量一般不能超过 35ppm。当含水量超过 100ppm 时需要作报废处理。原因在于，一方面是因为水的凝点高，在低温下会结冰，形成细小的冰粒。随着制冷循环的进行，冰粒会逐渐长大，堵塞膨胀阀，造成冰堵现象，制冷效率降低。另一方面，当制冷系统运行时，制冷剂组合物会经历从高温到低温周而复始的循环过程。在高温和金属的催化下，冷冻机油、制冷剂、水分、金属、有机材料等相互之间发生极为复杂的化学反应，生成腐蚀性的酸、油泥等氧化产物，导致制冷系统堵塞，影响制冷效率，腐蚀金属，破坏绝缘材料。

一般而言，油品生产商在生产过程中会尽量除去冷冻机油中的水分。但无论如何，要完全除去冷冻机油中的水分是十分困难的，冷冻机油在出厂时仍会带有一定水分。作为制冷剂生产厂家而言，一般都能意识到水分对制冷系统的危害，然而，要完全除去制冷剂中的水分同样非常困难，只能尽量将其控制在一定的范围，使其不至于对制冷系统造成危害。

3.1.6 泡沫性能

冷冻机油在制冷系统内，经过压缩机的剧烈搅动，会产生大量泡沫。另外，压缩机在停止运转后，再启动时，常会因其中的制冷剂逸出，产生大量的泡沫。因此要求冷冻机油有很好的泡沫性能，可尽快消除泡沫。泡沫对设备运行的影响很大，如果冷冻机油泡沫性能不好，会造成不良后果，严重者会导致压缩机表面缺油，发生烧伤事故，或造成压缩的异常磨损。

3.1.7　介电强度(电性能)

在半封闭和全封闭的冷冻机油中，冷冻润滑油和制冷剂都直接和电动机的绕组及接线柱接触，因而要求润滑油具有良好的绝缘性质和较高的击穿电压。纯粹的润滑油绝缘性能较好，但含有水分、杂质和灰尘时，其绝缘性能就会下降。在开启式制冷系统，一般对电性能不作要求。GB/T 16630—2012 对 L-DRD 制定其介电强度为不大于 25kV。测试方法：GB/T507。

3.1.8　机械杂质

冷冻机油中的机械杂质，主要是润滑油在使用、贮存和运输中，混入外来物，如灰尘、泥沙、金属碎屑、金属氧化物等杂质。油中机械杂质的存在，将加速机械零件的拉伤和磨损，可能会引起制冷系统的堵塞，严重者造成制冷系统失效。GB/T 16630—2012 的要求，机械杂质为无，测试方法为 GB/T 511。

3.1.9　与制冷剂的互溶性

许多制冷系统对冷冻机油相溶性要求甚高，如家用空调系统、车用空调系统、实验室制冷装置等，冷冻机油会参与整个系统的制冷循环。冷冻机油与制冷剂呈互溶状态下，就不会黏附在蒸发器表面，而是被制冷剂冲刷回压缩机，形成正常回油。反之，冷冻机油就会积聚在蒸发器表面，由于油的传热效果不佳，系统制冷效率就会下降。另外，由于回油困难，压缩机会处于缺油状态，严重者会发生压缩机异常磨损。与油只能部分相溶的氟利昂制冷剂会随着制冷温度的降低发生制冷剂与油的分离，由于油的密度较小而浮在制冷剂之上，此时如启动压缩机，因底部制冷剂层的黏度过小，将造成滑动部件烧结，或机体的异常振动。另外，由于油与制冷剂相分离，还会在蒸发器和冷凝器等低温区造成回流困难和影响传热效率等问题。因此，油与制冷剂的相溶性有一定要求，以保证制冷压缩机的正常运转。相分离温度对设计厂家而言是一个非常重要的数据，在设计和选油时具有很重要的参考价值。

3.1.10　热化学安定性(密封管实验)

由于冷冻机油不是在空气中而是在制冷剂气体环境中使用，与其他润滑油相比，它必须满足不同的要求。特别是在边界润滑的条件下，溶解于冷冻机油中的制冷剂会造成润滑油的润滑性能不同于在空气中的润滑性能。冷冻机油和制冷剂两者之间会发生化学反应，故冷冻机油在有制冷剂存在的情况下容易变质。制冷压缩机由于压缩的介质是制冷剂，随着制冷剂种类的不同，其物理性质变化较大。由于制冷系统内部冷冻机油与制冷剂充分接触，并且反复经过压缩机内部的高温和蒸发器、膨胀阀等部位的低温，冷冻机油必须与之相适应，要具有良好的化学稳定性和热稳定性。否则，在高低温反复循环的作用下，加上系统内金属的催化，冷冻机油与制冷剂发生化学反应，易生成沉淀，造成膨胀和堵塞。

密封管试验加注系统如图 7－3－1 所示。

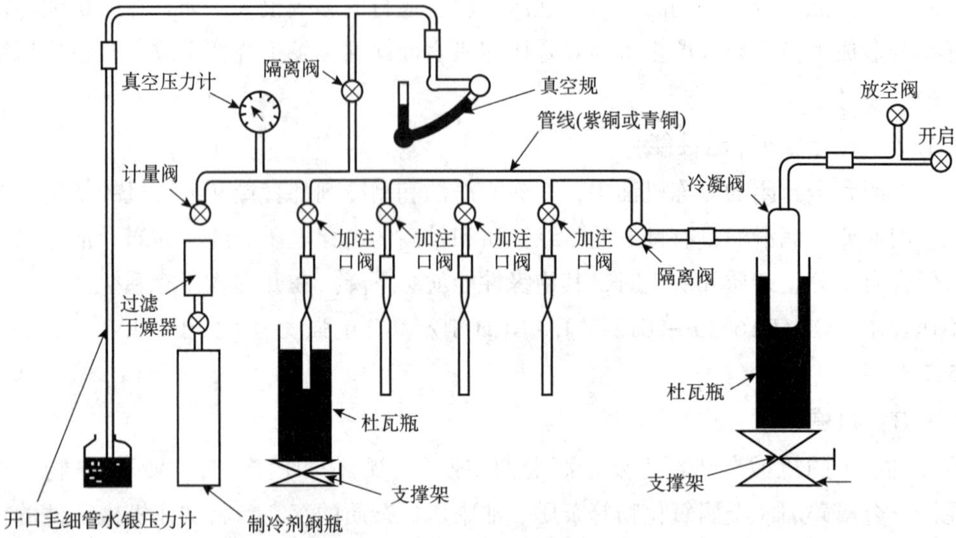

图 7－3－1　密封管试验加注系统

3. 1. 11　润滑性能

由于冷冻机油不是在空气中而是在制冷剂气体环境中使用，与其他润滑油相比，它必须满足特殊的性能要求。特别是在边界润滑的条件下，溶解于冷冻机油中的制冷剂会造成润滑性能不同于在空气中的润滑性能。近年来，随着压缩机的小型化、轻量化、高速化方向发展，对冷冻机油的润滑性能提出了越来越高的要求。氟利昂如 R12 等制冷剂中的氯会在极端条件下起到极压剂的作用，而 HFC 类如 R134a 则不含有氯，由此对冷冻机油带来了更高的要求。由于不少制冷系统的工作年限较长，因而对冷冻机油的润滑性要求也相当苛刻。对冷冻机油润滑性能的评价包括四球机、制冷气氛下的法莱克斯实验机等，如图 7－3－2、图 7－3－3 所示。

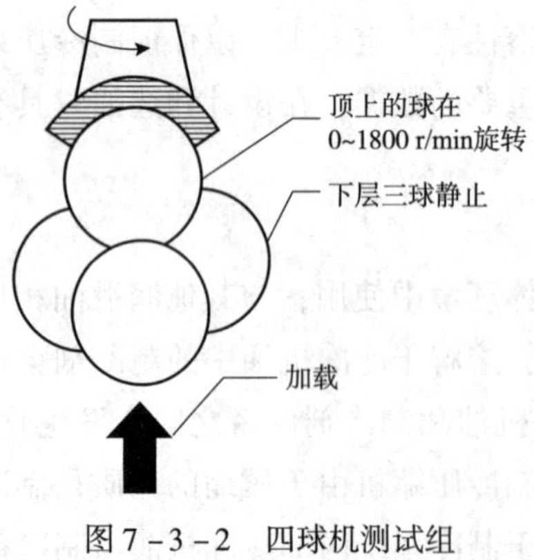

图 7－3－2　四球机测试组

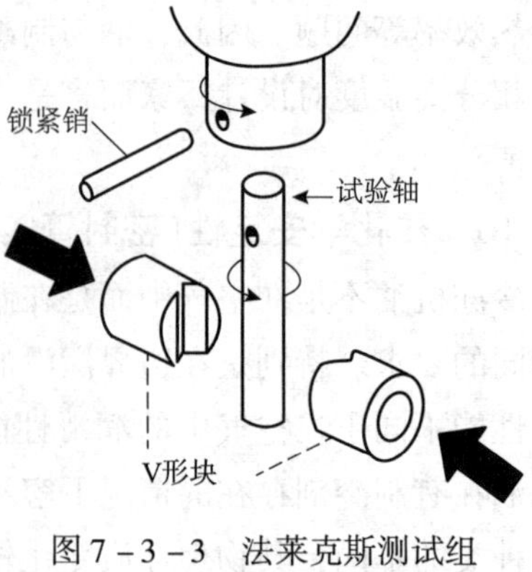

图 7－3－3　法莱克斯测试组

3. 1. 12　压缩机台架试验

台架试验是评价冷冻机油最全面和可靠的方法。一般冷冻机生产厂家在选用冷冻机油时都会进行压缩机台架试验，以全面评估冷冻机油的性能。压缩机台架试验(包括寿命试验、结焦试验和与各种材料的相容性试验等）为产品定型时和用油者首次选用产品时必做的项目，一般由压缩机厂进行和认可。当生产冷冻机油的原料和配方有变动时或转厂生产时，应重做台架试验。如果供油者提供的每批产品，其红外线谱图与通过压缩机台架试验的油样谱图相一致，又符合标准所规定的理化指标或供需双方另订的协议指标时，可以不再进行压缩机台架试验。红外线谱图可以采用《用于傅立叶变换红外光谱仪的实用测定法——O 级》（ASTM E1421—2009）方法测定。

3.2　冷冻机油在用油的监控

对于大型工业制冷设备而言，由于其油品更换相对频繁。加上工业制冷设备工作方式多为连续式，设备停工易造成较大的损失，因而需对冷冻机油进行在用油质量监控，以确定冷冻机油的质量状况，确保制冷设备的顺利运行。一般大型制冷设备运行一段时间后，即应对设备用油进行取样分析。普通冷冻机油品更换指标见表 7－3－1。

表 7－3－1　普通冷冻机油品更换指标

监控分析项目	质量控制指标	备注
外观	混浊	水分混入油品变质
颜色	4～5 以上	油品变质，其他物品混入
水分/（μg/g）	50～100 以上	系统内已混入水分和空气
40℃运动黏度/（mm^2/s）	变化 ±15% 以上	混入其他油品，油品变质
正辛烷不溶物/%	0.1 以上	油品变质，混入金属屑或其他杂质
酸值/（mgKOH/g）	0.3 以上	油品变质

注：目前已有某些合成油品对水分要求可放宽，甚至达到 500ppm 以上时仍可使用。

表 7－3－1 中水分是一个非常关键的指标，与制冷系统的性能戚戚相关。如发现水含量超出标准，必须换油。

除上述分析项目外，还可对冷冻机油进行元素分析，测定油品中的金属元素含量，了解设备运行状况。如发现油品中铁、铜等元素含量很高时，极可能是压缩机发生了磨损，需对压缩机状况进行评估。DIN51503－2—2015 中对用后油的监测项目见表 7－3－2。

表 7－3－2　DIN51503－2—2015 中对用后油的监测项目

性质	测试方法	单位	KAA	KAB	KC	KD	KE
外观	目测	—	X	X	X	X	X
气味	—	—	—	—	X	X	X
色度	ISO 20491	—	X	X	X	X	X
运动黏度（40℃）	DIN 51550 and DIN 51562－1	mm^2/s	X	X	X	X	X
酸值	DIN 51558－1	mgKOH/g	—	—	X	X	X
皂化值	DIN 51559－2	mgKOH/g	X	X	X	X（＊）	X（＊）

续表

性质	测试方法	单位	KAA	KAB	KC	KD	KE
总碱值	ISO 3771	mgKOH/g	X	X	—	—	—
红外光谱	DIN 51451	—	X	X	X	X	X
水含量(＊＊)	DIN 51777－1 DIN 51777－2	mg/kg	—	根据协议(＊＊＊)	—	根据协议(＊＊＊)	—
电量分析	—	mg/kg	—	—	—	—	根据协议(＊＊＊)

第4章　冷冻机油的管理

4.1　冷冻机油的储存

冷冻机油是一种质量要求较高的润滑油，也是一种较娇气的油品。冷冻油的储存和使用必须遵循一定的原则，严格按照要求进行入库和验收。

(1)未经化验的油品或不合格油品，一定不能勉强使用，验收人员应拒绝验收入库。

(2)室外储存时，应注意油桶的摆放位置，油孔应处于斜上方。未用完的油品要尽量旋紧盖子。这是因为油桶具有呼吸效应，即白天气温较高时，桶内气压为正压，有部分气体会在压力作用下逸出；晚上气温下降时，桶内为负压，有少量气体会进入桶内。由此可能会带来油品的污染，造成水分进入冷冻机油，轻者带来不必要的浪费，重者会危及制冷系统的运行。

(3)对入库的冷冻机油应实行先进先出的原则，避免有的冷冻油储存时间过久，发生变质。

4.2　冷冻机油使用注意事项

制冷系统在重新加注制冷剂时，要加注冷冻机油。在更换制冷剂系统部件，如蒸发器、冷凝器、压缩机、贮液罐、长的制冷软管等以及发现制冷系统有严重泄漏时，必须补充冷冻机油。在加注冷冻机油时，应注意以下几点：

(1)冷冻机油的加注量一定要适量，大约在视窗2/3处，过多会使冷冻机油在管道和容器壁上形成的油膜加厚，冷凝器和蒸发器的传热效率降低，从而使制冷效率下降；如果冷冻机油太少则会使润滑不良，加快机件磨损，甚至发生烧损故障。

(2)冷冻机油是专用的，严禁用其他种类的润滑油来代替，也不应混用不同牌号的冷冻机油。不同牌号的冷冻机油混合使用时，会影响冷冻机油的黏度，甚至会使化学和物理性质发生变化，使压缩机润滑受到影响，故使用时必须注意。

(3)汽车空调系统中不能加注变质的冷冻机油。冷冻机油是否变质，可通过一定的化验得出。平时在使用过程中，也可以从外观颜色、气味等现象，粗略判断冷冻机油的好坏。优质的冷冻机油呈淡黄色且无味。当冷冻机油变质后，其颜色变深，有强烈的气味。制冷系统中冷冻机油变质或含水分较高，则应更换，同时应更换干燥剂。

(4)不要把冷冻机油从一个容器倒入另一个容器，不要把用过的冷冻机油倒回容器。当不使用冷冻机油时，容器盖必须盖紧，不要让冷冻机油与空气长期接触，更不能渗入水分等杂质，以免冷冻机油变质。

加注冷冻机油的方法一般有以下几种：

(1)利用真空泵将冷冻机油从压缩机低压阀处吸入，连接真空泵的高压阀门一定要慢慢打开，以免冷冻机油从真空泵中被带走。

(2)利用压缩机自身的泵吸作用，将冷冻机油从低压阀处吸入，此时发动机一定要保持怠速运转。

(3)将冷冻机油直接从压缩机吸入口吸入。

加注冷冻机油时，必须在制冷剂完全排空、系统内抽真空一定时间后进行。当利用真空泵或利用压缩机自身的泵吸作用加注冷冻机油时，加油管必须干燥、干净，而且在加油前必须用制冷剂清洗和抽空，以除去管内空气和水分。要事先称好所需加注的冷冻机油，加油后转动压缩机离合器，并擦净制冷系统上的油迹。

润滑油进入制冷循环后会造成各种堵塞毛病：如果制冷系统管路的最低部分设计不合理，润滑油会在最低管线处聚集，增加制冷剂的流动阻力，降低制冷剂的循环量，严重时会堵塞管道而不能制冷；若进入节流装置的油质量差，油中不饱和烃就会沉降，使节流装置堵塞而不能制冷；油进入分子筛干燥过滤器，会堵塞分子筛的空穴使分子筛失效，从而让水分在制冷系统中造成危害(如产生冰堵、镀铜等)。

此外，还应注意以下事项：

(1)选用冷冻机油要尽量一次性用完一个包装。

(2)未用完的油品尽快密封，避免与空气接触。

第 5 章　部分冷冻系统故障分析

制冷系统是一个全封闭的系统。系统故障产生的原因十分复杂。有不少制冷系统故障与用油不当或选油不当有关，具体的故障分析应根据实际情况进行，逐步排除。以下是一些典型故障。

5.1　制冷系统的不制冷现象

制冷系统不制冷或制冷效率下降是一个非常常见的现象。从油品的角度分析，有可能是冷冻机油变质引起。一般而言，制冷系统会有干燥剂吸收水分。但如果水分太多时，干燥剂可能会失效，其吸收的水分会释放出来，在系统中形成细小的冰粒，并随制冷的不断进行，聚集成较大的冰粒，形成冰堵。一般发生这种情况时，系统最初制冷效果是好的，运行一段时间后，制冷效果下降。发生冰堵时，只能对冷冻油进行更换。

影响制冷效果的另一个原因是冷冻机油的热化学安定性不好。冷冻机油在金属催化下，与系统中的微量水分、制冷剂等发生化学反应，生成了沉淀物。随着制冷的运行，沉淀物聚集在膨胀等处，影响制冷剂通过，制冷效率随之下降。

系统进入了金属屑等机械杂质，这些杂质也会堵塞膨胀阀，影响制冷效果。

解决办法：更换冷冻机油，选用热化学安定性好的油品。

5.2　系统跑油

系统跑油时，会发生压缩机缺油等现象，或者从视窗处可以发现压缩机油量明显减少。一般与制冷剂互溶性好的油品，运行时会随制冷剂进入系统。但随着制冷的继续进行，冷冻机油会回到压缩机，因此压缩机不致发生缺油的现象。但如果选用油不当，选用的冷冻油流动性不好，在低温下从制冷剂分离出来时较为黏稠，就会黏附在蒸发器、膨胀阀等表面，而不是立即随制冷剂回到压缩机，因此发生跑油现象，严重者甚至会出现压缩机油全部跑光的现象。对于大型的工业制冷系统，一般设有油分离器，这种现象发生较轻微，但随之会出现制冷效率下降的现象。

一般解决的办法是更换冷冻机油。但系统一旦有这种情况发生，影响是不容易消除的。毕竟，要完全消除系统残存的冷冻机油十分困难，有的甚至需要进行管线割除以消除影响。

解决办法：选用合适的油品，加油时适当。

5.3 抱轴和烧瓦

抱轴和烧瓦是润滑不良的极端情况。发生这种情况的原因多半是压缩机缺油引起。除前面所说的跑油的原因外，加油量过少也是原因之一。系统运行时有一部分油会贮存在管线中，如果加油过少，即使选用的油润滑性优良，也会因缺油导致压缩机烧瓦。另外，一些大型工业制冷机械在启动时，一定要先启动润滑油泵。因为大型制冷机械功率较大，如果停止运转了一定时间，轴承之间有可能会无油贮存。启动润滑油泵可以使轴承间隙先充满润滑油，再启动时就不会出现缺油现象。由于一些制冷机组设计上的原因，启动时特别容易出现烧瓦和抱轴现象，此时造成的损失会很大。

解决办法：选用正确的油品，加油量适当，对大型制冷系统运行时要先启动润滑油泵。

5.4 异常噪声和振动过大

正常的压缩机运行虽有一定噪声，但总体应是平稳的。如发现压缩机有异常噪声产生，应注意进行分析，必要时紧急停机检查。一般而言，可以是如下一些原因造成的：

(1)所选冷冻机油不合理，造成压缩机异常磨损。

(2)压缩机内有异物。

(3)止推轴承磨损破裂。

(4)滑动轴承磨损、转子与机壳摩擦。

(5)联轴节键松动。

(6)压缩机发生了湿行程。

(7)加油量过少。

振动过大时，多数与上述因素有关。

排除机械方面的原因后，应对油品状况进行分析，对压缩机状况进行评估，以采取相应的对策。

解决办法：合理选择冷冻机油，加入量适当，对设备进行检修。

5.5 镀铜现象

制冷系统镀铜的原因很复杂，但多数都与冷冻机油的性能有一定关系。如果冷冻机油的电性能不好，内部有可导电的离子存在，或者冷冻油的热化学安定性不好，在高温下发生变质产生导电离子，就容易发生镀铜现象。其表现就是将管线等处的铜溶解在油中，逐步转移到非铜部件如膨胀阀和毛细管等处。当膨胀阀、毛细管等处发生镀铜时，就会影响其正常开启，缩小其正常口径，阻碍制冷剂通过，从而影响制冷效果。

解决办法：换用电绝缘性好、热化学安定性好、抗铜腐蚀优异的冷冻机油，同时对已损坏的膨胀阀或毛细管进行更换。

5.6　系统泄漏导致缺油

制冷系统内部一般都由于制冷剂的存在而具有一定的压力。对车用空调等开启式制冷机械而言，制冷剂会通过轴封等处泄漏出去。另外，车用空调采用的橡胶软管，制冷剂分子也容易通过管壁和管接头向外泄漏。因此在进行制冷系统维护和制冷剂更换时，应观察系统有无缺油。如果制冷剂泄漏较多时，应补加冷冻机油。

5.7　系统保护性停机

大型工业制冷系统一般都设有各种保护装置，如断电保护、过载保护、油压保护等，因此，保护性停机的原因较为复杂。如果系统发生保护性停机，一定要先逐步进行分析，其中油压保护较易判断。如果系统的过滤压差较大时，说明存在杂质较多，堵塞了过滤器，压缩机轴承等会存在缺油现象。此时应对过滤器进行清洗。

另外，油品选择不当，如黏度选择过低也有可能会造成油压不够而发生保护性停机。

工艺方面的原因有：出口压力太低和出口压力过高；入口压力过高或过低。

解决办法：清洗过滤器和冷凝器，更换黏度大一些的油品。

附录1 冷冻机油国家标准

附表7-1 冷冻机油国家标准 GB/T 16630—2012

L-DRA、L-DRB 和 L-DRD 冷冻机油技术要求

项目	质量指标																								试验方法
品种	L-DRA						L-DRB						L-DRD												
黏度等级(GB/T 3141)	15	22	32	46	68	100	22	32	46	68	100	150	7	10	15	22	32	46	68	100	150	220	320	460	
外观	清澈透明						清澈透明						清澈透明												目测[a]
运动黏度(40℃)/(mm²/s)	13.5~16.5	19.8~24.2	28.8~35.2	41.6~50.6	61.2~74.8	90.0~110	19.8~24.2	28.8~35.2	41.6~50.6	61.2~74.8	90~110	135~165	6.12~7.48	9.00~11.0	13.5~16.5	19.8~24.2	28.8~35.2	41.6~50.6	61.2~74.8	90~110	135~165	198~242	288~352	414~506	GB/T 265
密度(20℃)/(g/cm³)	报告						报告						报告												GB/T 1884 及 GB/T 1885
闪点(开口)/℃ ≥	150		160		170		200						130		150		180		180		210				GB/T 3536
倾点/℃ ≤	-39	-36	-33	-33	-27	-21	[b]						-39	-39	-39	-39	-39	-39	-36	-33	-30	-21	-21	-21	GB/T 3535
酸值(以KOH计)/(mg/g) ≤	0.02[d]						[b]						0.10[d]												GB/T 4945[e]
灰分(质量分数)/% ≤	0.005[d]						—						—												GB/T 508
水分/(mg/kg) ≤	30[f]						350[g]						100[h] 300[g]												ASTM D6304[i]
颜色/号 ≤	1	1	1	1.5	2.0	2.5	[b]						[b]												GB/T 6540

续表

项目	质量指标																								试验方法
品种	L－DRA						L－DRB						L－DRD												
黏度等级(GB/T 3141)	15	22	32	46	68	100	22	32	46	68	100	150	7	10	15	22	32	46	68	100	150	220	320	460	
机械杂质(质量分数)/%	无						无						无												GB/T 511
泡沫性(泡沫倾向/泡沫稳定性，24℃)/(mL/mL)	报告						报告						报告												GB/T 12579
铜片腐蚀(T_2 铜片，100℃，3h)/级　≤	1						1						1												GB/T 5096
击穿电压/kV　≥	[j]						—						25												GB/T 507
化学稳定性(175℃，14d)	—						—						无沉淀												SH/T 0698
残炭(质量分数)/%　≤	0.05[d]						—						—												GB/T 268
氧化安定性(140℃，14h) 氧化油酸值(以 KOH 计)/(mg/g)　≤ 氧化油沉淀(质量分数)/%　≤	0.2 0.02						[b]						—												SH/T 0196
极压性能(法莱克斯法)失效负荷/N	报告						报告						报告												SH/T 0187
压缩机台架试验[k]	通过						通过						通过												供需双方商定

注：a　将试样注入 100mL 玻璃量筒中，在 20℃ ±3℃下观察，应透明、无不溶水及机械杂质。

b　指标由供需双方商定。

c　试验方法也包括 SH/T 0604。

d　不适用于含有添加剂的冷冻机油。

e　试验方法也包括 GB/T 7304，有争议时，以 GB/T 4945 为仲裁方法。

f　仅适用于交货时密封容器中的油。装于其他容器时的水含量由供需双方另订协议。

g　仅适用于交货时密封容器中的聚(亚烷基)二醇油。装于其他容器时的水含量由供需双方另订协议。

h　仅适用于交货时密封容器中的酯类油。装于其他容器时的水含量由供需双方另订协议。

i　试验方法也包括 GB/T 11133 和 NB/SH/T 0207，有争议时，以 ASTM　D6304 为仲裁方法。

j　该项目是否检测由供需双方商定，如果需要应不小于 25kV。

k　压缩机台架试验(包括寿命试验、结焦试验和与各种材料的相容性试验等)为本产品定型时和用油者首次选用本产品时必做的项目。当生产冷冻机油的原料和配方有变动时，或转厂生产时应重做台架试验，如果供油者提供的产品，其红外谱图与通过压缩机台架试验的油样谱图相一致，又符合本标准所规定的理化指标或供需双方另订的协议指标时，可以不再进行压缩机台架试验。红外谱图可以采用 ASTM　E1421：1999(2009)方法测定。

L－DRE 和 L－DRG 冷冻机油技术要求

项目	质量指标																							试验方法
品种	L－DRE											L－DRG												
黏度等级(GB/T 3141)	15	22	32	46	56[a]	68	100	150	220	320	460	8[a]	10	15	22	32	46	68	100	150	220	320	460	
外观	清澈透明						清澈透明					清澈透明												目测[a]
运动黏度(40℃)/(mm^2/s)	13.5～16.5	19.8～24.2	28.8～35.2	41.6～50.6	50.8～61.0	61.2～74.8	90.0～110	135～165	198～242	288～352	414～506	6.12～7.48	9.00～11.0	13.5～16.5	19.8～24.2	28.8～35.2	41.6～50.6	61.2～74.8	90.0～110	135～165	198～242	288～352	414～506	GB/T 265
密度(20℃)/(g/cm^3)	报告											报告												GB/T 1884 及 GB/T 1885
闪点(开口)/℃ ≥	150		160		170		180	210		225		145	150			160		170		210			225	GB/T 3536
倾点/℃ ≤	-39	-36	-36	-33	-30	-27	-24	-18	-15	-12	-19	-48	-45	-39	-36	-33	-33	-24	-24	-21	-15	-12	-9	GB/T 3535
酸值(以 KOH 计)/(mg/g) ≤	0.02[d]											0.02[d]												GB/T 4945[e]
灰分(质量分数)/% ≤	0.005[d]											—												GB/T 508
水分/(mg/kg) ≤	30[f]											30[f]												ASTM D6304[i]
颜色/号 ≤	1	1	1	1.5	2.0	2.5	[h]					[h]	[h]	0.5	1.0	1.0	1.5	2.0	[h]					GB/T 6540
絮凝点[i]/℃ ≤	-45	-42	-42	-42	-42	-42	-35	-20				-42	-42	-42	-42	-42	-35	-35	-30	-25	-20			GB/T 12577
机械杂质(质量分数)/%	无											无												GB/T 511
泡沫性(泡沫倾向/泡沫稳定性，24℃)/(mL/mL)	报告											报告												GB/T 12579
铜片腐蚀(T_2 铜片，100℃，3h)/级 ≤	1											1												GB/T 5096
击穿电压/kV ≥	25											25												GB/T 507
化学稳定性(175℃，14d)	无沉淀											无沉淀												SH/T 0698

续表

项目	质量指标																						试验方法
品种	L－DRE											L－DRG											
黏度等级(GB/T 3141)	15	22	32	46	56[a]	68	100	150	220	320	460	8[a]	10	15	22	32	46	68	100	150	220	320	460
残炭(质量分数)/%　　≤	0.03[d]						0.03[d]					GB/T 268											
极压性能(法莱克斯法)失效负荷/N	报告						报告					SH/T 0187											
压缩机台架试验[k]	通过						通过					供需双方商定											

注：a　不属于 ISO 黏度等级。

b　将试样注入 100mL 玻璃量筒中，在 20℃ ±3℃下观察，应透明、无不溶水及机械杂质。

c　试验方法也包括 SH/T 0604。

d　不适用于含有添加剂的冷冻机油。

e　试验方法也包括 GB/T 7304，有争议时，以 GB/T 4945 为仲裁方法。

f　仅适用于交货时密封容器中的油。装于其他容器时的水含量由供需双方另订协议。

g　试验方法也包括 GB/T 11133 和 NB/SH/T 0207，有争议时，以 ASTM　D6304 为仲裁方法。

h　指标由供需双方商定。

i　只适用于深度精制的矿物油或合成烃油。

j　该项目是否检测由供需双方商定，如需要，应为无沉淀。

k　压缩机台架试验(包括寿命试验、结焦试验和与各种材料的相容性试验等)为本产品定型时和用油者首次选用本产品时必做的项目。当生产冷冻机油的原料和配方有变动时，或转厂生产时应重做台架试验，如果供油者提供的产品，其红外谱图与通过压缩机台架试验的油样谱图相一致，又符合本标准所规定的理化指标或供需双方另订的协议指标时，可以不再进行压缩机台架试验。红外谱图可以采用 ASTM　E1421：1999(2009)方法测定。

附录 2　冷冻机油推荐表(工业制冷)

附表 7-2　工业制冷系统冷冻机油推荐表

制冷剂类型	蒸发温度/℃	压缩机类型								
		往复式			螺杆式			离心式		
R22	-25~10	AB(32/46)#	MO(32/46)		AB(68/100)#	MO(68)		MO(68)	AB(68)	
R22	-30~10	AB(32/46)			AB(68/100)			MO(68)	AB(68)	
R22	-40~10	AB(32/46)			AB(68/100)			MO(68)		
R22	-50~10	AB(32/46)			AB(68)			MO(68)		
R290	-30~20	AB(68)	PAO(68)#	POE(80)#	PAG(150)	PAO*		PAG(150)	PAO*	
R1270	-30~20	AB(68)	PAO(68)#	POE(80)#	PAG(150)	PAO*		PAG(150)	PAO*	
R600/R600a	-30~20	AB(68)	PAO(68)#	POE(80)#	PAG(150)	PAO*		PAG(150)	PAO*	
R717(NH_3)	-30~10(满液式)	AB(68)	PAO(68)#	MO(68)	MO(68)	PAO(68)#	AB(68)	MO(68)		
R717(NH_3)	-40~10(满液式)	AB(68)	PAO(68)#			PAO(68)	AB(68)	MO(68)		
R717(NH_3)	-50~10(满液式)		PAO(68)			PAO(68)		MO(68)		
R717(NH_3)	-50~10	PAG(68)			PAG(68)			—		
R744(CO_2)-临界下	-50~10	POE(55/80)#	PAG(68)		POE(170)			—		
R744(CO_2)-超临界	-50~10	POE(80)#	PAG(68)		—			—		

续表

制冷剂类型	蒸发温度/℃	压缩机类型								
		往复式			螺杆式			离心式		
R134a	-20 ~ 10	POE(32/55)			POE(170/220)			POE(68)		
R134a	-30 ~ 10	POE(22/32)			POE(100)			POE(68)		
R404a	-40 ~ -30	POE(32/55)			POE(170/220)			POE(68)		
R404a	-50 ~ -30	POE(22/32)			POE(100)			POE(68)		
R407c	0 ~ 10	POE(55/68)			POE(170/220)			—		
R410a	-45 ~ 10	POE(22/32)			POE(100)			POE(68)		
R410a	-25 ~ 10	POE(32/55)			POE(170/220)			POE(68)		
R507	-40 ~ 0	POE(22/32)			POE(100)			POE(68)		
R507	-20 ~ 0	POE(55)			POE(170/220)			POE(68)		

矿物油 MO	烷基苯 AB	合成烃 PAO	聚酯 POE	聚亚烷基二醇 PAG

注：1. 括号内为黏度等级；＊表示推荐黏度等级请咨询压缩机厂商；#表示优先推荐。

2. 本推荐表主要适用于基于干式蒸发器的工业制冷系统，推荐信息仅供参考。

附录 3　长城冷冻油产品线

1. 长城 4521 合成冷冻机油

1.1　产品概述

本产品以优质合成烃为基础油，加有抗氧、抗腐蚀和极压抗磨等多种添加剂调制而成。采用了特殊的无酸添加剂，可防止脂肪酸铵盐的生成，杜绝了胶质、漆膜和油泥的形成，能提高设备的可靠性和效率，是氨制冷系统的首选冷冻机油。按 40℃ 运动黏度分有 32、46、56、68 等四个牌号。

1.2　性能特点

本产品与氨制冷剂的互溶性很小，使系统中的油含量很少，不影响换热。极好的低温流动性，保证少量进入系统中的油容易回到压缩机。具有极高的抗氧化性能，优异的热化学安定性，对绝缘、密封材料具有良好的适应性；使用寿命长。

1.3　典型数据

附表 7-3　4521 合成冷冻机油典型数据

项目	典型数据				试验方法
	32	46	68	100	
运动黏度(40℃)/(mm^2/s)	31.8	46.2	67.8	98.5	GB/T 265
中和值/(mgKOH/g)	0.02	0.02	0.03	0.02	GB/T 7304
闪点(开口)/℃	240	252	258	260	GB/T 267
倾点/℃	-58	-56	-50	-50	GB/T 3535
水含量/ppm	28	28	29	30	GB/T 11133
腐蚀(T_2Cu，100℃，3h)/级	1b	1b	1b	1b	GB/T 5096
绝缘强度/kV	35	35	35	35	GB/T 507

1.4　应用范围及案例

本产品适用于食品与化工等行业中氨制冷系统的旋转螺杆式、往复式及旋转叶片式等类型压缩机的润滑，也可应用于 CFC 或 HCFC 等氟利昂制冷剂压缩机的润滑，广泛用于冰箱、冷柜、空调器、中央空调、冷藏车、冷水机和冷库等场合。

应用案例：天津某公司大型活塞式制冷压缩机，制冷剂为 NH_3，蒸发温度低于 -50℃，且排气温度高，制冷量大，国内普通冷冻机油无法满足使用要求，使用 4521(46) 冷冻机油后，效果良好。

2. 长城 4521－1 冷冻机油

2.1　产品概述

本产品以优质合成烃为主要原料，并加入其他合成基础油和抗氧、抗腐蚀和极压抗磨等多种添加剂调制而成。采用了特殊的无酸添加剂，可防止脂肪酸铵盐的生成，杜绝了胶质、漆膜和油泥的形成，能提高设备的可靠性和效率，是氨制冷系统的首选冷冻机油。

2.2　性能特点

本产品与氨制冷剂的互溶性很小，使系统中的油含量很少，不影响换热；极好的低温流动性，保证少量进入系统中的油容易回到压缩机；具有极高的抗氧化性能、优异的热化学安定性，对绝缘、密封材料具有良好的适应性，使用寿命长。

2.3　典型数据

附表 7－4　4521－1 合成冷冻机油典型数据

项目	典型数据			试验方法
	32	46	68	
40℃运动黏度/(mm^2/s)	30.29	45.56	63.54	GB/T 265
黏度指数	120	118	115	GB/T 2541
闪点(开口)/℃	232	236	246	GB/T 3536
倾点/℃	－40	－38	－36	GB/T 3535
酸值/(mgKOH/g)	0.01	0.01	0.01	GB/T 7304
腐蚀(45#钢，100℃，3h)/级	1b	1b	1b	GB/T 5096

2.4　应用范围及案例

本产品适用于食品与化工等行业中氨制冷系统的旋转螺杆式、往复式及旋转叶片式等类型压缩机的润滑，也可应用于 CFC 或 HCFC 等氟里昂制冷剂压缩机的润滑，广泛用于冰箱、冷柜、空调器、中央空调、冷藏车、冷水机和冷库等场合。

应用于武汉新世界 W－LG20IIIA250 制冷压缩机(制冷剂为 NH_3)，相比对原先使用环烷基冷冻机油节能约 5%。

应用于高桥石化炼油事业部氨制冷工业机组。

3. 长城 4522 合成冷冻机油

3.1　产品描述

本产品是以聚亚烷撑二醇为基础油，并加入各种添加剂精制而成，属于 ISO 6743－3 标准中 DRG 类型，特别适合于螺杆式烃类气体压缩制冷系统。

3.2　性能特点

(1)具有高闪点、低凝点、低泡沫特性；

(2)具有良好的热氧化安定性，防止油品高温变质；

(3)具有良好的抗腐蚀性能，保证设备正常运转；

(4)低灰分、低残炭，不易结焦；

(5)与烷烃具有独特的溶解、分离性能。

3.3 典型数据

附表7-5 4522合成冷冻机油典型数据

试验项目	质量指标	试验方法
外观	红棕色透明液体	目测
运动黏度(40℃)/(mm^2/s)	147	GB/T 265
黏度指数	210	GB/T 1995
闪点(开口)/℃	250	GB/T 267
凝点/℃	-46	GB/T 510
酸值/(mgKOH/g)	0.01	GB/T 7304
水含量/%	0.03	SH/T 0246
铜片腐蚀(100℃，3h)/级	1b	GB/T 5096

3.4 应用范围及案例

本产品适用于油气田、石油化工和天然气加工工艺中以丙烷等轻烃为制冷剂的大型螺杆式制冷压缩机。正常使用温度：-35～150℃。

应用于新疆某油田十万立方米、三十万立方米轻烃回收装置制冷系统(两级螺杆式制冷压缩机)。

应用于中石油冀东油田天然气处理厂YORK丙烷制冷缩机。

4522合成冷冻机油获得大连冰山和烟台冰轮的OEM配套认证。

4. 长城4523合成冷冻机油

4.1 产品描述

本产品以烷基苯合成油为基础油，并加有抗氧、抗腐蚀和抗磨等多种添加剂精制而成，属ISO 6743/3B分类标准的DRB级油，其指标达到并超过DIN 51503—88规格中的KC冷冻机油的水平，可满足苛刻条件下制冷压缩机的使用要求。按40℃运动黏度分为32、46、56、68、100共五个黏度牌号。

4.2 性能特点

本产品具有优良的低温性能；极低的倾点、低的氟利昂絮凝点，低温下无蜡生成，低温流动性极好；极高的抗氧化性能，优异的热化学安定性，使用寿命长。杜绝了胶质、漆膜和油泥的形成，能提高设备的可靠性和效率。

4.3　典型数据

附表 7-6　4523 合成冷冻机油典型数据

项目	典型数据					试验方法
	32 号	46 号	56 号	68 号	100 号	
运动黏度(40℃)/(mm^2/s)	31.8	46.2	56.1	67.8	98.5	GB/T 265
酸值/(mgKOH/g)	0.02	0.02	0.03	0.03	0.02	GB/T 7304
闪点(开口)/℃	210	213	220	230	234	GB/T 267
凝点/℃	-55	-55	-49	-49	-45	GB/T 510
水含量/ppm	28	28	29	29	30	GB/T 11133
铜片腐蚀(100℃，3h)/级	1b	1b	1b	1b	1b	GB/T 5096
绝缘强度/kV	35	35	35	35	35	GB/T 507

4.4　应用领域及案例

本产品适用于采用多种制冷剂的制冷系统，如 CFC/HCFC 制冷剂，也可用于氨类制冷剂的压缩机的润滑。

重庆某制冷空调设备有限公司使用多年，压缩机组为半封闭螺杆水冷机组，采用的制冷剂为 R22。使用效果良好，已获得该公司的 OEM 认证，成为其生产的 BLG 系列制冷压缩机的指定用油。

另外在中原某石油化工公司和江苏某石油公司也获得成功应用。

5. 长城 4524 合成冷冻机油

5.1　产品描述

本系列产品以多元醇酯等酯类油为基础油，并加有抗磨、防腐蚀、防水解、抑制酸值增大等多种添加剂调制而成，按 40℃ 运动黏度分为 22、32、46、68、100、120、150、170、220、320 共 10 个黏度牌号。

5.2　性能特点

(1)优异的热氧化安定性能，防止润滑油高温下变质。

(2)良好的材料适应性，避免系统使用中出现泄漏。

(3)优良的制冷剂互溶性，保证制冷系统具有良好的热效率。

(4)优良的低温性能，保证系统宽温度范围内正常运转。

(5)良好的润滑性，保护制冷压缩机，减少磨损。

(6)优良的生物降解性，减少环境污染。

5.3 典型数据

附表 7-7 4524 合成冷冻机油典型数据

项目	典型数据										试验方法
	22	32	46	68	100	120	150	170	220	320	
运动黏度/(mm^2/s)											
40℃	21.07	31.36	44.70	63.86	92.38	120.1	146.2	167.3	217.6	325.8	GB/T 265
100℃	4.352	5.565	7.192	9.110	10.34	12.03	14.88	15.32	17.72	36.71	
酸值/(mgKOH/g)	0.02	0.05	0.05	0.04	0.05	0.04	0.03	0.03	0.02	0.03	GB/T 7304
倾点/℃	-51	-52	-45	-37	-31	-25	-32	-34	-22	-34	GB/T 3535
闪点/℃	243	235	242	249	268	262	283	272	275	292	GB/T 3536
铜片腐蚀(100℃, 3h)/级	1b										GB/T 5096

5.4 应用范围及案例

本品可广泛用于采用 R134a、R407c、R410 为制冷剂的各种工业、民用制冷和汽车空调制冷系统的润滑。适用温度：-40～150℃，短期可达 170℃。

河南某公司日本进口制冷机组，制冷剂 R134a，原装油 ICI Emkerate RL68H，2004 年起成功采用 4524(68)。

大庆某厂 YORK-K 型工业制冷机组，制冷剂 R134a，原装 YORK 专用油，2006 年初起正常使用 4524(32)，效果相当。

重庆某制冷公司，工业制冷机组，制冷剂 R134a，原装油 CASTROL 公司 Icematic SW100 合成冷冻机油，2003 起正常使用 4524(100)。

新加坡兴隆公司"太行山""峨眉山"30 万吨 VLCC 船用 R404a 制冷剂开利制冷机组，原用油 Castrol E68，ICI Emkerate RL68H，和 CPI CP-2916S、Solest 68 合成冷冻机油，2010 年初起正常使用 4524(68)。

4524(150)在华航盛世 HSRT 330 进行同步研发；4524(220)在河北三友和上海石化替代 SW220 成功应用，4524(320)在河北三友和江苏兆胜某大船上用于替代 B320SH，实现设备用油的国产化。

6. 长城 4529 合成冷冻机油

6.1 产品描述

本产品是以改性聚亚烷撑二醇为基础油，并加入各种添加剂精制而成，特别适合于以 R134a 为制冷剂的汽车空调系统。按 40℃运动黏度分为 46、68、100 和 150 共四个黏度牌号。

6.2 性能特点

(1)具有良好的热氧化安定性，防止油品高温变质。

(2)低吸湿性，避免发生冰堵现象。

(3)具有优良的润滑性能，减少设备磨损。

(4)优良的绝缘性能，保证使用安全。

(5)与 R134a 具有优异相溶性。

6.3　典型数据

附表 7－8　4529 合成冷冻机油典型数据

项目	典型数据				试验方法
	46	68	100	150	
运动黏度(40℃)/(mm^2/s)	49.5	65.5	99.2	145.8	GB/T 265
黏度指数	210	218	219	226	GB/T 1995
酸值/(mgKOH/g)	0.01	0.02	0.02	0.03	GB/T 7304
倾点/℃	－50	－44	－43	－40	GB/T 3535
闪点(开口)/℃	218	220	230	234	GB/T 3536
铜片腐蚀(100℃，3h)/级	1b	1b	1b	1b	GB/T 5096
相溶性(R134a)/℃	＜－60	＜－60	＜－50	—	SH/T 0699
化学稳定性	无沉淀	无沉淀	无沉淀	无沉淀	SH/T 0698

6.4　应用范围及案例

通过一汽汽车技术中心的汽车空调压缩机油的材料认可认证。

通过西安交通大学压缩机国家实验室的压缩机台架试验。

第八篇

铁路润滑剂

前　言

铁路运输行业涉及摩擦与润滑的设备很多。主要包括机车车辆的润滑，尤其是内燃机、压缩机、齿轮和轴承润滑，以及制动装置、牵引装置、轮缘与钢轨、电力机车导线等的润滑。近年来，随着我国铁路运输向高速化、重载化方向发展，且由于我国地域辽阔，东西落差大、南北温差大等特点，要求润滑油品具有通用性，对润滑剂的要求越来越严苛，因此润滑部位基本都有专用润滑剂，许多还制定了铁路行业标准，在铁路系统推广使用。铁路系统其他部门的各种机械与一般通用机械的润滑大致相同。

第1章　铁路行业技术的发展

1.1　铁路行业现状及发展趋势

近年来，世界各国铁路都面临着客货运输需求增长快速化、运输服务定制化、运输安全泛在化等挑战。在铁路运输基础设施供应能力相对固定的前提下，通过采用新一代信息技术大幅提升铁路运输组织效率效益、优化客货运输服务品质、提高铁路运输安全水平已成为各国铁路发展的必由之路，铁路智能化已经成为世界铁路未来发展的重要方向。

交通运输部发布的资料显示，截至2020年年底，我国铁路营业里程14.63万千米，其中高铁3.8万千米，占据世界高铁营业里程70%，基本形成了“四纵四横”的高铁网络，全国铁路路网密度152.3千米/万平方千米，复线率59.5%，电化率72.8%。

“十四五”期间要继续完善“八纵八横”高速铁路网建设，推进城际铁路，加快发展市域铁路，完善路网布局，实施川藏铁路、西部陆海新通道等一批重大工程项目。推动综合交通协调发展，统筹综合交通枢纽体系，完善集疏运系统建设，实现信息互联共享。积极推进与周边国家铁路基础设施互联互通，构建互联周边、联通亚欧、辐射“一带一路”的铁路国际运输大通道。加强与其他国家铁路规划建设对接，注重分类施策，推进重点项目共商共建共享。加快西部陆海新通道建设，高效衔接“一带一路”，提升内联外通水平，助力陆海双向开放。

根据《国家综合立体交通网规划纲要》，到2035年，全国铁路里程将达到20万千米左右。其中，高速铁路7万千米(含部分城际铁路)，普通铁路13万千米(含部分市域铁路)，形成由“八纵八横”高速铁路主通道为骨架、区域性高速铁路衔接的高速铁路网；由若干条纵横普速铁路主通道为骨架、区域性普速铁路衔接的普速铁路网；京津冀、长三角、粤港澳大湾区、成渝地区双城经济圈等重点城市群率先建成城际铁路网，其他城市群城际铁路逐步成网。研究推进超大城市间高速磁悬浮通道布局和试验线路建设。

1.2　铁路行业技术发展的趋势

近年来，世界各国铁路都面临着多种多样的挑战，采用新一代信息技术提高铁路运输组织效率、优化服务品质、提高安全水平已成为铁路发展的必由之路，铁路电气化、重载化、数字化与智能化已成为未来铁路行业发展的重要方向。

我国铁路装备及技术在高速、高原、高寒、重载铁路技术方面达到世界领先水平。面向世界铁路科技前沿，下一步要加强基础理论研究和关键核心技术攻关。深化高铁关键核心技术自主创新，系统掌握智能高铁、智慧铁路关键硬核技术，推进信息系统、关键零部件、基础元器件及基础材料等核心关键技术自主化，实现自主安全可控。加强可实现工程化、产业化的前沿技术研究，自主创新建立时速400千米及以上高速铁路技术标准、更快捷货运列车、更先进重载铁路等成套关键技术体系。加强高速磁浮铁路系统前沿技术研究储备，积极跟踪低真空管(隧)道高速列车等技术发展动态。

1.3　铁路机车发展情况

我国铁路机车工业的发展，是根据铁路运输的需要，以科技为先导，不断开发新产品的过程。从新中国建立初期仿制、改造旧型蒸汽机车起步，继而到自行设计制造新型蒸汽机车、内燃机车和电力机车，再发展到今天能采用先进技术设计和制造各类型内燃、电力机车、高速动车组。目前不仅满足和促进了国内铁路的发展和需求，更是在产品和技术两方面做到了向海外输出，在世界范围内，打造出自己的品牌。

1952年，四方机车车辆厂试制成功了我国第一台解放型蒸汽机车，1956年大连机车车辆厂设计试制成功了一台具有当时世界先进水平的前进型蒸汽机车。此后我国又先后设计制造了人民型干线客运蒸汽机车、上游型工矿蒸汽机车、跃进型蒸汽机车以及用于地方铁路的星火型蒸汽机车和出口越南的火轨货运蒸汽机车。至1988年年底，铁道部决定停止生产干线铁路蒸汽机车时，我国共计生产了各型蒸汽机车近万台。

我国1958年开始电力机车和内燃机车的仿制，先后试制的电力、内燃机车有近10种。1964年首先开始批量生产东风型电传动内燃机车，1969年开始批量生产韶山1型电力机车。20世纪70年代，我国批量生产的电力、内燃机车有：韶山1型电力机车，东风1、东风2、东风3、东风4型电力传动内燃机车，东方红系列液力传动内燃机车，北京型液力传动客运内燃机车。

进入20世纪80年代以来，机车车辆工业的技术改造速度加快，在产品品种进一步发展的同时，各电力机车、内燃机车制造厂先后完成了韶山1型和韶山3型电力机车、东风4B型、东风5型、北京型和东风7型内燃机车转产和扩大生产能力的技术改造。

20世纪90年代，我国初步探索动车组的设计和制作，遵循“引进、消化、吸收、再创新”的技术和发展路线。我国在较短时间内，系统掌握了高速列车9项关键技术、10项配套技术，初步构建了我国高速动车组技术体系。根据国家经济社会的发展和铁路装备设计制造技术的进步，为进一步满足旅客运输需求，国铁集团组织开展了“复兴号”动车组系列产品、京张京雄智能动车组、新型卧铺动车组、城际动车组、双层动车组、160km/h动力集中动车组等新型动车组的研发以及相关前瞻性技术研究。

我国现役电力机车主要有6K、8K、8G、SS1、SS3、SS3B、SS4、SS4B、SS4G、SS5、SS6、SS6B、SS7、SS7B、SS7C、SS7D、SS7E、SS8、SS9、SS9G、DJ1、DJ2、HXD1、HXD2、HXD3等机车。

内燃机车主要有BJ、DF4、DF4B、DF4C、DF4D、DF4DF、DF4DH、DF4DJ、DF4DK、DF5、DF5B、DF5D、DF7、DF7B、DF7C、DF7D、DF7G、DF8、DF8B、DF9、DF10A、DF10D、DF10F、DF11、DF11G、DF11Z、DF12、DFH5、ND3、ND5、NJ2、HXN3、HXN5等机车。

1.4 铁路车辆发展情况

铁路车辆是由铁路机车牵引的载运工具。铁路车辆按功能可分为三大类：客车、货车和特种用途车。铁路客车是用于运输旅客并为其提供旅途服务的车辆，包括硬座车、软座车、硬卧车、软卧车、餐车、行李车和发电车等。高速客车中还有一等软座车、二等软座等车。铁路客车的特点是保证旅客的舒适性，对车辆减震、车厢内的装饰和车速都要求较高。铁路货车是用于载运货物的车辆，包括敞车、漏斗车、自翻车、棚车、家畜车、平车、长大货车、集装箱平车、各种罐车，以及保温车和冷藏车等。铁路货车应保证所载运的货物在装卸与运输中完好无损和方便。铁路货车的种类很多，其中，某些货车只在运载一定货物时才采用，因此亦可称为专用货车。铁路特种用途车是用于铁路企业从事本身技术业务工作的车辆，其种类繁多，主要有检衡车、救援车、试验车、石渣车、长钢轨车、办公车及发电车。

车辆构成的主要部分为车体、行走机构、车钩和制动装置，以及根据车辆种类尚需配备各种水、暖、电等附属设备。现代化车体为高强、轻质的材料制造，而走行机构则要适应提高轴重、高速行车和减少震动。四轴转向架式的车辆具有很好的行走性能和通过曲线线路的适应性。因此，各国均以生产此种车辆为主。车辆由于磨损，须进行有计划的定期检修，须制定客、货车的检修规程，明确规定检修周期和检修限度、检修技术标准和质量要求等。

自20世纪80年代改革开放以来，我国铁路货车呈现出了快速发展的良好势头。现在，我国拥有各型货车约91.2万辆，其中，国铁货车85.7万辆。货车轴重由建国初期的11 t普遍发展到21t，新型货车目前正在向23t、25t、30t轴重发展。载重由30t发展到50t、60t，进而发展到70t、80t，大秦线运煤专用敞车载重已经达到了98t。出口货车最大轴重达到40t以上。我国货车设计制造技术已达到国际先进水平。货车自2005年起全部按时速120km标准生产，既有货车全部实施时速120km提速改造。提速货车采用交叉支撑、摆动式或迫导向转向架技术，运行速度由80km/h提高到120km/h。货车制动系统由K2、GK型三通阀，空重车手动调整，高磷闸瓦发展到性能优良的120型控制阀、自动空重车调整装置和高摩合成闸瓦。车钩也由强度较低的普通铸钢制造的2号、13号车钩发展到由C级钢、E级钢制造的高强度13A型小间隙车钩以及E级钢材料的联锁型高强度16号转动车钩、17号固定车钩。缓冲器由小容量弹簧摩擦式的1号、2号，橡胶摩擦式的MX—1型发展成大容量的弹簧摩擦式的MT－2型，并正在研制性能优良、容量更大的缓冲器。转向架普遍采用21t轴重、商业运营速度为120km/h的转K2型转向架或转K4型转向架，研制成功了25t轴重的转K5型转向架和低动力型转K6型转向架。时速160km的高速货车转向架已经完成线路试验。

我国铁路客车经历了22型客车、25型客车、准高速客车(25Z型客车)、200km/h、270km/h、300km/h、350km/h、400km/h高速客车几个发展阶段。原铁道部将所有引进国外技术、联合设计生产的中国铁路高速列车(CRH)车辆均命名为“和谐号”，主要有CRH1A、CRH2A、CRH5A、CRH1B、CRH2B、CRH2C、CRH3C、CRH1E、CRH2E、

CRH380A、CRH380B、CRH380C、CRH380D 等型号。自从和谐号动车组正式投入使用后，我国现代高铁终于突破技术壁垒，拥有在全世界各个国家竞标的能力。2017 年6 月26 日，我国拥有完全自主知识产权的中国标准动车组“复兴号”在京沪高铁正式双向首发。其技术达到了世界先进水平，是目前世界上运营时速最高的高铁列车。“复兴号”动车组采用 CR200/300/400 命名，分别对应 160km/h、250km/h 和 350km/h 三种持续时速等级，最高时速由数字表示，例如，数字 400 代表最高速度可达 400km/h 及以上。三种速度可以针对不同的出行需求，中国高速铁路主要是时速 350、250 两种，中国快速铁路是时速 200 和 160 两种。其中，可以兼容两种速度的动车车组为 CR200。目前，“复兴号”已有“CR400AF”和“CR400BF”“CR300AF”“CR300BF”“CR200J”等型号。

第2章 铁路机车车辆润滑油

铁路机车车辆润滑油主要包括铁路内燃机车、电力机车、动车组及车辆使用的润滑油，在机车车辆的动力系统、传动系统、制动系统和辅助系统使用。目前世界各国的机车大都采用柴油机机车或电力机车，电力机车运行成本是内燃机车的1/3左右，我国目前以电力机车为主。

2.1 铁路机车内燃机油

铁路机车内燃机油主要用于铁路内燃机车柴油机的润滑，我国内燃机车柴油机使用轻柴油燃料，目前我国自行研制成功并投入生产使用的铁路机车内燃机油有二代油(已基本淘汰)、三代油、四代油和五代油。从法国阿尔斯通公司和美国GE公司引进的内燃机车使用四代油。我国生产的东风四型、和谐型和其他新型内燃机车可以使用四代油，目前投入使用的其他各种类型内燃机车，使用三代油。

2.1.1 质量等级选择

目前一代油、二代油已基本被三代油、四代油、五代油取代，铁路机车用油情况比较清晰。我国铁路机车内燃机型号及推荐用油见表8－2－1。

表8－2－1 我国铁路内燃机车柴油机型号及推荐用油

机车型号	构造速度/(km/h)	额定功率/Hp	柴油机类型	采用油
东风1(DF)	100	1800	10L207E	三代油
2	100	1800	19L207E	
3	95.3	1080	6L207E	
4	100	3300	1624Z	四代油
8	100	4500	16280Z	
DF11	120	5300	16V280ZJG	四代油或五代油
东方红1	120	910X2	12V175Z	三代油
东方红3	120	1250X2	12V180Z	
北京	120	2700	12240Z	
ND2	120	2100	12LDA28	

续表

机车型号	构造速度/(km/h)	额定功率/Hp	柴油机类型	采用油
ND4	100	4000	AC0240	四代油
ND5	118	4000	7FDL	
NY5	120	1700X2	MB839	三代油
NY6	108	2150X2	MB16V652	
NY7	113.4	2500X2	MA956	
HXN3	120	6000	16V265H	四代油
HXN5	120	6000	GEVO 16	

要求改进防止黏环的增压内燃机车，可选用能改善控制环区沉积物清净性的三代油(相当于 CD 级柴油机油)，如 NY5、NY6、NY7 和 ND4 型等增压内燃机车。要求降低油耗和使用高硫燃料的增压内燃机车，可选用相当高的碱性和分散性的四代油(相当于 CD + 级柴油机油)，如 ND5 型增压内燃机车。

2.1.2 黏度级别选择

铁路机车内燃机油的黏度级别也遵循 SAE 分类，但是多为单级油，以 SAE 40 多见。多级油一般为 20W－40、15W－40 两种。在实际使用中，多级油一般较单级油可节省 1% ~4% 的燃料消耗及 20% 的机油消耗。黏度的选择同级别中，应选择黏度偏上限(高)为好。

2.1.3 铁路机车柴油机油的品种和应用

1)铁路机车柴油机油品种

铁路机车柴油机油中的一代油、二代油已经被淘汰，三代油仍有少量存在，国内市场多采用四代油，五代油只用于国产或进口的含有银部件的新型内燃机车。

2)铁路机车柴油机油的应用

中国石化润滑油公司铁路机车柴油机油的应用情况列于表 8－2－2，供参考。

表 8－2－2 中国石化润滑油公司铁路机车柴油机油系列产品

产品名称	规格	性能特点
长城铁路内燃机车五代油	LMOA 五代油	1. 不含锌，对银部件无腐蚀作用，保证含银轴承的良好润滑； 2. 优良的油泥控制能力，保证发动机良好的清净性； 3. 具有延长的换油寿命，可减少维护成本； 4. 碱值 TBN13

续表

产品名称	规格	性能特点
长城铁路内燃机车四代油	GB/T 17038 TB/T2956－1999 LMOA 四代油	具有优异的热氧化稳定性和清净分散性，能有效防止沉积物生成，保持发动机高度清洁；良好的抗磨性、抗擦伤性和油膜保护性，防止机件磨损，延长机件使用寿命；高碱值勤和优良的碱值保持能力，有效中和含硫燃料燃烧产物，延长换油期。适用于使用高硫燃料(S＞0.5%)的铁路内燃机车，以及要求使用铁路四代油的内燃机车，包括ND5在内的中速、高速的四冲程铁路内燃机车和部分船用发动机的润滑
长城铁路内燃机车三代油	GB/T 17038 TB/T2933－1998 LMOA 三代油规格	优异的高温润滑性、清净分散性和抗腐蚀性，极好的抗磨性，防止机件过度磨损，延长使用寿命。高碱值，酸中和能力强，有效防止燃料燃烧产物对机件的腐蚀。适用于大功率、重负荷增压柴油机，以及要求使用美国LMOA第三代油的铁路柴油内燃机车，也可满足船用柴油机、钻井柴油发电机等的用油要求

2.2 铁路机车齿轮油

铁路机车齿轮油主要用于铁路机车牵引齿轮的润滑，根据铁路机车牵引齿轮的润滑条件，对齿轮油提出下列要求：①合适的黏度。齿轮油的黏度是影响齿轮寿命的主要因素之一。一般来说，黏度越大，防止点面磨损的能力越强；但黏度过大，容易造成温升过高。②具有良好的极压抗磨性、较好的氧化安定性，以及良好的防锈性和抗腐蚀能力。

2.2.1 铁路机车牵引齿轮油的规格

由原铁道部科学研究院和沈阳化工股份有限公司共同提出的铁路机车牵引齿轮油规格，见表8－2－3。符合本规格并通过行车试验的油品，可用于国产、进口机车以及新型提速内燃机车牵引齿轮的润滑，并可替代原用的Shell Omala 680齿轮油。

表8－2－3 铁路机车齿轮油质量指标

项目		指标
运动黏度/(mm^2/s) 100℃ 40℃		 40～50 报告
黏度指数	≥	90
闪点(开口)/℃	≥	190
倾点/℃	≤	－16
凝点/℃	≤	－18
机械杂质/%	≤	0.02

续表

项目		指标
水分/%	≤	痕迹
腐蚀试验(铜片, 100℃, 3h)/级	≤	1
腐蚀试验(15 号钢棒, 蒸馏水, 24h)		无锈
泡沫性/(泡沫倾向/泡沫稳定性)/(mL/mL)		
24℃	≤	75/10
93℃	≤	75/10
后 24℃	≤	75/10
抗乳化性(40－37－3), 82℃/min	≤	30
氧化安定性(95℃, 30h, 通 O_2, Pb, Cu, Fe 片)		
100℃运动黏度增长/%	≤	5
承载能力(四球机试验)		
最大无卡咬负荷 P_B/N(kg)	≥	1186(121)
烧结负荷 P_D/N(kg)	≥	2940(300)
CL－100 齿轮机试验/级	≥	11
Timken 试验 OK 值(合格负荷)/N		报告

2.2.2 动车组驱动齿轮箱润滑油的规格

随着铁路机车速度的提升，尤其是高速动车组的普及，对牵引齿轮的润滑有了新的要求，润滑油的低黏化、长效保护成为铁路机车牵引齿轮油的发展方向。目前铁路机车牵引齿轮油使用较多的是 75W－80、75W－90、80W－140 黏度级别齿轮油，参考 API GL－5 用油规格。由中国石化润滑油有限公司牵头编写的国家标准《动车组驱动齿轮箱润滑油》，对动车组驱动齿轮箱中使用的润滑油技术指标进行了规定，见表 8－2－4。

表 8－2－4 动车组驱动齿轮箱润滑油的技术要求和试验方法

试验项目	单位	质量指标		试验方法
黏度等级		75W－80	75W－90	
运动黏度(100℃)	mm^2/s	7.0～11.0	13.5～18.5	GB/T 265[a]
运动黏度(40℃)	mm^2/s	报告		GB/T 265[a]
黏度指数		≥135		GB/T 1995[b]
倾点	℃	≤－40		GB/T 3535
闪点(开口)	℃	≥180		GB/T 3536
表观黏度(－40℃)	mPa·s	≤150000		GB/T 11145
泡沫性(泡沫倾向/泡沫稳定性)				GB/T 12579
程序Ⅰ(24℃)	mL/mL	≤20/0		
程序Ⅱ(93.5℃)	mL/mL	≤50/0		
程序Ⅲ(后 24℃)	mL/mL	≤20/0		

续表

试验项目	单位	质量指标		试验方法
黏度等级		75W-80	75W-90	
铜片腐蚀(121℃，3 h)	级	≤3		GB/T 5096
机械杂质(质量分数)	%	≤0.05		GB/T 511
水分(质量分数)	%	≤痕迹		GB/T 260
四球机 P_B 值	N	≥980		GB/T 3142
承载能力(FZG 目测法)	通过级	≥12		NB/SH/T 0306
剪切安定性(100h)				NB/SH/T 0845
100℃运动黏度	mm^2/s	保持在黏度等级范围内		
FE8 轴承磨损试验(D-7.5/80-80)				NB/SH/T 0944.1
滚柱磨损	mg	≤30		
动车组齿轮箱台架试验				TB/T 3134[c]
油池温度	℃	≤120		
轴承温度	℃	≤135		
磁性油堵片状吸附物		无		
磁性油堵块状颗粒吸附物		无		
齿轮齿面点蚀		无		
齿轮齿面剥落		无		
齿轮齿面黏着		无		
齿轮齿面裂纹		无		
轴承擦伤		无		
轴承剥落		无		
轴承烧损		无		
100℃运动黏度	mm^2/s	保持在黏度等级范围内		

注：[a]也可采用 GB/T 30515 进行，结果有争议时以 GB/T 265 为仲裁方法；

[b]也可采用 GB/T 2541 方法进行，结果有争议时以 GB/T 1995 为仲裁方法；

[c]检验方法包括例行试验、空载试验、加载试验、温升试验、超负荷试验、倾斜试验、超速试验、耐久性试验、低温启动试验、解体检查。

2.3 铁路机车转向架减振器用油

2.3.1 铁路机车转向架减振器对油品的性能要求

根据铁路机车转向架减振器南北通用、换油期长等工况特点，对所用减震器油有如下性能要求：优异的黏温特性、低温性能，能满足铁路机车减振器较宽的使用温度范围；良好的抗剪切性能，确保油品保持稳定的黏度，使减振器具有良好阻尼特性，保证车辆平稳运行；优异的抗磨性能，保证减振器使用寿命；良好的抗泡沫性能，保证减振器在不同运行速度条件下保持稳定的阻尼力；良好的密封材料适应性，防渗漏和泄漏，使得减振器具有良好的耐久性。

2.3.2　铁路机车转向架减振器油品种

铁路机车转向架减振器油的黏度牌号常见的是12号。

铁路机车转向架减振器油用油规格可参考表8－2－5。

表8－2－5　铁路机车转向架减振器油用油规格

试验项目		质量指标	试验方法
运动黏度(40℃)/(mm^2/s)		11 ～ 15	GB/T 265
倾点/℃	≤	－50	GB/T 3535
闪点(开口)/℃	≥	130	GB/T 3536
水分(质量分数)/%	≤	痕迹	GB/T 260
机械杂质/%		无	GB/T 511
酸值(以KOH计)/(mg/g)		报告	GB/T 7304
铜片腐蚀(100℃，3h)/级	≤	1	GB/T 5096
液相锈蚀(24h) A法		无锈	GB/T 11143
密封适应性指数	≤	16	SH/T 0305
密度(20℃)/(kg/m^3)		报告	GB/T 1884 和 GB/T 1885

2.4　铁路机车牵引电机抱轴瓦油

2.4.1　牵引电机工作条件

牵引电机是内燃、电力机车的重要部件。牵引电机在机车的下部，经常受风、雨、雪的侵蚀，使之受潮，加上日常对电机的吹扫工作不及时，容易造成灰尘和炭粉的堆积。牵引电机工作在一个受到剧烈振动和冲击的恶劣环境中，它受机车经钢轨接头和道岔所引起的冲击负荷和牵引齿轮不良啮合所产生的高频冲击振动，后者造成的损害较前者要大得多。

2.4.2　铁路机车牵引电机抱轴瓦油规格

铁路机车牵引电机悬挂抱轴瓦油铁道行业标准TB/T 2986—2000如表8－2－6所示。该标准等效采用美国铁路协会AAR M－963—1984标准制定。产品采用精制基础油，加入适量添加剂调制而成，适用于进口和国产内燃、电力机车牵引电机悬挂抱轴瓦的全天候润滑。

表 8-2-6　铁路机车牵引电机悬挂抱轴瓦油技术要求(TB/T 2986—2000)

项目	质量指标	试验方法
运动黏度(40℃)/(mm^2/s)	52~60	GB/T 265
黏度指数	≥115	GB/T 1995 或 GB/T 2541
凝点/℃	≤-40	GB/T 510
倾点/℃	≤-35	GB/T 3535
低温动力黏度(40℃,剪切速率 $D=3\ s^{-1}$)/Pa·s	≤200	附录 A(标准的附录)
四球磨斑直径(392N, 30min, 室温, 1450r/min)/mm	≤0.42	SH/T0189
闪点(开口)/℃	≥180	GB/T 3536
腐蚀(40 或 50 号钢片, 100℃, 3h)	合格	SH/T0195
水分/%	≤痕迹	GB/T 260
机械杂质/%	≤0.05	GB/T 511
损失失重(80℃, 8h)/%	≤1.5	附录 B(标准的附录)

注：低温动力黏度、四球磨斑直径、损失失重围出厂保证项目，出厂前必须检验，每半年由质检部门至少抽检一次。

2.5　车轴油

车轴油用于铁路车辆和蒸汽机车(基本淘汰)滑动轴承、上下滑板以及各部销轴、弹簧吊杆等的润滑。由于铁路机车车轴负荷大且开停比较频繁，车轴轴颈表面比较粗糙，轴承常处于边界摩擦的状况下工作，因此要求车轴油具有较好的油性。火车南北通行，温度变化大，要求车轴油要有较低凝点和较高的黏度指数。经过几十年的推广，目前我国铁道车辆基本上采用滚动轴承，滑动轴承已经很少使用。

车轴油采用矿物基础油加入增黏、降凝等添加剂调和制成。按使用季节和运动黏度不同，车轴油分为冬用、夏用和冬夏通用三种。石化行业标准 SH 0139—1995 的技术要求列于表 8-2-7。

表 8-2-7　车轴油规格

项目	质量指标			试验方法
	冬用	夏用	通用	
运动黏度/(mm^2/s) 40℃ 100℃	 30~40 报告	 70~80 报告	 31~36 报告	GB/T 265
动力黏度(-40℃剪切速率 $3s^{-1}$)	150	—	175	SH 0139 附录 A
黏度指数	—		95	GB/T 2541
闪点(开口)/℃	145	165	165	GB/T 3536
凝点/℃	-40	-10	-40	GB/T 510

续表

项目	质量指标			试验方法
	冬用	夏用	通用	
倾点/℃	报告			GB/T 3535
挥发失重/℃	—		3.5	SH 0139 附录 B
剪切安定性 (50 黏度下降率)/%	—		实测	SH/T 0505
腐蚀(钢片，100℃，3h)/级	合格			SH/T 0195
水溶性酸或碱	无			GB/T 259
水分/%	痕迹			GB/T 260
机械杂质/%	0.05			GB/T 511

2.6 铁路机车空气压缩机油

为了满足铁路内燃、电力机车(如 ND5、DF4、8K、SS3、6K 等)压缩机用油要求，铁道部根据铁路机车压缩机的实际用油要求，参照 GB 12691—1990 制定了该油品的规格。见表 8-2-8。此规格除对高温氧化有要求外，对低温使用性能也提出了更高要求。

表 8-2-8 铁路机车压缩机油规格

项 目		质量指标	试验
运动黏度/(mm^2/s) 40℃ 100℃		 报告 13~15	GB/T 265
倾点/℃	≤	-15	GB/T 3535
闪点/℃	≥	215	GB/T 3536
破乳化性(82℃，40-37-3mL)/min	≤	30	GB/T 7305
液相锈蚀(15 号钢棒，A 法)		无锈	GB/T 11143
铜片腐蚀(100℃，3h)/级	≤	1	GB/T 5096
老化特性(200℃，空气，Fe_2O_3) 蒸发损失/% 康氏残炭增值/%	 ≤ ≤	 20 3.0	 GB/T 12709 GB/T 268
减压蒸馏蒸出 80% 后残留物性质 残留物康氏残炭/% 新旧油 40℃运动黏度之比	 ≤ ≤	 0.6 5	GB/T 9168 GB/T 268 GB/T 265
酸值/(mgKOH/g) 加剂前 加剂后		 报告 报告	GB/T 264
水溶性酸或碱		无	GB/T 259
水分/%	≤	痕迹	GB/T 260
机械杂质/%	≤	0.01	GB/T 511

根据铁路机车压缩机的工况特点，对所用压缩机油的性能有如下要求：优良的热氧化安定性和低积炭倾向性，延缓高温下氧化变质；蒸发损失小，油耗低；黏温和低温性能优良，保证压缩机在较宽温度范围内正常运转油水分离性能好，使空气中凝结于油的水分迅速分离；良好的防锈抗腐蚀性能，防止压缩机部件腐蚀良好的润滑及抗磨性能，减少压缩机磨损，长的使用寿命。

2.7 铁路机车车辆空调制冷系统用冷冻机油

根据铁路机车车辆空调制冷系统的工况特点，要求空调制冷系统用冷冻机油应具备如下性能：优异的热氧化安定性能，防止润滑油高温下变质；良好的材料适应性，避免系统使用中出现泄漏；与制冷剂互溶性好，保证制冷系统具有良好的热效率；高低温性能优良，保证系统宽温度范围内正常运转；良好的润滑性，保护制冷压缩机，减少磨损；优良的生物降解性，减少环境污染；优异的综合性能，保证制冷系统长时间正常工作。

2.8 铁路机车牵引变压器油

机车牵引变压器主要选择环烷基、硅油两大类基础油的变压器油。目前对变压器油有抗燃需求的动车对酯类变压器油有需求。机车牵引变压器要求所用变压器油具有如下性能：良好的低温性能，变压器设备散热冷却好，保证设备的安全运行；优良的电气绝缘性能，能够将电气设备中不同电位(势)的带电部分隔离，增加绝缘强度，使其不致形成短路，不被击穿；不含腐蚀性硫，避免因腐蚀性硫导致的变压器绝缘故障问题的发生；优异的氧化安定性，变压器油在相同运行时间内产生的酸和油泥较少，使用寿命长；特殊机车要求变压器油具有高闪点、燃点，满足放火等级要求；部分场合要求变压器油具有生物降解性能。

2.9 内燃机车液力传动油

2.9.1 铁路机车液力传动工作原理

铁路内燃机车液力传动装置的主要组成部分是液力传动箱、车轴齿轮箱、换向机构和相互联结的万向轴等。其核心元件是液力传动箱中的液力变扭器，由泵轮、涡轮和导向轮组成。泵轮通过轴和齿轮与柴油机的曲轴相连，涡轮通过轴和齿轮与机车的动轮相连，导向轮固定在变扭器的外壳上，并不转动。当柴油机启动时，泵轮被带动高速旋转，泵轮叶片则带动工作油以很高的压力和流速冲击涡轮叶片，使涡轮与泵轮以相同的方向转动，再通过齿轮把柴油机的输出功率传递到机车的动轮上，从而使机车运行。

当机车启动和低速运行时，变扭器中的涡轮转速很低，工作油对涡轮叶片的压力就很大，从而满足机车启动时牵引力大的需求；当涡轮的转速随着机车运行速度的提高而加快时，工作油对涡轮叶片的压力也逐渐减小，正好满足机车高速运行时对牵引力要小的需求。由此可见，柴油机发出的大小不变的扭矩，经过变扭器就能变成满足列车牵引要求的机车牵引力。当机车需要惰力运行或进行制动时，只要将变扭器中的工作油排出到油箱，使泵轮和涡轮之间失去联系，柴油机的功率就不会传给机车的动轮了。

2.9.2 液力传动油规格

内燃机车液力传动油铁道行业标准 TB/T 2957—1999 见表 8-2-9。该标准是等效采用日本铁路专用液力传动油标准(JRS)，并参照美国材料和试验学会(ASTM)以及美国石油学会(API)的液力传动油标准而制定的。产品由矿物基础油和多种添加剂组成，适用于各型液力传动机车。

表 8-2-9 内燃机车液力传动油技术要求(TB/T 2957—1999)

项 目		质量指标	试验方法
运动黏度(100℃)/(mm^2/s)		5.5~7	GB/T 265
黏度指数	≥	110	GB/T 2541
凝点/℃	≤	-25	GB/T 510
倾点/℃	≤	-23	GB/T 3535
闪点(开口)/℃	≥	180	GB/T 267 或 GB/T 3536
机械杂质/%	≤	0.01	GB/T 511
水分/%	≤	痕迹	GB/T 260
起泡性(泡沫倾向/泡沫稳定性)/(mL/mL)			GB/T 12579
24℃	≤	10/0	
93.5℃	≤	20/0	
后 24℃	≤	10/0	
抗氧化性能/min	≥	240	SH/T 0193
四球试验			
P_B/N	≥	784	GB/T 3142
D/mm	≤	0.50	SH/T 0189
锈蚀试验(A 法)		无锈	GB/T 11143
剪切安定性(40℃黏度下降)/%	≤	18	SH/T 0505

第3章　铁路机车车辆润滑脂

3.1　铁路行业技术发展对润滑脂技术的要求

3.1.1　铁路机车车辆工作特点

(1)铁路机车车辆的车速较快，在短时间即可奔驰于南北地区，因此，区域、季节和气候变化大。

(2)在铁路车辆中，工作条件最恶劣是货车轴承，因为货车在使用中要承受径向和轴向负荷的双重作用，所以要求货车轴承耐用振动、耐冲击、长寿命，具有高度的可靠性。

(3)由于铁路客、货车流动轴承化的发展，要求至少五年(行走后50万千米)解体换脂，现在货车达到了8年或80千米的检修周期，这就要求具有多效、长寿命润滑脂，才能满足铁路运输发展的需要。

(4)铁路车轮运行速度越快，越是要求行车安全和正点到达。因而，制动系统的灵活性和可靠性十分重要，既要求橡胶皮碗的适应性，又要求制动缸润滑脂与皮腕相辅相成，共同承担制动安全可靠的任务。

(5)铁路动力主要消耗在机车牵引，约有60%～70%用于克服机车车辆的基本阻力上，这是铁路运输部门的特点之一。因而，要求牵引齿轮用的润滑脂能适应其工作特性。

(6)铁路轮轨是铁路上钢铁用量最大的一对摩擦副。铁路钢轨无论是直线还是少数弯道，为了延长轮轨的使用寿命，降低机车车辆的阻力，提高机车时速，增加吨位，节约能量，减少故障，要求对轮轨进行润滑。

3.1.2　机车车辆对润滑脂润滑性能的要求

铁路专用润滑脂，为适应轴承、制动装置、牵引装置和轮缘与钢轨的工作特点，要求具有如下性能。

1)优良的高低温性能

我国幅员辽阔、地形复杂、气候多样，而润滑脂的应用要求是四季通用、南北通用。火车在短时间内就可从温暖的华南跑到寒冷的东北，从东部平原到达高寒的青藏高原，这就要求润滑脂同时具有优良的高温性和低温性。

2)长寿命

我国的货车轮对轴承检修周期从5年或50万千米延长至8年或80万千米，高速动车组所用轴承也是免维护的密封轴承单元，铁路的其他设备或零件都有延长检修周期的趋势。

3)密封件的适应性和润滑脂氧化稳定性

润滑脂在轴承中长时间使用，要求氧化稳定性，不应该氧化降解到显著程度，这种变质可能是物理性质起了本质的变化，或增强了腐蚀性。润滑脂的氧化稳定性，一般取决于配方中所用的基础油类型和添加剂。

4)耐寒持久性

制动缸润滑脂要求对橡胶的适应性，尤其是低温适应性，这除与橡胶密封圈有关外，也与制动缸润滑脂的组成有关。一般在制动缸润滑脂中加入一定量与橡胶密封圈中相的耐寒增塑剂，保证橡胶皮碗具有较好的耐寒持久性。

5)优良的极压抗磨性能

高速、重载以及长维修周期，都要求润滑脂的润滑性能要优良，要有好的极压抗磨性能，最大限度地降低设备的磨损。

6)防锈性能

铁路车辆在运行过程中，由于环境条件的影响，轴承内往往有凝结水，车辆停驶时，润滑脂要有防止轴承锈蚀的作用，否则会引起生锈，影响轴承的使用寿命。润滑脂的防锈性能，一般是采用添加剂的办法解决。

7)环保要求

随着世界工业化的发展，人类对环境的破坏越来越严重，环境问题越来越受到人们的重视，保护环境是每一个地球人的责任与义务。我国铁路用润滑脂特别是青藏铁路的开通，必定会对润滑脂产品的环保性能提出更高的要求。

3.2　铁路行业润滑脂的应用情况

中国石化润滑油润滑脂分公司是铁路专用润滑脂的主要生产厂家，市场占有率约为70%。主要有铁路滚动轴承Ⅳ型脂、铁路滚动轴承Ⅴ型脂、铁路机车轮对脂、牵引电机脂等产品，适用于速度200km/h以下机车车辆的车辆轴承、转向架、制动系统、发电机、牵引电机轴承、轮轨的润滑要求。今后随机车数量的增加润滑脂的需求量会进一步增加。现在铁路用脂的应用情况为铁道车辆滚动轴承Ⅱ型润滑脂和铁道车辆滚动轴承Ⅱ型润滑脂(A)已不再应用，全部被铁道车辆滚动轴承Ⅳ型润滑脂所替代。

3.3　铁道车辆滚动轴承Ⅳ型润滑脂

本产品采用羟基硬脂酸混合皂稠化深度精制矿物油，加入高效添加剂而制成，是专为铁路车辆滚动轴承研制的高性能润滑脂。

其具有良好的剪切安定性，确保了长期使用中不甩油；长的使用寿命，可在密封良好的货车滚动轴承中使用8年或80万千米；优良的极压抗磨性能，保证了车辆在重负荷工作情况下的安全运转。适用于轴重25t、运行速度140km/h或轴重21t、速度达160km/h的货车轴承，以及轴重17t、运行速度200km/h以下的客车轴承。使用温度：-40~120℃。

铁道车辆滚动Ⅳ型润滑脂典型数据见表8-3-1。

表 8-3-1　铁道车辆滚动Ⅳ型润滑脂典型数据

项　目	典型数据	试验方法
外观	棕色至棕褐色均匀油膏	目测
工作锥入度/0.1mm	289	GB/T 269
延长工作锥入度(10 万次)与工作锥入度差值/0.1mm	19	GB/T 269
滴点/℃	190	GB/T 4929
腐蚀(T_2铜，100℃，24h)/级	铜片无绿色或黑色变化	GB/T 7326
钢网分油(100℃，24h)/%	2.6	SH/T 0324
水分/%	无	GB/T 512
杂质/(个/cm^3) 10μm 以上 25μm 以上 75μm 以上 125μm 以上	 600 200 0 0	SH/T 0336
相似黏度(-20℃，$10s^{-1}$)/Pa·s	1596	SH/T 0048
水淋流失量(38℃，1h)/%	1	SH/T 0109
极压性能(四球机法)，P_B 值/N	696	SH/T 0202
极压性能(梯姆肯法)，OK 值/N	178	SH/T 0203
滚筒安定性(80℃，50h)/0.1mm 试验前后工作锥入度之差	30	SH/T 0122
抗磨性能(四球机法)/mm (392N，60min)	0.50	SH/T 0204
氧化安定性(99℃，500h，780kPa) 压力降/kPa	94	SH/T 0325
蒸发损失(99℃，22h)/%	0.29	GB/T 7325
防腐蚀性(52℃，48h)	合格	GB/T 5018

3.4　铁路机车轮对滚动轴承润滑脂

本产品采用羟基硬脂酸混合皂稠化深度精制矿物油，加入高效添加剂而制成，是专为铁路机车轮对轴承润滑研制的高性能润滑脂，解决了代用脂极压、抗水及寿命不能满足要求的问题。

其具有良好的剪切安定性，确保了长期使用中不甩油；优良的抗水性和防锈性，保证长效润滑和防护要求；长的使用寿命，不用补脂可满足机车一个中修期(架修)的使用需要；优良的极压抗磨性能，保证了车辆在重负荷工作情况下的安全运转。适用于铁路机车轮对轴承及抱轴承，城市快轨或电车轴承。使用温度：-40～120℃。

铁路机车轮对滚动轴承润滑脂典型数据见表 8－3－2。

表 8－3－2 铁路机车轮对滚动轴承润滑脂典型数据

项目	典型数据	试验方法
外观	褐色至棕褐色软膏	目测
工作锥入度/0.1mm	273	GB/T 269
滴点/℃	188	GB/T 4929
腐蚀(T_2铜，100℃，24h)/级	铜片无绿色或黑色变化	GB/T 7326(乙法)
钢网分油(100℃，24h)/%	2.0	SH/T 0324
水分/%	无	GB/T 512
延长工作锥入度(10 万次)与工作锥入度差值/0.1mm	15	GB/T 269
杂质/(个/cm^3) 25μm 以上 75μm 以上 125μm 以上	 400 0 0	SH/T 0336
相似黏度(－20℃，$10s^{-1}$)/Pa·s	1194	SH/T 0048
极压性能(四球机法)，P_B 值/N	696	SH/T 0202
蒸发损失(99℃，22h)/%	0.07	GB/T 7325
水淋流失量(38℃，1h)/%	1	SH/T 0109
抗磨性能(四球机法)/mm (392N，60min)	0.45	SH/T 0204
极压性能(梯姆肯法)，OK 值/N	200	SH/T 0203
氧化安定性(100℃，500h，780kPa)压力降/kPa	105	SH/T 0325
防腐蚀性（52℃，48h)	合格	GB/T 5018

3.5 机车车辆制动缸 89D 润滑脂

本产品采用羟基硬脂酸皂稠化合成油，加入高效添加剂而制成，是专为铁路车辆制动缸密封及润滑研制的高性能润滑脂。

其具有良好的剪切安定性，确保了长期使用中不甩油；突出的低温性能，在极寒情况下能保持低的启动力矩；优良的橡胶相容性能，能够保持制动缸橡胶皮碗的耐寒持久性能和质量性能。适用于铁路机车车辆的制动系统制动缸润滑。使用温度：－50～120℃

机车车辆制动缸 89D 润滑脂典型数据见表 8－3－3。

表 8-3-3　机车车辆制动缸 89D 润滑脂典型数据

项目	典型数据	试验方法
工作锥入度/0.1mm	315	GB/T 269
游离碱(NaOH)/%	0.01	SH/T 0329
水分/%	无	GB/T 512
杂质/(个/cm^3) 10μm 以上 25μm 以上 75μm 以上 125μm 以上	 400 0 0 0	SH/T 0336
滴点/℃	187	GB/T 4929
延长工作锥入度(10 万次)/0.1mm	341	GB/T 269
腐蚀(45 号钢，100℃，3h)	合格	SH/T 0331
钢网分油(100℃，24h)/%	2.7	SH/T 0324
水淋流失量(38℃，1h)/%	6.0	SH/T 0109
氧化安定性(100℃，100h，785kPa) 压力降/kPa	26	SH/T 0325
相似黏度(-50℃，$10s^{-1}$)/Pa·s	1349	SH/T 0048
橡胶浸脂后吸油增重率(70℃，24h)/%	6.85	GB/T 1690 及注 1
橡胶浸脂后压缩耐寒系数保持率(-50℃)/%	83	GB/T 6034 及注 2

3.6　铁路机车牵引电机轴承润滑脂

本产品采用复合皂稠化深度精制矿物油及合成油，加入高效添加剂而制成，是专为铁路机车牵引电机轴承研制的高性能润滑脂。

其具有突出的高低温性能，满足我国铁路南北通用的要求；良好的剪切安定性，确保了长期使用中不甩油；优良的极压抗磨性能，保证了电枢轴承在重负荷工作情况下的安全运转。适用于铁路机车的牵引电机电枢轴承及主发和辅助电机轴承的润滑。使用温度：-40～160℃。

铁路机车牵引电机轴承润滑脂典型数据见表 8-3-4。

表 8-3-4　铁路机车牵引电机轴承润滑脂典型数据

项目	典型数据	试验方法
外观	棕黄色至暗褐色均匀油膏	目测
工作锥入度/0.1mm	273	GB/T 269
滴点/℃	316	GB/T 3498
腐蚀(T_2铜，100℃，24h)/级	铜片无绿色或黑色变化	GB/T 7326
钢网分油(100℃，24h)/%	2.2	SH/T 0324

续表

项目	典型数据	试验方法
杂质/(个/cm^3) 25μm 以上 75μm 以上 125μm 以上	 300 0 0	SH/T 0336
延长工作锥入度(10 万次)/0.1mm	287	GB/T 269
相似黏度(-20℃, $10s^{-1}$)/Pa·s	488	SH/T 0048
极压性能(四球法), P_B值/N	834	GB/T 12583
漏失量(104℃, 6h)/g	0.17	SH/T 0326
水淋流失量(38℃, 1h)/%	1	SH/T 0109
抗磨性能(四球机法)/mm(392N, 60min)	0.45	SH/T 0204
氧化安定性(99℃, 758kPa) 100h 压力降/kPa 500h 压力降/kPa	 30 70	SH/T 0325
蒸发损失(99℃, 22h)/%	0.32	GB/T 7325
防腐蚀性(52℃, 48h)	合格	GB/T 5018

3.7 新型(JH-1)轮轨润滑脂

3.7.1 轨道润滑脂性能

我国在20世纪60年代初就研制了轨道润滑脂，为了满足列车在弯道运行轮轨润滑的特点，轨道润滑脂在性质上要使其黏度和强度极限保持一定数值。因为润滑脂的黏度随温度变化大，而黏度和强度极限又有一定的制约关系。但主要是轨道润滑脂的黏温性能应适于气候的变化。轨道润滑脂具有以下优点。

(1)泵送性好，能通过管道输送。

(2)黏温性好，能够冬季在东北寒区使用，适于气候的变化，不变硬，容易输送。

(3)有一定的强度，被挤出的脂能沿轨侧面挺起而不流失。

(4)黏附性好，能克服离心力而吸附在轮缘上，不被甩掉而带向前方。

应用轨道润滑脂时，要有涂脂润滑器相配合，我国采用固定式曲线钢轨自动涂脂器。固定式曲线钢轨自动涂脂器由给脂板、供油器及贮油器三部分组成。安装的位置应在缓和曲线内，将要开始磨耗的地方。给油原理是当每个车通过供油器时，供油器向给油板供给一定量的轨道润滑脂，被后来的车轮轮缘带走，涂在弯曲的钢轨的内侧面达到润滑减摩作用。

我国研制的轨道润滑脂和自动涂脂器，曾于1964年末在沈阳投入日常运用半年，并进行了技术鉴定。列车轮缘与曲线钢轨之间润滑有如下优点：

(1)延长轮缘与曲线外轨寿命几倍。

(2)减少曲线地段运动列车的阻力，节约燃料消耗。

(3)提高曲线的通过吨位，增加曲线区段列车的速度和牵引力。

(4)减少车轮爬上轨面的倾向，消除脱轨的危险。

(5)降低线路机车维修费用。

(6)缓和电力机车和内燃机车带来的轮缘与曲线钢轨侧面严重磨耗问题等。

对曲线钢轨进行涂油润滑，可提高轮轨寿命数倍。按此推算，我国铁路曲线半径在600m以下的弯道线路为6000km，曲线钢轨平均寿命为6年，若延长1倍，则每年可少换单轨535km，节约钢轨更换费将是十分可观的。

由此可见，涂脂器比用手工涂油更能有效地减少曲线外轨磨耗。事实上，只要采用弯道润滑装置与适宜的极压润滑剂，对车辆心盘及轴承合理润滑，降低轮缘对钢轨的持续侧压力，使车辆有良好的曲线通过性，就可减少摩擦磨损，收到延长轮缘和钢轨的寿命，节约换轨的效果。

3.7.2 新型(JH－1)轮轨润滑脂特点

1)高温稳定性

对一条干线铁路，列车长距离下坡行驶，轮轨间摩擦热有时使车轮温度高达200～300℃；在小半径曲线行驶，当施以最大制动力时，轮轨温度也可在50℃以上。这样，就需要应用高滴点的润滑脂，否则脂易滑落，不能发挥其良好的润滑作用。

2)低温流动性

寒冷地区冬季气温可低至－50℃左右，因而优良的低温流动性是保证轮轨润滑脂喷涂到摩擦表面的关键。

3)足够的黏附性(保持能力)和良好的扩展能力

可以最大限度地扩散到全列车。

4)优良的极压抗磨性

润滑脂极压抗磨作用主要是指所加入的固体润滑剂，如石墨、二硫化钼等所起的润滑作用。

5)良好的抗水性和防锈蚀能力

应用轮轨润滑脂必须与涂脂器相匹配。从润滑方式来讲，我国主要有机车安装轮缘喷油器和固定在道旁的曲线钢轨涂脂器两大类。其中机车装的喷油器有滚轮式和仿法国式喷油器两种。至今尚无专用润滑油。新型(JH－1)轮轨润滑脂与轮缘喷器相匹配，于1989年夏在北京至原平线运行，其用的北方脂为含天然鳞片石墨(纯度99%)10%的锂基脂轨润滑脂，通过试验，性能可靠，经济实用，其先进性、科学性和实用性等方面达到了国内外先进水平。

3.7.3 新型(JH－1)轮轨润滑脂性能

本产品采用羟基硬脂酸皂稠化合成油，加入高效添加剂及石墨而制成，是专为铁路机车轮缘润滑而研制的高性能润滑脂。

其具有良好的黏附性能，能够吸附于轮缘表面；优良的低温性能，在极寒地区仍能保持流动性；优良的极压抗磨性能，能有效地减少轮缘、铁轨的磨耗。可与华宝润滑装置配套使用于铁路机车轮缘润滑。使用温度：极寒脂：－50～60℃；北方脂：－30～80℃；南方脂：－10～120℃。

新型(JH－1)轮轨润滑脂典型数据见表8－3－5。

表8－3－5 新型(JH－1)轮轨润滑脂典型数据

项目	典型数据			试验方法
	00号极寒脂	0号 北方脂	1号 南方脂	
外观	黑色均匀油膏			目测
工作锥入度/0.1mm	428	367	328	GB/T 269
游离碱(NaOH)/%	0.03	0.02		SH/T 0329
钢网分油(50℃，24h)/%	—		3.5	SH/T 0324
水分/%	无	无	无	GB/T 512
滴点/℃	173	178	186	GB/T 4929
腐蚀(T_3铜，100℃，3h)/级	合格			SH/T 0331
水淋流失量(38℃，1h)/%	—		5.2	SH/T 0109
抗磨性能(四球机法) (392N，30min)/mm	0.67	0.55	0.58	SH/T 0204
相似黏度($0.6s^{-1}$)/Pa·s	860 (－50℃)	1083 (－30℃)	972 (－10℃)	ASTM D2196
极限剪应力/(g/cm^2)	2.5 (－50℃)	1.25 (－30℃)	1.15 (－10℃)	ASTM D2196
滑落试验(80℃，1h)	—	合格		SH/T 0387 附录C

3.8 环保型轮轨润滑脂

3.8.1 TKLG 1010环保型轮轨润滑脂

本产品采用羟基硬脂酸皂稠化植物油及合成油，加入高效添加剂而制成，是专为地铁轮缘润滑而研制的高性能环保型润滑脂。

其具有良好的黏附性能，能够吸附于轮缘表面。优良的极压抗磨性能，能有效地减少轮缘、铁轨的磨耗。优良的环保性，可以在自然条件下进行生物降解。可与集中润滑装置配套使用。使用温度：－30～100℃。

TKLG 1010环保型轮轨润滑脂典型数据见表8－3－6。

表8－3－6 TKLG 1010环保型轮轨润滑脂典型数据

分析项目	典型数据		试验方法
	1010	1010B	
工作锥入度/0.1mm	360	470	GB/T 269
水分/%	无	无	GB/T 512

续表

分析项目	典型数据		试验方法
	1010	1010B	
滴点/℃	190	176	GB/T 4929
腐蚀(T_2 铜片，100℃，3h)/级	1b	1b	GB/T 7326
腐蚀(45#钢，100℃，24h)	合格	合格	SH/T 0331
相似黏度(-30℃，0.6s^{-1})/Pa·s	974	637	ASTM D2196
抗磨性能(四球机法)磨痕直径(392N，30min)/mm	0.55	0.55	SH/T 0204
可生物降解性(基础脂)/%	60.5	60.9	Q/SH303 525 附录 A

3.8.2 TKLG 1060 环保型轮轨润滑脂

本产品采用羟基硬脂酸皂稠化合成油，加入高效添加剂而制成，是专为铁道轮缘润滑而研制的高性能环保型润滑脂。

其具有良好的黏附性能，能够吸附于轮缘表面；优良的低温性能，在寒冷地区仍能保持流动性；优良的极压抗磨性能，能有效地减少轮缘、铁轨的磨耗；优良的环保性，可以在自然条件下进行生物降解；可与集中润滑装置配套使用。使用温度：-50~100℃。

TKLG 10600 环保型轮轨润滑脂典型数据见表 8-3-7。

表 8-3-7 TKLG 10600 环保型轮轨润滑脂典型数据

分析项目	典型数据		试验方法
	1060	1060B	
工作锥入度/0.1mm	410	470	GB/T 269
水分/%	无	无	GB/T 512
滴点/℃	186	180	GB/T 4929
腐蚀(T_2 铜片，100℃，3h)/级	1b	1b	GB/T 7326
腐蚀(45#钢，100℃，24h)	合格	合格	SH/T 0331
相似黏度(-50℃，0.6s^{-1})/Pa·s	1277	947	ASTM D2196
极压性能(四球机法)烧结负荷 P_D 值/N	3089	3089	SH/T 0202
抗磨性能(四球机法)磨痕直径(392N，30min)/mm	0.50	0.50	SH/T 0204
可生物降解性(基础脂)/%	62.2	63.1	Q/SH303 525 附录 A

3.9 高速铁路轴箱轴承润滑脂

本产品采用脂肪酸金属皂稠化合成油，并且加入多效复合添加剂，经特殊工艺制成，专为高速动车组轴箱轴承的润滑而开发。该技术的成功研发打破了国外技术垄断，实现了技术自主化。其具有优异的剪切安定性，确保长期使用中不甩油；优异的极压抗磨性能，保证轴承在重负荷工作情况下的安全运转；优异的高低温适用性，满足我国动车组轴箱轴承南北方、冬夏季使用要求；超长的使用寿命，可在密封良好的动车组滚动轴承中使用

165 万千米。使用温度：-40～120℃，适用于轴重 17t、运行速度 250km/h 或 350km/h 的动车组轴箱轴承。

高速动车组轴箱轴承润滑脂典型数据见表 8-3-8。

表 8-3-8 高速动车组轴箱轴承润滑脂典型数据

项目	典型数据	试验方法
外观	棕黄色均匀油膏	目测
工作锥入度/0.1mm	275	GB/T 269
延长工作锥入度，10 万次与 60 次工作锥入度差值/0.1mm	18	GB/T 269
滴点/℃	199	GB/T 4929
腐蚀(T_2 铜片，100℃，24h)/级	1b	GB/T 7326 甲法
钢网分油(100℃，24h)/%	1.0	NB/SH/T 0324
水分/%	无	GB/T 512
蒸发损失(99℃，22h)/%	0.34	GB/T 7325
水淋流失量(38℃，1h)/%	1	SH/T 0109
防腐蚀性(52℃，48h)	合格	GB/T 5018
相似黏度(-30℃，$10s^{-1}$)/Pa·s	1072	SH/T 0048
极压性能(四球机法)P_B/N	785	SH/T 0202
极压性能(梯姆肯法)OK 值/N	178	NB/SH/T 0203
抗磨性能(四球机法)(392N，60min)，磨痕直径/mm	0.45	SH/T 0204
氧化安定性(99℃，500h，0.758MPa)，压力降/MPa	0.078	SH/T 0325
滚筒安定性(80℃，50h)，锥入度变化/0.1mm	38	SH/T 0122

3.10 其他铁路润滑脂

3.10.1 概述

除了以上产品外，还有 PR-1 型铁道车辆车轴轴颈卸荷槽专用防腐脂、TXP-1 型铁路车辆心盘润滑脂、89M 毛毡浸润脂和 GP-9 硅脂润滑脂用于轴颈防锈、制动缸毛毡浸润和制动系统 120 阀的润滑。下面对这些润滑脂进行简要介绍。

3.10.2 PR-1 型铁道车辆车轴轴颈卸荷槽专用防腐脂

本产品采用羟基硬脂酸皂稠化深度精制矿物油，加入高效防锈添加剂而制成，是专为铁道车辆车轴轴颈卸荷槽部位防锈防腐蚀而研制的专用润滑脂。

其具有良好的防护性能，有效防止腐蚀性介质对车轴的侵蚀；长的使用寿命，保证了车辆长期的安全运转。适用于铁道车辆的车轴轴颈卸荷槽部位及其他需要防锈的设备。使用温度：-30～120℃。

PR-1 型铁道车辆车轴轴颈卸荷槽专用防腐脂典型数据见表 8-3-9。

表 8-3-9　PR-1 型铁道车辆车轴轴颈卸荷槽专用防腐脂典型数据

项目	典型数据	试验方法
外观	浅褐色至棕褐色均匀油膏	目测
工作锥入度/0.1mm	335	GB/T 269
滴点/℃	187	GB/T 4929
水分/%	无	GB/T 512
钢网分油(100℃，24h)/%	3.5	SH/T 0324
腐蚀(T_2铜，100℃，24h)/级	铜片无绿色或黑色变化	GB/T 7326
蒸发损失(99℃，22h)/%	0.21	GB/T 7325
低温性能(-40℃，30min)	合格	SH 0387 附录二
湿热试验(45 号钢，30d)/级	1	GB/T 2361
盐雾试验(45 号钢，14d)/级	1	SH/T 0081

3.10.3　TXP-1 型铁路车辆心盘润滑脂

本产品采用羟基硬脂酸皂稠化精制矿物油，加入高效添加剂及石墨而制成，是专为铁路车辆心盘润滑研制的高性能润滑脂。

其具有良好的抗水性和防护性；优良的抗磨性能，减少了车辆心盘在重负荷工作情况下的磨损。适用于铁路车辆心盘润滑。使用温度：-30～120℃。

TXP-1 型铁路车辆心盘润滑脂典型数据见表 8-3-10。

表 8-3-10　TXP-1 型铁路车辆心盘润滑脂典型数据

项目	典型数据	试验方法
外观	黑色均匀油膏	目测
工作锥入度/0.1mm	278	GB/T 269
游离碱(NaOH)/%	0.02	SH/T 0329
滴点/℃	192	GB/T 4929
水分/%	无	GB/T 512
钢网分油(50℃，24h)/%	0.01	SH/T 0324
腐蚀(钢片，100℃，3h)	合格	SH/T 0331
抗磨性能(四球机法)/mm (392N，30min)	0.45	SH/T 0204

3.10.4　89M 毛毡浸润脂

本产品采用羟基硬脂酸锂皂稠化合成油，加入高效添加剂而制成，是专为铁路车辆制动系统毛毡浸润研制的高性能润滑脂。

其具有良好的浸润性，与毛毡亲和力强，确保长期使用；优良的润滑性能，保证了制动系统的安全运转。适用于铁路车辆的制动系统。使用温度：-50～120℃。

89M 毛毡浸润脂典型数据见表 8-3-11。

表 8-3-11 89M 毛毡浸润脂典型数据

项目	典型数据	试验方法
外观	棕红色至褐色均匀油膏	目测
工作锥入度/0.1mm	393	GB/T 269
游离碱(NaOH)/%	0.01	SH/T 0329
相似黏度(-50℃，$10s^{-1}$)/Pa·s	336	SH/T 0048
滴点/℃	177	GB/T 4929
腐蚀(T_3铜，100℃，3h)/级	合格	SH/T 0331
水分/%	无	GB/T 512
杂质/(个/cm^3) 10μm 以上 25μm 以上 75μm 以上 125μm 以上	 400 100 0 0	SH/T 0336
氧化安定性(99℃，100h，758kPa) 压力降/kPa	8	SH/T 0325
橡胶浸脂重量变化率(70℃，24h)/%	6.95	GB/T 1690
橡胶浸脂后压缩耐寒系数保持率 (-50℃)/%	86	GB/T 6034 及注 2

3.10.5 GP-9 硅脂

本产品由无机稠化剂稠化合成油，并加有多种添加剂制成，是专为铁路车辆 120 制动阀门的阀件润滑与密封开发的。

本产品使用温度范围广；能够克服南北温差，冬夏温差，真正满足车辆运行的需要。

其具有增强的黏附性能，对制动阀件起到优良的辅助密封作用，杜绝漏气和串气；良好的润滑性能，使阀件运动灵活，降低磨损，延长阀件使用寿命；对橡胶的影响小，与铁路系统制动阀中所用的各种类型橡胶制件相容；防锈性好；有效避免阀件受潮湿空气、腐蚀性介质引起的腐蚀；抗水，耐冲刷，遇水不分解、不流失，能够抵抗高压气流的冲刷；稠度适宜，便于使用。

本产品不含铅及其他对人体有害的物质，专用于铁路车辆制动阀阀件的辅助密封与润滑。也可用于其他与橡胶接触的设备润滑与防护。使用温度：-50～120℃。

GP-9 硅脂典型数据见表 8-3-12。

表 8-3-12 GP-9 硅脂典型数据

项　目	典型数据	试验方法
滴点/℃	>300	GB/T 3498
工作锥入度/0.1mm	295	GB/T 269
腐蚀(T_3铜，100℃，3h)/级	合格	SH/T 0331
相似黏度(-50℃，$10s^{-1}$)/Pa·s	325	SH/T 0048
橡胶质量变化率(70℃，24h)/%	0.23	GB/T 1690
橡胶浸油后压缩耐寒系数保持率(-50℃)/%	95	GB/T 6034

第4章 用油注意事项

4.1 润滑油(脂)使用管理的意义

润滑管理是机械管理中的一个重要组成部分。润滑管理的目的在于预防设备润滑故障，减少机械设备停车造成的损失和提高生产，节约保养劳务费和减少零部件更换，延长设备的使用寿命，减少固定资产投资，降低润滑剂的消耗量，节约费用。因此，搞好润滑管理工作是企业提高经济效益的重要途径之一。

4.2 润滑管理的主要内容

(1)建立切实可行的管理机构和规章制度，配备专职或兼职的润滑工作人员。

(2)制定设置润滑的技术标准，执行“定点、定质、定期、定量、定人”的五定工作规范。

(3)控制润滑油脂的购、储、用全过程，最好定出全厂统一的代表各种油料牌号的颜色，便于区分，防止混杂。

(4)开展润滑技术培训。

(5)加强对润滑系统及重要设备的运行状态的检测。

(6)制定各种机型润滑材料的消耗定额。

(7)做好废旧油料的回收与再生利用。

(8)润滑管理效果的评价与改善。

4.3 润滑油脂的储运与入库检验和保管

润滑油脂的储运与入库检验均应严格按照要求进行，以确保润滑油脂质量合格。

(1)未经化验合格的油品，采购人员不应采购，验收人员应拒绝验收入库。

(2)散装油储存在油罐内，储存罐底设计以窝蝶形或倾斜为主，并安装放油孔，以便按时将沉淀物排出，并定期对油罐内部进行清理。

(3)装卸时防止倒塌，避免从卡车、火车等高处坠落。搬运时禁止碰撞，以免损坏包装。

(4)购入的合格润滑油脂应尽量储存于室内，如需露天放置，应用防雨布等搭棚遮盖。若一时量大而又无防雨布时，则须将桶倾斜立置并与地面成75°角，以防雨水渗入。

(5)包装不得倒置或横放，不要对包装进行重压，以防包装变形、损坏和产品泄漏。

4.4 润滑油脂使用注意事项

在润滑油脂地使用中，需认真执行机械润滑的“五定”和“三级过滤”规范。

4.4.1 五定过

1)定点

要确定机械设备有几个润滑油箱、油盒、油杯、油孔及密封或外露的润滑点。

2)定质

要确定各润滑点(部位)要求使用何种牌号的油，根据摩擦副的特点，掌握代用油或掺和调配方法，保持油料不受污染或变质。储存少量润滑油和补油的容器，必须专罐专用，有盖且保持清洁。擦拭时，切不可用易于脱落纤维的废棉纱。

3)定期

要确定各润滑点多长时间给油一次，根据油箱油质情况及时换油。

4)定量

要确定每个润滑点加多少油量为宜，规定消耗定额。

5)定人

各机械设备要有专人分工负责加换油脂。

4.4.2 三级过滤

进厂合格的润滑油在应用到设备润滑部位前，一般都要经过几次容器的倒换储存，每倒换一次或移动位置都应进行一次过滤，以杜绝杂质的二次污染。润滑油的三级过滤是：合格油品进润滑站固定油桶时要进行第一次(一级)过滤；润滑站固定油桶的油进加油工具时要进行第二次(二级)过滤；加油工具里的油进入设备润滑点时要进行第三次(三级)过滤。

具体步骤如下：

(1)打开桶盖前将桶盖表面及边缘擦干净，取用时使用洁净工具，使用后用桶盖密封，防止进入杂质、水等。

(2)对新设备或大修装置的润滑系统必须进行清洗，并按规定磨合。

(3)润滑脂使用后应当抹平，防止析油。

(4)组织进行机械设备的故障分析，做到“三不放过”。

(5)不能与不同类别的润滑油脂混合使用，不能加热熔化后使用。

(6)确保新油和旧油标识明确，避免不必要的浪费。

(7)不同公司的同类润滑油产品不得混用，必须混用则要求进行试验；同一公司不同质量等级的产品不得混用。油品代用必须“以高代低”，且要求黏度级别相同。

4.5 安全、健康、环保

(1)不能对包装物进行焊接、加热。使用和储存时严禁与明火接触，发生火灾时用干粉或泡沫灭火器灭火。

(2)从油桶中取油时，应采取适当的措施，防止润滑油飞溅到地面。

(3)残留及废弃润滑油脂不得随意丢弃，应按法规妥善处理。

(4)使用后的包装物请按法规妥善处理。

(5)开启容器时请戴上手套并使用工具，以免伤手。

(6)必要时安装排风装置，减少空气中的油雾浓度。

(7)使用时防止接触皮肤，防止溅入眼内，进入眼内及时找医生诊治。

(8)不穿被油渗透的衣服，不要用脏抹布擦皮肤上的油迹，以免抹布中有异物划伤皮肤。

(9)接触皮肤后，用水、肥皂及时清洗干净。工作场所配备必要的清洗用具、医疗用具和急救用品。

(10)禁止食用，误食后请找医生诊治。

(11)置于儿童不能触到的位置。

第九篇 电力设备润滑剂

第1章 电力行业概况

1.1 电力行业现状及发展趋势

1.1.1 发电行业现状及发展趋势

世界上第一台火力发电机组是1875年建于巴黎北火车站的直流发电机，用于照明供电。1882年美国纽约珍珠街电厂建成发电，装有6台直流发电机，总容量是900Hp（670kW），以110V直流为电灯照明供电。经过100多年的发展，到2020年，全世界发电装机容量已超过50亿千瓦，年发电量达到27万亿千瓦·时。

我国电力工业从1882年开始，至今已走过120年发展历程。几乎与世界有电历史同步，1882年由英商在上海创办了中国第一家电业公司——上海电气公司。当时的直流发电机只有10Hp。从1882年到1949年新中国成立前夕，全国发电总装机容量仅有185万千瓦。而到2020年底，我国发电装机容量已近22亿千瓦。发电总量为76200亿千瓦·时。我国在总装机、水电、火电、风电和太阳能装机容量上均处于世界首位，创造了连续几年年增发电装机容量近1亿千瓦的奇迹。中国现有发电装机容量在1亿千瓦以上的省份有10个以上，其中山东为全国装机容量第一，为15560万千瓦、装机容量前5的省份有内蒙古14650万千瓦、江苏14146万千瓦、广东14100万千瓦、新疆10763万千瓦。

发电形式主要分为火力发电（包括煤电和燃气）、水力发电、核能发电、风力发电、光伏及生物能源发电等。近年来为了达到2020年非化石能源占15%，2030年20%的能源规划目标，中国一直在调整能源结构，降低化石能源的比例，大力发展水电、风电、太阳能等非化石能源。目前我国发电形式结构中火力发电已经从10年前的72%下降到56.8%左右，水力发电装机容量为3.7亿千瓦，约占16.8%；2020年我国已经投产的核电机组有48台，装机容量4989万千瓦，占电力总装机的2.3%；近年我国风力、太阳能发电发展迅速，至2020年我国风电装机总容量达到2.8亿千瓦，新增陆上和海上风电装机容量均位列全球第一，累计陆上风电装机容量全球第一，累计海上风电装机容量全球第二；太阳能装机容量2020年达到2.53亿千瓦，占总装机容量的11.5%。

目前我国的发电装机容量已基本能满足用电的需求，今后主要是以2030年前碳达峰和2060年前碳中和为目标，推进能源革命，建设清洁低碳、安全高效的能源体系，提高能源供给保障能力。“十四五”能源规划要求加快发展非化石能源，坚持集中式和分布式并举，大力提升风电、光伏发电规模，加快发展东中部分布式能源，有序发展海上发电，加快西南水电基地建设，安全稳妥推动沿海核电建设，核电运行装机容量达到7000万千瓦，建设一批多能互补的清洁能源基地，非化石能源占能源消费总量比重提高到20%左右。推动煤炭生产向资源富集地区集中，合理控制煤电建设规模和发展节奏，推进以电代煤。有序放开油气勘探开发市场准入，加快深海、深层和非常规油气资源利用，推动油气增储上产。因地制宜开发利用地热能。

1.1.2 电网现状及发展趋势

中国电力行业迅速发展，行业规模大幅增长，我国电网是伴随着电力工业的发展而不断扩展。截至2020年底，我国装机总容量达22亿千瓦，年发电量75110亿千瓦时。全国220kV及以上输电线路长达79.8万千米，变电容量44.0亿千伏安。

全国联网范围不断扩大，20世纪60年代末到70年代，以大、中城市为中心的配电网逐步通过220kV线路相互连接，以220kV线路为主网架，以省域为主要覆盖范围的局部电网开始形成。至2011年11月，随着青藏±400kV联网工程的投运，除台湾外，全国联网格局基本形成。

变压器电压等级不断提升，1981年出现500kV，1989年出现±500kV，2005年出现750kV，2009年建成投运第一条1000kV特高压输电线路(晋东南—荆门)，我国电网进入特高压时代；2010年建成投运两条±800kV特高压直流输电线路(云广、向上)；2019年9月世界上电压等级最高、输送容量最大、输送距离最长的准东—皖南±1100kV特高压直流输电工程和世界上首次在重要输电通道中采用特高压GIL技术的苏通1000kV交流特高压GIL综合管廊工程投运。

中国电网经历了起步建设、规模化发展和区域电网互联形成三个时期，电网功能由简单的电力外送，发展到城市间、省间乃至跨大区域间的电力资源优化配置。在此过程中，大电源和西电东送的发展共同促进了大电网的发展，但当系统达到一定规模之后，大电网的边际效应将逐步递减。未来电网的建设主角将由输电网逐渐演变为配电网。此外，未来电网绿色平台作用将进一步凸显，智能化水平逐步提升，系统运行与服务模式灵活性逐步提高，以更加开放的态度发展与周边国家的互联互通，实现更大范围的资源优化配置。同时，电网发展的重点将逐步转向重视发展中低压配电网。未来配电网的具体形态将主要为：分层分区、智能互动、灵活高效、模式多样，可能多能互补一部分，可能单独存在。

1.2 电力行业设备现状和发展趋势

电力设备主要分为电站主机设备(发电机组、电站锅炉等)、输变电一次设备(变压器、开关、电线电缆等)、二次设备(电力保护和自动化设备)及电力环保设备。其中，电站主机设备和输变电一次设备是主要的电力设备。

1.2.1 发电设备现状和发展趋势

第一类为发电设备：根据使用能源的不同，又分为火电设备(蒸汽轮机、磨煤机、蒸汽锅炉、压气机、燃气轮机、发电机)，水电设备(水轮机、水库闸门)，核电设备(反应堆堆芯、蒸汽发生器、汽轮机、发电机)和风电设备(风力轮机)。图9-1-1～图9-1-4为各种发电形式的装置示意图。

第二类为辅助设备：电站阀门、管道、换热器、脱硫除尘设备、泵、风机、输煤设备……

第三类为输电设备：变压器、断路器、互感器、电力电容器……

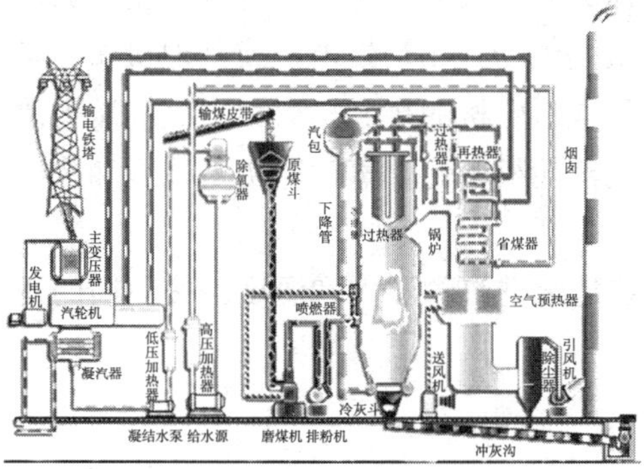

图9-1-1　火力发电厂装置示意图

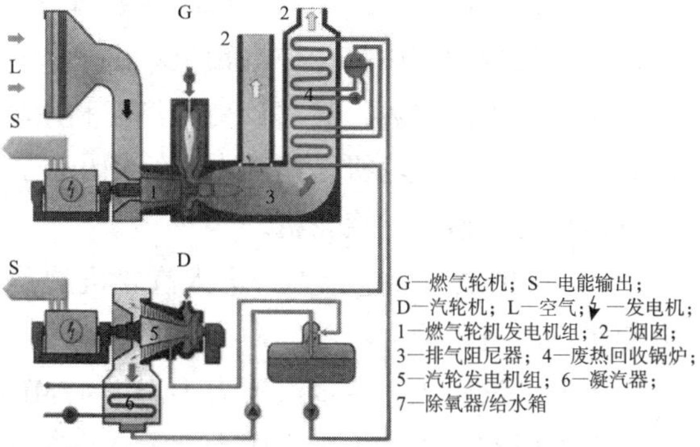

图9-1-2　燃气-蒸汽联合循环电厂装置示意图

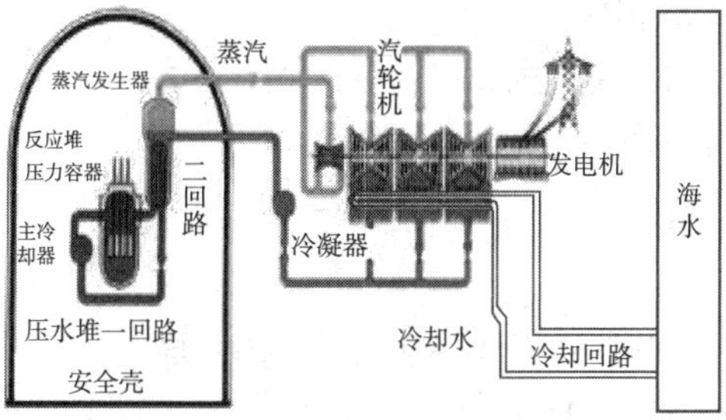

图9-1-3　核电厂装置示意图

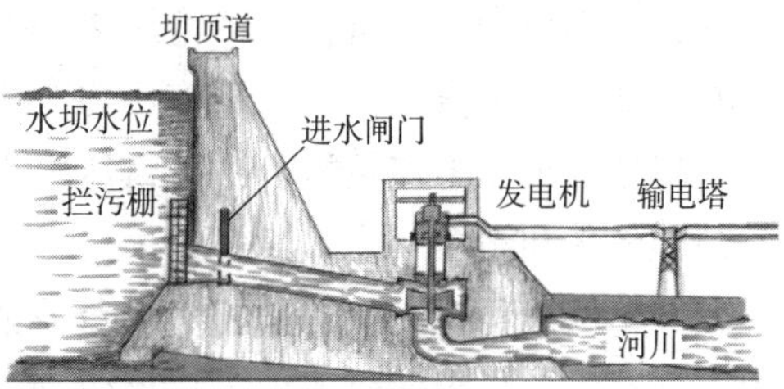

图9-1-4　水电厂装置示意图

本章仅针对发电行业最主要的设备汽轮机及输变电行业主要的设备变压器的制造现状和发展作介绍，其他辅助设备将在相关油品专题另作介绍。

1.2.1.1　汽轮机类型、结构

汽轮机也叫透平(Turbine)，是发电设备中实现能量转换的关键设备，蒸汽轮机是将蒸汽的能量转换为机械功的旋转式动力机械，是蒸汽动力装置的主要设备之一。燃气轮机结构、用途与其相似，是将热的气体携带的热能转换为旋转机械能的热气体动力机械。水轮机属于流体机械中的透平机械，是把水流的能量转换为旋转机械能的动力机械。

汽轮机包括驱动汽轮机和工业发电汽轮机两大类，按用途不同分为电站汽轮机、工业汽轮机和船用汽轮机。汽轮机广泛应用于石油、化工、冶金、建材、轻纺等工业部门，以及企业自备电站、区域热电联供、余热发电、垃圾电站、燃气-蒸汽联合循环等领域。

1)蒸汽轮机分类

汽轮机种类很多，并有不同的分类方法。

(1)按结构分类，有单级汽轮机和多级汽轮机；有各级装在一个汽缸内的单缸汽轮机和各级分装在几个汽缸内的多缸汽轮机；有各级装在一根轴上的单轴汽轮机和各级装在两根平行轴上的双轴汽轮机等。

(2)按工作原理分类，有蒸汽主要在各级喷嘴(或静叶)中膨胀的冲动式汽轮机；蒸汽在静叶和动叶中都膨胀的反动式汽轮机以及蒸汽在喷嘴中膨胀后的动能在几列动叶上加以利用的速度级汽轮机。

(3)按热力特性分类，主要有凝汽式、供热式、背压式、抽汽式和饱和蒸汽汽轮机等类型。凝汽式汽轮机排出的蒸汽流入凝汽器，排汽压力低于大气压力，因此具有良好的热力性能，是最为常用的一种汽轮机。供热式汽轮机既提供动力驱动发电机或其他机械，又提供生产或生活用热，具有较高的热能利用率。背压式汽轮机的排汽压力大于大气压力的汽轮机。抽汽式汽轮机是能从中间级抽出蒸汽供热的汽轮机。饱和蒸汽轮机是以饱和状态的蒸汽作为新蒸汽的汽轮机。

(4)按主蒸汽参数分类，进入汽轮机的蒸汽参数是指进汽的压力和温度，按不同的压力等级汽轮机可分为：

①低压汽轮机：主蒸汽压力小于1.47MPa。

②中压汽轮机：主蒸汽压力为1.96~3.92MPa。

③高压汽轮机：主蒸汽压力为5.88~9.8MPa。

④超高压汽轮机：主蒸汽压力为11.77~13.93MPa。

⑤亚临界压力汽轮机：主蒸汽压力为15.69~17.65MPa。

⑥超临界压力汽轮机：主蒸汽压力大于22.15MPa。

⑦超超临界压力汽轮机：主蒸汽压力大于32MPa。

2)燃气轮机分类

燃气轮机也称作燃气透平机。从负荷情况上划分，可分为重型和轻型两类。一般工业上用于拖动发电机组发电或用于机械驱动的燃气轮机都是重型燃气轮机；而用于飞机发动机的燃气轮机为轻型燃气轮机。

从结构上划分，燃气轮机可分为单轴、双轴和多轴燃气轮机。

3)水轮机分类

水轮机也属于透平机的一类，可分为混流式水轮机、轴流式水轮机、贯流式水轮机、冲击式水轮机等。

(1)混流式水轮机：混流式水轮机的水流是沿着圆周方向流进转轮进口，然后再转向下经转轮口流出。混流式水轮机的应用最广泛，技术也最成熟，广泛用于不同容量的大、中、小型机组。

(2)轴流式水轮机：轴流式水轮机的水流是沿着水轮机轴的方向流入，驱动转轮旋转。轴流式水轮机多为竖直布置，一般用于大中型机组。

(3)贯流式水轮机：贯流式水轮机均是卧式结构，其水流是沿着水轮机轴的方向流入转轮驱动的。由于贯流式水轮机应用水头很低，与相同容量的其他形式水轮机相比，其尺寸较大，最大功率仅几万千瓦。

(4)冲击式水轮机：冲击式水轮机是把水流的能量全部转变为高速水流，通过可调节流量的针阀、喷嘴冲击转轮环周上的水斗，驱使转轮旋转。

4) 风力发电齿轮的类型

目前，世界上的风机制造技术主要有水平轴技术和垂直轴技术，但是水平轴技术的发展相对更快，国内的风机市场占有率也以水平轴为主。

(1)垂直轴风机：垂直轴风机的旋转轴垂直于地面。垂直轴风车很早就被应用于人类的生活领域中，但是垂直轴风力发电机的发明则要比水平轴的晚一些，直到20世纪20年代才开始出现。由于人们普遍认为垂直轴风轮的尖速比不可能大于1，风能利用率低于水平轴风力发电机，因而不大被重视，导致其技术进步和产业化进程极为缓慢。

(2)水平轴风机：水平轴风机的旋转轴与迎面的风流平行。目前我国已经掌握了200kW、250kW、600kW、660kW和750kW失速型风力发电机组及750kW变桨距机组和零部件的设计制造技术并实现了批量化生产，其中600kW和750kW的风机是目前国内产品的主打机型。国产MW级变速恒频机组正在研制和试运行中，MW级叶片、齿轮箱和发电机也完成研制并投入小批量生产，电控系统还在进一步研发中。

1.2.1.2　透平机工作原理和结构

1)蒸汽轮机结构、工作原理

蒸汽轮机是将蒸汽的热能转换成机械能的蜗轮式机械。在汽轮机中，蒸汽在喷嘴中发生膨胀，压力降低，速度增加，热能转变为动能。如图9-1-5所示。高速气流流经动叶片3时，由于气流方向改变，产生了对叶片的冲动力，推动叶轮2旋转做功，将蒸汽的动能变成轴旋转的机械能。

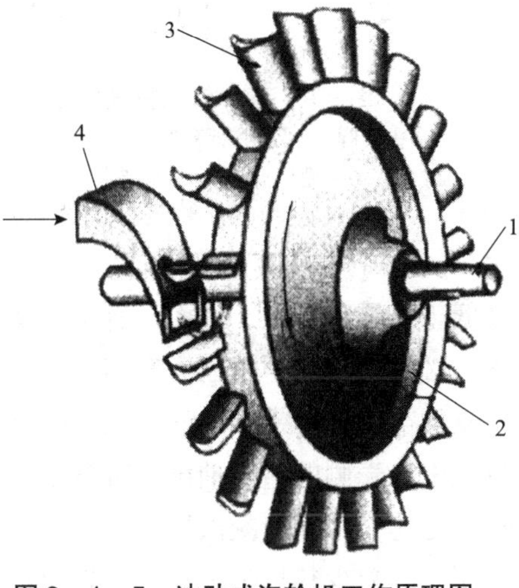

图9-1-5　冲动式汽轮机工作原理图

1—轴；2—叶轮；3—动叶片；4—喷嘴

汽轮机主要由转动部分(转子)和固定部分(静体或静子)组成。转动部分包括叶栅、叶轮或转子、主轴和联轴器及紧固件等旋转部件。固定部件包括汽缸、蒸汽室、喷嘴室、隔板、隔板套(或静叶持环)、汽封、轴承、轴承座、机座、滑销系统以及有关紧固零件等。

套装转子的结构如图9-1-6所示。套装转子的叶轮、轴封套、联轴器等部件和主轴是分别制造的，然后将它们热套(过盈配合)在主轴上，并用键传递力矩。

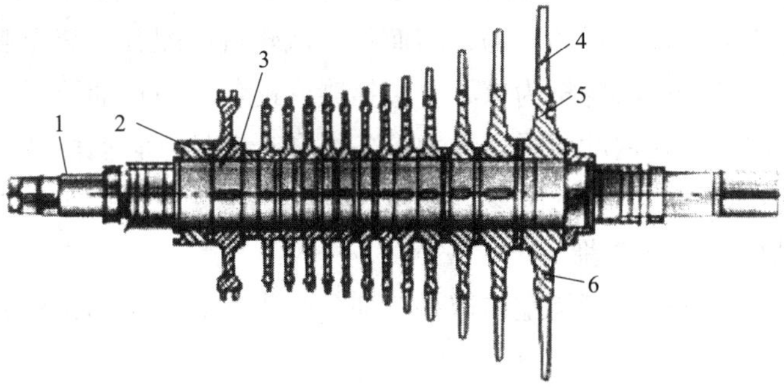

图9-1-6　套装转子结构

1—油封环；2—油封套；3—轴；4—动叶槽；5—叶轮；6—平衡槽

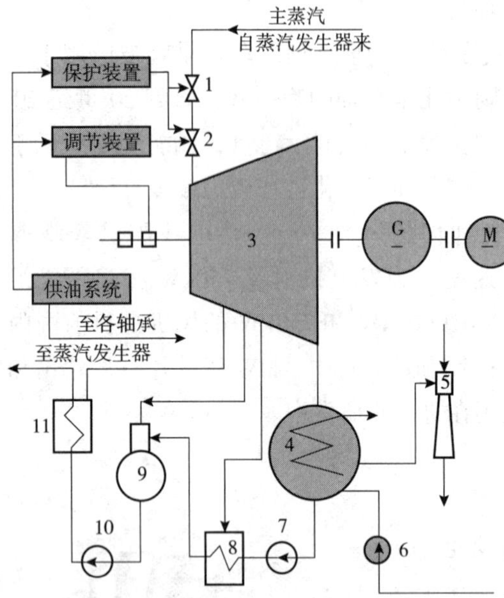

图 9 –1 –7　汽轮机设备组成图

1—主汽阀；2—调节阀；3—汽轮机；4—凝汽器；5—抽汽器；6—循环水泵；7—凝结水泵；8—低压加热器；9—除氧器；10—除水泵；11—高压加热器

汽轮机主要用途是在热力发电厂中作带动发电机的原动机。为了保证汽轮机正常工作，需配置必要的附属设备，如管道、阀门、凝汽器等，汽轮机及其附属设备的组合称为汽轮机设备。图 9 – 1 – 7 为汽轮机设备组成图。来自蒸汽发生器的高温高压蒸汽经主汽阀、调节阀进入汽轮机。由于汽轮机排汽口的压力大大低于进汽压力，蒸汽在这个压差作用下向排汽口流动，其压力和温度逐渐降低，部分热能转换为汽轮机转子旋转的机械能。做完功的蒸汽称为乏汽，从排汽口排入凝汽器，在较低的温度下凝结成水，此凝结水由凝结水泵抽出送经蒸汽发生器构成封闭的热力循环。为了吸收乏汽在凝汽器放出的凝结热，并保护较低的凝结温度，必须用循环水泵不断地向凝汽器供应冷却水。由于汽轮机的尾部和凝汽器不能绝对密封，其内部压力又低于外界大气压，因而会有空气漏入，最终进入凝汽器的壳侧。若任空气在凝汽器内积累，必须使凝汽器内压力升高，导致乏汽压力升高，减少蒸汽对汽轮机做的有用功，同时积累的空气还会带来乏汽凝结放热的恶化，这两者都会导致热循环效率的下降，因而必须将凝汽器壳侧的空气抽出。凝汽设备由凝汽器、凝结水泵、循环水泵和抽气器组成，它的作用是建立并保持凝汽器的真空，以使汽轮机保持较低的排汽压力，同时回收凝结水循环使用，以减少热损失，提高汽轮机设备运行的经济性。

为了调节汽轮机的功率和转速，每台汽轮机有一套由调节装置组成的调节系统。另外，汽轮机是高速旋转设备，它的转子和定子间隙很小，是既庞大又精密的设备。为保证汽轮机安全运行，配有一套自动保护装置，以便在异常情况下发出警报，在危急情况下自动关闭主气阀，使之停运。调节系统和保护装置常用压力油来传递信号和操纵有关部件。汽轮机的各个轴承也需要油润滑和冷却，因而每台汽轮机都配有一套润滑油系统。

总之，汽轮机设备是以汽轮机为核心，包括凝汽设备、回热加热设备、调节和保护装置及供油系统等附属设备在内的一系列动力设备组合。正是靠它们协调有序地工作，才得以完成能量转换的任务。

2)燃气轮机结构、工作原理

燃气轮机主要由压气机、燃烧室和透平三部分组成。如图 9 – 1 – 8 所示。

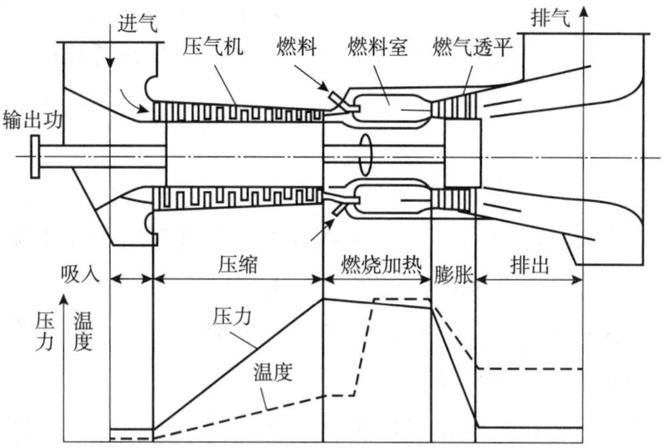

图9－1－8　燃气轮机组成示意图

燃气轮机的工作过程是：压气机(即压缩机)连续地从大气中吸入空气并将其压缩；压缩后的空气进入燃烧室，与喷入的燃料混合后燃烧，成为高温燃气，随即流入燃气透平中膨胀做功，推动透平叶轮带着压气机叶轮一起旋转；加热后的高温燃气的作功能力显著提高，因而燃气透平在带动压气机的同时，尚有余功作为燃气轮机的输出机械功。从燃烧室到透平进口的燃气温度称为燃气初温。初温越高，透平出功越多，燃气轮机的输出功就越大。

燃气轮机的工作过程是最简单的，称为简单循环。此外，还有回热循环和复杂循环。燃气轮机的工质来自大气，最后又排至大气，是开式循环。此外，还有工质被封闭循环使用的闭式循环(见燃气轮机循环)。燃气轮机与其他热机相结合的称为复合循环装置。

燃气初温和压气机的压缩比是影响燃气轮机效率的两个主要因素。提高燃气初温，并相应提高压缩比，可使燃气轮机效率显著提高。

3)水轮机的结构、工作原理

不论何种类型的水轮机均是利用水流的能量给叶片的反力推动转轮做功，以达到能量转换的目的。如图9－1－9所示。

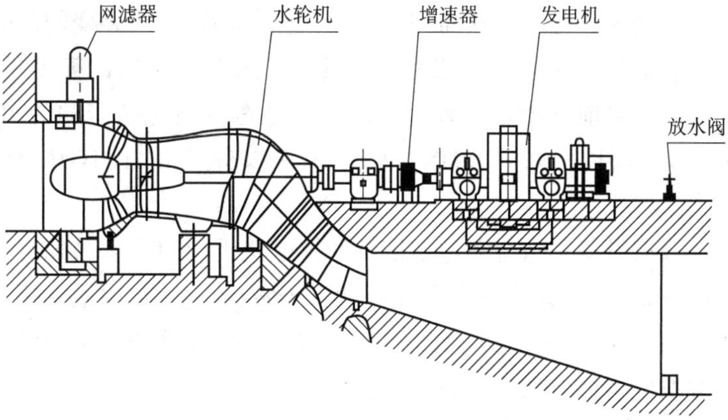

图9－1－9　水轮机组成示意图

反击式水轮机利用水流的压能(位能)和动能，水流经过转轮叶片时受叶片的作用而改变压力与流速的大小和方向，而对转轮叶片产生反作用，形成转轮的旋转力矩使水轮机工作。冲击式水轮机利用水流的动能，通过喷嘴把高压水流全部转化为动能以高速射向转轮叶片而使转轮旋转。

4)风力发电

风力发电设备的发电原理较为简单，主要是风轮在风力的作用下旋转，把风的动能转变为风轮轴的机械能。发电机在风轮轴的带动下旋转发电。

风力发电机组的主要设备有：叶片、齿轮箱、主轴、电机、偏航系统、液压系统等。

1.2.1.3　汽轮机制造现状和发展趋势

我国发电设备的生产主要集中在上海电气、东方电气和哈尔滨电气三大基地及南京、杭州等中型生产企业。这些公司生产的设备包括了从汽轮机、锅炉和发电机等发电行业必需的设备。

在汽轮机制造的国际合作上，上海电气电站设备有限公司汽轮机厂长期与 SIENENS 公司合作；东方电气东方汽轮机有限公司在蒸汽轮机上与日立公司技术合作，燃气轮机制作上与三菱重工合作，并且和 ALSTOM 公司在核电汽轮机上进行广泛的合作；哈尔滨电气集团汽轮机厂有限责任公司的国际合作也比较广，在蒸汽轮机、燃气轮机和核电汽轮机上分别和东芝、GE 和三菱重工合作。杭汽的国际合作主要在高炉煤气燃气轮机上和三菱重工合作；南汽是最早与 GE 公司合作的，主要合作内容是燃气轮机的制造。

由于我国火力发电厂(煤电)的建设历史最长，因此在火力发电设备上差别较大，既有 1000MW 的超超临界汽轮机，也有 50MW 的小汽轮机发电厂。我国的汽轮机生产经历了引进、消化、吸收的过程，目前在 600MW 蒸汽轮机的生产上基本能达到自行设计、生产，但对于 1000MW 以上超超临界机组还需要和国际电气公司合作。为了降低污染、提高发电厂效率和优化电力结构，今后我国将主要发展大容量超临界机组，如 600MW、1000MW 机组。

在燃气轮机上大型电厂主要为进口机组，早期的为 E 级燃机，国产的以南汽 MS6001B 为主，目前三大电气公司能和国际公司合作生产进气温度在 1300℃左右的 F 级燃机，南汽也开始生产 MS9001E 燃气轮机，今后大型天然气发电厂将以发展 F 级以上燃机为主。

核电站一般包括两大部分，即核岛和常规岛，核岛是发生核裂变的部分，常规岛是利用核能发电的部分。常规岛的主要设备为汽轮机，我国 20 世纪 70 年代开始发展核电站，中间经历一段停滞期，目前处于快速发展阶段，核电汽轮机也从当初的 300MW，600MW 发展为 1000MW，今后将以发展 1000MW 为主，其中以东汽和 ALSTOM 合作的 1750MW 的蒸汽轮机功率最大。

世界上主要的核岛设备制造企业包括俄罗斯核电建设出口有限公司(Atomstroyexport)、法国法马通公司(Framatome)、美国西屋公司(Weatinghouse)。世界上主要的常规岛设备制造企业包括阿尔斯通、GE、西门子、日立、东芝和三菱重工等传统的电站设备生产企业，它们在核电用汽轮发电机组方面具有较强的优势。

中国核电设备制造行业综合实力较强的企业分别为东方电气集团和上海电气集团，他们在核岛设备和常规岛设备上都具有较强的优势。而相比之下，哈电集团在核岛设备上实力较弱，在常规岛设备上可以和东方电气集团和上海电气集团并驾齐驱。

我国的小水电的发展已有60年的历史，随着制造技术和建设能力的发展，建设了一批以三峡水利工程为代表的大型水电站，推动了大型水力轮机的应用，目前的大型水轮机单机容量达100×10^4kW。

表9－1－1～表9－1－3分别列举了三大主要涡轮机生产厂生产的主要涡轮机型号和规格。表9－1－4为石化企业部分催化装置烟机规格表。

表9－1－1　哈尔滨汽轮机厂有限责任公司主要产品

核电厂用汽轮机	常规火电厂汽轮机	垃圾发电和生物质发电	中小型汽轮机系列	燃气轮机
VVER－1000型核电汽轮机	最新型高效1000MW超超临界汽轮机	12－20MW垃圾发电配套汽轮机	新型管热汽轮机	9F级燃气轮机PG9351FA(与GE合作)
AP1000核电汽轮机	高效660MW超超临界汽轮机	25MW垃圾发电配套汽轮机	新型钢铁配套发电汽轮机(单缸)	
优化型AP1000核电汽轮机	600MW等级超临界升级型改造汽轮机组	30MW生物质发电配套汽轮机	新型钢铁配套发电汽轮机(两缸、一次再热)	
"华龙一号"核电汽轮机	350MW超临界汽轮机(高中压合缸型)	40MW生物质发电配套汽轮机	石化、煤化企业配套汽轮机(背压机)	
650MW核电汽轮机	350MW超临界汽轮机(高中压分缸型)	80MW生物质发电配套汽轮机	石化、煤化企业配套汽轮机(抽凝机)	

表9－1－2　上海电气电站设备有限公司汽轮机厂主要产品

核电厂用汽轮机	火电厂用汽轮机	重型燃气轮机	风力发电
配小型堆核电汽轮机	300MW以下：SHT－A10单缸单排汽非再热 SHT－A20单缸双排汽纯凝式 SHT－A30单缸单排汽非再热 SHT－A40双缸双排汽非再热纯凝式 SHT－A50双缸单排汽 SHT－A60双缸双排汽再热纯凝式 SHT－A70三缸双排汽再热纯凝式	AE64.3A(小F)	海上风电： W3600/4000风电机组 4MW风电机组 D6/D7风电机组 D8风电机组 永磁直驱风电机组
配二代加堆核电汽轮机	300MW以上：超临界350MW 超超临界660MW 超超临界1000MW 二次再热超超临界660MW 二次再热超超临界1000MW 超超临界600MW 超临界600MW 亚临界300MW	AE94.2(E级) AE94.2K(E级)	陆上风电： W4.XMW系列 W3.XMW系列 异步风力发电机
配三代堆核电汽轮机		AE94.3A(F级)	
配四代堆核电汽轮机		GT26(H级)	

表 9－1－3 东方电气集团东方汽轮机有限公司

核电厂用汽轮机	火电厂用汽轮机	新能源发电	重型燃气轮机	风力发电
引进核电汽轮机 （M310/CPR1000）	二次再热机组 （660MW/1000MW）	压缩空气 储能透平	M701D	10MW：D10000－185
自主核电汽轮机 CAP1400/1700 （国和一号）	660－1000MW 等级 （600/660/1000/1100MW）	中低温预热发电	M701F	7.0MW：D7000－186
自主核电汽轮机 HPR1000 （华龙一号）	300MW 等级 （300/350/380MW）	地热发电	M701J	5.0MW：G5000－140
四代核电汽轮机 CFR600/HTR	135MW 等级 （110/135/150/230MW）	光热发电	G50	4.5SMW 系列： D4200－155 D4500－155
小型核电汽轮机 ACP100S/HHP25	50MW 等级 （50－120W）	生物质发电	分布式燃气轮机 （M1A－17D M7A－03D L20A，L30A）	4.0SMW 系列： D3500－148 D3800－148 D4000－148
		垃圾发电		3.2SMW 系列： D3000－155 D3200－155
				2.5MW 系列： D2500－103 D2500－110 D2500－121 D2500－131 D2500－141
				2.0SMW 系列： G2000－87 G2000－93 G2000－108 G2000－116 G2000－107 G2200－135 G2300－116

表 9－1－4 石化企业部分催化装置烟机规格表

单位名称 装置参数	高桥石化公司炼油厂			齐鲁石化	镇海炼化公司
	1#FCC	2#FCC	3#FCC	蜡油 FCC	重油 FCC
处理量/年	90×10^4 t	60×10^4 t	140×10^4 t	140×10^4 t	300×10^4 t
烟机型号	YL3000C	TH85－2	E－138	TH85－1	TP11－160
额定功率/kW	2900	7780	13300	6112	16389

续表

单位名称 装置参数	高桥石化公司炼油厂			齐鲁石化	镇海炼化公司
额定转速/(r/min)	6320	6190	5725	6141	4660
烟机入口流量/(Nm^3/h)	54000	97974	241.305kg/h	108000	233640
入口压力/MPa	0.24	0.22	0.3	0.14	0.31
入口温度/℃	640	685	680	680	670
出口温度/℃	522	502	517	584	504
生产厂家	兰炼机械厂	ELLIOTT Co.	DRESSER-RAND Co.	日本荏原公司	兰炼机械厂

1.2.2 输变电设备现状及发展趋势

随着世界经济的迅速发展，各国对电力的需求也正日趋上升。自1885年发明了变压器及感应电动机以来，在一个多世纪里，电工工业及作为输变电主要设备之一的变压器也有了长足的发展。

1.2.2.1 变压器的现状及发展趋势

变压器是一种用于电能转换的电器设备。它可以把一种电压、电流的交流电能转换成相同频率的另一种电压、电流的交流电能。按照其在电网配电中的作用不同，可以将其分为电力变压器和配电变压器。其中电力变压器主要运行在主干电网的输电系统，而配电变压器则主要运行在电网终端。

在传输功率恒定时，传输的电压越高，则所需电流越小。电压降正比于电流；电网的线路损失正比于电流的平方。所以，通过变压器使输电电压越高，则线路的压降及线路损耗就越低。在输变电电网上使用的变压器，称为电力变压器，它用于发电厂一方的称为升压变压器，用于用户一方的称为降压变压器。一般电厂发电机的端电压为15～24kV，要将其升到110kV或500kV需要经二次(或二次以上)的升压，而要将高压或超高压降到工业及民用电压也要经过二次(或二次以上的)降压。例如将一台满负荷操作的600MW发电机的电压提升，需用一台与之功率匹配的大型发电机变压器，该变压器质量可达数百吨，其中铜导线约50t，固体与液体绝缘材料超过100t(其中主要是变压器油)。

1949年之前我国生产的变压器最大容量为2.5MVA，最高电压为33kV；到1958年能生产的变压器最大容量为260MVA，最高电压为220kV；1972年为260MVA，330kV；1998年为720MVA，500kV；1999年为150MVA，1000kV。2006年，首台自主生产的±500kV直流换流变试验成功；2009年首台±800kV换流变压器一次通过试验；2018年特变电工研制的世界首台发送端容量607.5 MVA的±1000kV高压直流换流变压器用于昌吉-古泉特高压直流输电线路工程。目前国内具有一定规模的变压器生产厂家1200多家。据统计，中国变压器行业竞争激烈，我国变压器制造企业中，500kV以上变压器的生产企业近30家；220kV及以上企业约50家；110kV及以下具有一定规模的生产企业约130家左右，市场格局趋于稳定。其中保定天威集团有限公司、中国西电集团公司和特变电工集团通过提升产品的技术水平和等级，具备生产特高压和换流变压器制备能力，占有30% ~40%的市场份额。目前，我国已是全球第一大电网，变压器市场雄居全球第一。更重要的是我国生产的变压器占世界变压器市场份额的35%，规模远超中国变压器占全球的比重，出口变压器占全球变压器出口数量的10%左右。

国际上，1952年瑞典建成世界上第一条380kV的输变电线路。随后苏联、美国、加拿大、德国、法国相继建成300 ~500kV的输变电线路。1985年苏联建造1150kV的电力变压器。美国、瑞典已向1785kV输电线路发展。目前在世界范围内形成了几大变压器制造集团，主要包括：乌克兰扎布洛斯变压器厂(年生产能力100GVA)、俄罗斯陶里亚第变压器厂(年生产能力40GVA)、ABB公司29个电力变压器厂(年生产能力80 ~100GVA)、英法GEC - Alstom(年生产能力40GVA)，日本各厂总和(三菱、东芝、日立、富士等年生产能力65GVA)，德国TU集团(年生产能力40GVA)等。这些公司生产的已在系统运行的代表性产品包括1150kV/1200MVA，735 ~765kV/800MVA，400 ~500kV/3 ~750MVA或1 ~550MVA/220kV/3 ~1300MVA的电力变压器以及直流输电 ±500kV/400MVA换流变压器等。

变压器是输配电的基础设备，广泛应用于工业、农业、交通、城市社区等领域。我国在网运行的变压器约1700万台，总容量约110亿千伏安。变压器损耗约占输配电电力损耗的40%，具有较大节能潜力。围绕实现碳达峰、碳中和战略目标，为提升能源资源利用效率，推动绿色低碳和高质量发展，未来变压器行业将更加突出产品的绿色环保、节能低碳、小型化及更加安全、更低噪声、更低成本等特点，对产品品质提出了更高的要求。产品品质已不仅局限于传统的节能性、可靠性和安全性的概念，而是在此基础上，更加显著的突出产品的社会环保效益。为此酯型变压器、难燃变压器和干式变压器等特殊变压器都将有一定增长。

1.2.2.2　变压器分类及主要规格型号

1)变压器分类

◆按相数分

(1)单相变压器：用于单相负荷和三相变压器组。

(2)三相变压器：用于三相系统的升、降电压。

◆冷却方式分

(1)干式变压器依靠空气对流进行冷却，一般用于局部照明、电子线路等小容量变压器。

(2)油浸式变压器：依靠油作冷却介质、如油浸自冷、油浸风冷、强迫油循环等。

◆按用途分

(1)电力变压器：用于输配电系统的升、降电压。

电力变压器主要为油浸式，产品结构有心式和壳式两类。其中心式变压器生产量占95%，壳式变压器只占5%。由于心式变压器工艺相对简单，因而为大多数变压器厂家所采用。但壳式特别适用于高电压、大容量场合，其在绝缘及散热方面具有优势且适宜于山区水电站的运输，因而壳式变压器仍具有一定市场需求。

(2)仪用变压器：如电压互感器、电流互感器，用于测量仪表和继电保护装置。

(3)试验变压器：能产生高压，对电气设备进行高压试验。

(4)特种变压器：如电炉变压器、整流变压器、调整变压器等。

◆按绕阻形式分

(1)双绕阻变压器：用于连接电力系统中的两个电压等级。

(2)三绕阻变压器：一般用于电力系统区域变电站中，连接三个电压等级。

(3)自耦变压器：用于连接不同电压的电力系统。也可作为普通的升压或降压变压器用。

◆按铁芯变压器分

(1)芯式变压器：用于高压的电力变压器。

(2)壳式变压器：用于大电流的特殊变压器，如电炉变压器、电焊变压器；或用于电子仪器及电视、收音机等的电源变压器。

2)变压器铭牌型号符号含义

电力变压器型号组成按标准 JH/T 3837—1996《变压器类产品型号编制方法》规定，变压器型号采用汉语拼音大写字母表示，或其他合适字母来表示产品的主要特征，用阿拉伯数字表示产品性能水平代号或设计序号和规格代号。

例如，变压器型号是 SF 8 – 20000/110；或 SFPZ 9 – 360000/220。

其中：S——三相；

F——风冷(变压器油冷却方式)；

P——采用强迫油循环方式；

Z——采用有载调压；

20000(或 360000)——变压器容量，kVA；

110(或 220)——高压端电压，kV；

8(9)——表示变压器性能水平符合 GB/T 6451 中 8 型(9 型)产品要求。

3)变压器主要部件

(1)器身：包括铁芯、线圈、绝缘部件及引线。

(2)调压装置：即分接开关，分为无载调压和有载调压装置。

(3)油箱及冷却装置。

(4)保护装置：包括储油柜、油枕、防爆管、吸湿器、气体继电器、净油器和测温装置。

(5)绝缘套管。

第2章　电力设备润滑剂

2.1　涡轮机油

2.1.1　概述

涡轮机油也被称为透平油，通常包括蒸汽轮机油、燃气轮机油、联合循环燃/汽轮机油等，主要用于涡轮机和相联动机组的滑动轴承、减速齿轮、调速器和液压控制系统的润滑。

汽轮机是以蒸汽吹动固定于转子上的叶轮旋转而做功的，如图1－6所示。汽轮机的转速很高，转子很重，轴在轴承里转动时会引起磨损，并产生大量的热，容易使摩擦部件熔化，影响汽轮机的使用寿命。因此，汽轮机工作时必须不断地向轴承里给油，加强轴承的润滑和冷却。此外，为保证调速系统各部件可靠工作，也需要大量的透平油。

2.1.2　汽轮机润滑系统

图9－2－1为常见的汽轮机润滑系统示意图。当储油箱内的油被主油泵抽出，并升到0.44MPa左右时；一部分油进入汽轮机的调速系统，另一部分油经过减压阀，使油压降到0.15MPa左右进入冷却器，经冷却后的油再进入各个轴承中起到润滑作用后，以轴承溢出油返回油箱。启动油泵可以直接装在油箱上，它可以代替主油泵工作。当汽轮机启动或停机时，主油泵油压不够，必须开动启动油泵，以保证轴承的润滑。当锅炉设备发生故障不

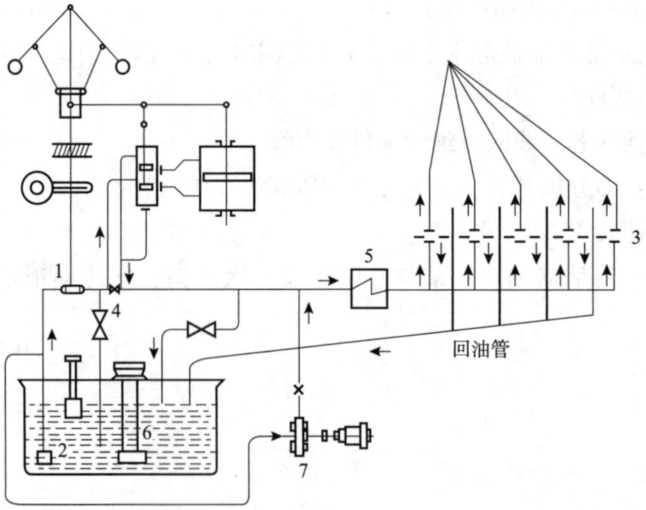

图9－2－1　汽轮机润滑系统示意图

1—主油泵；2—滤清器；3—汽油发电机组各轴承；4—减压阀；5—油冷却器；6—启动油泵；7—电动油泵

能供汽，在停机时可用电动泵泵油，以减少轴承磨损。

2.1.3　涡轮机油作用和性能要求

2.1.3.1　涡轮机油作用

涡轮机油主要是作为涡轮机的主机和辅机中主轴的润滑油。随着涡轮机的工作温度和压力不断提高，装机容量不断增加，使得油温也越来越高，这对涡轮机油的要求更为苛刻。涡轮机油在机组中的作用主要有以下几个方面：

(1)润滑作用。在涡轮机组的滑动轴承中，涡轮机油充满其轴径和轴瓦之间，形成流体润滑膜，起润滑作用。

(2)调速作用。用于涡轮机调速系统的涡轮机油，作为液压介质能传递压力。

(3)散热冷却作用。涡轮机高速运行时，在油路系统中不断循环流动的油能带走轴承内摩擦产生的大量热能。

2.1.3.2　涡轮机油性能要求

1)黏度和黏温性

油品黏度是保证机组正常润滑的一个重要因素。涡轮机油既要满足轴承润滑和冷却的要求，又要满足压力较大的减速齿轮润滑和冷却的要求。涡轮机通常采用40℃运动黏度为32～68mm^2/s范围的中等黏度润滑油。使用黏度一般根据轴承进口油温确定，涡轮机轴承进口油温一般在40～50℃，VG32涡轮机油可使用到进口温度45℃，如果进口温度达到50℃，需用VG46涡轮机油，进口温度50℃以上，可采用VG68，但这种设计很少。VG68涡轮机油一般用于船舶涡轮机，因其还要润滑减速齿轮箱。

在机组运行中，油温从轴承进口到排出一般会有14～33℃的温升，其中齿轮变速箱的机组温升较大。有些燃气轮机的轴承会处于250℃的环境温度下，这种情况下的涡轮机油会和一些热空气混合，并以高温冲刷过轴承金属表面，因此要求油品有良好的黏温性能，以保证黏度的稳定性，保持足够的润滑油膜。

2)抗乳化性

涡轮机油在使用过程中易与水接触，如果油的抗乳化性能不好，水进入油中受到机械的搅动后便会形成稳定的乳浊液。形成乳浊液后，油水不易分离，使润滑油的润滑作用和防锈作用降低，并使润滑油的循环和过滤效率下降。要防止上述问题的产生，必须使润滑油具有良好的抗乳化性能。涡轮机油的抗乳化性能与油品的精制深度有关。基础油精制深度越高，胶质、沥青、环烷酸和多环芳香烃含量越少，油品抗乳化性能越好。但深度精制会破坏油品天然抗氧化成分，使抗氧化性能降低。解决的办法是加深精制程度的基础油，提高抗乳化性能，然后再加入抗氧化成分，提高涡轮机油的抗氧化安定性能。此外，还可以加破乳化剂，提高涡轮机油的抗乳化性。在使用上则要求汽轮机各部件的密封装置完好，不能使油中混入水分、杂质。

3)防锈性

由于机组运行中蒸汽和冷凝水渗入油系统，不仅会促进油品乳化，也会引起油系统产生腐蚀，严重时可引起调速系统失灵、机组振动、过量磨损等不良后果，所以涡轮机油必须有好的防锈性。汽轮机的减速器和润滑系统中，有很多钢制零件。钢制零件遇到水后容易发生锈蚀。在润滑油中，只要有0.1%的水分就足以使零件生锈。因此，要防止零件的锈蚀，必须避免与水分接触。但是，在汽轮机润滑系统中工作的润滑油，经常接触水汽，要想完全排除涡轮机油中的水分是困难的。比较好的防锈办法是在润滑油中加入防锈添加剂。

4）抗氧化性

蒸汽轮机轴承温度一般在50～85℃，油出口平均温度为60℃左右；燃气轮机轴承温度在100℃左右，特别是有些燃机的轴承工作于250℃的环境温度下，这种情况下的涡轮机油会和一些热空气混合，并以高温冲刷过轴承金属表面。在这样的温度下，易氧化变质，而且涡轮机油用量大，更换不方便，使用时间长达10～15年，国外甚至达20年以上，每年补充消耗的油量为循环量的5%～10%。在这样的时间内，受空气和水分的影响，涡轮机油会氧化生成酸性物质或其他氧化物而溶于油中或以沉淀析出。当酸性物质积累过多时，会腐蚀金属零件，并形成盐类而加速润滑油的继续氧化及降低润滑油的抗乳化性能。氧化沉淀的形成，会迅速污染润滑系统和降低润滑冷却器的效率，这些不溶物也会生成漆膜，导致控制系统阀芯堵塞，造成控制失灵，或者附着在轴瓦上造成轴瓦温度升高以及异常磨损。因此，汽轮机油要求有较好的抗氧化安定性和较低的氧化沉淀生成性。燃气汽轮机中润滑油的使用温度更高，要求润滑油有更好的氧化安定性和热稳定性，以及更低的氧化沉淀生成性。

5）抗泡性和空气释放性

油品在运行中可能有空气进入，会产生泡沫。若泡沫过多或不易消失会影响油的正常润滑和循环，所以油品应具有良好的抗泡沫性能。由于油中含有的空气会增加油的可压缩性，影响调节系统的灵敏度，引起机组振动，且在运行中受温度、压力、金属催化剂的影响，会加速油品的老化，缩短油的使用寿命，因此油品应具有良好的空气释放性。

6）清洁度

汽轮机润滑油系统的清洁程度是影响机组安全与经济运行的重要因素。引起油质劣化的主要原因是水分和金属微粒对其造成的污染。同时，由于空气的混入，加速了油品氧化，产生二次污染物。随着300MW、600MW及以上大容量汽轮机组的相继使用，在电力生产过程中，对油品清洁度的要求相应提高。合理有效地控制汽轮油污染，是汽轮机安全与经济运行面临的一项重大技术问题。

2.1.4 涡轮机油分类与质量规格

2.1.4.1 涡轮机油分类

20世纪20年代初期，由于蒸汽轮机组的容量较小、转速低，因此使用不含添加剂的矿油馏分油即可满足要求。随着汽轮机技术的发展，逐渐使用深度精制的矿油馏分油并加有抗氧剂的涡轮机油。从30年代开始，开发了加有抗氧剂和防锈剂的防锈抗氧汽轮机油，后来相继出现了抗燃汽轮机油、极压汽轮机油、抗氨汽轮机油、燃气轮机油等。

国际标准化组织于1988年制定了涡轮机油的分类标准ISO 6743/5，2006年做了修订，修订后的涡轮机油分类增加了燃气轮机、联合循环汽轮机油等的分类。ISO 6743/5—2006和1988版的比较见表9－2－1，我国在1992年等效采用1988版分类标准制定了我国汽轮机油分类标准 GB/T 7631.10—1992。在 2013 年等效采用 ISO 6743/5—2006 将 GB/T 7631.10—1992 修订为 GB/T 7631.10—2013。GB/T 7631.10—2013 和 1992 版的比较见表 9-2-2。

表 9-2-1 ISO6743-5：1988 版与 2006 版油品分类比较

序号	1988 版			2006 版		
	特殊应用	油品组成和性质（更具体应用）	品种代号 L-	特殊应用	油品组成和性质（更具体应用）	品种代号 L-
1	蒸汽、直接或齿轮连接到负荷	具有防锈、抗氧的深度精制的石油基润滑油（一般用途）	TSA	蒸汽	同 1988 版	同 1988 版
		具有防锈、抗氧及高承载能力的深度精制的石油基润滑油（高承载能力）	TSE		具有防锈、抗氧及高承载能力的深度精制的石油基润滑油，（齿轮连接到负荷）	同 1988 版
		不具有特殊难燃性的合成液（特殊用途）	TSC		—	—
		磷酸酯润滑剂（难燃）	TSD		同 1988 版	同 1988 版
2	气体、直接或齿轮连接到负荷	具有防锈、抗氧的深度精制的石油基润滑油（一般用途）	TGA	气体、直接或齿轮连接到负荷	同 1988 版	同 1988 版
		具有防锈、抗氧的深度精制的石油基润滑油（较高温度下使用）	TGB		同 1988 版	同 1988 版
		不具有特殊难燃性的合成液（特殊用途）	TGC		合成液：聚α烯烃和相关烃类（特殊用途）	TGCH
					合成液：合成酯类（特殊用途）	TGCE
		磷酸酯润滑剂（难燃）	TGD		同 1988 版	同 1988 版
		具有防锈、抗氧及高承载能力的深度精制的石油基润滑油（高承载能力）	TGE		同 1988 版	同 1988 版
		—	—		具有防锈、抗氧及高承载能力的深度精制的石油基润滑油（高温使用、高承载能力）	TGF
3	控制系统	磷酸酯控制液（难燃）	TCD	同 1988 版	同 1988 版	同 1988 版

续表

<table>
<tr><th rowspan="2">序号</th><th colspan="3">1988 版</th><th colspan="3">2006 版</th></tr>
<tr><th>特殊应用</th><th>油品组成和性质（更具体应用）</th><th>品种代号 L -</th><th>特殊应用</th><th>油品组成和性质（更具体应用）</th><th>品种代号 L -</th></tr>
<tr><td>4</td><td>航空涡轮发动机</td><td>（此产品未建立）</td><td>TA</td><td>—</td><td>—</td><td>—</td></tr>
<tr><td>5</td><td>液压传动装置</td><td>（此产品未建立）</td><td>TB</td><td>—</td><td>—</td><td>—</td></tr>
<tr><td rowspan="2">6</td><td rowspan="2">—</td><td>—</td><td>—</td><td rowspan="2">单轴连接的循环涡轮机，润滑油系统共用</td><td>具有防锈、抗氧的深度精制的石油基润滑油或合成油（高温使用）</td><td>TGSB</td></tr>
<tr><td>—</td><td>—</td><td>具有防锈、抗氧及高承载能力的深度精制的石油基润滑油或合成油（高温使用，具有高承载能力）</td><td>TGSE</td></tr>
<tr><td rowspan="4">7</td><td rowspan="4">—</td><td>—</td><td>—</td><td rowspan="4">水力轮机</td><td>具有防锈、抗氧的深度精制的石油基润滑油（一般用途）</td><td>THA</td></tr>
<tr><td>—</td><td>—</td><td>合成液，聚 α 烃烃和相关烃类</td><td>THCH</td></tr>
<tr><td>—</td><td>—</td><td>合成液，合成酯类</td><td>THCE</td></tr>
<tr><td>—</td><td>—</td><td>具有防锈、抗氧及高承载能力的深度精制的石油基润滑油，含极压抗磨剂（高承载能力）</td><td>THE</td></tr>
</table>

表 9-2-2　GB/T 7631.10：1992 版与 2013 版油品分类比较

<table>
<tr><th rowspan="2">序号</th><th colspan="3">1992 版</th><th colspan="3">2013 版</th></tr>
<tr><th>特殊应用</th><th>油品组成和性质（更具体应用）</th><th>品种代号</th><th>特殊应用</th><th>油品组成和性质（更具体应用）</th><th>品种代号</th></tr>
<tr><td rowspan="4">1</td><td rowspan="4">蒸汽、直接或齿轮连接到载荷</td><td>具有防锈性和氧化安定性的深度精制石油润滑油（一般用途）</td><td>L-TSA</td><td rowspan="4">蒸汽</td><td>同 1992 版</td><td>同 1992 版</td></tr>
<tr><td>不具有特殊难燃性的合成液（特殊用途）</td><td>L-TSC</td><td>—</td><td>—</td></tr>
<tr><td>磷酸酯润滑剂[难（耐）燃性]</td><td>L-TSD</td><td>同 1992 版</td><td>同 1992 版</td></tr>
<tr><td>具有防锈性、氧化安定性和高承载能力的深度精制石油润滑油（高承载能力）</td><td>L-TSE</td><td>同 1992 版</td><td>同 1992 版</td></tr>
</table>

续表

序号	1992 版			2013 版		
	特殊应用	油品组成和性质（更具体应用）	品种代号	特殊应用	油品组成和性质（更具体应用）	品种代号
2	气体、直接或齿轮连接到载荷	具有防锈性和氧化安定性的深度精制石油润滑油(一般用途)	L－TGA	燃气直接驱动或通过齿轮驱动	同 1992 版	同 1992 版
		具有防锈性和改善氧化安定性的深度精制石油润滑油(较高温度下使用)	L－TGB		同 1992 版	同 1992 版
		不具有特殊难燃性的合成液(特殊性能)	L－TGC		—	—
		磷酸酯润滑剂［难(耐)燃性］	L－TGD		同 1992 版	同 1992 版
		具有防锈性、氧化安定性和高承载能力的深度精制石油润滑油(高承载能力)	L－TGE		同 1992 版	同 1992 版
		—	—		具有防锈、抗氧化性和高承载能力的深度精制的石油基润滑油(高温使用、高承载能力)	TGF
		—	—		聚 α 烯烃和相关烃类的合成液(特殊用途)	TGCH
		—	—		合成酯型的合成液(特殊用途)	TGCE
3	—	—	—	具有公共润滑系统，单轴连接循环涡轮机	具有防锈性和抗氧化性的深度精制的石油基或合成基润滑油(高温使用)	TGSB
		—	—		具有高承载能力、防锈和抗氧化性的深度精制的石油基或合成基润滑油(高温使用和高承载能力)	TGSE
4	控制系统	磷酸酯控制液［难(耐)燃性］	L－TCD	控制系统	同 1992 版	同 1992 版
5	航空涡轮发动机		L－TA	—	—	—
6	液压传动装置		L－TH	—	—	—

续表

<table>
<tr><th rowspan="2">序号</th><th colspan="3">1992 版</th><th colspan="3">2013 版</th></tr>
<tr><th>特殊应用</th><th>油品组成和性质
(更具体应用)</th><th>品种
代号</th><th>特殊应用</th><th>油品组成和性质
(更具体应用)</th><th>品种
代号</th></tr>
<tr><td rowspan="4">7</td><td rowspan="4">—</td><td>—</td><td>—</td><td rowspan="4">水力涡轮机</td><td>具有防锈和抗氧化性的深度精制的石油基润滑油(一般用途)</td><td>THA</td></tr>
<tr><td>—</td><td>—</td><td>聚 α 烯烃和相关烃类的合成液(特殊用途)</td><td>THCH</td></tr>
<tr><td>—</td><td>—</td><td>合成酯型的合成液(特殊用途)</td><td>THCE</td></tr>
<tr><td>—</td><td>—</td><td>具有抗摩擦和/或承载能力的防锈和抗氧化性的深度精制的石油基润滑油(高承载能力)</td><td>THE</td></tr>
</table>

2.1.4.2 涡轮机油的质量规格

1) 国外涡轮机油规格

20 世纪 80 年代国际标准化组织建立了《石油产品和润滑剂. 涡轮机用润滑油(ISO - L - TSA 和 ISO - L - TGA 类)规格》(ISO 8068—1987),并于 2006 年进行了修订。美国、日本、英国、德国等相继建立了各自国家标准,如 ASTM D 4303—2017、JIS K2213—1983、BS 489—1983、DIN 51515—2010 等。

• 国际标准化组织(ISO)涡轮机油规格

国际标准化组织在 2006 年对 1987 版涡轮机油规格进行了修订,按照 2006 版的分类标准对各种涡轮机油作了性能规定。表 9-2-3、表 9-2-4 为 ISO 8068—2006 标准对 L-TSA/TGA/TGB/TGSB 的油品性能规定。

表 9-2-3 L-TSA 和 L-TGA 涡轮机油规格

<table>
<tr><th>性能</th><th>单位</th><th colspan="3">黏度等级</th><th>试验方法</th></tr>
<tr><td>黏度级</td><td></td><td>32</td><td>46</td><td>68</td><td>ISO 3448</td></tr>
<tr><td>颜色</td><td>级</td><td colspan="3">报告</td><td>ISO 2049</td></tr>
<tr><td>外观</td><td></td><td colspan="3">清凉透明</td><td>目测</td></tr>
<tr><td>运动黏度(40℃) (最小)
(最大)</td><td>mm^2/s</td><td>28.8
35.2</td><td>41.4
50.6</td><td>61.2
74.8</td><td>ISO 3104</td></tr>
<tr><td>黏度指数(最小)</td><td></td><td>90</td><td>90</td><td>90</td><td>ISO 2909</td></tr>
<tr><td>倾点(最大)[a]</td><td>℃</td><td>-6</td><td>-6</td><td>-6</td><td>ISO 3016</td></tr>
<tr><td>密度(15℃)</td><td>kg/m^3</td><td colspan="3">报告</td><td>ISO 12185
或 ISO 3675</td></tr>
<tr><td>闪点(最小) —开口
—闭口</td><td>℃</td><td>186
170</td><td>186
170</td><td>186
170</td><td>ISO 2592
ISO 2719</td></tr>
<tr><td>总酸值(最大)[b]</td><td>mgKOH</td><td>0.2</td><td>0.2</td><td>0.2</td><td>ISO 6618 或
ISO 6619 或
ISO 7537</td></tr>
</table>

续表

性能	单位	黏度等级			试验方法
水分(最大)	%(m/m)	0.02	0.02	0.02	ISO 6296 或 ISO 12937
泡沫(倾向/稳定性)(最大)[c] 程序1，24℃ 程序2，93℃ 程序3，93℃以后24℃	 mL/mL mL/mL mL/mL	 450/0 50/0 450/0	 450/0 50/0 450/0	 450/0 50/0 450/0	ISO 6247
空气释放时间(50℃，最大)	min	5	5	6	ISO 9120
铜片腐蚀(3h，100℃(最大)	级	1	1	1	ISO 2160
防锈性(24h)	级	通过	通过	通过	ISO 7120(B)
破乳性[d](54℃，乳化液达到3mL最大时间)	min	30	30	30	ISO 6614
氧化稳定性(旋转氧弹)[e]	min	报告			ASTM D 2272－02
氧化稳定性(TOST)[f] 1000h时总酸值(最大) 总酸值达2mgKOH/g的时间(最小) 1000h后的油泥(最大)	 mgKOH/g h mg	 0.3 3500 200	 0.3 3000 200	 0.3 2500 200	ISO4263－1
氧化稳定性[f] TOP(最大) 油泥(最大)	 % %	 0.4 0.25	 0.5 0.3	 0.5 0.3	ISO7624
过滤性(干)(最小)	%	85	85	85	ISO 13357－2
过滤性(湿)	%	通过			ISO 13357－1
交货清洁度[g](最大)	级	－/17/14			ISO 4406

注：[a]用于与供应商可协商较低的值。

[b] 有争议时，采用 ISO 6618。

[c] 对于第1和第3程序，泡沫稳定性在300s时记录，对于第2程序，在60s时记录。

[d] 仅适用于TSA，也可规定更低的乳化值或时间。

[e] 该值对使用中监控是有用的。低于250min应不正常。

[f] 两个方法选一个。

[g] 按ISO 11171校正自动粒子计数器，采用ISO 11500计算和测量粒子是一较好的方法。

表9－2－4 L－TGB和L－TGSB涡轮机油

性能		单位	黏度等级			试验方法
黏度级			32	46	68	ISO 3448
颜色		级	报告			ISO 2049
外观			清亮透明			目测
运动黏度(40℃)	(最小) (最大)	mm^2/s	28.8 35.2	41.4 50.6	61.2 74.8	ISO 3104
黏度指数(最小)			90	90	90	ISO 2909
倾点(最大)[a]		℃	－6	－6	－6	ISO 3016
密度(15℃)		kg/m^3	报告			ISO 12185 或ISO 3675

续表

性能	单位	黏度等级			试验方法
闪点(最低) 开口 闭口	℃	200 190	200 190	200 190	ISO 2592 ISO 2719
总酸值(最大)[b]	mgKOH	0.2	0.2	0.2	ISO 6618 或 ISO 6619 或 ISO 7537
水分(最大)	%	0.02	0.02	0.02	ISO 6296 或 ISO 12937
泡沫(倾向/稳定性)(最大)[c] —程序1，24℃ —程序2，93℃ —程序3，93℃以后24℃	 mL/mL mL/mL mL/mL	 450/0 50/0 450/0	 450/0 50/0 450/0	 450/0 50/0 450/0	ISO 6247
空气释放时间(50℃，最大)	min	5	5	6	ISO 9120
铜片腐蚀(3h，100℃，最大)	级	1	1	1	ISO 2160
防腐性(24h)	级	通过	通过	通过	ISO 7120(B)
破乳性[d](乳化液达到3mL最大时间)	min	30	30	30	ISO 6614
氧化稳定性(旋转氧弹)(最小)	min	750	750	750	ASTMD 2272-02
氧化稳定性(改进旋转氧弹)(最小)[e]	%	85	85	85	ASTMD 2272-02
高温氧化稳定性(72h，175℃) 黏度变化(最大) 酸值变化(最大) 金属片质量变化 钢 铝 镉 铜 镁	 % mgKOH/g mg/cm² 	 报告 报告 ±0.250 ±0.250 ±0.250 ±0.250 ±0.250	 报告 报告 ±0.250 ±0.250 ±0.250 ±0.250 ±0.250	 报告 报告 ±0.250 ±0.250 ±0.250 ±0.250 ±0.250	ASTMD4636 按照 “可选步骤2”
氧化稳定性(TOST) 总酸值达2mgKOH/g的时间	h	3500	3000	2500	ISO4263-1
过滤性(干)(最小)	%	85	85	85	ISO 13357-2
过滤性(湿)		通过			ISO 13357-1
交货清洁度[f] 最高	级	-/17/14			ISO 4406

注：[a]用户与供应商可协商较低的值。

[b] 有争议时，采用ISO 6618。

[c] 对于第1和第3程序，泡沫稳定性在300s时记录，对于第2程序，在60s时记录。

[d] 仅适用于TGSB

[e] 将300mL油样在121℃，用清洁干燥的氮气以3mL/h吹气48h后，按照ASTM D2272进行试验。

[f] 按ISO 11171校正自动粒子计数器，采用ISO 11500计算和测量粒子是一较好的方法。

● 美国试验与材料学会(ASTM)涡轮机油规格

美国ASTM D 4304—2017标准规定用于蒸汽轮机和燃气轮机中矿物润滑油规格，包括Ⅰ类和Ⅱ类两种。差别是Ⅱ类油有承载能力要求，见表9-2-5。

表 9－2－5 ASTM D 4304—2017 标准

理化特性	Ⅰ种				Ⅱ种					测试方法
	32	46	68	100	32	46	68	100	150	D2422
运动黏度(40℃)/(mm^2/s)	28.8～35.2	28.8～35.2	61.2～74.8	90～110	28.8～35.2	28.8～35.2	61.2～74.8	90～110	135～165	D445
色度/号	报告				报告					D1500
密度(15.6℃)	报告				报告					D4052
闪点(开口)/℃	≥180				≥180				≥210	D92
倾点/℃	≤－6				≤－5					D97
水分/%	≤0.02				≤0.02					D6304
酸值/(mgKOH/g)	报告				≤0.02			报告		D974
外观	清澈、光亮				清澈、光亮					目测
泡沫特性(泡沫倾向/泡沫稳定性)/(mL/mL) 24℃	50/0				50/0					D892
空气释放性(50℃)/min	≤5	≤5	≤8	≤17	≤5		≤10	≤17	≤25	D3427
抗乳化度(40－37－3mL)/min 54℃ 82℃	≤30 —			— ≤60	≤30 —			— ≤60		D1401
铜片腐蚀(100℃,3h)/级	≤1				≤1					D130
防锈性	通过				通过					D665(B 法)
氧化安定性 酸值达 2.0mgKOH/g 的时间/h 1000h 后油泥/mg 1000h 后总酸值/(mg KOH/g)	≥2000 ≥200 报告		≥1500 ≥200 报告	≥1000 — —	≥3500 — —	≥3000 — —	≥2500 — —	≥1000 — —		D943 D4310 D4310

续表

理化特性	I 种				II 种					测试方法
	32	46	68	100	32	46	68	100	150	D2422
旋转氧弹/min	≥350		≥175	≥150	≥350		≥175	≥150		D2272
橡胶相容性（100℃ ±1℃，168h ±2h）（SRE NBR1 或 SRENBR－28P 或 SER－NBR－28PX）										ISO 6072
体积变化率/%	－4～15			—	－4～15			—		
硬度变化	－8～8			—	－8～8			—		
清洁度/级	≤18/16/13				≤18/16/13					ISO 4406－99
负载能力，*FZG* 失效级	—				≥8			≥9		D5182

- 德国涡轮机油规格

德国涡轮机油规格 DIN 51515 在2010年进行了修订，见表9－2－6。

表9－2－6 德国涡轮机油规格 DIN 51515—2010

项目	试验方法	DIN51515(Ⅰ)L－TD				DIN51515(Ⅱ)L－TG	
ISO VG	ISO 3446	32	46	68	100	32	46
运动黏度(40℃)/(mm^2/s)	ISO 3104	28.8～35.2	41.1～50.6	61.2～74.8	90～110	28.8～35.2	41.1～50.6
黏度指数	ISO 2909	≥90				≥90	
密度(15℃)/(g/mL)	ISO 3675	报告				报告	
倾点/℃	ISO 3016	≤－6				≤－6	
闪点(开口)/℃	ISO 2592	≥185	≥185	≥205	≥215	≥185	
总酸值/(mgKOH/g)	ISO 6618	报告				报告	
蒸汽抗乳化/s	DIN51589－1	≤300				≤300	
铜片腐蚀(100℃，3h)/级	ISO 2160	≤2				－	
铜片腐蚀(125℃，3h)/级	ISO 2160	—				≤2	
液相锈蚀 蒸馏水	ISO 7120	无锈	无锈	无锈	无锈	无锈	
抗泡性(泡沫倾向/泡沫稳定性)/(mL/mL)	ISO 6247						
24℃		≤450/0				≤450/0	
93.5℃		≤50/0				≤50/0	
后24℃		≤450/0				≤450/0	
空气释放值(50℃)/min	ISO 9120	≤5	≤5	≤6	—	≤5	
旋转氧弹(150℃)/min	ASTM D2722	－				≤750	
改进旋转氧弹/%		－				≤85	
氧化安定性，I. 酸值达2.0mgKOH/g的时间/h	ISO 4263－1	≥3000		≥2500	≥2000	≥3500	
清洁度	ISO4406	≤20/17/14				≤20/17/14	
水分/(mg/kg)	ISO 12937	≤150				≤150	
灰分(氧化)/%	ISO 6245	报告				报告	

- 汽轮机控制液规格

对于300MW及以上的大型发电机组，调速系统和控制系统工作压力超过4MPa，起火可能性较大，因而较多使用合成型难燃液。在ISO标准分类中属于TCD类油。国际电工委员会(IEC)会同国际标准化组织(ISO) 2004年提出标准IEC 61221，列于表9－2－7。

表 9-2-7　IEC 61221-2004 标准

项　目	质量指标		试验方法
黏度等级(ISO 3448)	32	46	
运动黏度/(mm^2/s) 40℃ 0℃	 28.2~35.2 ≤2000	 41.4~50.6 ≤2500	ISO 3104
燃点/℃	≥300	≥300	ISO 2592
歧管着火试验/℃	≥700	≥700	ISO 20823
浸条燃烧试验/s	≤10	≤10	ISO 14935
密度(15℃)/(kg/m^3)	≤1200	≤1200	ISO 3675
倾点/℃	≤-15	≤-15	ISO 3016
直流电阻率(20℃)/MΩ·m	≤50	≤50	ICE 60247
总酸值/(mgKOH/g)	≤0.1	≤0.1	ISO 6619
氯含量/(mg/kg)	≤50	≤50	ISO 15597
清洁度	≥-/15/12	≥-/15/12	ISO 11500 ISO 4406
水含量/(g/kg)	≤1.0	≤1.0	ISO 760
泡沫性/(mL/mL) 24℃ 93.5℃ 后 24℃	 ≤150/0 ≤30/0 ≤150/0	 ≤150/0 ≤30/0 ≤150/0	ISO 6247
空气释放值(50℃)/min	≤5	≤6	ISO 9120
水分离性/min	≤15	≤15	ISO 6614
抗氧化性 中和值/(mgKOH/g) Fe 质量的变化/mg Cu 质量的变化/mg	 ≤1.5 ≤1.0 ≤2.0	 ≤1.5 ≤1.0 ≤2.0	EN 14832
中和值增加量/(mgKOH/g)	≤0.5	≤0.5	EN 14833
橡胶相容性(FKM2 150℃/168h 或 EPDM 1 130℃/168h) 体积变化率/% 硬度变化/IRHD 拉伸强度变化率/% 拉断伸长率/%	 -4~15 ±8 -20 -20	 -4~15 ±8 -20 -20	ISO 6072

2）我国涡轮机油规格

我国电力行业用油种类较多。1949 年以前，没有自己独立的标准，主要使用国外油品，20 世纪 80 年代初，油品规格大多沿用苏联油品规格；20 世纪 60 年代后逐步换用国产涡轮机油；并于 20 世纪 80 年代初我国颁布了 GB 2537—1981 抗氧透平油标准，从质量指标及项目内容看，主要是参考了苏联 ГОСТ 9972—1974 标准。内容显得陈旧，如规定了氢氧化钠试验，不大于 2 级。这项指标是针对基础油用酸碱精制工艺时去除油中环烷酸状况的检测指标。而 20 世纪 80 年代初，我国各大炼油厂基础油生产已经采用溶剂精制工艺，只要增加黏度指数及氧化安定性指标就能直接控制基础油精制深度。因此在 1983 年，我国又颁布了行业标准 SY 1230—1983。这是我国首个抗氧防锈透平油标准，它与国外同期的标准相比，高于日本、德国，而低于英、美标准，表现在没有空气释放性要求；氧化安定性指标偏低。1989 年颁布的 L－TSA 透平油 GB 11120—1989 标准则是一个与国际接轨的标准。它不但增加了空气释放性，在破乳化、氧化安定性等项目中均有提高。其中优级品参照 Mobil D T E Oil 制定，一级品参照 ISO 8068—1987 制定。

• 目前由中国石化石油科学技术研究院负责，参照 ISO 8068—2006，对 L－TSA 汽轮机油国家标准 GB11120—1989 进行修订，颁布了涡轮机油国家标准 GB 11120－2011，增加了 L－TSE 汽轮机油、L－TGA、L－TGE 燃气轮机油以及单轴联合循环 L－TGSB、L－TGSE 燃/汽轮机油标准的内容。

• 蒸汽轮机油规格

蒸汽轮机油规格包括 L－TSA 汽轮机油如表 9－2－8 所示，L－TSE 汽轮机油如表 9－2－9 所示。国标针对中国实际情况对有些指标做了修改，表 9－2－10 列出 ISO 8068—1987/2006 与我国 GB 11120—2011 的差异。

• 燃气轮机油规格

燃气轮机油规格包括 L－TGA、L－TGE 以及 L－TGSB、L－TGSE，见表 9－2－11、表 9－2－12。

3）国外涡轮机制造商有关涡轮机油标准(OEM 标准)

总体上对油品的氧化安定性要求较高，特别是高温燃气轮机和联合循环机组上使用的油品，不仅氧化安定性要求高，对油泥也有控制。在这些规格中均有 FZG 试验要求，以满足涡轮机和发电机间有加载齿轮的机组要求。部分大型 OEM 的涡轮机油标准请参阅表 9－2－13。

2.1.4.3　涡轮机油品种及用途简介

按照国家颁布的 GB 11120—2011 标准，对涡轮机油品种划分描述如下。

1)L－TSA 汽轮机油

L－TSA 汽轮机油由深度精制基础油加抗氧剂、防锈剂、破乳剂和抗泡剂等调制而成，分为 A 级和 B 级两个等级，A 级按 40℃ 运动黏度分为 32、46、68 共 3 个牌号。B 级按 40℃运动黏度分为 32、46、68 和 100 共 4 个牌号。

L－TSA 32 汽轮机油，L－TSA 46 汽轮机油适用于无减速齿轮装置的汽轮发电机组、转速在 150～350r/min 的水轮发电机组的润滑和防锈。

表 9-2-8　L-TSA 汽轮机油规格(GB 11120—2011)

项目	质量等级							试验方法
	A 级			B 级				
黏度等级(GB/T 3141)	32	46	68	32	46	68	100	
外观	透明			透明				目测
色度/号	报告			报告				GB/T 6540
运动黏度(40℃)/(mm^2/s)	28.8～35.2	41.4～50.6	61.2～74.8	28.8～35.2	41.4～50.6	61.2～74.8	90.0～10.0	GB/T 265
黏度指数	≥90			≥85				GB/T 1995[a]
倾点[b]/℃	≤-6			≤-6				GB/T 3535
密度(20℃)/(kg/m^3)	报告			报告				GB/T 1884 和 GB/T 1885[c]
闪点(开口)/℃	≥186		≥195	≥186		≥195		GB/T 3536
酸值(以 KOH 计)/(mg/g)	≤0.2			≤0.2				GB/T 4945[d]
水分(质量分数)/%	≤0.02			≤0.02				GB/T 11133[e]
泡沫性(泡沫倾向/泡沫稳定性)[f]/(mL/mL) 程序Ⅰ(24℃) 程序Ⅱ(93.5℃) 程序Ⅲ(后 24℃)	 ≤450/0 ≤50/0 ≤450/0			 ≤450/0 ≤100/0 ≤450/0				GB/T 12579
空气释放值(50℃)/min	≤5		≤6	≤5	≤6	≤8	-	SH/T 0308
铜片腐蚀(100℃,3h)/级	≤1			≤1				GB/T 5096
液相锈蚀(24h)	无锈			无锈				GB/T 11143(B 法)
抗乳化性(乳化液达到 3mL 的时间)/min 54℃ 82℃	 ≤15 —		 ≤30 —	 ≤15 —		 ≤30 —	 — ≤30	GB/T 7305
旋转氧弹[g]/min	报告			报告				SH/T 0193

续表

项　目	质量等级							试验方法
	A 级			B 级				
黏度等级(GB/T 3141)	32	46	68	32	46	68	100	
氧化安定性 1000h 后总酸值(以 KOH 计)/(mg/g) 总酸值达到 2. 0mgKOH/g 的时间/h 1000h 后的油泥/mg	 ≤0. 3 ≥3500 ≤200	 ≤0. 3 ≥3000 ≤200	 ≤0. 3 ≥2500 ≤200	 报告 ≥2000 报告	 报告 ≥2000 报告	 报告 ≥1500 报告	 报告 ≥1000 报告	 GB/T 12581 GB/T 12581 SH/T 0565
承载能力[h] 齿轮机试验/失效级	≥8	≥9	≥10	—				GB/T 19936. 1
过滤性 干法/% 湿法	 ≥85 通过			 报告 报告				SH/T 0805
清洁度[i]/级	≤ -/18/15			报告				GB/T 14039

注:[a]测定方法也包括 GB/T 2541，结果有争议时，以 GB/T 1995 为仲裁方法。

[b] 可与供应商协商较低的温度。

[c] 测定方法也包括 SH/T 0604。

[d] 测定方法也包括 GB/T 7304 和 SH/T 0163，结果有争议时，以 GB/T 4945 为仲裁方法。

[e] 测定方法也包括 GB/T 7600 和 SH/T 0207，结果有争议时，以 GB/T 11133 为仲裁方法。

[f] 对于程序 I 和程序 III，泡沫稳定性在 300s 是记录，对于程序 II，在 60s 时记录。

[g] 该数值对使用中油品监控是有用的。低于 250min 属不正常。

[h] 仅适用于 TSE。测定方法也包括 SH/T 0306，结果有争议时，以 GB/T 19936. 1 为仲裁方法。

[i] 按 GB/T 18854 校正自动粒子计数器。(推荐采用 DL/T 432 方法计算和测量粒子)。

表 9-2-9　L-TSE 汽轮机油的规格(GB11120-2011)

项目	质量指标			试验方法
黏度等级(GB/T 3141)	32	46	68	
外观	透明			目测
色度/号	报告			GB/T 6540
运动黏度(40℃)/(mm^2/s)	28.8~35.2	41.4~50.6	61.2~74.8	GB/T 265
黏度指数	≥90			GB/T 1995[a]
倾点[b]/℃	≤-6			GB/T 3535
密度(20℃)/(kg/m^3)	报告			GB/T 1884 和 GB/T 1885[c]
闪点(开口)/℃	≥186		≥195	GB/T 3536
酸值(以 KOH 计)/(mg/g)	≤0.2			GB/T 4945[d]
水分(质量分数)/%	≤0.02			GB/T 11133[e]
泡沫性(泡沫倾向/泡沫稳定性)[f]/(mL/mL) 程序Ⅰ(24℃) 程序Ⅱ(93.5℃) 程序Ⅲ(后 24℃)	 ≤450/0 ≤50/0 ≤450/0			GB/T 12579
空气释放值(50℃)/min	≤5		≤6	SH/T 0308
铜片腐蚀(100℃，3h)/级	≤1			GB/T 5096
液相锈蚀(24h)	无锈			GB/T 11143(B 法)
抗乳化性(乳化液达到 3mL 的时间)/min 54℃	≤15		≤30	GB/T 7305
旋转氧弹[g]/min	报告			SH/T 0193
氧化安定性 1000h 后总酸值(以 KOH 计)/(mg/g) 总酸值达到 2.0mgKOH/g 的时间/h 1000h 后的油泥/mg	 ≤0.3 ≥3500 ≤200	 ≤0.3 ≥3000 ≤200	 ≤0.3 ≥2500 ≤200	 GB/T 12581 GB/T 12581 SH/T 0565
承载能力 齿轮机试验/失效级	≥8	≥9	≥10	GB/T 19936.1
过滤性 干法/% 湿法	 ≥85 通过			SH/T 0805
清洁度[h]/级	≤-/18/15			GB/T 14039

注：[a]测定方法也包括 GB/T 2541，结果有争议时，以 GB/T 1995 为仲裁方法。

[b]可与供应商协商较低的温度。

[c]测定方法也包括 SH/T 0604。

[d]测定方法也包括 GB/T 7304 和 SH/T 0163，结果有争议时，以 GB/T 4945 为仲裁方法。

[e]测定方法也包括 GB/T 7600 和 SH/T 0207，结果有争议时，以 GB/T 11133 为仲裁方法。

[f]对于程序Ⅰ和程序Ⅲ，泡沫稳定性在 300 s 时记录，对于程序Ⅱ，在 60 s 时记录。

[g]该数值对使用中油品监控是有用的。低于 250min 属不正常。

[h]按 GB/T 18854 校正自动离子计数器(推荐采用 DL/T 432 方法计算和测量粒子)。

表 9-2-10 ISO 8068—1987/06 与 GB11120—2011 的比较(以 L-TSA46(A 级)为例)

项目	ISO 8068—1987*	ISO 8068—2006	GB11120—2011	试验方法**
黏度级	46	46	46	ISO 3448
颜色	报告	报告	—	ISO 2049
外观	—	清亮透明	透明	目测
40℃运动黏度/(mm^2/s) 最小 最大	 41.4 50.6	 41.4 50.6	 41.4 50.6	ISO 3104
黏度指数(最小)	80	90	90	ISO 2909
倾点(最大)/℃	-6	-6[a]	-6	ISO 3016
密度(15℃)/(kg/m^3)	报告	报告	报告	ISO 12185 或 ISO 3675
闪点/℃ 开口(最低) 闭口(最低)	 177 165	 186 170	 186 —	ISO 2592 ISO 2719
总酸值(最大)/(mgKOH/g)	报告	0.2[b]	0.2	ISO 6618 或 ISO 6619 或 ISO 7537
水分(最大)/%	—	0.02	0.02	ISO 6296 或 ISO 12937
泡沫(倾向/稳定性)(最大)/(mL/mL) 程序 1,24℃ 程序 2,93℃ 程序 3,93℃以后 24℃	 450/0 100/0 450/0	 450/0[c] 50/0[c] 450/0[c]	450/0 50/0450/0	ISO 6247
空气释放时间(50℃,最大)/min	6	5	5	ISO 9120
铜片腐蚀[(3h,100℃(最大)]/级	1b	1	1	ISO 2160
液相锈蚀(24h)级	通过	通过	无锈	ISO 7120(B)
水分离度(破乳化时间)最大时间/s	300	—	—	DIN 515891
破乳性(54℃,乳化液达到 3mL 最大时间)/min	30	30[d]	15	ISO 6614
氧化稳定性(旋转氧弹)/min	—	报告[e]	报告	ASTM D 2272-02
氧化稳定性 总酸值/(mgKOH/g) 油泥/%	 1.8 0.4	 0.5(TOP)[f] 0.3[f]	 - -	ISO 7624
氧化稳定性("TOST") 1000h 时总酸值(最大)/(mgKOH/g) 总酸值达 2mgKOH/g 的时间/h 1000h 后的油泥(最大)/mg	2000	0.3[f] 3000[f] 200[f]	0.3 3000 200	ISO4263-1

续表

项目	ISO 8068—1987 *	ISO 8068—2006	GB11120—2011	试验方法 * *
过滤性(干)(最小)/%	—	85	85	ISO 13357 – 2
过滤性(湿)/%	—	通过	通过	ISO 13357 – 1
交货清洁度级	—	–/17/14[g]	–/18/15	ISO 4406

注:[a]用于与供应商可协商较低的值。

[b] 有争议时，采用 ISO 6618。

[c] 对于第 2 程序，在 60s 时记录。

[d] 仅适用于 TSA。也可规定更低的乳化值或时间。

[e] 该值对使用中监控是有用的。低于 250min 属于不正常。

[f] 两个方法选一个。

[g] 按 ISO 11171 校正自动粒子计数器，采用 ISO 11500 计算和测量粒子是一较好的方法。

* ISO 87 版标准中有 AR 型油和 B 型油两个质量标准，其差别是 AR 类产品具有空气释放值要求(更强调当空气混入润滑系统形成细小气泡后的消解能力)，B 型油质量指标中无空气释放值要求，其他指标与 AR 型油完全相同。

* * 国标 GB11120 – 2011 各项分析的试验方法见该产品标准。

* * * 2019 年 11 月 ISO 对过滤性发布了补充条款：规定了过滤性阶段的指标，L – TSA 干法 FI 不小于 80%，FII 报告；湿法 FI 不小于 50%，FII 不小于 50%。

表 9 – 2 – 11　L – TGA 和 L – TGE 燃气轮机油的规格(GB 11120—2011)

项目	质量指标						试验方法
	L – TGA			L – TGE			
黏度等级(GB/T 3141)	32	46	68	32	46	68	
外观	透明			透明			目测
色度/号	报告			报告			GB/T 6540
运动黏度(40℃)/(mm^2/s)	28. 8 ~ 35. 2	41. 4 ~ 50. 6	61. 2 ~ 74. 8	28. 8 ~ 35. 2	41. 4 ~ 50. 6	61. 2 ~ 74. 8	GB/T 265
黏度指数	≥90			≥90			GB/T 1995[a]
倾点[b]/℃	≤ –6			≤ –6			GB/T 3535
密度(20℃)/(kg/m^3)	报告			报告			GB/T 1884 和 GB/T 1885[c]
闪点(开口)/℃ 开口 闭口	 186 170			 186 170			GB/T 3536
酸值(以 KOH 计)/(mg/g)	≤0. 2			≤0. 2			GB/T 4945[d]
水分(质量分数)/%	≤0. 02			≤0. 02			GB/T 11133[e]
泡沫性(泡沫倾向/泡沫稳定性)[f]/(mL/mL) 程序 Ⅰ(24℃) 程序 Ⅱ(93. 5℃) 程序 Ⅲ(后 24℃)	 ≤450/0 ≤50/0 ≤450/0			 ≤450/0 ≤50/0 ≤450/0			GB/T 12579

续表

项目	质量指标						试验方法
	L－TGA			L－TGE			
黏度等级(GB/T 3141)	32	46	68	32	46	68	
空气释放值(50℃)/min	≤5		≤6	≤5		≤6	SH/T 0308
铜片腐蚀(100℃，3h)/级	≤1			≤1			GB/T 5096
液相锈蚀(24h)	无锈			无锈			GB/T 11143(B法)
旋转氧弹[g]/min	报告			报告			SH/T 0193
氧化安定性							
1000h后总酸值(以KOH计)/(mg/g)	≤0.3	≤0.3	≤0.3	≤0.3	≤0.3	≤0.3	GB/T 12581
总酸值达到2.0mgKOH/g的时间/h	≥3500	≥3000	≥2500	≥3500	≥3000	≥2500	GB/T 12581
1000h后的油泥/mg	≤200	≤200	≤200	≤200	≤200	≤200	SH/T 0565
承载能力 齿轮机试验/失效级	—			≥8	≥9	≥10	GB/T 19936.1[h]
过滤性							SH/T 0805
干法/%	≥85			≥85			
湿法	通过			通过			
清洁度[i]/级	≤－/17/14			≤－/17/14			GB/T 14039

注：[a]测定方法也包括GB/T 2541，结果有争议时，以GB/T 1995为仲裁方法。
[b]可与供应商协商较低的温度。
[c]测定方法也包括SH/T 0604。
[d]测定方法也包括GB/T 7304和SH/T 0163，结果有争议时，以GB/T 4945为仲裁方法。
[e]测定方法也包括GB/T 7600和SH/T 0207，结果有争议时，以GB/T 11133为仲裁方法。
[f]对于程序I和程序III，泡沫稳定性在300s时记录，对于程序II，在60 s时记录。
[g]该数值对使用中油品监控是有用的。低于250min属不正常。
[h]测定方法也包括SH/T 0306，结果有争议时，以GB/T 19936.1为仲裁方法。
[i]按GB/T 18854校正自动离子计数器(推荐采用DL/T 432方法计算和测量粒子)。

表9－2－12　L－TGSB和L－TGSE燃/汽轮机油的技术要求(GB 11120—2011)

项目	质量指标						试验方法
	L－TGSB			L－TGSE			
黏度等级(GB/T 3141)	32	46	68	32	46	68	
外观	透明			透明			目测
色度/号	报告			报告			GB/T 6540
运动黏度(40℃)/(mm^2/s)	28.8～35.2	41.4～50.6	61.2～74.8	28.8～35.2	41.4～50.6	61.2～74.8	GB/T 265
黏度指数	≥90			≥90			GB/T 1995[a]

续表

项目	质量指标						试验方法
	L－TGSB			L－TGSE			
黏度等级(GB/T 3141)	32	46	68	32	46	68	
倾点[b]/℃	≤－6			≤－6			GB/T 3535
密度(20℃)/(kg/m^3)	报告			报告			GB/T 1884 和 GB/T 1885[c]
闪点(开口)/℃							GB/T 3536
开口	200			200			
闭口	190			190			
酸值(以 KOH 计)/(mg/g)	≤0.2			≤0.2			GB/T 4945[d]
水分(质量分数)/%	≤0.02			≤0.02			GB/T 11133[e]
泡沫性(泡沫倾向/泡沫稳定性)[f]/(mL/mL)							GB/T 12579
程序Ⅰ(24℃)	≤450/0			≤50/0			
程序Ⅱ(93.5℃)	≤50/0			≤50/0			
程序Ⅲ(后 24℃)	≤450/0			≤50/0			
空气释放值(50℃)/min	≤5		≤6	≤5		≤6	SH/T 0308
铜片腐蚀(100℃，3h)/级	≤1			≤1			GB/T 5096
液相锈蚀(24h)	无锈			无锈			GB/T 11143(B 法)
抗乳化性(乳化液达到 3mL 的时间)/min							GB/T 7305
54℃	≤30			≤30			
旋转氧弹/min	≥750			≥750			SH/T 0193
改进旋转氧弹[g]/min	≥85			≥85			SH/T 0193
氧化安定性 总酸值达到 2.0mgKOH/g 的时间/h	≤3500	≤3000	≤2500	≤3500	≤3000	≤2500	GB/T 12581
高温氧化安定性(175℃，72h)							ASTM D4636[h]
黏度变化/%	报告			报告			
酸值变化(以 KOH 计)/(mg/g)	报告			报告			
金属片质量变化/(mg/cm^2)							
钢	±0.250			±0.250			
铝	±0.250			±0.250			
镉	±0.250			±0.250			
铜	±0.250			±0.250			
镁	±0.250			±0.250			
承载能力 齿轮机试验/失效级	－			≤8	≤9	≤10	GB/T 19936.1[i]

续表

项目	质量指标						试验方法
	L－TGSB			L－TGSE			
黏度等级(GB/T 3141)	32	46	68	32	46	68	
过滤性 干法/% 湿法	≥85 通过			≥85 通过			SH/T 0805
清洁度[j]/级	≤－/17/14			≤－/17/14			GB/T 14039

注:[a]测定方法也包括 GB/T 2541，结果有争议时，以 GB/T 1995 为仲裁方法。

[b]可与供应商协商较低的温度。

[c]测定方法也包括 SH/T 0604。

[d]测定方法也包括 GB/T 7304 和 SH/T 0163，结果有争议时，以 GB/T 4945 为仲裁方法。

[e]测定方法也包括 GB/T 7600 和 SH/T 0207，结果有争议时，以 GB/T 11133 为仲裁方法。

[f]对于程序 I 和程序 III，泡沫稳定性在 300 s 时记录，对于程序 II，在 60 s 时记录。

[g]取 300mL 油样，在 121℃下，以 3L/h 的速度通入清洁干燥的氮气，经 48h 后，按照 SH/T 0193 进行实验，用所得结果与未经处理的样品所得结果的比值的百分数表示。

[h]测定方法也包括 GJB563，结果有争议时，以 ASTM D4636 为仲裁方法。

[i]测定方法也包括 SH/T 0306，结果有争议时，以 GB/T 19936.1 为仲裁方法。

[j]按 GB/T 18854 校正自动离子计数器(推荐采用 DL/T 432 方法计算和测量粒子)。

表 9－2－13 部分 OEM 的涡轮机油标准

OEM	标准
GE	HTGD 90117 V0001 AD GEK 40506E，107395A，1210498，121608 等
SIEMENS	TLV901304(普通热稳定性润滑油) TLV901305(更高热稳定性润滑油)
三菱电力公司	MS04－MA－CL001(蒸汽和低温燃气涡轮机油) MS04－MA－CL002(用于轴承环境温度高于 250℃的高温燃气轮机润滑油) MS04－MA－CL003(用于轴承环境温度高于 250℃的高温燃气轮机含有极压添加剂的润滑油) MS04－MA－CL005(用于轴承环境温度高于 250℃的高温燃气轮机长寿命型润滑油) MS04－MA－CL006(用于轴承环境温度高于 250℃的高温燃气轮机超长寿命型润滑油)
安萨尔多	TG02－0171－E00000/E（涡轮机油标准） AD00020487－00（用于燃气轮机和蒸汽轮机的润滑油和控制油 标准和运行管理)

L－TSA 68 号汽轮机油主要用于军舰和海洋船舶汽轮机，也可用于有多级减速齿轮的汽轮鼓风机、汽轮压榨机和以液体为工作介质、转速较低、温度较高的汽轮泵以及转速在 150r/min 以下的水轮发电机组的润滑和防锈。

L－TSA 100 号汽轮机油用于巨型远洋船舶的汽轮机及其功率输出装置的润滑和防锈。

随着汽轮机组向高温、高压和大功率方向发展，对汽轮机油的氧化安定性、防锈性、空气释放性、抗乳化性、油泥析出趋势、清洁度等都提出了更严格的要求。各石油公司在涡轮机油调和中广泛采用加氢基础油，以提高油品性能，满足长周期使用要求。

2)L－TSE 汽轮机油

L－TSE 汽轮机油具有良好的抗氧化安定性、防锈性、抗乳化性及抗泡性能，同时还具有合适的抗磨极压性能。主要应用于电力、冶金、石油化工及航运船舶的各种重负荷大功率发电机、汽轮压缩机、汽轮鼓风机和其他汽轮驱动装置。包括汽轮机主轴承、变速机构、传动齿轮和附属装置的润滑。

3)燃气轮机油

燃气轮机具有节能及动力大等特点。在运转过程中，润滑油受到高热表面作用，与空气(烟气)相混，以非常高的速率泵送循环，并处于高压下使用。因此要求燃气轮机油比蒸汽轮机油具有更优良的高温氧化安定性和抗磨性。燃气轮机油具有更加优良的热氧化安定性、防锈性，还具有良好的抗乳化性及空气释放性能。主要应用于各种工业燃气轮机、船舶燃气轮机、高温高压蒸汽轮机或蒸汽－燃气联合机组的涡轮机轴承及齿轮传动系统，也适用于各类蒸汽轮机和水轮机组的润滑。

2.1.5 汽轮机油选用

选用汽轮机油一般原则：

(1)一般蒸汽汽轮机和离心式压缩机选用 L－TSA 汽轮机油。

(2)燃气轮机(包括烟机)选用燃气轮机油。

(3)减速箱载荷高、调速器润滑条件苛刻的透平机组选用极压型汽轮机油。

(4)接触氨的工业汽轮机和离心式压缩机选用抗氨汽轮机油。

(5)高温的汽轮机组选用高温燃汽轮机油。

(6)在燃气轮机和 300MW 以上的蒸汽轮机调速系统中必须采用难燃液压油。

1)蒸汽轮机用油选用

表 9－2－14 为蒸汽轮机推荐用用油情况。汽轮发电机的主轴滑动轴承对润滑的要求较多，特点是一些大型发动机，轴颈可达 Φ600mm 以上，轴的圆周速度有时可超过 100m/s，通常采用动压或静压滑动轴承，具有专门的供油系统循环供应润滑油，其齿轮减速箱、调速机(器)励磁机等可用循环供油或油浴润滑方式供油。

表 9－2－14 蒸汽汽轮机用油选择推荐

汽轮机类型	工作条件	润滑油类型	推荐黏度
蒸汽汽轮机	转速 3000r/min 以上	TSA 汽轮机油	32
	转速 2000～3000r/min	TSA 汽轮机油	46
	转速 1000～2000r/min	TSA 汽轮机油	68
	转速 1000r/min 以下	TSA 汽轮机油	100
	转速低负荷大	TSA 汽轮机油	46、68
特殊汽轮机	高温高压	可选用磷酸酯型难燃液	—
军用船舰大型远洋船用汽轮机	—	TSA 汽轮机油	68
巨型远洋轮用汽轮机	—	TSA 汽轮机油	100
船舶副机用汽轮机	转速 3000r/min 以上	TSA 汽轮机油	32
	转速 3000r/min 以下	TSA 汽轮机油	46

2)燃气轮机用油选用

燃气轮机的润滑比一般蒸汽轮机要苛刻得多，运行环境温度高，在现代燃气轮机中，涡轮机油的进口温度为55~60℃，回流温度达到100℃。特别是在某些单轴三轴承的燃气轮机设计中，中间的轴颈轴承位于压缩机排气端，温度非常高，轴承周围环境温度可达260℃以上，同时还受到密封热空气的汽提作用，使得涡轮机油的高温氧化现象更为严重。需使用不含短链酚型抗氧剂的涡轮机油，特殊场合可以使用合成涡轮机油。另在联合循环机组中，一种涡轮机油同时要满足燃气轮机和蒸汽轮机的使用要求，因此还需要具有良好的抗乳化性。燃气汽轮机用油见表9-2-15。

表9-2-15 燃气汽轮机用油选择推荐

工作条件	润滑方式	润滑油类型
一般负荷	压力循环	L-TGA燃气轮机油
一般负荷，带减速箱	压力循环	L-TGE燃气轮机油
高温、大功率、大负荷	压力循环	L-TGB燃气轮机油
高温、带减速箱	压力循环	L-TGF燃气轮机油
单轴联合循环机组	压力循环	L-TGSB燃/汽轮机油
单轴联合循环机组、带减速箱	压力循环	L-TGSE燃/汽轮机油

3)水轮机用油选用

水轮发电机组一般均为低速、常温、定负荷下运动，但工作环境较为潮湿。要求使用防锈性、水分离性较好的润滑油。小型水轮发电机大多是轴承润滑和调速机构操作系统使用同一润滑系统，而大型水轮发电机导向轴承与调整机构操作系统的润滑系统分离，混流式及轴流式水轮机的导向叶片，水斗式水轮机的针阀操作机构等均使用防锈性好的0号或1号钙基或锂基脂润滑。

2.1.6 涡轮机油运行管理

现代高质量的涡轮机油可以满足当今涡轮机的使用要求。好的涡轮机油在系统中的使用期应为10~20年。影响涡轮机油使用寿命的主要因素是系统的操作条件、空气泄漏和温度的升高，油与系统中的金属以及不可避免的蒸汽冷凝水的并存等。当温度升高时产生氧化与热降解，形成的不稳定化合物进而缩合为胶质与油泥。

我国在20世纪80年代以前大多数电厂使用200MW及其以下蒸汽汽轮机组。由于油系统温度较低，而漏水机组较多，使用中的主要矛盾是油品要有优良的抗乳化性能。油中进水后，若乳化严重就停机换油。因而油品氧化安定性的好与坏在实际使用中由于换油期短暂而难以体现。用只加抗氧剂的Ⅰ型汽轮机油就完全满足要求。以我国电力工业摇篮的上海市为例，吴泾电厂、闵行电厂、外高桥电厂(一期)等，都使用Ⅰ型汽轮机油。然而，事物总是一分为二的。用Ⅰ型油虽然能较快地与混入油中的水分离，但机组长期漏气漏水，既促使油质乳化，也引起油系统的锈蚀。锈蚀产物严重时可造成调速系统卡涩、机组振动、磨损增加。如上海外高桥电厂使用Ⅰ型油4年后，为增加汽轮机油的防锈能力，对运行的 I 型油都补加了十二烯基二酸防锈剂，其余电厂也先后在一些机组的汽轮机油中加入了防锈剂。

我国发电用汽轮机油机组 2020 年底装机为 22 亿 kW，粗略计算，汽轮机油的保有量在 30 万吨左右。从发电机组增加的时段来分，2000 年跨上 3 亿 kW 台阶，2015 年达到 15 亿 kW，“十三五”期间每年有 1 亿千瓦左右的增幅。我国在 1983 年前汽轮机油执行的是 GB 2573—1981 抗氧型标准，1989 年以后开始按 GB 11120—1989 标准执行，即抗氧防锈透平油标准，2011 年对国标 GB 1120 进行了修订。电厂汽轮机油使用时间长，对机组使用过的油品，主管部门(或当事人)不肯轻易更换品种。这就形成了当今油品市场既有抗氧型又有抗氧防锈型汽轮机油的局面。但从发展的观点看，机组泄漏蒸汽已不是主要问题，追求长寿命才是润滑油公司及发电企业共同的目标，润滑油生产企业要积极引导市场、用优质油品、优良服务占领市场。

1)新油验收

(1)出售新油要向客户开具产品合格证。

(2)客户要仔细检查合格证每一项指标，并按 5% 的比例对原装桶采样(最好是合并样)进行全分析。

2)新油保管及使用中注意事项

(1)涡轮机油属于高档润滑油，与其使用和保持长期使用相关的油品性能，如抗乳化性、清洁度等受环境影响和干扰大，必须在全过程严格管理。

(2)在储运前对储罐、输油管、油罐顶盖板等进行清洗，保持干净，运输中防止污染。

(3)油桶进厂后应放入有屋顶的通风干燥的仓库中，若需放在露天场地，应将每只桶的开盖处一侧用砖头垫高，并在上部盖防水的塑料布(或防雨布)，并捆扎牢固。

3)运行油管理

(1)尽可能防止漏气、漏水。

(2)在使用中要经常调节润滑油冷却器的冷却水量，使轴承回油管温度控制在 60℃左右。

(3)定期放水。

(4)定期采样分析油质。

(5)定期过滤脱水，使油品使用中生成的油泥、沉淀、磨削物、微量水等除去。

4)补油注意事项

(1)运行中油品因老化及处理后，需要补充一部分新油。补油一般应用同牌号、同黏度新油。若生产厂商前后是一家，则在确定同级、同黏度牌号后可以补加。若油源变化则应按 DL 429.6 方法将运行油与欲补加的新油作开杯老化试验，符合要求后方可补加。

(2)换油前，要认真清洗润滑系统，以免残留旧油污染新油品。只要有 10% 的旧油品存在，就可使新油品的使用期限缩短 75% 左右。

(3)涡轮机油不能用其他品种的润滑油代用，必要时可用黏度较大的涡轮机油代替黏度较小的涡轮机油。

5)涡轮机油污染控制

引起涡轮机油劣化因素之一是水分和金属微粒等污染物造成的污染。油中含有水分(游离水和溶解水)和高浓度的金属微粒，除了会带来润滑性能下降、锈蚀金属表面、卡涩调速部套、划伤轴承表面等危害外，还会因水分和金属微粒污物共存，通过金属颗粒的催化作用，加速油液的氧化变质，降低油液的使用寿命。

研究资料表明，当油中仅有金属微粒或水存在时，对油液的氧化变质影响不明显。然而当金属和水同时存在时，氧化速度急剧加快，铁颗粒使油液氧化速度加快 10 倍，铜颗粒使油液氧化速度加快 30 倍。控制油液中的水分或金属微粒在规定范围内，油液的使用寿命可延长 3 ~5 倍。

润滑油系统中金属微粒等固态污染物，主要为外界侵入和内部生成两部分，水分源于机组汽封泄漏，蒸汽泄漏到轴承室并凝结成水，混入涡轮机油中。由于油液流循环速度较快，空气易混入，所以油液与空气接触密切，从而加速了涡轮机油氧化，产生有机酸、胶质、油泥等二次污染物，影响抗乳化性能和酸值。

所以，为控制涡轮机油性能，防止二次污染物的产生，延长油液使用寿命，节能降耗减少运行成本、保证机组安全经济运行，加强油系统的污染控制。

涡轮机油污染控制，包括油调和生产时的控制和运行时的控制两个方面。在涡轮机油生产过程中，采用过滤方法主要除去固体杂质，而运行中涡轮机油污染度控制，除固体颗粒外，还要除去水分。涡轮机油要求的污染等级列于表 9 -2 -16。

表 9 -2 -16 涡轮机油要求的污染等级

<table>
<tr><th>NAS 污染等级</th><th>3 级</th><th>4 级</th><th>5 级</th><th>6 级</th><th>7 级</th><th>8 级</th><th>9 级</th><th>10 级</th></tr>
<tr><td rowspan="3">适用范围</td><td colspan="3">导弹用</td><td></td><td colspan="3">涡轮机油</td><td></td></tr>
<tr><td colspan="2" rowspan="2"></td><td colspan="3">精密机械及机器人</td><td colspan="3"></td></tr>
<tr><td colspan="3">生产过滤后等级</td><td colspan="3">灌装后新油等级</td></tr>
</table>

2.1.7 涡轮机油换油标准

涡轮机运行油标准主要有 ASTM D4378《矿油型蒸汽、燃气轮机运行油维护标准》。对运行中涡轮机油的维护监控主要是监控油品的酸值、运动黏度、水分和旋转氧弹等指标。我国电力企业联合会提出制定了《电厂用矿物涡轮机油维护管理导则》(GB/T 14541—2017)。见表 9 -2 -17。

表 9 -2 -17 GB/T 7596—2017 电厂运行中涡轮机油质量标准

<table>
<tr><th colspan="2">项目</th><th>质量指标</th><th>检验方法</th></tr>
<tr><td colspan="2">外观</td><td>透明，无杂质或悬浮物</td><td>目测</td></tr>
<tr><td colspan="2">色度</td><td>≤5.5</td><td>GB/T 6540</td></tr>
<tr><td rowspan="3">运动黏度[a](40℃)/(mm^2/s)</td><td>32</td><td rowspan="3">不超过新油测定值 ±5%</td><td rowspan="3">GB/T 265</td></tr>
<tr><td>46</td></tr>
<tr><td>68</td></tr>
<tr><td colspan="2">闪点(开口杯)/℃</td><td>≥180，且比前次测定值不低 10℃</td><td>GB/T 3536</td></tr>
</table>

续表

项目		质量指标	检验方法
颗粒污染等级[b] SAE AS4059F，级		≤8	DL/T 432
酸值（以 KOH 计）/（mg/g）		≤0.3	GB/T 264
液相锈蚀[c]		无锈	GB/T 11143（A 法）
抗乳化性[c]（54℃）/min		≤30	GB/T 7605
水分[c]/（mg/L）		≤100	GB/T 7600
泡沫性（泡沫倾向/泡沫稳定性）/（mL/mL）	24℃	≤500/10	GB/T 12579
	93.5℃	≤100/0	
	后 24℃	≤500/0	
空气释放值（50℃）/min		≤10	SH/T 0308
旋转氧弹值（150℃）/min		不低于新油原始测定值的 25%，且汽轮机用油、水轮机用油≥100 燃气轮机用油≥200	SH/T 0193
抗氧剂含量/%	T501 抗氧剂	不低于新油原始测定值的 25%	GB/T 7602
	受阻酚类或芳香胺类抗氧剂		ASTM D6971

注：a 32、46、68 为 GB/T 3141 中规定的 ISO 黏度等级。

b 对于 100MW 及上机组检测颗粒污染等级，对于 100MW 以下机组目视检查机械杂质。对于调速系统或润滑系统和调速系统共用油箱使用矿物涡轮机油的设备，油中颗粒污染等级指标应参考设备制造厂提出的指标执行。

c 对于单一燃气轮机用矿物涡轮机油，该项指标可不用检测。

有些涡轮机制造商也制定了涡轮机运行油控制指标。GE 公司对涡轮机油运行油的规定 GEK 32568K 与 ASTM D4378 接近，关注涡轮机油的氧化衰变，对油泥和漆膜倾向指数提出要求。日本 OEM 如三菱电力则在其涡轮机油运行油标准中设定了油泥量的控制指标。

石化行业对汽轮机油换油标准也有规定，见表 9－2－18。

表 9－2－18　L－TSA 汽轮油换油指标（SH/T 0636—2013）

项目		换油指标				试验方法
黏度等级（按 GB/T3141）		32	46	68	100	—
运动黏度（40℃）变化率/%	>	±10				GB/T 265
酸值增加/（mgKOH/g）	>	0.3				GB/T 7304
水分（质量分数）/%	>	0.1				GB/T 260 GB/T 11133 GB/T 7600
抗乳化性（乳化层减少到 3mL，54℃[a]）/min	>	40		60		GB/T 7305
氧化安定性 旋转氧弹（150℃）/min	<	60				SH/T 0193
液相锈蚀试验（蒸馏水[b]）		不合格				GB/T 11143

续表

项目	换油指标	试验方法
清洁度[c]	报告	DL/T 432 GJB 380. 4A

注:[a]当使用100号油时，测试温度为82℃。
[b]当使用于船舶设备时采用合成海水法，指标为中等锈蚀或严重锈蚀。
[C]根据设备制造商的要求。
当使用100号油时，测试温度为82℃。

然而石化行业提出的换油指标并未为全国电厂所接受。其原因是，电厂用油质量变差是需要综合考虑的，如：油品外观、颜色、浊度、泡沫、乳化情况、沉淀物等。以破乳化为例，油质乳化一般要有三个条件，即水分、乳化剂及高速搅拌，而水分是主要条件。但有的电厂使用国产涡轮机油，运行17年，酸值0. 19mgKOH/g，从外观看，油的颜色很深，但油质仍透明，不乳化，原因是不漏水。有的电厂使用美国涡轮机油，运行几十年，酸值已超过运行指标，油色也很深，但油质仍透明，虽然破乳化指标也超标，而运行中油不乳化，其原因也是该机组不漏水。这充分说明油质乳化主要是由机组漏水引起的。所以若机械照搬SH/T 0636换油指标的规定(有一项不合格就换油)，既不利于电厂长周期运转，其换油费用也不是一笔小数目。

电厂对使用油更换时间的判断是：

(1)综合判断：酸值连续上升；表面张力显著下降；旋转氧弹显著降低；油泥出现；乳化层牢固；容易起泡；颜色连续升高5个单位等。

(2)以下情况考虑换油：①总酸值超过0. 3mgKOH/g；②旋转氧弹在50min以下。如①、②中有一项不合格则需换油。

2. 1. 8 长城牌汽轮机油典型产品介绍

2. 1. 8. 1 产品简介

1)威越L－TSA汽轮机油(A级)

(1)性能特点：极好的分水性能，保证油水彻底分离；优良的氧化安定性，有效延长使用寿命；优良的抗泡性和空气释放性能，有效减少泵的气蚀；优良的防锈防腐性，防止设备的锈蚀。

(2)技术规格：

GB 11120－2011(A级)；Siemens TLV 901304；GE POWER HTGD 90117。

(3)应用范围：适用于大功率汽轮机、大中型船舶及其他工业蒸汽汽轮机、燃气轮机、水轮机组的润滑和密封，也可用于核电工业汽轮机组。

2)威越L－TSA汽轮机油(B级)

(1)性能特点：极好的分水性能；优良的氧化安定性，有效延长使用寿命；优良的抗泡性和空气释放性能；优良的防锈防腐性，防止设备的锈蚀。

(2)技术规格：

GB 11120—2011(B级)。

(3)应用范围：适用于电力、大中型船舶及其他工业蒸汽汽轮机、燃气汽轮机、水轮机组的润滑与密封。

3)威越长寿命涡轮机油

(1)性能特点：极佳的氧化安定性，有效控制油泥的产生，保证油品具有超长的使用寿命，极好的分水性能，优秀的空气释放性、抗泡沫性能，有效减少泵的气蚀，优秀的防锈性和防腐性，防止设备的锈蚀。

(2)技术规格：

Q/SH PRD 0157GB 11120—2011(TSA，TGA)；Siemens TLV 901304，TLV 901305；GE POWER HTGD 90117。

(3)应用范围：适用于大功率超临界汽轮机、轻负荷燃气轮机、联合循环机组、大中型船舶及其他工业蒸汽轮机组、燃气汽轮机组、水轮机组的润滑与密封。

4)威越 L－TSE 汽轮机油

(1)性能特点：优异的极压抗磨性，极好的分水性能，优良的氧化安定性，有效延长使用寿命，优良的空气释放性、抗泡沫性能。

(2)技术规格：

GB 11120－2011(L－TSE)。

(3)应用范围：适用于带齿轮减速装置的汽轮机、工业驱动装置及船舶汽轮机的润滑与密封。

5)威越长寿命极压涡轮机油

(1)性能特点：超凡的极压抗磨性能，极佳的氧化安定性保证油品具有超长使用寿命，极好的分水性能，优秀的抗泡性和空气释放性能。

(2)技术规格：

Q/SH PRD 0158GB 11120(L－TSE/TGE)；Siemens TLV 901304(EP)，TLV 901305(EP)GE POWER HTGD 90117。

(3)应用范围：适用于蒸汽－燃气联合发电机组的润滑，适用于带齿轮减速装置的汽轮机、工业驱动装置和船舶汽轮机的润滑与密封。

6)AT－M32 涡轮机油

(1)性能特点：极佳的高温氧化安定性，延长使用寿命；极佳的油泥控制性能，有效减少漆膜的产出，防止伺服阀堵塞；优良的抗泡性能和空气释放性能，减少气蚀；优良的防锈防腐性以及抗乳化性能，满足联合循环蒸汽轮机使用要求。

(2)技术规格：

Q/SH3031 0103－2020GB 11120－2011(L－TGE)；MITSUBISHI POWER MS04－MA－CL002。

(3)应用范围：适用于高温燃气轮机及联合循环及控制系统的润滑和密封，特别适用于三菱电力需要满足 CL002 规格的燃气轮机组。

2.1.8.2　长城汽轮机油的选用

(1)L－TSA 具有优秀的抗氧性、防锈性、分水性、抗泡及空气释放性，符合 ISO 8068 标准(L－TSA 一级品)。L－TSA32、46、68、100 可用于 300MW 以上的临界、亚临界、超临界的各类汽轮机组。300MW、600MW 汽轮机组可用一级品（或优级品），900MW、1000MW 可用优级品。

(2)长寿命汽轮机油具有极好的氧化安定性能，氧化试验时间高达 10000h 以上，可以有效延长油品的使用寿命；具有良好的空气释放性、抗泡沫性能和抗乳化性能；同时还有极佳的防锈性和防腐性能。油品适用于电力行业超临界、超超临界大型汽轮机组、燃气汽轮机组、水轮机组、大中型船舶及其他工业汽轮机组的润滑与密封。

(3)长寿命极压汽轮机油、L－TSE32、L－TSE 46 可用于带齿轮箱的各类蒸汽轮机使用。

(4)AT－M32 涡轮机油适用于高温燃气轮机和联合循环及控制系统的润滑和密封，特别适用于三菱电力需要满足 CL002 规格的燃气轮机组。

2.1.8.3　国内外品牌油品对照

中国石化长城牌威越汽轮机油与国外品牌汽轮机油的对照见表 9－2－19。

表 9－2－19　国内外品牌涡轮机油对照

级别	黏度牌号	长城产品名称	美孚	壳牌	BP
	32	长城威越 32 长寿命极压汽轮机油	DTE 832	TURBO　CC32	TURBINOL 32EP
	46	长城威越 46 长寿命极压汽轮机油	DTE 846	TURBO　CC46	TURBINOL 46EP
	32	长城威越 32 长寿命汽轮机油	DTE 732	TURBO T32	TURBINOL X32
	46	长城威越 46 长寿命汽轮机油	DTE 746	TURBO T46	TURBINOL X46
	68	长城威越 68 长寿命汽轮机油	DTE 768	TURBO T68	TURBINOL X68
TSE	32	长城威越 TSE32 极压汽轮机油	DTE LIGHT	/	ENERGOL TH－HT32
	46	长城威越 TSE46 极压汽轮机油	DTE MEDIUM	/	ENERGOL TH－HT46
	68	长城威越 TSE68 极压汽轮机油	DTE HEAVY MEDIUM	/	ENERGOL TH－HT68
TSA（A 级）	32	长城威越 TSA32 汽轮机油（A 级）	DTE LIGHT	TURBO 32	ENERGOL THB32
	46	长城威越 TSA46 汽轮机油（A 级）	DTE MEDIUM	TURBO 46	ENERGOL THB46
	68	长城威越 TSA68 汽轮机油（A 级）	DTE HEAVY MEDIUM	TURBO 68	ENERGOL THB68
	32	长城 AT－M32 涡轮机油	DTE 732M	TURBO J32	TURBINOL X32

2.1.8.4　长城汽轮机油应用案例

1)国际 OEM 认证

(1)lGE POWER HTGD 90117 认证：TSA32、46 汽轮机油（A 级），TSA/LF46 长寿命涡轮机油，TSE/LF 46 长寿命极压涡轮机油。

(2)SIEMENS TLV 9013 04 认证：TSA32、46 汽轮机油（A 级），TSA/LF32、46 长寿命涡轮机油，TSE/LF 32、46 长寿命极压涡轮机油。

(3)MITSUBISHI POWER MS04－MA－CL001、MS04－MA－CL002 认证：AT－M32 涡轮机油，AT－ML32 涡轮机油。

(4) MITSUBISHI POWER MS04 - MA - CL005 认证：AT - ML32 涡轮机油。

(5) ANSALDO TGO02 - 0171 - E00000/E 认证：TSA/LF 46 长寿命汽轮机油　TSE/LF 32、46 长寿命极压汽轮机油。

2) 国内汽轮机 OEM 认可书

(1) 东方汽轮机有限公司：TSA 汽轮机油(A 级)。

(2) 上海电气电站设备有限公司汽轮机厂：TSA 汽轮机油(A 级)，TSA/LF 长寿命汽轮机油。

(3) 杭州汽轮机股份有限公司：TSA 汽轮机油(A 级)。

(4) 南京汽轮电机集团公司：TSA 汽轮机油(A 级)。

3) 长城汽轮机油应用案例

(1) 在张家港沙洲电力有限公司的应用：

长城威越 TSA/LF46 长寿命涡轮机油于 2016 年 9 月在沙洲电厂 1000MW 级上汽 - 西门子超超临界燃煤发电机组上应用，至今运行状态良好。

(2) 在常山天然气发电有限公司的应用：

长城 AT - M32 涡轮机油于 2014 年 7 月在常山天然气发电有限公司 400MW 东汽 M701F4 单轴联合循环机组上应用，至今运行状态良好。

(3) 在华能澜沧江水电有限公司小湾发电厂的应用：

长城 L - TSA46 汽轮机油(A 级)于 2012 年 6 月在小湾发电厂 700MW 东方电机混流式水轮机组上应用，至今运行状态良好。

(4) 在福清核电站上的应用：

长城 TSA/LF46 长寿命涡轮机油于 2020 年在福清核电站 1160MW 东汽蒸汽轮机组上装机应用，至今运行状态良好。

(5) 长城牌汽轮机油还在其他国电、大唐、华能、华电、中国电力投资集团等中国 5 大电力集团公司下属电厂及地方电力公司电厂的 300MW、600MW、1000MW 发电机组上得到应用。

2.1.9　问题解答

(1) 汽轮机油被乳化后有什么危害？

答：汽轮机油被乳化后可能造成以下几方面危害：

①乳化液在轴承等处析出水时，可能破坏油膜。

②乳化液会引起金属腐蚀。

③乳化液沉积于油循环系统中，妨害油的循环，造成供油不足，引起故障。

④油被乳化后，易引起油品老化。老化后产生的环烷酸皂、胶质等物质均属于乳化剂，加速油品乳化。

⑤油被乳化后，降低了汽轮机油的润滑作用，增大各部件的摩擦，引起轴承过热，以至损坏机件。

(2) 如何控制汽轮机油污染？

答：汽轮机油污染控制，包括汽轮机油调和生产时的控制和运行时的控制两个方面。

在汽轮机油生产过程中，采用过滤方法主要除去固体杂质，而运行中透平油污染度控制，除固体颗粒外，还要除去水分。汽轮机油要求的污染等级列于表9－2－20。

表9－2－20　汽轮机油要求的污染等级

<table>
<tr><td>NAS 污染等级</td><td>3级</td><td>4级</td><td>5级</td><td>6级</td><td>7级</td><td>8级</td><td>9级</td><td>10级</td></tr>
<tr><td rowspan="3">适用范围</td><td colspan="4">导弹用</td><td colspan="3">汽轮机油</td><td></td></tr>
<tr><td colspan="2" rowspan="2"></td><td colspan="3">精密机械及机器人</td><td colspan="3"></td></tr>
<tr><td colspan="3">生产过滤后等级</td><td colspan="3">灌装后新油等级</td></tr>
</table>

(3)为什么要严格控制运行中汽轮机油中的水分含量？

答：新的汽轮机油在注入设备之前需进行过滤和净化处理，直至油的外观清澈透明。汽轮机油在正常运行情况下，油的外观是透明的。但若机组有缺陷，如轴封不严和轴封气压调节不当，容易将汽、水漏入系统中。

当油中进入水、汽后，从外观看油会变浑浊不清或乳化，影响油的润滑性，严重的会引起机组零件的磨损。同时漏入油系统的水分长期与金属部件接触，金属表面会发生不同程度的锈蚀，严重时会引起调速系统卡涩，甚至被迫停机，因而要对运行中的油进行监督，对水分应严格控制。

(4)桶装油底部有明水或片状褐色杂质，是什么原因产生的？

答：桶装汽轮机油底部有明水，可能原因有：灌装时有雨水落入；抽入罐底油；密封圈损坏；运输中被污染；客户将油桶露天存放而未用防水布遮盖等。但现场处理中，生产厂与客户发生的问题都有。油桶底部有褐色片状物，主要是桶盖周边涂的密封胶在长期运输及装卸时震动脱落。这一问题可交制桶厂考虑解决。

(5)在什么情况下选用难燃控制液？

答：随着国内汽轮机的单机容量迅速增长，目前国内最大的单机容量可达1000MW以上。由于单机容量大，其工作参数也提高，如蒸汽温度可达580℃左右。机组在这样高的温度下运行，特别是调速系统，如采用矿油型汽轮机油，对机组的安全运行不利。因而单机容量较高的机组在控制系统中就要选用难燃控制液(L－TCD)。

(6)使用磷酸酯控制液(L－TCD)时应注意哪些问题？

答：在控制系统或新设备中使用磷酸酯液应注意以下几点：

①磷酸酯能溶解油类、脂肪、某些颜料、油的残留物以及常用的密封和绝缘材料，因此所有接触这种液体部件必须进行彻底清洗。

②整个系统中的密封和绝缘材料，包括测点接口和接触这种液体的测量仪器，必须用抗溶材料代替，如聚酰胺、聚四氟乙烯。

③不能使用钢或轻金属的摩擦及塑料组合轴承。

④油箱必须密封，并有足够析气条件。

⑤必须防止矿物油和合成液混用。因为两者混用可能产生沉淀，使控制部件的功能和密封件的耐油性能受影响。一般说来，如果混合液中矿油量越过4%，即不得继续使用。

2.2 变压器油

2.2.1 概述

电气绝缘油是电力传输过程中各类设备，如变压器、互感器、开关、整流器、电缆和电容器中所用的各种绝缘油品，一般包括变压器油、电缆油和电容器油。电气绝缘油既可以作为电器绝缘介质，又可以作为电器设备热能的导热介质，起散热和绝缘的作用。因此，在使用中其作用不是润滑，而是作为一种有特殊要求的电器材料。用于变压器、互感器、油开关及整流器中的变压器油占电气绝缘油的98%以上，其余为少量的电缆油、电容器油等。因此，这里重点介绍变压器油。

变压器是一种用于电能转换的电器设备，它可以把某一种电压、电流的交流电能转换成相同频率的另一种电压、电流的交流电能。在传输功率恒定时，传输的电压越高，则所需电流越小。所以，通过变压器传输电力的电压越高，则线路的压降及线路损耗就越低。例如，将一台满负荷操作的600MW发电机的电压提升，需用一台与之功率匹配的大型发电机变压器，这个变压器的质量可达数百吨。其中铜导线约50t，固体与液体绝缘材料超过100t，且主要为变压器油。

变压器油根据基础油资源不同，主要分为4类：矿物变压器油、天然酯变压器油、硅油变压器油和合成酯变压器油。其中矿物变压器油由于其价格相对较低，目前市场需求最高，年需求量约为42万吨/年。中国石化长城变压器油年销售量为8万吨，市场占有率为19%。中国石油以克拉玛依低倾点环烷基资源优势，在国内变压器油占据半壁江山，市场占有率约为40%。近几年，中国海油海疆变压器油利用惠州、泰州及滨州基础油油源，市场占有率约为14%。尼纳斯、壳牌变压器油在出口配套上由于其全球供应布局网络，抢占市场份额约为2%。其他民营品牌(高路宝、双江、高科等品牌)利用地炼加氢尾油进行加工，以低价政策抢夺市场，市场占有率约为25%。

矿物变压器油最新标准为GB 2536—2011，满足标准要求的通用型变压器油，主要适用于220kV及以下变压器。满足标准要求的特殊型变压器油，适用于运行温度较高、使用寿命延长设计的变压器。

中国石化等大型国企生产的变压器油质量是有保证的。为提高和改善变压器油的质量，自20世纪60年代以来，通过不断提高生产加工工艺(如由酸碱-白土精制到溶剂-白土精制工艺以及加氢处理工艺的应用等)、优化添加剂配方体系、专业化集中生产及灌装生产等，使油品寿命显著提高。同时中国石化变压器油产品系列齐全，具备有满足GB 2536—2011、IEC60296：2020的全系列矿物变压器油，满足IEC 62770：2013的天然酯型绝缘油，满足IEC61099：2010的合成有机酯型绝缘油，以及满足IEC 60836：2005的硅油变压器油。

随着输变电线路电压等级的提高，为满足超高压、大容量充油电气设备安全、经济运行的要求，对变压器油的质量也提出了更高要求，主要包括：提高油品的电气绝缘性能要求、腐蚀性硫性能；要求减少变压器油运行过程中产气；进一步提高变压器油的氧化安定性等。

2.2.2　电气绝缘油的性能要求

2.2.2.1　电气绝缘油的性能

变压器油在油浸式变压器中主要起绝缘和冷却作用。因此，变压器油性能要求包括：

1)良好的热传导性和流动性

变压器油要求具有高的比热和热传导性，特别是工作时要有较低的黏度及较高的闪点。300kV 以下变压器在运行时，油温一般在 60～80℃之间，如超负荷运转则油温可达 70～90℃之间，个别热点可达 100℃左右。而 500kV 以上的变压器中运行的变压器油油温会更高。若变压器油黏度大(或抗氧化性差，易产生油泥)，油温会更高。这会加剧固体绝缘材料的老化，影响变压器使用寿命。

2)良好的绝缘性

即要求变压器油的击穿电压高，介质损耗因数小。具有较高击穿电压的变压器油可防止在高压作用下电极之间发生跳火现象，而具有较低介质损耗因数的变压器油可以大幅降低交流电改变极性时引起的能量损失。

3)良好的氧化安定性

变压器油在运行期间受到空气、铁芯和铜芯等金属的氧化催化作用以及高油温的影响，易使油品出现酸性物质和油泥。因此，变压器油良好的氧化安定性既有利于变压器长周期运行，也能降低维修和换油费用。

2.2.2.2　电气绝缘油基本分析项目

电气绝缘油一般都有物理性能、电气性能和化学性能 3 类要求，关键分析项目如下：

1)运动黏度

变压器油除了起绝缘作用外，还起着冷却散热的作用。对于变压器油来说，适宜的高温黏度可以保证变压器油在长期运行中起到理想的冷却散热作用；适宜的低温黏度可保证变压器在停止运行再启动时能安全的工作。

2)倾点

倾点在一定程度上反映变压器油的低温性，可以估计油品使用的低温环境。

3)闪点

闪点是绝缘油在储存和使用过程中的一项安全指标，尤其是对运行中变压器油的监控，闪点是不可缺少的项目。闪点下降表示油中有挥发性可燃物产生，这些低分子碳氢化合物往往是由于电器设备局部故障过热，使绝缘油在高温下热裂解时而产生的。因此通过闪点可及时发现电器设备是否有过热故障出现。对于新充入设备及检修处理后的油来说，检测闪点可以发现是否有轻质馏分油混入，从而保障设备的安全运行。

4）酸值

酸值是用来表示油中存在的酸性物质。pH 值是用来表示油中存在的低分子水溶性酸。对于新油，酸值都较小，一般在 0.01mgKOH/g 以下。

5)界面张力

界面张力即油与水交界面形成的界面张力。界面张力值大，说明油中亲水的极性物质少。油水之间界面张力的测定是检查油中含有因老化而产生的可溶性极性杂质的一种间接有效的方法。油品在初期老化阶段，界面张力的变化是相当迅速的，到老化中期，其变化速度也降低，而油泥生成则明显增加。因此，此方法也可对生成油泥的趋势做出可靠的判断。

6)击穿电压

击穿电压是检验变压器油耐压受限电应力情况非常重要的一项指标，可用来判断变压器油含水和其他悬浮物污染的程度，以及对注入设备前油品干燥和过滤程度的检验。运行中油的击穿电压降低是变压器工作危险的信号之一。为避免运输过程或其他因素等对油品水分和杂质的影响，用户使用前必须对变压器油进行过滤(脱水)等处理，然后重新测定后再使用。

7)介质损耗因数

介质损耗因数也称介质损失角正切值，表示在电场作用下，电解极化和电导所引起的电能损失。纯烃为非极性化合物，在电场作用下不发生或很少发生转位，但杂质成分，如胶质和酸类为极性物质，在电场作用下，随电力线方向变化而转位，这种转位消耗了部分电能而转变为热，这不但损失电能，而且使变压器温度升高，降低了变压器的工作能力，且加速了变压器油的老化变质。对于运行中的变压器油，介质损耗因数比其他指标能较早地发出信号，它的大小可判断油品劣化或受污染程度。通常新油中杂质少，极性组分也少，介质损耗因数也小；而当油劣化或混入其他杂质时，随着油中极性杂质含量的增加，介质损耗因数随之增大。因此，介质损耗因数对运行油的油质监控至关重要。

8)水分

水分是影响变压器设备绝缘老化的重要原因之一。变压器油和绝缘材料中含水量增加，将直接导致绝缘性能下降并会促使油老化，影响设备运行可靠性和使用寿命。

9)氧化安定性

变压器油在运行期间受到空气、铁芯、铜芯金属的氧化催化作用，油温又较高，易使油品出现酸性物质，特别是低分子水溶性酸对固体绝缘材料腐蚀性大。油品深度氧化后会产生油泥，油泥析出后沉积于铁芯及线圈表面又造成固体绝缘层传热差、温升高，使固体绝缘材料老化裂解，严重威胁变压器长周期运行。

10)热氧化应力下产气特性

热氧化应力下产气特性用于帮助用户区分电气设备的真实故障条件和由热氧化应力引起的油品产生气体。在油中加入铜箔，空气饱和条件下，在105℃下加热48h，测试油中溶解性气体含量，在IEC 60296：2020中对A型油(即原特殊要求油品)规定了产气特性项目要求，指标为无气体产生，即氢气、甲烷和乙烷体积产率均小于50μL/L。

2.2.3 电气绝缘油质量规格与分类

2.2.3.1 电气绝缘油的分类

等同采用IEC 61039：2008标准的《绝缘液体的分类》(GB/T 27750—2011)电气绝缘油按一组4各字母予以识别，具体含义改变如下：

第一个字母，识别绝缘液体的组别，为N：电气绝缘(表1，GB/T7631.1—2008)。

第二个字母，识别主要应用领域如下：

——C表示用于电容器；

——T表示用于变压器和开关；

——S 表示用于－10℃运行的设备开关；

——Y 表示用于电缆。

第三个字母，识别有无抗氧化添加剂存在，含义如下：

——U 无添加剂；

——T 有微量添加剂(<0.08%)；

——I 有添加剂(>0.08%)。

第四个字母，识别燃点(燃点：ISO2592：2000)，含义如下：

——O 燃点≤300℃；

——K 燃点>300℃；

——L 液体燃点无法测定。

表 9－2－21 为不同电气绝缘油的分类实例。

表 9－2－21 不同电气绝缘油的分类实例

类别	品种	绝缘液体分类					注释/实例
		IEC 标准编号	IEC 分类（篇号）	低热值(ASTM D 240－02)	LCSET/℃	可生物降解性	
L	NTUO	296	—	43MJ/kg	－7	轻微	用于变压器的燃点为 200℃、低热值为 43MJ/kg、无抗氧剂、LCSET 为－7℃的矿物绝缘油 L－NTUO－2960121
	NTTK	296	—	43MJ/kg		轻微	用于变压器的燃点为 350℃、低热值为 43MJ/kg、含微量抗氧剂、LCSET 为－7℃的矿物绝缘油 L－NTTK－2960121
	NTIO	296	—	43MJ/kg	－7	轻微	用于变压器的燃点为 200℃、低热值为 43MJ/kg、含抗氧剂、LCSET 为－7℃的矿物绝缘油 L－NTIO－2960121
	NSIO	296	—	43MJ/kg	－30	轻微	用于低温运行的设备开关的燃点为 200℃、低热值为 43MJ/kg、含抗氧剂、LCSET 为－30℃的矿物绝缘油 L－NSIO－2960131
	NYUO	867	1	43MJ/kg	—	轻微	IEC 60867 第 1 篇，烷基苯 L－NYUO－8671101
	NCUO	867	2	43MJ/kg	—	轻微	IEC 60867 第 2 篇，烷基二苯 L－NCUO－86721101
	NCUO	867	3	43MJ/kg	—	轻微	IEC 60867 第 3 篇，烷基萘 L－NCUO－86731101
	NTUK	836	—	<32MJ/kg	≤－40	无	IEC 60836，硅液体 L－NTUK－8360300

2.2.3.2　变压器油产品标准及规格

1)国外先进变压器油标准

当今世界电工行业使用最为广泛的变压器及断路器(开关)油标准 IEC 60296“电工流体变压器和开关用的未使用过的矿物绝缘油”，其现行版本为 IEC 60296：2020，用以替代 IEC 60296：2012。该标准适用于未使用过的矿物绝缘油，将矿物绝缘油分为变压器油和低温开关油两大类；根据绝缘油的性能分为 A 类和 B 类，A 类为含抗氧剂的高等级油品，B 类包含含抗氧剂好不含抗氧剂的标准等级油品。B 类根据抗氧剂含量不同分类三种，即无抗氧剂油(U)、含微量抗氧剂油(T)和含抗氧剂油(I)。IEC 60296：2020 标准的主要技术要求见表 9－2－22 和表 9－2－23。

表 9－2－22　通用规格，A 型(含抗氧剂高等级油)

项目	试验方法	指标
1 功能性		
运动黏度(40℃)/(mm^2/s)	ISO 3104 [a] /ASTM D7042	≤12
运动黏度(－30℃)[b]/(mm^2/s)	ISO 3104[a]/ASTM D7042	≤1800
倾点/℃	ISO 3016	≤－40
水含量/(mg/kg)	IEC 60814	≤30 [d]或 40 [e]
击穿电压/kV	IEC 60156	≥30(处理后≥70 [f])
密度(20℃)/(g/mL)	ISO 12158[a]/ ISO 3675/ASTM D7042	≤0.895
介质损耗因数(90℃)	IEC 60247[a]/IEC 61620	≤0.005
2 精制/稳定性		
色度	ISO 2049	<0.5
外观	—	清澈透明，无沉淀和悬浮物
酸值/[mg(KOH)/g]	IEC 62020－2[a]/62021－1	≤0.01
界面张力/(mN/m)	IEC 62961[a]/ASTM D971	≥43
总硫含量/%	ISO 14596[a]/ ISO 8754	≤0.05
腐蚀性硫	DIN 51353	无腐蚀性
潜在腐蚀性硫	IEC 62535	无腐蚀性
DBDS(二苄二硫醚)	IEC 62697－1	检测不出(<5mg/kg)
抗氧化剂含量/%	IEC 60666	I(加剂油)：0.08~0.40
金属钝化剂	IEC 60666	检测不出(<5mg/kg)，或协议规定
其他添加剂		写明所有添加剂以及抗氧化添加剂的含量
2－糠醛及相关组分含量/(mg/kg)	IE C61198	检测不出(<0.05 每个组分)
产气特性/(μL/L)	A.4 条铜存在下程序 (空气保护油)	非杂散气体： <50μL/L 氢气 <50μL/L 甲烷 <50μL/L 乙烷

续表

项目	试验方法	指标
3 性能		
氧化安定性(120℃)	IEC61125 试验时间：(U：164h、T：332h、I：500h)	
总酸值[h]/[mg(KOH)/g]	IEC61125：2018 4.8.4	≤0.3
沉淀[h]/%	IEC61125：2018 4.8.1	≤0.05
介质损耗因数(90℃)[h]	IEC61125：2018 4.8.5	≤0.050
4 健康，安全和环境		
闪点/℃	ISO 2719	≥135
PCA 含量[j]/%	IP 346	<3
PCB 含量/%	IEC 61619	检测不出(<2mg/kg)

注：[a]参考方法。

[b]这是变压器油的标准 LCSET，可以根据每个国家的气候条件进行修改，倾点应低于 LCSET 以下 10℃。

[c] LCEST 对于低温开关油。

[d]用于批量供应。

[e]用于以桶和 IBC 方式交货。

[f]经实验室处理后。

[g]供应商应声明所有添加剂的化学成分和功能，以及抑制剂、抗氧化剂和钝化剂的浓度。

[h]在氧化稳定性测试结束时。

[i]有些国家可能有额外的要求，例如欧盟的 REACH。

[j]一些个别的多环芳烃化合物可以用 EN16143 测定。

表 9-2-23 通用规格，B 型(不含和含抗氧剂等级油)

项目	试验方法	指标
1 功能性		
运动黏度(40℃)/(mm^2/s)	ISO 3104[a]/ASTM D7042	≤12
运动黏度(-30℃)[b]/(mm^2/s)	ISO 3104[a]/ASTM D7042	≤1800
倾点/℃	ISO 3016	≤-40
水含量/[(g/mg)/K]	IEC 60814	≤30[d]或 40[e]
击穿电压/kV	IEC 60156	≥30(处理后≥70[f])
密度(20℃)/(g/mL)	ISO 12158[a]/ ISO 3675/ASTM D7042	≤0.895
介质损耗因数(90℃)	IEC 60247[a]/IEC 61620	≤0.005
2 精制/稳定性		
色度	ISO 2049	<1.5
外观	—	清澈透明，无沉淀和悬浮物
酸值/[mg(KOH)/g]	IEC 62020-2[a]/62021-1	≤0.01
界面张力/(mN/m)	IEC 62961[a]/ASTM D971	≥40
总硫含量/%	ISO 14596[a]/ ISO 8754	≤0.05
腐蚀性硫	DIN 51353	无腐蚀性

续表

项目	试验方法	指标
潜在腐蚀性硫	IEC 62535	无腐蚀性
DBDS(二苄二硫醚)	IEC 62697－1	检测不出(＜5mg/kg)
抗氧化剂含量/%	IEC 60666	U（不加剂油）：检测不出(＜0.01%) T（微量抗油）：0.01～0.08 I(加剂油)：0.08～0.40
金属钝化剂	IEC 60666	检测不出(＜5mg/kg)，或协议规定
其他添加剂		写明所有添加剂以及抗氧化添加剂的含量
2 糠醛及相关组分含量/(mg/kg)	IE C61198	检测不出(＜0.05 每个组分)
3 性能		
氧化安定性(120℃)	IEC61125 试验时间：（U：164h、T：332h、I：500h）	
总酸值[h]/[mg(KOH)/g]	IEC61125：2018 4.8.4	≤1.2
沉淀[h]/%	IEC61125：2018 4.8.1	≤0.8
介质损耗因数(90℃)[h]	IEC61125：2018 4.8.5	≤0.500
4 健康，安全和环境		
闪点/℃	ISO 2719	≥135
PCA 含量[j]/%	IP 346	＜3
PCB 含量/(mg/kg)	IEC 61619	检测不出(＜2mg/kg)

注：[a]参考方法。

[b]这是变压器油的标准 LCSET，可以根据每个国家的气候条件进行修改，倾点应低于 LCSET 以下 10℃。

[c]LCEST 对于低温开关油。

[d]用于批量供应。

[e]用于以桶和 IBC 方式交货。

[f]经实验室处理后。

[g]供应商应声明所有添加剂的化学成分和功能，以及抑制剂、抗氧化剂和钝化剂的浓度。

[h]在氧化稳定性测试结束时。

[i]有些国家可能有额外的要求，例如欧盟的 REACH。

[j]一些个别的多环芳烃化合物可以用 EN16143 测定。

美国材料试验协会于 2016 年修订了 ASTM D3487 矿物绝缘油标准，ASTM D3487—2016e1“用于电气设备中的矿物绝缘油标准”，该标准也是国际变压器制造商、变压器油用户认同度较高的国际标准之一。该标准与 IEC 60296：2020 标准相比，在部分指标上存在差异，这可能与美国电力行业的实际要求有一定关系。具体指标见表 9－2－24。

表 9-2-24 用于电气设备中的矿物绝缘油(ASTM D3487—2016e1 标准)

项目		质量指标		试验方法
		Ⅰ	Ⅱ	ASTM
物理性能				
苯胺点/℃	≥	63[A]	63[A]	D611
颜色/号	≤	0.5	0.5	D1500
闪点/℃	≥	145	145	D92
倾点/℃	≤	-40[B]	-40[B]	D97, D5954, 或 D5950[B]
界面张力(25℃)/(mN/m)	≥	40	40	D971
相对密度(15/15℃)	≤	0.91	0.91	D1298 或 D4052[C]
运动黏度/(mm^2/s) 100℃ 40℃ 0℃	 ≤ ≤ ≤	 3.0 12.0 76.0	 3.0 12.0 76.0	D445
外观		清澈、透明	清澈、透明	D1524
电气性能				
击穿电压(VDE)/kV 间隙 1mm 间隙 2mm	 ≥ ≥	 20[D] 35[D]	 20[D] 35[D]	D1816
击穿电压(25℃, 脉冲下, 针负极到球面间隙 25.4mm)/kV	≥	145	145	D3300
析气性/(μL/min)	≤	+30	+30	D2300
介质损耗因数(60Hz) 25℃/% 100℃/%	 ≤ ≤	 0.05 0.30	 0.05 0.30	D924
化学性能				
氧化安定性(酸-油泥试验) 72h 油泥/% 总酸值/(mgKOH/g) 164h 油泥/% 总酸值/(mgKOH/g)	 ≤ ≤ ≤ ≤	 0.15 0.5 0.3 0.6	 0.1 0.3 0.2 0.4	D2440
氧化安定性(旋转氧弹试验)/min	≥	—	195	D2112
抗氧剂含量(质量分数)/%	≤	0.08[E]	0.3[F]	D4768、D2668[G]
腐蚀性硫		无腐蚀性	无腐蚀性	D1275
水含量/(mg/kg)	≤	35	35	D1533
中和值、总酸值/(mgKOH/g)	≤	0.03	0.03	D974
呋喃组合物/(μg/L)每一种化合物都不大于	≤	25	25	D5837

续表

项目	质量指标		试验方法
	Ⅰ	Ⅱ	ASTM
PCB 含量(质量分数)/%	未检出	未检出	D4059

注：[A] 此值仅表示目前对苯胺点的认识。

[B] 如果有争议，采用 D97 作为仲裁方法。

[C] 如果有争议，采用 D1298 作为仲裁方法。

[D] 用方法 D1816 测试的限制仅适用于新接收油。

[E] 供应完全不加添加剂的油品需供需双方协商。

[F] Ⅱ型油的抗氧剂含量最低要求由供需双方协商。

[G] 根据本标准规定要求，2，6—二叔丁基对甲酚和 2，6—二叔丁基酚被认为是适合油品使用的抗氧剂。采用 D2668 和 D4768 可以测定抗氧剂或其混合物的含量。

另外，国际上使用较多的还有日本绝缘油标准 JIS C 2320：2010“电气绝缘油”和英国的 BS148：2020 矿物绝缘油的标准“变压器和开关用未使用过的矿物绝缘油标准”。

2)国内现行标准

我国现有的变压器油标准为《电工流体 变压器和开关用未使用过的矿物绝缘油》(GB 2536—2011)，标准修改采用 IEC60696：2003《电工流体 变压器和开关用的未使用过的矿物绝缘油》(英文版)，产品分为变压器油(通用)、变压器油(特殊)和低温开关油三类，变压器油(通用)分为含添加剂、微量添加剂以及不含添加剂变压器油三种，变压器油(通用)具体指标见表 9-2-25。变压器油(特殊)为含添加剂油品，其氧化安定性比变压器油(通用)要求更高，500h 氧化后总酸值不大于 0.3mg(KOH)/g，油泥不大于 0.05%，介质损耗因数(90℃)不大于 0.05。

表 9-2-25 变压器油(通用)技术要求和试验方法

项目			质量指标					试验方法
最低冷态投运温度(LCSET)			0℃	-10℃	-20℃	-30℃	-40℃	
功能特性[a]	倾点/℃	≤	-10	-20	-30	-40	-50	GB/T 3535
	运动黏度/(mm^2/s)							
	40℃	≤	12	12	12	12	12	GB/T 265
	0℃	≤	1800	-	-	-	-	GB/T 265
	-10℃	≤	-	1800	-	-	-	GB/T 265
	-20℃	≤	-	-	1800	-	-	GB/T 265
	-30℃	≤	-	-	-	1800	-	GB/T 265
	-40℃	≤	-	-	-	-	2500[b]	NB/SH/T 0837
	水含量[c]/(mg/kg)	≤	30/40					GB/T 7600
	击穿电压/kV (需满足下列要求之一)							GB/T 507
	未处理油	≥	30					GB/T 507
	或处理后油[d]	≥	70					GB/T 507
	密度[e](20℃)/(kg/m^3)	≤	895					GB/T 1884、GB/T 1885
	介质损耗因数[f](90℃)	≤	0.005					GB/T 5654

续表

项目				质量指标					试验方法
最低冷态投运温度(LCSET)				0℃	-10℃	-20℃	-30℃	-40℃	
精制/稳定特性[g]	外观			清澈透明、无沉淀物和悬浮物					目测[h]
	酸值(以KOH计)/(mg/g)		≤	0.01					NB/SH/T 0836
	水溶性酸或碱			无					GB/T 259
	界面张力/(mN/m)		≥	40					GB/T 6541
	总硫含量[i](质量分数)/%			无通用要求					SH/T 0689
	腐蚀性硫[j]			非腐蚀性					SH/T 0804
	抗氧化添加剂含量[k](质量分数)/%								SH/T 0802
	不含抗氧化添加剂油(U)			检测不出					
	含微量抗氧化添加剂油(T)		≤	0.08					
	含抗氧化添加剂油(I)			0.08~0.40					
	2-糠醛含量/(mg/kg)		≤	0.1					SH/T 0812
运行特性[l]	氧化稳定性(120℃)								NB/SH/T 0811
	试验时间：(U)不含抗氧化添加剂油：164h (T)含微量抗氧化添加剂油：332h；(I)含抗氧化添加剂油：500h	总酸值(以KOH计)/(mg/g)	≤	1.2					
		油泥(质量分数)/%	≤	0.8					
		介质损耗因数[f](90℃)	≤	0.500					GB/T 5654
	析气性/(mm^3/min)			无通用要求					NB/SH/T 0810
健康安全和环保特性(HSE)[m]	闪点(闭口)/℃		≥	135					GB/T 261
	PCA含量(质量分数)/%		≤	3					NB/SH/T 0838
	PCB含量(质量分数)/(mg/kg)			检测不出[n]					SH/T 0803

注1：“无通用要求”指由供需双方协商确定该项目是否检测，且测定限值由供需双方协商确定。

2：凡技术要求中的“无通用要求”和“由供需双方协商确定是否采用该方法进行检测”的项目为非强制性的。

[a] 对绝缘和冷却有影响的性能。

[b] 运动黏度(-40℃)以第一个黏度值为测定结果。

[c] 当环境湿度≤50%时，水含量≤30mg/kg适用于散装交货；水含量≤40mg/kg适用于桶装或复合中型集装箱容器(IBC)交货，当环境湿度≥50%时，水含量≤35mg/kg适用于散装交货；水含量≤45mg/kg适用于桶装或复合中型集装容器(IBC)交货。

[d] 经处理油指试验样品在60℃下通过真空(压力低于2.5kPa)过滤流过一个孔隙度为4的烧结玻璃过滤器的油。

[e] 测定方法也包括用SH/T 0604。结果有争议时，以GB/T 1884和GB/T 1885为仲裁方法。

[f] 测定方法也包括用GB/T 21216. 结果有争议时，以GB/T 5654为仲裁方法。

[g] 受精制深度和类型及添加剂影响的性能。

[h] 将样品注入100mL量筒中，在20℃±5℃下目测，结果有争议时，按照GB/T 511测定机械杂质含量为无。

[i] 测定方法也包括用GB/T 11140、GB/T 17040、SH/T 0253、ISO 14596。

[j] SH/T 0804为必做试验，是否还需要采用GB/T25961方法进行检测由供需双发协商确定。

[k] 测定方法也包括用SH/T 0792，结果有争议是，以SH/T 0802为仲裁方法。

[l] 在使用中和/或在高电场强度和温度影响下雨油品长期运行有关的性能。

[m] 与安全和环保有关的性能。

[n] 检测不出指PCB含量小于2mg/kg，且其单峰检出限为0.1mg/kg。

3）国内变压器油产品标准发展

随着国内外变压器、变压器油的设计技术等的发展以及用户对变压器油质量要求的不断提高，国际各标准化组织或国家已经于近年进行了变压器油相关产品标准的修订和新标准的发布。为适应国际变压器油产品的升级发展和中国国内广大变压器油生产商和用户的要求，我国变压器油产品标准归口单位（中国石油化工股份有限公司石油化工科学研究院）联合各变压器油生产商（中国石化润滑油有限公司、中国石油天然气股份有限公司润滑油分公司、中海石油炼化有限责任公司）以及电力行业用户代表（西安热工研究院有限公司）等也正在进行中国变压器油标准的修订工作，新的修订标准修改采用 IEC60296：2020 标准。预计新的修订标准将于 2022 年发布。

2.2.4 电气绝缘油的应用

由于变压器油占到电气绝缘油的 98% 以上，因此本节对电气绝缘油的应用主要以变压器油的应用进行阐述。

2.2.4.1 变压器油管理原则

变压器油并不起润滑作用，它是一种要求特殊的液体电器绝缘材料。

其特殊性之一是：外界微量杂质（如水分、尘埃、纤维、表明活性物质等）的侵入将明显改变油的电器绝缘能力，如耐电压下降、介质损耗因数升高等。这就要求生产、运输、储存等环节均要采取特别的管理措施。

其特殊性之二是：它被加入变压器中后，要与各种固体绝缘材料和其他构件的表面相接触，因此必须考虑变压器油与各种固体绝缘材料（如清漆、纸板、橡胶、油漆、黏合剂等）的相容性情况。一旦这些固体绝缘材料与变压器油发生相互溶解，极性物质溶解在变压器油中，将迅速降低变压器油的耐电压能力，增加油品的介质损耗因数。另外，固体绝缘材料清洁干燥程度、微量水分在油和固体绝缘材料之间吸入与放出、尘埃等都会影响变压器油的耐电压与介损的变化。

因此，变压器油的管理不仅仅是油品生产商的事，它贯穿了销售及使用的全过程。在变压器油的生产、运输、储存、装卸过程中使用的容器、储罐、管线、泵乃至采样器、样品瓶等都必须要达到三个字的要求：“专、干、净”“专”就是专用，“干”就是干燥，“净”就是洁净。

2.2.4.2 变压器油的选用

根据目前我国产品的质量标准情况，建议按照如下原则进行变压器油的选用：

（1）330kV 以下的变压器和相应的电器设备可选用符合 GB 2536—2011 标准的变压器油（通用）产品。

（2）500kV 的变压器和相应的电器设备可选用符合 GB 2536—2011 标准的变压器油（特殊）产品。

（3）变压器油是按最低冷态投运温度分牌号的，应根据环境气温选择不同牌号。

（4）根据客户指定要求，选择是否含添加剂油品。

2.2.4.3 变压器油的运行管理

（1）变压器油的水分对油品的绝缘性能有很大影响，应避免变压器油与潮湿空气接触。

（2）使用新油时，要将污油放净，清洗残存油品，注意不同牌号的变压器油不宜混用。

（3）建议按照《运行变压器油维护管理导则》（GB/T14542—2017）进行油品抗氧剂的补加以及质量监控等。

（4）有些变压器装置有净油器，净油器是利用吸附剂对油进行运行中的连续吸附净化的一种装置，对油品有防劣作用。吸附剂的用量应为油量的0.5%～1.5%。

2.2.4.4 变压器油监控质量要求

不同电压等级的变压器对变压器油的质量要求不同，应按电力行业制定的GB/T 14542—2017标准中的运行油的质量极限值进行监控，超出极限值就应考虑换油，运行中变压器油质量标准见表9－2－26，检测周期见表9－2－27。

表9－2－26 运行中变压器油质量标准（GB/T 14542—2017）

试验项目	设备电压等级/kV	GB/T7597－2000标准		检验方法
		投入运行前的油	运行油	
外观	各电压等级	透明，无杂质和悬浮物		外观目测
色度/号	各电压等级	≤2.0		
水溶性酸（pH值）	各电压等级	>5.4	≥4.2	GB/T 7598
酸值/（mgKOH/g）	各电压等级	≤0.03	≤0.10	GB/T 264
闪点（闭口）/℃	各电压等级	≥135		GB/T 261
水分/（mg/L）	330～500 220 ≤110	≤10 ≤15 ≤20	≤15 ≤25 ≤35	GB/T 7600
界面张力（25℃）/（mN/m）	各电压等级	≥35	≥25	GB/T 6541
介质损耗因数（90℃）	500～1000 ≤330	≤0.005 ≤0.010	≤0.020 ≤0.040	GB/T 5654
击穿电压/kV	750～1000 500 330 60～220 ≤35	≥70 ≥65 ≥55 ≥45 ≥40	≥65 ≥55 ≥50 ≥40 ≥35	GB/T 507
体积电阻率（90℃）/Ω·m	500～1000 ≤330	$\geq 6\times 10^{10}$	$\geq 1\times 10^{10}$ $\geq 5\times 10^{9}$	GB/T 5654或DL/T421
油中含气量（体积分数）/%	750～1000 330～500 电抗器	≤1	≤2 ≤3 ≤5	DL/T 703
油泥和沉淀物（质量分数）/%	各电压等级	—	<0.02（以下可忽略不计）	GB/T 8926
析气性	≥500	报告		NB/SH/T 0810
带点倾向/（pC/mL）	各电压等级	—	报告	DL/T 385
腐蚀性硫	各电压等级	非腐蚀性		DL/T 385

续表

试验项目	设备电压等级/kV	GB/T7597 - 2000 标准		检验方法
		投入运行前的油	运行油	
颗粒污染度/粒	1000 750 500	≤1000 ≤2000 ≤3000	≤3000 ≤3000 —	DL/T 432
抗氧化添加剂含量(质量分数)/% 含抗氧化添加剂油	各电压等级	—	大于新油原始值的60%	SH/T 0802
糠醛含量(质量分数)/(mg/kg)	各电压等级	报告	—	NB/SH/T 0812 DL/T 1355
二苄基二硫醚(DBDS)含量(质量分数)/(mg/kg)	各电压等级	检测不出	—	IEC 62697 - 1

表 9 - 2 - 27　运行中变压器油检测周期及检验项目(GB/T 14542—2017)

设备类型	设备电压等级	检测周期	检验项目
变压器、电抗器	330～1000kV	投运前或大修后	外观、色度、水溶性酸、酸值、闪点、水分、界面张力、介质损耗因数、击穿电压、体积电阻率、油中含气量、颗粒污染度、糠醛含量
		每年至少一次	外观、色度、水分、介质损耗因数、击穿电压、油中含气量
		必要时	水溶性酸、酸值、闪点、界面张力、体积电阻率、油泥与沉积物、析气性、带电倾向、腐蚀性硫、颗粒污染度、抗氧化添加剂含量、糠醛含量、二苄基二硫醚含量、金属钝化剂
	66～220kV	投运前或大修后	外观、色度、水溶性酸、闪点、水分、界面张力、介质损耗因数、击穿电压、体积电阻率、糠醛含量
		每年至少一次	外观、色度、水分、介质损耗因数、击穿电压
		必要时	水溶性酸、酸值、界面张力、体积电阻率、油泥与沉淀物、带电倾向、腐蚀性硫、抗氧化添加剂含量、糠醛含量、二苄基二硫醚含量、金属钝化剂

2.2.4.5　变压器油的验收、补油和换油

1)变压器油的验收及不同阶段检测标准

变压器油从新油出厂到充油变压器使用的不同阶段，变压器油的含义不同，主要分为如下三个阶段，同时这三个阶段变压器油的质量检测标准也有所不同。

(1)新油：未使用过的，即未与电器设备的材料和构体材料接触过的新油，产品质量及验收标准均应达到 GB2536 最新标准要求。

(2)运行前的油：新油直接或经过某种处理后注入电器设备，但未使用、未通电的油。

其质量标准必须达到GB/T14542标准中的相关要求。

新油注入设备前必须用真空过滤净化处理达到“新油净化后的检验”指标要求(表9-2-28)后，才能注入变压器中。注入变压器的油按规定要求进行热油循环，并须达到“热油循环后的油质检验指标要求”(表9-2-29)。

表9-2-28 新油净化后质量指标(GB/T 14542—2017)

项目	设备电压等级/kV					
	1000	750	500	330	220	≤110
击穿电压/ kV	≥75	≥75	≥65	≥55	≥45	≥45
水分/(mg/L)	≤8	≤10	≤10	≤10	≤15	≤20
介质损耗因数(90℃)	≤0.005					
颗粒污染度/粒[a]	≤1000	≤1000	≤2000	—	—	—

注：a 100mL油中大于5μm的颗粒数。

表9-2-29 热油循环后的油质检验(GB/T 14542—2017)

项目	设备电压等级/kV					
	1000	750	500	330	220	≤110
击穿电压/kV	≥75	≥75	≥65	≥55	≥45	≥45
水分/(mg/L)	≤8	≤10	≤10	≤10	≤15	≤20
油中含气量/%(体积分数)	≤0.8	≤1	≤1	≤1	—	—
介质损耗因数(90℃)	≤0.005					
颗粒污染度/粒[a]	≤1000	≤2000	≤3000	—	—	—

注：a 100mL油中大于5μm的颗粒数。

(3)运行油：变压器油注入设备中，设备投入运行后的油。

对运行油进行合理且适当的监测有助于及时发现变压器设备绝缘问题和变压器油质量变化问题，从而保证设备的安全运行。

新变压器在注入变压器油后，由于油与固体绝缘材料和结构材料相接触中会溶入杂质(如有机极性物质、固体颗粒杂质、纤维等)，通电后油温升高，油质劣化，与运行前的油变压器油质量有较大差别。应按《运行中变压器油质量标准》(GB/T 7595—2017)进行检验，具体要求见表9-2-30。

表9-2-30 运行中变压器油质量标准(GB/T 7595—2017)

序号	项目	设备电压等级/kV	质量指标		试验方法
			投入运行前的油	运行油	
1	外观		透明，无杂质和悬浮物		外观目测
2	色度/号		≤2.0		
3	水溶性酸(pH)值		>5.4	≥4.2	GB/T7598

续表

序号	项目	设备电压等级/kV	质量指标		试验方法
			投入运行前的油	运行油	
4	酸值/(mgKOH/g)		≤0.03	≤0.10	GB/T264
5	闪点(闭口)/℃		≥135		GB/T261
6	水分/(mg/L)	330~1000 220 110及以下	≤10 ≤15 ≤20	≤15 ≤25 ≤35	GB/T7600
7	界面张力(25℃)/(mN/m)		≥35	≥25	GB/T6541
8	介质损耗因数(90℃)	500~1000 ≤330	≤0.005 ≤0.010	≤0.020 ≤0.040	GB/T5654
9	击穿电压/kV	750~1000 500 330 60~220 35及以下	≥70 ≥65 ≥55 ≥45 ≥40	≥65 ≥55 ≥50 ≥40 ≥35	GB/T507
10	体积电阻率(90℃)/Ω·m	500~1000 ≤330	$\geq 6\times10^{10}$	$\geq 1.0\times10^{10}$ $\geq 5\times10^{9}$	DL/T421
11	油中含气量(体积分数)/%	750~1000 330~500 电抗器	≤1	≤2 ≤3 ≤5	DL/T423或 DL/T450
12	油泥与沉淀物/%(质量分数)		—	<0.02(以下可忽略不计)	GB/T511
13	析气性	≥500	报告		NB/SH/T 0810
14	带电倾向/(pC/mL)		—	报告	DL/T 385
15	腐蚀性硫		非腐蚀性		DL/T 285
16	颗粒污染度/粒	1000 750 500	≤1000 ≤2000 ≤3000	≤3000 ≤3000 —	DL/T 432
17	抗氧化添加剂含量(质量分数)/% 含抗氧化添加剂油		—	大于新油原始值的60%	SH/T 0802
18	糠醛含量(质量分数)/(mg/kg)		报告	—	NB/SH/T 0812 DL/T 1355
19	二苄基二硫醚(DBDS)含量(质量分数)/(mg/kg)		检测不出	—	IEC 62697-1

对于运行中的变压器油，由于油质逐步变差，所以酸值、界面张力、击穿电压、介质损耗因数等指标均有所放宽。

当然，油品某项指标明显变差，应该加强分析，并采取措施。如酸值变大可考虑补加抗氧剂；介损增大可考虑是否是油中水分、酸值增加，或微生物、固体绝缘材料中极性物质、外界颗粒物等溶入油中，可采用真空过滤或用硅胶等吸附处理等。

2)变压器油的补油与换油原则

由于变压器运行时间很长，补油是难免的。同时，设备在进行检修后进行换油也是存在的。因此，变压器油的补油与换油应遵循《运行中变压器油维护管理导则》(GB/T 14542—2017)，其要点如下：

(1)电气设备充油不足需要补充油时，尽量补加同一油基、同一牌号及同一添加剂类型的油品，应选择符合 GB 2536 标准的未使用过的变压器油或符合 GB/T 7595 运行油质量标准的已使用过的变压器油，且补加油品的各项特性指标都应不低于设备内的油。当补加油量较少时，如小于5%，通常不会出现任何问题，但如果补油量较多，在补油前需先做混合油的油泥析出试验，确认无油泥析出，酸值及介质损耗因数低于设备内的油时，方可进行补油。

(2)不同油基的油原则上不宜混合使用。在特殊情况下，如需将不同牌号的新油混合使用，应按混合油的实测倾点决定是否适于此地域的要求，然后再按 DL/T 429.6 方法进行开口杯老化试验。老化后混合油应无油泥析出，且混合油的酸值及介质损耗因数应不比最差的单个油样差。

如在运行油中混入不同牌号的新油或已使用过的油，除应事先测定混合油的倾点以外还应满足以下要求：

①补加油品的各项特性指标都应不低于设备内的油，且混合油的质量不应低于运行油。

②应对运行油、补充油和混合油按照 DL//T 429.6 方法进行开口杯老化试验，老化后混合油应无油泥析出，且混合油的酸值及介质损耗因数应不大于运行油老化后的测定结果。

在进行混油试验时，油样的混合比应与实际使用的比例相同；如果混油比无法确定，则采用1：1质量比例混合进行试验。

油泥析出试验应按照 DL/T 429.7 或 GB/T 8926(方法 A)进行测试，当无法用 DL/T 429.7 方法观察并比对不同油样的油泥析出情况时，则应按照 GB/T 8926(方法 A)进行油泥含量的测试及比对。

(3)换油注意事项：基本上与补油要求相同，但应尽量把变压器油放净，以免新油质量下降。

2.2.5　长城牌变压器油典型产品介绍

中国石化变压器油产品系列齐全，具有满足 GB 2536—2011、IEC 60296：2020 的全系列矿物变压器油，满足 IEC 62770：2013 的天然酯型绝缘油，满足 IEC 61099：2010 的合成有机酯型绝缘油，以及满足 IEC 60836：2005 的硅油变压器油。

长城变压器油产品线见表9－2－31。

表9-2-31 长城矿物变压器油产品线

执行标准	类型	产品名称	说明
GB 2536—2011（符合 IEC 60296：2003）	含抗氧剂	Ⅰ-10℃变压器油(通用)	国内主打通用产品
		Ⅰ-20℃变压器油(通用)	
		Ⅰ-30℃变压器油(通用)	
		Ⅰ-40℃变压器油(通用)	
		Ⅰ-10℃变压器油(特殊)	超高压等级或者特殊工况变压器使用
		Ⅰ-20℃变压器油(特殊)	
		Ⅰ-30℃变压器油(特殊)	
		Ⅰ-40℃变压器油(特殊)	
Q/SH303 0628—2013	含抗氧剂	Ⅰ-10℃特制变压器油	环烷基变压器油
		Ⅰ-20℃特制变压器油	
		Ⅰ-30℃特制变压器油	
Q/SH303 0627—2013	含抗氧剂	Ⅰ-10℃高清洁变压器油	介质损耗因数小
		Ⅰ-20℃高清洁变压器油	
		Ⅰ-30℃高清洁变压器油	
		Ⅰ-40℃高清洁变压器油	
IEC 60296：2020	A型	TVAI-10℃超级绝缘变压器油	出口产品
		TVAI-20℃超级绝缘变压器油	
		TVAI-30℃超级绝缘变压器油	
		TVAI -40℃超级绝缘变压器油	
	B型	TVBU-10℃超级绝缘变压器油	出口原英联邦国家使用U型油品
		TVBU-20℃超级绝缘变压器油	
		TVBU-30℃超级绝缘变压器油	
		TVBU-40℃超级绝缘变压器油	
IEC62770：2013	—	CTR天然酯绝缘油	绿色环保可降解
IEC 60836—2005	—	长城4306合成酯型变压器油	安全环保可降解
IEC61099—2010	—	长城4305硅油变压器油	防火安全等级高

2.2.5.1 长城矿物变压器油

长城矿物变压器油，包括有满足GB 2536—2011标准和IEC 60296：2020标准产品，采用深度精制的矿物基础油和精选的抗氧剂组成，不含PCB(聚氯联苯)。产品具有优异的电气绝缘性能、良好的热传导性能和优秀的抗氧化性能，可以用于500kV及以下电压等级的变压器、油浸开关以及其他电气绝缘设备的绝缘和冷却。

2.2.5.2 长城天然酯型绝缘油

天然酯绝缘油又称植物绝缘油，作为一种环保型高燃点绝缘油，具备非常优异的抗燃特性，其燃点超过350℃，远高于传统矿物油，且高于高燃点烃类油、硅油、合成酯等高燃点产品。长城CTR天然酯绝缘油是以可生物降解的天然植物基础油和精选的优质抗氧剂调和而成，不含PCB(多氯联苯)、DBDS(二苄基二硫)，具有燃点高、耐湿性好、电气性能优、与纤维素相容性好等特点。可供电力行业输配电系统中变压器(电力变压器、配电变压器)使用。

2.2.5.3　长城合成有机酯型绝缘油

长城4306合成酯型变压器油以新戊基多元醇酯为基础油合成的可生物降解有机电气绝缘油，适用于高铁牵引变、海上风电、城市输电站等变电设备。其具有优良的耐湿性、防火安全性(属于K3类高燃点变压器油)及电气绝缘性能。适用于防火要求严格、对环境保护有要求的陆上及海上风力发电场、电力机车、船舶、高层建筑、地下厂房以及电力变压器领域。

2.2.5.4　长城硅油变压器油

长城4305硅油变压器油满足Q/SH 3031 0063标准，同时符合IEC 60836和GB/T 21218标准。其以聚二甲基硅氧烷为基础油的合成型电气绝缘油，具有优异的高低温稳定性、化学稳定性和良好的电气性能，主要用作硅油变压器的绝缘和冷却介质。根据IEC 1100的分类标准，硅油变压器油属于K3类高燃点变压器油。长城4305硅油变压器油适用于电压等级为10kV、25kV、35kV等级的硅油变压器的绝缘和冷却介质，应用于低压配电站、车载牵引变压器、风力发电机等场合。

2.2.6　国内外品牌油品对照

1)长城变压器油产品特点

长城变压器油除具有优异的绝缘性能、优良的低温流动性外，还具有优秀的氧化安定性。采用变压器油台架试验对不同品牌的变压器油进行氧化安定性试验，该试验装置在中国国内是独一无二的，能模拟变压器油在实际设备中的运行条件，试验结果能较好地反映出变压器油在使用中的抗氧化性能。

2)国内外变压器油产品对照

长城变压器油与国内外变压器油产品对照见表9－2－32。

表9－2－32　国内外变压器油产品对照

厂家	油品名称	执行标准				是否含抗氧化剂	对标长城变压器油
		GB 2536—2011	IEC60296：2020	ASTMD3487－09(Ⅰ)	ASTMD3487－09(Ⅱ)		
中国石油昆仑	KI25X	满足	不满足	不满足	不满足	是	Ⅰ－10℃变压器油(通用)
	Petro45U		满足	不满足	不满足	否	TVBU－40℃超级绝缘变压器油
	KI45X		不满足	不满足	不满足	是	Ⅰ－40℃变压器油(通用)
壳牌	GTL Diala S4 ZX－Ⅰ		满足	不满足	不满足	是	TVBI－40℃超级绝缘变压器油
	Diala S3 ZX－Ⅰ		满足	不满足	满足	是	TVBI－40℃超级绝缘变压器油
尼纳斯	Nytro Libra		满足	不满足	不满足	否	TVBU－40℃超级绝缘变压器油
	Nytro Gemini X		满足	不满足	不满足	是	TVBI－40℃超级绝缘变压器油
	Nytro 10XN		满足	不满足	满足	是	TVAI－40℃超级绝缘变压器油

3)长城变压器油与环烷基变压器油混兑试验

将长城Ⅰ-10℃、Ⅰ-40℃变压器油和市场上的环烷基变压器油进行新油混兑试验。

油品混兑原则：选用新油，同一牌号、含抗氧剂量相当变压器油产品。

试验方法：中国电力部试验方法DL429.6。

按照不同比例进行混兑：0∶10，1∶9，3∶7∶5∶5，7∶3，9∶1，10∶0等。

试验结论：可以进行任何比例的混兑。

2.2.7 常见问题解答

(1)变压器油的重要性能有哪些？

答：变压器油的重要性能主要包括电气性能，如击穿电压、介质损耗因数、界面张力、水分、氧化安定性等。

(2)为什么变压器油经常在验收中出现击穿电压不合格？

答：影响变压器油击穿电压的主要因素包括油品的水分、测试时油杯和电极的洁净度以及测试环境湿度等。由于变压器油具有极易吸水的特点，因此运输、采样过程中变压器油吸水都会降低油品的击穿电压。

建议用户按照GB/T7597“电力用油 变压器油、透平油取样方法”的规定进行取样；击穿电压试验前按照GB/T507试验方法要求进行试验油杯和电极的清洗；试验房间的环境湿度尽量降低到50%以下，以避免环境湿度对击穿电压测试数据的影响。

(3)只有环烷基原油才可以作变压器油吗？

答：从环烷基原油中获得变压器油只是人们在多年来认为的是经济方便的途径之一。随着原油资源利用的多元化，非环烷基变压器油也通过各种方式提高和改善与环烷基的低温性能的差距。评定变压器油质量好坏的标准是变压器油质量标准，国内外各标准没有一个标准说明只能采用环烷基原油制取变压器油。

随着加氢技术在变压器油中的应用，环烷基、石蜡基、中间基等均通过一定的加氢工艺改善各自的产品，经过加氢处理的各油基变压器油在化学组成上发生了很大变化，如石蜡基加氢变压器油已经与环烷基加氢变压器油的环烷烃组成相似，因此继续将加氢处理后的变压器油分为环烷基、石蜡基、中间基等已经不合适，易造成非严格意义上的产品种类划分误区。

因此，对变压器油而言，重要的是产品质量情况，而不是采用何种原油制备变压器油产品。

(4)长城变压器油和环烷基变压器油是否可以进行混兑？

答：按照电力部DL429.6试验方法要求，同一牌号的长城变压器油新油可以按任何比例与环烷基变压器油新油进行混兑。

(5)水分对变压器油的哪些性能有影响？

答：水分会降低油品的击穿电压；水分会增加油品的介质损耗因数；水分会促进有机酸对铜、铁的腐蚀，加速油品氧化变质。

(6)测定变压器油的抗氧化性能的意义是什么？

答：变压器油的氧化安定性表征油品在使用中，因受到高温、氧气、金属、的催化氧化作用，不致产生酸败和生成油泥的能力。它是变压器油最重要的质量指标之一，能反映油品的使用寿命。变压器油使用数量大，延长使用寿命有较大意义。

2.3　风力发电设备专用油

2.3.1　概况

图9－2－2为GE公司1.5MW机型的风力发电机组的结构图。图中需要润滑的部位主要包括：齿轮箱、偏航齿轮、液压刹车系统、发电机、主轴承、偏航系统中的偏航轴承等，涉及的润滑油脂种类包括：齿轮油、液压油、润滑脂、冷却液等多个品种。在所有使用的油品中用量最大的当属齿轮油，而且由于其具有特殊的性能要求而不适合使用常规产品。由于国内大型风电机组技术多为引进、合资等方式，在油品的使用和选用上则按照国外的习惯和方式选用进口品牌的润滑油产品。但是，随着中国石化润滑油公司成功开发了风力发电设备传动系统专用油、液压系统专用油、冷却液、润滑脂等产品，其中齿轮油获得FLENDER公司认证后，在中国风电市场上国产润滑油也将逐渐占有一席之地。

风力发电设备中又以传动系统要求更为苛刻，因此在本文中主要介绍风电传动系统专用油的技术要求。

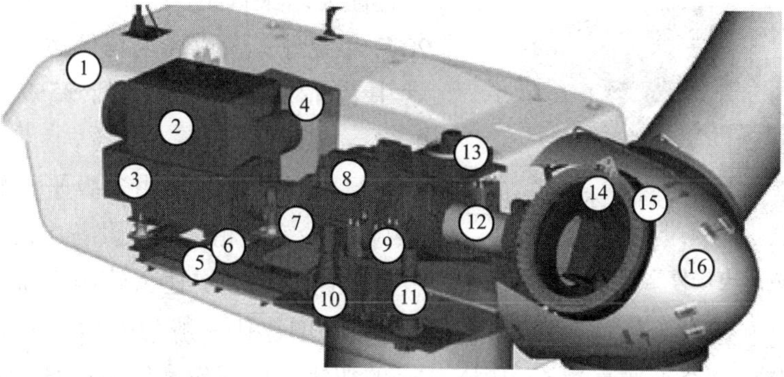

图9－2－2　GE公司1.5MW机型的风电机组结构图

2.3.2　风电设备运行的特点

在我国，风电场多集中于冬季严寒的东北、西北及夏季炎热、海水盐雾大的沿海地区，同时风电场设备置于野外、高空，因此在设备运行上具有特殊性。

(1)运行环境恶劣，四季温差较大。冬季多为风季，是设备运转的高峰期，因此在严寒地区的设备冬季运行顺利与否最为关键。而夏季是内陆地区风电场的运转淡季，设备处于停滞状态的时间相对较多。在沿海地区的风电场，由于海水盐雾量相对较大，海水对设备的侵蚀问题也是值得注意的。

(2)风电场多在人员稀少的野外，又是高空作业，设备维护困难，维护成本昂贵。一方面涉及工程机械设备的租用、吊装、运输等比较困难，另一方面，涉及并网发电量，停机造成的间接损失较大。

(3)风电设备的设计使用寿命多为20年，年运行平均时间为2000h，对风电设备的各个组成和零配件的稳定性要求严格。

2.3.3 风电设备润滑需求

根据以上介绍的风电设备的运转特性，对风电设备中的各润滑剂产品要求必须具有以下性能：

(1)润滑剂产品必须具有极好的低温流动性。满足在东北的严寒地区冬季具有良好的流动性。一般情况下，在风电设备中的润滑剂产品多使用合成型产品。

(2)润滑剂产品必须具有良好的高温稳定性。在夏季，由于设备运转加上高空阳光直射等，使油品运行温度相对较高。油品的热氧化安定性差会造成油品使用寿命降低，从而使因换油形成的停机频率增加。

(3)风电设备采用了新的材料与加工手段，需要在运行中通过油品形成更为完善的保护。在齿轮箱中对油品增加了抗微点蚀、高清洁度等特殊性能要求。

(4)根据国外风电业要求，进入风电场的油品在满足性能要求的前提下，还要求进行现场使用试验。通过后方可进入风电场进行使用。

2.3.4 风电齿轮箱油的性能要求

齿轮增速箱是风电设备中最重要的一个组成部分，同时在润滑油品的使用上也是用量和性能要求最高的一个产品。根据德国2000年统计，造成风电场停运的主要因素中齿轮箱的损坏占到35%。如图9－2－3所示。

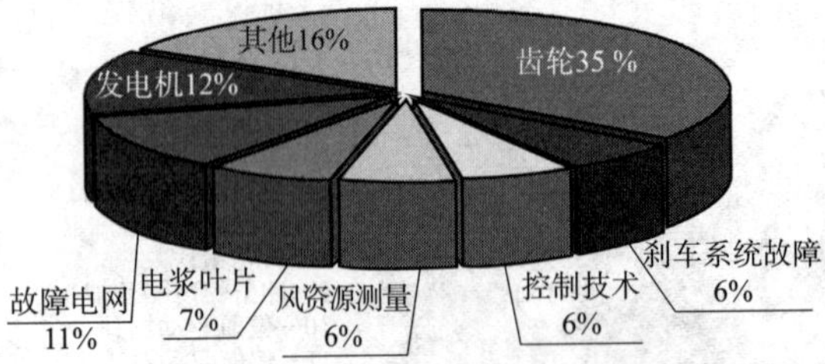

图9－2－3 造成风电场停运的主要原因

风电齿轮箱多采用多级平行轴的行星/斜齿轮变速箱。风电设备中的叶片以较低的速度经过增速齿轮箱系统实现转速的提高，以传递给电机发电。在这一过程中，齿轮箱的增速比一般为1∶67.4(以金风科技750kW机型为例)，这会形成高达4×10^6N·m的扭矩，而齿轮和轴承将承受由此形成的极大应力。另一方面，在风电齿轮增速箱中润滑剂同时润滑齿轮和轴承，因此应用于风电齿轮箱的润滑剂产品必须同时满足齿轮和轴承的润滑需求。

根据欧洲风电业的经验，在最初的设备失效中大多是因轴承损坏造成。根据国际知名轴承生产商SKF的统计数据显示在轴承失效的各种因素中，润滑剂又是一项主要影响因素之一(图9－2－4)。另外，齿轮表面过多的微点蚀现象、过滤器堵塞、齿轮腐蚀、溢油等问题均与油品有关，又在风电齿轮设备运转中经常出现。因此在本节中

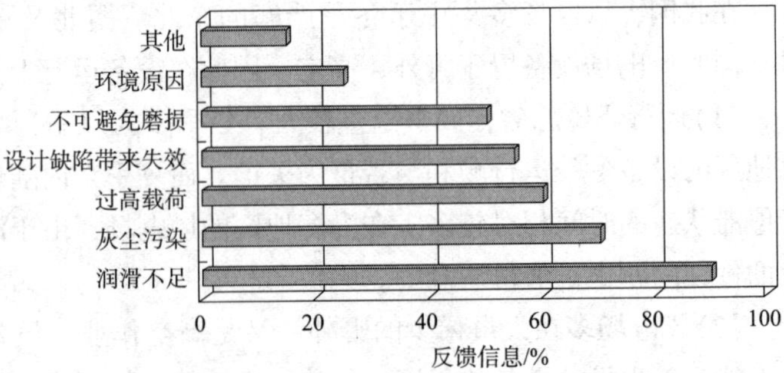

图9－2－4 轴承失效的影响因素

对风电齿轮油的性能进行详细介绍。

2.3.4.1　风电齿轮油规格

目前，国内对风电齿轮油还没有一个统一的规格标准。在国外，由于风电发展经验相对丰富，各 OEM 厂家对风电齿轮油制定了各自的 OEM 规格。见表 9－2－33。

表 9－2－33　风电齿轮油 OEM 对油品的性能要求

项目	OEM		
	FLENDER	FAG	SKF
共性标准	DIN 51517－3		
附加性能	与涂料的适应性	FAG FE－8	SKF 滚柱轴承试验
	与液体密封材料的适应性		铜片腐蚀
	与橡胶的适应性		FAG FE－8
	FLENDER 抗泡试验		SKF 过滤性试验
	抗微点蚀试验		盐雾试验
	FZG 抗擦伤试验		

2.3.4.2　风电齿轮油的性能要求

从表 9－2－23 中可以看出，风电齿轮油在满足常规工业齿轮油品的性能要求的同时，在油品的承载性、抗微点蚀、抗泡性、锈蚀、铜腐、橡胶相容性等性能上有了更加广泛和严格的要求。

因此，应用于风电齿轮箱的润滑油应具有以下性能：

(1)优良的抗微点蚀性能。要求油品在 FVA 54/7 的实验中抗微点蚀水平达到“高级”。以降低齿轮箱齿轮表面微点蚀造成的不良影响。

(2)优良的承载性能和抗磨性能。要求油品满足常规 FZG 承载失效级的同时，还应通过 FZG A/16.6/90 试验，以此形成在高的应力下对轴承的保护。

(3)优良的低温性能。在风电齿轮油中全合成的产品应用较多，但是对于全合成产品的基础油的选用应予以关注。如酯类油较差的水解安定性、对漆膜的影响；聚醚类基础油与矿物油不兼容，对漆膜和密封件的影响等均应在油品配方考察中进行充分考虑。

(4)良好的化学和热氧化安定性。通过 SKF 的滚柱轴承试验，可以对油品的油泥产生、结焦、黏度增长等油品安定性进行考察。此项性能的好坏直接关系到油品和设备的使用寿命。

(5)良好的抗泡性。增加了动态抗泡性能的要求，主要以 FLENDER 抗泡试验来评价。以此模拟油品在齿轮运转中的泡沫性。

(6)良好的抗磨性。除了满足四球的要求，还应满足 FAG FE－8 的轴承磨损试验要求。考察在不同条件下(边界润滑、混合润滑、含水等)轴承的磨损情况。

(7)良好的清净性。当润滑油中颗粒度大于 6μm 时，轴承的使用寿命会快速下降，并降到轴承原有寿命的五分之一。因此，根据 ISO 4406，在风电场的油品生产、装填、使用过程中对油品清净性均作出明确要求，即对新油和旧油的清净性均作要求。

(8)良好的抗腐蚀性。在沿海地区高盐雾的条件下，润滑油品提供更好的金属保护也是非常重要的。

(9)更长的使用寿命。根据目前风电场对油品的换油周期的要求是8000h换油，对于常规风电场就是三年的运转时间要求。因此油品的使用周期应满足风电场的换油要求。

(10)良好的现场试用效果。风电设备用油需进行现场试用试验，通过后方可进入用户市场使用。

2.3.5 长城牌风电设备典型产品介绍

2.3.5.1 风力发电设备传动系统专用油

1)产品概述

长城牌"风力发电设备传动系统专用油"系列产品在具有传统重负荷工业齿轮油的性能，如，优异的承载能力、优良的抗腐蚀性能、抗泡性能、热氧化安定性等的同时，还兼顾防止设备运转过程中齿轮表面微点蚀及轴承磨损的产生，可保证齿轮运转顺畅，延长齿轮设备的使用寿命。特别适合于风力发电行业的传动系统使用。

长城牌"风力发电设备传动系统专用油"系列产品分为普通矿物油型、低温型、全合成型等三大类数十个品种。用户可根据不同的使用环境进行选择。其中低温型和全合成型风力发电设备齿轮箱专用齿轮油更可在寒区或严寒地区使用，保证齿轮设备在低温下启动顺畅。

2)选用原则

通常根据设备使用的环境温度进行油品选用，一般环境温度为：

-8~50℃，选矿物型产品；-20~50℃，选低温型产品；-40~50℃，选全合成型产品。

3)产品特性

该产品在满足常规重负荷工业齿轮油的基础上，还进行并通过了模拟台架试验，其试验结果：

(1)德国慕尼黑大学ZFG试验室抗微点蚀性能评价：

FZG抗微点蚀试验(FVA Nr. 54)

失效等级：10

耐久试验：高级

(2)FE-8轴承磨损试验。

FAG FE-8 试验

试验项目	方法	指标	试验结果
FE8轴承磨损试验(0-7.5/80-80)/80kN/80h	DIN 51819-3		Friction moment = 26Nm
滚柱磨损/mg		<30	mw_{10} = 1mg，mw_{50} = 2mg
保持架磨损/mg		<100	mk_{10} = 59mg，mk_{50} = 90mg

(3)通过了FLENDER抗泡试验。

(4)通过了橡胶相容性试验。

4）与国外同类产品的比较（表9-2-34）

表9-2-34　国外同类产品与长城320风力发电设备齿轮箱专用齿轮油（全合成型）对比

项目	国外同类产品	320风力发电设备齿轮箱专用齿轮油（全合成型）
主要基础油类型	合成烃	合成烃
运动黏度/（mm^2/s）		
-15℃	19330	23310
0℃	4708	4608
40℃	332.0	302.30
100℃	38.85	33.25
黏度指数	168	154
倾点/℃	-40	-44
闪点（开口）/℃	250	266
液相锈蚀试验		
蒸馏水	无锈	无锈
合成海水	无锈	无锈
铜片腐蚀级（100℃，3h）/级	1b	1b
乳化性能（82℃）		
油中水/%	11	1.6
乳化层/mL	40	0.1
总分离水/mL	60	83
泡沫性能/（mL/mL）		
24℃	20/0	0/0
93.5℃	10/0	20/0
后24℃	20/0	0/0
四球机磨斑直径/mm（54℃，1800r/min，196N，60min）	0.31	0.33
FZG齿轮试验，失效级	12+	12+
抗点蚀试验		
失效级	10	10
GFT级	高	高
元素含量/%		
S	0.21	0.439
P	0.038	0.053

2.3.5.2　风力发电设备液压系统专用液压油

1）产品概述

长城牌"风力发电设备液压系统专用液压油"选用精制高品质基础油和进口优质复合添加剂，采用国际先进技术水平的生产工业调和而成。产品具有更优异的高低温性能，提供卓越的低温启动性能、低温流动性能与高温保护，有效延长油品的使用寿命；优异的黏温性能、剪切安定性、氧化安定性，黏度变化小，使液压系统工作更平稳；优良的抗磨性能、防锈性能，延长液压设备的使用寿命；抗泡性、空气释放性、抗乳化性能良好。优异的密封件的适应性，有效防止油品的泄漏。满足多项国际标准和 OEM 标准，特别适用于严寒地区环境温度变化较大或工况苛刻的中、高液压系统户外作业机械的润滑，如工程机械、风力发电设备、矿山机械、车辆等液压系统的润滑保护。

2）与国外同类产品比较（表9－2－35）

表9－2－35　国外同类产品与“长城”风力发电设备液压系统专用液压油理化性能比对

项目	国外同类产品	风力发电设备液压系统专用液压油
运动黏度（40℃）/（mm^2/s）	32.0	30.96
运动黏度（100℃）/（mm^2/s）	6.365	6.674
黏度指数	155	181
运动黏度（－18℃）/（mm^2/s）	1446	914.2
闪点（开口）/℃	217	222
倾点/℃	－40	－46
空气释放值（50℃）/min	3.2	4.1
抗乳化性（40－37－3）（54℃）/min	10	5
水分（质量分数）/%	痕迹	痕迹
机械杂质（质量分数）	0.005	无
铜片腐蚀（100℃，3h）/级	1b	1b
泡沫特性（泡沫倾向/泡沫稳定性）/mL/mL		
24℃	20/0	0/0
93.5℃	20/0	20/0
后24℃	20/0	0/0
硫酸盐灰分（质量分数）/%	0.185	0.180
液相锈蚀试验（合成海水）	无锈	无锈
密封适应性指数	5	3

2.3.5.3　风力发电设备轴承专用润滑脂

1）产品概述

本产品有良好的黏附性、结构稳定性，可对润滑部件提供连续润滑油膜；具有优良的黏附性能，能够有效地黏附于润滑表面；良好的抗水能力，能有效地防止锈蚀出现；产品出色的高低温性能、极压抗磨性能，可保证在使用工况苛刻条件下对轴承、齿轮等部位的润滑保护需要。不含铅等重金属元素，不会对人体健康及环境产生不良影响。

2）产品使用温度范围

风力发电设备使用环境温度：－40～150℃。

3)与国外同类产品比较(表 9-2-36)

表 9-2-36　与国外同类产品的理化性能的比对

项目	国外同类产品 1	风力发电设备轴承专用润滑脂 2T 号	国外同类产品 2	风力发电设备轴承专用润滑脂 2 号
NLGL 等级	1.5	1.5	2	2
外观	红	褐色	红	褐色
工作锥入度/0.1mm	305	305	280	287
滴点/℃	255	288	265	271
腐蚀(T_2 铜片, 100℃, 24h)	—	铜腐	—	铜腐
相似黏度($10s^{-1}$)/Pa·s	—	849 (-30℃)	—	807 (-40℃)
水淋流失量(79℃, 1h)/%	10	2.7	6	2.1
极压性能(四球法) 烧结负荷(P_D 值)/N	2450	3089	2450	3089
极压性能(梯姆肯法), OK 值/N	244	267	289	267
抗磨性能(四球法) 磨痕直径(392N, 60min)/mm	—	0.5	0.5	0.6
轴承防锈(52℃, 48h)/级	通过	1	通过	1
基础油黏度(40℃)/(mm^2/s)	460	460	100	100

2.3.5.4　风力发电设备专用冷却液

1)产品概述

风力发电机组工作环境恶劣，昼夜及四季温度变化很大，要求设备所使用的冷却液应具有杰出的缓蚀性能、导热性能，以达到抑制金属腐蚀、保证设备运转正常、延长寿命的作用。

“长城”牌风力发电设备专用冷却液采用国际上先进的有机酸盐抑制剂复配技术，不含无机盐成分，获得中国国家发明专利(专利号：ZL01131412.5)。它适用于冷却液冷式风力发电机的定子外水套及齿轮箱，可有效地将电机等产生的热量散发到环境中，防止设备过热，同时保证对钢、铸铁、紫铜、黄铜、焊锡、铝合金等各种金属具有很好的腐蚀抑制性能，不会造成泄漏，使用寿命长达 5 年以上。对环境友好，可以满足欧洲 ROHS 标准。

2)产品使用温度范围

“长城”牌风力发电设备专用冷却液可以在 -60 ~ 120℃ 温度范围内很好地满足风力发电设备的使用要求。

3)产品典型数据(表 9-2-37)

表 9-2-37 “长城”牌风力发电设备专用冷却液典型数据

<table>
<tr><th rowspan="3">项目</th><th colspan="7">分析数据</th><th rowspan="3">试验方法</th></tr>
<tr><th rowspan="2">浓缩液</th><th colspan="6">冷却液</th></tr>
<tr><th>YF-1</th><th>30 号</th><th>YF-2</th><th>YF-2B</th><th>YF-2A</th><th>YF-3</th></tr>
<tr><td>颜色</td><td colspan="7">绿-蓝绿</td><td>目测</td></tr>
<tr><td>气味</td><td colspan="7">无异味</td><td>嗅觉</td></tr>
<tr><td>密度(20℃)/(kg/m³)</td><td>1119.8</td><td>1066.9</td><td>1073.6</td><td>1077.9</td><td>1082.5</td><td>1084.0</td><td>1089.4</td><td>SH/T0068</td></tr>
<tr><td>沸点/℃</td><td>180</td><td>107</td><td>108</td><td>109</td><td>110</td><td>112</td><td>115</td><td rowspan="2">SH/T0089</td></tr>
<tr><td>50%(体积)蒸馏水</td><td></td><td colspan="6">110</td></tr>
<tr><td>冰点℃</td><td></td><td>-26</td><td>-31</td><td>-36</td><td>-41</td><td>-46</td><td>-51</td><td rowspan="2">SH/T0090</td></tr>
<tr><td>50%(体积)蒸馏水</td><td></td><td colspan="6">-38</td></tr>
<tr><td>灰分/%</td><td>1.2</td><td>0.48</td><td>0.52</td><td>0.57</td><td>0.62</td><td>0.66</td><td>0.7</td><td>SH/T0067</td></tr>
<tr><td>pH 值</td><td>8.15</td><td>8.5</td><td>8.5</td><td>8.6</td><td>8.6</td><td>8.6</td><td>8.6</td><td rowspan="2">SH/T0069</td></tr>
<tr><td>50%(体积)蒸馏水</td><td></td><td colspan="6">8.6</td></tr>
<tr><td>水分/%</td><td>4.7</td><td colspan="6"></td><td>SH/T0086</td></tr>
<tr><td>储备碱度/mL</td><td colspan="7">16.4</td><td>SH/T0091</td></tr>
<tr><td>氯含量/ppm</td><td>4.47</td><td>4.15</td><td>4.13</td><td>4.13</td><td>4.11</td><td>3.59</td><td>3.57</td><td>SH/T0621</td></tr>
</table>

4)产品台架试验情况(表 9-2-38)

表 9-2-38 风力发电设备专用冷却液台架试验

<table>
<tr><th colspan="2">检验项目</th><th>单位</th><th>标准要求</th><th>实测结果</th></tr>
<tr><td rowspan="6">模拟使用腐蚀试验 SH/T0088
试片变化值</td><td>紫铜</td><td>mg/片</td><td>±20</td><td>2.2</td></tr>
<tr><td>黄铜</td><td>mg/片</td><td>±20</td><td>2.6</td></tr>
<tr><td>钢</td><td>mg/片</td><td>±20</td><td>0.8</td></tr>
<tr><td>铸铁</td><td>mg/片</td><td>±20</td><td>1.6</td></tr>
<tr><td>焊锡</td><td>mg/片</td><td>±60</td><td>2.2</td></tr>
<tr><td>铸铝</td><td>mg/片</td><td>±60</td><td>2.4</td></tr>
<tr><td colspan="2">铸铝腐蚀试验 SH/T0620</td><td>mg/(cm²/周)</td><td>≤1.0</td><td>0.52</td></tr>
<tr><td colspan="2">铝泵气穴腐蚀 SH/T0087</td><td>级</td><td>≤8</td><td>9</td></tr>
</table>

第十篇

金属材料加工过程润滑剂

前 言

金属材料加工主要通过机械制造的多种工艺完成，机械制造也是由金属制品的手工工艺发展而来的。机械制造的过程主要分为成型加工和切削加工。成型加工主要通过塑性变形改变金属毛坯形状，包括锻造、轧制、挤压、拉拔、薄板成型等工艺。切削加工是指使用切削工具从工件上切除多余的材料，以获得几何形状、尺寸精度和表面粗糙度等都符合要求的零件加工方法，包括车削、铣削、拉削、钻削、磨削以及电蚀加工等工艺。

润滑是保证机械设备正常安全运行的重要条件之一。机械制造行业可能用到的润滑油品包括制造设备用油和工艺用油(金属加工润滑剂)两大类。制造设备用油是指润滑制造机械自身零部件(轴承、齿轮、联轴器等)的油品，主要包括液压油、导轨油、轴承油、气缸油、汽轮机油、齿轮油以及润滑脂。工艺用油是指金属在加工过程中所使用的液体，主要包括成型油、切削油、防锈油、热处理淬火液等。成型油包括轧制油、冷镦成型油、挤压成型油、拉拔油、冲压油等，其主要作用有三点：①减小变形区接触表面的摩擦力和摩擦系数，从而能降低变形力和能量消耗。②提高产品质量。③减少工具磨损，延长工具使用寿命。切削油用于切削加工工艺过程，合理选用可以提高生产率，提高刀具耐用度，降低加工表面的粗糙度，提高加工精度，降低消耗的功率；防锈油涂在经过切削或成型加工后的金属工件表面，使之不会受到水分、氧气或各类腐蚀性物质的侵蚀；热处理工艺在机械制造中占有十分重要的地位，所以习惯上工艺用油还包括热处理淬火液等，统称为金属加工液。

2018 年中国金属加工液消耗总量约为(39 ~ 40)万吨。其中金属切削液消耗量约 16.6 万吨，约占金属加工液消耗总量的 42%；金属成型液消耗量位居第二，约占比 35%；其次为金属保护液和金属处理液，分别约占比 13% 和 8%。从应用行业来看，在中国，交通工具制造业是金属切削液最大的终端用户，2018 年金属切削液消耗量超过金属切削液总消耗量的一半；机械生产业对金属切削液消耗量的需求约占消耗总量的 30%，排名第二。

我国是能源消耗大国，如何降低 GDP 能耗值，对于我国的可持续发展有着重要的意义，而润滑油的使用对于减小摩擦、降低能耗有着相当重要的作用。制造行业的快速发展同样离不开润滑油的使用，尤其是高端装备制造业的兴起，更需要全面润滑的支撑。只有了解一定的润滑油知识，才能更好、更有效率地选择好、使用好配套润滑油。

第1章　金属加工与润滑

1.1　金属成形加工与用油

1.1.1　金属成型加工润滑剂的作用与性能要求

1)金属成型加工工艺及其润滑剂的分类

成型加工是指在外力的作用下，使金属材料发生塑性变形，以获得所需形状、尺寸和力学性能的毛坯或零件的加工方法。根据具体的加工工艺，成型油可以分为轧制油、冲压油、拉拔油、锻造油、冷镦成型油等。

2)金属成型加工润滑剂的作用

在成型加工中，应用润滑剂可达到以下几个目的：

(1)减小变形区接触表面的摩擦力和摩擦系数，从而能降低变形抗力和能量消耗。

在许多轧机上，压下量受工作机座零件强度或上电动机功率的限制。在轧机上应用工艺润滑剂可增加压下量和减少道次数，同时还可提高轧制速度。在钢板轧机上，使用工艺润滑剂轧制可减小最小可轧制厚度。最小可轧厚度决定于轧辊的弹性压扁，润滑轧机能减小轧制力，从而能使轧辊压扁减小，因此能轧更薄的产品。

(2)提高产品质量。

首先是防止金属黏(焊)在工具上。在轧制和其他压力加工的变形区中有促使接触的金属表面黏结(焊结)的条件。这些条件是：真实接触面积很大、内部金属转移到表面上、接触升压力很高、在全部或局部接触面上存在滑动。由于上述条件，无论是热加工或冷加工，都常常可以观察到金属黏合在工具上的情况。各种不同的金属趋向黏结的程度不同，很多有色金属，如铝及其合金，以及钛、锌、铜等，在轧制中很容易发生黏结现象。在黑色金属的轧制中，不锈钢的黏结趋向很显著。其次是工艺润滑剂还能对金属表面的粗糙度有显著的影响。冷轧时，用低黏度的润滑油(如煤油)润滑时，可使带钢表面很光亮，而用高黏度润滑油(蓖麻油)润滑时，可使带钢表面暗淡无光。总之，工艺润滑剂对产品质量有很大的影响。

(3)减少工具磨损，延长工具使用寿命。

润滑剂能消除或减弱工具与变形金属间的黏结，保证工具具有良好的表面，同时润滑剂还起冷却介质的作用，保证工具具有足够的张度。所有这些都使恶劣的摩擦条件得到明显改善，从而使工具磨损减少，使用寿命延长。

为了达到上述目的，必须采用有效的润滑剂及润滑方法。

1.1.2 轧制加工工艺过程与润滑剂

1)轧制工艺简介

轧制是在一定的条件下，旋转的轧辊给予轧件以压力，使轧件产生塑性变形的一种加工方式，是一种非常重要的金属加工方式。轧件在承受压力的情况下，断面减小，形状改变，长度延伸，并伴有展宽，这时轧件与轧辊表面产生相对滑动，产生摩擦。轧制中润滑剂的主要功能是减少摩擦和轧辊磨损。根据轧件材质和轧制工艺参数，控制轧制温度是润滑剂的又一重要功能。

轧制加工的材质可以是钢、铜、铝、锌等及其合金；其加工的最终产品可以是棒材、扁材、角材、管材、中厚板、薄板及箔材等。在再结晶温度以上进行的轧制称为热轧；低于再结晶温度的轧制称为冷轧。钢的再结晶温度一般在450～600℃范围之内。冷轧与热轧相比，产品冷轧后表面质量好，尺寸精度高，厚度均匀，机械性能好，并且能生产薄而小的轧件，但冷轧时轧制压力大，要求设备强度和精度高、电机功率大、能耗大，因此，一般冷轧材的生产先用热轧开坯而后进行冷轧。

2)热轧工艺与润滑剂

热轧时有效的润滑作用能明显地减少轧辊磨损和动力、能量消耗，从而可以大幅度提高设备作业率和生产率，降低能源消耗和改善产品的表面质量，其润滑剂的供给量极少。钢材热轧通常是在800～1250℃高温下进行，变形区的辗面温度可高达450～550℃，必须不断用大量的水冷却轧辊。

(1)热轧润滑的特点。

与冷轧润滑相比，热轧润滑有其自身的特点：

①轧制温度高，在变形区中轧辊表面的瞬间温度可高达500～600℃。一方面，润滑油的黏度随温度的增高而降低；另一方面，变形区中的温度高于润滑剂的燃点及蒸发温度，但热轧油在热轧过程中不会完全燃烧(分解)，大部分热轧油迅速通过变形区，不发生化学变化并保持润滑性能。这也是热轧油能起润滑作用的原因。

②轧件表面的氧化铁皮对变形区中的摩擦有很大影响。一方面，它的生成可使摩擦系数增大；另一方面，由于它的熔点较低，当温度达到其熔点时，这些氧化铁皮会熔融而起润滑作用，使摩擦系数减小。

(2)热轧润滑剂的特点。

热轧润滑剂的成分很多，随着轧制工艺和设备的发展，油品组成及添加剂也一直在发展变化中。就热轧油的类型而言，有油基和水基两种，由于该类产品在国际上尚没有统一的标准，所以常以满足特定工况条件下的使用性能来鉴别油品质量的好坏，通常对热轧油的使用性能要求如下：

①具有良好的润滑性，以降低变形区的摩擦。

②热稳定性好，有利于在变形区的温度条件下发挥其润滑作用。

③为了使热轧油能适应大量高压水冲刷的工况条件，热轧油应具备良好的黏附性，以便能很好地、均匀地附着在轧辊表面，形成牢固的润滑膜。

④流动性好，喷油方便；灰分低，无烟，不含对人体有害物质。

热轧油有水基、油基两种形式，但由于水基热轧油使用条件复杂，在现有轧机上几乎无法使用，又不利于废水处理，所以绝大部分采用油基热轧油。

3)冷轧工艺与润滑剂

冷轧是利用材质硬度更大的工作轧辊碾压钢板，使之发生塑性变形的过程。冷轧一般用于生产带材，其轧速较高，道次压下率可高达50%。轧制过程中产生两种类型的摩擦：一是钢板变形，钢质点分子间的内摩擦，引起变形抗力；二是带钢和轧辊表面间的摩擦。

施加润滑剂可有效减小摩擦系数、降低轧制压力及能量消耗，有助于增大加工率，提高轧制速度及生产率，并有助于控制辊型，改善轧件的板形及表面质量，减少轧辊的磨损。轧件越硬，厚度越薄，张力较小或无张力时，润滑的效果就越显著；轧制速度越高，辊身的冷却也越重要。轧制润滑剂的选择不仅取决于轧机设备和产品规格质量要求，而且取决于对润滑作用或冷却作用所需控制的方式。不同用途和结构的轧机，对润滑剂的要求也有所不同，通常理想冷轧润滑剂要求具备以下特性：

①润滑性能好，能有效降低摩擦系数，提供相应的轧料力，以便于获得满意的带钢形状。

②冷却效果好，润滑剂应具有高的导热性能及热容量，以利于热量由轧辊和带钢向冷却液的传递。

③清净性好，如保持轧机环境的清洁，能省略轧制后的清洗工序，退火时具有优良的退火清净性等。

④工作性能稳定，易于从轧后的带材表面清除。

⑤保护所轧产品防止生锈，不会在轧后板面上出现发暗、变色、蚀斑或油斑等缺陷。

⑥无毒，不致引起皮炎等健康问题。供应方便，制备简单，使用经济。

冷轧润滑剂通常使用纯油型或乳化液，并以后者为多。采用乳化液循环使用时，为保证产品质量，必须对乳化液进行严格管理。循环乳化液的稳定性受许多因素的影响，包括温度、所用水的硬度、污染情况以及油中发生的化学变化等。乳化液温度不仅与润滑性有关，也与冷却性有关，温度高有利于乳液转向，从而使轧材上油分的附着量增加，因此在多数情况下，提高乳化液的温度可改善轧制性能。而过高的温度容易产生“热伤痕”。

皂化值与润滑性有很大的关系，乳化液的皂化值下降，意味着润滑性变差，在乳化液循环系统中，往往由于机械油、液压油等杂油的混入，降低了皂化值，皂化值下降到极限时，即需对乳化液进行更换。不同轧制条件及轧材对乳化液皂化值的控制目标不同。例如，在冷轧极薄板的条件下，乳化液的皂化值为150mgKOH/g时为使用下限。

在冷轧有色金属及其合金时，应采用恰当的过程控制和选择合适的润滑剂，以避免润滑剂对轧材造成板面污斑。

4)长城牌轧制油产品

长城牌轧制油产品主要性能及用途见表10－1－1。

表 10-1-1　长城牌轧制油产品主要性能及用途

油品名称	性能特点	主要用途
M0781 轧制油	优异的润滑性能，有效降低轧制力，减少轧辊磨损，避免粘辊现象； 良好的冷却性能，能及时地携带轧制过程产生的热量； 优异的抗氧化性能，有效地阻止油品氧化变质，大大延长油品的使用寿命	适用于四辊轧机、十二辊轧机、二十辊 SENDZIMIR 轧机等；可轧材料宽度 500～1320m、厚度 0.03～3.0mm；轧制速度可达 500～600m/min
M0782 轧制油	优异的润滑性能，有效降低轧制力，减少轧辊磨损，避免粘辊现象； 良好的清洗性能，保持板面清洁； 优异的抗氧化性能，有效地阻止油品氧化变质，大大延长油品的使用寿命； 良好的退火清净性能，钢板退火后钢板表面反射率可达 90% 以上	适用于四辊轧机、八辊轧机、十二辊轧机、十四辊轧机、二十辊 SENDZIMIR 轧机等；可轧材料宽度 500～1450mm、厚度 0.03～3.0mm
M0738 铜带轧制油	优异的润滑性、冷却、清洗性能：保证轧后的铜带材表面清洁、光亮； 良好的防腐防锈性能，轧后的铜带材不生锈、不变色； 优异的退火清净性能，特别适用于轧后不经脱脂而实现光亮退火； 良好的铜粉分散性能，过滤更为容易	适用于青铜、黄铜、紫铜、白铜等各种铜带冷轧机的粗轧和精轧。轧机可为单机架四辊、六辊、十二辊、十四辊、二十辊可逆轧机

5）长城牌轧制油应用实例

M0781 系列不锈钢冷轧油已在山西太钢、北港新材料等公司二十辊森吉米尔可逆轧机上的使用。

山西太钢不锈钢有限公司轧机工艺参数：

工作辊：$\Phi 63.5\times1450$mm；

轧制速度：最大 800m/min；

轧制力：800t；

生产钢种：300 系和 400 系不锈钢；

坯料规格：(1.0～6.0)×(600～1300)mm；

成品规格：(0.3～3.0)×(600～1300)mm。

M0781 系列不锈钢冷轧轧制油在二十辊森吉米尔可逆轧机上使用，从 2006 年 5 月使用至今，效果良好，与国外同类产品（埃克森美孚公司 Genrex 系列、Somentor 系列）相比，其所具有的润滑、冷却、清洗、抗氧化、退火清净性等性能与之相当，有些性能还更优于国外同类产品，产品综合性能能够满足冷轧机的工艺需求。

1.1.3　冲压加工工艺过程与润滑剂

1）冲压加工简介

冲压是将各种不同规格的金属板料或坯料，在室温下对其施加压力（通过压力机及模具等），使之变形或分离而获得所需各种形状零件的一种加工工艺。

目前，采用冲压工艺所获得的冲压制品在现代汽车、拖拉机、电机电器、仪器仪表及无线电电子产品和日常生活用品中占据十分重要的地位。据初步统计，仅汽车制造业差不多有60%～75%的零件是采用冲压制成的，其中冲压生产所占的劳动量为整个汽车工业总劳动量的25%～30%。在电机及仪器仪表生产中，也有60%～70%的零件是采用冲压工艺来完成的。此外，如飞机、导弹和各种枪、炮弹等的零件加工中，冲压加工量也占有相当大的比例。

2）冲压加工工艺与润滑剂

冲压加工是借助于常规或专用冲压设备的动力，使板料在模具里直接受到变形力并进行变形，从而获得一定形状、尺寸和性能的产品零件的生产技术。板料、模具和设备是冲压加工的三要素。冲压加工是一种金属冷变形加工方法，所以称之为冷冲压或板料冲压，简称冲压。

一般工件的冲压，温度升高不多，所以可用矿物油，但深冲压加工、大工件拉深加工、变薄拉深加工、不锈钢拉深等会有较大的温升，需要加入极压抗磨剂。

在冲压工艺中，由于所用材料不同，所用冲压机的工作速度不同，工件的拉伸系数不同，工件的形状不同，后续工艺要求不同，所用的冲压油将有所不同。因此，在选用冲压油时，一定要仔细调查清楚以下几个方面的问题，才能选择冲压油，并确定给油量和涂油部位。

（1）是哪种冲压工艺：冲切，拉深，拉深变薄还是弯曲？

（2）工件是何种材质：钢材还是铝、铜、合金、矽钢片？

（3）拉伸系数是多少？分几次拉深？

（4）冲压机的吨位？工作速度？

（5）工件的形状如何？在试拉深时，废品所表现出来的问题在哪里？

3）长城牌冲压油产品

长城牌冲压油产品主要性能及用途见表10－1－2。

表10－1－2　长城牌冲压油产品主要性能及用途

油品名称	性能特点	主要用途
M0311系列汽车零部件冲压油	良好的润滑性，能提高加工面的光洁度； 优异的极压抗磨性，避免烧结磨损，能延长磨具的使用寿命	适用于油压机制汽车车身零部件所需润滑部位，能有效提供极压润滑性能、防锈以及清洗脱脂性能
M0316清洗冲压油	良好的极压、润滑性，可延长模具寿命； 良好的脱模性能，无卡咬，确保工件边缘光滑无毛刺； 较强的清洗性能，便于清洗冲压件上残留的污渍	适用于对油品清洗性能要求较高的板材冲压成型加工过程的润滑
M0321A冲压油	良好的润滑性，延长模具寿命，提高冲压件精度； 良好的极压性能，提高零件表面质量，改善操作环境； 不含对人体有害物质，对环境友好，无污染	适用于各种金属的深度冲压加工，尤其适用于铝电池壳多工位连续冲压拉伸工艺
M0328系列铝翅片油	完全挥发，不留痕迹，免清洗； 良好的脱模性能，满足翅片翻边要求； 对铜、铝无腐蚀，不破坏亲水铝箔的亲水膜	用于铝翅片、铝箔、铝板带、铝制瓶盖防伪盖冲压或冲剪加工

4）长城牌冲压油应用实例

M0328 系列铝翅片油在深圳某空调铝翅片的冲压车间使用，具体参数如下。

加工材质：铝箔；

加工材料厚度：一般 1.00～3.00mm；

冲压速度：200片/min；

冲压深度：0.3～3.0mm；

冲压件烘干时间：一般为 30min 以内；

冲压件烘干温度：常温。

此产品经使用后挥发很快，而且可完全挥发，无毒无味，对人体无害。

1.1.4 拉拔加工工艺过程与润滑剂

1）拉拔加工简介

拉拔是将圆柱形毛坯拉过锥形模孔使其截面缩减和长度增加的过程，通常为冷加工过程。拉拔作业有两种常用的基本润滑方法：干式和湿式。在干式拉拔中，固体或半固体润滑剂涂抹在进入模具的材料表面；在湿式拉拔中，整个系统浸没于润滑剂中，润滑非常充分。

和其他金属加工一样，润滑剂可降低拉拔应力和能耗，减小模具拉裂和保持较低温度。因为拉制产品的表面光洁度是很重要的一项指标（通常人们会以为是经抛光的表面），所以拉拔润滑的作用机理很复杂。一方面，好的润滑剂由于在工件与模具的界面上形成的混合润滑作用而减少摩擦；另一方面，如果润滑膜太厚（这取决于金属的晶粒大小和润滑剂的黏度），则产品表面受混合或流体润滑作用而无法磨光。因此，拉拔时存在一层薄的润滑膜是较理想的，这可通过用低黏度润滑剂和大模具角度来解决，但这时模具与工件间的接触压力可能很大。如果要得到满意的模具使用寿命，通常润滑膜要有足够的强度，这可通过使用极压剂和各种功能添加剂解决。在出现内部裂纹时，不仅可用减少模具角度和减少道次变形率来解决，也可通过减少摩擦来解决。

2）管材拉拔工艺与润滑剂

拉管过程中润滑是极关键的因素，这取决于所用顶头是游动式还是固定式。拉管过程的力学分析表明，固定顶头拉伸时，通常不希望有摩擦力；而在游动顶头拉伸时，则希望有适当的摩擦力，有助于减小管子的内部应力，从而减小在轴向拉应力作用下拉断的倾向。

3）线材拉拔工艺及润滑剂

拉丝可以制成各种线形，根据线形的形状，其加工方式有两种：第一种是用圆线坯直接拉制异形线，如方形线、六角线、鼓形线、滴形线、半圆形线、圆形线等及宽厚比小于 1.5 的扁线；第二种是用圆形线坯经轧扁，再拉伸成异形线，如梯形线、月形线、弯形线以及宽厚比大于 1.5 的扁线。

由于金属丝与模具间的快速相对运动，润滑作用是很重要的因素。润滑剂可通过降低应力减小金属丝的黏着、塞滞和断裂的倾向，还可提高模具寿命，降低拉伸机功率消耗。根据不同的拉丝金属材料，润滑剂可用各种含有极压剂和其他添加剂组分的油和乳化液，包括固体润滑剂如石墨、MoS_2、滑石等。

在许多情况下，拉丝操作中残留的润滑剂足以提供线材成形时的润滑，而在苛刻条件下的成形操作，则须补充润滑剂。如果成形后的线材还要进行下一步工序的作业，如镀层或涂层，此时必须考虑除去其表面上的润滑剂。润滑剂化学性质的选择对清洗这些残留物的难易程度会有影响。

4)长城牌拉拔油产品

长城牌拉拔油产品主要性能及用途见表10－1－3。

表10－1－3　长城牌拉拔油产品主要性能及用途

油品名称	性能特点	主要用途
M0531铜管拉拔油	良好的润滑性能，能提高铜管内外表面的光洁度； 良好的退火性能，产品退火后板面无油斑和积炭； 优良的抗氧化安定性能，能延长油品的使用周期	适用于各种铜管内外表面的拉拔工艺润滑
M0522系列铝拉丝油	良好的润滑性能，能提高铝线材的光洁度； 良好的退火性能，产品退火后呈光亮的铝本色； 优良的抗氧化安定性能，能延长油品的使用周期	适用于各种铝线材拉拔工艺的润滑
M0583不锈钢拉拔油	良好的极压抗磨性，能避免模具的烧结； 优良的润滑性，有效防止加工件拉毛； 极佳的黏附性和极强的抗剪切	适用于不锈钢等难加工材质在拉拔速度快、变形量大等苛刻条件下的拉拔

1.1.5　锻造加工工艺过程与润滑剂 压减

1)锻造工艺简介

锻造，按加工方式分为自由锻、高速锻、辊锻和精密模锻等多种加工方法；以材料的成型工艺、温度条件又可分为冷锻、温锻和热锻等多种。锻造的目的主要是改善坯材中碳化合物分布的不均匀程度，从而提高锻件的机械性能和刀具的耐磨性。锻造在汽车工业中约占80%，飞机制造中约占85%，电器仪表行业90%，具有生产批量大、高效和节能等优点。

2)锻造润滑剂应具备的特性

①均匀地湿润表面以防局部无润滑。

②没有残渣，因为残渣可在锻造模具深处累积，从而影响公差或工件表面质量，也不能在设备上或环境中沉积或难以清除。

③不能腐蚀模具，并应给予模具提高保护涂层。

④具有一定的冷却作用。

⑤适合于自动给料，最适合于喷涂方式。

⑥不污染环境，不形成对身体有害的物质。

⑦储存安定性好。

⑧浓缩型润滑剂可稀释成满足于不同润滑要求的锻造工艺。

⑨价格经济合理。

当使用液体润滑剂时，锻造工艺的润滑状态属混合润滑状态，即接触力部分靠流体膜承担，部分靠金属与金属之间的边界膜来承担。锻造过程中也常用固体润滑剂，这种情况下靠摩擦系数很小的固体膜起润滑作用。

在锻造过程中，模具表面上一般不会形成厚的润滑膜。除非在高速镦锻操作中，其接触面的几何形状、润滑剂黏度和相应的滑动速度都有利于形成厚的润滑膜。在整个金属加工过程中，合适的锻造润滑剂的选择取决于多种因素，其中要着重考虑锻造温度、锻造速度、变形的难易以及模具表面光洁度。

3）冷锻润滑剂

冷锻加工有很高的接触压力，所以通常采用化学反应膜的润滑体系。所用冷锻润滑剂主要作用是降低摩擦磨损，防止金属表面出现凹点或烧结。由于冷锻加工操作温度相对较低，常可使用一些常规润滑剂，例如矿物油或矿物油中加入皂类以及动植物油和脂肪等，有时在油基中加入石墨或二硫化钼。在一些较为苛刻的冷锻操作条件下，例如金属塑性变形程度较大，或加工一些硬质金属或合金钢时，必须采用具有极压特性的润滑剂，或采用磷酸盐覆盖成膜的润滑工艺。典型的用法是磷酸盐涂层用于碳钢或低合金钢，草酸盐用于不锈钢。

冷锻加工过程会产生变形热和摩擦热。由于加工的反复进行，上述两种热便会在模具上积累，致使模具温度上升。当加工面的温度超过润滑膜的耐热温度时，便会发生金属的直接接触。因此冷锻对润滑剂要求也很高。

4）温锻润滑剂

温锻所加工的锻材温度一般在相变点以下，如铝合金为200～300℃，合金钢在700℃以下，镍基合金的温锻温度则为500～700℃。温锻加工兼有冷锻和热锻的优点，其变形抗力要比冷锻小得多，而坯料的温度又比热锻低。它在较大地降低模具压力的情况下仍能得到令人满意的零件表面光洁度和较高的精确度，加工表面质量要比热锻好得多，是一种有一定吸引力的加工方式。

过去温锻加工润滑剂多是石墨悬浮在水或矿物油中，近年来发展了脂肪及矿物油组成的润滑剂，具有在高温条件下黏附力强、无烟、产品表面光洁度好等优点。由于受所用温度的限制，大多数有机类润滑剂不能使用，而必须代之以固体润滑剂，如石墨或无机盐等。

5）热锻润滑剂

热锻加工过程中，操作温度和模具温度均很高，常规的液体润滑剂很容易挥发，因为铝合金的热锻温度也有400℃，而高熔点合金的热锻温度可达1658℃。因此，所用润滑剂通常含有固体粒子，即在油基或水基润滑剂中再添加固体润滑剂，如石墨、二硫化钼和其他固体润滑剂。降低温度可以增加模具的使用寿命，特别是保持模具不发生大的温度变化很重要，因为模具温度的大幅度变化所引起的冷热疲劳可导致模具损坏。

近年来，油基润滑剂有被水基润滑剂取代的趋势。在锻造镍基合金、高熔点合金和钛加工件时常用玻璃涂层，一方面起润滑作用，另一方面阻止工件氧化。

锻造过程中润滑剂的使用方法主要是喷涂或用刷子刷涂。固体层状润滑剂（石墨或MoS_2）和聚合物一起用于模具表面。自动喷涂设备的发展使均匀有效地应用润滑剂成为可能，用润滑剂处理模具表面和涂层是锻造润滑的核心。

1.1.6 挤压加工工艺过程与润滑剂

1）挤压加工简介

挤压是在锻压加工的基础上发展起来的更为精密的加工方法，加工条件比锻压更为苛刻，尤其是大变形量的高速连续冷挤压对润滑剂有更高的要求。使金属材料的截面作显著变化，并迫使其沿正向或反向通过一定形状和尺寸模孔的过程称为挤压。

挤压工艺特别适用于加工高精度的和有复杂截面的型材，例如齿轮、精密钢管和型材、钻头、复合材料等。这些制品只需少量加工或不加工即可满足需求。齿轮、油缸筒体、钻头等，初始毛坯可以是铸坯，也可以是从棒料上截切下来的柱形坯料。

挤压过程迫使坯料通过模孔，使其截面减小，长度增加。除了要切除的挤压件末端和残留在模腔中的未挤压部分以外，在挤压过程中通常没有材料损耗。挤压钢制品的精度可达0.025～0.050mm，光洁度达V6～V7；对铝合金挤压表面无粗晶环；对铝、钢的挤压比拉拔后的强度提高20%，表面硬度分布均匀；对钨、钼挤压强度提高32%；塑性指标提高4倍，脆性转变温度下降55℃。

挤压分为正挤压、反挤压及静液挤压。正挤压时推头的运动方向和从模孔中挤出的金属的前进方向一致，反挤压时推头的运动方向和从模孔中挤出的金属的前进方向相反。

挤压过程通常可分为两个步骤：

①初级过程：将金属铸坯精制为最终的或中间的挤压制品。

②次级过程：又称冲挤，将由初级过程或其他过程所获得的中间制品转变为最终的工程零件。

目前冷挤压已发展为静液挤压工艺，挤压杆通过传压介质迫使金属流过模孔而成型。由于坯料是在极高的静液压力下成型，且坯料周围充满静液介质，极大地提高了制品的机械性能，提高了制品的精度、表面光洁度和生产率，同时扩大了挤压加工的范围。

根据挤压温度的不同，可以分为冷挤压和热挤压。冷挤压(包括冷镦)是指在室温下用模具对预先放入模腔中的金属坯料加压使其产生塑性变形，并使坯料变成所需形状和尺寸及一定性能零件的加工方法。热挤压温度可高达2200℃左右。

2)冷镦工艺与润滑剂

冷镦是冷挤压的一种，是利用模具在常温下对金属棒料镦粗(常为局部镦粗)成形的锻造方法。通常用来制造螺钉、螺栓、铆钉等的头部。可以减少或代替切削加工。锻坯材料可以是铜、铝、碳钢、合金钢、不锈钢和钛合金等，材料利用率可达80%～90%。冷镦多在专用的冷镦机上进行，便于实现连续、多工位、自动化生产。在冷镦机上能顺序完成切料、镦头、聚积、成形、倒角、搓丝、缩径和切边等工序。

3)长城牌冷墩油产品

长城牌冷墩油产品主要性能及用途见表10-1-4。

表10-1-4　长城牌冷墩油产品主要性能及用途

油品名称	性能特点	主要用途
M0617冷墩成型油	①优良的抗磨性，能提高工件的精度； ②良好的油膜黏附性，能防止磨具拉毛，延长磨具使用寿命； ③一定的防锈性	适用于标准件行业引进的NF、NT系列和国产高速多工位冷镦机、高速攻丝机对合金钢、碳钢等材质的挤压、冷镦成型加工工艺
M0618冷墩成型油		适用于各类大型高速冷墩成型机对合金钢、不锈钢等难加工材料的挤压、冷镦成型加工工艺的润滑

1.2 金属切削加工与用油

金属切削加工是使用切削工具从工件上切去多余的材料，以获得符合要求的几何形状、尺寸精度和表面粗糙度等零件的加工方法。切削液是切削加工时为改善切削情况、降低工作温度而使用到的冷却、润滑介质，绝大部分是液体。通常所讲的切削液包括油基和水基两种类型。

1.2.1 金属切削加工工艺简介

金属切削是重要的机械加工手段，按其所用切削工具的类型可分为两大类：一类是刀具进行的切削加工，如车削、钻削、镗削、铣削、刨削和拉削等；另一类是用磨料进行的磨削加工，如磨削、珩磨、超精加工和研磨等。另外，电火花加工也属于金属切削。

按加工苛刻度排列，切削加工可分为如下16种：磨削、锯削、车削、刨削、铣削、钻孔、铰削、高速浅进刀车螺钉、用成型刀具车螺钉、镗孔、深孔钻、切齿、螺纹切削、攻丝、外拉削、内拉削。

从材料的被削性角度，又可分为易削、普通和难削三类，见表10－1－5。

表10－1－5 易削、普通和难削材料分类

易削材料	普通材料	难削材料
有色金属：铝、铝合金、镁、锌合金； 黄铜； 铅青铜	有色金属：铜、高强度青铜； 铸铁：可锻灰铸铁； 中、低碳钢； 快削钢	有色金属：钛、镍； 高合金钢：耐热钢、高速钢，不锈钢； 高碳低合金钢：锰钢、镍铬钢； 轴承钢，碳素钢，镍铬钼结构钢

1.2.2 切削加工润滑剂的作用与性能要求

1.2.2.1 金属切削过程的润滑特点

切削液的使用性能与其工作环境的特定条件及人们对切削加工的目的要求有密切关系。

切削过程的润滑与一般润滑过程有不同的特点，主要表现为以下方面：

(1)切屑的内表面与已加工表面都是在切削过程中从金属内部由刀具分离而形成的。这种新的表面往往在尚未来得及与周围介质接触时，也就是尚未来得及吸附氧、水及其他杂质时就立即与刀具接触，并在高温、高压下不断擦拭刀具表面，将刀具表面原有的具有一定润滑作用的吸附膜逐渐擦拭掉，而造成两相接触表面的黏着与焊接，从而使刀具的磨损加剧，工件表面质量下降。为了防止摩擦表面间的黏着与焊接，通常是在润滑剂中加入极性物质或含硫、氯等活性元素的极压添加剂。这些有化学活性的组分在高温、高压下可与金属表面起化学反应而生成化学膜，从而防止金属的黏着与焊接，现已证明这种成膜化学反应往往是在金属表面吸附的氧和水等参与下进行的。对于新生的金属表面，这类反应的进行有时要困难些，有时则容易些。所以润滑性添加剂的作用往往与一般的润滑过程不同。

(2)对于一般的润滑过程来说(如齿轮、轴承、轧钢等)，润滑剂是随着摩擦表面的运动而被携带进入接触区而起润滑作用，摩擦表面的运动方向有利于形成具有动压力的油楔。但对切削液来说，润滑剂从前刀面或从后刀面进入摩擦区都与切屑或工件的运动方向相反。再者，由于切屑与刀具之间的接触压力很大，其真实的接触面积基本上与表观接触面积相等，在这种情况下切削液也很难进入其中起作用，因此切削过程润滑的苛刻程度往往取决于切削液是否容易到达切削摩擦区。

(3)由于切屑以很高的速度沿前刀面流出，与刀面的接触时间很短，并且只接触一次，故切削液中的极压剂与金属的反应必须在极短时间内完成。切屑离开刀具表面后继续进行的化学反应，对于改善切削过程的润滑实际上已不起作用。这与一般的润滑过程中相对摩擦副反复接触的情况是不同的。

1.2.2.2 切削液的性能与作用

1)切削液的第一性能

使用切削液的目的是希望其起到润滑、冷却、清洗三方面的作用，一般称之为切削液的第一性能，也即它的切削性能。

(1)切削液的润滑作用：切削液的润滑作用是指其减少前刀面与切屑、后刀面与已加工表面的摩擦，以防止刀具与切屑或工件间的黏着，所以良好的润滑可以减少功率消耗、刀具磨损和获得良好的表面光洁度。如前所述，通常在切屑与前刀面之间不可能保持充分的流体润滑，金属间的接触不可避免。在切屑与前刀面发生粘着或焊接时，将产生很大摩擦，使切屑底层沿前刀面的滑动受阻，当这阻力大于切屑底层内部的剪切强度时，与前刀面焊接着的一层金属将留在前刀面上，而切屑的本体则在这一层金属上滑过，随着切削过程的进行这一过程将不断重复，在前二层釉着的金属上不断地黏附上新的金属层而成为所谓的积屑瘤。积屑瘤是在第二变形区形成的，其顶部超出刀刃并改变了刀具的实际尺寸，而影响工件的表面质量和精度。积屑瘤生长到一定大小时，由于受力过大而脱落，或留在已加工表面上或随切屑流走，积屑瘤不断形成和脱落使已加工表面的质量更进一步恶化。

积屑瘤的产生与切削的速度，亦即切削区的温度有关。当切削区温度达到被加工材料的再结晶温度时，积屑瘤就会熔化而消失。在易产生积屑瘤的速度下加工时，抑制积屑瘤的办法是加入润滑性添加剂，以减少切屑底层与前刀面间的摩擦。切削液中极压剂的活性越高，抑制积屑瘤的效果也越好。根据经验，高活性的硫化物对抑制积屑瘤的效果最好。

(2)冷却作用：在切削过程中产生的热量使工件、刀具温度升高。过高的温度可降低刀具的强度和硬度而使刀具寿命缩短，而且因热变形影响工件的尺寸精度，同时也给工件的及时检测及拆卸带来不便。因此切削加工时必须进行有效的冷却。

切削液通过减小摩擦和带走热量可以有效地降低切削温度。因切削过程的热量主要是由于塑性变形产生的，故降低温度主要靠冷却，而不是靠减少摩擦。切削液的冷却性能与其导热系数、比热容、汽化潜热、黏度等因素有关。水的比热容是油的2倍，汽化温度低、汽化潜热大，黏度小，因此其冷却性能比油好。对油基切削液来说，黏度越小其流动性也越好，越容易将热量带走，所以冷却效果也越好。

刀具本身的硬度并非影响其使用寿命的关键因素，更重要的是刀具硬度与工件硬度之差。由于在一定的温度范围内，工件材质硬度随温度升高的下降速度比刀具材质快，因此切削时并非温度越低越好，对于每一特定的刀具和工件材料组合，都应有其最佳的温度范围。在最佳切削温度条件下进行切削加工，不仅刀具寿命长，而且因为适当的温升可使工件的硬度下降、塑性增加而使切削消耗功率降低及获得较好的表面质量。

(3)清洗作用：金属加工中产生的细小切屑、粉末等会互相黏结或附着在机床、刀具(砂轮)、工件上。清洗性能就是指切削液防止这些细颗粒黏结和利用液流的机械冲洗作用将其冲走的能力。清洗性能与切削液的渗透性和黏度有密切关系。为了提高切削液的清洗性，经常采用黏度较小的油或向水基切削液中加入较多的表面活性剂。磨削时产生的细碎金属屑和砂粒及黏结剂的粉末，常被紧密地压填于砂轮的间隙中而降低了砂轮的锋利程度。要使这些碎屑脱离砂轮常需克服较大的摩擦力。如果切削液能迅速渗透进这些细屑之间和细屑与砂轮之间而维持一液体膜，则这些细屑脱离砂轮的摩擦力会大为降低，从而使砂轮保持清净和锋利。在使用乳化性能不好的乳化液进行磨削时，还会产生另外一种堵砂轮现象，这时砂轮表面上常布满一层黏的油状物(也可能是一层油包水乳状液)，这层油状物中含有较多的固体颗粒，而产生“打滑”现象。在一般情况下，油对砂轮的润湿能力比水强。乳化液在磨削工作区由于受到高温、高压的作用(或因部分水的蒸发)会破乳或变形(即由水包油变为油包水)，此时油相分出与砂轮和工件直接接触，提供润滑作用。当砂轮和工件的这一部分离开工作区时，此油膜立即与大量的乳化液接触，被乳液的水相再次乳化而脱离固体表面。这种使油膜再乳化的能力，即清除砂轮和工件表面上油污的能力，也就是乳化液的清洗性能。

2)切削液的第二性能

由于使用了切削液，往往带来一些负面影响和使用管理方面的问题。为了减少切削液带来的副作用和使用管理方便，也对切削液提出了一些性能要求，称之为第二性能。切削液的第二性能主要有以下各项：

(1)防锈性：水基切削液中绝大部分是水，往往引起机床和工件的锈蚀。切削液中极压剂和某些表面活性剂往往会加剧金属的锈蚀，因此对切削液特别是水基切削液有防锈性的要求，在某些情况下不仅要求切削液不加速锈蚀，而且还要求切削液能提供一定程度的防锈作用。

(2)抗腐蚀性能：切削液中的极压剂和某些组分对金属有腐蚀作用，使金属表面失去光泽和产生严重变色、失重。对腐蚀性的要求视切削液的使用目的和组成特点而有所不同。例如，在加工较硬的黑色金属而又希望有好的工件表面光洁度时，通常采用加有活性硫的切削油，它起到一种化学抛光作用。铜对硫非常敏感，我们用切削液对铜腐蚀的程度来表示油基切削液的活性和极压性能，但对铜等有色金属的加工往往不能使用含活性硫的极压剂，以免造成工件的严重腐蚀。

(3)消泡性：切削液大多是循环使用的，由于喷淋和泵的搅动，因此对切削液有消泡性的要求，以防切削液溢出贮液槽和降低其冷却性能。

(4)对油漆的适应性：切削液不应对机床的油漆涂层有不良影响，如起泡、剥离、严重变色等。

(5)抗腐败：水基切削液特别是乳化液中的某些组分往往是微生物的营养源，在大量水存在时，某些微生物会迅速繁殖而使切削液的性能下降，产生恶臭而使切削液报废。这往往是水基切削液更换新液的主要原因。因此，对水基切削液提出了愈来愈高的抗菌、抗腐败的性能要求。

(6)气味：切削过程要产生高温，操作工人要经常观察加工情况并要经常接触切削液，如果切削液在加工时发出令人生厌的气味，是非常不受欢迎的。

(7)毒性与刺激性：操作工人不仅要经常与切削液接触，而且工作时是处于切削液的露滴与气氛之中，现在许多国家都规定了在切削液中禁用某些物质和制定了许多有关使用的条例，切削液的安全性愈来愈受到重视。在某些国家，对切削液安全性的重视程度已超过了其切削性能而成为最主要的性能。

1.2.3　油基切削润滑剂

ISO 6743/7(GB 7631.5 等效采用)将金属加工润滑剂分为油基型 MHA ~ MHH，以及水基型 MAA ~ MAI 共 17 类，此 17 类金属加工润滑剂可用于切削加工和成型加工。金属切削润滑剂通常分为油基、水基、膏状、气态和其他共计五种，最常用的是前两种，符合 ISO 6743/7 的分类法。

1.2.3.1　油基切削润滑剂特点

油基切削润滑剂也称非水溶性切削液或油溶性切削液，它主要是由矿物油为基础油添加各种添加剂调制而成的。

1)优点

(1)在机械加工中质量稳定，尤适合于高速钢刀具切削速度较低的场合；

(2)具有良好的润滑性和切削性；

(3)使用寿命长，能再生利用；

(4)除了偶尔需要过滤外，不需过多混合及维护费用；

(5)不受细菌侵蚀影响，几乎不会引起皮肤病；

(6)使用中如混入其他润滑剂无不良影响。

2)缺点

冷却性差，高温下易挥发，在高速切削或重力切削时会产生烟雾，污染环境，须安装排烟设备。

1.2.3.2　长城牌切削油产品

长城牌切削油产品主要性能及用途见表 10 - 1 - 6。

表 10 - 1 - 6　长城牌切削油产品主要性能及用途

油品名称	性能特点	主要用途
M0006 特种切削油	①优良的冷却性，能及时带走加工时产生的热量； ②加工过程中产生的切削物易沉淀，切面光滑； 适宜的润滑性、良好的抗氧化性	适用于人工宝石、光学玻璃的切割加工，亦适用于钟表元件的机械加工过程的冷却

续表

油品名称	性能特点	主要用途
M0016B 磨削油	①优异的冷却、润滑性能，适用于高性能机床高效率加工要求，能达到加工面优异的精度要求，延长刀具使用寿命； ②油品符合安全健康和环保性能，无刺激性和不良气味，无毒性； ③良好的抗氧化性，良好的铁屑粉末分离性，能延长油品的使用周期	适用于各种金属的切削、磨削加工工艺的加工润滑，尤其适用于进口高档机床强力磨削加工工艺要求
M0019 切削油	①优良的润滑性能，能提高加工面的光洁度和精度，延长刀具使用寿命； ②良好的冷却性能，能及时冲洗带走切削过程中产生的热量，有良好的排屑性； ③具有一定的防锈性，能满足加工过程工序间防锈要求； ④良好的抗氧化性，能延长油品的使用周期； ⑤本产品不使用含硫、含卤素的添加剂	适用于多种机床对黑色金属的车削、铣削、钻削、磨削、攻丝等多种切削工艺的加工润滑
M0082 系列低油雾切削油	①优异的润滑性能，适宜的黏附性，能提高加工面的光洁度和精度，延长刀具使用寿命； ②油品安全环保性能优良，无刺激性和不良气味； ③良好的抗氧化性，能延长油品的使用周期； ④低油雾能力强，对车间环境环保和人员健康有积极作用	适用于金属的拉削、绞削、攻牙、剐齿等多种难加工工艺的加工润滑，也适用于不锈钢等难加工材料的加工润滑
M0088 高速深孔钻削油	①优异的极压性，能防止模具烧结，满足深孔钻削加工工艺的要求； ②良好的润滑性和冷却性，从而延长刀具使用寿命； ③具有一定的防锈性，能满足加工过程的工序间防锈要求； ④良好的排屑性，可提高钻削加工效率	适用于各种枪钻(深孔钻)和枪钻机床(单轴至多轴)的润滑，亦可用于一般金属的切削、拉削，但不适用于铜及铜合金材料的润滑加工工艺

1.2.4 水基切削润滑剂

水基切削润滑剂是将浓缩液用大量水稀释后使用，因而没有产生油烟和引起火灾的危险。水的比热容大、热导率高、蒸发潜热大，是非常优良的冷却剂，且成本低廉。另外，加工后的脱脂清洗也比较简单。但和油基切削润滑剂相比，它的润滑性、防锈性稍差，且易受细菌影响，发生腐败，排放后处理费用大。近年来，随着抗菌剂等研究的深入和排放后处理工艺技术的完善，水基切削润滑剂在越来越多的场合取代了油基切削润滑剂。

目前，市场上的水基切削润滑剂除了需要具备良好的冷却性能外，还需具备如下优点：

(1)在高速、高剪切操作条件下仍能与水形成稳定的混合物。

(2)能承受杂质油的影响。

(3)乳化性能稳定，尽可能使乳液颗粒状态持续时间增长。

(4)抗细菌、霉菌能力强，不产生有害气体。

(5)能透过 5 ~ 10μm 过滤器而不损失添加剂。

(6)符合毒性和环保要求。

通常水基切削液在形态上又分为乳化液、微乳液和合成液三种，特点比较见表10－1－7。

表 10－1－7　水基切削液特点比较

项目	乳化液	微乳液	合成液
润滑性	◎	○	△
冷却性	○	◎	◎
渗透性、洗净性	○	◎	△
防腐败性	△	○	◎
稳定性	△	◎	◎
透明度	△	○	◎
其他油的分离性	△	△	◎
抗污垢附着性	△	◎	◎
皮肤刺激性	○	△	△
废液处理	○	△	△
耐涂料剥离性	○	△	△

注：◎－优；○－良；△－差。

1.2.4.1　乳化液(MAA～MAD)

乳化液在使用时需加水稀释，稀释后的工作液呈乳白色，也称为可溶性油。浓缩液主要成分是矿物油和乳化剂(表面活性剂)，一般含水量10%以下，乳化剂15%～35%，为了满足不同用途的要求，还需加入一定量的防锈剂、极压剂等。

在各种水基切削润滑剂中，乳化液的冷却性能和润滑性能均较好，稳定性稍差。主要适用于钢、铸铁和有色金属的切削加工。长城牌乳化油产品主要性能及用途见表10－1－8。

表 10－1－8　长城牌乳化油产品主要性能及用途

油品名称	性能特点	主要用途
M1010 防锈乳化油	①良好的润滑性能，可控制积屑瘤的产生； ②良好的冷却性、清洗性和防锈性	适用于黑色金属的车削、铣削、钻削和磨削等加工工艺，推荐使用浓度5%～10%
M1012A 防锈乳化油	①良好的抗硬水性，至少可适应600ppm 硬水； ②良好的润滑性能，可控制积屑瘤的产生； ③良好的冷却性、清洗性和防锈性	适用于黑色金属的车削、铣削、钻削和磨削等加工工艺，推荐使用浓度5%～10%
M1020A 乳化油	①良好的润滑性能，可控制积屑瘤的产生； ②对铝及铝合金表面有良好的保护作用，可防止加工件的表面腐蚀	适用于有色金属的切削加工，尤其适用于铝及铝合金材质，可用于加工中心的切削、钻孔、攻丝等加工工艺，推荐使用浓度5%～15%
M1083 切削液	①良好的极压抗磨性能，可用于较高难度的加工； ②优良的冷却性和清洗性，保证工件加工精度和保持刀具及工件的清洁； ③优良的黑色金属防锈性和有色金属腐蚀抑制性； ④良好的生物稳定性，使用寿命长	加工材料：适合于铸铁、碳钢、合金钢、不锈钢等黑色金属和铝合金、铜合金等有色金属； 加工方式：主要应用于钻孔、攻丝、镗孔、绞孔和拉削等加工工艺； 推荐使用浓度：可根据具体使用需要调配。一般车削、铣削加工5%～8%，重负荷加工8%～15%

1.2.4.2 微乳液(MAE～MAF)

微乳液加水稀释后的工作液是半透明或透明状，也称半合成液。其实质上也是一种乳化液，只是其油相的液滴较小，看起来呈半透明或透明状。其主要成分是水和表面活性剂，矿物油、脂肪油和极压剂的含量均低于乳化油。微乳液的浸透性、清洗性和冷却性极佳，并且便于观察，但容易起泡沫，因此必须加消泡剂。它适用于高速切削及磨削加工。长城牌微乳切削液产品主要性能及用途见表10－1－9。

表10－1－9 长城牌微乳切削液产品主要性能及用途

油品名称	性能特点	主要用途
M2011切削液	①因对材料和加工方式的广泛适应性，可以减少冷却液的品种； ②良好的极压抗磨性能，适用于较高难度的加工； ③良好的抗微生物性能和使用稳定性，使用寿命长； ④优良的防锈性和抗腐蚀性，有效防止工件的腐蚀； ⑤优良的冷却性和清洗性，保证工件加工精度和保持刀具及工件的清洁； ⑥低泡沫性和良好的铁屑沉降性	材料：推荐用于铸铁、碳钢、高速钢、不锈钢等黑色金属以及铜合金、铝合金等有色金属； 加工方式：主要用于钻孔、攻丝、铰孔和拉削等苛刻加工工艺。车削、铣削等一般加工只需要配制较低的使用浓度； 推荐使用浓度：一般加工3%～6%，中高负荷加工5%～15%
M2012加工液	①加工液呈半透明液体，易于加工观察； ②良好的防锈性，能够满足加工防锈要求； ③良好的冷却性及清洗性，可使刀具和工件表面迅速冷却，提高加工速度； ④具有生物稳定性功能，提高了切削液的抗菌性能	适用于黑色金属的切削、钢管制作等加工工艺的加工润滑和防腐，推荐使用浓度为3%～10%
M2016切削液	①良好的防锈性，能够满足加工防锈要求； ②良好的冷却性及清洗性，可使刀具和工件表面迅速冷却，提高加工速度； ③具有生物稳定性功能，提高了切削液的抗菌性能	适用于黑色金属的车削、铣削、钻孔等多种加工工艺，起到加工润滑和防腐的作用，推荐使用浓度为5%～15%
M2053切削液	①良好的极压抗磨性能，适用于中、重负荷的加工； ②良好的抗微生物性能和使用稳定性，使用寿命长； ③优良的冷却性和清洗性，保证工件加工精度和保持刀具及工件的清洁	材料：推荐用于铸铁、碳钢、高速钢、不锈钢等黑色金属以及铜合金、铝合金等有色金属； 加工方式：主要用于车削、铣削、磨削、钻孔、攻丝等各种类型加工。 推荐使用浓度：5%～12%
M2058切削液	①具有良好的防锈和铝合金防腐性能，能够满足多种金属加工防锈防腐要求； ②具有一定的油性润滑，可使刀具和加工件减小摩擦，提高加工表面精度； ③具有生物稳定性功能，提高了切削液的抗菌性能； ④液体清净性好，加工时金属屑末有良好的沉降性	适用于金属的切削、磨削等加工工艺的加工润滑和防腐，较适用于铝合金材料加工，推荐使用浓度为4%～10%

1.2.4.3 合成液(MAG～MAH)

化学合成液以无机盐和有机胺为主体，添加防腐蚀剂等，用水稀释后呈透明状态，容易看到加工工件。化学合成液冷却性好，能很快除去热，容易达到尺寸精度；化学合成液含有有机和无机防锈剂，具有良好的防锈性，同时洗净性优良，抗泡沫性、防腐性较好；磨削加工过程中产生的热量大，在精度要求不是非常苛刻的情况下，适合使用合成型产品。和一般乳化液相比，由于化学合成液几乎不含矿物油，其溶液接近于真溶液，乳化粒子非常小，因而比乳化液更稳定。另外，化学合成液不含细菌的营养物质(有机物、矿物油等)，因此微生物在化学合成液中难以生存，不容易腐败，使用寿命长，机床漏油影响不大。

长城牌合成切削液产品均不含对人体有害的亚硝酸钠添加剂，对皮肤、眼睛无刺激，同时对机床油漆无影响。长城牌全合成切削液产品主要性能及用途见表 10－1－10。

表 10－1－10 长城牌全合成切削液产品主要性能及用途

油品名称	性能特点	主要用途
M3018 系列 水基切削液	①使用液为无色透明液体，便于观察金属工件的加工； ②加工时不起泡，不起油雾，同时对机床油漆无影响； ③优良的防锈性能，满足工序间防锈要求	适用于黑色金属车削、铣削等切削加工工艺的防锈、冷却和润滑。 推荐使用浓度：M3018 为 8% ~ 12%，M3018A 为 4% ~8%
M3012 合成磨削液	①良好的冷却性，可使刀具和工件表面迅速冷却，提高加工速度； ②良好的防锈性，能够满足加工工序间的防锈要求； ③良好的抗磨性和铁屑沉降性，有助于提升磨削质量	适用于用于铸铁、碳钢等黑色金属磨削加工过程的冷却与润滑，如平面磨、外圆磨、内圆磨等磨床。推荐使用浓度为 4% ~10%
M3026 铝合金切削液	①具有优良的防腐性和冷却性，特别对多种铝合金材料均有优异的抗腐蚀性； ②润滑性能优异，适用于苛刻加工条件的加工	适用于多种金属车削、铣削、攻丝等切削加工工艺，尤其加工铝合金材料时能有效防止材料发生霉变和腐蚀。推荐使用浓度为 5% ~10%
M3033 切削液	①属于全合成加工液，使用液呈无色透明液体，稳定性好，有抗硬水能力； ②具有良好的防锈和铜及合金防腐性能，能够满足各种铜及合金加工防腐要求； ③具有一定的润滑、良好的冷却和清洗性，提高加工表面精度和清洁度； ④产品不含硼，不含仲胺、苯酚及各种重金属等有害物，属环保型产品	适用于铜及合金的车削、铣削、磨削等加工工艺的加工润滑和防腐，推荐使用浓度为 3% ~5%
M3080 水基切削液	①优异的润滑和冷却性能，可减轻刀具结屑瘤，提高加工件精度，降低刀具损耗； ②良好的防锈防腐性能，碱性低，对皮肤、眼睛无刺激； ③浓缩液含量高，使用比例低，抗微生物性能好，工作液寿命长； ④加工时渗透性好，清洗性好，对机床油漆无影响	适用于金属的重负荷车削、铣削、钻削、攻丝等加工，能适合加工中心多刀具、多种金属混合加工的复杂状况，起润滑、冷却和防锈作用。推荐使用浓度 5% ~10%

1.2.5 金属切削润滑剂的选择

1)从操作方面考虑

对人体无害，不引起皮肤病，无特殊臭味，冒烟少，不起火，不引起机床及工件生锈，不易变质，便于管理，不会造成严重污染；冷却工件，使其装卸容易；需要看到切削(磨削)区情况时，便于观察。

2)从切削条件方面考虑

高速钢刀具低速精加工或切削刃形状比较复杂的高速钢刀具使用切削油，以减轻切屑的黏附，抑制积屑瘤的产生，保证已加工表面质量与加工精度，提高刀具耐用度。高速切削时，切削液的润滑作用显著下降，还因为切削油会冒烟等问题，故多用水基切削液。

3)从工件材料方面考虑

塑性大的材料前刀面接触长度大，与刀具的黏附往往也比较严重，使用切削液效果显著；相反，切削时形成崩碎切屑的工件材料，如灰铸铁、青铜等，前刀面接触长度很短，使用切削液效果并不明显，可以不用切削液，精加工灰铸铁时可以用渗透性与清洗性都较好的煤油。高温合金等难加工材料与刀具黏附牢固，刀屑间压力大。导热系数低，切削温度高，对切削液的润滑与冷却两方面都提出较高要求。宜用极压切削油或极压乳化液，也可用有一定润滑作用的极压表面活性化学切削液。

4)从机床方面考虑

自动机床、半自动机床及其他机床，如冷却系统与润滑系统不分开，或机床密封性不够好，切削液会渗到机床主轴箱及其他部件，则不应用水基切削液，而应用切削油，如选用极压切削油，则应考虑对轴承及机床部件是否有腐蚀等不良作用。

5)从刀具材料方面考虑

高速钢一般都用切削液，耐热性高的硬质合金则不一定。这一方面是因为这类刀具的切削速度都很高，切削液的润滑效果已很小，主要是用冷却性能；另一方面，当刀具切出时高温状态下的刀具表面退到切削液骤然冷却，会造成热应力，在频繁切入切出时更会造成热疲劳。

1.2.6 金属切削润滑剂应用案例

1)M0008 磨削油

M0008 磨削油是适应机床技术发展而研制的新产品，具有优异的冷却性和润滑性。2008 年，M0008 磨削油写入上海机床厂有限公司生产的蜗杆砂轮磨齿机的使用说明书。这家企业是中国最大的精密磨床制造企业，生产有外圆磨床、平面磨床、轧辊磨床、磨齿机等各类磨床，国内磨床产品的市场占有率第一。此次写入的蜗杆砂轮磨齿机主要用于批量生产直齿和斜齿圆柱齿轮，是上海机床厂的主力产品之一，在 2008 年中国工博会上进行了设备展示，M0008 磨削油随机提供了润滑冷却。

此外，新产品 M0008 磨削油在上海汽轮机厂作为叶片配合件加工的润滑冷却油，应用情况很好。和原用的柴油型磨削油相比，不仅明显提高了加工效率，改善了加工后工件的光洁度，而且解决了使用中的安全隐患、减少了环境中的气味。

2)M0019 切削油

在福建三家为 IT 大企业配套的电子配件有限公司，现场主要加工机床是高速精密自动车床，加工材料中碳钢。用户原先用的切削油寿命短，易发黑发黏，改用长城 M0019 切削油使用近一年，用户反映即使在夏天高温季节，油品的颜色、气味、黏度都很稳定，且加工件的光洁度和精度有所提高，延长了刀具使用寿命。

在上海某生产各种高速钢合金钢丝锥刀具的企业，使用原用切削油，有时加工到下午油温会上升，加工件会产生磨烧痕等问题。M0019 切削油在磨削丝锥齿口的进口数控机床上使用后，加工中没有磨烧痕现象出现，反映油品润滑良好。在常州某加工企业，由于设备陈旧，加工过程中操作工人的手长时间接触磨削油，所以特别需要选用对人体刺激性小、气味低的润滑产品。改用 M0019 切削油后，既达到润滑冷却效果，又改进了工人皮肤过敏的问题。

3) M0056 硬质合金磨削油

M0056 硬质合金磨削油适用于精密硬质合金零部件磨削加工过程的冷却与润滑，上海某刀具公司引进多台瑞士机床用于生产一种整体硬质合金的电路板麻花钻，在加工这种高效钻孔工具（细如绣花针）的过程中，对磨削油的冷却性、渗透性都有较高要求，原使用进口磨削油，长城牌 M0056 硬质合金磨削油替代了进口产品，经过十几年的使用，用户反映："M0056 硬质合金磨削油用于微型硬质合金刀具加工，完全符合加工的技术要求。"

4) M2012 加工液

M2012 加工液是一款用于黑色金属加工的高性价比切削液，因其良好的防锈性，被广泛应用于铸铁、碳钢、模具钢等黑色金属的切削或磨削加工。在山东浩信集团用于铸铁发动机缸体、缸盖、刹车盘的加工、龙工集团用于碳钢和铸铁液压元件等工件的加工、西门子用于电机铸铁外壳的加工等，均反馈具有良好的防锈效果，满足工序间防锈要求。

5) M2016 切削液

M2016 切削液是一款高性能微乳切削液，具有良好的润滑性和防锈性，可满足车削、铣削、钻削等多种工艺技术要求，尤其适用于集中供液系统。

山东浩信集团于 2019 年正式使用长城 M2016 切削液，在 200m^3 的大型集中供液系统中用于发动机缸体缸盖的生产加工，工件材质以铸铁件为主。经过近两年的应用表明：长城 M2016 切削液具有较好的润滑性，可满足加工件的工艺精度要求；防锈性能较好，工序间加工件无明显锈蚀情况。

华菱汽车于 2020 年开始试用长城 M2016 切削液，用于发动机缸体缸盖的生产，使用过程中上海研究院坚持每月进行在用液检测服务，并提供用油技术指导，在用液状况一直比较稳定。2021 年长城 M2016 切削液顺利通过试用，并取得华菱汽车出具的试用认可报告。

6) M3018 水基切削液

M3018 水基切削液是一款用于黑色金属加工的高性价比全合成切削液，工作液无色透明，具有良好的冷却性和防锈性。

在郑州宇通客车应用多年，用于汽车零部件的生产加工，反馈 M3018 水基切削液具有良好的防锈性和冷却性。

7) M3094B 切削液

M3094B 切削液是用于含钴合金加工的专用切削液。这种材料以碳化钨等粉末合金为主，在工具行业应用较多，钴元素在其中是作为黏合剂。此时使用普通磨削液加工，切削液会发红，即有钴元素渗出，不仅造成合金材料的耐磨性和强韧性下降，且渗入切削液的钴是重金属，对人体健康有影响。

在上海一家日资的非标刀具专业厂商，原使用某进口的专用水基切削液，虽在短时间内确实有防渗钴效果，但使用一个月以上液体又有发红现象，使用长城牌 M3094B 切削液应用后，使用 2 年多，液体不再发红。

在上海某专业工具厂，2007 年开始使用长城 M3094B 切削液，在刀具外圆磨加工中作冷却液，使用至今各方面都满足加工要求。

在宁波一家主要生产各种高速钢全磨麻花钻、高精密钨钴合金钻头的企业，使用 M3094B 切削液，不仅防渗钴问题得到解决，产品对工人的皮肤没有过敏问题，深得用户欢迎。

1.3 金属热处理工艺与用油

热处理就是把金属材料加热到预定的温度，并在此温度下保持一定的时间，然后以预定的速度冷却下来的一种综合性工艺过程，包括钢的奥氏体化、淬火和回火 3 个主要步骤。钢热处理的目的是强化钢材，使其发挥出潜在的能力，是提高机械产品质量、延长使用寿命的关键因素之一。

1.3.1 主要淬火工艺简介

在生产中应根据钢的化学成分、工件的形状和尺寸以及技术要求等来选择淬火方法。选择合适的淬火方法可以在获得所要求的淬火组织和性能条件下，尽量减小淬火应力，从而减小工件变形和开裂的倾向。目前常用且成熟的淬火方法有如下几种：

1）单液淬火

单液淬火法是将加热至奥氏体状态的工件淬入某种淬火介质中，连续冷却至介质温度的淬火方法。这是最简单的淬火方法。一般情况是将碳钢在水中淬火、合金钢在油中淬火，尺寸小于 3 ~5mm 的碳钢工件也可以在油中淬火。

为了减小单液淬火时的淬火应力，常采用预冷淬火方法，即将奥氏体化的工件，在淬入淬火介质之前，先在空气中或预冷炉中冷却一段时间，待工件冷至临界点附近的温度时，再淬入淬火介质中冷却，以减小工件与淬火介质间的温差，减小热应力，从而减小工件变形和开裂的倾向。

单液淬火方法操作简单，容易实现机械化、自动化。但是，工件在马氏体转变区冷却速度较快，容易产生较大的组织应力，从而增大工件变形、开裂的倾向。因此，只适用于形状简单、尺寸小的工件。

2）双介质淬火

双介质淬火是将加热至奥氏体状态的工件先在冷却能力较强的淬火介质中快速冷却，在钢件还未达到该淬火介质温度之前某一温度取出，然后再转入冷却能力较弱的淬火介质中继续冷却，使过冷奥氏体在缓慢冷却条件下转变成马氏体。这种方法既可以保证工件得到马氏体组织，又可以降低工件在马氏体区的冷却速度，减小组织应力，从而减小工件变形、开裂的倾向。

一般采用水 - 油双介质淬火方法，即用水作为快冷淬火介质，用油作为慢冷淬火介质；也可以先水后空气、先油后空气等。但由于水淬油冷时不可避免地会将水带入油中，严重影响淬火油的实用性能，所以并不提倡。

3）分级淬火法

分级淬火是将加热至奥氏体状态的工件先淬入高于该钢点的热浴中停留一定时间，待工件各部分与热浴的温度一致后，取出空冷至室温，在缓慢冷却条件下完成马氏体转变的淬火方法。这种淬火方法由于在马氏体转变前工件各部分温度已趋均匀，并在缓慢冷却条件下完成马氏体转变，这样不仅减小了淬火热应力，而且显著降低组织应力，因而有效地减小或防止工件淬火变形和开裂。

分级淬火方法由于冷却介质温度较高，工件在热浴中的冷却速度较慢，对于截面尺寸较大的工件很难达到其临界淬火速度。因此，只适用于尺寸较小的工件，如刀具、量具和要求变形小的精密工件。在分级淬火时，为提高奥氏体的稳定性，应适当提高淬火加热温度，一般比正常淬火加热温度约高出 30 ~ 80℃。

分级淬火介质的温度也可略低于此点，此时由于温度比较低，冷却较剧烈，故可应用于较大工件的淬火。

4）等温淬火法

等温淬火是将加热至奥氏体状态的工件淬入温度稍高于此点的盐浴中等温，保持足够长时间，使之转变为下贝氏体组织，然后取出在空气中冷却的淬火方法。

等温淬火与分级淬火的区别在于前者获得下贝氏体组织，由于下贝氏体的强度、硬度较高，而且韧性良好，同时由于下贝氏体的比容比马氏体的比容小，而且组织转变时工件内外温度一致，故淬火组织应力也较小。因此等温淬火可以显著减小工件变形和开裂的倾向。适用于处理用中碳钢、高碳钢或低合金钢制造的形状复杂、尺寸要求精密的工具和重要机器零件，如模具、刀具、齿轮等。同分级淬火一样，等温淬火也只能适用于尺寸较小的工件。

5）延时淬火

这种方法是将奥氏体化后的工件，出炉后先放置一段时间，使工件的温度降低一些，特别是薄壁处与尖角处的温度降低一些（但仍应高于组织转变温度），然后再浸入各种淬火介质中冷却到室温的处理方法。采用这种方法必须考虑到钢的化学成分，只有淬透性好、奥氏体化比较稳定、临界冷却速度较低的钢种才适宜采用这种方法。

1.3.2　热处理油的性能要求

热处理工艺中使用到的冷却介质分为两大类：水溶液和油。水溶液主要含高分子聚合物、醇类；油主要是指矿物油。热处理油被列入 1997 年通过的"中华人民共和国国家标准润滑剂和有关产品（L 类）的分类第 X 部分：U 组（热处理）"，石油化工行业标准热处理油（SH 0564）详细规范了各种热处理油的技术要求。根据热处理工艺和材料的不同，采用不同类型的热处理油。以矿物油为基础油的产品有普通淬火油、快速淬火油、光亮淬火油、快速光亮淬火油、真空淬火油、等温分级淬火油和回火油等。

1.3.2.1　热处理油产品分类

ISO、日本 JIS K 和我国热处理油的分类情况如下：

1)ISO 分类情况

ISO 热处理油分类见表 10－1－11。

表 10－1－11　ISO 热处理油分类

使用温度	用途	ISO－L 分类
冷油淬火 $\theta \leq 80℃$	快速淬火用 普通淬火用	UHA UHB
温油淬火 $80℃ < \theta \leq 130℃$	快速淬火用 普通淬火用	UHC UHD
热油淬火 $130℃ < \theta \leq 180℃$	快速淬火用 普通淬火用	UHE UHF
高温淬火 $\theta > 180℃$	快速淬火用 普通淬火用	UHG UHH
真空淬火	—	UHV
其他淬火	—	UHK

注：L 表示润滑剂；UH 表示热处理用油；A 表示油品分类。

2)日本 JIS K 分类情况

JIS K 2242 热处理油分类见表 10－1－12。

表 10－1－12　JIS K 2242 热处理油分类

种类		用途
1 种	1 号 2 号	易淬硬材料淬火用 难淬硬材料淬火用
2 种	1 号 2 号	120℃左右热油淬火用 160℃左右热油淬火用
3 种	1 号 2 号	油温 150℃左右回火用 油温 200℃左右回火用

3)我国热处理油的分类

我国参照 JIS K 2242 提出了自己的热处理油分类标准 SH/T 0564。按作业种类分为 3 类。第 2 类和第 3 类同 JIS K 2242 完全一致，而在第 1 类中增加了几个牌号的专用淬火油，见表 10－1－13。

表 10－1－13　我国热处理油的分类

类别	牌号	名称	用途
1 类	A	普通淬火油	用于小尺寸及淬透性好的淬火材料
	B	快速淬火油	用于大、中型淬火材料
	C	超速淬火油	用于大型及淬透性差的淬火材料
	D	快速光亮淬火油	用于中型及淬透性差的材料在可控气氛下淬火
	E	1 号真空淬火油	用于中型材料在真空状态下淬火
	F	2 号真空淬火油	用于淬透性好的材料在真空状态下淬火

续表

类别	牌号	名称	用途
2类	A	1号等温、分级淬火油	用于120℃左右热油淬火
	B	2号等温、分级淬火油	用于160℃左右热油淬火
3类	A	1号回火油	用于150℃左右回火
	B	2号回火油	用于200℃左右回火

注：可控气氛是指惰性气体，如氮、氢、一氧化碳等。主要用于光亮淬火，达到易清洗，表面光亮的目的。

1.3.2.2　热处理油的特性及其评定

热处理油作为一种工艺用油，必须具备以下几方面特征：

1）良好的冷却性能

冷却性能是淬火介质重要的性能，冷却性能的好坏直接影响到淬火零件的质量，因此淬火油都应该具有一定的冷却能力，既要保证淬火后零件获得一定的硬度和合格的金相组织，同时又要防止零件的变形和开裂。在低温阶段，350℃以下冷却速度过快，易引起变形，严重时开裂。最佳温度是800～400℃，冷却速度越快越好。

目前国内评价热处理油冷却特性的方法有三种：SH/T 0220测定方法、ISO 9950测定方法、JB/T 7951测定方法。由于按照SH/T 0564的规定，应按SH/T 0220检测淬火油的冷却性能。所以本节以SH/T 0220测定方法为例简要说明评价冷却介质冷却能力的过程。

热处理冷却性能测定仪是一台用来评价冷却介质冷却能力的仪器。该仪器采用的是热电偶银探头法，它能完整地描述探头在淬火时冷却的全过程。采用银探头的好处是银的热氧化性能好，并且在加热时不发生相变，没有相变热产生，银的导热性能好，实际测得的速度也是试件表面的冷却速度，所得到的冷却曲线能全面反映出冷却过程的3个阶段：蒸汽膜、沸腾、对流。

每台热处理炉都希望能处理比较多的钢种和比较多样的工件，因此，多倾向于选用适应范围更广的淬火油。一般来说，淬火油的蒸汽膜阶段短、中温阶段冷却得快、低温阶段冷却速度大，这种油的冷却能力就很强，它的适用范围就广。不少油淬工件的变形是与它的淬火硬度不足和淬硬深度不够同时出现的。而改用这种适应范围广的淬火油，往往能同时解决工件的变形、硬度不足和淬硬深度不够等问题。淬火油的蒸汽膜阶段短，也就是油的高温阶段冷却得快。这一特点有利于防止先共析铁素体的析出，也有利于防止带内花键齿轮的变形。简单说，淬火油总的冷却速度高有利于获得较深的淬火硬化层。但从冷却速度分布上分析，除中、高温阶段要求冷却得快以外，油的低温冷却速度高低对获得的淬硬层深浅作用更大。低温冷却速度越高，淬火硬化层往往越深。一般说来，800℃→400℃冷却速度越快越好，即时间越短越好，以促进形成稳定的马氏体（一种稳定的晶体结构），反之会形成不稳定的珠光体；400℃以后，冷却速度越慢越好，即时间越长越好。

淬火油的冷却性能要求见表10－1－14。

表 10－1－14 淬火油的冷却性能要求

淬火油类别	冷却特性(80℃)	
	特性温度/℃ ≥	800℃→400℃时间/s ≤
普通淬火油	520	5.0
快速淬火油	600	4.0
超速淬火油	585	6.0(800℃→300℃时间)
快速光亮淬火油	600	4.5
1#真空淬火油	600	5.5
2#真空淬火油	585	7.5
1#等温、分级淬火油(120℃)	600	5.0
2#等温、分级淬火油(120℃)	585	5.5

2)高闪点和燃点

淬火时，炽热的零件(800～1200℃)连续不断地投入到淬火油中，油的温度会瞬时升高，当油的闪点和燃点较低时，常常会引起着火现象发生。为了保证淬火油在使用中安全可靠，要求淬火油具有高的闪点和燃点，通常油品的闪点比使用油温至少要高出 60～80℃。

3)良好的热氧化安定性

由于淬火油长期在高温和连续作业的苛刻条件下使用，氧化、热分解、聚合等老化现象随着零件淬入量的增加和使用周期的增长而产生，如果油品品质较差，易导致油品逐渐变质，油品的黏度、残炭、油泥增加，闪点下降，冷却性能明显下降，致使零件淬火出现软点(软点指工件加热到 900℃，冷却性能不理想的情况下，碳和铁反应形成碳化铁，成为不稳定的金属结构)，甚至达不到淬火质量要求，因此要求淬火油必须具备良好的热安定性和氧化安定性，以保证油品的冷却性能和使用寿命。

评价热处理油热氧化安定性的方法为 SH/T 0219。此方法是在铁、铜催化剂的存在下，往 300mL 试油中通入干燥空气，在 165℃下连续氧化 24h 后测定其黏度和残炭，根据氧化前后油品的黏度比和残炭增加值来判断油品的热氧化安定性。

4)低黏度

油品的黏度与金属零件的附着量、携带损失和冷却性能都有一定的关系。对于热处理工艺来说，在保证油品冷却性能和闪点的情况下，油品的黏度尽可能小，这样既可以减少携带损失，又便于工件的清洗。

5)水分含量要低

热处理油中混入水分是最危险的，一般规定水含量不超过 0.05%。当水分为 0.5% 时，蒸汽膜阶段变长，对流阶段的起始温度也变低，其结果是淬火工件产生形变现象；若水含量进一步增大(1%)，水粒子变大，沉积在底部，搅拌时又浮上来，造成冷却曲线不稳定，会使淬火工件开裂。当大量炽热的零件投入时，油的容量急剧增大，从容器中溢出，有时会造成火灾。因此必须严格控制水含量，以确保淬火零件的表面状态和质量。

6)淬火工件表面光亮的特性

为保护气氛炉和真空淬火炉，要求淬火后工件表面光亮，减少二次加工费用或免去二次加工工序，降低生产成本，提高经济效益，因此要求淬火油无污染、低味和易处理。淬火后工件表面光亮，对真空淬火油要求饱和蒸气压要低，极限压强要小。

1.3.3　各种专用热处理油的性质及应用实例

1.3.3.1　普通淬火油（油温在60℃下淬火）

普通淬火油主要适用于淬透性较好的铁合金，如小尺寸轴承钢、工模具钢制零件淬火。以往国内只采用不同牌号的机械油作为淬火油。20世纪80年代初，为了提高油品的冷却性能，热氧化安定性和防锈性能，在机械油中加入了催冷剂、抗氧剂和防锈剂，研制出不同牌号的普通淬火油，其性能优于机械油。推荐产品：长城牌U8101普通淬火油。

普通淬火油主要可用于盐浴炉、箱式炉、井式炉一般工艺淬火，不宜与其他油品混用。换油时，要彻底清理油槽。该油品最佳使用温度为50～80℃，最高使用温度不超过80℃，以免影响使用寿命。油槽中应安装搅拌或油的循环装置，进一步提高油品的冷却能力，使工件表面能均匀冷却，并应定期向油槽中补充新油。

应用实例：

用1#普通淬火油处理汽车半轴，材质为40Cr，尺寸为φ55mm×976mm，对比淬火油为N32机械油。技术要求：调质后HRc38～48（轴的端部）。HRc表示洛氏硬度。

淬透性分析见表10－1－15，切割后测断面硬度，第一点距表面1mm，以后每点隔3mm。普通淬火油在上海钢球厂处理小尺寸GCr15钢球，在一汽处理载重汽车后桥齿轮及差速器齿轮渗碳后淬火，在洛阳轴承厂处理零件都取得了满意的效果。

半轴的断面硬度数据见表10－1－15。从表10－1－15中可以看出，1#普通淬火油冷却性能优于N32机械油。

表10－1－15　半轴的断面硬度数据

试油名称		测定点							
		1	2	3	4	5	6	7	8
1#普通淬火油	第一根	47	41	38	37	34.5	33	32	31
	第二根	47	41	37	33.5	33	32.5	32	30
	第三根	47	41	38	37	34.5	33	32	31
N32机械油	第四根	38	34	33	33	31	29		

1.3.3.2　超速淬火油（油温在70℃下淬火）

超速淬火油是适合淬透性低、尺寸大的零件淬火的一种冷却介质，其主要特点是黏度低，高温冷却速度极快，可以使淬火工件获得较高的硬度和较深的淬硬层；低温区冷速适中，能够比较有效地控制零件的变形、开裂。最佳使用温度为30～80℃，切不可超过95℃。推荐产品：长城牌U8121超速淬火油、U8122超速淬火油。

超速淬火油适用于盐炉和连续淬火炉作为淬火冷却介质，可用于处理各种低淬透性钢、工具钢、模具钢等材料，是大型零件和堆积件渗碳、碳氮共渗淬火的理想冷却介质，广泛应用于汽车板簧、紧固件等制造领域。由于该类型淬火油冷却速度极快，在加工精密度高的工件时不可避免会造成零件变形量较大，因此不适合于精密零件的淬火。

1.3.3.3 快速光亮淬火油（油温在80℃下淬火）

快速光亮淬火油也是用于在保护气氛下淬火作为冷却介质。该油与光亮淬火油的区别是其冷却速度快，主要用于淬透性差的材料和较大尺寸零件在保护气氛下淬火。

快速光亮淬火油主要适用于汽车、拖拉机、轴承及纺织机械行业保护气氛淬火。可用于汽车齿轮渗碳及碳氮共渗淬火，也可用于其他钢材在保护气氛下淬火时作为冷却介质或用于非保护气氛炉。推荐产品：长城牌U8132快速光亮淬火油。

使用中最高油温不超过100℃，保证油品有长期稳定的冷却能力和良好的淬火光亮性。严禁水分和其他油品混入，少量水分可能严重影响淬火零件表面状态。保护气中应严格控制炭黑和硫含量，它也影响零件淬火后的质量。

应用实例：

哈尔滨轴承厂引进日本光洋公司可控气氛淬火炉生产线，主要处理轴承的内外套圈和滚子，保护气氛是吸热式，设备要求使用出光公司的Daphne－C快速光亮淬火油，现采用国产快速光亮淬火油进行淬火。

设备型号：MCT－244824NT型热处理炉；

功　　率：100kW；

加热温度：850℃ ±5℃；

保温时间：40～70min；

油槽温度：60～90℃；

保护气氛：丙、丁烷裂解气；

材　　料：GCr15轴承钢　处理量：200kg/h；

油装入量：$10m^3$；

处理零件：套圈190mm以上、壁厚5～30mm；滚子22mm以上。

处理后产品分析：零件表面白色，无腐蚀，无麻点。淬火后酸洗检查无脱碳、软点及裂纹。硬度HRc62～65，同一炉硬度差在1HRc以下。金相组织为2～3级，变形合格率为95%以上。

1.3.3.4 快速淬火油（油温在70℃下淬火）

快速淬火油主要是解决大中型金属零件淬硬性的问题，是一种用量大、使用面广的淬火冷却介质。快速淬火油具有优良的冷却性能和热氧化安定性，最佳使用温度为30～80℃，切不可超过95℃。推荐产品：长城牌U8112快速淬火油。

对于快速淬火油来说，冷却性能是其关键性指标，要求油品有足够快的冷却速度，即当零件处于高温区（600～500℃奥氏体不稳定区）时有很大的冷却能力，防止珠光体产生，而在低温区域即马氏体转变区冷却速度缓慢，以防止零件的变形和开裂。

快速淬火油适用于盐炉和连续淬火炉作为淬火冷却介质，可用于处理40Cr、GCr15等轴承钢、合金结构钢、低碳钢及其他合金钢，是中、大型零件和堆积件渗碳、碳氮共渗淬火的理想冷却介质。

1.3.3.5 真空淬火油（油温在80℃下淬火）

在一些特殊工业部门采用一般的热处理技术满足不了使用要求，于是发展了真空热处理技术。真空淬火油适用于大中型航空结构钢、轴承钢、工模具钢及其他合金钢淬火。推荐产品：长城牌 U8141 真空淬火油。

初次使用时，应在 66kPa 下预抽 10～20min，将油中混入的空气脱出，防止由于真空度过低而引起混在油中的空气将油携带到管道及真空机组内。

真空热处理工艺可使工件不氧化、不脱碳、不增碳、减少变形，既提高了零件的寿命，又不污染空气，所以对淬火油有一些特殊要求。

1）低的饱和蒸汽压

油品的饱和蒸汽压低，蒸发量就小，油品的蒸发量随温度与压力的变化而变化，压力降低、温度升高，蒸发量将加大。蒸发量大，易引起炉内污染，影响真空效果。

2）冷却性能好

由于在真空热处理条件下，压力降低，沸点下降，故工件易于沸腾。加工工件表面洁净，使膜状沸腾阶段加长，冷却激烈度减少。因此要求淬火油在较宽的压力范围内，具有较高的冷却能力。

3）光亮性和热安定性好

工件易与淬火油中的残炭、残硫、氧气、水分、酸等反应，因此真空淬火油要具有高的光亮性和热安定性。

1.3.3.6 等温分级淬火油(油温在 120℃下淬火)

对那些低临界冷却速度的钢及希望将变形与开裂减到最小的零件，在热处理中往往采用等温分级淬火油作为淬火冷却介质。采用保护气氛进行等温分级淬火时，要求淬火后零件表面光亮。推荐产品：长城牌 U8251 等温分级淬火油。

等温分级淬火油具有使钢硬化的能力，具有挥发性小、热氧化安定性好、光洁性好和使用寿命长等特点。一般使用温度在 120～200℃左右。通常选用高黏度的润滑油作为基础油。

等温分级淬火油适用于轴承钢、渗碳钢制的轴承内外圈、精密零件和汽车拖拉机齿轮、半轴等零件以及易变形零件的淬火，也适用于其他热油淬火，使用温度在 120～180℃为宜，切不可超过 200℃使用。

1.3.3.7 回火油

经过淬火油后的零件一般都需要进行回火处理，目的是为了消除因淬火时产生的内应力，降低钢的淬火脆性，获得较好的韧性和强度。

回火工艺有 3 种，即高温回火(500～600℃)、中温回火(300～400℃，在盐浴中)和低温回火(160～260℃，用油作介质)。以油作为回火用的加热介质称为回火油。对于 150℃左右的低温回火工艺，推荐产品：长城牌 U8371 回火油。

目前，国内外还有些厂家一直采用高黏度的气缸油、机械油和凡士林等作为回火介质，但存在着传热效率低、热氧化安定性差、易生胶、使用寿命短等缺点。

对回火油的要求是在较高的温度下使用有良好的热氧化安定性和良好的传热性能，对零件及加热器不腐蚀，具有较高的闪点。

1.3.4 主要淬火设备及用油

热处理设备按其在热处理生产中的作用，可分为主要设备与辅助设备两大类。主要设备以加热设备和冷却设备为主，其中加热设备包括热处理炉(电阻炉、盐浴炉、燃料炉等)及加热处理装置，冷却设备包括淬火槽、淬火机等。辅助设备用于完成各种辅助工序、生产操作、动力供应及保证安全生产等任务，主要包括清理设备(喷砂机、抛丸机、清洗机、酸洗槽等)、矫正设备、可控气氛操作设备、贮存分配装置、油循环装置等。

热处理主要设备以加热设备最为重要，在现场看到的各式加热炉往往包括相应的淬火槽而成为各种连续式自动生产线。为了便于选择使用和分析比较，常依据以下几种方法进行分类：

①按能源来分类：电阻炉、燃料炉。

②按炉膛介质分类：空气炉、浴炉、可控气氛炉、真空炉、离子渗碳炉。

③按炉型分类：箱式炉、井式炉、台车式炉、推杆式炉、转底式炉、网带炉。

④按工艺用途分类：正火炉、退火炉、淬火炉、回火炉、渗碳炉、渗氮炉、碳氮共渗炉。

主要淬火设备推荐工艺用油见表10－1－16。

表10－1－16　主要淬火设备推荐工艺用油

		适用工件类型	钢种	适用炉型	推荐牌号
普通淬火油		小尺寸轴承钢、工模具钢制零件淬火	GCr15及40Cr	井式炉、箱式炉、盐浴炉	U8101普通淬火油、U8102淬火油
光亮淬火油		中小截面轴承钢、工模具钢、量刃具钢零件的光亮淬火	T10、GCr15、40Cr	可控气氛密封箱式多用炉，保护气氛或可控气氛网带炉、推杆炉、辊底炉等	U8132快速光亮淬火油
快速及超速淬火油		中大型尺寸的齿轮、轴、标件、锻件及低淬透性零件的淬火零件的光亮淬火	08、20、35、45、ML 35、40Cr、35CrMo、42CrMo、GCr15、65Mn、40MnB、60Si2Mn、20、20Cr、20CrMo、20CrMnTi	普通井式炉、箱式炉　网带炉、盐浴炉、铸链炉、振底炉、滚筒炉等以及压床淬火	U8112快速淬火油、U8121超速淬火油、U8122超速淬火油
快速光亮淬火油		中小到较大尺寸的中高淬透性零件的光亮淬火	08、15、20、20Cr、20CrMo、42CrMo、$20CrNi_2Mo$、20CrMnTi、45、40Cr、T10、65Mn、60Si2Mn、50CrV、GCr15、SWRCH 18A及粉末冶金材料	可控气氛密封箱式多用炉，保护气氛或可控气氛网带炉、推杆炉、辊底炉等	U8132快速光亮淬火油
真空淬火油	1号	中到较大尺寸中等淬透性零件的真空淬火	40Cr、3Cr2W8V、Cr12、Cr12MoV、W18Cr4V、30CrMnSiNiA、40CrNiMoA	真空炉	U8141真空淬火油
	2号	小尺寸较好淬透性零件的真空淬火			U8142真空淬火油
回火油	1号 2号	工件淬火后回火用	W18Cr4V、20MnTiB	开式或闭式油槽	U8371回火油

1.4　金属防锈与防锈油脂

1.4.1　金属防锈概况

经过切削或成型加工后的金属工件暴露在大气中不可避免地要受到水分、氧气或各类腐蚀性物质的侵蚀，发生化学或电化学作用，从而造成腐蚀。人们习惯把金属受大气中的水分、氧气及其他腐蚀性气体（如 H_2S、SO_2、NO_x、Cl_2……）等介质的影响而引起的腐蚀或变色称为生锈或锈蚀。钢铁在大气中，表面形成局部微电池引起的电化学反应而生成的以氢氧化物或氧化物为主的化合物，广义上称为锈。

按周围介质的不同，金属腐蚀可分为大气腐蚀、地下腐蚀、海水腐蚀及细菌腐蚀。大气腐蚀是最常见的金属腐蚀，属于电化学腐蚀过程。大气中影响金属腐蚀的重要因素之一是空气的相对湿度，它关系到金属表面是否能形成水膜及其厚度。水膜的生成是随着相对湿度和温度而转移的。当相对湿度低于临界湿度或低于65%时，不论在何种温度下，因不能形成水膜，其腐蚀速度甚小，几乎不会腐蚀；当相对湿度高于临界湿度时，由于水膜的形成，使腐蚀速度突然增加，即使温度增加很慢，腐蚀速度也会成倍增长。温度升高10℃，腐蚀速度提高约1倍。

大气对金属腐蚀的因素有以下几种：

(1)在潮湿梅雨季节或炎热多雨季节，由于大气中相对湿度较大，温度较高，金属产品极易发生腐蚀。周期性温差和湿度变化，对金属腐蚀更为严重。因此湿度和温度的变化是造成金属在大气中腐蚀的重要因素。

(2)氧是金属在大气中腐蚀的主要因素。氧很容易溶解并渗透于水膜。金属表面的水滴底部，由于空气渗透和扩散不均，使水滴中心区的氧浓度低，形成阳极，边缘区的氧浓度高，形成阴极，通过水滴中心区的阳极反应，使铁金属放出电子，电子通过金属流到水滴边缘，与阴极反应化合成氢氧化亚铁，沉积于阴阳两极之间的金属表面上。铁与水接触直接反应生成氢氧化亚铁，而氢氧化亚铁与水滴中继续溶解扩散的氧反应生成氢氧化铁。氢氧化亚铁、氢氧化铁及水的混合物[$m\mathrm{Fe(OH)_2}$、$n\mathrm{Fe(OH)_3}$、$p\mathrm{H_2O}$]就是常见的铁锈。

(3)大气中除水分和氧外，还有各种污染气体。例如海洋散发的盐雾、工业地区所散发的二氧化硫、有机物腐烂分解散发的硫化氢和氨气等，都能促使金属在大气中腐蚀速度加快。大气中的尘埃微粒具有毛细管凝聚作用。当金属表面有灰尘存在时，很快成为水珠凝聚的核心，它们在空气中含量虽然极少，但溶于水中的浓度却相当高，对金属腐蚀有很大的影响。

表面生锈会使金属制品和机械设备的性能和应用受到极大损害。据统计，全世界每年因腐蚀损失的金属占总产量的10%以上。它不仅影响金属材料本身的外形或色泽及机械性能，而且还使各种金属构件的质量、精度、灵敏度受损，直接影响使用价值，甚至报废，这些损害则远远超过金属本身的损失。为了有效地防止金属制件和设备的腐蚀，人们探索了各种各样的技术和方法，使金属表面与环境隔离，以防止锈蚀。永久性防腐方法包括改变金属内部组织结构，如在炼钢时加入其他元素，使之成为不锈钢等来增强抗腐蚀性能；还可在金属表面用氧化、磷化等化学及电化学方法转化覆层；用氮化、渗金属使金属表面合金化；也可用电镀、喷涂、化学镀等方法覆层；或用搪瓷、陶瓷、橡胶、涂料等非金属方法涂层。

金属原材料在机械加工过程中，大量的金属表面是不允许给予永久性防腐。例如，机床导轨面、刃具、量具、轴承等金属表面都需要保持原来的表面，这就需要进行暂时性防腐，也就是暂时性防锈。这里的“暂时”是指产品经过一定时间防锈后，防锈材料能被去除，而不是指这类产品的防锈期。暂时性防腐可采用防锈水做工序间短期防锈；防锈乳化液在产品切削、加工时起润滑、冷却、清洗和防锈作用；利用气相缓蚀剂挥发的气体对密封的产品进行气相防锈；在金属表面涂上可剥性塑料，需要使用时可将塑料剥去；也可将金属及零件密封在干燥空气或充氮的密封包装容器内，以及使用防锈油脂作为防护材料进行暂时性防护。

1.4.2 防锈油脂的防锈作用

防锈油脂是在石油类基础组分(基础油或石油溶剂)中加入油溶性缓蚀剂、成膜剂和其他辅助添加剂等配制而成，其中油溶性缓蚀剂是使防锈油具有防锈性能的主要成分。它具有以下几个性能，使其对金属能起保护作用。

1)防锈油脂的吸附作用

根据吸附理论，防锈油脂能起防锈作用主要是它在金属表面的吸附，使金属的离子化倾向减少，从而减少了金属表面原子的反应能，使金属表面趋于稳定状态。

防锈油脂中的防锈剂是具有极性的有机化合物，也是表面活性剂，是由不对称的极性和非极性两部分组成。当防锈油脂涂于金属表面时，防锈剂极性部分如—OH、—COOH、$—SO_3$、$—NH_2$ 等在油－金属界面形成定向吸附，其吸附趋势及牢固程度取决于极性基的强弱。同样的金属、同样浓度的防锈剂，分子极性越强，就越容易吸附，而且吸附得越牢固。防锈剂分子的非极性部分即烃基在金属表面形成一层疏水性保护膜，阻碍着参与腐蚀反应的有关电荷或物质的移动，使腐蚀速度减缓。其余的防锈剂分子，其非极性基(烃基)朝外向排列于油中，极性基则朝里向排列聚集在一起，形成胶束或胶团状溶存于油中。这种胶束能溶化吸附水和不溶性不纯物。聚集体大的物质，在防锈油脂中，对难溶的防锈剂能起助溶作用。

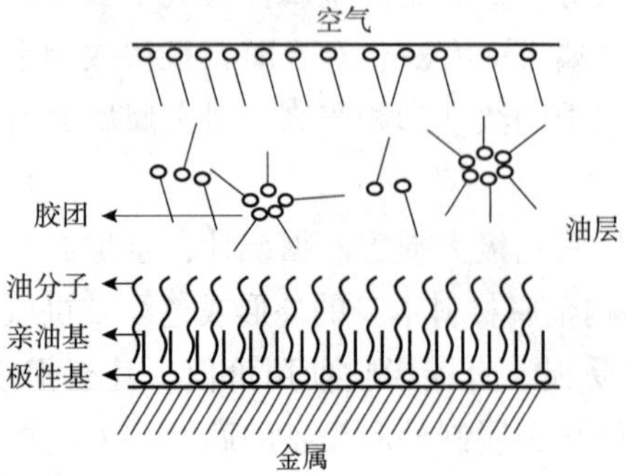

图 10－1－1　防锈油防锈作用示意图

防锈剂分子还能在油－气界面上形成定向单分子“膜”，这是由于防锈剂中的极性基向着油－气界面中气的一方，形成定向吸附，在一定程度上降低了氧在油中的溶解度和其他腐蚀介质的穿透。图 10－1－1 为防锈油脂防锈作用示意图。

2)防锈油脂能阻止腐蚀介质对金属的侵蚀

一般矿物油本身和金属吸附力不强，形成的油膜不坚固，而且容易吸收并溶解部分水和氧气，不能阻止腐蚀介质的侵入。当加入防锈剂后，可在不同程度上减缓油层的透水率，这可能是由于基础油中溶存的防锈剂胶束对水起增溶作用，使进入油中的水封闭在胶束内，从而减缓了油层的透水率，防止水对金属的侵蚀，起到抑制锈蚀的作用。

大气中的氧在矿物油中的溶解度比在水中的溶解度要高，这是由于氧是非极性分子，在非极性的矿物油中溶解度要比在极性的水中溶解度要大。有人曾应用测量表面电位变化的方法，研究出在白油中加与不加防锈剂对水蒸气和氧气在钢表面吸附的影响。研究结果表明：不加防锈剂的白油，在金属表面上的电位变化很大；而加有防锈剂的白油，在金属表面上的电位变化很小，这就说明加有防锈剂的油能抑制水蒸气和氧气对金属表面的侵入。

3）防锈油脂的水膜置换性

有些防锈油中加有具有水膜置换能力的防锈剂，使该防锈油具有水膜置换性能。它可以将金属表面吸附的水膜置换掉，从而减缓金属的锈蚀速度。这种防锈剂分子的极性比水分子的极性更强，与金属的亲合力比水更大，从而能把水置换。

4）防锈油脂对极性物质的中和置换和增溶作用

防锈油脂除了对水膜具有置换性外，有的防锈油脂还对极性物质（如酸、碱、盐等）能起中和置换和增溶作用。它们除在金属表面吸附得非常致密，使腐蚀介质难以渗透到金属表面外，还由于防锈剂在临界胶束浓度以上时，从胶束状态溶于油中，起吸附和捕集作用，将极性物质封存于胶束内，使其不致与金属接触，起到防锈作用。

防锈油中碱性防锈剂可与酸性腐蚀介质（如 SO_2、H_2S、HCl 等）进行中和反应；高分子羧酸皂除了部分游离的羧酸能中和碱外，还可与腐蚀性酸发生复分解反应生成新盐和高分子羧酸，使有些防锈油对极性物质具有中和置换和增溶作用。

5）防锈油脂中基础油的作用

基础油在防锈油中能起到载体作用，使防锈剂在油中分散，又能起油效应作用，使基础油的分子深入到定向吸附的防锈剂分子之间，在吸附少的地方进行物理吸附，借助范德华引力与添加剂分子共同堵塞孔隙，使吸附膜更紧密，有效地保护了金属。除了防锈剂在防锈油中起主要防锈作用外，基础油也是不可缺少的一部分。

1.4.3 防锈油脂防锈性能的常用评定方法

1）试片锈蚀度级别的评定

试片锈蚀度的评定是指试片评定面的锈点在评定板有效面积内所占的格子数，采用的标准是试片锈蚀度试验法（SH/T 0217），所有防锈试验试片最终锈蚀级别都采用此标准加以评定。防锈试验试片试验结果按锈蚀度分级见表 10－1－17。

表 10－1－17 防锈试验试片试验结果按锈蚀度分级表

锈蚀度/%	0	1～10	11～25	26～50	51～100
评定级	A	B	C	D	E

2）自然条件试验

防锈油脂自然条件试验是指直接在自然界温度、湿度、阳光、风雨、凝露等诸多因素下考察防锈油脂的防护能力，包括大气暴露试验、百叶箱试验、室内半暴露试验等。

3)室内加速试验

防锈油脂室内加速试验是指在实验室内通过各种人工模拟自然气候条件的专用设备来试验。

湿热试验法(GB/T 2361)，模拟高温高湿气候，试验环境温度为49℃ ±1℃、相对湿度95%以上的湿热试验箱。

盐雾试验法(SH/T 0081)，模拟海边和海上运输条件，盐雾试验箱内条件为：温度35℃ ±1℃、盐水溶液浓度为5.0% ±0.1%。

长期叠片腐蚀试验法(SH/T 0692 - 附录 A)，模拟工件叠加包装条件。试验时将涂覆试样的5片试片，重叠于试片支架框内，置于一定温度和湿度的湿热试验箱或润湿槽内，按产品规格要求的试验时间后，评定试片重叠面上的变化及锈蚀情况。

此外，水置换性试验(SH/T 0036)评价防锈油脂的水膜置换性能，人汗置换性试验(SH/T 0311)评价防锈油脂的人汗置换性能。

1.4.4 防锈油脂的国内外标准与分类

我国防锈油脂等效采用ISO 6743/8—1987分类标准，并于1989年发布《润滑剂和有关产品(L类)的分类第6部分：R组(暂时保护防腐蚀)》(GB7631.6—1989)产品。这类产品主要用于机械产品在生产、储存、运输过程中的防腐蚀，在国内习惯称为防锈产品。

石化行业标准SH/T0692—2000等效采用日本工业标准《防锈油》(JIS K 2246—1994)制定，该标准将防锈油分为除指纹型防锈油、溶剂稀释型防锈油、脂型防锈油、润滑油型防锈油和气相防锈油，所含产品系列与日本标准JIS K 2246—1994的NP系列、美军防护包装标准MIL - P - 116的P系列和英国包装标准BS - 1133的TP系列防锈产品分类相当。

JIS K 2246 - 1994、MIL - P - 116及BS - 1133防锈油标准，由于制定标准的初衷是满足军队等高标准防锈油的要求，与其相比，中国石化润滑油有限公司所制定的《软膜防锈油》企业标准更适用于目前中国民用市场对金属材料制品不同防锈周期的使用需求，并且制定的指标实用性和针对性更强。该标准的软膜防锈油适用于金属制品及以其为主要材料制品在正常生产、贮存、运输环境下的防护，按防锈周期可分为工序间防锈油、中短期防锈油、中长期封存防锈油、长期封存防锈油四类。

软膜防锈油按防锈周期分类说明见表10 - 1 - 18。

表10 - 1 - 18 软膜防锈油的分类

软膜防锈油分类	室内封存防锈周期			
	工序间防锈油	中短期防锈油	中长期封存防锈油	长期封存防锈油
	≤1个月	>1~6个月	>6~12个月	>12~24个月

1.4.5 防锈油脂的产品介绍

1)软膜防锈油

(1)长城牌工序间防锈油产品介绍见表10 - 1 - 19。

表 10 – 1 – 19 长城牌工序间防锈油主要性能及用途

油品名称	性能特点	主要用途
R5001 防锈油	①良好的防锈性和抗氧化安定性； ②油浸后的金属制品在使用时不必清洗，直接装配	适用于微型轴承、钟表元件等黑色金属制品的油浸封存防锈和工序间防锈
R5002 防锈油	①油膜涂层薄，有较强的渗透性能； ②优良的水膜置换性和一定的抗湿热性	适用于黑色金属材料及其制品的清洗、工序间防锈
R5003 脱水防锈油	①油膜涂层薄，有较强的渗透性能； ②优良的水膜置换性，能快速脱除金属表面的水膜； ③一定的抗湿热性，湿热试验不小于 10d	适用于钢、铜等金属及电镀件经水剂加工或清洗后的工序间脱水防锈工艺

(2)长城牌中短期防锈油产品介绍见表 10 – 1 – 20。

表 10 – 1 – 20 长城牌中短期防锈油主要性能及用途

油品名称	性能特点	主要用途
R5115 防锈油	①油膜涂层薄，具有较强的渗透性能； ②优良的抗湿热性和一定的抗盐雾性，优良的抗重叠性； ③油膜具有自动修复性能； ④涂油零部件在使用时可不必清洗，直接装配	适用于黑色金属制品在室内的中短期封存防锈，可应用于工件相互叠加包装的防锈工艺
R5312 防锈油	①良好的抗湿热性，可作为黑色金属制品的中、短期封存防锈； ②良好的润滑性，可作为防锈润滑两用油； ③油膜具有自动修复性能	适用于机床变速系统、齿轮箱内部的润滑和防锈以及各种黑色金属制品和其他机械零件库存及产品的出厂封存防锈
R5313 防锈油	①良好的抗湿热性； ②具有一定的人汗置换性； ③良好的抗氧化性能	适用于黑色金属制品及零部件包装的中短期封存防锈，也可作为机床液压系统、齿轮箱等部位校验、试车的润滑和防锈

(3)长城牌中长期封存防锈油产品介绍见表 10 – 1 – 21。

表 10 – 1 – 21 长城牌中长期封存防锈油主要性能及用途

油品名称	性能特点	主要用途
R5125 防锈油 R5126 防锈油	①油膜涂层薄，具有较强的渗透性能； ②优良的抗湿热性和一定的抗盐雾性，优良的抗重叠性； ③油膜具有自动修复性能； ④涂油零部件在使用时可不必清洗，直接装配	适用于金属制品的中长期封存防锈，尤其适用于工件相互叠加包装的防锈工艺
R5325 防锈油	①优良的抗湿热性和一定的抗盐雾性； ②优良的抗重叠性，可应用于工件相互叠加包装的防锈工艺一定的润滑性； ③涂油零部件在使用时可不必清洗，直接装配	适用于黑色金属制品的中、长期封存防锈或海运防锈，可应用于工件相互叠加包装的防锈工艺，也可作为防锈润滑两用油
R5326A 防锈油 R5326B 防锈油	①优良的抗湿热性和一定的抗盐雾性； ②一定的润滑性，可作为防锈润滑两用油； ③油膜具有自动修复性能； ④涂油零部件在使用时可不必清洗，直接装配	适用于黑色金属制品的中长期封存防锈工艺

(4)长城牌长期封存防锈油产品介绍见表10－1－22。

表10－1－22 长城牌长期封存防锈油主要性能及用途

油品名称	性能特点	主要用途
R5133防锈油	①油膜涂层薄，具有较强的渗透置换性能； ②优良的抗湿热性和抗盐雾性； ③涂油零部件在使用时可不必清洗，直接装配	适用于黑色金属制品的长期封存防锈，尤适用于需要通过海洋运输出口遇盐雾环境条件下周转期长的金属制品的封存防锈
R5330防锈油	①优良的抗湿热性和抗盐雾性，可作为黑色金属制品的长期封存防锈； ②一定的人汗置换性能； ③优良的抗重叠性，可应用于工件相互叠加包装的防锈工艺	适用于黑色金属的中长期封存防锈，如五金工具、机床配件、汽车配件等；也适用于盐雾环境下周转期长的金属制品的封存防锈

(5)长城牌长期封存防锈油产品的主要质量指标见表10－1－23。

表10－1－23 长城牌长期封存防锈油产品的主要质量指标

项目		质量指标		试验方法
产品代号		R513X	R533X	
产品牌号		R5133	R5330	
运动黏度(40℃)/(mm^2/s)		6～≤12	50～≤70	GB/T 265
闪点(闭口)/℃	≥	70	—	GB/T 261
闪点(开口)/℃	≥	—	160	GB/T 3536
腐蚀试验(45#钢片，55℃±2℃，7d)/级	≤	0		SH/T 0080
湿热试验(45#钢片，49℃±1℃，A级)/d	≥	30	20	GB/T 2361
盐雾试验(45#钢片，35℃±1℃，A级)/d	≥	7	5	SH/T 0081
叠片试验(45#钢片，7d)		—	a	附录A
人汗置换试验(45#钢片)		合格		SH/T 0311

2)特殊用途防锈油

防锈油脂除包括能实现周期封存防锈的软膜防锈油系列产品外，还包括部分具有特殊用途的防锈油。长城牌特殊用途防锈油产品介绍见表10－1－24。

表10－1－24 长城牌脂型防锈油主要性能及用途

油品名称	性能特点	主要用途
R5181静电喷涂防锈油 R5181A静电喷涂防锈油 R5182静电喷涂防锈油	①具有优异的防锈性能，能满足钢板中长期叠加封存防锈的要求； ②良好的清洗性能，易清洗去除，不影响后续工序的加工； ③优良的绝缘性能，击穿电压合适，能保证静电涂油机的正常工作，安全性好； ④合适的表面张力，雾化效果好，涂油均匀	长城牌静电喷涂防锈油系列产品适用于国内外静电喷涂机对冷轧薄板的静电涂油防锈。 R5181/R5181A静电喷涂防锈油适用于普碳钢板的涂油防锈工艺。 R5182静电喷涂防锈油适用于镀锌钢板的涂油防锈工艺

续表

油品名称	性能特点	主要用途
R5316 系列 硅钢铁芯防锈油	①良好的防锈性，可作为加工后铁芯和其他黑色金属的中、短期封存防锈； ②涂油的硅钢铁芯可直接装配，不影响交流接触器的断电释放	适用于交流接触的硅钢片落料时冲模及加工后铁芯的防锈，也可适用于其他黑色金属的中短期封存防锈
R5322 系列 轴承用防锈油	①优良的抗湿热性和一定的抗盐雾性，对铁和有色金属能提供良好的防锈保护； ②较强的耐人汗腐蚀性和抗重叠性； ③良好的减振性能，且其与低噪声润滑脂的匹配性佳，不影响润滑脂的减振效果； ④极佳的清洁度，油品的生产过滤精度达到 5μm 以下，不会对轴承产品涂油时所用自动循环喷涂设备造成堵塞	适用于各种光亮、洁净金属制品(如轴承、钢球、传动轴)表面的中、长期封存防锈，能有效保持涂油产品的清净度和一定润滑要求。 R5322 轴承用防锈油适合钢球和精密微型轴承的防锈工艺；R5322A、R5322B 和 R5322C、R5322D 轴承用防锈油分别适合小、中和大型轴承的防锈工艺
R5319 钢丝绳专用防锈油	①良好的防锈防腐性能，可使涂油钢丝绳等金属具有较强的抗大气腐蚀能力； ②良好的渗透性能，油品能较快地从绳索表面渗透到芯部并润滑内部股线； ③良好的抗氧化性，可保证油品质量在相当长的时间内不发生变化	适用于各类钢丝绳索、链条以及其他需要防锈保护的应用场合

1.4.6　防锈油脂的选用

选用防锈油脂时，应考虑金属表面的预处理(包括除锈、清洗和干燥等)以及防锈油与包装材料的适应性等问题。因为只有金属表面处理干净、涂敷合适的防锈油，再加上恰当的包装材料，才会达到较好的防锈效果。选用防锈油脂的原则有以下几点：

(1)根据需防锈产品的材质、防锈周期、仓储条件、周围环境气候条件等相关的要求，有针对性地选用不同性能的防锈油脂。

(2)对于有重叠包装工艺要求的防锈产品，应选用抗重叠性能好的油品。

(3)对于需要通过海运出口的防锈产品，应选用抗盐雾性能好的油品。

(4)经水剂加工后的金属制品，若其烘干等防锈工艺无法保证彻底清除残留水分，在进行封存防锈之前，有必要先选用脱水防锈油去除水膜。

(5)要求涂油及去除程序尽可能方便。

(6)在金属制件封油后，可以选择合适的包装材料对其进行包装，防止水分、灰尘等与金属制件接触，增强其防锈能力。

1.4.7　防锈油脂的应用案例

案例 1：R5127N 防锈油在自动清洗防锈线的应用

中车某公司是制造汽车增压蜗壳的专业生产厂，该蜗壳产品材质主要为铸铁，还有少量的不锈钢，清洗涂油的蜗壳产品 PE 袋包装后防锈要求 3～6 个月不等。其自动清洗线工艺流程如下：

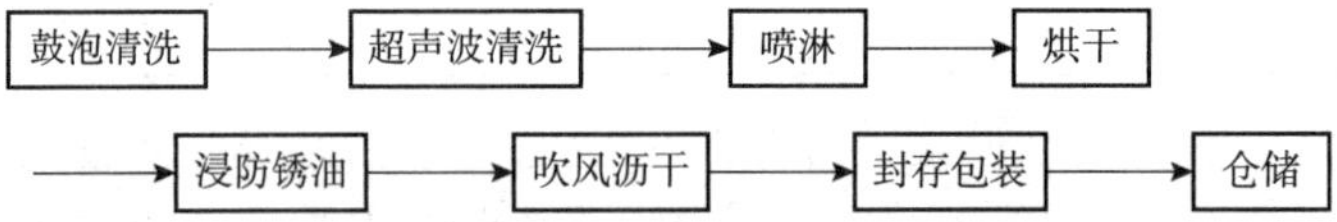

该客户使用 R5127N 防锈油近十年来蜗壳产品防护情况良好。

案例 2：R5181A 静电喷涂防锈油在某钢铁集团冷轧厂的应用

某钢铁集团冷轧板厂具备年产 80 万吨冷轧薄板的生产能力，有 4 条冷轧生产线，具体工艺参数如下：

轧机形式：五机架四辊连轧机；

退火：罩式退火；

平整：单机架四辊平整机；

涂油机：武科大静电喷涂油机(4 台)；

轧制油：奎克轧制液；

平整液：奎克平整液；

防锈油：长城 R5181A 静电喷涂防锈油；

防锈要求：普通包装 6～12 个月。

该客户使用长城 R5181 静电喷涂防锈油时间超过 8 年，没有出现过重大的锈蚀事件，客户使用情况良好。

1.5 工序间清洗工艺及清洗剂

1.5.1 金属加工业主要清洗方式及设备

金属零部件在制造过程中不可避免会附着各类污垢，主要有：加工过程中沾染的润滑剂，切削油剂，热处理后的残盐，搬运和检验过程中接触的手汗，各工序间散落的尘土以及残留或污染了的防锈油脂等。这些污垢往往会影响产品的精度和使用性能，尤其是精密加工件，因此需要对零部件进行清洗处理。

在机械加工行业中不同产品的生产工艺所采用的清洗技术和设备差异很大，即使同类产品，不同规模的企业、不同的投资水平，清洗工艺和清洗设备也千差万别。同样一个金属部件加工企业，投资大的可能采用全自动流水式清洗线，而投资小的则可能采用手工洗的方式，购买一个单槽或多槽的清洗机，用柴油或溶剂脱油清洗。精密工业清洗领域普遍采用的主流技术是超声波、蒸汽洗(加热)和喷淋的组合方式。采用水洗工艺，要配合增加干燥工序；采用溶剂清洗剂，需要增加溶剂回收和再生利用；对沸点比较低的溶剂，还要增加冷凝和密封装置；而使用有闪点的溶剂，要增加防爆措施。

金属清洗工艺目前主要有超声波清洗、喷射清洗、浸泡清洗、溶剂蒸汽清洗、电解清洗、高压水射流清洗、喷雾清洗等，其中超声波清洗和喷射清洗最为普遍。

1)超声波清洗

这是一种效果显著的强化清洗方法。优点是操作简单、清洗质量高、清洗速度快、能清洗有空腔和沟槽等形状复杂的零件，易于实现机械化和自动化；缺点是一次性投资较高，但综合考虑投资和效益相比还是合算的。

超声波清洗是利用了超声波在液体中的空化作用。在超声波的作用下，液体分子时而受拉，时而受压，形成一个个微小的空化泡。由于空化泡的内外压力差十分大，空化泡破裂时会产生局部液力冲击波(压力可达几百个大气压)，在这种压力下黏附在金属表面的各类污垢会被剥落。同时，在超声场的作用下，清洗液的脉动和搅拌加剧，溶解和乳化加速，从而强化了清洗。图 10－1－2 为超声波清洗示意图。

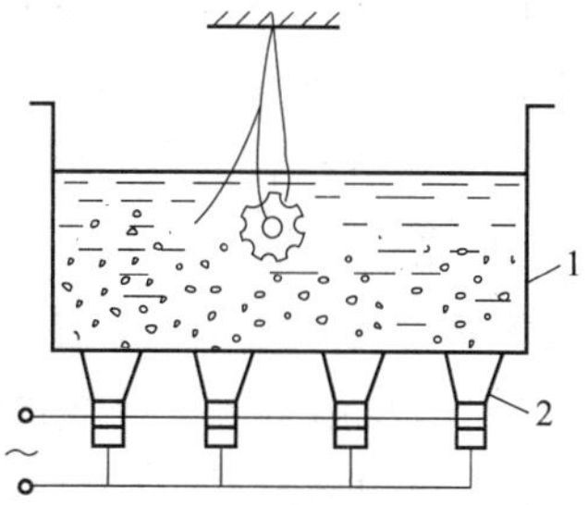

图 10－1－2　超声波清洗示意图

1—清洗槽；2—换能器

2)喷射清洗

对清洗对象是大型的、不易搬动的或外形结构决定它不适合浸泡在液槽中时，需要把洗液喷射或用刷子蘸取的方法使清洗对象表面润湿，然后进行清洗和冲洗，即喷射清洗。喷射清洗利用喷出的水或洗液对污垢表面起机械的、热的和理化的作用进行清洗。提高温度，能增加清洗液的洗涤能力，如果添加金属清洗剂，还会产生润滑、乳化、分散增溶等作用，从而大大地提高清洗效果。

一般情况，当洗液种类固定、温度一定的条件下，流量越大，喷射流体平均速度越大，形成达到的喷射压力也就越大。

3)浸泡清洗

将清洗对象放在洗液中浸泡、湿润而洗净的湿式清洗称为浸泡清洗。在浸泡清洗工艺系统中，清洗和冲洗分别在不同洗槽中进行，分多次进行的浸泡清洗可以得到洁净度很高的表面。因此，浸泡清洗是以清洗效果好为特点的。这种方法对数量多的小型清洗对象特别合适。

浸泡清洗系统基本上有两种类型：一种为清洗槽用溶剂、冲洗槽用清水型；另一种为清洗槽、冲洗槽都使用同一种溶剂的系统。

图 10－1－3 介绍了前一种类型的清洗流程。

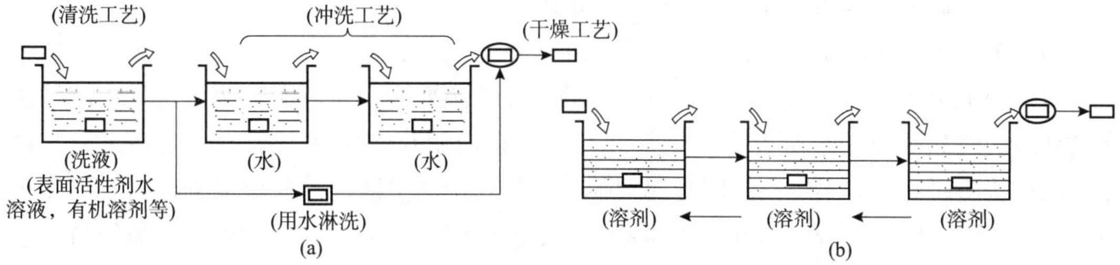

图 10－1－3　多槽式浸泡清洗系统

使用这种浸泡清洗系统应注意的问题是：由于冲洗工艺一般使用的是清水，清水中含有微量杂质，在干燥后留在清洗对象表面会使其洁净度变差。在洁净度要求特别高的情况下，在清水冲洗之后要用纯水或超纯水进一步冲洗。另外，在用水作冲洗剂时往往产生大量废水，需要经过处理后才能排放。

对于在清洗槽、冲洗槽中使用同一种溶剂的系统，适合使用合成有机溶剂和石油类溶剂，以去除油性污垢为主要目的。这种系统的特点是管理较容易，设备安排较紧凑，使用的溶剂都采用逆流方式运动，使溶剂的溶解能力得到充分利用，同时产生的废液数量也较少。这种系统存在的主要问题有以下几点：

(1)虽然在设计系统时已考虑到使用溶解范围尽可能广泛的有机溶剂，但清洗对象表面的亲水性污垢还是较难被完全去除。

(2)有机溶剂大多存在毒性大、安全性差、易燃易爆、受环境保护要求限制的问题。

(3)使用高沸点的石油类溶剂，虽然闪点很高、安全性好，但干燥较困难。

以上介绍的只是两种最基本的浸泡清洗系统，实际情况往往是比较复杂的。

4)溶剂蒸汽清洗

溶剂蒸汽清洗是指利用有机溶剂蒸汽进行清洗的方法。虽然蒸汽也有直接的清洗作用，但主要还是利用液态溶剂的浸泡溶解作用，所以从本质上讲，蒸汽清洗仍是浸泡清洗的一种方式。这种方法适用于小型物品的精密清洗，目前广泛用于机械行业的脱脂清洗。

5)电解清洗和高压水射流清洗

电解清洗是利用电解作用将金属表面的污垢去除的清洗方式。在电流作用下，物质发生化学分解，金属表面的污垢也随着被去除。根据去除污垢种类的不同，分为电解脱脂和电解研磨去锈。

用电解方法把金属表面沾有的动物油脂或矿物油加以去除的方法称为电解脱脂；使用电解方法将金属表面的氧化层及污染层去除的方法称为电解研磨去锈。研磨去锈可以得到与机械研磨不同的加工性能，如十分光洁的金属表面，处理时间短，表面清洁度高。它不仅适用于金属单质，而且还适用于多种合金材料。

高压水射流清洗技术是传统的水射流冲洗技术的最新发展，与传统清洗相比，高压水射流清洗不会损伤被清洗的基体，能清洗形状和结构复杂的物件，并且节水，清洗能力强。高压水射流用途广泛，不仅能清洗物体表面、疏通管道、进行涂装前的表面预处理，而且能除锈除漆、清除附着的海生物以及钢坯除鳞、铸件除毛刺等。

1.5.2 金属加工过程中的主要清洗工序

1)机械加工的中间工序、精加工与组装工序的清洗

机械加工中间工序，主要采用喷雾与摇动两种清洗方法。喷雾清洗法又分为水溶性洗涤剂和溶剂洗涤两种；摇动清洗法也是如此。但在使用水溶性洗涤剂时，工序多是其缺点，从而希望研制不需水洗且能同时起到临时防锈作用的洗涤剂。使用溶剂法时，缩短工序是不成问题，但要从劳动和卫生方面考虑，要根据溶剂的种类设置完善的排风管道。机械加工中间工序的清洗工序归纳如下。

(1)使用水溶性洗涤剂的常规清洗程序主要有两种：一种是喷雾清洗(碱脱脂)—喷雾清洗(水洗)—喷雾清洗(防锈剂)—鼓风—干燥；另一种主要为浸渍摇动清洗（碱脱脂、防锈剂)—鼓风—干燥。

(2)使用有机溶剂时的清洗程序主要有：浸渍摇动清洗—喷雾清洗—鼓风；超声波清洗(或浸渍清洗)—蒸汽清洗。

精加工工序中对于如板、线、链等很长的材料，采用有机溶剂或碱性洗涤剂的喷雾方

式；组装后的清洗，一般多采用溶剂喷雾方法，选择有机溶剂特别要从防火与安全的角度考虑。

2)电镀前的预处理清洗

电镀预处理清洗的目的是为了在金属表面上得到附着良好的镀层，电镀前预处理的常见金属材料有碳钢、不锈钢、铜及其合金、铝及其合金、锌铸件等。一般需经历预洗、中间清洗、最终电解清洗和酸处理与表面修整四个预处理阶段。

(1)预洗目的是把金属表面存在的大量油污基本去除。一般先用研磨清洗方法把硬的油污清除，然后再用溶剂浸泡/蒸汽脱脂等方法清洗。在蒸汽脱脂清洗时常用四氯乙烯、三氯乙烷等有机溶剂。

(2)中间清洗的目的是将预清中残留的污垢去除。通常采用碱洗脱脂，包括浸泡清洗和喷射清洗等方法。碱洗液的温度要根据实际需要进行调节。一般而言，温度越高，脱脂效果越好，脱脂速度越快。锌、铝、黄铜要选用弱碱性的盐，钢铁等耐碱性材料则可使用强碱性清洗液。

(3)最终电解清洗的目的是清除极少量碱洗后残留的固状附着物等干态污垢。酸处理是为了去除在金属表面的氧化物以免其影响电镀层的密实程度。一般采用浸泡清洗和阴极电解清洗的方法。电解清洗用清洗液一般是硫酸、盐酸、氢氟酸、磷酸等。

此外，对于搪瓷等的预处理清洗，搪瓷是在金属坯料上薄薄被覆的一层无机玻璃质，在高温熔融后附着上去的。钢板搪瓷加工工序中的清洗步骤主要在成型后，有脱脂及酸洗工序。铝搪瓷的预处理和钢板镀铝后清洗，主要是：脱脂(弱碱性洗涤剂)—水洗—酸洗—水洗—空气干燥。

3)热处理操作中的清洗

在火焰淬火和火焰退火上多使用气体热处理炉，在使用中如不彻底清除淬火油，会使炉内气氛不稳定，并降低炉体特别是发热元件的耐用性，进而给产品的质量管理带来较大的影响，因此要强调彻底清洗。洗净附着有大量油脂的热处理零件，一般要经历下列工序：机械加工零件—溶剂清洗(喷雾)—淬火炉—碱脱脂或溶剂脱脂清洗—热水洗—鼓风—回火炉。

热处理零件的清洗不同于电镀、涂漆等的预处理，为了清洗黏附大量淬火油的清洗件，要采用专用的清洗机。若使用旧式清洗机，溶剂的污染就显著，结果造成沸点上升、槽内污染严重、液体损耗量大、洗槽维修费高，为此而研制了专供热处理用的脱脂清洗机。

4)钢铁领域中的清洗

在热轧钢板的成卷带钢上形成的黑皮约达 40～50g/m^2，因此热轧钢板的除锈皮工作规模大，要求缩短处理时间并改进清洗后钢板表面的净化程度。

冷轧钢板轧制油的脱脂，通常是在无机碱金属盐的单体里加入少量的表面活性剂进行电解清洗。要根据轧制用油的种类和钢板的使用目的来选择无机碱金属盐。在后续工序处理时，容易发生成膜不良与电镀欠佳等事故，因此需用性能优良的洗涤剂，使整个生产工艺合理化和尽量避免用户在使用中发生事故。

5)涂漆或黏结前预处理清洗

涂漆前预处理方法有浸渍法和喷雾法，针对不同的金属材料，浸渍法主要步骤有：脱脂—水洗—(除锈)—(表面平整)—成膜—水洗—干燥等。除锈的方法主要是酸洗，主要是用硫酸或盐酸，在美国倾向用磷酸。铸件酸洗一般用磷酸。

喷雾法主要步骤有：乳液脱脂—热水洗—成膜—水洗—后处理—出水洗；或：碱脱脂—热水洗—水洗—表面修整—成膜—水洗—纯水洗等。对于重质油，乳液脱脂剂的脱脂能力稍微弱些，因而使用碱脱脂剂，并配以活性钛，就能同时达到脱脂和生成致密保护膜的目的。同样黏结前预处理清洗也需要酸洗、脱脂、水洗、干燥等。

此外，对于装置管线的清洗，必须经过充分酸洗。常用程序为：酸洗—水洗—中和—水洗，酸洗完毕后，至冲洗工序之间相隔时间较长时，最好用冲洗油循环2～3h，使管线内的接头部分充满油，以使残留在接管间隙部位的酸液流出。

1.5.3 金属清洗剂分类及作用机理

清洗金属表面油污的清洗剂可分为两大类：第一类是溶剂型清洗剂，其主要成分为汽油、煤油、柴油或卤代烃等溶剂；第二类是以水为溶媒的水基清洗剂，其主要成分为表面活性剂，主要用于洗除油垢。以水代油的水基型金属清洗剂由多种组分复配而成，这种清洗剂具有很多方面的作用力，如表面活性剂的润湿力、渗透力、乳化力、分散力、增溶力，碱性物质的化学反应力和水的溶解力等。这种清洗剂对污垢的所有组分几乎都能发生作用。

在清洗的过程中，根据污垢的性质与特点，可以使用一种或两种以上复配起来的组分进行清洗。

1.5.3.1 金属清洗常用的有机溶剂

工业清洗常用到的有机溶剂，从化学结构上看，分别属于烃类、卤代烃、醇、酮、醚、脂类，因而将它们分成烃类溶剂、卤代烃类溶剂、醇类溶剂和其他有机溶剂四类。由于它们闪点低、易燃易爆、毒性会损害皮肤或呼吸系统，应用范围越来越窄。推荐产品：长城Y6956系列。

1.5.3.2 碱性清洗剂

1)碱性清洗剂对污垢的去除作用

油脂类的动植物油和矿物油虽然都称为油性物质，但它们的化学结构是完全不同的。碱与它们的反应原理也不相同。

动植物油的主要化学成分是高碳脂肪酸甘油三酯，通常油脂中含有30%左右的游离脂肪酸，脂肪酸与碱反应时生成有一定水溶性的脂肪酸盐(肥皂)，而脂肪酸甘油三酯在强碱性高温情况下发生皂化生成甘油和肥皂。肥皂有表面活性作用，可将剩余的脂肪酸甘油三酯乳化分散，使油脂污垢从清洗对象表面去除。

矿物油的典型结构是饱和链烃，分子中没有羧基、硫酸基之类的极性基团存在，不可能发生类似动植物油与碱发生的化学反应。这类油污单纯用碱剂难以使其解离、分散而去除。但硅酸盐在溶液中能形成胶体并对油性污垢有一定的乳化分散和吸附作用，所以硅酸盐在一定程度上对矿物油有去除作用。

2)用碱性清洗剂清洗应注意的问题

用碱剂清洗有许多优点，但应注意的是碱易被清洗对象表面吸附，难以被冲洗干净，特别是金属表面对碱有一定亲和力，易于形成碱的表面覆盖膜，不易被冲洗去除。而一些金属与碱反应生成的氢氧化物水溶性不好，也会玷污金属表面。

3)对表面活性剂的要求

(1)清洗和去污作用。对清洗剂的要求首先是有良好的清洗和去污作用，但不是所有的表面活性剂都以同样的方法实现这种要求。一些低泡沫表面活性剂的清洗和去污效果差，抑泡作用的表面活性剂与去污力强的表面活性剂混合使用时，效果较好，能使去污效果降低到可允许的程度。

(2)泡沫性能。除清洗和去垢作用外，泡沫性能也是表面活性剂的一个重要应用技术特性。但泡沫迅猛形成会干扰清洗效果，不能采用喷洗方法，清洗产生过量泡沫会增加产品损失，阻碍表面油的冲洗及污垢的沉淀和分离。

(3)电解质相容性。金属清洗在很多情况下只依靠表面活性剂是不够的，还要添加助洗剂如磷酸盐、硅酸盐或碱，但添加助剂会使表面活性剂浓度降低，因此要求选用电解质溶液中溶解度特别好的表面活性剂。

(4)化学稳定性。表面活性剂与酸、碱和氧化剂的化学稳定性对其选择也起决定性作用。

(5)乳化作用。在金属清洗中倾向使用去污效果好的、但乳化能力尽可能低的表面活性剂，乳化的油脂不利于清洗剂的有效去污和保留时间，此外乳化还会使废水难于净化处理。

(6)吸附作用和解吸作用。在实际清洗过程中，为了能除去油膜和污垢，表面活性剂一定要吸附在被清洗表面上，在最后的冲洗过程中，表面活性剂还要从表面上解吸下来。在清洗金属时，被吸附的表面活性剂在精加工过程中会造成严重的缺陷。

4)关于防锈缓蚀剂

水溶性防锈剂对金属的防锈作用在于：

①防锈剂能与金属作用生成不溶性致密的氧化物薄膜，从而抑制了金属的锈蚀。

②金属和防锈剂生成难溶的盐类，生成的盐类把金属和锈介质隔开，保护了金属免于锈蚀，例如铁与碱金属的磷酸盐作用生成不溶性的磷酸铁。

③金属和防锈剂生成难溶的络合物，例如苯并三氮唑与铜生成的螯形化合物，不溶于油，也不溶于水，可保护金属免于锈蚀。

1.5.4　金属清洗剂要求及应用

1.5.4.1　金属清洗剂要满足的要求

(1)有良好的润湿、增溶和乳化等表面活性，有较强的去油能力，清洗后的工件表面没有可见油膜或油斑。

(2)对金属材料无腐蚀性，清洗后的工件表面仍然能保持原有的金属光泽。

(3)对金属材料有一定程度的防锈能力，金属或工件经过清洗，在加工过程的工序之间转递时，不会出现锈斑。无须做任何防锈处理。

(4)有较好的工艺性能，如操作简便、使用温度较低、易被水冲洗干净、不污染环境、三废处理方便。

1.5.4.2 金属清洗剂标准及选用

目前现有的金属清洗剂标准有中华人民共和国机械行业标准 JB/T 4323.1—1999 和轻工部金属清洗剂行业标准 QB/T 2117—95。金属加工业一般以前者应用为多，本书也以 JB/T 4323.1—1999 为依据。

JB/T 4323.1—1999 适用于主要由表面活性剂和多种添加剂组成的清洗金属屑和零部件油污的水基金属清洗剂。产品包括液状、粉状和膏状产品，分为高效型、防锈型、低泡型和常温型。

1)高效型

产品的清洗性能优良，清洗过程中不腐蚀金属。长城牌 Y6556 水基清洗剂可满足要求。

2)防锈型

清洗过程中产品不腐蚀金属，清洗后残留液对金属有临时防锈作用。根据对金属的适应型分为两类：一类适用于钢、铸铁等黑色金属合金；二类适用于钢和铝、铜及其合金。需根据清洗材料选用合适的清洗剂。

3)低泡型

产品具有低泡性能并对黑色金属有临时防锈作用，适合常压普通机械清洗。长城牌 Y6556 水基清洗剂同样满足该类产品要求，不起泡，适合高压喷淋。

4)常温型

适用于常温下清洗，根据对油污的适应性分为两类：一类适用于轻质油垢常温清洗；二类适用于重质油垢常温清洗。

1.6 液压支架用乳化油/浓缩液

1.6.1 液压支架用乳化油/浓缩液概况

液压支架用乳化油/浓缩液是为煤炭行业长壁开采过程配套的产品，用于煤矿井下液压支架和外注式单体液压支柱的液压系统。

液压支架作为采掘设备“三机一架”的重要组成部分，是综合机械化采煤必不可少的组成单元，也是井工矿关键设备之一。而液压支架的支撑、升降、移动、推溜和过载保护等动作都需要借助由液压支架用乳化油/浓缩液配制的高含水液压液来实现能量的传递和转换。故液压支架用乳化油/浓缩液配制的高含水液压液又被称为液压支架系统的“血液”。

1.6.2 液压支架用乳化油/浓缩液执行标准

目前，液压支架用乳化油/浓缩液产品执行煤炭行业标准《液压支架用乳化油、浓缩液及其高含水液压液》(MT/T 76—2011)。根据该标准，可以将液压支架用乳化油/浓缩液按高含水液压液的类型分为两大类：液压支架用乳化油(HFAE)和液压支架用浓缩液(HFAS)。两类产品指标完全相同。

每类产品又可以按适用水质的最高硬度分成 8 个等级：5、10、15、20、25、30、35、40。各等级对应适用水质的最高硬度为 250mg/L、500mg/L、750mg/L、1000mg/L、

1250mg/L、1500mg/L、1750mg/L、2000mg/L。

液压支架用乳化油/浓缩液产品型号由英文字母和阿拉伯数字组成，如图 10－1－4 所示。例如：液压支架用浓缩液 HFAS20－4。H 表示液压液，是产品类型代号；FAS 表示浓缩液，是高含水液压液类型代号；20 是产品适用水质硬度等级代号，表示该产品可适用于最高硬度为 1000mg/L 的水质；4 是产品使用浓度代号，表示该产品的使用浓度为 4%（质量）。市场上常见推荐使用浓度为 4% 和 5%。

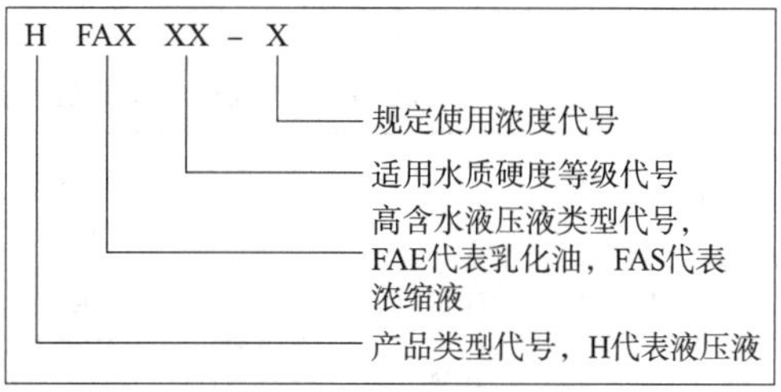

图 10－1－4　液压支架用乳化油/浓缩液型号命名规则

液压支架用乳化油/浓缩液产品具体技术要求见表 10－1－25。

表 10－1－25　液压支架用乳化油、浓缩液及其高含水液压液的技术要求

项目			质量指标	试验方法
乳化油或浓缩液	外观（10～35℃）		透明均一流体	MT/T 76—2011 中 6.2
乳化油或浓缩液	气味		无刺激性气味	MT/T 76—2011 中 6.3
乳化油或浓缩液	闪点（开口）/℃		≥110 或无	MT/T 76—2011 中 6.4
乳化油或浓缩液	运动黏度（40℃）/（mm^2/s）　≤		100	MT/T 76—2011 中 6.5
乳化油或浓缩液	凝点/℃　≤		－5	MT/T 76—2011 中 6.6
乳化油或浓缩液	耐冻融性		5 个循环后恢复原状	MT/T 76—2011 中 6.7
乳化油或浓缩液	水中分散性		均匀分散	MT/T 76—2011 中 6.8
高含水液压液	pH 值		7.5～10.0	MT/T 76—2011 中 6.9
高含水液压液	稳定性	10～35℃，168h 液面析出物（体积分数）/%　≤ 絮状物、沉淀物、分层、析水	0.1 无	MT/T 76—2011 中 6.10
高含水液压液	稳定性	（70±2）℃，168h 液面析出物（体积分数）/%　≤ 絮状物、沉淀物、分层、析水	0.1 无	MT/T 76—2011 中 6.10
高含水液压液	稳定性	振荡析出物	无	MT/T 76—2011 中 6.10
高含水液压液	防锈性 10～35℃，24h		无锈迹，无色变	MT/T 76—2011 中 6.11
高含水液压液	防腐蚀性（70±2）℃，24h	钢棒	无锈蚀	MT/T 76—2011 中 6.12
高含水液压液	防腐蚀性（70±2）℃，24h	黄铜棒	无色变、无腐蚀	MT/T 76—2011 中 6.12
高含水液压液	密封材料相容性（70±2）℃，168h 体积膨胀率/%		0～6	MT/T 76—2011 中 6.13
高含水液压液	润滑性 最大无卡咬负荷 P_B/N　≥		392	MT/T 76—2011 中 6.14
高含水液压液	消泡性能 10～35℃，10min 残留泡沫体积/mL　≤		2	MT/T 76—2011 中 6.15
高含水液压液	折光仪示数（20±2）℃		报告	MT/T 76—2011 中 6.16

1.6.3 液压支架用乳化油/浓缩液产品介绍

长城液压支架用乳化油/浓缩液现共有 8 个型号，见表 10 – 1 – 26。

表 10 – 1 – 26 长城液压支架用乳化油/浓缩液系列产品

水质等级	10 级 (500mg/L)	15 级 (750mg/L)	20 级 (1000mg/L)	25 级 (1250mg/L)	40 级 (2000mg/L)
乳化油	HFAE10 – 4	HFAE15 – 4		HFAE25 – 5	HFAE40 – 5
浓缩液	HFAS10 – 5 HFAS10 – 5(G)	HFAS15 – 4	HFAS20 – 4		

8 个长城液压支架用乳化油/浓缩液产品全部通过“安标国家矿用产品安全标志中心”的认证，取得了“矿用产品安全标志证书”。

1.6.4 液压支架用乳化油/浓缩液的选用及应用案例

液压支架用乳化油/浓缩液产品选用的主要依据是对配液用水进行检测，在产品应用前需取 1L 矿下配液用水样本进行实验室分析。此外还需了解现场在用液情况及存在的问题，支架及配套设备相关情况。

长城液压支架用乳化油/浓缩液系列产品目前已在永煤、淮矿、太原煤气化等多家客户实现良好应用，建立了典型应用案例。

第 2 章　润滑油的使用与管理

使用和管理机械制造行业用油是一项系统工程，不同类型的润滑油在使用和管理中随其应用领域或随油品的纯油型和水溶性的不同状态而异，本章针对几大类机械制造行业用油使用和管理中的特点进行阐述。

2.1　金属成型加工用油的管理

2.1.1　产品的储运、包装

剧烈的气温变化会影响到某些润滑剂的物理、化学特性，尤其是含有复合剂及乳化剂的产品，会产生变质或分层。所以金属成型润滑剂的存放温度最好保持在 4 ~ 38℃。

对于含有乳化剂的产品要特别注意水分的污染。现代水溶型金属成形润滑剂大多以浓缩液出售，使用时再用水稀释。若在储运过程中进入水分，则破坏了其体系的 HLB 平衡，会导致油品分层、细菌滋长、某些组分降解、产品性能恶化等不良后果；水分还可导致生锈进而再污染油品。

2.1.2　在用金属加工液质量控制

水溶型加工液的浓缩物与纯油型金属成型润滑剂的质量控制可参照常规的工业润滑剂，而轻质油型成形加工润滑剂质量控制应参照下列方法：

(1) 每周检验 1 次黏度。往往因为液压油或轴承油漏入系统，较轻的组分受热蒸发以及添加剂含量增加等因素而使黏度增加。

(2) 每周检验 1 次沸程。初沸点及 5% 馏出温度会因较轻的组分受热蒸发而有升高的趋势。终沸点及 95% 馏出温度可显示外来油料的污染程度，因为外来油料如液压油、轴承油等黏度较高，污染轻质加工油后会使终沸点升高。

(3) 每周检验 1 次不溶物。不溶物主要来自被加工金属产生的微小金属屑，应使用适当的过滤系统，最好能使不溶物含量不超过 0.005%。随着被加工件的通过，油料颜色总会有改变，但并不表示油料已受到不正常的污染。

(4) 每周检验 1 次灰分含量。因油料中渗入金属粉和形成金属皂，所以灰分含量会增加，一般允许 0.1% 灰分含量为可接受范围。

(5) 每周检验 1 次润滑性和油膜强度。化验方法视所加的添加剂种类和数量而定。因过滤系统及工件会带走部分添加剂，所以必须经常检查，以保持添加剂的适当含量。

(6) 偶尔有必要时检验 1 次闪点。往往因为油中的较轻的组分受热蒸发，闪点会微微上升，但少许增高并不会造成不良影响。

(7)偶尔1次退火特性试验。对于那些要求光亮退火表面的工件，须视情况对油料进行退火特性检验。

2.2 金属切削加工润滑剂的维护管理

2.2.1 切削油的维护管理

切削油中的水都是由外界混入的，一个比较容易被忽略的来源是被加工件带来的上道工序的水基切削液。切削油中含水后会产生乳化、腐蚀、润滑性降低等缺点。切削油中的水可采用沉降分离、过滤等方法除去。

大量的切屑特别是一些细小切屑易沉积在油箱底部，这些金属碎屑会促进油的氧化劣变、产生胶状物、增加酸值，所以应及时清除。

许多机床都有漏油问题，特别是滚齿机一类机床，因其结构特点使其很难避免润滑油与切削油的互混。润滑油的混入将影响切削油的性能，混入过多的润滑油而造成切削性能不满足要求时，应补加添加剂或更换切削油。

2.2.2 水基切削液的维护管理

水基切削液的维护管理包括两个方面：一是防止外界污染物的混入和及时清除；二是保持水基工作液的性能稳定，如浓度、防锈性、pH值、抗菌能力等。

水基切削液的浓度应控制在规定的范围之内，以保证各种性能符合要求。浓度的测定可用折光、乳液含油量或测定某一特定成分(如碱值、醇胺含量)等方法。通过浓度测定来决定经过一段时间使用之后是需要补加水还是需要补加浓缩物。

水基液的pH值在使用过程中通常会有所下降。pH值的降低可造成切削液的防锈性、抗菌能力变差。如果在浓度符合要求、pH值达不到规定值时，应及时用三乙醇胺等提高工作液的pH值并使其控制在规定范围内。

防锈性降低的原因是防锈剂消耗、pH值下降、细菌繁殖、工作液浓度过低等，要针对原因加以解决。如因防锈剂消耗过多，也可在工作液中补加防锈剂。

水基切削液在使用过程中维护管理得当，不仅可获得最佳切削加工效果，而且可以大大延长水基切削液的使用寿命，减少废液排放量，从而获得最大经济收益。

2.3 金属热处理工艺用油使用过程中的注意事项

2.3.1 整槽使用新油注意事项

在倒入新油前必须认真检查清理好淬火油槽、冷却系统和储油箱。残存的水、油泥和其他渣滓都应清理干净。如果是在旧的油槽系统中改用新油，还应当把淬火油槽中油面以上槽壁和各种框架上的油污铲除清理干净。如果原来的油渣和污泥混入新油中，不仅影响油的光亮性，还可能改变油的冷却特性。因此，清理工作应当做得比使用新油槽更彻底些。

整槽注满新油之后，一般不宜马上就用于淬火。淬火油在生产、运输和倾倒过程中，总会带入少量空气。淬火油中溶解的空气和分散存在的气泡都会降低淬火油高温阶段的冷却速度，应当加以去除。气体在油中的溶解度是随油温的提高而降低的，提高油温可以降低油的黏度而有利于气泡上浮。因此，可以用提高油温的办法来去除新油中的气体。黏度低的冷油，如快速和超速淬火油一般用80℃的油温，保温循环2～3d；黏度高的油，如快速光亮淬火油，必须把油加热到约120～140℃保温循环3～5d。

2.3.2　适当控制热处理油使用温度

适当提高油温可以降低油的黏度，从而使油的淬火冷却能力稍有提高；油温过高，因与工件的温差减小，又会使冷却能力有所降低。油温高，油的氧化变质快；油温低，油的氧化变质则慢。淬火油的循环冷却系统应保持良好的状态，能把淬火油的温度稳定在要求的范围。同时，为延长油品的使用寿命，应少用过高的油温。

另外，良好的搅动可避免局部油温过高，使槽中各部分的油温趋于均匀。搅动能提高工件和淬火油之间的相对流速，从而提高油的冷却能力。

2.3.3　热处理油品的污染和防范

淬火油的污染来源包括：外来的污染，如工件带入的氧化皮、冷却器渗漏而进入的水以及从外部来的其他物质；自身污染，在使用中不能自动排出而留在油中的氧化变质产物；外来污染物与淬火油及其污染物发生反应后残存的产物。内外污染物的积累会使油的颜色、透明程度、黏度、闪点、残炭和酸值等逐渐发生变化，这种变化过程就是淬火油的变质过程。在变质造成的影响中，与工件的热处理效果关系最大的是油冷却特性的变化和工件淬火后光亮性变差。冷却特性的变化往往使相同工件的淬火硬度、淬硬深度和变形情况发生改变。

防止和减小外来污染、合理使用和管理好淬火油、做定期过滤都可以减缓油的变质并减小变质的影响，延长淬火油的使用寿命。

2.3.4　热处理油品的更换

淬火油的更换是以淬火油使用的老化程度为根据的，而不是单看使用了多少时间。在使用过程中要定期取样分析，淬火油老化程度主要取决于基础油性质、添加剂的性质及现场使用条件(包括发生事故)。各个厂家都有自己的换油标准。例如日本出光兴产的“冷浴淬火油”换油指标为：

(1)冷却曲线(JIS K 2242)H值变化大于0.02cm^{-1}。

(2)特性温度下降超过50℃。

(3)溶剂不溶解部分超过0.5%(质量)。

(4)水分超过0.1%(体积)。

(5)黏度上升超过15%。

(6)残炭上升0.5%(质量)。

(7)光亮度过度恶化。

淬火油达到其中一项，就应考虑换油。

2.4　防锈油脂的使用和储存

2.4.1　防锈油脂的使用方法

金属制件防锈使用的防锈油脂要根据金属材质、加工工序、质量要求、结构特点等各方面因素而定。防锈油脂选定后，还必须有正确的油封工艺并选择合适的包装材料，才能达到预期防锈效果。

2.4.2 防锈油脂的油封工艺

1)清洗

清洗是金属制件在防锈工艺中重要环节之一，清洗质量直接影响防锈效果，特别是成品封存前的清洗尤为重要。金属制件表面常附着多种污物，如酸、碱、盐、灰尘、切屑、磨料、切削液、手汗以及各种油脂等，若清洗不干净，就会导致或加速金属的腐蚀，影响防锈质量。常用的清洗材料有石油溶剂、卤代烃溶剂、碱性清洗液及含有表面活性剂的水剂清洗剂等。根据产品的金属材料、结构特点、所带污物的类型以及对清洗质量的要求，选择不同的清洗材料。

2)干燥

干燥也是油封前的一道重要环节。采用水剂清洗的制件在油封前必须保证干燥，否则会影响防锈效果。干燥方法有烘干、吹干、擦干或沥干法以及置换脱水法。

烘干、吹干、擦干或沥干法是将清洗后的金属制件放入烘箱或烘房内，在105～110℃烘干。也可用红外线灯或远红外装置直接进行干燥；还可用经过滤的清洁、干燥的压缩空气吹干。大件可用清洁干燥的布擦干。对清洗后不会立即造成锈蚀的清洗材料清洗时，可用沥干或晾干方法进行干燥。

置换脱水法是利用能置换水或清洗液等的水膜置换防锈油，来脱除金属表面的水、清洗液或切削液。将经过水洗、清洗液清洗或切削液加工后的金属制件，放入具有不同性能的脱水防锈油、水膜置换防锈油或加有置换性的封存防锈油的石油溶剂中，进行翻动，就能置换水或液，并具有短期防锈性。如需长期油封，再进行防锈油封工艺。采用此方法脱水的金属制件，可不用烘干、吹干或擦干，只要沥干或晾干后即可油封，既方便又省时。

3)除锈

在已生锈的金属表面涂上防锈材料，也难以抑制继续腐蚀的过程。防锈是保护金属不被或少被腐蚀的积极措施，在封存前必须进行检查，如已腐蚀，必须除锈，防止带锈封存。

常用的除锈方法有手工除锈法、机械除锈法和化学除锈法等，也可用几种方法联合使用。

手工除锈法是利用工具或器械将金属表面的锈迹用手工来去除。手工除锈适用于较浅的锈蚀层或几何形状较复杂而不能用其他方法除锈的精密仪器设备情况下使用。机械除锈法是用某种机械设备及工具使金属表面的锈层除掉，如钢板除锈机、滚筒擦光机、喷砂机、水喷砂机、抛光等机械设备及工具进行除锈。化学除锈法是用化学方法把金属表面的锈蚀溶解掉。按金属的种类、化学组成、表面状况、精度和表面质量要求选用各种不同的化学除锈液或化学除锈膏，应严格按操作条件进行，还必须及时中和、清洗、干燥、防锈，同时应防止反应过程中有氢析出，造成金属氢脆现象。

4)防锈油脂的涂覆方法

根据防锈油脂的种类或品种不同、金属制件结构的形表面精度及特性要求，选用一种或多种复合的涂覆方法。常用的有以下几种：

(1)浸泡法：适用于大批量的中小型金属制品及零部件。

(2)刷涂法：适用于所有产品，尤其适用于带有涂料或有忌油部位的产品。

(3)喷雾法：适用于大面积的平面、立柱面、精密制品表面、大型机械设备内、外裸露面的产品。

2.4.3 包装材料

为了保护金属制件油封后增强防锈能力，不受储运中机械力的损害，还需使用合适的包装材料，防止水分直接与金属面接触。如果包装材料选择不当，仍会引起金属制件的腐蚀，必须引起注意。

在选用包装材料时，必须选择耐油、对金属无腐蚀作用，具有透水及透气性小、有一定机械强度的材料。常选用包装纸、塑料薄膜、复合塑料薄膜、纸箱、木箱及钙塑包装等包装材料。

2.4.4 防锈油脂的储存要求

紫外线及高温会促使防锈油脂氧化变质，在金属表面产生干性油膜，特别是阳光直射或用透明聚乙烯薄膜包装与金属接触的地方更为严重。遭雨水直淋的环境，在高温、高湿情况下，由于吸湿油膜不均匀，在金属表面生成湿性油渍，这多发生在重叠情况下。油渍随着防锈油脂中水分含量、防锈剂浓度、时间、无机盐、低分子磺酸盐及含氯等活性极性物质的增长而增强。为了防止油渍的产生，尽量避免金属制品直接受阳光或紫外线的照射和雨水的直淋，应储存在避光，避水的地方，这样就可延长防锈期，提高防锈性。

腐蚀介质是金属腐蚀的促进剂。如果产品的油封车间、存放仓库或场所附近有化工厂，铸造厂、锅炉房、酸洗、电镀、焊接、喷漆、木工等会散发出各种腐蚀性气氛和尘埃的环境和场所，金属制件的防锈会受到严重威胁。要进行合理布局，与周围容易挥发污染物的场所保持一定距离，否则即使性能优良的防锈油脂、完善的防锈工艺、正确的操作方法、优良的包装材料，也不能发挥其应有的作用。

金属制件油封后，经过一定时间后，要定期抽检防锈情况，如发现油膜流失、脱落、乳化、变色或金属稍有失光、变暗，应及时清洗，更换性能相似的防锈油脂，以免影响防锈效果。

必须注意、存放防锈油脂的容器不要与其他含有添加剂的油品混用、不同防锈油脂最好分别使用，以免添加剂之间产生不良影响。保持油品清洁，用毕加盖，避免水分杂质混入，影响防锈质量。

2.5 液压支架用乳化油/浓缩液的使用和储存

液压支架用乳化油/浓缩液在使用时需将其他品牌的旧液全部排放，清除杂物并清洗干净；加液时，先加水，再按比例加入液压支架用乳化油/浓缩液，搅拌均匀；定期检测在用液使用状况，每天测量浓度，若有变动及时调整至正常使用浓度；记录浓度、折光读数等；定期清洗配液箱及滤网等。

液压支架用乳化油/浓缩液的储存要求：产品应储存于室内，以防止日晒、雨淋，储存温度应不低于 -5℃。

第3章　常见问题与故障分析

(1)拉深油的黏度对使用效果有什么影响？

拉深加工中，如果提高拉深油的黏度，最大拉深力就会降低，或者说临界拉深比就会提高，其原因从微观上看，是降低了凹模圆角半径部位与坯料接触面上的接触率；从宏观上看，黏度越高，坯料与凹模平面之间形成的密闭空间中所残留的油量就越多，所以达到最大拉深力过程中，流向凹模圆角半径部位的油量就增加。但黏度高，耗油量大，涂油困难，不利于清洗。

(2)如何根据冲压金属板材的种类来选择用油？

①硅钢板。

硅钢板是比较容易冲切的材料，因为大多数情况要求在冲切后附着的油膜要干燥，所以一般使用极低黏度的油。但是为了防止冲切品的毛刺增多，延长模具寿命，黏度越高效果越好。因此应该选择黏度尽可能高，而且干燥时间短的冲切油。除此而外，防锈性和退火后炭的生成量少，以及维持操作环境、臭味小等也是非常重要的。

②碳钢板。

首先应该注意的是加工油的黏度。根据加工的难易和给油方法及脱脂条件来决定最佳黏度。其次必须考虑使成形容易的油性、防止卡咬的极压性、防锈性、脱脂性以及在焊接时不产生有毒气体。

③镀锌钢板。

注意使用氯型冲压油有时发生白锈，使用硫型冲压油危害较小，但冲压加工后应尽早脱脂。

④铝、铝合金板。

如果脱脂早，也可使用含有氯及硫的冲压加工油，但是冲压加工后放置时间较长会生成白锈或变色。为此，与铜和铜合金使用的油一样，适宜使用加入非脂肪性酸型的油性剂的冲压油。铝是两性金属，和酸、碱都能起反应，所以使用酸性或碱性冲压加工油和脱脂液时要充分注意。

⑤不锈钢板。

不锈钢是容易产生加工硬化的材料，要求使用油膜强度高、抗烧结性好的润滑油。一般用含有氯型极压剂，它比碳钢板用的冲压加工油黏度高的油和冷却好的水溶性冲压加工油要好一些。

⑥铜、铜合金板。

最好避免使用含有氯型及硫型极压剂的冲压油，特别是含硫多的冲压油，因其会腐蚀铜、铜合金，使其表面变黑。应当选择含有油性剂、滑动性好的冲压油。

(3)冲压加工板材的厚度对金属加工油黏度有什么要求？

冲压加工时，随着板厚的增加，加工所需要的力也增大，保持住模具与材料之间的油膜就变得困难，因此，一般材料越厚，要求冲压油的黏度越高。

(4)冲压操作时，如果不按规定涂油会有什么不良结果？

冲压加工时，有的操作工人认识不到涂油的重要性，或者为了节省时间，往往在该涂油的地方也不涂油，或者减少涂油次数，结果造成废品率增高，产生烧结、卡咬、模具磨损、冲床停工次数增多等不良后果。

(5)金属加工油是否可以任意与异种油混合使用？

除非有殊特说明，一般情况下金属加工油不能与异种油任意混合使用。因为其他的金属加工油或设备用油都添加了不同量、不同类型的添加剂以满足其使用要求，如果混合后，这些添加剂互相起反应会产生沉淀、分层、油基浑浊现象。即使与不含添加剂的矿物油混合使用时，也会降低油中添加剂含量，增高或降低拉延深油黏度，影响使用效果。

(6)钢板上涂有防锈油对金属加工油使用效果有无影响？

冲压加工使用的钢板，出厂时一般都涂有防锈油，冲压加工时不必洗净，直接涂油不会影响加工效果。因为防锈油量少又是矿物油型，不会带来涂油困难或影响润滑效果的问题。

(7)轧制液污染故障的原因及表现形式是什么？

受污染严重的轧制液会降低润滑质量，最直观的表现是皂化值下降，在正常的轧制条件下，皂化值下降会造成以下不良后果：

①轧辊磨损。

②在清洗线上出现褐色边框。

③轧速上不去。

④轧制液变脏，出现油泥等残渣。

⑤轧制性能变差，出现带材破裂、摩擦黏着、震动、热擦伤等缺陷。

(8)如何制备乳化液？

制备乳化液时，浓缩液(或油基)必须加入水中，这个次序不可颠倒，到达所需要的浓度即可。最好在系统泵进口处另外有一个油槽用来混合浓缩液和水，等调好适当的浓度再打入系统。

(9)清洗乳化液系统时应注意什么？

系统在更换新鲜的乳化液之前必须进行清洗，尤其是更换不同厂牌产品时更需清洗。实践经验表明，乳化液几乎不可避免地会在管路上及油槽中留下沉淀物，而这些沉淀物往往使化验结果不准确，并影响轧材效果，所以系统情况很重要。习惯的做法是采用1% ~2% 原液来清洗其效果很佳。必须注意不可使用含碱性的液体来冲洗系统，否则乳化液容易起泡。

(10)油基切削液与水基相比各有何特点？

总的来说，油基切削液的润滑性好些，水基切削液的冷却性好些。油基切削液在高温时易产生烟雾、易着火；水基切削液易生菌腐败，使用期短，容易生锈。二者的优劣及特点见表10－3－1。

表10－3－1　油基切削液与水基切削液的比较

		油基	水基
润滑性	刀具磨损	小	较大
	产品光洁度	好	稍差
	产品尺寸精度	好	稍差
	抗烧结、烧伤能力	强	较弱
	工件表面残余应力	小	较大
冷却性		一般	很好
防锈能力		较好	较差
润湿能力		强	一般
防止堵砂轮能力		强	一般
使用寿命		长	一般
废液处理		易	较难
环境卫生		差	好
对皮肤的刺激		强	小
冒烟		严重	无
着火危险		有	无
使用中的维护管理		简单	复杂

(11)水基切削液的质量控制项目有哪些?

水基切削液在应用时都是要加水稀释的，其试验项目也可分为直接测定和加水测定两部分。直接测定的项目有储存安定性、硫及氯含量、不挥发组分等；加水后再测定的项目有表面张力、pH值、起泡性、防锈性、腐蚀性、对油漆的适应性、食盐允许量、抗菌性等。这些项目大部分意义比较明确，以下只对个别项目做些说明。

①储存安定性。

水基切削液的浓缩物在外观上虽然是均匀的液态，但实际上大多是胶态体系，而且含有相当多的水。经过长期储存以及温度的波动，如果配方不当很容易产生沉淀、分层等现象并且往往是不能复原的。因此这是一个很重要的检测项目。

②不挥发组分。

水基切削液浓缩物中含有水分，这个项目是用来测定其有效组分含量的。

③食盐允许量。

通过这一试验用以了解该切削液能否允许使用含氯量较高的自来水配制工作液。

④表面张力。

多数情况下，表面张力小的液体容易在固体表面展开，因而有相当多的人把表面张力看作是切削液渗透性的一个度量指标。但严格说来，二者并无直接对应关系。渗透性是个比较含混的概念，似乎与润湿性及流动性(黏度)的关系更密切。表面张力可作为切削液中是否加有表面活性剂的判定指标。因为少量的表面活性剂即可使水的表面张力大幅度下降。另外，表面张力并非越小越好，表面张力过小有时也会带来其他副作用。

⑤抗菌试验。

水基液特别是乳液易生菌腐败，所以抗菌能力是其重要的性能指标，但过去在我国并未引起重视，也没有将其作为水基液的质量指标加以采用。现在国外已有一些简易的测定方法。有条件的单位应尽可能加以应用。

(12)淬火油品长期使用后氧化变质，使淬火油槽油温升高，如何处理?

淬火油在长期的使用过程中，经常与炽热的工件接触，引起有机介质热分解、氧化和聚合等反应，造成介质黏度增大，留在介质中的产物黏附在散热器壁上，不利于换热。可以从两个方面着手改变工艺：一是在散热片上镀上涂层，使油垢不易粘上散热片；二是通过加入抗氧剂、分散剂改进淬火油的质量。

(13)淬火油混入水分应如何处理?

淬火油中混入水分会影响产品质量，要及时查找原因进行处理。通常水大多是因淬火油槽中冷却系统漏水或者周围用水不当进入到油中的，应将含水的热处理油从油槽中抽出送入沉降罐或其他分水设备中进行脱水。然后用板框过滤机进行过滤，使油中的含水量小于0.05%以下。当将含水的油品全部从油槽中抽出后，对油槽应进行全面清理，清除油槽底部的残水和其他渣物。同时检查冷却系统是否有漏水现象，及时修复或更换冷却系统，避免水分再进入油中。如果不是冷却系统漏水，而油中进入少量水时，可以将淬火油槽温度升高到95~100℃，开动搅拌系统使水分全部脱出，同时加强淬火油槽其他部位用水的管理。

(14)热处理油品使用中冷却性能下降如何处理?

油品长期使用冷却性能是有变化的。原因是一部分添加剂被消耗掉和部分高分子聚合物裂解使冷却性能变坏，另一个原因是因油品的老化使黏度增加，油泥增多使冷却能力下降。冷却性能变坏的主要特征是特性温度降低，对流阶段冷却速度变快，零件淬火后达不到所要求的硬度、淬透层深度和金相组织。当明显出现上述情况时，应及时对淬火油进行处理。处理方法是根据冷却性能变化情况，补加一定量的催冷剂，改善油品的冷却特性；同时用过滤的方法除掉氧化产物，根据冷却性能的变化来确定是否需要补加催冷剂。如果特性温度下降50℃以上，从800℃冷却到400℃、300℃的时间缩短3s以上时此油不能再用，必须更换新油。

案例分析：

中国石化下属某分析评定中心受无锡某厂委托，对其淬火炉东炉和西炉所使用的淬火油按SH/T 0220方法进行评定，用户要求的评定指标仅特性温度一项，其结果如表10-3-2所示。

表10-3-2 淬火油特性温度评定

淬火炉	特性温度/℃	特性时间/s	最大冷速	最大冷速温度/℃	对流温度/℃	400℃时间/s	300℃时间/s
东炉	575.5	3.732	358.2	515.9	392.6	4.545	12.95
西炉	615.8	3.012	279.9	531.0	396.1	4.223	9.516

在看到评测报告后，用户对分析结果进行了置疑，由于特性温度较高的西炉用淬火油处理的工件不满足设计要求，而特性温度较低的东炉用淬火油处理的工件却满足设计要求，这与他们过去的使用经验不符。事实上，他们进行此次分析的目的就是为了找出问题所在。针对这一特殊要求，对这两个油的冷却特性曲线进行了比较，发现西炉用淬火油的最大冷速明显不足，甚至低于普通机油。用户按要求更换淬火油以后，问题解决。

(15) 导致防锈油脂使用失效的原因是什么？

在实际应用中，常会遇到使用防锈油脂达不到预期防锈效果，甚至会加速金属腐蚀的情况。其原因可从以下几方面进行检查。

①防锈油脂。

防锈油脂品种较多，各种油品的特性也不同：有的具有较好的置换性，有的耐湿热性较好，有的抗盐雾性较好，有的耐高温及耐大气性较好等，各有特长。油品种类不同，用途也不同，有工序间短期防锈、润滑防锈以及长期封存防锈等用途。油品所用的添加剂不同，则适应的金属也不同，有的对黑色金属有显著效果，有的对有色金属及多种金属有适应性等。因此，不是任何一种防锈油品都能适应各种不同的条件，必须根据具体情况，通过实践的考验，选择合适的防锈油品。防锈效果的好坏，还与防锈油脂的质量有关，应该建立验收制度，对进厂防锈油脂进行验收，防止不合格产品入厂。在使用过程中，还应防止防锈油脂的油膜破裂或流失而影响其防锈性能。

②防锈工艺。

防锈材料在生产使用中的效果与使用工艺和包装材料等多种因素有关，而防锈工艺在防锈质量中占很重要的位置，应结合本单位实际情况，制定防锈工艺，有专人负责，这样可避免因工艺问题而造成锈蚀。在使用过程中，常发现同一批经验收合格的防锈油脂却会得出不同的防锈效果，这种情况应从防锈工艺进行检查，如果稍有疏忽，就会造成事故。防锈工艺可从以下几点进行检查：

a. 清洗：由于清洗不干净，在金属表面留有水分、手汗或盐类等，而所用的防锈油又缺乏足够的置换性，就存在锈蚀的隐患。有的使用溶剂汽油为清洗材料，在溶剂汽油中没有加具有置换性的防锈油，清洗时又正值高湿气候，在金属表面就会产生凝露现象，甚至在未涂防锈油前已锈蚀，如果不经处理直接涂油，就必导致产品锈蚀。也有在清洗后未及时防锈，也会使产品在未涂油前已锈蚀。

b. 油封前的检查：金属制件在油封前应进行检查，必须清洁干燥，不能有锈。如已锈蚀，必须除锈，否则锈蚀将会继续存在，甚至还会发展。除锈后按防锈工艺进行油封，保证油封质量。

c. 加热：有些防锈油脂较稠，室温时不能浸涂或刷涂，需加热熔融后才能使用。如不按规定温度加热或长期在高温下操作，使有些添加剂分解成为有害的腐蚀剂，这种防锈油不但失去防锈性，相反成为腐蚀促进剂。故在加热时，必须按规定控制温度，不能长期高温或超温，不用时停止加热，以免防锈油脂变质，从而可保证防锈效果。

d. 涂覆方法：在涂覆防锈油脂时，油脂必须薄而均匀。如果油膜太厚或涂层不匀，会引起金属表面油膜薄处防锈性很好而在油层厚的地方产生不均匀的氧浓差电池而引起的腐蚀。在浸涂防锈油脂时，由于油未沥干尚有大量油即进行包装，使油多的地方产生腐蚀；如发现有一丝丝的锈蚀，主要是在刷涂时不均匀或漏刷所造成；在喷涂时也会造成油膜不均匀或漏喷。故在涂覆防锈油脂时，必须使油膜薄而均匀，不能漏涂，防止腐蚀。加热油封的金属制件，必须冷至室温后再包装，否则也容易产生腐蚀。

③包装材料。

如果包装材料质量不好、选择错误或使用不当，也会使防锈失效。包装材料不符合质量要求，密封性差，就达不到密封封存的目的。例如气相缓蚀剂对金属的选择性很强，使用气相纸时，必须根据金属来选用，否则会促使金属腐蚀；另外，使用防锈纸时，没有将粗糙面与金属表面接触，因此不能起到预期效果；有的塑料容器也能挥发出腐蚀性气体，必须慎用；包装木箱所选用的木材品种、干湿程度以及所用涂料，对金属制件都有一定的影响，甚至会有很严重的影响。因此，在使用包装材料时，必须结合具体情况，选择合适的包装材料，防止因包装材料选择或使用不当引起产品的锈蚀。

④储存环境。

储存条件的好坏，与金属的腐蚀速度有密切的关系。使用同一种防锈油脂、同样的油封防锈工艺，由于储存条件不同，所得的防锈效果大不一样。储存条件好的，防锈期就长，防锈效果也好；反之，防锈期就短，防锈效果也差。

(16)导致液压支架生锈的可能原因是什么？

液压支架用乳化油/浓缩液使用浓度低于规定浓度；液压支架用乳化油/浓缩液产品选用不合适；配液用水水质发生变化等。

第十一篇 水泥、矿山行业用润滑剂

前　言

水泥作为最重要的水硬性建筑材料，从发明、应用到现在已有180多年的历史。180多年来，其身影无处不在，上至浩瀚太空，下至地壳深处。它用在航天器材上、用在石油勘探中；大至摩天大楼、三峡工程、跨海隧道，小至接骨补牙、显微手术、日用器皿。水泥已渗透到人类触及的所有应用领域，其重要性不言而喻。它具有成本低、原料丰富、分布广泛、坚固耐用、抗水防腐的特点。能够给人类带来舒适、安全与幸福的生活环境。

近年来，随着世界水泥工业的迅猛发展，我国水泥行业也经历了翻天覆地的变化，水泥总产量已经稳居世界第一。新技术、新工艺层出不穷。目前，水泥工业新技术主要集中在新型均化技术、粉磨技术、煅烧技术、环保技术以及自动化技术。目的在于降低消耗，保护环境，提高产品质量，使水泥工业朝着绿色工业的方向发展，以改变人们对水泥工业的不良印象。

水泥是国民经济建设中不可缺少的基础性原料。就目前世界技术水平分析，还没有一种材料在近期内会代替用途广、用量大的水泥。我国是世界水泥生产和消费大国，水泥年产量位居世界首位，总量占世界水泥产量1/3以上。近年来，我国水泥行业总体运行状况良好。2018～2020年水泥产量分别为22.1亿吨、23.3亿吨和23.8亿吨，增幅分别为6.1%和1.6%，2020年行业利润总额达到1833亿元。可以说在经济增速放缓的背景下，水泥产量仍保持适度增长。根据我国《水泥行业“十三五”规划》，我国今后水泥产业的发展趋势是：逐步淘汰技术落后、产品质量低、规模小、污染严重的“小水泥”，推动水泥生产的大型化、规模化、清洁化、智能化。

水泥设备的工作特点是重负荷、低速、工况条件差、连续性生产。仅以水泥设备传动齿轮和各种类型减速机为例，在传递功率的过程中，啮合面之间存在着相对滑动，产生的摩擦可使齿面啮合区产生1000℃以上局部高温状态，虽然高温作用的时间只有千分之几秒，但能使啮合齿面间形成的润滑油层吸附油膜和氧化膜破裂，造成金属和金属直接接触，丧失正常的润滑状态，这就容易产生疲劳点蚀、擦伤，严重的会引起齿面早期老化，导致齿轮使用寿命降低。齿轮的磨损，又导致噪音、冲击和振动加剧，使齿轮失效。例如某水泥厂一原料磨传动的1000kW减速机，由于管理不善，缺少润滑油，使齿轮工作表面产生胶合及塑性变形，造成齿面严重损坏。为了正确使用好磨机、大型减速机及各种传动齿轮，使设备较长期安全运行，就要研究和掌握在不同摩擦状态下选用不同的润滑油。

第1章　水泥生产工艺流程及设备

根据水泥窑的类型，水泥生产工艺分为立窑和旋窑。传统的立窑水泥已基本淘汰；旋窑水泥生产线根据分解方式不同，又分为湿法和干法两种。早期旋窑水泥生产线主要是湿法水泥生产线，由于受环保和产能的限制已逐渐被先进的干法水泥生产线所取代，20世纪90年代后期建设的大型水泥生产线绝大部分是干法水泥生产线。以下是一条标准干法水泥生产线的工艺流程，括弧内为该工序所涉及的设备；湿法水泥生产线基本相类同。

干法水泥生产线的工艺流程：

石灰石矿→取石（风钻、推土机、装载机）→破碎（破碎机）→长距离皮带输送和部分汽车短途运输（皮带输送机）→原料场→取料（取料机、布料机）→长距离皮带输送（皮带输送机）→生料磨粉（生料磨机）→生料选粉（选粉机）→生料仓→生料提升（斗提机）→生料预热（生料预热器）→窑外分解（窑外分解炉）→旋窑分解（旋窑）→熟料→熟料冷却（熟料冷却机）→熟料仓→熟料提升（斗提机）→熟料磨粉（熟料磨机）→熟料选粉（选粉机）→水泥成品仓→成品包装（包装机）。

附属运转设备：空气压缩机、风机、驱动电机。

干法水泥生产线工艺流程如图11-1-1所示。

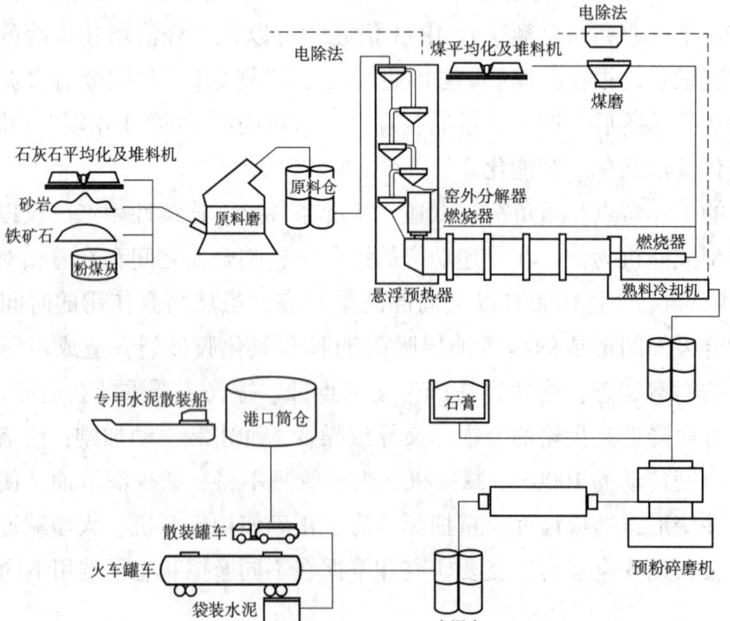

图11-1-1　干法水泥生产线工艺流程图

第2章　水泥行业设备用润滑油脂

水泥行业生产应用的设备主要有矿山机械、水泥生产设备及附属设备三大类。

2.1　水泥行业设备特点及对润滑油脂要求

水泥行业设备多属于重负荷、中速或低速传动，经常承受冲击负荷；使用环境恶劣，如潮湿、岩尘、风吹、日晒、雨淋及夏热冬冷等气候的变化。根据水泥行业设备的特点及使用情况，要求所使用的润滑油脂具有良好的热稳定性、氧化安定性、防锈性、抗腐蚀及抗乳化性；由于矿山的恶劣环境，当润滑油受到污染时，其性能变化不能太大，即对污染的敏感性要小；由于使用的温度冬夏及昼夜温差大，要求润滑油品黏度随温度的变化要小，即要有较好的黏温性能。

2.2　水泥行业主要设备及推荐用油

2.2.1　采矿设备润滑部位及推荐用油脂

采矿设备润滑部位及推荐用油脂见表11－2－1。

表11－2－1　采矿设备润滑部位及推荐用油脂

设备名称	润滑部位	推荐用油牌号(长城)	优化用油牌号(长城)
自卸车 装载机 推土机	发动机	尊龙 T500 CI－4 柴油机油	尊龙 T700 CK－4 柴油机油
	传动系统	中负荷车辆齿轮油 GL－4	MTF 手动变速箱油
	变速系统	中负荷车辆齿轮油 GL－4	MTF 手动变速箱油
	液压系统	卓力 L－HM 抗磨液压油	AE 液压油(高压高清)
	后桥	GL－5 重负荷车辆齿轮油	GL－5 全合成重负荷车辆齿轮油
	制动系统	DOT3 合成制动液	DOT4 合成制动液
	液力耦合器和变矩器	8 号液力传动油	8 号液力传动油
	轮毂轴承和底盘	极压复合锂基润滑脂	7022 号高级汽车润滑脂
打钻机	发动机	尊龙 T500 CI－4 柴油机油	尊龙 T700 CK－4 柴油机油
	传送系统	中负荷车辆齿轮油	MTF 手动变速箱油
	空气压缩机	DAH 喷油回转式空气压缩机油	4502 合成压缩机油

2.2.2　矿石破碎设备润滑部位及推荐用油脂

矿石破碎设备润滑部位及推荐用油脂见表11－2－2。

表 11-2-2　矿石破碎设备润滑部位及推荐用油脂

设备名称	润滑部位	推荐用油牌号(长城)	优化用油牌号(长城)
传送带	电动马达轴承	极压复合锂基润滑脂	7019-1 极压高温润滑脂
	齿轮箱	L-CKD 工业闭式齿轮油	AP 工业齿轮油 AP-S 工业齿轮油
	联轴器	极压复合锂基润滑脂	7019-1 极压高温润滑脂
	轴承	极压复合锂基润滑脂	7019-1 极压高温润滑脂
	电动马达轴承	极压复合锂基润滑脂	7019-1 极压高温润滑脂
破碎机	滑动轴承	极压复合锂基润滑脂	7019-1 极压高温润滑脂
	齿轮箱	L-CKD 工业闭式齿轮油	AP 工业齿轮油 AP-S 工业齿轮油
	液压千斤顶	卓力 L-HM 抗磨液压油	AE 液压油(高压高清)
振动筛	干油润滑轴承	极压复合锂基润滑脂	7019-1 极压高温润滑脂
进料筛	滑动轴承	L-CKD 工业闭式齿轮油	AP 工业齿轮油 AP-S 工业齿轮油
	液压系统	L-HM 抗磨液压油	AE 液压油(高压高清)

2.2.3　生料堆库设备润滑部位及推荐用油脂

生料堆库设备润滑部位及推荐用油脂见表 11-2-3。

表 11-2-3　生料堆库设备润滑部位及推荐用油脂

设备名称	润滑部位	推荐用油牌号(长城)	优化用油牌号(长城)
堆积库	轴承	极压复合锂基润滑脂	7019-1 极压高温润滑脂
	齿轮箱	L-CKD 工业闭式齿轮油	AP 工业齿轮油 AP-S 工业齿轮油
	开式齿轮	L-CKM 重负荷开式工业齿轮油	7420 重负荷开式齿轮润滑脂
	电动马达轴承	极压复合锂基润滑脂	7019-1 极压高温润滑脂
收集器	轴承	极压复合锂基润滑脂	7019-1 极压高温润滑脂
	齿轮箱	L-CKD 工业闭式齿轮油	AP 工业齿轮油 AP-S 工业齿轮油
	开式齿轮	L-CKM 重负荷开式工业齿轮油	7420 重负荷开式齿轮润滑脂

2.2.4　生料磨设备润滑部位及推荐用油脂

生料磨设备润滑部位及推荐用油脂见表 11-2-4。

表 11－2－4　生料磨设备润滑部位及推荐用油脂

设备名称	润滑部位	推荐用油牌号(长城)	优化用油牌号(长城)
生料磨(立式)	电动马达－轴承	极压复合锂基润滑脂	7019－1 极压高温润滑脂
	齿轮箱	L－CKD 工业闭式齿轮油	AP 工业齿轮油
	辊磨轴承－蜗齿轮	AP－S 工业齿轮油 4408 合成重负荷工业齿轮油	AP－S 工业齿轮油 4408 合成重负荷工业齿轮油
	液压系统	卓力 L－HM 抗磨液压油	AE 液压油(高压高清)
生料磨(水平式)	参看水泥磨		
预热器(水平式)	电动马达－轴承	极压复合锂基润滑脂	7019－1 极压高温润滑脂
	齿轮箱	L－CKD 工业闭式齿轮油	AP 工业齿轮油 AP－S 工业齿轮油
	开式齿轮	L－CKM 重负荷开式工业齿轮油	7420 重负荷开式齿轮润滑脂
	风扇－轴承	极压复合锂基润滑脂	7019－1 极压高温润滑脂
	联袖器	极压复合锂基润滑脂	7019－1 极压高温润滑脂
	辅助减速机	L－CKD 工业闭式齿轮油	AP 工业齿轮油 AP－S 工业齿轮油
空气分离器	电动马达－轴承	极压复合锂基润滑脂	7019－1 极压高温润滑脂
	齿轮箱	L－CKD 工业闭式齿轮油	AP 工业齿轮油 AP－S 工业齿轮油
	分离传动轴承	L－CKD 工业闭式齿轮油	AP 工业齿轮油 AP－S 工业齿轮油
均混器	空气压缩机	DAH 喷油回转式空气压缩机油	4502 合成压缩机油
	鼓风机	卓力 L－HM 抗磨液压油	

2.2.5　烧结设备润滑部位及推荐用油脂

烧结设备润滑部位及推荐用油脂见表 11－2－5。

表 11－2－5　烧结设备润滑部位及推荐用油脂

设备名称	润滑部位	推荐用油牌号(长城)	优化用油牌号(长城)
窑	备用柴油发动机	尊龙 T500 CI－4 柴油机油	尊龙 T700 CK－4 柴油机油
	辅助减速机	L－CKD 工业闭式齿轮油	AP 工业齿轮油 AP－S 工业齿轮油
	电动马达－轴承	极压复合锂基润滑脂	7019－1 极压高温润滑脂
	驱动齿轮箱	L－CKD 工业闭式齿轮油	AP 工业齿轮油 AP－S 工业齿轮油
	开式齿轮	L－CKM 重负荷开式工业齿轮油	7420 重负荷开式齿轮润滑脂
	小轴承/推力轴承/垂直轴承	L－CKD 工业闭式齿轮油	AP 工业齿轮油 AP－S 工业齿轮油
	联轴器	极压复合锂基润滑脂	7019－1 极压高温润滑脂

2.2.6　熟料冷却设备润滑部位及推荐用油脂

熟料冷却设备润滑部位及推荐用油脂见表 11－2－6。

表 11-2-6　熟料冷却设备润滑部位及推荐用油脂

设备名称	润滑部位	推荐用油牌号(长城)	优化用油牌号(长城)
原料运输	轴承	极压复合锂基润滑脂	7019-1 极压高温润滑脂
	鼓风机	极压复合锂基润滑脂	7019-1 极压高温润滑脂
	链条	极压复合锂基润滑脂	7019-1 极压高温润滑脂
	电动马达	极压复合锂基润滑脂	7019-1 极压高温润滑脂
筛子	齿轮箱	L-CKD 工业闭式齿轮油	AP 工业齿轮油 AP-S 工业齿轮油
	电动马达	极压复合锂基润滑脂	7019-1 极压高温润滑脂
	轴承	极压复合锂基润滑脂	7019-1 极压高温润滑脂

2.2.7　水泥磨设备润滑部位及推荐用油脂

水泥磨设备润滑部位及推荐用油脂见表 11-2-7。

表 11-2-7　水泥磨设备润滑部位及推荐用油脂

设备名称	润滑部位	推荐用油牌号(长城)	优化用油牌号(长城)
斗提机	减速箱	AP 工业齿轮油	7412(00)长寿命半流体齿轮润滑脂
	上部和下部滚筒轴承	极压复合锂基润滑脂	7019-1 极压高温润滑脂
生料磨(水平式)	电动马达-轴承	极压复合锂基润滑脂	7019-1 极压高温润滑脂
	齿轮箱	L-CKD 工业闭式齿轮油	AP 工业齿轮油 AP-S 工业齿轮油
	开式齿轮	L-CKM 重负荷开式工业齿轮油	7420 重负荷开式齿轮润滑脂
	风扇-轴承	极压复合锂基润滑脂	7019-1 极压高温润滑脂
	联轴器	极压复合锂基润滑脂	7019-1 极压高温润滑脂
	辅助减速器	L-CKD 工业闭式齿轮油	AP 工业齿轮油 AP-S 工业齿轮油
生料磨(立式)	参看生料磨	—	—
空气分离器	轴承	L-CKD 工业闭式齿轮油	AP 工业齿轮油 AP-S 工业齿轮油

2.2.8　装运设备润滑部位及推荐用油脂

装运设备润滑部位及推荐用油脂见表 11-2-8。

表 11-2-8　装运设备润滑部位及推荐用油脂

设备名称	润滑部位	推荐用油牌号(长城)	优化用油牌号(长城)
驱动设备	鼓风机	L-CKD 工业闭式齿轮油	AP 工业齿轮油 AP-S 工业齿轮油
	空气压缩机	DAH 喷油回转式空气压缩机油	4502 合成压缩机油
	风扇	极压复合锂基润滑脂	7019-1 极压高温润滑脂

2.3　润滑油脂选油原则

以大型减速机齿轮润滑油为例，介绍油品的选用原则。

1）要考虑齿轮工作面硬度

一般大齿轮工作面勃氏硬度 HB180 ~ HB350 时，选用油的 40℃黏度 135 ~ 165mm²/s；198 ~ 242mm²/s；齿轮工作面大于 350HB 时，选用油的 40℃黏度为 198 ~ 242mm²/s；288 ~ 352mm²/s，黏度指数≥90。

2）要考虑齿轮工作面接触应力

一般齿轮工作面接触应力在 500MPa 以下的可选用抗氧防锈型（L – CKB）工业齿轮油；在 500 ~ 1100MPa 时，可选用中负荷（L – CKC）工业齿轮油；在 1100MPa 以上时，可选用重负荷（L – CKD）工业齿轮油。多级齿轮减速机在考虑齿面应力时，按负荷最大的一对齿轮进行计算和选择。

3）考虑各种齿轮的工作特点

各种齿轮的工作特点不同，选择不同的润滑油。例如水泥企业传动磨机用大型减速机，负荷大，要求选用重荷（L – CKD）工业齿轮油；又如蜗轮传动，它的滑动速度大、发热量高，所以选用油时，要求黏度高，油性要好。

4）考虑设备的工作环境

水泥设备由于环境工作条件差，运转温升高，黏度下降，减弱了润滑能力，可能使油膜破坏而出现胶合，因此，在这种条件下要选择的润滑油黏度和黏度指数应高一些，例如运转温升在 45℃以上时黏度指数需要在 80 以上。

5）寒冷地区设备的选油

寒区工作的设备要选择凝点低及低温性能好的油。同时还要考虑其他工作环境条件，如有无水浸入润滑油的可能、气候是否潮湿、是否有腐蚀介质的影响等。根据具体情况，选用添加防锈剂、抗乳化剂、抗氧化剂等性能较好的工业极压齿轮油。

6）考虑设备载荷和速度

低速重载齿轮由于油膜形成条件差，要选择黏度指数较高、油性和极压性好的油；高速传动齿轮，一般油膜形成条件好，可以选择黏度较低的油；高温传动、瞬时温升高，易发生胶合失效，要选用抗氧化性能好的油。

7）考虑润滑方式和传动方式

考虑到润滑方式和传动方式，选择油品也应有所不同，如在闭式齿轮传动中，齿轮与轴承选用同一种润滑油，但齿轮与轴承对润滑油的要求不相同，齿轮要求高黏度的油，而滑动轴承考虑到散热则要求黏度低一些的油。由于采用同一润滑系统，这就要求双方兼顾的原则，即选用黏度稍低的极压性能好的工业齿轮油。

8）考虑传动比

多级传动因高速级和低速级的速度差别大，黏度的选择一般要比同样条件下单级传动的要高一些。

第 3 章　水泥行业关键设备润滑监控实施方案

水泥行业关键设备如果出现问题，往往会造成生产停工，给企业造成重大损失，因此，对一些重点的关键设备进行润滑监控，使我们了解设备的运行状况，间接发现设备存在的潜在问题，并指导我们采取必要的措施，减少设备的非正常停车。

水泥行业设备重点润滑管理部位主要有生料和熟料磨机减速箱和驱动电机的润滑站；生料球磨机开式齿轮的润滑；立式液压磨机的驱动电机、减速箱和液压系统的润滑站；旋窑开式齿轮、轮带、挡轮的润滑；气流选粉机转子轴承的润滑；大型空气压缩机的润滑等。

3.1　大型减速齿轮箱对重负荷工业齿轮油实施润滑监控技术方案

3.1.1　监控技术标准(参照石化行业标准 SH/T 0586—2010 制定)

大型减速齿轮箱重负荷工业齿轮油润滑监控技术标准见表 11 -3 -1。

表 11 -3 -1　大型减速齿轮箱重负荷工业齿轮油润滑监控技术标准

监控项目	换油指标
外观	出现异常应立即更换，如油质严重浑浊、乳化
运动黏度(40℃)/(mm^2/s)	与新油比较，黏度增加值超过 15%，或黏度下降值超过 15% 均应更换
水分/%	超过 0.5% 应更换
机械杂质/%	超过或等于 0.5% 应更换
铜片腐蚀(T_3 铜，100℃，3h)/级	腐蚀评级大于或等于 3b 应更换
承载能力：四球机法烧结负荷 P_D 值①/kg	低于或等于 250 应更换
酸值/(mgKOH/g)	与新油比较，酸值增加值大于或等于 1.0 应更换
铁含量/(mg/kg)	铁含量大于或等于 200 应更换

注：①SH/T 0586—2010 中规定用梯姆肯 OK 值监控承载能力，但测定费用很高，故转换为费用较低的四球法，参考使用。

3.1.2　监控周期

1)外观

不定期经常性观察，出现异常应取样分析，以防油品遇严重污染引发润滑事故。

运动黏度、水分、机械杂质、铜片腐蚀、承载能力按规定周期安排取样分析。

2)新油

记录供应商提供的产品质量数据；自新油投入使用起第 6 个月、第 12 个月、第 15 个月、第 18 个月、第 21 个月、第 24 个月取样分析。建立设备润滑监控分析技术档案，监控分析指标中任何一项达到第 1) 中换油指标要求应予以换油。

取样位置规定为润滑站过滤器出口端，取样量为 1L。

3.2　立式磨机液压站对抗磨液压油实施润滑监控技术方案

3.2.1　监控技术标准(参照石化行业标准 SH/T 0599—2013 制定)

立式磨机液压站抗磨液压油润滑监控技术标准见表 11－3－2。

表 11－3－2　立式磨机液压站抗磨液压油润滑监控技术标准

监控项目	换油指标
外观	出现异常应立即更换，如油质严重浑浊、乳化
运动黏度(40℃)/(mm^2/s)	与新油比较，黏度增加值超过 10%，或黏度下降值超过 10% 均应更换
水分/%	超过 0.1% 应更换
正戊烷不溶物/%	超过或等于 0.1% 应更换
铜片腐蚀(T_3铜，100℃，3h)/级	腐蚀评级大于等于 2a 应更换
酸值/(mgKOH/g)	与新油比较，酸值增加超过 0.3 应更换
色度	与新油比较色号增加大于或等于 2 个单位应更换
泡沫特性(24℃)/(mL/mL)	泡沫倾向/泡沫稳定性大于 450/10 应更换

3.2.2　监控周期

1)外观

不定期经常性观察，出现异常应取样分析，以防油品遇严重污染引发润滑事故。

运动黏度、水分、正戊烷不溶物、酸值、铜片腐蚀、色度按规定周期安排取样分析。

2)新油

记录供应商提供的产品质量数据；自新油投入使用起第 6 个月、第 12 个月、第 15 个月、第 18 个月、第 21 个月、第 24 个月取样分析。建立设备润滑监控分析技术档案，监控分析指标中任何一项达到第 1) 中换油指标要求应予以换油。

取样位置规定为润滑站过滤器出口端，取样量为 1L。

第4章 长城润滑油脂介绍

4.1 L－CKD 工业闭式齿轮油

长城牌得威 L－CKD 工业闭式齿轮油具有极好的承载能力，保证重载齿轮运转顺畅，减少齿面擦伤，有效降低运转噪音。

4.1.1 性能特点

(1)极好的极压承载能力，在重载或有冲击负荷的工作条件下，能够减少齿面擦伤，有效降低运转噪音，保证齿轮运转顺畅。

(2)热稳定性好，抗氧化性强，能减少各类有害氧化物、油泥的产生。

(3)优异的抗腐蚀性能，有效抑制部件的腐蚀磨损发生。

(4)良好的油水分离能力及抗泡沫性。

4.1.2 推荐用途

(1)适用于冶金、水泥、电力、矿山、橡塑、化肥、煤炭等行业中工作条件异常苛刻的闭式齿轮传动系统。

(2)适用于正齿轮、斜齿轮、螺旋伞齿轮、轴承等共为一体的油浴式或循环式润滑系统。

4.1.3 技术规格

国家标准 GB 5903(L－CKD)。

国际标准化组织 ISO 12925－1(L－CKD)。

日本产业技术综合研究所 AIST 224。

美国齿轮制造商协会 AGMA 9005－E02 EP。

4.1.4 主要产品典型数据

L－CKD 工业闭式齿轮油主要产品典型数据表见表 11－4－1。

表 11－4－1 L－CKD 工业闭式齿轮油主要产品典型数据表

项目	L－CKD 工业闭式齿轮油							
ISO 黏度等级	68	100	150	220	320	460	680	1000
运动黏度(40℃)/(mm^2/s)	68.24	98.76	150	217	313	432	662	1059
黏度指数	101	92	92	93	92	97	103	114
闪点(开口)/℃	234	248	235	242	250	238	246	246

续表

项目	L－CKD 工业闭式齿轮油							
倾点/℃	－15	－12	－12	－9	－9	－12	－12	－12
铜片腐蚀(100℃，3h)/级	1b	1b	1b	1b	1b	1b	1b	1b
液相锈蚀试验(B 法，24h)	无锈	无锈	无锈	无锈	无锈	无锈	无锈	无锈

4.2　AP 工业齿轮油

长城牌得威 AP 工业齿轮油是高级重载工业齿轮油，性能全面超越常规重负荷工业齿轮油 L－CKD，可有效防止齿轮设备运转过程中微点蚀的产生，满足工业齿轮箱 发展及世界主流齿轮箱 OEM 的规格要求。

4.2.1　性能特点

(1)独特的抗微点蚀性能，有效减少齿面过早损坏的风险。

(2)极好的承载和抗磨性能，可减少钢－钢部件磨损，确保设备正常运转。

(3)优异的耐温性能，高温时有效抑制油品高温氧化。

(4)优秀的抗腐防锈及分水特性，可保护设备不产生锈蚀。

4.2.2　技术规格

产品符合以下规格：

DIN 51517 Part Ⅲ(CLP)。

Q/SH3031 0551。

GB 5903(L－CKD)。

FLENDER(SIEMENS)BA 7300。

ISO 12925－1(L－CKD)。

David Brown S1.53 101E。

ANSI/AGMA 9005－E02(EP)。

AIST 224。

4.2.3　应用范围

(1)适用于带有重载、冲击负荷以及在苛刻的环境温度下工作的工业设备、船舶 的正齿轮、斜齿轮、锥齿轮等齿轮与轴承系统的润滑。

(2)广泛应用于钢铁、煤炭、建材、电力、石化、造纸等领域的输送机、磨煤机、挤出机、混料机、纸浆机等重型设备的工业齿轮减速箱。

(3)适用于船舶推进器、甲板绞车、吊车、舵机等；露天煤矿的电铲、索斗铲设备 的减速箱；以及联轴器、低速运转的高负荷滑动与滚动接触轴承非齿轮应用。

4.2.4　典型数据

AP 工业齿轮油主要产品典型数据表见表 11－4－2。

表 11-4-2　AP 工业齿轮油主要产品典型数据表

项目	AP 工业齿轮油					
ISO 黏度等级	100	150	220	320	460	680
运动黏度(40℃)/(mm^2/s)	101.5	142.3	214.5	303.9	448.6	645.3
黏度指数	96	98	98	97	98	104
倾点/℃	-26	-23	-20	-17	-11	-11
闪点(开口)/℃	236	240	242	238	235	223
铜片腐蚀(100℃, 3h)/级	1b	1b	1b	1b	1b	1b
液相锈蚀试验(B 法, 24h)	无锈	无锈	无锈	无锈	无锈	无锈
FZG 抗微点蚀试验(FVA 54) 失效等级 耐久试验	10 高级	10 高级	10 高级	10 高级	10 高级	10 高级

4.3　AP-S 工业齿轮油

长城牌得威 AP-S 工业齿轮油是高级全合成重载工业齿轮油，可在严苛的工况下为齿轮提供杰出的润滑保护，例如低摩擦、较长使用寿命及高抗微点蚀性能等。

4.3.1　性能特点

(1)独特的抗微点蚀性能，有效减少齿面和轴承过早损坏的风险。

(2)极好的承载和抗磨性能，可减少钢-钢部件磨损，确保设备正常运转。

(3)优异的耐温性能，高温时有效抑制油品高温氧化，即使在-40℃极低环境温度时也能给予齿轮很好的润滑保护。

(4)优秀的抗腐防锈及分水特性，可保护设备不产生锈蚀。

(5)相比于常规工业齿轮油，使用寿命长，可大幅延长维护周期。

4.3.2　推荐用途

(1)适用于带有重载、冲击负荷以及在极低或极高温度和温度变化幅度较大等苛刻工况下工作的工业设备、船舶的正齿轮、斜齿轮、锥齿轮等齿轮与轴承系统的润滑，特别推荐用于要求超长使用寿命、很少进行维护或不易维护的系统。

(2)广泛应用于钢铁、煤炭、建材、电力、矿山、石化、造纸等领域的输送机、磨煤机、挤出机、混料机、纸浆机等重型设备的工业齿轮减速箱。

(3)适用于船舶推进器、甲板绞车、吊车、舵机等；露天煤矿的电铲、索斗铲等设备的减速箱；大型矿车电动轮边减速器；立磨、中速磨煤机、矿渣磨的磨辊轴承；以及联轴器、低速运转的高负荷滑动与滚动接触轴承非齿轮应用。

4.3.3　技术规格

Q/SH3031 0551。

DIN　51517　Part　III(CLP)。

GB 5903(L-CKD)。

FLENDER(SIEMENS)BA 7300。

ISO 12925－1(L－CKT)。

David Brown S1.53 101E。

ANSI/AGMA 9005－E02(EP)。

AIST 224。

4.3.4 主要产品典型数据

AP－S 工业齿轮油典型数据表见表 11－4－3。

表 11－4－3 AP－S 工业齿轮油典型数据表

项目	得威 AP－S 工业齿轮油		
ISO 黏度等级	220	320	460
运动黏度(40℃)/(mm^2/s)	216.8	319.7	444
黏度指数	179	188	157
倾点/℃	－46	－43	－34
铜片腐蚀(100℃，3h)/级	1b	1b	1b
液相锈蚀试验(B 法，24h)	无锈	无锈	无锈
FZG 齿轮试验机试验(A/8.3/90)/失效级	12＋		
FZG 抗微点蚀试验(FVA 54) 失效等级 耐久试验	10 高级	10 高级	10 高级

4.4 4502 合成压缩机油

长城牌 4502 合成压缩机油是以合成油为基础油，并加入极压抗磨、抗氧、抗腐蚀等多种添加剂精制而成。

4.4.1 性能特点

(1)优良的高低温性能，保证系统宽温度范围内正常运转。

(2)优异的热氧化安定性能，防止润滑油高温积炭和结焦，增强压缩机高温下工作的安全性。

(3)优异的油泥与结焦物清洗功能，能有效清洗掉以前劣质空压机油在压缩机内形成的油泥与胶质。

(4)优异的抗乳化性，防止油水乳化，便于从油箱中分水，以延长油品的寿命。

(5)优异的热传导性能，降低压缩机运行温度。

(6)良好的材料适应性，避免系统使用中出现泄漏。

(7)良好的润滑性，保护压缩机，减少磨损。

4.4.2 推荐用途

(1)广泛用于钢铁、水泥、化工、机械、电子等行业所用小、中大型单级或多级往复式、回转式空气压缩机的润滑，32 到 68 号主要适用于低、中压回转式压缩机，也可用于中、小型往复式压缩机，100 到 220 号主要用于中、高压往复式压缩机及大型回转式压缩机。

(2)适用温度范围：回转式压缩机 -40 ~ 110℃，往复式 -35 ~ 200℃，短期可达 220℃。

4.4.3　技术规格

产品符合以下规格：Q/SH PRD0327。

4.4.4　主要产品典型数据

4502 合成压缩机油主要产品典型数据表见表 11-4-4。

表 11-4-4　4502 合成压缩机油主要产品典型数据表

项目	4502 合成压缩机油					
黏度牌号	32	46	68	100	150	220
运动黏度(40℃)/(mm^2/s)	32	46.3	67.5	98.4	149.3	214.2
中和值/(mgKOH/g)	0.16	0.2	0.17	0.19	0.18	0.2
闪点(开口)/℃	216	230	242	250	248	252
凝点/℃	-59	-55	-52	-45	-45	-42
抗乳化性能/min	4	4	4	4	4	6
腐蚀(100℃，3h)/级	1b	1b	1b	1b	1b	1b
残炭/%						
氧化前	0.02	0.02	0.04	0.03	0.03	0.04
氧化后	0.04	0.04	0.06	0.06	0.07	0.08

4.5　卓力 L-HM 抗磨液压油

长城牌卓力 L-HM 抗磨液压油(高压高清)是以深度精制的高品质基础油和添加剂，采用国际先进技术水平的生产工艺调和而成高清洁度的抗磨液压油。该产品性能优异满足多项国际 OEM 标准，可广泛用于工业、航运和移动式机械设备等高压液压系统的润滑。本产品按照 40℃运动黏度分为 32、46、68、100 等牌号。

4.5.1　性能特点

(1)杰出的抗磨损性能，通过多种液压泵试验，有效延长泵及系统的运转寿命。

(2)优异的过滤性，可最大限度地减少过滤器堵塞。

(3)优异的氧化安定性，油品使用寿命更长。

(4)优良的橡胶适应性，有效保护密封材料，防止泄漏。

(5)良好的水分离性能，使油水快速分离，避免油品乳化。

(6)良好的空气释放性和抗泡性。

(7)良好的清洁度，防止污染物损坏系统部件。

4.5.2　推荐用途

(1)广泛适用于工业、航运和移动式机械设备等高压液压系统。

(2)广泛适用于工程机械、建筑机械、矿山机械、冶金设备等高压液压系统。

4.5.3　技术规格

产品符合以下规格：

GB 11118.1 L－HM（高压）。

ISO 11158(L－HM)。

产品获得以下 OEM 认证：

Parker－Denison HF－0。

Eaton－Vickers。

Cincinnati P68、P70、P69。

4.5.4　主要产品典型数据

卓力 L－HM 抗磨液压油主要产品典型数据表见表 11－4－5。

表 11－4－5　卓力 L－HM 抗磨液压油主要产品典型数据表

项目	卓力 L－HM 抗磨液压油		
黏度等级	32	46	68
运动黏度(40℃)/(mm^2/s)	33.2	45.8	67.4
黏度指数	98	97	98
闪点(开口)/℃	230	240	245
倾点/℃	－15	－15	－13

4.6　极压复合锂基润滑脂

4.6.1　性能特点

(1)优良的耐高温性，摩擦部位在较高温度下或较高环境温度下润滑脂不流失，轴承或摩擦副得到持续保护，有效延长轴承在高温条件下的使用寿命。

(2)良好的极压抗磨性能，满足高负荷或有一定冲击负荷机械设备的轴承润滑。

(3)良好的氧化安定性，保证润滑脂在使用过程中有较长使用寿命。

4.6.2　推荐用途

(1)适用于多种润滑方式，1 号脂可用于集中润滑系统，2 号、3 号脂可用于手工注脂方式。

(2)适用于冶金行业高温、重负荷设备及印染、大型电动机、轿车、热油泵轴承等各种机械设备高温摩擦部位的润滑。

(3)使用温度：－20～160℃。

4.6.3　技术规格

SH/T 0535 93—2003。

4.6.4　主要产品典型数据

极压复合锂基润滑脂主要产品典型数据表见表 11－4－6。

表 11 -4 -6 极压复合锂基润滑脂主要产品典型数据表

项目	1 号	2 号	3 号
工作锥入度/0.1mm	326	270	242
滴点/℃	285	300	320
极压性能(四球机法)P_B值/N	632	648	648
腐蚀(T_2铜片, 100℃, 24h)	合格	合格	合格
防腐蚀性(52℃, 48h)/级	1	1	1

4.7 7019 -1 极压高温润滑脂

长城牌 7019 -1 极压高温润滑脂采用复合皂稠化合成油，并加入极压、抗氧、防锈等多种添加剂精制而成。按稠度等级分为 00、0、1、2、3 五个牌号。

4.7.1 性能特点

(1)良好的极压、抗磨性能，为承载部位提供有效润滑，减少磨损。

(2)优良的氧化安定性能，防止润滑脂高温变质，保证在高温下较长的使用寿命。

(3)良好的防锈性能，防止金属部件的腐蚀。

(4)良好的抗微动磨损性能，防止微动条件下的点蚀和磨损。

4.7.2 推荐用途

(1)适用于石油化工、纺织、印染、矿山、钢铁和浮法玻璃等各行业生产中的高温轴承，各种中、重负荷滚珠、滚柱、滑动轴承以及烘烤设备的齿轮、链条托轮等传动部位和连轴节等部位的润滑。

(2)00 号、0 号、1 号稠度的产品用于集中润滑系统。

(3)适应温度：-30 ~ 50℃，短期 +180℃。

4.7.3 技术规格

Q/SH PRD0234。

4.7.4 主要产品典型数据

7019 -1 极压高温润滑脂主要产品典型数据表见表 11 -4 -7。

表 11 -4 -7 7019 -1 极压高温润滑脂主要产品典型数据表

项目	7019 -1 极压高温润滑脂			
	0 号	1 号	2 号	3 号
外观	黄色光滑均匀油膏			
1/4 工作锥入度/0.1mm	360	324	267	239
滴点/℃	>300	>300	>300	>330
蒸发度(180℃, 1h)	2.36	2.2	1.9	2.68
相似黏度(-20℃, $10s^{-1}$)	430	721	1084	1438
腐蚀(45#钢片, 100℃, 3h)	合格			
承载能力 最大无卡咬负荷 P_B/N 综合磨损值 ZMZ	1373 652	1236 652	1236 699	1373 705

4.8　7420重负荷开式齿轮润滑脂

长城牌7420重负荷开式齿轮润滑脂是以皂基稠化剂稠化高黏度基础油，并加入极细的固体润滑剂、极压抗磨、抗氧、防腐、防锈等添加剂精制而成。

4.8.1　性能特点

(1)优异的极压抗磨性、保证在重负荷下良好的润滑性，保护齿轮，减少磨损。

(2)优异的氧化安定性能，防止润滑脂的氧化变质，延长使用寿命。

(3)优良的黏附性，避免润滑脂的流失，保证润滑部位的润滑。

(4)良好的抗水淋性能，在有水存在的情况下也能较好的润滑。

4.8.2　推荐用途

(1)适用于各种类型的大型、重负荷、低速至中速的开式齿轮的润滑，负荷承载能力达20000kgf/cm^{2}以上，以及各种型号的齿形联轴节的润滑，如热电厂、水泥厂球磨机、机械厂锻压机等重负荷开式大齿轮的润滑。

(2)使用温度：-30~120℃。

4.8.3　技术规格

符合Q/SH 303 223规格要求。

4.8.4　主要产品典型数据

7420重负荷开式齿轮润滑脂主要产品典型数据表见表11-4-8。

表11-4-8　7420重负荷开式齿轮润滑脂主要产品典型数据表

项目	7420重负荷开式齿轮润滑脂		
	000号	00号	0号
工作锥入度/0.1mm	450	426	370
相似黏度(-10℃，20s^{-1})/Pa·s	340	400	680
滴点/℃	180	185	190
腐蚀(45$^{\#}$钢，100℃，3h)	合格		
黏附性(66℃，15min)/%	70	99.5190	
烧结负荷 P_D/N	>6082		

4.9　尊龙T500 CI-4柴油机油

4.9.1　性能特点

(1)特有清洁型配方，强劲的清净分散性，可以有效防止沉积物引起的磨损，控制烟炱引起的黏度增长。

(2)性能整体表现优异，能够有效延长发动机润滑油的换油周期。

(3)优良的低温启动性能和高温润滑性能，能够持续保持油压稳定，动力更加强劲。

4.9.2 推荐用途

(1)适用于采用 EGR、SCR 等先进排放装置的轻重负荷柴油发动机，同时对欧美、日本和国内生产的装有涡轮增压及中冷器的柴油发动机提供优异保护。

(2)适用于非公路工业，采矿业、建筑业、农业等多种工程机械中。

4.9.3 技术规格

Cummins CES 20076/77/78。

Volvo VDS－3。

Mack EO－M Plus/EO－N。

MB－Approval 228.2/228.3。

Renault RLD－2。

MAN 3275。

API CF/CI－4/SJ/SL。

ACEA E7－08。

JASO DH－1。

CAT ECF－1－a。

MTU Type 2。

GB 11122—2006 CI－4。

4.9.4 主要产品典型数据

尊龙 T500 CI－4 柴油机油主要产品典型数据表见表 11－4－9。

表 11－4－9 尊龙 T500 CI－4 柴油机油主要产品典型数据表

测试项目	10W/30	15W/40	20W/50	实验方法
密度(20℃)/(kg/m^3)	857.6	869.7	879.5	GB/T 1884
100℃黏度/(mm^2/s)	11.07	14.94	18.76	GB/T 265
闪点/℃	231	234	239	GB/T 3536
倾点/℃	－31	－34	－29	GB/T 3535

第5章　润滑油脂使用注意事项

5.1　润滑油(脂)使用管理意义

润滑管理是机械管理中的一个重要组成部分。润滑管理的目的在于预防设备润滑故障，减少机械设备停车造成的损失和提高生产，节约保养劳务费和减少零部件更换，延长设备的使用寿命，减少固定资产投资，降低润滑剂的消耗量，节约费用。因此，搞好润滑的管理工作是企业提高经济效益的重要途径之一。

5.2　润滑管理的主要内容

(1)建立切实可行的管理机构和规章制度，配备专职或兼职的润滑工作人员。

(2)制定设置润滑的技术标准，执行“定点、定质、定期、定量、定人”的五定工作规范。

(3)控制润滑油脂的“购、储、用”全过程，最好定出全厂统一的代表各种油料牌号的颜色，便于区分，防止混杂。

(4)开展润滑技术培训。

(5)加强对润滑系统及重要设备的运行状态的检测。

(6)制定各种机型润滑材料的消耗定额。

(7)做好废旧油料的回收与再生利用。

(8)润滑管理效果的评价与改善。

5.3　润滑油脂的储运与入库检验和保管

润滑油脂的储运与入库检验均应严格按照要求进行，以确保润滑油脂质量合格。

(1)未经化验合格的油品，采购人员不应采购，验收人员应拒绝验收入库。

(2)散装油储存在油罐内，储存罐底设计以窝蝶形或倾斜为主，并安装放油孔，以便按时将沉淀物排出，并定期对油罐内部进行清理。

(3)装卸时防止倒塌，避免从卡车、火车等高处坠落。搬运时禁止碰撞，以免损坏包装。

(4)购入的合格润滑油脂应尽量储存于室内，如需露天放置，应用防雨布等搭棚遮盖。若一时量大而又无防雨布时，则须将桶倾斜立置并与地面成75°角，以防雨水渗入。

(5)包装不得倒置或横放，不要对包装进行重压，以防包装变形、损坏和产品泄漏。

5.4 润滑油脂使用注意事项

在润滑油脂的使用中，需认真执行机械润滑的“五定”和“三级过滤”规范。

5.4.1 五定

1)定点

要确定机械设备有几个润滑油箱、油盒油杯、油孔及密封或外露的润滑点。

2)定质

要确定各润滑点(部位)要求使用何种牌号的油，根据摩擦副的特点，掌握代用油或掺和调配方法，保持油料不受污染或变质。

3)定期

要确定各润滑点多长时间给油一次，根据油箱油质情况及时换油。

4)定量

要确定每个润滑点加多少油量为宜，规定消耗定额。

5)定人

各机械设备要有专人分工负责加换油脂。

5.4.2 三级过滤

进厂合格的润滑油在应用到设备润滑部位前，一般都要经过几次容器的倒换储存，每倒换一次或移动位置都应进行一次过滤，以杜绝杂质的二次污染。润滑油的三级过滤是：

(1)合格油品进润滑站固定油桶时要进行第一次(一级)过滤。

(2)润滑站固定油桶的油进加油工具时要进行第二次(二级)过滤。

(3)加油工具里的油进入设备润滑点时要进行第三次(三级)过滤。

具体步骤如下：

(1)打开桶盖前将桶盖表面及边缘擦干净，取用时使用洁净工具，使用后用桶盖密封，防止进入杂质、水等。

(2)对新设备或大修装置的润滑系统必须进行清洗，并按规定磨合。

(3)润滑脂使用后应当抹平，防止析油。

(4)组织进行机械设备的故障分析，做到“三不放过”。

(5)不能与不同类别的润滑油脂混合使用，不能加热熔化后使用。

(6)确保新油和旧油标识明确，避免不必要的浪费。

(7)不同公司的同类润滑油产品不得混用，必须混用则要求进行试验。同一公司不同质量等级的产品不得混用，油品代用必须“以高代低”，且要求黏度级别相同。

5.5 安全、健康、环保

(1)不能对包装物进行焊接、加热。使用和储存时严禁与明火接触，发生火灾时用干粉或泡沫灭火器灭火。

(2)从油桶中取油时，应采取适当的措施，防止润滑油飞溅到地面。

(3)残留及废弃润滑油脂不得随意丢弃，应按法规妥善处理。

(4)使用后的包装物请按法规妥善处理。

(5)开启容器时请戴上手套并使用工具，以免伤手。

(6)必要时安装排风装置，减少空气中的油雾浓度。

(7)使用时防止接触皮肤，防止溅入眼内，进入眼内及时找医生诊治。

(8)不穿被油渗透的衣服，不要用脏抹布擦皮肤上的油迹，以免抹布中有异物划伤皮肤。

(9)接触皮肤后，用水、肥皂及时清洗干净。工作场所配备必要的清洗用具、医疗用具和急救用品。

(10)禁止食用，误食后请找医生诊治。

(11)置于儿童不能触到的位置。

第十二篇

纺织机械用润滑剂

前　言

纺织业是我国国民经济的支柱产业之一。从 20 世纪后期开始，我国的纺织工业进行了大规模的结构调整。在实现现代化过程中，在技术改造、设备更新等方面取得了很大的进展，引进和生产了许多纺纱和织造方面的新机械。不少机械正朝着多功能、高速化、自动化、节能化、省力化、长寿命、无保养或少保养方向发展。

机械越发展，机械的润滑问题就越显重要。正确地选用纺织机械的润滑剂，是最大限度降低机械摩擦阻力、减少机件磨损、节省能源，最大地发挥机械设备的效率、取得好的经济和社会效益的重要手段。

由于纺织品的原料有棉、麻、丝、绢以及各种合成纤维，对应的纺织机械的种类、型号及规格也复杂繁多。这些机械根据其作用原理及用途，可分别归类为清梳机械、并条机械、高速纺纱机、粗纱机、精纺机、络经机、整经机、浆纱机、织布机、验布机、码布机、打包机等。对于这些纺织机械的润滑，包括纺纱、绕丝、拉丝、并条和编织等机械的润滑。此外，还有纺织工艺用油，在油中含有多种纺织助剂，具有纺织所需的多种特殊功能，如对纤维间减摩、软化、增强弹力、控制静电等，并且还要求具有易于洗掉的性能，以免影响织物的染色和美观。

本章根据主要纺织机械的作用分类，对各类机械的润滑要求、选油原则、常用润滑油脂的品种规格、油品质量监测、换油周期和管理以及常见的润滑故障排除等问题进行介绍。对于一些最新设备和特殊润滑要求，今后将在不断认识深化、不断积累实践经验的基础上做进一步的补充和完善。

第1章　纺织机械的主要种类、润滑部位和推荐用油

由于纺织原料广泛，对应的纺织机械的种类也多，型号、规格更为繁杂，但根据作用原理及用途，纺织机械可分为若干主要种类。表12－1－1是纺织机械的主要种类及其主要润滑部位和推荐用油，可供用户在选购润滑油(脂)时参考。

表12－1－1　纺织机械用润滑油(脂)

机械名称	润滑部位	用油名称
料斗开包机 混打机 料斗进料机	液压系统 滑动轴承	L－HM32，L－HM46抗磨液压油
开棉机	滚动轴承	1号，2号通用锂基润滑脂
清棉机	滑动轴承	L－HM46，68抗磨液压油
梳棉机	滑动轴承 斩刀油箱 齿轮部分	L－HM46，68抗磨液压油 L－HM32，46抗磨液压油 2号，3号通用锂基润滑脂
高速纺丝机 纺牵联合机	锭子 滑动轴承 滚动轴承 传动齿轮	L－FD2，5轴承油 L－HM32，46，68抗磨液压油 2号，3号通用锂基润滑脂 2号，3号通用锂基润滑脂
并条机	滑动轴承 皮棍	L－HM46，68抗磨液压油 L－HM68，100抗磨液压油
张紧轮	轴颈轴承	2号，3号通用锂基脂
粗纺机	锭杆轴承 罗拉凳(脂润滑) 罗拉凳(油润滑) 皮棍 滑动轴承 花鼓筒	L－HM46抗磨液压油 2号，3号通用锂基润滑脂 L－HM100抗磨液压油 L－HM68，100抗磨液压油 L－HM46，68抗磨液压油 00号半流体锂基润滑脂
精纺机	锭子 滑动轴承 滚筒轴承(脂润滑) 滚筒轴承(油润滑) 皮棍 并条机(轴承) 张紧轮(轴承) 链滚(轴承) 正面顶滚(轴承) 槽滚(轴承)	L－FD5，7轴承油 L－HM46，68抗磨液压油 2号，3号通用锂基润滑脂 L－HM68，100抗磨液压油 L－HM68，100抗磨液压油 2号，3号通用锂基润滑脂 2号，3号通用锂基润滑脂 1号通用锂基润滑脂 1号通用锂基润滑脂 2号，3号通用锂基润滑脂

续表

机械名称	润滑部位	用油名称
捻线机 倍捻机	锭子 滚筒轴承 钢领轴承	L－FD5，7 轴承油 L－HM68，100 抗磨液压油 1 号通用锂基润滑脂
络经机 络筒机	断头自仃箱 滚动轴承 滑动轴承	L－HM22，32 抗磨液压油 2 号，3 号通用锂基润滑脂 L－HM46，68 抗磨液压油
整经机	液压系统、滑动轴承 滚动轴承	L－HM46，68 抗磨液压油 2 号，3 号通用锂基润滑脂
浆纱机	传动齿轮 烘筒轴承	L－CKC、CKD320 工业闭式齿轮油 3 号通用锂基润滑脂
浆泵	滑动轴承	L－HM46，68 抗磨液压油
织布机	滑动轴承 传动齿轮 提花楼子	2 号，3 号通用锂基润滑脂 L－CKD150 工业闭式齿轮油 L－HM22 抗磨液压油
喷气织机	各齿轮箱	L－CKC，L－CKD 工业闭式齿轮油
喷水织机	各齿轮箱	L－CKC，L－CKD 工业闭式齿轮油
剑杆织机	导轨 纬密变换箱(外箱体) 传剑装置 倒转齿轮箱 凸轮箱	L－G 导轨油或 L－HG 液压导轨油 L－CKD150 工业闭式齿轮油 L－CKD150 工业闭式齿轮油 L－CKD150 工业闭式齿轮油 L－CKD320 工业闭式齿轮油
	纬密变换箱(内箱体) 送经装置蜗杆 卷取电子编码器	L－CKE/P460，680 极压型蜗轮蜗杆油 L－CKE/P460，680 极压型蜗轮蜗杆油 L－CKE/P460，680 极压型蜗轮蜗杆油
	液压系统 各滚动轴承	L－HM32 抗磨液压油 1 号通用锂基润滑脂
卷纬机	锭子	L－FD5，7 轴承油
片梭织机	齿轮箱	L－CKD220，320 工业闭式齿轮油
定型机	链条 齿轮箱	4402－1 热定型机油 L－CKC320 工业闭式齿轮油
预缩机	链条 齿轮箱	4402－1 热定型机油 L－CKC320 工业闭式齿轮油
蒸化机	链条 轴承	4402－1 热定型机油 HP－R、7019－1 极压高温润滑脂
印花机	链条 轴承	4402－1 热定型机油 HP－R、7019－1 极压高温润滑脂
染色机	轴承	HP－R、7019－1 极压高温润滑脂
验布机 码布机	滑动轴承	L－HM46，68 抗磨液压油
打包机	液压装置 滑动轴承	L－HM22，32，46 抗磨液压油 L－HM46，68 抗磨液压油
有机热载体炉	加热系统	L－QB300 导热油
往复式空压机	缸套、轴承	L－DAB150 中负荷空压机油

第2章 纺织机械用油的作用、一般性能要求和选油原则

纺织机械设备的型号、规格繁多，但不管是传统的纺织机械还是最新的现代机械，其润滑部位大多为轴承和齿轮，其次为液压系统。尽管它们的使用环境和工况条件不像汽车、船舶那样复杂多变和苛刻，但对于润滑油的性能要求仍然很高，并有自己的特点。

2.1 纺织机械用油的作用

1）降低摩擦

在摩擦副（如轴承和齿轮）相对运动表面加入润滑剂形成润滑膜，将摩擦面隔开，从而降低摩擦阻力和动力消耗，提高机械动力。

2）减少磨损

在轴承或齿面间的润滑剂可降低摩擦并支承载荷，因此可以减少相对运动表面磨损及划伤，保持设备零件的配合精度。

3）冷却

液体润滑剂通过流动或循环，可将摩擦产生的热量带走，降低机械发热。

4）防腐

摩擦表面的润滑剂，可以隔绝空气、水蒸气及腐蚀性气体等环境介质对摩擦表面的侵蚀，防止或减缓生锈。

5）减振

润滑剂可将冲击振动的机械能转化变为液压能，起阻尼减振和缓冲作用。

6）清洗

润滑油的流动，可将摩擦表面上的污物、磨屑冲洗带走，起清洗设备的作用。

2.2 纺织机械对润滑油的一般要求

纺织机械种类、规格不同，对润滑油的要求也有差别，但一般对下列性能均有要求。

1）黏度

黏度是各种润滑油分类分级和评定产品质量的主要指标，是纺织机械（也是各类其他机械）选用润滑油的主要依据，只有选用适宜的黏度，机械才能正常地、长周期地使用。

2）氧化安定性和热稳定性

许多现代纺织机械都采用了集中润滑系统，而且连续运转周期长，因此要求润滑油的

氧化安定性要好。

3）抗腐防锈和抗乳化性

纺纱织布的工作环境，对温度和湿度均有一定的要求，因此纺织机械使用的润滑油与空气中水分接触机会多，特别是以水为引梭介质的喷水织布机所用润滑油，更容易因水的侵入而造成机械腐蚀和油品的乳化，因此要求纺织机械油应具有良好的防腐防锈和抗乳化性能。

4）足够的抗磨性

许多纺织机械都是长周期连续运转，而且承受的负荷（如剑杆织布机的打纬机械）大。为了减少机械的磨损，油品必须有足够的润滑性，甚至要求有良好的极压性。

5）抗泡性

纺织机械润滑油在机械运转循环过程中带入空气或受到运转齿轮的搅动等原因，容易产生泡沫而使机械润滑不良。因此要求纺织机械油应具有良好的抗泡沫性能。

6）黏附性

油品的黏附性能好，可以减少漏油、甩油造成对纺织产品的污染。

2.3　纺织机械的一般选油原则

2.3.1　根据机械的工作条件选用

1）载荷

载荷大的，选用黏度大、油性或极压性能优良的润滑油。

2）运动速度

机械润滑部位摩擦副运动速度高的，应选用黏度低的润滑油；低速部件可选用黏度大的润滑油。

3）温度

对低温环境下使用的机械，应选用黏度和倾点较低的润滑油；对于工作温度高的机械，则应选用黏度大、闪点高、氧化安定性好的润滑油。

4）环境温度和与水接触情况

在潮湿的工作环境里，或与水接触较多的工作条件下，应选用抗乳化性能较强、油性和防锈性能较好的润滑油。

2.3.2　根据润滑油名称以及所要求的油品性能选用

1）根据油名

油名一般用于相同名称的机械部件，并且油品的性能符合该润滑件要求，如齿轮润滑用适宜的齿轮油，轴承润滑用适宜的轴承油。

2）根据性能

有的油品虽然与所需润滑的部件名称不一致，但油品的性能能够满足甚至高于润滑部件的润滑要求，也能选用。如纺织机械中轴承润滑，以前大多采用相应的轴承油或全损耗系统油（机械油）。由于机械的发展，要求所用的油品性能更好、更全面，因而选用了 L –

HL 液压油作为全损耗系统油的升级换代品，因为 L－HL 液压油比之全损耗系统油(机械油)有更好的抗氧防锈性、抗乳化性能和抗泡性等，更能满足现代纺织机械的轴承等部件的润滑要求。

2.3.3 根据纺织机械制造厂的推荐用油选油

各种机械设备设计时考虑到其工况条件，推荐了合适的润滑油类型及牌号，可参考选用，也可结合实际使用工况选用。

第3章　纺织机械常用及专用油的性能要求及规格标准

各类纺织机械常用油的油品包括L-HM抗磨液压油、工业闭式齿轮油、蜗轮蜗杆油、轴承油、通用锂基润滑脂等；专用油有喷水纺织机专用油、00号半流体锂基润滑脂等。这些油脂的不同规格牌号，能满足各种纺织机械的轴承、齿轮、液压系统等机件的润滑需要。

3.1　L-HM抗磨液压油

L-HM液压油是以精制程度较高的矿物油作为基础油的抗磨液压油。该油品除供液压系统使用外，还作为通用机床润滑油。纺织机械以前大多使用全损耗系统油(机械油)作为润滑油，随着纺织机械的发展与工况的变化，现已普遍采用性能更好的L-HM抗磨液压油替代全损耗系统油。L-HM抗磨液压油主要用于纺织机械的滑动轴承及液压系统，在轴承中主要起润滑、防锈、冷却等作用。

3.1.1　L-HM抗磨液压油的主要性能要求

1)黏度、黏温特性

黏度是轴承等摩擦副首先要考虑的因素，在相同的工作压力下，黏度过高，轴承间的运动阻力增加，温升加快；对于液压系统则会造成管道压力降和功率损失增大；若黏度过小，则会造成轴承内泄漏增加并使轴承间的油膜变薄，支承能力下降。

由于要求L-HM抗磨液压油在温度变化、压力和剪切力作用下黏度变化不能过大，因此油的黏温特性(黏度指数)要好。

2)润滑性(抗磨性)

对于纺织机械大多数轴承的润滑要求，一般选择黏度适宜的L-HM抗磨液压油都能满足，但对于压力较高的，就要求抗磨性较好的油品，以防止相对运动的表面磨损。

3)抗氧化性

油品在使用过程中会逐渐发生氧化变质，氧化生成的酸性物质会增加对金属的腐蚀性，产生的油泥沉淀会堵塞集中润滑系统的过滤器和细小间隙，使轴承等润滑部件发生不正常现象或液压系统失灵，需要L-HM抗磨液压油具有良好的氧化安定性。

4)防锈和抗腐蚀性

L-HM抗磨液压油在纺织机械的润滑过程中，不可避免地会接触水分、空气，使油品氧化而产生酸性物质等而引起摩擦元件的腐蚀和生锈，影响正常工作或元件损失，因此要求 L－HM 抗磨液压油具有良好的防锈和抗腐蚀性。

5)抗乳化性

L－HM 抗磨液压油在工作过程中，从不同途径混入的水分和冷凝水在受到剧烈搅动后，容易造成油品乳化，使油劣化、变质，降低油品的润滑性；同时因油品乳化，还会使元件产生锈蚀和腐蚀，因此要求 L－HM 抗磨液压油具有良好的抗乳化性。

6)抗泡性和空气释放性

油品产生泡沫或油中含有大量的气泡，不仅使集中润滑系统的油压降低，润滑条件变坏，还会使机械产生异常噪音和振动。此外，气泡还增加了油与空气的接触面积，加速油的氧化变质。因此要求 L－HM 抗磨液压油具有良好的抗泡性和空气释放性。

7)密封材料的适应性

由于油品与密封材料的适应性不好，会使密封材料溶胀、软化或变硬而失去密封性。因此要求油品与密封材料互相适应，防止产生不良影响。

3.1.2 L－HM 抗磨液压油标准

L－HM 抗磨液压油(普通)的标准见表 12－3－1。

表 12－3－1 L－HM 抗磨液压油(普通)标准(GB 11118.1—2011)

项目		质量指标						试验方法
		L－HM(普通)						
黏度等级(GB/T 3141)		22	32	46	68	100	150	
密度(20℃)/(kg/m^3)		报告						GB/T 1884
色度/号		报告						GB/T 6540
闪点(开口)/℃	≥	165	175	185	195	205	215	GB/T 3536
运动黏度/(mm^2/s)								
0℃	≤	300	420	780	1400	2500	—	GB/T 265
40℃		19.8～24.2	28.8～35.2	41.4～50.6	61.2～74.8	90～110	135～165	GB/T 265
黏度指数	≥	85						GB/T 1995
倾点/℃	≤	－15	－15	－9	－9	－9	－9	GB/T 3535
酸值(以 KOH 计)/(mg/g)		报告						GB/T 4945
水分(质量分数)/%	≤	痕迹						GB/T 260
机械杂质		无						GB/T 511
铜片腐蚀(100℃，3h)/级	≤	1						GB/T 5096
磷酸盐灰分/%		报告						GB/T 2433
液相锈蚀(24h) A 法(蒸馏水)		无锈						GB/T 11143
泡沫性/(mL/mL)								GB/T 12579
24℃	≤	150/0						
93.5℃	≤	75/0						
后 24℃	≤	150/0						

续表

项目	质量指标						试验方法
	L－HM(普通)						
黏度等级(GB/T3141)	22	32	46	68	100	150	
空气释放值(50℃)/min　≤	5	6	10	13	报告	报告	SH/T 0308
抗乳化性(乳化液到3mL的时间)/min 54℃　≤ 82℃　≤	30 —				— 30	— 30	GB/T 7305
密封适应性指数　≤	13	12	10	8	报告	报告	SH/T 0305
氧化安定性 1000h后酸值(以KOH计)/(mg/g)　≤ 1000h后油泥/mg	2.0 报告						GB/T 12581 SH/T 0565
旋转氧弹(150℃)/min	报告						SH/T 0193
抗磨性 磨斑直径/mm	报告						NB/SH/T 0189

对于L－HM抗磨液压油(高压)的质量标准，黏度指数、防锈性能、氧化安定性、水解安定性、过滤性、抗磨性(泵试验)等性能大大提高，油品综合性能也有明显提升。

3.2　L－FD轴承油

轴承油主要用于高速纺纱机、精纺机等机械的锭子滑动轴承润滑。现代大型纺纱机锭子的转速很高，一般是10000～20000 r/min，而且负荷也较大，因此轴承油的作用是有效地降低高速运转的主轴的温升，减少主轴磨损、抗腐防锈及延长主轴使用寿命。

3.2.1　轴承油的性能要求

1)黏度和黏温特性

为使高速运转锭子的滑动轴承温度不致过高而变形或使轴承润滑不良，应根据主轴轴承结构、转速及轴承间隙等选用合适黏度的轴承油，并要求油品有良好黏温特性(黏度指数)，防止因轴承工作温度及环境温度变化较大时，黏度的变化过大而影响润滑性能。

轴承油的黏度选择与轴承的转速及轴承的间隙之间的关系见表12－3－2～表12－3－4，可作为选用轴承油规格牌号(黏度)的参考。

表12－3－2　滑动轴承用润滑油黏度选择

转速/(r/min)	低负荷－中负荷(2.94MPa以下)运转温度60℃以下可选择的适宜黏度(40℃)/(mm^2/s)
50以下	135～240
50～100	100～190
100～150	60～110
500～1000	55～85
1000～3000	25～55

续表

转速/(r/min)	低负荷-中负荷(2.94MPa 以下)运转温度60℃以下可选择的适宜黏度(40℃)/(mm^2/s)
3000~5000	18~32
5000~10000	10~20
10000 以上	2~10

表 12-3-3 滑动轴承用润滑油黏度选择

转速/(r/min)	中负荷-高负荷(2.94~7.35MPa)运转温度60℃以下可选择的适宜黏度(40℃)/(mm^2/s)
50 以下	290~400
50~100	180~330
100~250	140~240
250~500	100~180
500~750	90~135

表 12-3-4 根据轴承间隙选择主轴油牌号(黏度)(滑动轴承)

主轴与轴承之间间隙/mm	选取的轴承油牌号
0.002~0.006	L-FD2
0.006~0.010	L-FD3、L-FD5、L-FD7
0.010~0.030	L-FD7、L-FD10
0.030~0.060	L-FD15、L-FD22

2)润滑性

为使主轴与轴承接触面之间保持均匀的油膜，以减少摩擦及摩擦热，降低主轴温升，保证正常运转，要求油品具有良好的润滑性。

3)抗氧化性

保证油品长期使用不变质。

4)防锈性

3.2.2 L-FD 轴承油的质量标准

L-FD 轴承油(一级品)的质量标准见表 12-3-5。

表 12-3-5 L-FD 轴承油(一级品)的质量标准(SH/T 0017—1990)

项目	质量指标							试验方法
黏度等级(按 GB/T3141)	2	3	5	7	10	15	22	
色度/号	报告							GB/T 6540
运动黏度(40℃)/(mm^2/s)	1.98~2.42	2.88~3.52	4.14~5.06	6.12~7.48	9.00~11.0	13.5~16.5	19.8~24.2	GB/T 265
黏度指数	—				报告			GB/T 2541
倾点/℃ ≤	-12							GB/T 3535

续表

项目		质量指标							试验方法
黏度等级(按 GB/T3141)		2	3	5	7	10	15	22	
闪点/℃　开口	≥	—			115	140			GB/T 3536
闭口	≥	70	80	90	—				GB/T 261
中和值/(mgKOH/g)		报告							GB/T 4945
水分/%	≥	痕迹							GB/T 260
机械杂质/%	≥	无							GB/T 511
抗乳化性(40－37－3)/min	≥	报告(25℃)							GB/T 7305
铜片腐蚀(100℃，3h)/级	≥	1(50℃)		1					GB/T 5096
泡沫性/(mL/mL)　24℃	≥	100/10							GB/T 12579
液相锈蚀试验(蒸馏水法)		无锈							GB/T 11143
橡胶密封适应性指数		报告							SH/T 0305
硫酸盐灰分/%		报告							GB/T 2433
磨斑直径(196N，60min，75℃，1500r/min)/mm	≥	0.5							NB/SH/T 0189
氧化安定性									
酸值到 2.0mgKOH/g 时间/h	≥	—				1000			GB/T 12581
氧化后酸值增加/(mgKOH/g)	≥	0.2				—			
氧化后沉淀/%	≥	0.02				—			SH/T 0656

3.3　L－CKD 工业闭式齿轮油

L－CKD 工业闭式齿轮油主要用于剑杆织机等新型多功能织布机的各齿轮箱中，由于这些齿轮负荷大，对齿轮油的质量要求较高。

3.3.1　L－CKD 工业闭式齿轮油的性能要求

1)黏度

可以保证弹性流体在动压润滑状态下形成足够强的油膜，使齿轮有足够的承载能力，降低齿轮面的磨损。

2)极压抗磨性

在重负荷下，为了使齿轮不产生擦伤、胶合、点蚀及磨损，L－CKD 工业闭式齿轮油应具备优良的极压抗磨性。

3)氧化安定性

在加热和金属的催化作用下抵抗氧化变质的能力。

4)剪切稳定性

在齿轮运转中所引起的对齿轮油的剪切作用，使油品的黏度改变，特别是油中添加的黏度指数改进剂最容易受到影响，因此齿轮油应具备良好的剪切稳定性。

5) 抗泡性

由于齿轮及齿轮润滑系统中的油泵等在运转过程中的搅动，会使齿轮油产生泡沫，影响润滑油的性能，因此齿轮油应具备良好的抗泡沫性。

6）防锈性

在齿轮运转过程中，常因油的氧化分解而变质劣化，产生油泥和胶质性物质使齿轮生锈和腐蚀，故要求齿轮油具有良好的防锈防腐蚀性。

7）抗乳化性

齿轮在运转中常接触到冷凝水等而使齿轮油乳化，引起添加剂水解沉淀分离，产生有害物质，使齿轮油变质，失去使用性，故要求L－CKD齿轮油具有良好的抗乳化性。

3.3.2 L－CKD工业闭式齿轮油规格标准

L－CKD工业闭式齿轮油的规格标准见表12－3－6。

表12－3－6 L－CKD工业闭式齿轮油标准(GB 5903—2011)

项目	质量指标						试验方法
黏度等级(GB/T3141)	100	150	220	320	460	680	
运动黏度(40℃/(mm^2/s)	90～110	135～165	198～242	288～352	414～506	612～748	GB/T 265
运动黏度(100℃/(mm^2/s)	报告						GB/T 265
黏度指数 ≥	90						GB/T 1995
闪点(开)/℃ ≥	200						GB/T 3536
倾点/℃ ≤	－12	－9				－5	GB/T 3535
机械杂质/% ≤	0.02						GB/T 511
水分/% ≤	痕迹						GB/T 260
铜片腐蚀(100℃，3h)/级 ≤	1						GB/T 5096
泡沫特性/(mL/mL)							GB/T 12579
24℃ ≤	50/0						
93.5℃ ≤	50/0						
后24℃ ≤	50/0						
液相锈蚀试验合成海水	无锈						GB/T 11143
抗乳化性(82℃)							GB/T 8022
油中水/% ≤	2.0						
乳化层/mL ≤	1.0						
总分离水/mL ≤	80.0						
四球机试验							
磨斑试验/mm ≤	0.35						NB/SH/T 0189
烧结负荷(P_D)/N(kgf) ≥	2450(250)						GB/T 3142
综合磨损指数/N(kgf) ≥	441(45)						GB/T 3142
氧化安定性(121℃，312h)							SH/T 0123
100℃运动黏度增长/% ≤	6						
沉淀值/mL ≤	0.1						
承载能力							
齿轮机试验/失效级 ≥	12	12	＞12				NB/SH/T 0306
极压性能(梯姆肯试验机法)							
OK负荷值/N(lb) ≥	267(60)						GB/T 11144

3.4　L－CKE/P 极压型蜗轮蜗杆油

极压型蜗轮蜗杆油主要用于纺织机械中比较新型的剑杆等织机中。剑杆织机的纬密变换箱、送经装置、卷取装置的蜗轮蜗杆为铜－钢配对的摩擦副，减速比大，其咬合部分为滑动摩擦，滑动速度大，摩擦损失也大，其运行特点是连续工作、运转速度不高，但承受的负荷重，传动中偶有振动和冲击现象发生。因此必须使用性能优良的极压型蜗轮蜗杆油，以保护摩擦副不受损伤，正常工作，延长机件的寿命。

3.4.1　蜗轮蜗杆油的作用

(1)减少蜗杆副的磨损。

(2)减少摩擦力和功，提高传动效率。

(3)防止机件的锈蚀。

(4)散热，起冷冻作用。

(5)减少噪声、振动和蜗杆体之间的冲击。

(6)排出脏物。

3.4.2　对极压型蜗轮蜗杆油的性能要求

(1)具有良好的极压抗磨性。

(2)具有良好的氧化安定性。

(3)具有良好的抗泡性和抗乳化性。

(4)具有良好的防锈性、特别对防止铜的腐蚀性能要好。

3.4.3　L－CKE/P 极压型蜗轮蜗杆油的标准

L－CKE/P 蜗轮蜗杆油(一级品)的质量指标(SH/T 0094—91)见表 12－3－7。

表 12－3－7　L－CKE/P 蜗轮蜗杆油(一级品)的质量指标(SH/T 0094—1991)

项目		质量指标				试验方法
质量等级		L－CKE/P(一级品)				
黏度等级(GB/T3141)		220	320	460	680	
运动黏度(40℃)/(mm²/s)		198～242	288～352	414～506	612～748	GB/T 265
闪点(开口)/℃	≥	200	200	220	220	GB/T 3536
黏度指数	≥	90				GB/T 1995
倾点/℃	≤	－12				GB/T 3535
机械杂质/%	≤	0.02				GB/T 511
水分/%	≤	痕迹				GB/T 260
中和值/(mgKOH/g)	≤	1.0				GB/T 4945
皂化值/(mgKOH/g)	≤	25				GB/T 8021
腐蚀试验(铜片，100℃，3h)/级	≤	1				GB/T 5096
液相锈蚀试验：合成海水		无锈				GB/T 11143
硫含量/%	≤	1.25				GB/T 387
氯含量/%	≤	0.03				SH/T 0161

续表

项目	质量指标				试验方法
质量等级	L－CKE/P(一级品)				
黏度等级(GB/T3141)	220	320	460	680	
抗乳化性(82℃，40－37－3)/min　≤	60				GB/T 7305
泡沫性/(mL/mL) 24℃　≤ 93.5℃　≤ 后24℃　≤	 75/10 75/10 75/10				GB/T 12579
氧化安定性(酸值达到2.0mgKOH/g时间)/h　≥	350				GB/T 12581
综合磨损指数(1500r/min)/N　≥	392				GB/T 3142
剪切安定性试验(40℃运动黏度的下降率)/%　≤	6				NB/SH/T 0505

3.5　通用锂基润滑脂

通用锂基润滑脂主要用于各种纺织机械的滚动轴承及一些传动齿轮部件，这些部件负荷大，连续运转时间长，对润滑剂的极压润滑性能要求较高，同时要求润滑剂不因飞溅或流失而污染产品。

3.5.1　使用润滑脂的优点

1)与润滑油比较使用润滑脂的优点

(1)润滑部位不需要经常添加润滑脂，可以减少润滑剂的消耗并降低维修保养费用。

(2)润滑脂有一定的结构性，在润滑部位不易流失，不易飞溅，这对于避免溅油污损纺纱及织布的要求很适宜。同时可以简化润滑系统的设计。

(3)润滑脂在润滑部件具有一定的黏附性，在摩擦表面具有良好的保持性能，可以保护不经常使用的润滑部位，防止生锈。

(4)润滑脂在润滑部件上能起到密封作用，防止灰尘和水分的侵入。

(5)润滑脂具有优良的减振性，可以降低噪音和振动。

(6)润滑脂适用于苛刻的操作条件，如高温、低速、冲击负荷下的工作。

(7)大多数润滑脂的工作温度范围比润滑油宽。

2)使用润滑脂的缺点

(1)润滑脂黏滞性强，启动力矩大。

(2)流动性差，散热性不好，不能带走润滑部件在工作时产生的热量。

(3)供脂换脂不方便。

(4)很难调整供脂量，也不容易从润滑表面清除杂质。

3.5.2　通用锂基润滑脂的性能特点

通用锂基润滑脂是脂肪酸锂皂稠化矿物润滑油，并加有抗氧、防锈等添加剂而制成，具有熔点高、抗水性好、工作稳定的良好性能。

(1)滴点高于170℃，能长期在120℃以下环境下使用。

(2)具有良好的机械安定性、化学安定性和低温性，可用在高转速的机械轴承上。

(3)具有优良的抗水性，可使用在潮湿和与水接触的机械部件上。

3.5.3　通用锂基润滑脂的质量标准

通用锂基润滑脂的质量标准见表 12-3-8。

表 12-3-8　通用锂基润滑脂质量标准(GB 7324—2010)

项目		质量指标			试验方法
		1 号	2 号	3 号	
外观		浅黄至褐色，光滑油膏			目测
工作锥入度/(0.1mm)		310～340	265～295	220～250	GB/T 269
滴点/℃	≥	170	175	180	GB/T 4929
腐蚀(T_2 铜片，100℃，24h)		铜片无绿色或黑色变化			GB/T 7326，乙法
钢网分油(100℃，24h)/%	≤	10	5		NB/SH/T 0324
蒸发量(99℃，22h)/%	≤	2			GB/T 7325
杂质(显微镜法)/(个/cm^3)					SH/T 0336
10μm 以上	≤	2000			
25μm 以上	≤	1000			
75μm 以上	≤	200			
125μm 以上	≤	0			
氧化安定性(99℃，100h，0.76MPa) 压力降/MPa	≤	0.07	0.07	0.07	SH/T 0335
相似黏度(-15℃，$10s^{-1}$)/Pa·s	≤	800	1000	1300	SH/T 0048
延长工作锥入度(10 万次)/(0.1mm)	≤	380	350	320	GB/T 269
水淋流失量(38℃，1h)/%	≤	10	8		SH/T 0109
防腐蚀性(52℃，48h)/级	≤	合格			GB/T 5018

3.6　纺织机械专用油

为更好地满足纺织机械的一些特殊润滑部位要求，或特殊使用条件的要求，出现了不少纺织机械的专用油品。

3.6.1　喷水纺织机专用油

喷水纺织机专用油主要用于喷水织布机的各齿轮箱，因此油品应具备工业齿轮油的各项性能；同时，该机的引纬方式采用水作介质，油与水接触的概率大大增加，因此对油品抗乳化性能要求特别高。

1)主要性能要求

(1)适宜的黏度。

(2)良好的抗磨性能。

(3)良好的氧化安定性和抗剪切安定性。

(4)优良的抗乳化性。

(5)良好的抗泡性和防锈性。

2) 规格及质量指标

喷水纺织机专用油目前有 100 号、150 号两个规格，质量指标见表 12-3-9。

表 12-3-9 喷水纺织机专用油质量指标

项 目		质量指标		试验方法
黏度等级(按 GB/T3141)		100	150	
运动黏度(40℃)/(mm^2/s)		90~110	135~165	GB/T 265
黏度指数	≥	90		GB/T 2541
闪点(开口)/℃	≥	180	200	GB/T 3536
泡沫性/(mL/mL)				GB/T 12579
24℃	≤	75/0		
93.5℃	≤	75/0		
后 24℃	≤	75/0		
水分/%	≤	痕迹		GB/T 260
机械杂质/%	≤	0.02		GB/T 511
腐蚀试验(铜片，100℃，3h)/级	≤	1		GB/T 5096
液相锈蚀(A 法)		无锈		GB/T 11143
抗乳化性(82℃)				GB/T 8022
油中水/%	≤	1		
乳化层/mL	≤	2		
总分离水/mL	≥	60		
Timken 机试验 OK 负荷值/N	≥	200		GB/T 11144
氧化安定性(95℃，312h)				
100℃黏度增长率/%	≤	10		SH/T 0123

3.6.2 00 号半流体锂基润滑脂

00 号半流体锂基润滑脂分为极压型和非极压型两种，主要用作粗纺机中的花鼓筒(非极压型)和 GA 747 Ⅲ型等剑杆织机中的螺旋齿轮箱(极压型)的润滑剂，它是由脂肪酸锂皂稠化优质矿物质油并添加多种添加剂而制成的，具有良好的润滑性、机械安定性、防锈性和高低温性能。

00 号半流体锂基润滑脂的质量指标见表 12-3-10。

表 12-3-10 00 号半流体锂基润滑脂质量指标

项 目		质量指标		试验方法
		非极压 00 号	极压 00 号	
工作锥入度/0.1mm		400~430	400~430	GB/T 269
腐蚀(T_3铜片，常温，24h)		合格	合格	SH/T 0331
蒸发量(99℃，22h/%	≤	2	2	GB/T 7325
相似黏度(-10℃，$10s^{-1}$)/Pa·s	≤	200	200	SH/T 0048
机械杂质(显微镜法)/(个/cm^3)				SH/T 0336
25~75μm	≤	1000		
75~125μm	≤	200		
>125μm	≤	0		
防腐蚀性(52℃，48h)/级	≤	合格	—	GB/T 5018
抗擦伤能力 OK 负荷值/N	≥	-	133.6	SH/T 0203

第4章　纺织机械油的质量监控、换油指标及管理

对运行中的纺织机械油进行质量监控，判定合理的换油指标和换油周期，加强润滑油脂的管理，是正确长效使用润滑油的重要内容。要做到以科学管理手段，按照技术规范要求，实现设备的及时、正确、合理地润滑和节约用油，确保机械安全正常地运行。

4.1　质量监控

润滑剂在使用过程中，由于受到机械剪切、搅动、金属催化、高温等作用以及外界条件如机械杂质、灰尘、氧化物、水汽等的影响而氧化、变质、解聚和老化等，生成羧酸、胶质、沥青等产物，油脂的颜色变暗，黏度或稠度变大，酸值增大，腐蚀性增强，使用性能变坏，寿命缩短，因而需要增补或更换新的同类油脂。为了了解油品在使用过程中发生上述变化的情况和程度，应定期或根据具体情况不定期地对油品的相关质量进行测试。对于纺织机械用油脂的常规监测，一般为以下项目。

1）外观

通过目测比较其颜色的历次观察结果，可以大致估计其氧化、变质和受污染的情况，如颜色变深，除了受深色物质污染的可能外，则表明氧化变质；颜色变乳浊，则油品中必有水或气泡的存在，从而可以初步判定使用的油脂是否处于正常状态并加以适当处理。

2）黏度（润滑脂为针入度）

黏度是各种润滑油分类分级和评定产品质量的重要指标。在使用中，黏度变化的大小，反映了润滑剂受到机械和氧化等作用时自身稳定的程度。黏度减少，会造成油膜变薄，甚至流失而造成机械的磨损加速等现象；黏度变大，会使内摩擦力增加，流动性能变差，引起机械发热、能耗增大、润滑不良等现象。因此润滑剂的黏度或稠度是一个很重要的检测项目。

3）水分

润滑油中的水分会促使油品氧化变质，破坏润滑油形成的油膜，使润滑效果变差，加速有机酸对金属的腐蚀作用，腐蚀设备，使油品容易产生沉渣，而且会使添加剂发生水解反应而失效，产生沉淀，堵塞油路，妨碍润滑油的循环和供应。由于纺织机械油接触水分的机会较多，特别是喷水织机用油，因此监测油品水分是否正常也是很重要的。

4）酸值

测定使用油的酸值变化情况实际是了解油品在使用中氧化变质的程度。润滑油在储存和使用过程中，由于在一定的温度下与空气中的氧发生变化，测得的酸值过大，说明油品氧化变质严重，会造成机械严重的磨损和腐蚀等，因此应考虑换油。

5)机械杂质

机械杂质含量也是纺织机械用油的一项需要经常监测的项目。油品在使用、储存、运输过程中混入灰尘、泥沙、纤维、金属碎屑、铁锈及金属氧化物等，由于这些杂质的存在，加速机械的磨损、严重堵塞油路、油嘴和滤油口，破坏正常润滑。另外，金属碎屑在一定温度下对油起催化作用，加速油品氧化变质。

4.2 换油指标

润滑油脂在使用过程中，质量会逐渐发生变化，变化到一定程度就需要更换新油，确定换油期的方法。较科学、较合理的是按照换油指标，根据对油品质量监测结果来决定是否换油。换油指标的制定是按不同品种，经长期、大量试验考核才能制定。纺织机械的一些常用油，有的已有行业制定的换油指标，有的是一些使用单位根据自己用油的经验制定的推荐换油指标，这里作一介绍，仅供参考。

4.2.1 L－HM抗磨液压油

L－HM抗磨液压油在纺织机械中(已普遍作为原用机械的升级换代油品)主要用作滑动轴承的润滑剂，使用范围广，使用量最大。L－HM油的换油指标已有行业标准NB/SH/T 0599—2013。见表12－4－1，油品只要其中一项达到换油指标，就需要换油或作更新处理。

表12－4－1　L－HM抗磨液压油换油指标(NB/SH/T 0599—2013)

项目		换油指标	试验方法
外观		不透明、混浊	目测
运动黏度变化率(40℃)/%	>	±10	GB/T 265并计算
色度增加(比新油)/号	>	2	GB/T 6540
酸值增加/(mgKOH/g)	>	0.3	GB/T 264，GB/T 7304
水分/%	>	0.1	GB/T 260
正戊烷不溶物/%	>	0.1	GB/T 8926A法
铜片腐蚀(100℃，3h)/级	>	2a	GB/T 5096
泡沫特性(24℃)/mL/mL	>	450/10	GB/T 12579

4.2.2 工业齿轮油

L－CKD工业闭式齿轮油的换油指标见表12－4－2。

表12－4－2　L－CKD工业闭式齿轮油换油指标(NB/SH/T0586—2010)

项目		换油指标	试验方法
外观		异常	目测
运动黏度变化率(40℃)/%	>	±15	GB/T 265并计算
水分/%	>	0.5	GB/T 260

续表

项目		换油指标	试验方法
机械杂质/%	≥	0.5	GB/T 511
铜片腐蚀(100℃，3h)/级	≥	3b	GB/T 5096
梯姆肯试验 OK 值/N	≤	178	GB/T 11144
酸值增加/(mgKOH/g)	≥	1.0	GB/T 7304
铁含量/(mg/kg)	≥	200	GB/T 17476

4.2.3 轴承油

在纺织机械用油中轴承油也用得较多，特别是 L－FD 型轴承油，主要用作高速锭子油，轴承油的换油指标见表 12－4－3。

表 12－4－3 轴承油的换油指标(参考)

项目		换油指标	试验方法
运动黏度变化/%	>	±10	GB/T 265 并计算
总酸值/(mgKOH/g)	>	1.0(无添加剂) 2.0(有添加剂)	GB/T 264，GB/T 7304
正戊烷不溶物/%	>	0.2	GB/T 8926A 法
水分/%	>	0.2(近水轴承的轴承油 1.0)	GB/T 260

4.2.4 润滑脂

润滑脂在使用中会发生氧化变质，基础油减少，有时因混入外界杂质会更加劣化而失去润滑作用，或在工作过程中逐渐消耗，因此，必须定期补充和更换润滑脂，以满足部件的润滑要求。表 12－4－4 为通用锂基润滑脂补充更换和轴承清洗周期。

表 12－4－4 锂基润滑脂补充更换和轴承清洗周期(参考)

运转温度/℃	补充更换周期/月	轴承清洗换脂周期/月
120	1	1
100	1.5	2～3
94	3	6～9
77	12	12～24

4.3 纺织机械用油的管理

纺织机械的润滑管理是纺织机械管理中的一个重要组成部分。润滑管理的目的在于预防设备润滑故障，减少机械设备停车造成的损失和提高生产，节约保养劳务费和减少零部件更换，延长设备的使用寿命，减少固定资产投资，降低润滑剂的消耗量，节约费用。因此，搞好润滑的管理工作是企业提高经济效益的重要途径之一。

4.3.1 润滑管理的主要内容

(1)建立切实可行的管理机构和规章制度，配备专职或兼职的润滑工作人员。

(2)制定设置润滑的技术标准，执行“定点、定质、定期、定量、定人”的五定工作规范。

(3)控制润滑油脂的“购、储、用”全过程，最好定出全厂统一的代表各种油料牌号的颜色，便于区分，防止混杂。

(4)开展润滑技术培训。

(5)加强对润滑系统及重要设备的运行状态的监测。

(6)制定各种机型润滑材料的消耗定额。

(7)做好废旧油料的回收与再生利用。

(8)润滑管理效果的评价与改善。

4.3.2 做好润滑剂的储运与入库检验和保管

润滑油脂的储运与入库检验均应严格按照要求进行，以确保润滑油脂质量合格，并要注意防水、安全，未经化验合格的油品，采购人员不应采购，验收人员应拒绝验收入库。购入的合格油脂如需露天放置，应用防雨布等搭棚遮盖。若一时量大而又无防雨布时，则须将桶倾斜立置并与地面成75°角，以防雨水渗入。

4.3.3 认真执行机械润滑的“五定”和“三级过滤”规范

4.3.3.1 五定

1)定点

要确定机械设备有几个润滑油箱、油盒油杯、油孔及密封或外露的润滑点。

2)定质

要确定各润滑点(部位)要求使用何种牌号的油，根据摩擦副的特点，掌握代用油或掺和调配方法，保持油料不受污染或变质。

3)定期

要确定各润滑点多长时间给油一次，根据油箱油质情况及时换油。

4)定量

要确定每个润滑点加多少油量为宜，规定消耗定额。

5)定人

各机械设备要有专人分工负责加换油脂。

4.3.3.2 三级过滤

进厂合格的润滑油在应用到设备润滑部位前，一般都要经过几次容器的倒换储存，每倒换一次或移动位置都应进行一次过滤，以杜绝杂质的二次污染。润滑油的三级过滤是：

(1)合格油品进润滑站固定油桶时要进行第一次(一级)过滤。

(2)润滑站固定油桶的油进加油工具时要进行第二次(二级)过滤。

(3)加油工具里的油进入设备润滑点时要进行第三次(三级)过滤。

第 5 章 常见润滑故障及排除

纺织机械出现润滑故障，一般有两个方面的原因：一是由机械设计制造安装方面的原因引起；二是由润滑剂的质量及使用方面引起。这里主要介绍由于润滑剂的质量和使用不当造成的纺织机械常见故障及排除方法。

5.1 常见故障及排除方法

在纺织机械中，使用最广泛的是 HL 液压油及齿轮油。HL 液压油主要用于机械滑动轴承的润滑，齿轮油则用于纺织机械的各齿轮箱的润滑。在这些油品的使用中引起的常见机械故障及排除方法见表 12－5－1 和表 12－5－2。

表 12－5－1 在使用 L－HL 液压油过程中的常见润滑故障及排除

油品性质的变化		容易产生的故障	与油品有关的原因	排除故障的方法
黏度	太小	1. 轴承润滑不良，滑动面产生异常磨损； 2. 由于机械内泄漏，液压缸马达等执行元件产生异常动作； 3. 压力控制阀不稳定，压力计指针振动； 4. 泵产生噪音，排出量不足产生磨损，甚至咬死	1. 由于温度控制不好，油温上升使油品黏度变小； 2. 在使用标准机器的装备中，使用了黏度过低的油； 3. 高黏度指数油长时间使用后，黏度下降	1. 改进、修理冷却系统； 2. 更换液压油牌号，或使用特殊的机械； 3. 更换液压油
	太大	1. 由于泵吸油不良，引起轴承烧结等； 2. 由于泵吸油阻力增加，产生空穴作用； 3. 由于过滤器阻力增大，产生故障； 4. 管路阻力增大，压力损失加大； 5. 控制阀动作迟缓等	1. 液压油黏度等级选择不当； 2. 设计时忽视了液压油的低温性能； 3. 低温时油温控制装置不良； 4. 在标准机械中使用了黏度过高的油	1. 改进黏度等级低的油； 2. 设计低温时加热装置； 3. 修理油温控制系统； 4. 更换或修理机械
防锈性不良		1. 由于滑动部位生锈，控制阀动作不良； 2. 由于发生铁锈的脱落而卡住或烧结； 3. 由于随油流动的锈粒，产生动作不良或伤痕	1. 油品防锈性能不良； 2. 在油中有超过允许范围的水混入； 3. 从开始时就已发生的锈蚀继续发展	1. 使用防锈性好的液压油； 2. 改进防止水混入的措施； 3. 进行冲洗，并进行防锈处理

续表

油品性质的变化	容易产生的故障	与油品有关的原因	排除故障的方法
抗乳化性不良	1. 由于多量的水而生锈； 2. 促进油品的异常变质（氧化、恶化等）； 3. 由于水分而使泵、阀产生空穴作用而侵蚀	1. 新油的抗乳化性不良； 2. 新油品变质后，抗乳化性变坏，水分离性降低	1. 使用抗乳化性好的液压油； 2. 补加破乳化剂； 3. 更换油品
抗泡性不良	1. 油箱内产生大量泡沫，液压油抗泡性变差； 2. 泵吸收气泡而产生空穴作用； 3. 轴承、液压马达等元件发生振动，发出噪音、动作不良和迟缓	1. 油品中抗泡剂已消耗掉或失效； 2. 油品性质不良	1. 适当补加抗泡剂； 2. 更换液压油； 3. 研究、改进油循环装置（油箱）的结构

表 12-5-2　齿轮油使用过程中发生的润滑故障及处理

问题	原因	解决措施
磨料磨损	金属粒子或其他粒子	换油或过滤，在换油前要冲洗箱体
擦伤	缺油或超负荷	供给足够的油，如可能降低负荷
疲劳点蚀	油的黏度过低，齿轮表面粗糙，局部压力过高	提高油的黏度，试用极压油，改进齿轮面光洁度，再磨合一段时间，初期点蚀可自行停止
胶合	黏度太低，在重负荷下滑动，表面粗糙，由于安装误差引起不适当的齿接触，启动时温度低	提高黏度，或用极压性好的油，启动前将油预热
腐蚀和锈蚀	油防锈性差，有水分，有腐蚀性添加剂，有外来污染物或氧化后生成酸	使用防锈性能好的油，在循环系统中放水，换油，防止污物进入
起泡	缺乏抗泡剂，油面高度不适当，有空气和水分夹在油中	使用抗泡化性能好的油，检查所推荐的油面高度，隔绝空气和水混入
沉淀或油泥	油中添加剂有沉淀，进入水分形成乳化液；油使用时间过长，生成氧化物	使用抗乳化性好，添加剂溶解性好的油，使用抗氧性好的油，合理换油
黏度变大	油的氧化或油温过高	使用抗氧化性好的油，适当降低操作温度
不正常发热	齿轮箱内油太多，黏度太高，在齿轮面上没有足够的油流，超负荷，冷却管有故障，齿轮箱外有尘土堆积物影响散热	降低油的黏度，充油只能充到刻度，清洁循环系统良好，清洁齿轮箱外部散热部位
漏油	齿轮箱油缺陷或密封性不好	更换密封
污染	安装时留下杂物，金属磨粒积累，通过通气孔进入污染物	清洗油箱，检查更换空气过滤器，防止油箱口进入的污染物

5.2　故障处理实例

例 1：用油黏度不当

河南某纺织厂引进苏尔寿 PV 片梭织机，该机的投梭箱下部、打纬箱、扭力轴、GS 润滑系统按使用说明书推荐，采用低黏度油作为润滑剂。机械初期运转还比较正常，随着使用时间的延长，逐渐出现了严重的润滑不良的现象，主要表现为：

(1)布面出现大面积油疵。

(2)投梭机故障多。

(3)倒梭齿轮磨损严重。

(4)特别是天热时，上述情况，特别是经向油系更为突出。

原因分析：随着机械的长期使用，由于磨损等原因，齿轮及轴承摩擦副之间的间距加大，原黏度级别的油显得稀薄，不能形成有效的油膜，使齿轮磨损严重，同时还造成油滴飞溅，使布面污染出现油渍。天热时，油品随温度升高而黏度下降，造成的上述故障更为严重。

改进措施：改用同品种而黏度高的油：ISO VG 220 号油(40℃，190 ~ 250mm²/s)。

结果：润滑剂改为高黏度油后，情况大为好转。

投梭故障减少：31.6%。

导轨齿轮损耗下降：54.8%。

经向油疵的出现：基本消除。

油污疵布：显著减少。

例 2：润滑油加量不当

江阴某纺织厂的剑杆织机，向油箱补加部分出厂质量合格的 L – CKD 重负荷工业齿轮油后，油品产生严重发泡，造成油液外流，机械异常振动，并发出噪声，怀疑是新加油品抗泡性不好，造成整个系统抗泡性变差所至。后经仔细分析、检查发现，系统油箱油面明显低于规定的刻度线，有可能使系统吸入空气，同时因油量不足，油在循环时受搅拌的频率增加，而油品在油箱停留消泡的时间进一步缩短，造成油品产生大量泡沫，并非是补加的油品有问题。经补加油量至刻度线后，系统润滑油泡沫逐渐消失，机械逐渐正常运转。

第十三篇

造纸机用润滑剂

前　言

造纸工业是与国民经济发展和社会文明建设息息相关的重要产业之一。在经济发达国家，纸及纸板消费量增长速度与其国内生产总值增长速度同步。在现代经济中，造纸工业所发挥的作用已越来越多地引起世人瞩目，被国际上公认为“永不衰竭”的工业。在美国、加拿大、日本、芬兰、瑞典等经济发达国家，造纸工业已成为其国民经济十大支柱制造业之一。现代造纸工业的特点不同于一般日用消费品工业，是技术、装备、资金、资源、能源密集型，规模效益显著，连续且高效生产的基础原料工业。在产品总量中，80%以上作为生产资料用于新闻、出版、印刷、商品包装和其他工业领域，其余(不足20%)用于人们日常生活的直接消费。造纸产业关联度大，涉及林业、农业、机械制造、化工、热电、交通运输、环保等产业，对上下游产业的经济增长有一定拉动作用。当今世界各国已将纸及纸板的生产和消费水平，作为衡量一个国家现代化水平和文明程度的重要标志之一。

中国已成为世界造纸工业的重要生产国，年造纸产量已经超越日本，而仅次于美国，跃居世界第二。由于造纸行业丰厚的利润回报，近几年来大量新兴的民营现代化造纸企业纷纷上马，中国已经成为世界上仅有的大型造纸设备进口国。但国内造纸机械设备管理水平参差不齐，设备生产效率远没有达到设计要求。随着各种先进造纸设备涌入中国，在造纸机械对油品质量要求迅速提高的同时，迫切要求润滑油企业提供相应的配套技术支持，以提高对造纸机械的润滑管理水平。造纸机械用油以造纸机械循环系统油为主，还包括工业齿轮油、液压油和润滑脂等产品。由于造纸企业的设备分别采购不同公司的产品，企业每年要采购很多品种的润滑油品，给用户管理使用造成极大麻烦，同时也使相应成本上升，造纸企业具有迫切改善润滑管理、降低润滑成木、提高生产效率的愿望。

造纸工业的迅速发展加速了造纸机设备的更新换代，在今后的十年中，中国造纸机械的需求量将达到世界需求量的1/5。目前，国内的造纸机械按其规格大小和技术水平可分为三部分：

第一，技术最先进的大型造纸设备占30%，属于国外造纸机械企业的市场范围，并将随着我国造纸工业现代化的进程而不断增长。新增了一批具有国际或国内先进水平的技术、装备和生产线，引进的设备包括芬兰Valmet(metso)、德国Voith－Sulzer、日本三菱世界上三大造纸机械巨头在内的成套设备。新闻纸机幅宽10m左右，车速1800～2000m/min；文化纸机幅宽10m左右，车速1500～1800m/min左右；薄页纸机幅宽4m以上，车速2000～2500m/min；纸板机幅宽6m左右，车速1000m/min。

第二，技术较先进、价格适中，适合大部分企业使用的大中型造纸设备。市场占有率为60%，以维美德西安造纸机械有限公司、辽阳造纸机械有限公司、昆山市中联第一造纸机械厂、上海造纸机械总厂等国内大型纸机设备制造公司为主，制造幅宽3200mm以上，纸速在500m/min以上的纸机。

第三，传统中小型造纸机械设备，占市场份额的10%，属于国内现有规模较小的造纸机械制造企业的市场范围，但这部分需求将随着小型草类制浆造纸企业关停、压缩而日益缩减。

由此可见，与原来的纸机幅宽2m左右，纸速在100～200m/min相比，目前我国纸机生产线向宽幅、高速、高效、低能耗和提高单机生产能力的方向发展，这部分纸机设备占了市场的90%。

第1章 造纸设备用油脂

1.1 造纸设备的特点

设备的不断改进使纸机生产线的工况更加苛刻，随之对纸机用润滑油提出更高要求。造纸工艺生产流程如图13－1－1所示，造纸机循环系统润滑油主要应用在造纸工艺生产流程的第13步，即“干部”。

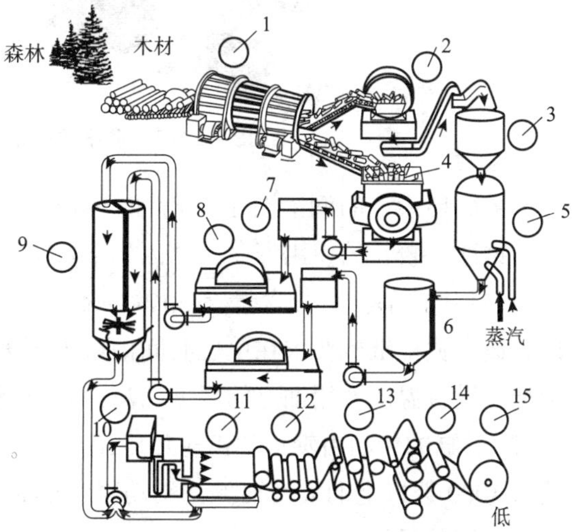

图13－1－1 造纸工艺生产流程图

1、2—脱皮机/木片机；3、4—碎木机；5、6—打浆机；7、8—蒸煮器；9—粗滤器；10—打浆机；11—网部；12—湿端压榨部；13—干部；14—压光部；15—卷绕部

造纸机由湿部和干部组成，如图13－1－2所示。湿部为流浆箱、网部和压榨部，干部为烘干部、涂布整饰及卷取部。其中，烘干部的工况最为苛刻，工作原理是在烘缸内通入高温蒸汽来达到烘干纸张的目的。纸机烘干部的润滑通常采用循环润滑方式，润滑油从油站通过油泵抽出后，经过过滤器、分油管路至润滑点润滑部件，然后汇集到集油管线，经冷却器，流回油箱，润滑方式流程图如图13－1－3所示。

图13－1－2 纸机的网部、压榨部和干部

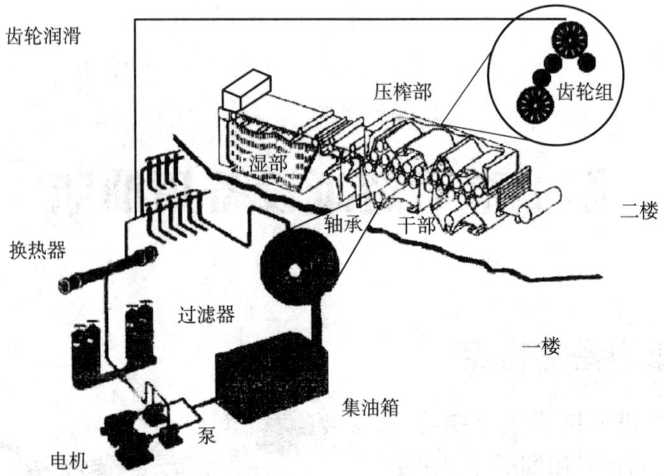

图 13-1-3 造纸机干部循环润滑方式示意图

干部循环系统的润滑要求润滑油具有良好的破乳性、极压抗磨性、过滤性、防腐蚀性、防锈性、较长的使用寿命，原因如下：

(1)在压榨部，水分含量在 50% ~65%，通过烘干部后，水分含量降至 5% ~10%，现代高速、宽幅纸机要求在单位时间内烘干更多的纸张，因此，单位时间烘缸通过的蒸气量增加，设备温度及用油点的温度增高，要求润滑油具有良好热安定性和氧化安定性。

(2)烘缸的传动由轴承和齿轮传动组成，负荷大，且有冲击震动，现代化纸机每台可能拥有 1000 架以上的大型轴承，驱动辊子的轴承和齿轮箱使用同一种润滑油，要求润滑油具有良好的极压抗磨性。

(3)润滑的部件中有铜部件，因此在防腐蚀性的要求上也比液压油和齿轮油苛刻。

(4)烘干用的水蒸气易通过轴承密封不良处进入润滑点，与润滑油相接触，要求润滑油有良好的分水性能，在较短时间内分离油中的水分。

(5)造纸机是联动设备，停车造成的经济损失非常大，据统计，在国外，停车 1h 直接经济损失为 500 ~1000 美元(不包括维修费)，因此要求润滑油具有较长的使用寿命。

(6)为了保证循环油路不被堵塞，现代化纸机设备采用了 3 ~6μm 的过滤元件。要求润滑油具有良好的过滤性能。

纸机设备的工况日趋苛刻，润滑和维护成为一个重要的课题。据资料显示，由于润滑不当造成近 40% 的纸机轴承设备故障，一个轴承的成本约在 3000 元至上万元不等，且更换一个轴承需要停机约 4h，设备维护和更换费用昂贵；同时，由于造纸机多是高速连续生产线，由于润滑问题引起的设备故障情况复杂，故障点不易查找，解决起来耗时长，对企业产量和效益影响非常大。

纸机设备在结构上分为压榨部(湿部)、干部、涂布整饰及卷取部。设备工况属于高速、重负荷，纸机干部温度较高(90 ~100℃)，湿部与水接触，因此对润滑剂提出了较高的要求。纸机专用油除了应具有合适的黏度，以保证在工作温度高、负载较重的情况下，形成足够强度的油膜以外，以下性能对纸机专用油也非常重要：优异的氧化稳定性，有效抑制油品氧化，延长油品的使用寿命，从而延长换油周期，减少换油次数，减少换油成本；良好的清净分散性能，有效清除轴承表面的积炭和油泥，保证润滑循环系统良好的运行；优异的过滤性能，现代纸机都配有精密的过滤设备，必须选用专用的添加剂使产品具有优异的过滤性能；良好的分水性能，油品能迅速将运行中侵入的水分分离出来，有效减少通过过滤器时的阻力，保证在润滑部件表面形成连续的油膜，防止金属面直接接触造成的磨损；优良的极压抗磨性，有效防止机器启动和重载荷情况下轴承和齿轮的磨损；优良的防锈蚀性，能有效抑制铜和其他金属表面的腐蚀。

现代造纸设备自动化水平较高，设备种类繁多，涉及的相应润滑油脂种类也多，大大增加了设备润滑管理的难度。造纸行业所需的油品几乎涉及所有种类的工业润滑剂，例如各种齿轮油、液压油、发动机油、轴承油、气缸油、各类润滑脂等。为改变造纸行业中存在的用油混乱现象，合理润滑技术的推广就显得尤为重要。结合国内外造纸设备润滑的情况，经过分析对比、验证、优化润滑剂品种、油品质量升级和进口油品替代等工作，初步确定了造纸机械的合理用油。

大多数企业在发现问题的时候，大多认为是设备本身设计和制造水平导致的，很少有人会想到不正确的设备保养方式完全有可能成为制造麻烦的元凶。这种现象在造纸机械润滑剂管理、选择和使用方面表现尤其突出，以致低劣质量油品充斥其间，由此造成正常生产效率低下、设备故障时有发生，给企业造成极大损失。

造纸机械通常非常庞大且设备昂贵。设备连续工作，使用寿命超过 30 年，每年只需短时间的停机进行维修保养，旧设备会发生泄漏需要补加新油。一般来讲，由于停机成本因素，发生泄漏的部位不易发现和修缮。

1.2 造纸设备对润滑油的要求

由于造纸机械具有负荷大、温度高、速度快、过滤性要求高和运转时间长的特点，相应的油品应当同时具有多种使用性能以满足苛刻的使用要求，其中造纸机的湿部和干部的润滑要求有所不同。

1.2.1 湿部

在此阶段纸张含水量达 99%，润滑油最高运行温度约 60℃，正常使用环境下，此温度不会影响油品的性能，但此时润滑机器处于极湿的环境，极易发生油水混合，分水性差的油品将影响油品的过滤性能和润滑性能，因此，湿部对油品的抗水性要求较高。

1.2.2 干部

经过轴承的蒸气温度可达 150 ~ 180℃，润滑油主要是用来润滑轴承和轴辊的齿轮，轴承温度约为 110℃，高温意味着油品要在轴承上的有色金属存在情况下也要保持非常好的氧化稳定性。对于较温和的纸机干部工况，干部润滑油要求有良好的氧化安定性、过滤性、分水性、抗磨性、防锈性能、较长的换油期，因此应选用矿物油型造纸机循环系统专用润滑油，黏度级别通常为 ISO VG 220；而最新的造纸机械，其干部温度高、轴承转速高，要求使用更高精度的滤芯(3 ~ 6μm)，由于这些设计改变，要求润滑油除具有通常的抗磨性、防锈性能外，还要求油品具有更好的氧化安定性和黏温性能以及在高温下油膜强度的保持性、过滤性、低挥发性、添加剂高温稳定性以及更长的换油周期，因此，选用合成型造纸机循环系统专用润滑油更佳，黏度级别为ISO VG 220。

1.3 造纸工艺主要设备

纸浆造纸机械包括纸浆机械与造纸机械两大类以及纸的装饰、加工设备。其中，纸浆机械又包括备料设备及制浆设备等。

1.3.1 原木制浆机械及润滑部位

原木制浆机械及润滑部位见表13-1-1。

表13-1-1 原木制浆机械及润滑部位

机械名称	润滑部位
剥皮机	齿轮箱，电机轴承，滚子
破碎机	轴承，滚子
再破碎机	轴承，滚子
碎片粉碎机	轴承
劈裂机	导轨、液压系统
粗筛机(碎片及节子)	轴承、齿轮
粗筛机(扁平板)	轴承
粗筛机(离心式)	轴承
研磨机	轴承，滚子

1.3.2 破布纸浆制造机械及润滑部位

破布纸浆制造机械及润滑部位见表13-1-2。

表13-1-2 破布纸浆制造机械及润滑部位

机械名称	润滑部位
破布切碎机	轴承
	齿轮(开式)
	齿轮(闭式)
蒸解机	蜗轮及齿条
	蜗轮及轴承
	圆弧齿轮及小齿轮
	轴颈轴承

1.3.3 废纸制浆机械及润滑部位

废纸制浆机械及润滑部位见表13-1-3。

表 13－1－3　废纸制浆机械及润滑部位

机械名称	润滑部位
输送机	辊子轴承
碎浆机	齿轮箱，驱动电机
除渣机	轴承
疏解机	齿轮箱
磨浆机	齿轮箱，轴承
漂白设备	轴承

1.3.4　造纸原料制备机械及润滑部位

造纸原料制备机械及润滑部位见表 13－1－4。

表 13－1－4　造纸原料制备机械及润滑部位

机械名称	润滑部位
打浆机	轴承
灌洗机	轴承
立式打浆机	伞齿轮
	双曲线齿轮
	尾架轴承
离心泵	轴承
筛网滤水机	偏心轴承
	轴颈轴承
除块机	蜗轮
	开式齿轮
	轴承

1.3.5　滚筒式造纸机及润滑部位

滚筒式造纸机及润滑部位见表 13－1－5。

表 13－1－5　滚筒式造纸机及润滑部位

机械名称	润滑部位
干燥鼓	轴承
	蒸汽接头
	开式齿轮
	闭式齿轮

1.3.6　长网式造纸机及润滑部位

长网式造纸机及润滑部位见表 13－1－6。

表 13－1－6　长网式造纸机及润滑部位

机械名称及部位	润滑部位
进料部	垂直调整装置
	水平调整装置
整流滚驱动装置	整流滚支架
铜网部	中心泵
	台滚
	铜丝滚
	铜丝网转向滚
	吸捉滚
	机械引出驱动齿轮
	自动导向装置
	探索装置
	其他
压榨部	各组压榨滚
	吸入滚
	毛毡滚
	纸滚
	自动导向
	其他
干燥部	干燥鼓
	干燥鼓齿轮装置
	帆布滚
	纸滚
	其他
压光部	压光滚
	起吊减速机
卷纸部	各卷滚
卷绕部	各卷滚
驱动装置	差动齿轮装置

1.3.7　造纸设备及润滑部位

造纸设备及润滑部位见表 13－1－7。

表 13－1－7　造纸设备及润滑部位

机械名称	润滑部位
磨碎机	滑动轴承
	蜗母轮
	减速机
蒸解机	滑动轴承(铜)
	滑动轴承(巴)
	开式齿轮
纸浆脱水机	滑动轴承
	滚动轴承
	闭式齿轮
	开式齿轮
	蜗轮
纸浆压榨机	滑动轴承
	开式齿轮
	蜗轮
打浆机及洗涤筒	滑动轴承
薄膜式或板式脱水机	滑动轴承
	拐轴
湿式抄纸机	滑动轴承
	滚动轴承
抄纸干燥机	滑动轴承
	滚动轴承
	蒸汽接头
	闭式齿轮
	开式齿轮
	双曲线齿轮
卷纸机切纸机	滑动轴承
	开式齿轮

1.3.8　辅助通用机械设备及润滑部位

辅助通用机械设备及润滑部位见表 13－1－8。

表 13－1－8　辅助通用机械设备及润滑部位

机械名称	润滑部位
卸货机械 堆垛机 传送机	轴承
	闭式正齿轮
	闭式蜗母轮
	开式齿轮(齿条)
	链索
普通吊车	润滑脂嘴
	闭式齿轮
	开式齿轮
	钢丝绳和缆绳
	链箱群链
	发动机
	变扭器
	空气压缩机
液压吊车	润滑脂嘴
	开式齿轮
	空气管线润滑器
	变速箱齿轮
	液压系统
大型电动装载机，堆垛机	润滑脂嘴
	油壶润滑点
	齿条及轨道
	转向齿轮箱，主齿轮箱
	二档齿轮箱
	驱动装置齿轮箱
	发电机及电机轴承
	液压系统

第2章　造纸设备用润滑油

2.1　卸货机械(堆垛机、传送机)

卸货机械用润滑油见表13-2-1。

表13-2-1　卸货机械用润滑油

润滑部位	润滑油
轴承	长城牌2号极压锂基脂
	长城牌L-HM150
闭式正齿轮	长城牌L-CKD220
闭式蜗母轮	长城牌L-CKE220
开式齿轮(齿条)	长城牌7420(00/000)重负荷开式齿轮润滑脂
	长城牌2号二硫化钼极压锂基脂
链索	长城牌2号二硫化钼润滑脂

2.2　普通吊车

普通吊车用润滑油见表13-2-2。

表13-2-2　普通吊车用润滑油

润滑部位	润滑油
润滑脂嘴	长城牌2号7420重负荷开式齿轮润滑脂
闭式齿轮	长城牌85W/140GL-5车辆齿轮油
开式齿轮	长城牌M220开式工业齿轮油
钢丝绳和缆绳	长城牌钢丝绳脂(津脂)
链箱群链	长城牌L-CKM220开式工业齿轮油
发动机	长城牌各类发动机油
变扭器	长城牌85W/140GL-5车辆齿轮油
空气压缩机	长城牌空气压缩机油

2.3　液压吊车

液压吊车用润滑油见表13-2-3。

表 13－2－3　液压吊车用润滑油

润滑部位	润滑油
润滑脂嘴	长城牌 2 号 7420 重负荷开式齿轮润滑脂
开式齿轮	长城牌 1 号、2 号 7420 重负荷开式齿轮润滑脂
	长城牌 L－CKM220 开式工业齿轮油
变速箱齿轮	长城牌 80W/90GL－5 车辆齿轮油
液压系统	长城牌 HM32，46 抗磨液压油

2.4　大型电动装载机、堆垛机

大型电动装载机、堆垛机用润滑油见表 13－2－4。

表 13－2－4　大型电动装载机、堆垛机用润滑油

润滑部位	润滑油
润滑脂嘴	长城牌 1 号、2 号 7420 重负荷开式齿轮润滑脂
油壶润滑点	长城牌 HM46 抗磨液压油
齿条及轨道	长城牌 L－CKM220 开式工业齿轮油
	长城牌 1 号、2 号二硫化钼锂基脂
转向齿轮箱、主齿轮箱	长城牌 85W/90GL－5 车辆齿轮油
二档齿轮箱	长城牌 85W/90GL－5 车辆齿轮油，长城牌 85W/140GL－5 车辆齿轮油
驱动装置齿轮箱	80W/90GL－5 车辆齿轮油
发电机及电机轴承	长城牌 7019－1 极压高温锂基脂
液压系统	长城牌 HM22，32 抗磨液压油

2.5　剥皮机

剥皮机用润滑油见表 13－2－5。

表 13－2－5　剥皮机用润滑油

润滑部位	润滑油
轴承、导杆、滑道、链索	长城牌 1 号、2 号极压锂基脂
驱动正齿轮	长城牌 CKD220 工业齿轮油
闭式正齿轮	长城牌 CKD460 工业齿轮油
开式齿轮	长城牌 L－CKM220 开式工业齿轮油
液压系统	长城牌 HM32，46，68，100 抗磨液压油
空气气缸	长城牌 HM32，46，68，100 抗磨液压油

2.6　木纸浆磨碎机

木纸浆磨碎机用润滑油见表 13－2－6。

表 13-2-6　木纸浆磨碎机用润滑油

润滑部位	润滑油
砂轮轴轴承（巴氏合金）	长城牌 HL100，150 液压油（或者推荐长城牌 100 号油膜轴承油）
砂轮轴轴承（滚柱）	长城牌 HL150 液压油
砂轮轴轴承（滚珠）	长城牌 L-CKC320
同步电机轴承	长城牌 HL150 液压油
液压供料机构	长城牌 HM32 抗磨液压油
供料环驱动	长城牌 TSA32 汽轮机油
减速器（中心系统）	长城牌 HL100 液压油
供料环轴承脚及其他润滑脂嘴	长城牌 2 号极压锂基脂
砂轮轴螺纹	长城牌二硫化钼锂基脂

2.7　切碎机

切碎机用润滑油见表 13-2-7。

表 13-2-7　切碎机用润滑油

润滑部位	润滑油
主轴轴承	
滚柱轴承滚珠轴承	长城牌 1 号、2 号极压锂基脂
锥形滚轴承	长城牌 1 号、2 号极压锂基脂
自动调整套	长城牌 HL68 液压油

2.8　切片筛、传送机、蒸解机

切片筛、传送机、蒸解机用润滑油见表 13-2-8。

表 13-2-8　切片筛、传送机、蒸解机用润滑油

润滑部位	润滑油
轴承及导轨 120 以下	长城牌 1 号、2 号极压锂基脂
120 以上	长城牌 1 号、2 号极压膨润土脂
	长城牌 HM68 抗磨液压油
	长城牌 CKC150 工业齿轮油
闭式正齿轮	长城牌 CKD150，220，320 工业齿轮油
闭式蜗母轮，连续蒸解机齿轮	长城牌 L-CKE680 工业齿轮油
链索	长城牌 CKD150 工业齿轮油
空气气缸	长城牌 HM32 抗磨液压油

2.9 洗涤机、脱水机、压榨机、圆盘滤机、防溅器

洗涤机、脱水机、压榨机、圆盘滤机、防溅器用润滑油见表 13－2－9。

表 13－2－9 洗涤机、脱水机、压榨机、圆盘滤机、防溅器用润滑油

润滑部位	润滑油
轴承脂润滑	长城牌 2 号极压锂基脂
轴承油润滑	长城牌 CKC220，CKD150 工业齿轮油
闭式齿轮	长城牌 HM150 抗磨液压油
正齿轮	长城牌 CKD150，220 工业齿轮油
蜗母轮	长城牌 L－CKE460 工业齿轮油
开式齿轮	长城牌 M220 开式工业齿轮油

2.10 打浆机、纸浆机

打浆机、纸浆机用润滑脂见表 13－2－10。

表 13－2－10 打浆机、纸浆机用润滑脂

润滑部位	润滑油
平轴承	长城牌高耐水铝基脂(或钡钙基)3 号，4 号，5 号
滚动轴承	长城牌 HL68，100，150 液压油
闭式齿轮	长城牌 2 号极压锂基脂
螺旋伞	长城牌 CKD150，220 工业齿轮油
正角型	长城牌 CKD150，220 工业齿轮油
双曲线	长城牌 CKD220 工业齿轮油
模压	长城牌 85W/140GL－5 车辆齿轮油
蜗母	长城牌 CKE460 工业齿轮油
开式齿轮	长城牌 L－CKM220 开式工业齿轮油

2.11 筛选机、净化机

筛选机、净化机用润滑油见表 13－2－11。

表 13－2－11 筛选机、净化机用润滑油

润滑部位	润滑油
轴承(脂润滑)	长城牌 1 号、2 号极压锂基脂
轴承(油润滑)	长城牌 TSA 汽轮机油黏度按具体规定
密封(脂润滑)	长城牌 2 号极压锂基脂
闭式齿轮	
正齿轮	长城牌 CKD150 工业齿轮油
蜗母	长城牌 CKE460 工业齿轮油

续表

润滑部位	润滑油
开式齿轮	长城牌 L－CKM220 开式工业齿轮油
链索及链轮	长城牌 1 号、2 号极压锂基脂
油雾系统分粒器	长城牌 HL150 液压油

2.12　匀浆机和约旦式精练机

匀浆机、约旦式精练机用润滑油见表 13－2－12。

表 13－2－12　匀浆机、约旦式精练机用润滑油

润滑部位	润滑油
轴承脂润滑	长城牌 2 号极压锂基脂
油浴(65℃以下)	长城牌 CKD150 工业齿轮油
油浴(65℃以上)	长城牌 CKD220 工业齿轮油
油盅	长城牌 TSA 汽轮机油
油雾	工业用雾化润滑油
循环润滑系统	长城牌 HM68，150 抗磨液压油
	长城牌 CKD68，150 工业齿轮油
	长城牌 HM150 抗磨液压油
球面推力轴承	长城牌 CKD680 工业齿轮油
轴承套夹导轨	长城牌 2 号极压锂基脂
密封，垫片压盖	长城牌导轨油
支柱螺旋	长城牌 1 号、2 号通用锂基脂
	长城牌 1 号、2 号极压锂基脂
	长城牌 2 号二硫化钼极压锂基脂
	长城牌 0.1 号通用锂基脂
液压系统	长城牌 HM68 抗磨液压油
	长城牌 HL68 液压油
液压和润滑系统	长城牌 CKD150 工业齿轮油
双螺旋进料器	长城牌 HM68
齿轮减速机及变速箱	长城牌 CKD150 工业齿轮油
蜗母齿轮	长城牌 CKE460 工业齿轮油

2.13　造纸机润滑(湿部)

造纸机用润滑油(湿部)见表 13－2－13。

表 13-2-13　造纸机用润滑油(湿部)

润滑部位	润滑油
轴承脂润滑	长城牌 1 号、2 号通用锂基脂
高温油润滑	L-CKM220 开式工业齿轮油
低温油润滑	长城牌 HM150 抗磨液压油
闭式齿轮 　正齿轮	长城牌 CKD150，220 工业齿轮油
蜗母	长城牌 CKE460 工业齿轮油
压力盒螺旋支柱	长城牌 1 号通用锂基脂
抄纸驱动装置	长城牌 CKD150 工业齿轮油
偏心轮	长城牌 HM150 抗磨液压油

2.14　泳浮滚

泳浮滚用润滑油见表 13-2-14。

表 13-2-14　泳浮滚用润滑油

润滑部位	润滑油
无驱动，滚面温度 　65℃以下	长城牌 HM100 抗磨液压油
66~79℃	长城牌 CKC150 工业齿轮油
79~93℃	长城牌 CKC320 工业齿轮油
有驱动，滚面温度 　65℃以下	长城牌 CKC220 工业齿轮油
66~79℃	长城牌 CKC320 工业齿轮油
79~93℃	蒸汽气缸油 1000
控制顶滚	长城牌 220 号矿物油型造纸机循环润滑系统润滑油
垫板振荡器蜗母齿轮及滚链	长城牌 M220 开式工业齿轮油
平轴承油润滑	长城牌 HM150 抗磨液压油
平轴承脂润滑	长城牌 2 号通用锂基脂

2.15　造纸机润滑(干部)

造纸机用润滑油(干部)见表 13-2-15。

表 13 – 2 – 15　造纸机用润滑油（干部）

润滑部位	润滑油
干燥器轴承及齿轮油润滑毡滚轴承 　循环系统高温	长城牌 220 号矿物油型造纸机循环润滑系统润滑油
循环系统低温	长城牌 150 号矿物油型造纸机循环润滑系统润滑油
滚动轴承	长城牌 2 号复合锂基脂
滑动轴承	长城牌 2 号通用锂基脂
蒸汽接头	长城牌 150 号矿物油型造纸机循环润滑系统润滑油
推力轴承	长城牌 2 号、3 号通用锂基脂
迷宫式密封	长城牌 3 号通用锂基脂
导轨，链索，链轮，螺旋	长城牌 CKM220 开式工业齿轮油
螺旋支柱	长城牌 0 号二硫化钼极压锂基脂
空气管线润滑器	长城牌 HL68 液压油
	长城牌 TSA68 汽轮机油

2.16　造纸机驱动装置

造纸机驱动装置用润滑油见表 13 – 2 – 16。

表 13 – 2 – 16　造纸机驱动装置用润滑油

润滑部位	润滑油
闭式齿轮 　双曲线	长城牌 CKD150，220 工业齿轮油
差速	长城牌 CKD150，220 工业齿轮油
	长城牌 150、220 造纸机循环润滑系统润滑油
变速装置	长城牌 CKD460 工业齿轮油
螺旋齿轮	长城牌 CKD680 工业齿轮油
蜗母	长城牌气缸油 680
齿轮，连接干燥器	长城牌 220 造纸机循环润滑系统润滑油
循环油系统	长城牌 220 造纸机循环润滑系统润滑油
开式齿轮	长城牌 M220 开式工业齿轮油

第3章 油液状态分析

通过有计划地对油品进行取样分析和对设备运转情况的记录，可以清楚地知道油品使用情况和设备磨损情况，从而对运行中的工程机械用油进行质量监控，判定合理的换油指标和换油周期，加强润滑油脂的管理，是正确长效使用润滑油的重要内容。要做到以科学管理手段，按照技术规范要求，实现设备的及时、正确、合理地润滑和节约用油，确保机械安全正常地运行。

润滑剂在使用过程中，由于受到机械剪切、搅动、金属催化、高温等作用以及外界条件(如机械杂质、灰尘、氧化物、水汽等)的影响而氧化、变质、解聚和老化等，生成羧酸、胶质、沥青等产物，油脂的颜色变暗、黏度或稠度变大、酸值增大，腐蚀性增强，使用性能变坏，寿命缩短，因而需要增补或更换新的同类油脂。为了了解油品在使用过程中发生上述变化的情况和程度，应定期或根据具体情况不定期地对油品的相关质量进行测试。

对于造纸设备用油(脂)的常规监测，一般为以下项目。

3.1 外观

通过目测比较其颜色的历次观察结果，可以大致估计其氧化、变质和受污染的情况，如颜色变深，除了受深色物质污染的可能外，则表明氧化变质；又如颜色变乳浊，则油品中必有水或气泡的存在。从而可以初步判定使用的油脂是否处于正常状态并加以适当地处理。

3.2 黏度(脂为针入度)

黏度是各种润滑油分类分级和评定产品质量的重要指标。在使用中，黏度变化的大小，反映了润滑剂受到机械和氧化等作用时自身稳定的程度，黏度减少，会造成油膜变薄，甚至流失而造成机械的磨损加速等现象；黏度变大，会使内摩擦力增加，流动性能变差，引起机械发热、能耗增大、润滑不良等现象。因此润滑剂的黏度或稠度是一个很重要的检测项目之一。

3.3 水分

润滑油中的水分会促使油品氧化变质，破坏润滑油形成的油膜，使润滑效果变差，加速有机酸对金属的腐蚀作用，腐蚀设备，使油品容易产生沉渣，而且会使添加剂发生水解反应而失效，产生沉淀，堵塞油路，妨碍润滑油的循环和供应。由于造纸机械油接触水分的机会较多，因此监测油品水分是否正常也是很重要的。

3.4 酸值(或碱值)

测定使用油的酸值变化情况，实际是了解油品在使用中氧化变质的程度。润滑油在储存和使用过程中，由于在一定的温度下与空气中的氧发生变化，测得的酸值过大，说明油品氧化变质严重，会造成机械严重的磨损和腐蚀等，因此应考虑换油。

3.5 机械杂质

机械杂质含量也是造纸机械用油的一项需要经常监测的项目。油品在使用、储存、运输中混入灰尘、泥沙、纤维、金属碎屑、铁锈及金属氧化物等，由于这些杂质的存在，加速机械的磨损、严重堵塞油路、油嘴和滤油口，破坏正常润滑；另外，金属碎屑在一定温度下对油起催化作用，加速油品氧化变质。

3.6 PALL 过滤性试验

20 世纪 80 年代，国外造纸机械公司首次在造纸机循环润滑系统使用了无机纤维介质的高效过滤设备。在当时的润滑油条件下，滤芯的使用寿命非常短，因此好的过滤性能成为评定造纸机润滑油的目标之一。

PALL 过滤性指数试验是针对造纸机专用油而开发的筛滤试验。被润滑油公司作为造纸机专用油(PMO)研制时的筛选油品过滤性好坏的方法。PALL 过滤性试验主要用于鉴别油品是否具有很好的过滤性能，从而保证现代化造纸机的过滤设备的使用寿命，这些过滤设备都配备了先进的无机纤维滤芯。

试验方法及试验条件：油样流速：20mL/min；温度：63℃；过滤精度：3μm；在上述流速、温度和过滤精度下，测试油通过一个直径为 47mm 的薄膜圆盘滤芯，当通过滤芯的压力降为 25psi 时，或通过滤芯的流量大于预先设定的 2000mL 的流量的停止试验。通过滤芯的油量被记录为过滤指数。

由于一些油品中的添加剂能与水反应生成不溶物质，影响过滤性能，因此本试验方法也规定了对含水老化后的油样进行试验。含水老化油的配制如下：在 1800r/min 搅拌状态下，向试油中加入 1%(质量)的去离子水，继续搅拌 20min 混合；将搅拌后的混合液放入一容器(加盖)内，将容器放入烘箱，在 70℃下老化 24h，然后从烘箱中取出在室温下放置 24h。过滤试验的条件和方法同上。

试验结束后，记录压力降达到 25psi 时通过试验滤芯的试样量，或加水老化油达到预设通过量时的压力降。新油和老化油过滤指数在 2000mL 以上时，认为通过了过滤试验。图 13-3-1 为 PALL 过滤试验示意图。表 13-3-1 为筛选 PMO 过滤性能时参考指标。

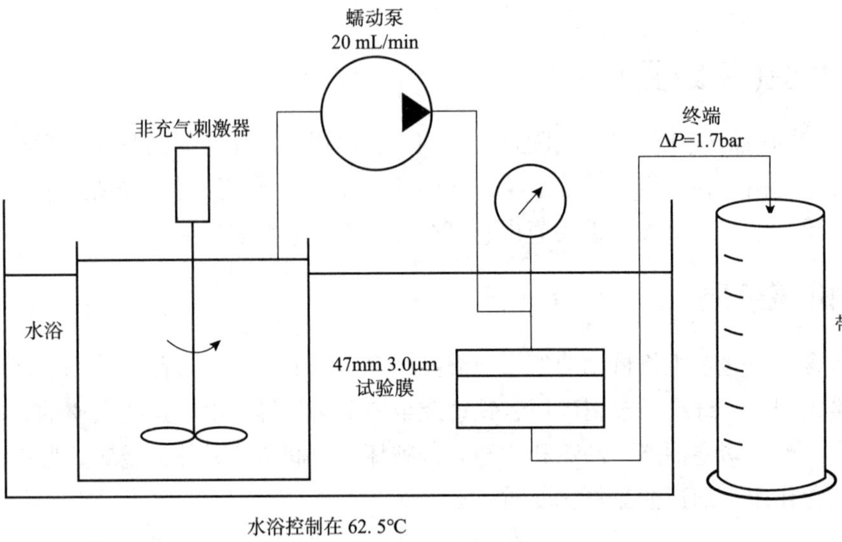

图 13-3-1 PMO 过滤试验示意图

表 13-3-1 筛选 PMO 过滤性能时参考指标

过滤体积/mL	油品过滤性能评价
4000	好
2000	可接受
1000	差，不合格

3. 7 SKF 轴承试验

本方法主要考察油品的化学安定性和热安定性。

试验方法：15 个 RC 17×17C 的轴承滚珠，用三氯乙烯清洗，放入 400mL 的烧杯中，烧杯中加入 180mL 被测油样(轴承滚珠与油的体积比为 1∶3)，加盖，放入烘箱 8 周，温度 120℃。在2、4、6、8 周后，每次分别从烧杯中取二个轴承，用上述溶剂清洗。按表 13-3-2 对轴承进行评估，同时还要评价旧油的黏度变化、油泥生成情况及漆膜生成情况。

表 13-3-2 SKF 轴承试验评价表

指数	外观	描述
1	轻微锈蚀变色	浅棕至中棕色
2	中等变色	棕色
3	表面有一定变化	表面被部分腐蚀，呈现深棕色
4	表面变化严重	表面出现腐蚀、结焦，有重的沉积形成

3. 8 SKF 油膜老化试验

试验方法：用皮氏培养皿，直径大约 140mm，加入的油膜厚度为 1mm。放入烘箱，温度120℃。2周和4周后，油膜情况按表13－3－3进行评定，同时评价油品的蒸发损失。

表13－3－3　SKF油膜老化试验评价表

指数	外观变化	描述
1	无变化或轻微老化	轻微的颜色变化，与新油相比几乎无变化
2	轻微老化	少量变硬，黏稠
3	中等老化	严重变硬、黏稠、漆状物
4	严重老化	严重蒸发损失、变为固状

3.9　FZG齿轮试验

按SH/T 0306标准进行试验，其中A/8.3/90是标准方法，即用A型齿轮，节圆线速度8.3m/s，运行15min，初始温度为90℃。试件为齿轮副，试验齿轮为直齿轮。试验时齿轮浸在试验中，通过弹簧轴对齿轮加载，共分12级，载荷逐级增高，每级运转15min，根据齿轮磨损量测定试油的极压抗磨性，是一种相关性较好的模拟试验方法。

所谓失效等级是指齿轮正常从磨损进入高度磨损的载荷级。

3.10　四球机试验

试验方法为GB/T 3142和SH/T 0189。4个直径相同的钢球其中个浸在装有试油的油盒中，上面1个固定并与下面3个构成点接触。

P_B值为最大无卡咬负荷，它是在试验条件下不发生卡咬的最高负荷，它代表油膜强度。

P_D值为烧结负荷，在试验条件下使钢球发生烧结的最低负荷，它代表润滑剂的极限工作能力。

SH/T 0189是润滑油抗磨损性能测定法，本次试验条件为392N、1200r/min、75℃、1h。

3.11　Timken试验

用于评定润滑油的极压性能水平。采用GB/T 11144方法。

综合采用以上极压抗磨性模拟试验，是因为Timken试验特点是评定硫磷型油，由于添加剂在高温高负荷下才能与金属反应生成化学膜，而在较低负荷下，可能因尚未形成反应膜而给判断带来困难。FZG与实际的相关性较好，但没有冲击负荷。四球机极压试验条件与使用条件有差异，不能单独用以评定油品的极压性能。

3.12　橡胶相容性

采用ISO 6072方法。分别采用丁腈胶NBR1和氟橡胶FPM1进行试验，前者试验条件为120℃、168h，后者试验条件为160℃、168h。

3.13 氧化安定性

分别采用 GB/T 12581 和 SH/T 0193。

SH/T 0193 试验方法为：氧弹在室温下充入 62MPa 压力的氧气，温度 150℃，当压力下降到规定的压力降时，记录试验时间，作为试验的氧化安定性。

GB/T 12581 试验温度 95℃，在水、铁、铜催化剂存在的条件下，同氧反应，以氧化后油的酸值达到 2.0mgKOH/g 时所需要的时间表示其“氧化寿命”。

3.14 液相锈蚀试验

将 300mL 试样与蒸馏水混合，温度 60℃，试验周期 24h，试验结束后观察试验钢棒的锈蚀程度。

第4章　应用实例

上海造纸机械厂生产的3950新闻纸机，年产5万吨，纸机幅宽3950mm，纸机速度600m/min，用油点温度在110℃左右。该机于2001年6月建成投产。纸机烘干部由36个直径为1500mm×4400mm烘缸组成，干部总计润滑点有350个，采用集中润滑方式润滑，设有两个油站，每个油站装油4t。

开始时，因为用油不当，造成了设备磨损，累计损坏轴承13只，期间纸机必须每周作一次停机检修，每次停机在10h左右，对一周内发现声音异常的轴承进行拆检，纸机烘缸轴承的拆检是件费工费力的事情，但因磨损轴承的磨屑会引起齿轮损伤，造成更大的设备事故，所以必须每周检查，仅此一项损失的产量在200t左右，经济损失在4万~5万元，当时的纸速尚在500m/min左右。

在上述情况下，此设备换用了长城造纸机循环油——无灰矿油型PMO 220。

试验过程简述：

试验前用长城公司32#造纸机专用循环系统冲(清)洗油对设备循环系统内部进行冲(清)洗，热循环后放出，清洗完成后，装入长城220号无灰矿油型造纸机循环系统润滑油，直到将系统内的冲(清)洗油全部顶出为止。试验开始后，固定取油点和取样工，双方约定取样时间。

试验过程中，因为纸机运转平衡正常，厂家为了提高效率，纸机速度由原来的速度提高到600m/min，用油点的温度有所提高，工况较以前更加苛刻。

4.1　试验结果

润滑油在使用中受温度、压力、负荷的影响，同时受水分、尘土等污染，会逐渐变质，直至影响润滑油的使用性能。一般认为，研究油品的质量变化过程中，确定合理的换油周期所需要的基本分析项目包括黏度、酸值、磨损金属含量、不溶物、氧化安定性、色度。黏度变化到一定程度，会造成润滑不良；酸值太大，容易引起金属腐蚀；不溶物增大，表示油品的分散性能下降，会造成循环管线上分配器等设备的堵塞；油中金属含量的增加，表示润滑系统中金属部件的磨损增大。为了研究油品的化学衰变过程，还采用红外光谱进行了分析。

1)黏度变化

在试验期间，油品黏度变化在正常范围内，变化较小。

2)酸值变化

酸值是衡量油品氧化变质程度高低指标之一，也是判断油品对金属腐蚀性能大小的重要依据，酸值的变化反映了基础油氧化变质和有关添加剂消耗降解状况。在高温条件下，润滑油因氧化产生酸性物质。试验结果显示酸值变化稳定，说明油品有相当好的氧化安定性。

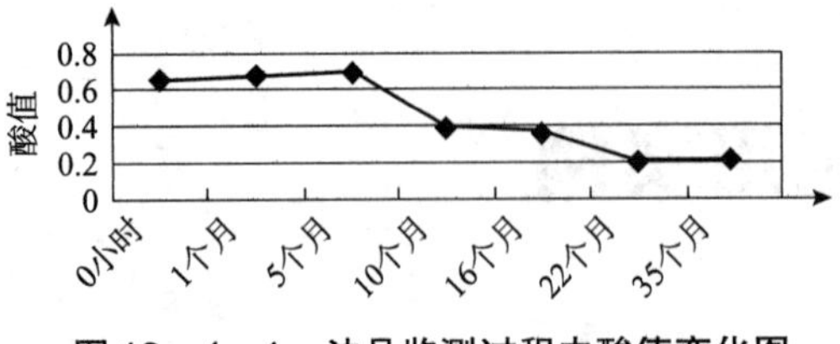

图 13－4－1　油品监测过程中酸值变化图

油品监测过程中酸值变化图如图 13－4－1 所示。

3)氧化安定性

润滑油在加热和金属催化作用下抵抗氧化变质的能力称为润滑油的氧化安定性，其反映的是润滑油在实际使用中氧化变质或老化倾向的重要特性，是润滑油的重要性能指标。本次试验采用 SH/T 0193—92 润滑油氧化安定性测定法。油品监测过程中氧化性能变化情况如图 13－4－2 所示。

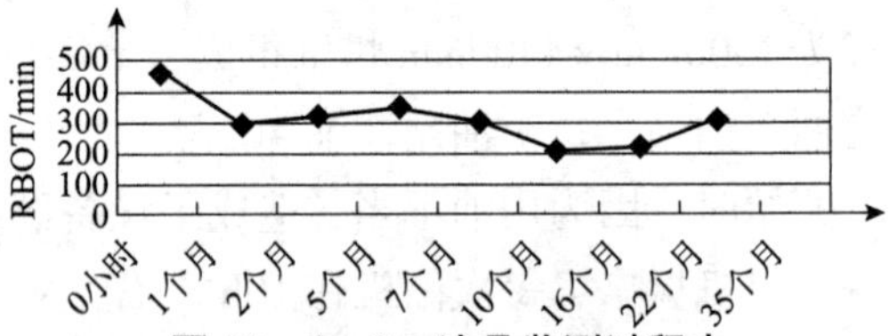

图 13－4－2　油品监测过程中氧化性能变化情况

4)腐蚀试验

腐蚀试验是测定油品在一定温度下对金属产生腐蚀的可能性。本次试验按 GB/T 5096 方法进行 121℃、3h 铜片腐蚀试验。油液监测过程中铜腐变化情况见表 13－4－1。

表 13－4－1　油液监测过程中铜腐变化情况

时间	0h	1 个月	5 个月	7 个月	10 个月	16 个月	22 个月	35 个月
铜腐	1b	1b	1b	1b	1b	3a	1b	1b

5)戊烷不溶物

试验结果表明，油中的不溶物极少，在 0.01%～0.04%之间，表明在试验条件下，油中油泥之类的沉积物较少。戊烷不溶物监测结果见表 13－4－2。

表 13－4－2　戊烷不溶物监测结果

编号	02－10	03－01	03－03	05－03
戊烷不溶物/%	0.02	0.01	0.01	0.04

6)金属含量分析

用试油中金属含量的大小和变化表示金属部件的磨损程度，反映了油品的抗磨性能。测试结果见表 13－4－3，测试结果表明试油对各摩擦副有很好的磨损保护。

表 13－4－3　金属含量监测结果

编号	02－10	03－01	03－03
Cu/%	0.0005	0.0005	0.0004
Fe/%	0.0038	0.0062	0.0064

7）换油前的监测结果

油品的抗氧化性能、运动黏度、极压性能、抗腐蚀性尚可，由于油的色度不断加深，用户反映不利于分配器上油的流动情况观察及在分配器上有少许的油泥产生，油样的监测结果表明戊烷不溶物增大，为了防止分配器的油路堵塞，用户对设备润滑系统进行了清洗，换上了新的无灰矿油型 PMO 220。

8）红外光谱

图 13－4－3 为监测油新油和使用一年后的旧油红外光谱情况对照图。从 IR 图中可以看出，3644/1230cm^{-1}处旧油峰值有变化，与已知的添加剂中抗氧剂的谱图相吻合，表明该峰值的下降为抗氧剂的消耗。但在 1700～1750cm^{-1}处 C ═O 无显著变化，表明监测油使用一年后未发生明显氧化。

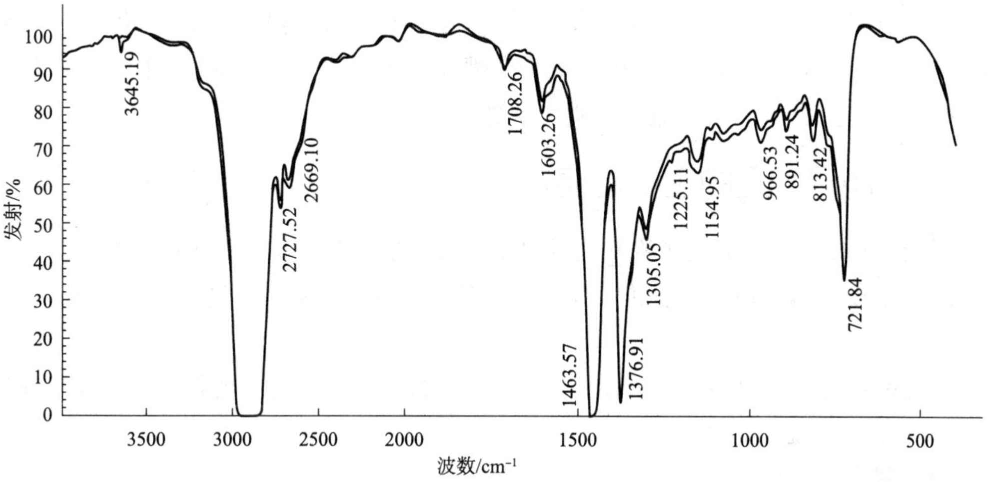

图 13－4－3 新油和一年后的监测油红外对比图

4.2 试验结论

实机试验结果表明，研制油品表现出良好的综合性能，与纸机的干部循环系统有很好的适用性，使用近三年，保证了设备的有效润滑，减少了停机时间，设备开工率大大提高，为企业带来了可观的经济效益，得到用户的认可。

第5章　用油注意事项

5.1　润滑油(脂)使用管理意义

润滑管理是机械管理中的一个重要组成部分。润滑管理的目的在于预防设备润滑故障，减少机械设备停车造成的损失，提高生产，节约保养劳务费和减少零部件更换，延长设备的使用寿命，减少固定资产投资，降低润滑剂的消耗量，节约费用。因此，搞好润滑的管理工作是企业提高经济效益的重要途径之一。

5.2　润滑管理的主要内容

(1)建立切实可行的管理机构和规章制度，配备专职或兼职的润滑工作人员。

(2)制定设置润滑的技术标准，执行“定点、定质、定期、定量、定人”的五定工作规范。

(3)控制润滑油脂的“购、储、用”全过程，最好定出全厂统一的代表各种油料牌号的颜色，便于区分、防止混杂。

(4)开展润滑技术培训。

(5)加强对润滑系统及重要设备的运行状态的检测。

(6)制定各种机型润滑材料的消耗定额。

(7)做好废旧油料的回收与再生利用。

(8)润滑管理效果的评价与改善。

5.3　润滑油脂的储运与入库检验和保管

润滑油脂的储运与入库检验均应严格按照要求进行，以确保润滑油脂质量合格。

(1)未经化验合格的油品，采购人员不应采购、验收人员应拒绝验收入库。

(2)散装油储存在油罐内，储存罐底设计以窝蝶形或倾斜为主，并安装放油孔，以便按时将沉淀物排出，并定期对油罐内部进行清理。

(3)装卸时防止倒塌，避免从卡车、火车等高处坠落。搬运时禁止碰撞，以免损坏包装。

(4)购入的合格润滑油脂应尽量储存于室内，如需露天放置，应用防雨布等搭棚遮盖。若一时量大而又无防雨布时，则须将桶倾斜立置并与地面成75°角，以防雨水渗入。

(5)包装不得倒置或横放，不要对包装进行重压，以防包装变形、损坏和产品泄漏。

5.4　润滑油脂使用注意事项

在润滑油脂的使用中，需认真执行机械润滑的“五定”和“三级过滤”规范。

5.4.1　五定

1)定点

要确定机械设备有几个润滑油箱、油盒、油杯、油孔及密封或外露的润滑点。

2)定质

要确定各润滑点(部位)要求使用何种牌号的油，根据摩擦副的特点，掌握代用油或掺和调配方法，保持油料不受污染或变质。储存少量润滑油和补油的容器，必须专油专用，有盖且保持清洁。擦拭时，切不可用易于脱落纤维的废棉纱。

3)定期

要确定各润滑点多长时间给油一次，根据油箱油质情况及时换油。

4)定量

要确定每个润滑点加多少油量为宜，规定消耗定额。

5)定人

各机械设备要有专人分工负责加换油脂。

5.4.2　三级过滤

进厂合格的润滑油在应用到设备润滑部位前，一般都要经过几次容器的倒换储存，每倒换一次或移动位置都应进行一次过滤，以杜绝杂质的二次污染。润滑油的三级过滤是：

(1)合格油品进润滑站固定油桶时要进行第一次(一级)过滤。

(2)润滑站固定油桶的油进加油工具时要进行第二次(二级)过滤。

(3)加油工具里的油进入设备润滑点时要进行第三次(三级)过滤。

具体步骤如下：

(1)打开桶盖前将桶盖表面及边缘擦干净，取用时使用洁净工具，使用后用桶盖密封，防止进入杂质、水等。

(2)对新设备或大修装置的润滑系统必须进行清洗，并按规定磨合。

(3)润滑脂使用后应当抹平，防止析油。

(4)组织进行机械设备的故障分析，做到“三不放过”。

(5)不能与不同类别的润滑油脂混合使用，不能加热熔化后使用。

(6)确保新油和旧油标识明确，避免不必要的浪费。

(7)不同公司的同类润滑油产品不得混用，必须混用时则要求进行试验。同一公司不同质量等级的产品不得混用，油品代用必须“以高代低”，且要求黏度级别相同。

5.5　安全、健康、环保

(1)不能对包装物进行焊接、加热。使用和储存时严禁与明火接触，发生火灾时用干粉或泡沫灭火器灭火。

(2)从油桶中取油时，应采取适当的措施，防止润滑油飞溅到地面。

(3)残留及废弃润滑油脂不得随意丢弃，应按法规妥善处理。

(4)使用后的包装物请按法规妥善处理。

(5)开启容器时请戴上手套并使用工具，以免伤手。

(6)必要时安装排风装置，减少空气中的油雾浓度。

(7)使用时防止接触皮肤，防止溅入眼内，进入眼内及时找医生诊治。

(8)不穿被油渗透的衣服，不要用脏抹布擦皮肤上的油迹，以免抹布中有异物划伤皮肤。

(9)接触皮肤后，用水、肥皂及时清洗干净。工作场所配备必要的清洗用具、医疗用具和急救用品。

(10)禁止食用，误食后请找医生诊治。

(11)置于儿童不能触到的位置。

第十四篇

机器人专用润滑剂

第1章　工业机器人

在现代制造业中应运而生的工业机器人是继动力机、计算机之后出现的全面延伸人的体力和智力的新一代生产工具。机器人是一种具有高度柔性的自动化装备，对提高制造生产线的柔性具有特别重要的意义，它作为现代制造业的主要自动化装备在制造业中广泛应用，并将在未来的制造企业中扮演越来越重要的角色。

1.1　工业机器人的基本机构及分类

工业机器人是一个复杂的作业系统，包括执行机构、驱动与传动系统、控制系统和智能系统等几个部分。工业机器人的基本结构如图 14－1－1 所示。

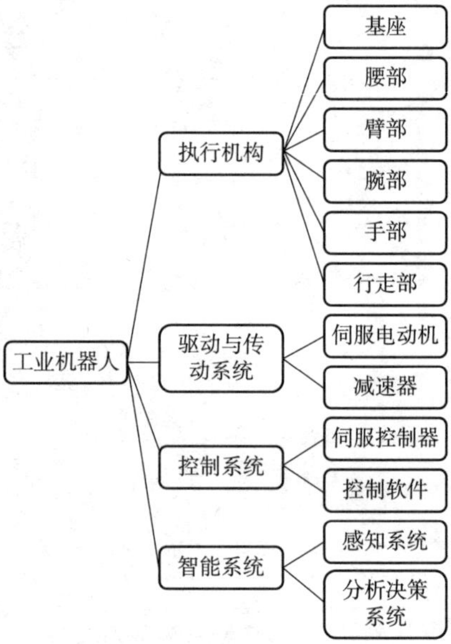

图 14－1－1　工业机器人的组成

目前行业较为主流的工业机器人分类方式主要是按应用领域和机械结构进行分类。

根据应用领域不同，工业机器人可以分为焊接机器人、搬运机器人、喷涂机器人、装配机器人、加工机器人、洁净机器人等。

根据机械结构不同，工业机器人又可以分为多关节机器人、平面多关节机器人、坐标机器人、并联机器人和圆柱坐标机器人等。如图 14－1－2 所示。

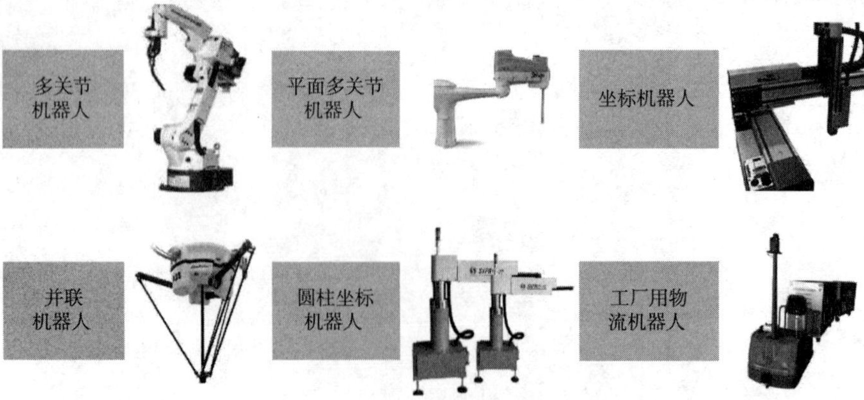

图 14－1－2　工业机器人按照结构分类

1.2 工业机器人市场基本情况

1959年美国研发了国际上第一台工业机器人，随后在日本、欧洲等地区迅速发展。工业机器人被广泛应用于汽车、机械加工、电子电气、食品、物流等诸多领域，已成为自动化装备的主流及未来的发展方向。

IFR(国际机器人联合会)最新的《2020年世界机器人技术》报告显示，在世界各地的工厂中正在运行的工业机器人超过270万台。2019年全球出货量为37.3万台，在5年内(2014～2019年)机器人装机量在全球范围内增长了约85%，如图14-1-3所示。

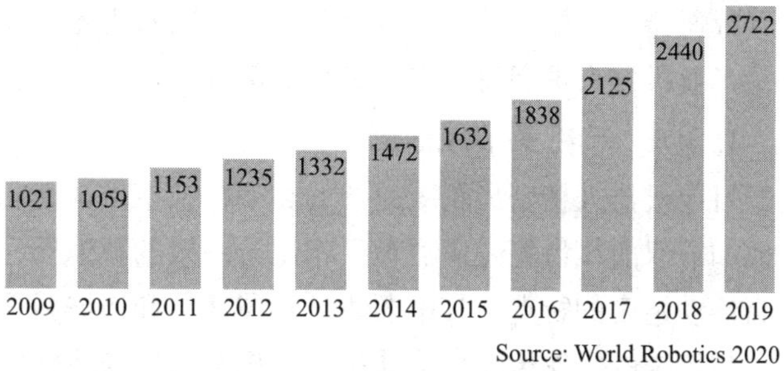

图14-1-3 2009～2019年全球机器人市场存量总额

中国是目前全球规模最大、增长最快的机器人市场。中国工厂有78.3万台工业机器人在运行，同比增长21%。其中，2019年中国新机器人的销量仍处于高位，出货量约为14.05万台。虽与2018年相比减少了9%，但仍是有史以来第三高的销售量。

全球工业机器人的本体生产主要集中在欧洲、日本等地。瑞士的ABB、德国的KUKA、日本的发那科(FANUC)、安川电机(YASKAWA)四大机器人企业是工业机器人主体的主要生产商，在高端产品上占垄断地位，约占全球工业机器人市场的一半。由于中国市场的巨大吸引力，大多国际知名的工业机器人制造企业在中国都建有生产厂，ABB、库卡(KUKA)、发那科(FANUC)、安川电机(YASKAWA)、欧地希(OTC)、松下(PANASONIC)、神钢(KOBELCO)、川崎重工(KAWASAKI)、那智不二越(NACHI)、现代重工、徕斯(REIS)、柯马(COMAU)、爱德普(ADEPT)、爱普生(EPSON)等。

我国从20世纪70年代开始研制工业机器人，目前已经初具规模，但是，纵观机器人行业产业链，我国虽然能够生产出部分机器人关键元器件，但包括关节精密减速机、伺服电机和控制系统的三大关键零部件至今没有实现完全产业化。中国自主品牌机器人制造企业名录见表14-1-1。

表14-1-1 中国自主品牌机器人企业

企业名称	所在地
沈阳新松机器人自动化股份公司	沈阳
安徽埃夫特智能装备股份有限公司	芜湖
南京埃斯顿机器人工程有限公司	南京
广州数控设备有限公司	广州
哈尔滨博实自动化股份有限公司	哈尔滨
广州启帆工业机器人有限公司	广州
江苏汇博机器人技术股份有限公司	苏州
广东拓斯达科技股份有限公司	东莞

1.3 工业机器人的核心零部件

工业机器人由主体、驱动系统和控制系统三个基本部分组成。关键的核心零部件包括了主体的关节减速器以及驱动系统的伺服电机等。机器人的每一个自由度是由一台伺服电机经减速器带动机械轴的执行运动，因此精密齿轮减速器是工业机器人的核心部件，同时也是工业机器人中润滑需求量最大的部件。

1.3.1 精密关节减速器

目前机器人精密齿轮减速器的类型包括谐波减速器、摆线针轮减速器(RV 减速器)和其他如准双曲线齿轮减速器等。相比于一般的减速器，机器人用精密减速器具有大传动比及高传动精度的特点。其中摆线针轮减速器和谐波减速器是最常用的两类。

与传统的工业齿轮减速器相比，机器人用摆线针轮减速器有着更为特殊的结构，它是一种高精密度减速器，由行星支架和摆线针轮构成，具有传动比范围大、传动精度高、传动误差小、承载能力大、扭转刚性大、振动小及耐冲击性强等诸多优点。其内部机构的运行模式，不仅包含了直齿轮啮合的方式，还有滑动摩擦和滚动摩擦的运动形式存在，所以其对于油品的性能要求，既要满足传统工业齿轮油的性能，又必须同时适合滑动摩擦和滚动摩擦存在下设备的需要。

RV 减速器典型结构如图 14 -1 -4 所示。

谐波减速器具有运动精度高、传动比大、质量小、体积小和传动惯量小等优点，其最重要的特点是能在密闭的空间内传递运动，适用于质量和尺寸受限(如小的机械手关节)、位置精度要求高的场合。谐波减速器由谐波发生器、柔性轮和刚轮三部分构成，其工作原理是：由谐波发生器使柔性轮产生可控的变形，靠柔性轮与刚性轮的啮合来传递动力，并达到减速的目的。图 14 -1 -5 为谐波减速器的示意图。

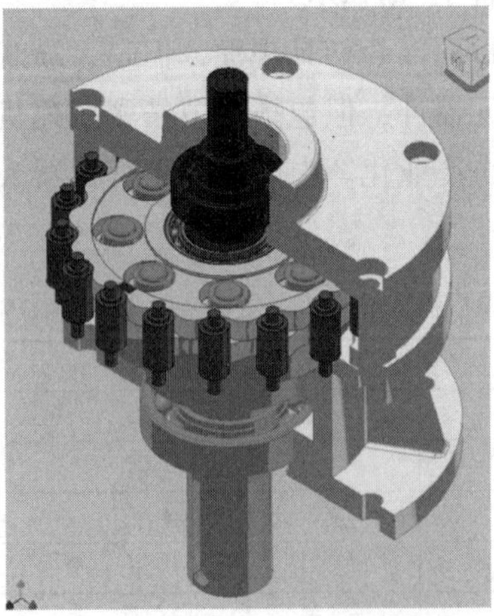

图 14 -1 -4 RV 减速器典型结构

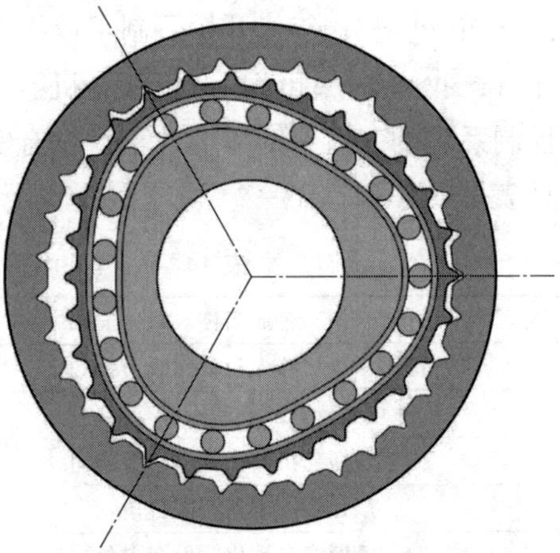

图 14 -1 -5 谐波减速器示意图

轻负载机器人(196N 以下)多采用谐波减速器，而 RV 减速器多用于重负载机器人上。RV 减速器和谐波减速器的主要性能参数见表 14－1－2。

表 14－1－2　RV 减速器和谐波减速器主要性能参数比较

项目	RV 减速器	谐波减速器
减速比	31～171	70～320
传动效率	0.85～0.92	0.70～0.90
输出力矩	好	一般
占用空间	中	较小
制造要求	高	高
刚度	高	一般
传动精度	高	高
可靠性	较好	一般

1.3.2　精密减速器的技术和市场情况

目前，全世界能批量生产 RV 减速器的企业并不多，近年来，全球 RV 减速器市场需求旺盛，RV 减速器生产企业都处于供不应求状态。日本纳博特斯克公司(Nabtesco) RV 减速器的市场占有率达到了 70%～80%，其 RV 减速器性能优良，在此领域有着绝对的话语权。

这一领域是目前我国工业机器人关键零部件中最薄弱的环节，我国目前从事 RV 减速器研制的企业有 100 多家。近年来，我国的 RV 减速器的研制取得了一定的进展，江苏泰隆、浙江双环传动、陕西秦川机床等企业逐渐实现了批量生产，但国产 RV 减速器的产量和市场认可度还远远达不到规模化的水平。

日本哈默纳科公司(Harmonic Drive)是谐波减速器的知名制造商。近些年国产谐波减器有了飞速发展，以苏州绿的为代表的国产品牌，在国内机器人市场占有率达到 60%，其产品的出口量占到 15%，在全球范围内打破了哈默纳科公司的独家垄断。

日本住友重机械工业株式会社的减速器的基础是行星齿轮减速器，包含各种型号，如大型斜齿轮减速器、行星齿轮减速器、斜齿轮减速器、蜗轮蜗杆减速器等。

1.4　工业机器人关节减速器润滑产品

由于机器人关节减速器的结构形式不同于传统的减速器，其润滑方式也不同于传统的啮合齿轮润滑，需要考虑滑动摩擦、滚动摩擦等多种摩擦形式存在条件下的润滑，同时要考虑产品的特殊工况以及对稳定性和精度的要求。

除了技术上需要考虑的因素以外，机器人关节减速器专用油品的研制，在产品规格与认证要求方面也面临挑战。因为机器人减速器的市场几乎被日本和欧美品牌垄断，日本知名精密减速器制造商占据了 70% 的市场份额甚至更多，其在此类设备上的用油话语权不言而喻。然而，出于技术垄断和经济利益的考虑，其并不开放其认证流程，并与特定的油品供应商绑定并形成利益共同体，拒绝任何其他品牌的加入。

1.4.1 机器人关节减速器的工况特点和润滑需求

工业机器人的工况特点是使用地域广，温度范围宽(在室内外和南北方均有使用)；连续工作时间长，甚至是24h满负荷连续运转，关节减速器部位连续工作不断产生热量，正常使用时运行温度约70℃，极端条件下可达到100℃；关节部位一般都有中度到重度的负荷，负荷范围主要在196~4900N；机器人减速器易发生疲劳磨损，因为工业机器人运动轴减速器在运转过程中会频繁启停并在较小运动区域内进行往复运动，运动时加速度大，容易造成微动磨损，因此要求润滑剂具有优异的抗微动磨损性能；维护周期很长，要求润滑材料有较长的使用寿命，一般要求6000~10000h；同时，机器人在工作状态中不同关节减速器保持方位不同，且随时变化，这对减速器的密封提出了更高的要求，确保在长周期使用过程中润滑剂不发生泄漏。在机器人实际运行中，油品泄漏给用户和机器人制造商带来很大的困扰，很多机器人制造商就机器人关节密封开展专题研究。

除此之外，减速器的不同型式也决定了润滑需求的不同。结合工业机器人的工况需求，其满足要求的润滑剂要具有如下性能要求：

1)RV减速器润滑剂性能要求

①具有稳定、适宜的摩擦系数。

②温度适应性广，可在室内外和南北方通用，满足-20~120℃的使用温度范围。

③热安定性能优良，保证在70℃甚至100℃能够正常工作。

④极压抗磨性能好，能满足重负荷工况要求。

⑤抗微动磨损性能和摩擦性能良好，可减少设备摩擦部位磨损。

⑥与密封材料的兼容性能良好，确保设备润滑油不发生泄漏。

⑦抗氧化性能好，长期使用后无明显的氧化现象。

⑧使用寿命长，应具有10000h以上的换油周期。

2)谐波减速器润滑需求特点

与摆线针轮行星减速器或RV减速器相比，谐波减速器多应用于工业机器人姿态轴部位或协作机器人，承担载荷轻，极压性能要求较低，但抗磨性能要求高。随着协作机器人和服务机器人的广泛应用，为提高舒适性，对机器人谐波减速器润滑脂降噪性能以及低气味等需求日益提高。

1.4.2 减速器润滑剂的种类

工业机器人用润滑油脂的技术确认权掌握在整机厂及关键零部件(精密减速器)生产商手中，绝大多数机器人生产企业对润滑剂技术指定。针对机器人减速器润滑种类的选择，不同的机器人整机厂各有偏好，既有采用油润滑，也有采用脂润滑。根据行业惯例，针对摆线针轮RV减速器配套润滑剂，一般欧系机器人用油进行润滑，日系和国内机器人多选用半流体状润滑脂进行润滑；而对于谐波减速器多用润滑脂进行润滑防护。

由于我国高端工业机器人领域进口四大品牌机器人仍然占比较大，加之国产机器人核心部件大部分进口，因此国内市场机器人减速器润滑剂基本完全依赖进口，给机器人用户带来高额的换油成本，市场对国产机器人润滑产品也有着强烈的需求。同时，工业机器人在我国已进入快速发展时期，打破垄断、开发配套国产润滑油脂对于推动我国机器人产业链高质量健康发展具有深刻意义。近年来，中国石化、中国石油等国内龙头润滑油公司陆续开展工业机器人减速器专用油产品开发，并已经投入市场，获得用户的认可。

表 14－1－3 列出了市场上主要的机器人减速器润滑产品。

表 14－1－3　主要市售机器人减速器润滑产品

产品名称	生产商	润滑剂形式	润滑部位
Sinopec RO150	中国石化	润滑油	RV 减速器
KGR150	中国石油	润滑油	RV 减速器
Kyodo Yoshi TMO150	日本协同	润滑油	RV 减速器
Nabtesco RV oil SB150	Nabtesco(协同生产)	润滑油	RV 减速器
Optimal Optigear RO150	嘉实多	润滑油	RV 减速器
长城 SPI－B	中国石化	润滑脂	RV 减速器
昆仑机器人摆线针轮(RV)RV00 减速器润滑脂	中国石油	润滑脂	RV 减速器
Moly white Re00	日本协同	润滑脂	RV 减速器
长城 SPI－Q	中国石化	润滑脂	谐波减速器
SK－1、SK－2、SK－3	日本协同	润滑脂	谐波减速器

1.5　工业机器人减速器润滑产品的标准

机器人减速器是一种高精密度减速器，无论是 RV 减速器还是谐波减速器都与传统的齿轮传动结构有很大差异，传统的工业齿轮润滑标准不能完全准确地反映出机器人精密减速器用油的性能要求。世界知名减速器制造商对于油品的选用有严格的要求，由于技术保护、经济利益等原因，润滑剂指标和要求不公开，国内外均没有公开的任何针对机器人减速器的润滑产品标准。

2018 年起中国石化润滑油有限公司牵头开展“机器人用摆线针轮(RV)减速器润滑油”“机器人用摆线针轮(RV)减速器润滑脂”两项石化行业标准的制定工作。目前该标准已经通过专家评审。该标准改变了工业机器人精密减速器润滑产品没有现行标准的现状，为机器人减速器行业用户选油、用油，润滑油制造企业生产合格的机器人精密减速器润滑产品提供了技术依据。

“机器人用摆线针轮(RV)减速器润滑油”“机器人用摆线针轮(RV)减速器润滑脂”石化行业标准要求见表 14－1－1、表 14－1－5。

表 14-1-4　机器人用摆线针轮(RV)减速器润滑油的技术要求和试验方法

试验项目		质量指标	试验方法
黏度等级(GB/T 3141)		150	
运动黏度(40℃)/(mm^2/s)		135~165	GB/T 265
运动黏度(100℃)/(mm^2/s)		报告	
黏度指数	≥	130	GB/T 1995
倾点/℃	≤	-36	GB/T 3535
闪点(开口)/℃	≥	200	GB/T 3536
水分(质量分数)/%			GB/T 260
PAO 及极性相当的基础油产品	≤	痕迹	
PAG、酯类油及极性相当的基础油产品	≤	0.1	
元素含量			
硫/(mg/kg)		报告	GB/T 17040[a]
磷/(mg/kg)		报告	GB/T 17476
硼/(mg/kg)		报告	GB/T 17476
清洁度/级	≤	8	DL/T 432
泡沫性(泡沫倾向/泡沫稳定性)/mL/mL			GB/T 12579
24℃	≤	50/0	
93.5℃	≤	50/0	
后 24℃	≤	50/0	
液相锈蚀(24h)			GB/T 11143(A 法)
蒸馏水		无锈	
氧化安定性(121℃, 312h)			SH/T 0123
100℃运动黏度增长/%	≤	6	
沉淀值/mL	≤	0.1	
四球机试验			GB/T 3142 NB/SH/T 0189
最大无卡咬负荷(P_B)/N(kgf)	≥	784(80)	
综合磨损指数/N(kgf)	≥	392(40)	
磨斑直径(392N, 60min, 75℃, 1200r/min)/mm	≤	0.50	
承载能力			NB/SH/T 0306
齿轮机试验(FZG 目测法)(A/8.3/90)/失效级	≥	12	
SRV 摩擦磨损试验(300N, 50℃, 50Hz, 2h, 1mm)			NB/SH/T 0847
磨斑直径/mm	≤	0.60	
平均摩擦系数		报告	
剪切安定性[b](KRL 法)(20h)			NB/SH/T 0845
剪切后 40℃运动黏度/(mm^2/s)		135~165	
密封材料相容性试验			NB/SH/T 0877
FPM(100℃, 168h)			
体积变化率/%		报告	
拉伸强度变化率/%		报告	
拉断伸长率变化率/%		报告	
硬度变化		报告	

续表

试验项目		质量指标	试验方法
台架试验（E110 减速器[c]）			GB/T 35089
减速器		通过	GB/T 37718
油品酸值增加(以 KOH 计)/(mg/g)	≤	1.0	GB/T 7304
试验后油品 40℃黏度/(mm^2/s)		135～165	GB/T 265

注：[a]测试方法也包括 GB/T 388、SH/T 0172，结果有争议时，以 GB/T 17040 为仲裁方法。

[b]不加黏度指数改进剂的产品，不必进行剪切安定性测试。

[c]试验减速器满足 GB/T 37718。

表 14－1－5　机器人用摆线针轮(RV)减速器润滑脂的技术要求和试验方法

项　目		技术要求			试验方法
		0 号	00 号	000 号	
工作锥入度/0.1mm		355～385	400～430	445～475	GB/T 269
滴点/℃	≥	170	160	—	GB/T 4929
防腐蚀性(52℃，48h)		合格			GB/T 5018
流动压力(－30℃)/Hp	≤	1000		—	附录 A
极压性能(四球机法)					SH/T 0202
最大无卡咬负荷(P_B值)/N	≥	883			
烧结负荷(P_D值)/N	≥	1961			
抗磨损性能(四球机法)(75℃，1200r/min，392N，60min)					SH/T 0204
磨痕直径 *d*/mm	≤	0.55			
抗摩擦磨损性能(SRV 法)(200N，50Hz，2h，50℃，1mm)					NB/SH/T 0721
摩擦系数	≤	0.080			
氧化诱导期(180℃)/min	≥	30		20	SH/T 0790
橡胶相容性[a]		报告			SH/T 0691
台架验证[a](机器人用精密齿轮传动装置试验[b])		报告			GB/T 35089

注：[a]根据客户要求进行，双方协商确定试验条件及指标。

[b] 试验减速器满足 GB/T 37718 标准要求。

1.6　其他润滑剂

如前所述，工业机器人最主要的润滑部件为减速器，除此之外，滚珠丝杠、传动链条、轴承等也需要润滑。

1.6.1　机器人滚珠丝杠用脂

机器人滚珠在设备上的应用主要是电机带动丝杠(螺母)旋转，滚珠在封闭滚道内沿滚道滚动，迫使螺母(丝杠)轴向移动，从而实现将旋转运动变换成直线运动。

机器人滚珠丝杠对润滑脂性能的要求主要为：

①满足滚动润滑要求，可形成适宜的润滑油膜。

②良好的抗磨损性能，降低摩擦部位疲劳磨损。

③良好的抗氧化性能，经长期使用后，无明显氧化现象。

④良好的防锈性能，避免润滑部件发生锈蚀。

1.6.2 机器人移动导轨用脂

某些类型的机器人(如桁架式机器人)活动面积大，对运动导轨具有广泛应用，被称为机器人的第七轴。

导轨是机床及各种测定仪器和工艺设备中常用的摩擦副，最简单的润滑方式为人工定期加脂，对润滑脂要求如下：

(1)较高的基础油黏度，以保证润滑剂附着在摩擦副表面。

(2)具有极压抗磨性能，承载重负荷，且减少设备磨损。

(3)因使用环境为封闭式洁净空间，控制油品挥发量。

1.6.3 机器人平衡轴承用脂

对于多关节机器人来讲，大多数以平衡缸用于平衡力矩，与之配套使用的轴承也需要承受很大的径向力，需要定期进行润滑维护，传统极压型工业润滑脂即可满足使用要求。

1.6.4 机器人电缆线圈用脂

机器人电缆主要包括信号电缆和电力电缆，目前多已集成化，但在机器人各关节运行过程中，各电缆之间会出现相互接触摩擦的问题，在机器人装配时多使用通用锂基润滑脂提供润滑防护。

第十五篇

低噪声轴承及电机润滑剂

前　言

第二次世界大战之后，日本轴承生产企业从军工需求转向民用市场，同时开始对滚动轴承的振动和噪声展开研究。随后于1960年制定了世界上第一个关于轴承噪声的国家标准《滚动轴承声压级测量方法》(JIS B1584)。1950年美国出于军事目的，开始着手研究轴承的振动与噪声，并于1954年发布《舰船技术条件》(MIL－B－17931)，在全球范围内推动了低噪声轴承的发展。1965年前后基于制造装备自动化水平的显著提升以及制造工艺的进步，低噪声轴承的生产得以实现工业化；至1980年左右低噪声轴承的生产开始逐渐发展壮大。

我国轴承行业经过数十年的发展，目前共有约10000家企业，其中规模以上企业1500多家，主要分布在全国9个省市自治区。按照主营业务收入统计，前100家占全行业的42.8%，前1000家占全行业的90%。至2019年主营业务收入1770亿元，轴承产量196亿套。能够生产小至内径0.6mm，大至外径11m的多种尺寸的轴承。低噪音微小型球轴承达到国际先进水平，具有较强的国际竞争力。为重大装备和重点主机配套的高端轴承的开发取得重大突破，配套率逐年提高。以“神州”“嫦娥”“天宫”配套轴承为代表的航天轴承已百分之百立足国内。与此同时，近几年中国轴承优势企业开始实施走出去战略，开始国际化布局，融入国际轴承产业链，世界知名轴承企业从在中国采购轴承产品发展到在中国采购轴承加工设备，中国轴承产业在世界轴承产业中的地位显著增强，中国轴承产业已成为国际轴承产业的重要组成部分。

噪音是一类能引起人烦躁或当音量过强时会危害人体健康的声音。滚动轴承发出噪声的主要原因是由于滚动轴承在转动过程中因负载作用而产生变形引起的振动。为了提高环境舒适性或设备的隐蔽性，低噪声轴承制造技术得以快速发展，与之对应的低噪声轴承润滑脂技术得到深入研究。低噪声轴承润滑脂一般在全封闭、高洁净度的车间生产，通过特殊的工艺过程控制具有极高的纯净度以及极其均匀的微观结构。目前，低噪声轴承广泛应用于各个行业，主要包括工业电机、水泵、汽车零部件、家用电器、IT及通信设备散热风扇等领域。从类型上看，为满足各种轴承不同应用工况的需求，主要有锂基润滑脂、复合锂基润滑脂以及聚脲润滑脂三类。下面对不同部位所用的产品分别进行叙述。

第1章　工业电机用润滑脂

1.1　工业电机的特点

电机是国民经济各部门大量采用的一种动力机械和发电设备。随着工农业生产的迅速发展、机械化自动化程度的提高，电机的需要量和种类也日益增加。由于电机种类繁多，对电机进行适当地分类就十分必要。电机的分类如图15－1－1所示。

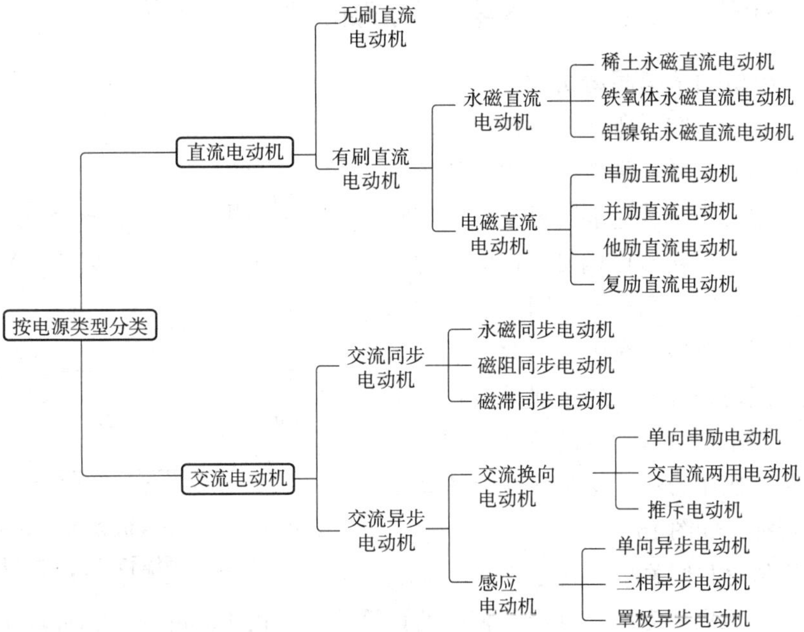

图15－1－1　电机的分类

考虑到生产、技术和管理等情况以及专业分工和专业化生产的需要，目前仍以机座号（中心高或定子硅钢片直径）作为大类总的划分，而将主要性能、用途和结构特征、形式等作为补充来适当细分。机座中心高在45～71mm为微型电机；机座中心高在80～315mm为小型电机；机座中心高在355～630mm为中型电机，其相应额定功率范围约在1000kW以下；机座中心高在630mm以上为大型电机。

对于三相交流电机，其每组线圈都会产生一对磁极，含有磁极的个数即电机极数。我国三相交流电的频率为50Hz，则合成磁场的同步转速为3000r/min。如果电动机的旋转磁场不止一对磁极，则同步转速与磁极对数的关系为：

$$n = 60f/p$$

式中 f——频率，Hz；

p——磁极对数；

n——转速，r/min。

因此2极电机同步转速为3000r/min，4极电机同步转速为1500r/min，6极电机同步转速为1000r/min，8极电机同步转速为750r/min。异步电机的转速总是低于或高于其旋转磁场的转速。异步电机转子转速与旋转磁场转速之差通常在10%以内。

工业电机根据特殊应用环境的不同而分为不同的型号，例如高原用(G)、船用(H)、户外(W)、化工(F)、热带(T)、湿热带(TH)、干热带(TA)，这说明环境对电机的性能要求有着重要的影响。同时，环境因素的不同也是选择电机轴承用脂的重要依据，例如湿热环境下使用的电机必须选择抗水防锈性能优异的润滑脂，海船室外用电机应选择具备耐海水防锈的润滑脂。

1.2 润滑脂在电机轴承中的润滑机理

1.2.1 电机轴承脂润滑机理

1)电机轴承所需润滑油黏度的确定

弹性流体动压润滑膜厚已经有成熟的计算方法，膜厚分布只能通过确定边界条件采用数值解法进行计算。在接触区内部，GPa级别的高压导致润滑剂黏度急剧升高，因此润滑剂的压力流动分量可以忽略；在压力相对较低的区域，由于压力流动分量产生的边泄导致在接触区的出口和边界出现一些独有的特征，在出口区形成颈缩和二次压力峰，这是弹性流体动压润滑的重要特征，如图15-1-2所示。

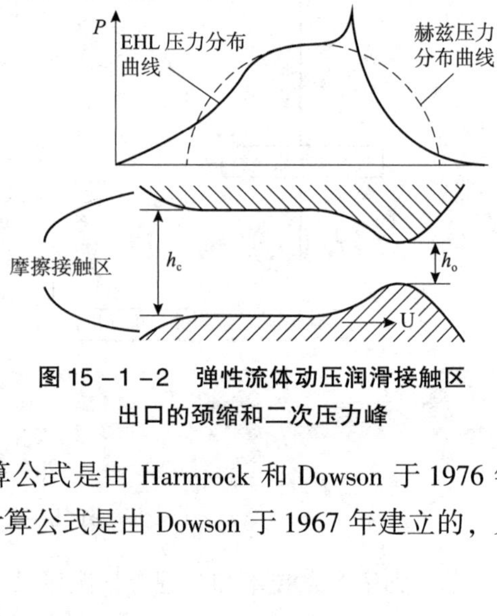

图15-1-2 弹性流体动压润滑接触区出口的颈缩和二次压力峰

通常来讲值得我们关注的只有最小膜厚 h_m 和中心膜厚 h_c。应用最为广泛点接触膜厚的计算公式是由Harmrock和Dowson于1976年建立的，见式(1-1)。而线接触弹流润滑膜厚计算公式是由Dowson于1967年建立的，见式(1-2)。

$$\frac{h_m}{R_x} = 3.63\frac{U^{0.68}G^{0.49}}{W^{0.073}}(1 - e^{-0.68k_d})$$

$$\frac{h_c}{R_x} = 2.69\frac{U^{0.67}G^{0.53}}{W^{0.067}}(1 - e^{-0.73k_d}) \tag{1-1}$$

$$\frac{h_m}{R_x} = 2.65\frac{U^{0.7}G^{0.54}}{W^{0.13}} \tag{1-2}$$

其中：

$$G = \alpha E'$$

$$U = \frac{\eta_0 u_s}{E'R}$$

$$W = \frac{F}{E'R^2} \tag{1-3}$$

$$k_d = 1.03\left(\frac{R_y}{R_x}\right)^{0.636}$$

$$E' = \frac{E}{1-\nu^2}$$

式中　G——无量纲材料参数；

U——无量纲速度参数；

W——无量纲载荷参数；

k_d——点接触的接触区椭圆率，对于线接触而言 $k_d=\infty$，对于点接触 $k_d=1$；

h_m/R_x 和 h_c/R_x——无量纲最小膜厚和无量纲中心膜厚；

h_m——最小膜厚，m；

h_c——中心膜厚，m；

α——润滑油的压黏系数，m^2/N；

E'——当量弹性模量，Pa；

E——弹性模量，Pa；

ν——泊松比；

η_0——润滑油在常压下的黏度，Pa·s；

u_s——摩擦副间的卷吸速度，m/s；

R——当量曲率半径，m；

F——接触压力，N；

R_x、R_y——x 和 y 方向上的当量曲率半径。

从式中可以看出，最小润滑膜厚主要是速度和润滑剂黏度的函数，对于点接触和线接触最小润滑膜厚 $h_m \propto U^{0.7}$，对于点接触 $h_m \propto W^{-0.073}$，而对于线接触 $h_m \propto W^{-0.13}$，因此在正常载荷范围内，最小润滑膜厚主要受到速度的影响而与载荷关系不大。

如前所述，润滑膜厚计算直接应用于轴承的润滑设计是比较复杂的，为了方便工程上的应用，可以针对滚动轴承的特点进行一系列的简化。

$$\nu_1 = 45000\,n^{-0.83}D_{pw}^{-0.5}, n < 1000\text{r/min}$$

$$\nu_1 = 4500\,n^{-0.5}D_{pw}^{-0.5}, n \geqslant 1000\text{r/min} \tag{1-4}$$

$$D_{pw} = \frac{D+d}{2}$$

$$\kappa = \nu/\nu_1 \tag{1-5}$$

式中　D_{pw}——轴承的平均直径。

从材料方面来讲，轴承钢的材料参数变化较小，同时润滑脂的基础油压黏系数变化范围很窄，大约在 $1\times10^{-8}\text{Pa}^{-1} < \alpha < 3\times10^{-8}\text{Pa}^{-1}$ 之间，因此材料参数可视为恒定。另外，轴承是精密机械零部件，滚道和滚动体的加工精度、表面粗糙度都控制在一定的范围之

内。椭圆率对最小油膜厚度的影响不十分明显，k_d 值超过 5 时，点接触膜厚可近似用线接触弹流膜厚公式计算。对于点接触 $h_m \propto W^{-0.073}$，而对于线接触 $h_m \propto W^{-0.13}$，在滚动轴承所承受的大部分载荷范围之内载荷变化对最小油膜厚度的影响很小，因此在工程上可以忽略。而速度参数变化对最小油膜厚度影响十分明显 $h_m \propto U^{0.7}$，速度参数中包括了基础油黏度和卷吸速度。基于以上分析，在滚动轴承润滑设计的中工程应用中可以合理地将轴承工作温度下所需的最小基础油黏度简化为轴承线速度的函数，它们之间的关系符合图 15－1－3，也可采用式(1－4)进行计算，D_{pw} 为轴承的平均直径。

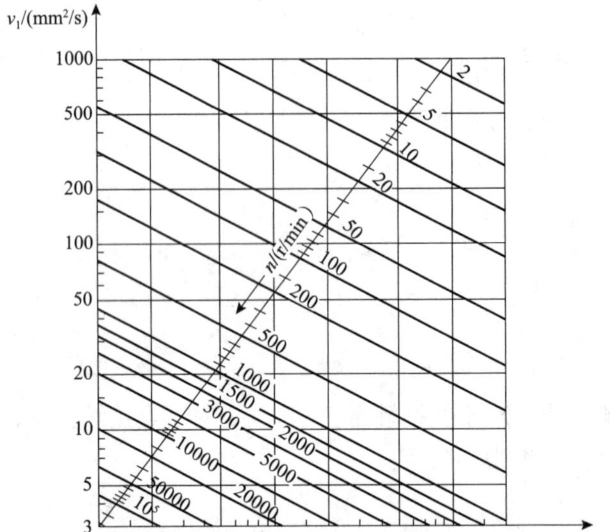

图 15－1－3　滚动轴承润滑所需最小基础油黏度与线速度的关系

润滑状态是否良好，或者说轴承是否能够达到理论的额定寿命，取决于轴承滚动接触区是否被油膜有效地隔开。为解决这个问题，需要引入黏度比 κ 值的概念，润滑剂在工作温度下的黏度 ν 与轴承工作工况下所需最小黏度 ν_1 之比称为黏度比 κ，采用式(1－5)表示。

黏度比 κ 反映了轴承滚动接触区表面被油膜分离的状态，为了能够完全分离滚动接触区表面，κ 值应大于 3，最小值不能低于 1。κ 值与前面提到的膜厚比 Λ 值存在如下关系：

$$\kappa \approx \Lambda^{1.3} \qquad (1-6)$$

在实际应用中，轴承一般工作于非稳态的工况下，既有工作温度的变化，又面临启停等原因带来的速度的变化，不同的工况条件所要求的最小基础油黏度 ν_1 也是不同的。图 15－1－4 为标准油的黏温曲线，假设一个轴承工作在 70℃所需的最小基础油黏度 $\nu_1 = 12mm^2/s$，通过图 15－1－4可以查出所需最小基础油黏度在 40℃时为 $32mm^2/s$，按照 κ 值应大于 3 的要求需要选择 40℃黏度不低于 $96mm^2/s$ 的基础油才能满足润滑要求。如果轴承的工作温度更宽或者转速范围较宽，那么在高温或低转速下所需的基础油黏度要求过大，考虑到还应满足

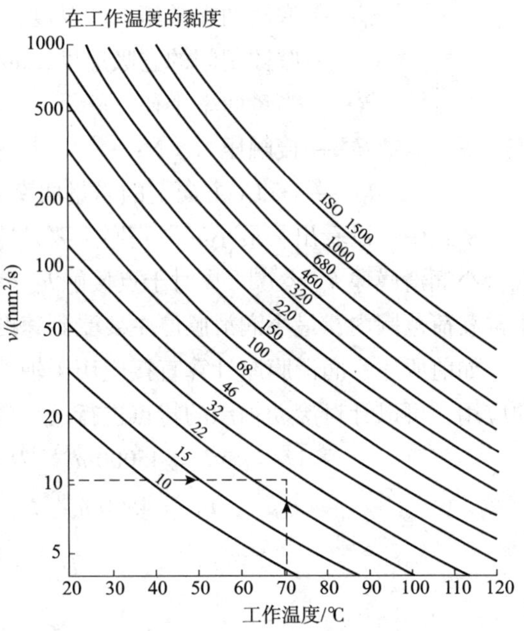

图 15－1－4　不同黏度标准油的黏温曲线

低温下的润滑要求，此时很难满足 κ 值应大于 3 的要求，即便是选择黏温性能更好的合成油。在实际应用中，由于轴承的非稳态宽温范围运转非常普遍，这也造成了轴承的滚道与滚动体之间无法实现完全有效的隔离。

2)润滑脂润滑的乏油润滑状态

我们前面讨论的前提是一直假设接触区润滑剂供油充足，在这个前提下润滑膜的形成不受润滑剂供应量的影响，并且动压在入口区相对较远处就开始形成，同时具有接近零的压力梯度。如果接触区入口没有被润滑剂填满，润滑剂会在接触区入口形成弯液面。动压的形成也起始于弯液面处，此处更靠近赫兹接触区并具有非零的压力梯度。这会使膜厚降低并改变压力分布特征曲线的形状。通过进一步减少润滑剂供应，膜厚将继续减小，最终膜厚将取决于进入接触区的润滑剂量，膜厚受高压影响被压缩 30%。靠近出口的二次压力峰将逐渐变小并最终消失。这种由入口区润滑剂供应量决定弹性流体动压润滑膜厚的润滑状态被称为"饥饿润滑"或"乏油润滑"。

事实上，油层向接触区供给润滑，一部分通过接触区，而另一部分则被接触区的滚动排向两侧，这样接触区滚动过后的地方油层将变薄。随着速度的增加，钢球对滚动接触区轨迹上的同一点连续两次碾压的时间间隔缩短，结果导致从滚动轨迹两侧回填至接触区的油量下降，随着速度的逐步增加，膜厚逐渐变小。在低速情况下接触区处于全膜润滑状态，接触区入口的弯液面距离赫兹接触区的边界相对较远，接触区入口处的油量相对比较饱满。在高速情况下，接触区入口的弯液面接近赫兹接触区的边缘，膜厚变薄。随速度增加，接触区逐渐处于乏油润滑状态。

目前，对于脂润滑点接触形式的光干涉膜厚试验研究几乎所有的文献都表明脂润滑条件下为乏油润滑状态。根据回流补充的不同行为状态可将脂润滑点接触膜厚分为四类：全膜润滑状态、乏油润滑状态、趋于稳定的乏油润滑状态、部分恢复的乏油润滑状态。部分恢复的乏油润滑状态是由于润滑脂在接触区边缘，润滑脂受到反复的碾压而被排挤到滚动轨迹的两侧，临近赫兹接触区非常少量的润滑脂在滚动体每次通过时都受到剪切作用，这部分润滑脂的稠化剂结构在持续剪切过程中不断被破坏，流动性增加而改善了对接触区的补充，单点接触回流补充润滑不但与机械剪切有关，而且与温度有关。

各种类型润滑油的压黏系数大约在 $1\times10^{-8}\mathrm{Pa}^{-1}<\alpha<3\times10^{-8}\mathrm{Pa}^{-1}$ 之间，这与润滑润滑油黏度的范围相比是非常小的，因此在外部条件固定的情况下，润滑剂的膜厚主要取决于润滑剂黏度而不是压黏系数。式(1－1)和式(1－2)的膜厚计算公式仅适用于全膜润滑状态，也就是说，摩擦接触区的入口要全浸于润滑油或润滑脂中，或者说，摩擦接触区的入口要有充足的润滑剂补充。

润滑脂润滑条件下存在以下特征：

(1)当润滑状态处于混合润滑状态或边界润滑状态时，施加于轴承上的载荷对润滑脂润滑是有影响的。

润滑脂主要由有机物组成，温度是对润滑脂寿命影响最主要的因素，温度每升高 15℃润滑脂寿命减半，这符合阿累尼乌斯方程。而对轴承的寿命影响最主要的因素为载荷，这符合 ISO 281 标准中滚动轴承寿命计算公式。而在 Streibeck 曲线上不同的润滑状态对润滑脂的性能要求或组成要求是不同的。换句话说，当润滑状态处于混合润滑状态或边界润滑状态时，施加于轴承上的载荷对润滑脂润滑是有影响的。当其他条件固定不变时，轴承工作状态下的温度和负荷决定了轴承的使用寿命，因为温度和负荷是影响润滑脂和轴承寿命的最主要因素。

轴承的滚道和滚动体都是经过精密加工的，从宏观上看其表面是光滑的，但是从微观上看其表面布满微小的峰和峰谷。这些粗糙峰的峰高服从正态分布，因此，当 $\Lambda>3$ 时滚道与滚动体上的微观凸起峰不发生直接接触的概率将高于99.7%，也就是说，当 $\Lambda>3$ 时基本上可以避免滚道与滚动体的直接接触。

(2)脂润滑与油润滑的机理不同，脂润滑中乏油润滑状态普遍存在。

在油润滑条件下，轴承滚动接触区入口处的供油量充足，一般可以达到理论计算的油膜厚度。而在润滑脂润滑条件下，随着轴承运转初期润滑脂在轴承内“跑和”阶段的结束，润滑脂在轴承内的分布相对稳定下来。润滑脂受到滚动体的高压碾压而流出滚动体的滚动轨迹，同时润滑脂的流动也受到离心力、保持架剐蹭、蒸发、偶然出现的油滴或脂块从密封件、保持架、内圈的剥离、分油、重力、表面张力或气流等因素的影响。润滑脂析出的基础油从接触区向滚动轨迹两侧区域的边隙以及基础油回流补充的不足导致了脂润滑乏油润滑状态的产生。这个结果导致润滑膜厚随时间的延长而减小。绝大多数情况下脂润滑的滚动轴承处于乏油润滑状态，润滑膜厚与理论计算值出现偏差，主要取决于滚道内润滑膜薄层的实际厚度。此时，在轴承工作工况条件下的油膜厚度达不到理论计算值，这与油润滑具有很大的差异，在相同的基础油条件下，由于脂润滑乏油润滑状态导致润滑膜厚不足。

在润滑膜厚不足的情况下，轴承滚动接触区滚动体与滚道表面的微观凸起峰发生接触的概率大大提升，这将导致摩擦表面切应力的大幅增加，进而导致滚动体和滚道表面产生疲劳剥落的风险增加。

1.2.2 润滑脂在电机轴承中的流动

1)搅油

在电机启动之前，轴承腔内部分空间充满润滑脂。当轴承开始运转，这些润滑脂中的一部分因受到滚动体的碾压、排挤将快速迁移到轴承的端面、密封圈、轴承座内。也会有一小部分附着在保持架上，初始填充量的一小部分也会长时间被困在滚动体之间而发生流动。这是由于靠近滚道和滚动体附近的润滑脂受到的剪切速率较高，润滑脂剪切变稀后会造成局部黏度低，导致接近保持架的润滑脂变稀，流速更大。润滑脂可以在保持架和滚动体之间的间隙间流动。间隙宽度会随保持架运动而随时发生变化，特别是在轴承承受纯径向载荷的情况下。这个间隙也取决于引导方式：保持架引导、内圈引导、外圈引导或滚动体引导。在保持架梁下边靠近保持架与球之间的间隙的润滑脂会由于保持架与球发生的刮擦作用而产生润滑脂连续重新分布。通过保持架和滚动体间隙内流动的润滑脂将在外圈停止，然后它会再一次地被下一个滚动体捕捉到。根据滚动体和保持架之间的间隙宽度的情况，决定润滑脂是否被刮掉或者再一次传送到内圈上。除了宏观上的流动，只有一小部分润滑脂将会经过接触区。

典型情况下的流动或搅油过程发生在轴承运行的最初几个小时内，最长不超过24h，并且通常会伴随着温升。在此之后，没有粘着于轴承滚动体和保持架扫过区域内的任何表面的润滑脂，将停留在滚道两侧、轴承端面、轴承座内或防尘盖、密封圈内。在流动过程中润滑脂剧烈工作，导致其纤维骨架被明显地削弱。搅油的过程因此不会太长，流动过程促使润滑脂储脂区的形成，使得所有相关表面都被润滑脂所覆盖。但是，较长的搅油周期会导致润滑脂的寿命降低。

上面提到的流动过程适用于性能良好的润滑脂，如果润滑脂的流动仅仅在有限的搅油阶段，那么轴承的温度经过最高点后将下降并趋于某一稳定值。如果搅油阶段不能停止，过多的润滑脂在轴承内受到滚动体、保持架的高速剪切作用而大量发热，轴承的温度将不断升高。应当注意的是，上述情况不适用于转速非常低的轴承，转速非常低的轴承需要较高的润滑脂填充比例。这种情况下，在轴承使用期间这种流动/搅油会一直发生。

2)漏脂

如果密封轴承中填充了过多的润滑脂，或者轴承相对转速高，或者使用了不合适的润滑脂，紧邻滚道的自由空间不足，搅油过程就不会停止。密封轴承内的空气被加热而造成气压增大，当轴承内部气压高于密封圈临界压力时，空气连同被剪切变稀的润滑脂一同喷出造成漏脂，在密封圈上形成射线状的润滑脂泄漏痕迹。此时轴承温度会保持在某一相对稳定值，由于轴承内润滑脂受过度剪切变稀，沟道内润滑脂仍然较多，温度保持相对较高的值。由于出现漏脂同时温升较高，润滑脂的润滑寿命将大打折扣。当润滑脂受到过度的机械剪切或热的作用时，也可能会发生流动或泄漏，发生这种情况时，润滑脂就已经丧失了它的机械稳定性。这一点主要跟加脂量、轴承转速以及润滑脂的流变学特性相关。

3)补充润滑

一般而言，滚动轴承内出现高温存在两种机理：润滑剂搅拌(过度润滑)和在接触区内发生金属与金属的直接接触(润滑不足，油膜破裂)。第一种是暂时性的过度润滑或润滑脂搅拌，发生的原因可能是由于润滑脂块进入到轴承接触区内。这些润滑脂块来源于保持架梁下存在的过多润滑脂，或者是轴承内部迁移速度非常缓慢的整块润滑脂破碎后产生的小体积润滑脂块。另一种是润滑膜破裂导致发热，润滑脂软化以及新鲜润滑脂的进入。这反过来也会促进对润滑油膜的补充，从而使润滑油膜又能够重新将滚动体和滚道面分离开，进而降低轴承的温度。

补充润滑不一定单纯依赖新鲜润滑脂。温度的上升也会使基础油的流动性增加，这有助于缓解贫油润滑。另外，润滑脂的分油量也随着温度的增加而增加。润滑膜破裂和摩擦生热也因此而使润滑脂的分油量增加，这些机理也可能共同作用。例如，从保持架梁下的润滑脂块上释放出少量润滑脂，进而形成新鲜的润滑脂表面，由于润滑脂新表面上的油浓度梯度高于旧表面，这就增加了润滑脂的分油率。由于润滑脂组分的氧化导致的化学变化同样也会引起润滑脂分油的变化。氧化反应可以使润滑脂表面硬化结皮，导致分油急剧下降。通过短时间内的较高温升可以去除这层“润滑脂皮”，使润滑脂的分油过程得到恢复。

轴承的脂润滑过程是一个动态行为，仅在有限的时间间隔内润滑脂能够形成足够厚的润滑膜，而使相对运动的摩擦副表面完全分离。金属与金属的直接接触会导致温度的上升，温度上升使存储在轴承内的润滑脂软化。随后，这部分润滑脂将回流到滚道面上进行补充润滑，而后再次回到全油膜润滑状态，之后贫油状态将再次出现，油膜将再次破裂。显然这是一个自修复机制，在油膜破裂之后，轴承发生卡咬之前，轴承摩擦面的润滑剂将再次得到补充。润滑脂寿命和允许的最大温度值密切相关。如果温升不是太高，油膜得到恢复，那么轴承将至少继续运转到下一次温度“突变”出现，导致出现相当长的使用寿命。

润滑脂的流动性不只对轴承润滑过程本身来说很重要。在补充润滑的情况下，用新的润滑脂“冲洗”轴承，替换轴承内旧的润滑脂，这时要求新润滑脂具有与轴承内在用润滑脂不同的流动特性，新的润滑脂通常是使用润滑系统或手动黄油枪泵送到轴承内部。润滑系统的最佳操作要求是通过管道流动的润滑脂量应是最合适润滑点的要求的。另外，新润滑脂通过泵送替换轴承内的旧润滑脂。在这种情况下，润滑脂不仅仅是在管内简单地流动，而且也受到其他流动过程的阻碍，如：穿过滚动体、引导环(SRB 球面滚子轴承)、轴承法兰挡边、(迷宫式)密封或防尘盖等这些与轴承相配套的组件，它们有的具有复杂的几何结构，测量润滑脂通过这些零件时的流动速度是非常困难的。

1.3 工业电机轴承的润滑

1.3.1 电机轴承的搭配

电机轴系的支撑轴承一般按照固定端和浮动端的不同而选择不同类型的轴承，这与轴承能够承受的载荷类型相关。固定端轴承使用的是能够承受联合(径向和轴向)载荷的径向轴承。这些轴承包括：深沟球轴承、双列或配对单列角接触球轴承、自调心球轴承、球面滚子轴承、配组的圆锥滚子轴承、NUP 型圆柱滚子轴承或带 HJ 角圈的 NJ 型圆柱滚子轴承。

对于电机轴承支撑固定端(简称电机固定端)的选择，应考虑以下因素：①被拖动设备的精度控制要求；②电机拖动的负载性质；③轴承或轴承组合必须能承受一定的轴向力。综合以上三方面的设计要素，在中小型电机中，深沟球轴承更多地被作为电机固定端轴承的首选。

深沟球轴承是最常用的滚动轴承。应用深沟球轴承时，电机轴承支撑系统结构非常简单，保养维护也方便。深沟球轴承主要用来承受径向载荷，但当增大轴承径向游隙时，具备角接触球轴承的特性，可以承受径向和轴向的联合载荷；转速较高又不宜采用推力球轴承时，也可用来承受纯轴向载荷。与深沟球轴承规格尺寸相同的其他类型轴承比较，此类轴承优点为摩擦系数小、极限转速高，缺点为不耐冲击、不适宜承受重载荷。

深沟球轴承装在轴上后，在轴承的轴向游隙范围内，可限制轴或外壳两个方向的径向配合。在径向，轴承与轴采用过盈配合，轴承与端盖轴承室或外壳采用小过盈配合，选用这种配合的最终目标是保证在电机运行过程中，轴承的工作游隙为零或略负，这样轴承的运行性能较好。在轴向，定位轴承与关联零部件的轴向配合，则应结合浮动端轴承系统的具体情况确定。轴承内圈由轴上轴承位限位台阶(轴肩)及轴承挡圈进行限位，轴承外圈则靠轴承与轴承室的配合公差、轴承内外盖止口高度及轴承室长度进行控制。

电机浮动端也叫自由端，是相对于固定端而言。一般情况下，浮动端选择在非驱动端，但是在电机负载要求较高，且与负载设备的轴向配合尺寸要求不是很高的情况下，会将浮动端选择在驱动端。电机轴承支撑系统为双支点、双轴承结构时，在径向负载要求较大时，也将驱动端作为浮动端，特别是对于低压大功率和高压电机，浮动端的圆柱滚子轴承可以满足径向负荷较大的要求。

圆柱滚子轴承的滚子与滚道为线接触或修下线接触，径向承载能力大，比较适用于承受重负荷与冲击负荷，内圈或外圈可分离，便于安装和拆卸。该系列轴承摩擦系数小，适合高速、极限转速接近深沟球轴承的运行工况。电机中比较常用的 N 型及 NU 型圆柱滚子轴承，轴承内外圈之间可以轴向移动，能适应因热膨胀或安装误差引起的轴与外壳相对位置的变化，可作自由端支承使用。但是，该轴承对轴或轴承室孔的加工要求较高，轴承安装后内外圈轴线相对偏斜的情况要严加控制，以免造成接触应力集中。

相对于固定端轴承，为满足电机运行过程中转子部分的轴向位移要求，按照轴承选择的不同，轴承外圈与轴承内外盖的轴向间隙要求不同。当浮动端采用内外圈可分离的轴承时，对于两轴承结构电机，固定端选择在非驱动端；固定端与浮动端轴承的外圈与轴承内外盖之间均采用轴向无间隙配合。当浮动端采用不可分离的轴承时，也就是中小型电机比较常见的两端均为球轴承结构，鉴于对拖动设备安装精度的影响，采用驱动端为固定端，浮动端轴承内圈应限位，外圈与轴承内外盖止口间轴向留有间隙；同时，为了保证电机运行中的轴向配合位移要求，轴承外圈与轴承室的径向配合不宜过紧。

工业电机以轴承内径 120mm 为分界线，内径小于 120mm 一般采用两个深沟球轴承组成轴系，内径大于 120mm 一般采用深沟球轴承和圆柱滚子轴承分别作为固定端和移动端组成轴系。实际的轴承配置应与电机的运行工况相匹配，其中包括电机轴承选择中对于游隙、耐热性能、精度等具体参数，以及轴承与轴承室的径向配合关系等。

1.3.2　电机轴承运转工况对润滑脂的要求

电机的工作工况复杂多变，影响电机轴承使用寿命的因素主要考虑温度、速度、载荷、环境。考虑到电机轴承的长寿命使用效果，一般设计当量动负荷不超过额定动负荷的 5%，因此电机轴承一般为轻负荷状态。

1）工作温度

电机轴承的工作温度对润滑脂使用寿命影响最大。润滑脂的主要成分为有机化合物，高温下一旦氧化就会生成水、醇类、醛类、酸类、过氧化物等不良产物。这些物质一方面会产生聚合在轴承内部形成影响润滑的漆膜和胶质，另一方面分子链氧化断裂生成的小分子挥发而导致润滑油量减少。在传统的润滑脂评价体系内，滴点是评价润滑脂耐高温性能的指标之一，但是润滑脂滴点的高低与润滑脂实际高温使用寿命之间并不存在线性的关联关系。事实上，在温度达到滴点之前润滑脂早已经开始软化了，在高温条件下能够保持稠度变化较小的能力是比较直观的耐温性测试。唯一能够得出的结论是滴点低的润滑脂耐高温性一定不好，但是滴点高的润滑脂耐高温性不一定好。这一点使用者需要谨记。高温润滑寿命测试、ROF + 测试、FE9 测试可直接评价润滑脂的高温使用性能。

随着温度的下降，润滑脂的分油能力逐渐衰弱，低分油量会导致轴承滚动接触区入口的润滑油量降低而使膜厚不足出现磨损。润滑脂低温下的分油量对点接触轴承影响相对较小；对于线接触轴承，由于接触区的补充难度更大，长期处于乏油润滑状态，将导致严重的损害。长期处于低温环境需要选择耐低温流动性好、低黏度、低温分油量更大的润滑脂。短时间工作于低温区域，例如低温下启动，摩擦生热会使轴承温度上升，刺激分油量增大，因此问题不大。

综合考虑，可按如下原则选用润滑脂：

①在高温下使用时，优选聚脲基、复合皂、非皂基稠化剂配以合成基础油的润滑脂。

②在低温下使用时，要选用相似黏度小、启动阻力小的润滑脂，应主要考虑其基础油的组成，如小黏度的合成烃、酯类油等。

2）速度

电机轴承内的润滑脂所受到的剪切力主要来源于轴承的转动。因此，电机轴承的运转速度越高，润滑脂所受的剪切应力就越大，对润滑脂的纤维骨架的破坏作用越大。轴承运转产生的摩擦热可分为两部分：一部分是在负荷下滚动体与滚道表面、保持架与滚动体表面直接接触产生的摩擦热；另一部分是润滑脂在切应力作用下产生的黏性摩擦热。这两部分摩擦热的产生均与轴承的转速相关，因此轴承温升与转速息息相关。

高速运转下脂润滑轴承常面临以下问题：

①摩擦热造成的润滑脂老化。

②润滑脂的湍流或热失稳。

③离心力造成滚动体与滚道表面之间的接触载荷增加。

脂润滑轴承的最大转速可以通过测量轴承产生的热量来确定，即轴承运转产生的热难以快速传递到环境中去的转速。按照国际标准 ISO 15312：2003 的规定，参考温升为50℃，即轴承速度极限为在环境温度为 20℃时轴承运转温度为 70℃时的轴承转速。一般采用速度系数对轴承的转速进行评估，即：

$$d_m = (\text{内径} + \text{外径})/2 \cdot n$$

式中 d_m——轴承的节圆直径，mm；

n——转速，r/min。

对于运转速度越高的轴承，应选用锥入度牌号越大的润滑脂，以减少其搅拌摩擦阻力。在高转速情况下，润滑脂的高分油率有利于轴承的润滑，因此分油性能对高速工况很重要。

由于润滑膜厚与轴承速度参数的 0.7 次方成正比，速度越低所形成的膜厚越薄，相对于滚动体与滚道表面的粗糙度而言，更难将两个表面完全分离开来。因此，低速下的润滑问题是摩擦副的直接接触产生的磨损和源自表面上的疲劳问题。低速时润滑脂不会被滚动体从滚道表面排挤出去，剪切速度不高稠化剂的显微结构难以被充分破坏，故稠化剂对润滑脂膜厚的形成影响很大。在极低转速低负荷条件下，应使用低稠度牌号的润滑脂；在极低转速高负荷条件下，应使用高基础油黏度低稠度牌号并加有极压抗磨剂的润滑脂。研究表明，聚脲润滑脂相对于金属皂基润滑脂更容易黏附的滚道表面，在低速下形成相对更厚的润滑油膜。

3）负荷

根据设备运转负荷来选择润滑脂是非常必要的。如前所述，当膜厚比 $\Lambda < 3$ 时，润滑脂形成的润滑膜无法完全隔离滚动体与滚道表面，对于中等负荷和重负荷轴承而言会产生更高的表面切应力，因此需要选择加有极压抗磨剂的润滑脂。在润滑重型负荷的电机轴承时，还应选用基础油黏度高、稠化剂含量高的润滑脂，这样也可以提高其油膜厚度，减少滚动体与滚道的直接接触的概率。轴承所承受负荷的轻重程度可以用轴承的基本额定动负

荷和实际工作过程中的当量动负荷来确定，见表 15－1－1。

表 15－1－1 轴承负荷分类的判定条件

负荷分类	判定条件
极轻负荷	$C/P \geqslant 30$
轻负荷	$30 > C/P \geqslant 20$
正常负荷	$20 > C/P \geqslant 8$
重负荷	$8 > C/P \geqslant 4$
极重负荷	$C/P < 4$

注：C 为基本额定动负荷(可查阅供应商轴承手册获得)；P 为当量动负荷(可通过 GB/Z 32332.1 标准中的计算方法结合实际工况进行计算)。

值得注意的是，部分硫磷类的极压抗磨添加剂对轴承钢结构的强度具有负面作用，其不仅仅在微观凸起峰直接接触时起摩擦化学反应，即便没有微观凸起峰，直接接触也可能对轴承钢有腐蚀作用而导致轴承提前失效。对于电机轴承而言，如果确实需要选择极压型润滑脂，建议选择反应活性较低的极压抗磨剂，因此需要选择电机轴承专用的润滑脂，而不是使用其他重负荷设备用脂，例如冶金行业用的重负荷轧辊轴承润滑脂等，其为了满足短时极高负荷的应用，一般会加入大量活性极高的极压剂。

对于转速很低的工况，速度系数 $d_m \cdot N$ 值小于 20000 时，可以使用石墨或二硫化钼等固体添加剂来增强润滑脂的承载能力；但是当速度系数高于 20000 时，固体添加剂将成为磨粒破坏轴承滚道表面，此时不可使用含固体添加剂的润滑脂。在极轻负荷条件下($C/P \geqslant 30$)，很难控制轴承自身的振动，这将会导致轴承过早的磨损失效，因此轴承稳定运行需要一定的最小负荷。

4)工作环境

电机轴承的工作环境各不相同，如空气湿度大小不一样、是否含有较多的尘埃以及是否有腐蚀性介质存在等，为此应根据不同的工作环境选用润滑脂。当在潮湿环境或与水接触的情况下，应选用抗水性好的润滑脂，如聚脲润滑脂；在与海水或盐雾接触的情况下，选用加有特种防锈剂的润滑脂；当处于强烈化学介质的环境时，应选用抗化学介质的合成润滑脂，如氟脂等。一些特殊稠化剂，例如复合磺酸钙，稠化剂本身就具备良好防锈性能。在轴承转速很低时，可以用润滑脂完全填满轴承，有助于防止水的侵入和防锈。

5)低噪声特性

滚动轴承转动引起各部件的振动由空气传播形成轴承噪声。滚动轴承产生的噪声有滚道音、保持器音、缺陷音、杂质音、碾压音等，产生的原因有轴承结构设计、加工精度、波纹度、表面粗糙度、润滑脂洁净度等。滚动轴承出厂检测均须通过轴承噪声测试并按标准进行分级，一方面用于检测轴承本身各个部件有无制造缺陷，另一方面满足低噪声产品的性能要求。因此，即使轴承本身不要求低噪声特性，为了方便识别轴承制造缺陷，也要求加注低噪声性能良好的润滑脂。滚动轴承的滚道音是由于滚动体在滚道表面滚动时产生的振动噪声，产生的原因是由于滚道面及滚动体沿圆周方向上的凹凸(即波纹度)造成的，这与轴承内外圈滚道磨削时机床的振动紧密相关。合适的润滑脂基础油黏度可以降低轴承的振动，基础油黏度过高或过低都会导致振动的增加。杂质音是固体颗粒通过滚动接触区时被碾压产生的脉冲式、非周期性的噪声，可能源自入侵的灰尘、内部磨损、润滑脂内的杂质或固体添加剂等。润滑脂的洁净度与杂质音密切相关，因此低噪声轴承用润滑脂对生产过程要求苛刻，需要对原材料进行严苛的预处理，生产一般为高等级的洁净厂房。

保持器音是指轴承在转动过程中保持器与滚动体发生撞击产生的振动，是由于导向面的滑动摩擦而产生的自激振动。这主要是由于润滑脂分油量不足导致的，低温、基础油黏度过大、特定类型的稠化剂容易出现保持器音。大型的圆柱滚子轴承容易出现碾压音，这种情况在大型电机上是一种普遍现象，补充润滑后声音消失，过一段时间又会重复出现，这种情况并不会对轴承造成损伤。经验表明，采用低基础油黏度、低稠度牌号的润滑脂出现碾压音的概率明显降低，这可能与润滑脂的流动性有关。电机轴承润滑脂低噪声性能的测试一般采用 GB/T 32325—2015 滚动轴承深沟球轴承振动(速度)技术条件、GB/T 32333—2015 滚动轴承深沟球轴承振动(加速度)测量方法及技术条件进行测试。

1.3.3 电机轴承用润滑脂的选择

各种电机用润滑脂可以按照表 15-1-2 进行选择。

表 15-1-2 电机轴承用润滑脂的选择

电机类型	使用温度范围/℃	稠化剂	基础油	产品名称	基础油黏度/(mm^2/s)		高转速	重负荷	防锈	耐水	导电	振动
					40℃	100℃						
中小型电机	-20~120	锂皂	矿物油	长城低噪音轴承润滑脂 2 号	140	12	×	×	○	○	×	×
	-20~160	复合锂皂	矿物油	长城 BLC-D 轴承润滑脂 2 号	120	13	×	○	○	×	×	×
	-30~130	特殊锂皂	矿物油	长城 HSC 轴承润滑脂 2 号	100	11	×	×	○	○	×	×
	-35~180	聚脲	半合成油	长城 BLU-N 轴承润滑脂 T_2 号	90	9	○	○	+	+	×	×
	-40~120	锂皂	半合成油	长城 HSA 轴承润滑脂 2 号	75	8	×	×	○	○	×	×
	-40~160	复合锂皂	半合成油	长城 HTHS 轴承润滑脂	140	13	×	○	○	○	×	×
	-40~180	聚脲	合成油	长城 WTM 轴承润滑脂	46	8	+	○	+	+	×	×
	-40~180	聚脲	合成油	长城 WTH 轴承润滑脂	90	13	○	○	+	+	×	×
	-50~150	锂皂	酯类油	长城 ASE-L 轴承润滑脂	26	5	+	×	○	○	×	×
	-73~150	复合锂	合成油	长城低温通用润滑脂	16	4	×	×	○	○	×	×
大型电机	-20~160	复合锂皂	矿物油	长城 BLC-D 轴承润滑脂 2 号	120	13	×	○	○	×	×	×
	-40~160	复合锂皂	半合成油	长城 HTHS 轴承润滑脂	140	15	×	○	○	○	×	×
	-73~150	复合锂	合成油	长城低温通用润滑脂	16	4	×	×	○	○	×	×
竖直安装电机	-20~160	复合锂皂	矿物油	长城 BLC-D 轴承润滑脂 2 号	120	13	×	○	○	×	×	×
	-30~130	特殊锂皂	矿物油	长城 HSC 轴承润滑脂 3 号	100	11	×	×	○	○	×	×
	-40~160	复合锂皂	半合成油	长城 HTHS 轴承润滑脂	140	15	×	○	○	○	×	×
	-40~160	复合锂皂	半合成油	长城 BME 轴承润滑脂	75	8	○	○	○	○	×	×
	-40~180	聚脲	合成油	长城 WTH 轴承润滑脂	90	12	○	○	+	+	×	×
	-73~150	复合锂	合成油	长城低温通用润滑脂	16	4	×	×	○	○	×	×
存在电腐蚀的变频电机	-40~180	聚脲	合成油	长城 WTB 轴承润滑脂	100	13	○	○	+	+	+	×
振动电机	-20~160	复合锂	矿物油	长城 MCL-G 润滑脂	140	14	×	+	○	○	×	+

注：符号 + 表示推荐；○表示适合；×表示不适合。

工业电机在实际使用中所面临的工况复杂多变，因此有以下几个特殊情况予以重点说明。

1）竖直安装的电机

如前所述，竖直安装的电机由于自身重力的作用使得轴承必须受到轴向力的影响，因此需要选择与水平安装电机不同的轴承组合。润滑脂的选择也受到同样的影响，由于润滑脂受自身重力作用总是趋于向下流动，位于轴承内部靠上的润滑脂受重力、滚动体排挤的反复影响会受到多次剪切而变稀，轴承内部靠下的润滑脂受重力作用趋于流出轴承滚道，故轴承滚动接触区的补充润滑受到挑战。因此，竖直安装的电机所选用的轴承应有良好的密封或挡板阻止润滑脂漏出，润滑脂应选择稠度偏大的3号润滑脂或抗剪切性能突出黏附性良好的2号润滑脂，例如复合锂类润滑脂。

2）外圈旋转

轴承外圈旋转时速度系数的计算应采用轴承外径替代节圆直径，同样的角速度下外圈旋转的轴承线速度更高。同时外圈旋转使得轴承内的润滑脂工况变得异常苛刻，轴承端盖或密封圈上的润滑脂受到超过其屈服应力的离心力作用不断甩回外圈滚道，因此这部分润滑脂反复持续地受到滚动体高速剪切而变稀，同时产生异常高温，此时极易发生漏脂。通常在外圈旋转的工况下，应降低润滑脂的填充量（仅为轴承自由空间的20%），并采用稠度牌号大的润滑脂，同时润滑脂应具有良好的剪切安定性，在受到剪切时不至于很快变得太软；在外圈旋转速度较高的工况，推荐使用基础油黏度较低的润滑脂，一方面降低发热量，另一方面提升润滑脂的屈服应力，同时推荐使用分油趋势低的润滑脂。

3）振动

中等以下的振动不会对润滑脂的使用寿命有恶性影响。研究表明，一定程度的振动会对润滑脂的使用寿命产生有益的影响，这是由于一定程度的振动会促进滚道两旁的润滑脂对滚动接触区进行补充润滑，从而降低轴承的乏油程度。但是强烈的振动和冲击会导致滚道两旁的润滑脂向滚道内坍塌，滚动体又会将坍塌进入滚道的润滑脂剪切排挤出滚道，润滑脂受剪切变软则更容易在振动和冲击下坍塌入滚道，如此恶性循环，将使润滑脂处于反复的高速剪切状态，润滑脂快速变软极易漏失。因此振动情况下应选择机械安定性更好、稠度更高、基础油黏度更大具备极压抗磨功能的润滑脂。

4）污染

如果轴承有污染物进入的可能，应该考虑缩短电机轴承补充润滑间隔，以减少污染物颗粒对轴承的影响。同时要考虑补充润滑的润滑脂流向与污染物进入的方向相反，以防止补充润滑过程将进入的污染物带入轴承内部造成更大的轴承损伤。在有流体污染的情况下（例如水或其他工作流体），一定要选择抗水或特定工作流体冲刷的润滑脂，并缩短补充润滑间隔。

5）大型轴承

大型轴承（轴承内径 >300mm）的润滑脂润滑机理不同于小型轴承：大型轴承内润滑脂与轴承的接触面积更大，参与润滑的润滑脂体积量更多，润滑层更厚，储脂空间更大，同时表面粗糙度与小型轴承也存在明显的不同。润滑脂受到的剪切时间随接触面积的增大而增大，进而引起润滑脂流变特性的变化。润滑脂在大型轴承内的流动行为与小型轴承不同，有人建议在大型轴承中使用稠度牌号较大的润滑脂以抵抗重力引起的向下坍塌流动。建议采用频繁补充润滑和彻底将轴承内润滑脂清理干净后填充新脂的方式交替进行，防止出现旧润滑脂难以更替的部位出现硬的稠化剂团块(因长期的基础油流失造成)，这些硬的稠化剂团块进入滚动接触区会在轴承表面形成布氏压痕。除了严格遵守润滑脂补充润滑间隔加脂量外，还要仔细检查使用后润滑脂的外观、颗粒污染程度、水混入情况以准确及时地判断轴承的润滑状态。

6)补充润滑

开式电机轴承首次注脂使用前最好把表面的防锈油除去，因为可能会存在防锈油中的防锈剂与润滑脂中的防锈剂不相容的问题，两者会发生反应生成固体颗粒造成轴承的噪声激增。对于使用在连续性生产设备中的电机轴承，尤其是应用于关键核心设备中的大型轴承(轴承内径大于300mm)，必须给出合适的补充润滑间隔。补充润滑间隔可以采用渐进式的方法定出，在起始阶段以短补充润滑间隔开始并逐步延长，直至确定出合理的补充润滑间隔，期间必须严格执行润滑脂补充润滑量。从轴承侧面补充润滑脂的量可以采用式(1-7)进行估算：

$$G_p = 0.005D \times B \tag{1-7}$$

从轴承内圈或外圈中间的补脂孔进行补脂的量可采用式(1-8)进行估算：

$$G_p = 0.002D \times B \tag{1-8}$$

式中 G_p——润滑脂量，g；

D——轴承外径，mm；

B——轴承宽度(若为推力轴承则为高度)，mm。

第 2 章　家用电器低噪声轴承润滑脂

2.1　空调风扇电机轴承用润滑脂

空调器是主要的家用电器之一，为人们创造舒适的居家、办公环境，低噪声或者静音是空调器特别是室内机最基本也是最严苛的要求之一。轴承噪声是空调器噪声的主要来源，而润滑脂的静音特性对轴承的噪声有着重要的影响。空调风扇电机对润滑脂的要求一般可归纳为长寿命、长静音寿命、静音特性、防锈性、耐微动磨损特性、低启动扭矩。变频空调在夜间为降低噪声而在极低的转速下运行，这种情况下不易形成较厚的油膜而导致钢球、滚道面产生磨损，这成为轴承噪声变大的原因之一。在运输条过程中，轴承在不工作条件下的振动造成微动磨损而使轴承噪声增加，这种情况也可通过润滑脂予以解决。

空调电机轴承多使用内径 8 ~ 15mm 的深沟球轴承，电机转速在 300 ~ 3000r/min，寿命要求 25000 ~ 30000h。推荐采用长城 ASE – L 轴承润滑脂进行润滑。长城 ASE – L 轴承润滑脂采用锂基稠化剂，稠化全合成酯类基础油经特殊工艺炼制而成，具有极高的洁净度和均匀的稠化剂微观结构，具备优异的静音性能，特别适合空调器电机轴承等对润滑寿命、静音性能及静音寿命要求极高的工况润滑，适用温度 – 50 ~ 150℃。长城 ASE – L 轴承润滑脂的理化特性数据见表 15 – 2 – 1。

表 15 – 2 – 1　长城 ASE – L 轴承润滑脂的理化特性数据

项目	典型数据	试验方法
使用温度/℃	– 50 ~ 150	—
稠化剂	锂基	—
基础油	酯类油	—
密度/(g/cm^3)	0.92	—
基础油黏度(40℃)/(mm^2/s)	25	GB/T 265
工作锥入度/0.1mm	250	GB/T 269
滴点/℃	199	GB/T 4929
钢网分油(100℃，24h)/%	2.3	NB/SH/T 0324
水淋流失量(79℃，1h)/%	2.3	SH/T 0109
腐蚀(T_2铜片，100℃，24h)	合格	GB/T 7326 乙法
防腐蚀性(52℃，48h)	合格	GB/T 5018
蒸发量(99℃，22h)/%	0.10	GB/T 7325

续表

项目		典型数据	试验方法
氧化安定性(99℃，100h)/kPa		25	SH/T 0325
低温转矩 (-40℃)/N·m	启动力矩 运转力矩	0.218 0.020	SH/T 0338
杂质/(个/cm³)	10μm 以上 25μm 以上 75μm 以上	80 0 0	SH/T 0336

2.1.1 空调风扇电机轴承用润滑脂的静音性能

润滑脂作为滚动轴承组成部件之一，随着其他部件加工精度达到一定程度时，润滑脂对轴承的振动和噪音起着至关重要的影响。基础油种类、黏度、稠化剂的纤维结构以及制造工艺技术影响着润滑脂的低噪音性能。适当的润滑脂表观黏度和动态分油能力有助于提高润滑脂在轴承内的降噪性能。润滑脂的洁净度是影响润滑脂低噪音性能的重中之重。

1)润滑脂静音性能的测试设备与对应标准

目前，普遍采用的设备和方法有 S0910 轴承振动测量仪、BVT 轴承振动测量仪，分别对应 GB/T 32333—2015 滚动轴承深沟球轴承振动(加速度)测量方法及技术条件、GB/T 32325—2015 滚动轴承深沟球轴承振动(速度)技术条件。GB/24610“滚动轴承　振动测量方法”的最新版于 2019 年发布(等同采用 ISO 15242 系列标准)，其规定了滚动轴承振动速度的测试原则和方法。ISO 21250－1～ISO 21250－3 是基于奥地利系列标准 NORM M 8127《滚动轴承　滚动轴承润滑脂噪声测试》而制定的，ISO 21250－4 是基于日本提出的测试方法(使用安德鲁测量仪)而制定的。此外，还有 BeQuiet＋润滑脂低噪音性能测试仪，对应 ISO 21250－1：2020 滚动轴承润滑脂噪声测试标准，此标准目前我国没有与之对应的国家标准。

2)长城 ASE－L 轴承润滑脂 BeQuiet＋静音性能测试结果

采用 BeQuiet＋润滑脂检测专用 608/QE4 轴承，使用专用注射器和 PE 导管对一套轴承进行 10 次注脂，在每个注脂周期中采集 10 个峰值点。BeQuiet＋仪器在轴承静音性能测试过程中对轴承产生的振动速度脉冲按照振动速度峰值的等级划分(BQ1 级、BQ2 级、BQ3 级、BQ4 级)进行统计分类得到 GN 级别。GN 级别是润滑脂静音性能的直接反映，同时也直接反映了润滑脂的洁净度。长城 ASE－L 轴承润滑脂的 BeQuiet＋测试结果如图 15－2－1 所示，重复测试结果表明长城 ASE－L 轴承润滑脂完全可以达到 GN4 的最高等级。

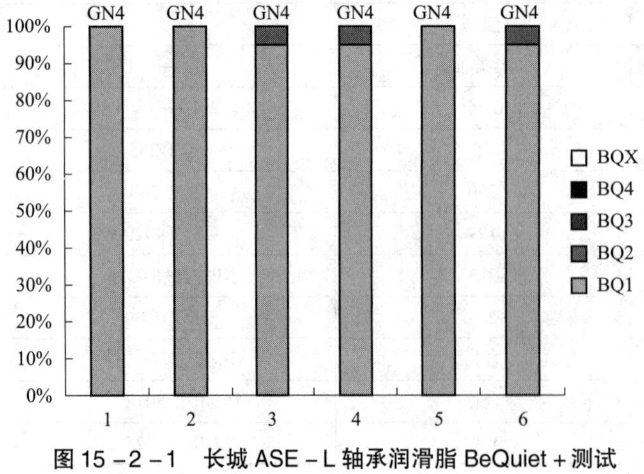

图 15－2－1　长城 ASE－L 轴承润滑脂 BeQuiet＋测试

2.1.2　空调风扇电机轴承用润滑脂的静音寿命

在空调器的应用上人们更加关注静音寿命。静音寿命指轴承在使用过程中噪音增大到不能满足人们生理及环境需求时的使用时间。2021 年格力电器率先推出了长达 10 年的保修期，这对于润滑脂的静音寿命提出了更高的要求。对于家电、精密仪器所使用的轴承，其尺寸较小、转速不高、赫兹接触应力很小，轴承对润滑脂的剪切作用不明显，使过程中轴承出现严重磨损或疲劳剥落的可能性较小，因此润滑脂的氧化劣化对轴承噪声影响更大。

1）静音寿命测试

将普通低噪声润滑脂和长城 ASE－L 轴承润滑脂分别注入 6202 轴承内，用 S0910 型轴承振动测量仪测试噪音性能并记录轴承的初始振动值。然后置于 150℃ 的烘箱内进行静态氧化试验，烘烤过程中定期测试并记录静态氧化后的振动值。注有润滑脂样品的轴承随高温氧化时间的延长其振动值的变化曲线如图 15－2－2 所示。注有普通低噪声润滑脂的轴承振动值随高温氧化时间的延长迅速升高，在其受高温氧化 23h 的时候轴承振动值达到 65dB。轴承内润滑脂受高温氧化作用生成大量胶质、沥青质等氧化产物，部分氧化产物从轴承内渗出，轴承转动摩擦增大。该轴承在高温氧化 30h 后因氧化产生的大量胶质、沥青质、漆膜将轴承的内外圈、保持架、钢球牢牢黏死，轴承无法运转。长城 ASE－L 轴承润滑脂在高温氧化初期轴承振动值增大到约 35dB 时趋于稳定，并随高温氧化时间的延长缓慢增加。在氧化时间达到 260h 之前润滑脂状态保持良好，外观颜色变化小，轴承运转平顺；当氧化时间达到 260h 后，轴承振动值的增大趋势迅速变大，润滑脂颜色变深。

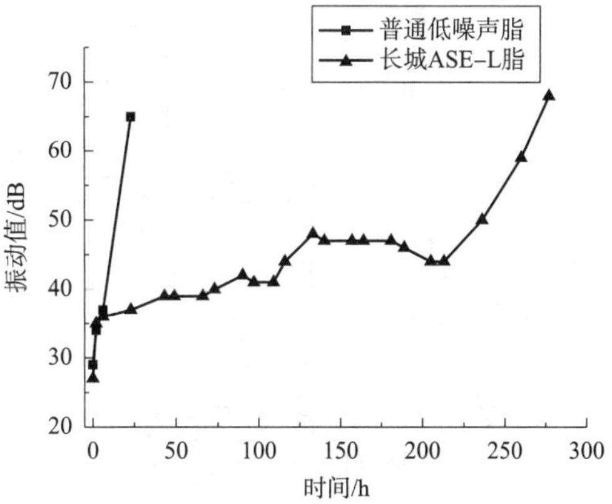

图 15－2－2　加注润滑脂样品的 6202 轴承随高温氧化时间延长振动值的变化曲线

2）润滑脂抗氧化性能表征

采用 DSC（差示热量扫描仪）测试润滑脂的氧化诱导期（OIT）。氧化诱导期（OIT）的测定采用极少量样品在铝制坩埚中铺成薄层，在一定温度下通入氧气进行氧化试验。这种氧化试验为薄膜氧化，更加接近润滑脂在轴承滚道内的氧化模式。试验条件如下，测试样品质量：5mg ± 0.5mg；测试温度：220℃；氧气流量：50mL/min。

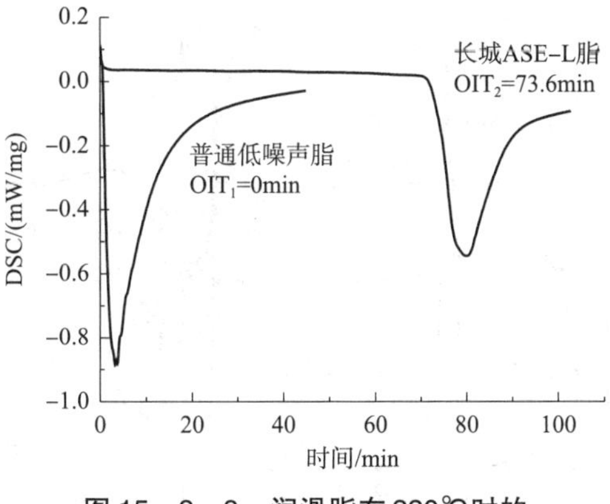

图 15－2－3　润滑脂在 220℃时的氧化诱导期曲线

采用差示热量扫描法得到普通低噪声润滑脂和长城 ASE－L 轴承润滑脂的氧化诱导期曲线如图 15－2－3 所示。在 2 个润滑脂中，普通低噪声润滑脂在刚通入氧气时就发生氧化反应，其氧化诱导期为 0min，长城 ASE－L轴承润滑脂的氧化诱导期为 73.6min。测试结果表明，普通低噪声润滑脂的抗氧化性差，长城 ASE－L 轴承润滑脂的抗氧化性能突出。

3）红外光谱分析

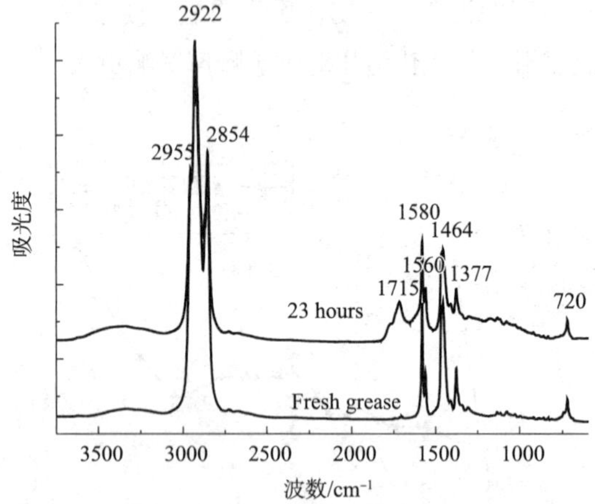

图 15－2－4　普通低噪声润滑脂高温氧化过程中红外谱图变化

普通低噪声润滑脂在轴承内经过 23h 高温氧化后轴承运转生涩，摩擦阻力增大，在静音性能测试中其轴承的振动值升高至 65dB，此时的普通低噪声润滑脂红外谱图与未经高温氧化的普通低噪声润滑脂的红外谱图对比如图 15－2－4 所示。图中未经高温氧化的普通低噪声润滑脂——十二羟基硬脂酸锂的缔合羟基吸收峰位于 3300cm^{-1}附近，且在 1715cm^{-1}处没有红外吸收峰。而氧化后的普通低噪声润滑脂缔合羟基吸收峰向 3500cm^{-1}附近漂移且吸收峰面积变大，表明氧化后有大量新的含羟基物质生成，此羟基与十二羟基硬脂酸锂中的羟基有着明显的差别。1580cm^{-1}和 1560cm^{-1}是十二羟基硬脂酸锂的特征吸收峰，氧化前后未发生明显变化。高温氧化 23h 后的普通低噪声润滑脂红外谱图中出现 1715cm^{-1}吸收峰，这是基础油氧化产物胶质、沥青质中的羰基伸缩振动吸收。同时，随着氧化程度的加深，在 1100～1200cm^{-1}之间出现 C—O 吸收峰，这是由于基础油在氧化过程中主要生成了含羟基和羰基类物质所致。

从图 15－2－4 可以看出，普通低噪声润滑脂基础油受到了严重氧化，而稠化剂并未发生明显氧化，说明普通低噪声润滑脂在高温氧化过程中其基础油与稠化剂相比基础油更易被氧化。

长城 ASE－L 轴承润滑脂及其在轴承内经过高温氧化后的红外谱图如图 15－2－5所示。图中 1740cm^{-1}吸收峰为润滑脂酯类基础油中羰基的特征吸收，1464cm^{-1}为基础油—CH_2—变角振动吸收峰，1156cm^{-1}为酯类油 C—O—C 反对称伸缩振动吸收峰，1580cm^{-1}和 1560cm^{-1}为十二羟基硬脂酸锂的特征吸收峰。随着高温氧化时间的延长，基础油出现氧化现象，与普通低噪声润滑脂相同，由于含羟基类氧化产物的生成缔合羟基的吸收峰从 3300cm^{-1} 左右向 3500cm^{-1} 处漂移，

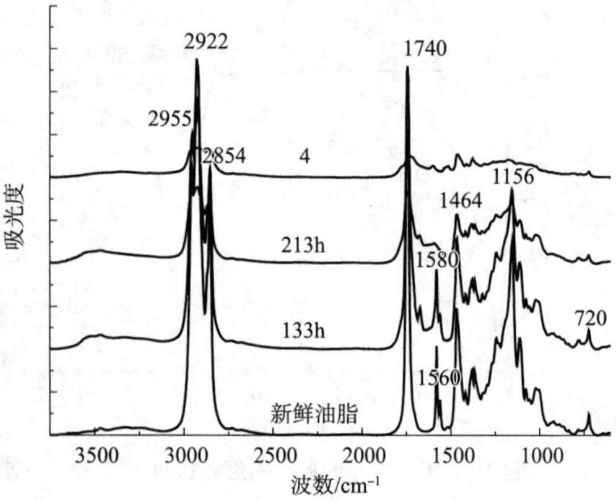

图 15－2－5　长城 ASE－L 轴承润滑脂高温氧化过程中红外谱图变化

$1740cm^{-1}$吸收峰边界逐渐向两侧扩展使吸收峰的底部变宽。长城 ASE－L 轴承润滑脂在氧化 213h 时并没有像普通低噪声润滑脂一样出现位于 $1715cm^{-1}$附近的宽大羰基吸收峰，在整个高温氧化213h 之前长城 ASE－L 轴承润滑脂的基础油氧化程度远小于普通低噪声润滑脂，高温氧化260h 后长城 ASE－L 轴承润滑脂的羰基吸收峰的峰宽变宽，氧化生成大量含羰基类的氧化产物。

随着氧化时间的延长，$1580cm^{-1}$和 $1560cm^{-1}$吸收峰的峰高相对于 $1464cm^{-1}$吸收峰峰高逐渐变小，在高温氧化 213h 后 $1580cm^{-1}$和 $1560cm^{-1}$吸收峰消失，这表明润滑脂中十二羟基硬脂酸锂被氧化消耗而使其含量逐渐降低。在抗氧剂种类和添加量相同的条件下，普通低噪声润滑脂在高温氧化 23h 后基础油氧化严重而十二羟基硬脂酸锂的红外吸收峰无明显变化，长城 ASE－L 轴承润滑脂的十二羟基硬脂酸锂红外吸收峰在酯类基础油出现深度氧化之前就已经消失，表明长城 ASE－L 轴承润滑脂的酯类基础油抗氧化性较普通低噪声润滑脂的矿物油更好。长城 ASE－L 轴承润滑脂经高温氧化后生成的胶质、沥青质更少，抗氧化性能更好。

为了消除制样膜厚差别带来的误差，可以采用拟定考察官能团的红外吸收峰面积与位于 $1464cm^{-1}$的亚甲基变角振动吸收峰面积的比值来表征拟定考察官能团的相对含量。如上文所述，润滑脂在氧化过程中变化最大的是位于 $3200\sim3500cm^{-1}$处的缔合羟基吸收峰和 $1710\sim1740cm^{-1}$处的羰基吸收峰，普通低噪声润滑脂、长城 ASE－L 轴承润滑脂的缔合羟基以及羰基的吸收峰面积与 $1464cm^{-1}$吸收峰面积比值的变化曲线如图 15－2－6 所示。普通低噪声润滑脂的缔合羟基和羰基的相对含量在高温氧化 23h 后急剧升高（图线 1 和图线 1′）。长城 ASE－L 轴承润滑脂的缔合羟基相对含量（图线 2）在高温氧化初始阶段保持平稳，氧化 133h 后急剧升高，在红外谱图中由于新的含羟基物质大量生成使吸收峰面积增大并向 $3500cm^{-1}$处漂移，氧化 213h 后接近最大值，随后缔合羟基相对含量逐渐降低。长城 ASE－L 轴承润滑脂的基础油为酯类油，其羰基红外吸收峰位于 $1740cm^{-1}$位置，是一个强吸收峰。因此长城 ASE－L 轴承润滑脂的羰基相对含量（图线 2′）在起始时就处于较高的状态，在氧化 109h 后长城 ASE－L 轴承润滑脂的羰基相对含量突然增高，氧化 213h 后羰基相对含量继续增大。

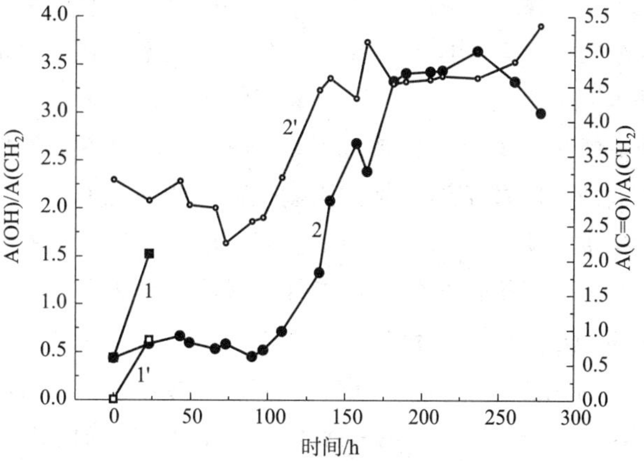

图 15－2－6　润滑脂缔合羟基、羰基相对含量随氧化时间的变化曲线

1—普通低噪声润滑脂羟基含量变化曲线；
2—长城 ASE－L 轴承润滑脂羟基含量变化曲线；
1′—普通低噪声润滑脂羰基含量变化曲线；
2′—长城 ASE－L 轴承润滑脂羰基含量变化曲线

在图 15－2－6 中，曲线 1、曲线 1′、曲线 2 和曲线 2′的变化趋势表明，普通低噪声润滑脂和长城 ASE－L 轴承润滑脂在高温氧化过程中含有羟基和羰基的氧化产物几乎同时生成。在氧化过程的最后阶段，长城 ASE－L 轴承润滑脂羟基相对含量达到最大值后逐渐降低，在羟基相对含量降低的同时羰基的相对含量升高。在高温氧化后期，氧化产物的羟基和羰基的相对含量变化表明羟基进一步被氧化而生成羰基。

在氧化过程中，基础油受到氧化首先生成氢过氧化物(R—OOH)，氢过氧化物从两个氧原子间断裂生成烷氧自由基(RO·)。烷氧自由基一方面可以从基础油分子中夺取氢原子生成含羟基的醇类物质，另一方面也可以发生断链生成更小分子量的烷基自由基，同时生成含羰基的醛、酮类物质。生成的醇类物质在氧化过程中会进一步被氧化为含羰基的醛、酮类物质，因此在图 15－2－6 中观察到氧化后期长城 ASE－L 轴承润滑脂羟基相对含量下降，羰基相对含量上升。在氧化过程中，一些自由基生成小分子量物质并在高温作用下挥发。醛、酮类物质进一步被氧化为酸、羟基酸、酯等物质。这些含羰基化合物的聚合导致黏度增大最终形成胶质、沥青质、漆膜等氧化产物。通过噪音寿命测试和润滑脂氧化诱导期的抗氧化性测试，表明长城 ASE－L 轴承润滑脂远远优于普通低噪声润滑脂，同时润滑脂的氧化诱导期测试数据和噪音寿命测试结果具有相关性。对于锂基润滑脂来讲，其抗氧化性受到基础油种类、抗氧剂配方的影响。对比普通低噪声润滑脂和长城 ASE－L 轴承润滑脂，在相同的稠化剂和相同的抗氧剂配方条件下，采用酯类油制成的长城 ASE－L 轴承润滑脂的噪音寿命和抗氧化性远远优于采用矿物油制成的普通低噪声润滑脂。对比普通低噪声润滑脂、长城 ASE－L 轴承润滑脂高温氧化过程中红外谱图变化，发现普通低噪声润滑脂的基础油的氧化比稠化剂更明显，而长城 ASE－L 轴承润滑脂的稠化剂的氧化比基础油更明显。当润滑脂中抗氧剂消耗完以后，氧化反应将从抗氧化性能最薄弱的环节开始，而酯类油的抗氧化性能优于矿物油，因此普通低噪声润滑脂与长城 ASE－L 轴承润滑脂表现出不同的氧化过程。

对比图 15－2－2 和图 15－2－6 可知，氧化过程中含羟基氧化产物的生成对轴承运转噪声影响不大，而含羰基氧化产物的生成对轴承运转噪声却有重要的影响。润滑脂含羰基氧化产物一旦生成，将在钢球、滚道表面沉积，形成胶质、沥青质和漆膜，导致钢球、滚道的表面形貌发生变化，使本来经精密加工的接触表面变得粗糙。这种变化使轴承运转时的振动和噪声增大，从而引起润滑脂噪音寿命的终结。随着氧化程度的加深，氧化产物逐渐失去流动性，温度降低后使轴承的内外圈、保持架、钢球粘在一起导致轴承卡死，润滑寿命终结。

综合以上测试结果，良好的抗氧化性能能够有效地提高润滑脂的静音寿命。长城 ASE－L轴承润滑脂具有突出的静音寿命，可以满足空调器电机轴承的终身高性能润滑。

2.1.3 空调风扇电机轴承用润滑脂的低扭矩启动性能

采用空调器电机低温启动测试装置，将空调器电机置于－40℃的低温箱中恒温 4h，通电启动并记录电机电流和电机转速的变化情况。测试电机轴承型号为 608－2RZ，加脂量 0.2g/套。长城 ASE－L 轴承润滑脂和日本某润滑脂的低温空调电机的启动电流、电机转速随试验时间的变化曲线见图 15－2－7。当电机通电启动后，装有长城 ASE－L 轴承润滑脂的电机转速在 23s 内快速上升，到达 43s 时基本达到额定转速；对应的电流在 23s 内快速下降，到达 43s 时基本达到额定电流。装有日本某润滑脂的电机转速上升缓慢，在达到

110s 时仍未达到额定转速，对应的电流下降缓慢，在达到 110s 时基本接近额定电流。测试结果表明，使用长城 ASE－L 轴承润滑脂的电机低温启动性能优异，能够在更快的时间达到额定转速和额定电流，具备更优的节能效果。

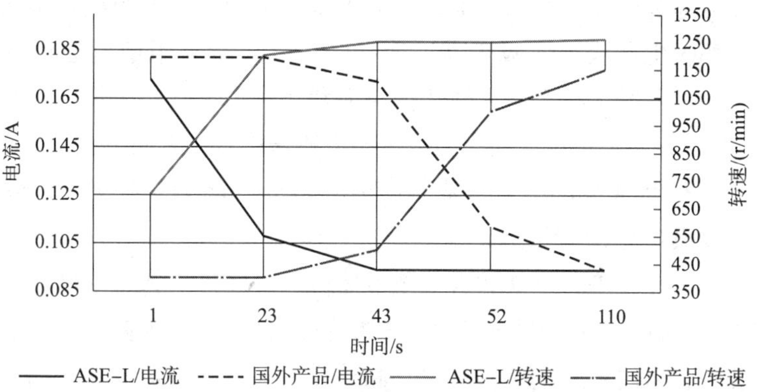

图 15－2－7　长城 ASE－L 轴承润滑脂与日本某润滑脂运转转矩随温度变化曲线

2.1.4　空调风扇电机轴承用润滑脂的疲劳寿命及高温润滑寿命

滚动轴承的润滑脂寿命是指润滑脂在滚动轴承中有效的使用时间，这个时间必须大于滚动轴承本身的寿命。影响滚动轴承使用寿命的因素主要有轴承的负荷、轴承运转速度、工作环境温度。为了在相对较短的时间内研究脂润滑轴承的疲劳寿命，一般在高速、高载荷条件下进行强化寿命试验。根据空调器电机轴承的实际工作需求，一般要求在测试条件下脂润滑轴承的疲劳寿命不低于计算寿命的 5 倍。脂润滑轴承的疲劳寿命采用 ABLT－3 型轴承疲劳寿命试验机进行测试。当轴承外圈温度开始明显上升时，明测试轴承已经开始出现剥落，设定当轴承外圈温度超过稳定运行温度 15℃时试验机停机。

测试轴承型号为 6202－2RZ，径向加载为 2.142kN，无轴向负荷，试验轴承转速为 6000r/min，根据测试轴承基本额定动负荷计算的额定寿命为 126h。经实际测试长城 ASE－L轴承润滑脂超过 717h，没有出现异常温升而停机，实测寿命超过理论计算寿命的 5.7 倍，完全满足空调风扇电机轴承的润滑需要。

润滑脂的高温润滑寿命采用高温高速轴承寿命试验机进行测试，测试标准为 SH/T 0428，测试温度为 150℃，测试轴承型号 6204－2Z，轴承转速 10000r/min，径向载荷 67N，轴向载荷 22N。测试结果如图 15－2－8 所示，长城 ASE－L 轴承润滑脂与日本某润滑脂在 150℃下的高速轴承寿命相当。

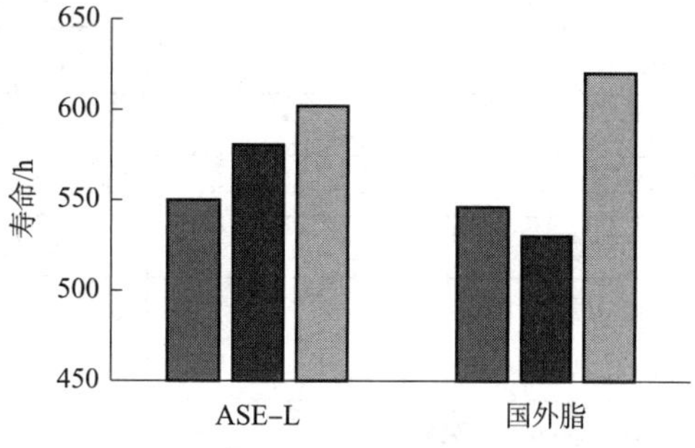

图 15－2－8　150℃高温高速轴承寿命试验结果

综上所述，长城 ASE－L 轴承润滑脂在静音性能、静音寿命、低温启动性能、低扭矩节能、疲劳寿命、高温高速润滑寿命方面均具有突出的表现，同时经多年以来在空调器行业的实际应用表明其完全满足空调器电机轴承的润滑要求。

2.2 吸尘器电机轴承用润滑脂

吸尘器主要分为有绳和无绳两大类。有绳吸尘器是指采用电源线供电的吸尘器，当前主要为商用大功率吸尘器或工业吸尘器；无绳吸尘器是指采用锂电池供电的手持式吸尘器，目前家用吸尘器已经基本实现无绳化。有绳和无绳吸尘器所采用的电机完全不同，一般有绳吸尘器采用有刷直流电机，而无绳吸尘器一般采用直流无刷电机或开关磁阻电机。前者额定转速一般约在40000r/min，而后者最高达125000r/min且体积更小，噪声更低。

2.2.1 有绳吸尘器用润滑脂

吸尘器能除尘主要在于其尾部装有一个电风机。电风机的转子上装有风轮，通电后电风机会以25000～40000r/min的转速旋转，产生极强的真空，在真空吸力的作用下，空气高速排出，致使吸尘器内部产生瞬时真空，和外界大气压形成负压差，而风机前端吸尘部分的空气不断地补充风机中的空气。在此压差的作用下，吸入含灰尘的空气，经过滤尘器过滤，排除清净的空气。负压差越大，风量越大，则吸尘能力也越大。灰尘等杂物被负压吸入滤尘袋，空气经过滤片净化后，由机体尾部排出。有绳式吸尘器电机的轴承型号一般为608，轴承内径为8mm，外径为22mm的深沟球轴承。轴承工作时 $d_m \cdot N$ 值高达600000，属于高速工况。

风轮侧轴承有新风的冷却作用，温度不高；由于风经过电机后被加热，而碳刷侧轴承处于热风的下游，因此温度较高，同时转子高速旋转，碳刷磨损形成的碳粉随风一起吹向轴承，因此碳刷侧轴承还要面临碳粉颗粒污染的风险。综上所述，碳刷侧轴承的工况更加苛刻。

对原有较低转速的吸尘器，例如25000r/min，一般采用40℃运动黏度约为100mm²/s的矿物基础油聚脲润滑脂，推荐采用长城BLU－K轴承润滑脂。对于现有40000r/min的高转速吸尘器，常用40℃运动黏度约为46mm²/s的全合成基础油聚脲润滑脂，推荐采用长城WTM轴承润滑脂。以上两种润滑脂的润滑特性典型数据见表15－2－2。

表15－2－2 长城BLU－K、WTM轴承润滑脂和日本某润滑脂的典型数据对比

分析项目	BLU－K	WTM	日本某脂	试验方法
使用温度	－20～180℃	－40～180℃	－40～180℃	—
稠化剂	聚脲	聚脲	聚脲	—
基础油	矿物油＋合成油	合成油	合成油	—
基础油黏度(40℃)/(mm²/s)	105	46	46	GB/T 265
工作锥入度/0.1mm	280	236	220	GB/T 269
滴点/℃	270	256	244	GB/T 3498
钢网分油(100℃，24h)/%	0.5	0.6	0.4	SH/T 0324
水淋流失量(79℃，1h)/%	2.0	2.0	2.0	SH/T 0109
腐蚀(T_2铜，100℃，24h)	合格	合格	合格	GB/T 7326
防腐蚀性(52℃，48h)	合格	合格	合格	GB/T 5018

续表

分析项目	BLU－K	WTM	日本某脂	试验方法
低温转矩/N·m	(－20℃)	(－40℃)	(－40℃)	SH/T 0338
启动转矩	0.314	0.471	0.503	
运转转矩	0.014	0.056	0.056	
氧化诱导期 PDSC(210℃)/min	－	124.5	95	SH/T 0790

1)润滑脂高速轴承寿命测试

润滑脂高速轴承寿命采用 SKF ROF＋试验机进行测试。测试温度为室温，测试轴承型号 6204，注脂量 3.3g，轴承转速 20000r/min，径向载荷 150N，轴向载荷 50N，运转 22h 停 2h 循环测试。测试条件下 $d_m \cdot N$ 值为 670000。测试 540h 后停机，对轴承内的润滑脂进行氧化诱导期、元素含量对比分析。其中氧化诱导期在 210℃条件下采用 SH/T 0790 标准进行测试，元素分析采用 ICP 测试方法。日本某润滑脂测试前后氧化诱导期的变化如图 15－2－9所示，长城 WTM 轴承润滑脂测试前后氧化诱导期的变化如图 15－2－10 所示。首先长城 WTM 轴承润滑脂初始的氧化诱导期较日本某润滑脂高出 31%，根据阿累尼乌斯方程，可预测长城 WTM 轴承润滑脂具有更长的氧化寿命。试验后长城 WTM 轴承润滑脂氧化诱导期下降 24%，而日本某润滑脂氧化诱导期下降 27%。长城 WTM 轴承润滑脂试验后氧化诱导期为 94.7min，而日本某润滑脂为 69.3min，这说明经过同样条件的试验后长城 WTM 轴承润滑脂具有更长的剩余寿命。

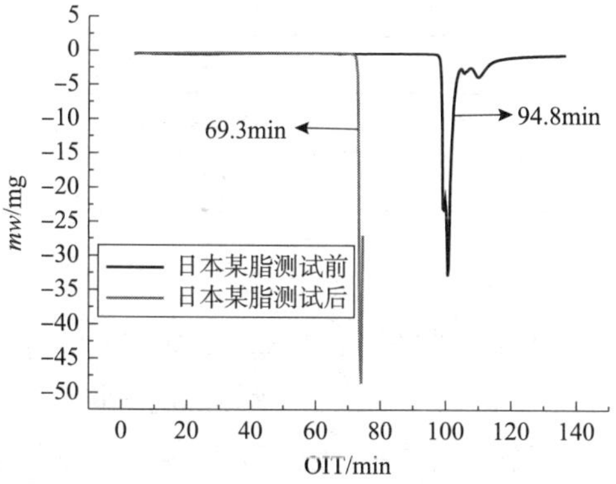

图 15－2－9　日本某润滑脂测试前后氧化诱导期的变化

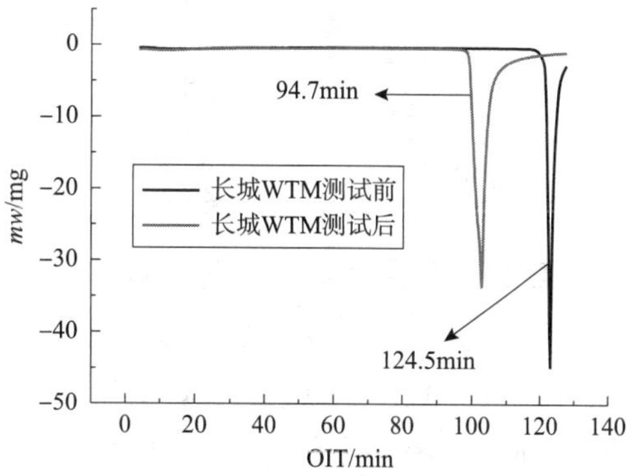

图 15－2－10　长城 WTM 轴承润滑脂测试前后氧化诱导期的变化

测试后润滑脂中铁和铬元素含量分析结果见表 15－2－3。由于铬元素仅存在于钢球和内、外圈滚道中，而保持架中不含铬元素，根据表中的数据可以判断，两种润滑脂经过 540h 高速试验后仅保持架出现微量磨损，且采用长城 WTM 轴承润滑脂的轴承磨损量低于日本某润滑脂。试验结果表明长城 WTM 轴承润滑脂具有良好的耐高速性能。

表 15－2－3　ICP 元素分析测试结果

样品	铁含量/%	铬含量/%
长城 WTM 轴承润滑脂	0.0567	0
日本某润滑脂	0.0737	0

2）脂润滑疲劳寿命测试

根据 GB/T 24607《滚动轴承　寿命及可靠性试验及评定》方法采用轴承型号为 6201－2RS（基本额定动负荷为 6.82kN）在 ABLT－3 型试验机上开展轴承疲劳寿命测试。径向加载为 2.139kN，无轴向负荷，试验轴承转速为 4500r/min，根据测试轴承基本额定动负荷计算的额定寿命为 120h。经实际测试长城 WTM 轴承润滑脂超过 600h 没有出现异常温升而停机，实测寿命超过理论计算寿命的 5 倍，完全满足吸尘器电机轴承的润滑需要。

3）吸尘器电机寿命测试

将注有长城 WTM 轴承润滑脂和日本某润滑脂的 608 轴承装入额定功率为 1600W 的吸尘器电机，在室温环境下开展吸尘器电机寿命测试。设定 900s 一个周期，运转 870s，停 30s。循环往复，直至电机寿命终结。在 5 年的时间里对不同批次的润滑脂每年与国外产品进行一次对比试验，每次各测试 5 台电机，测试数据见表 15－2－4。测试对比数据表明，长城 WTM 轴承润滑脂的实际使用寿命与日本某润滑脂无差异，完全可以满足吸尘器电机的终身润滑。

表 15－2－4　五年间长城 WTM 轴承润滑脂与日本某润滑脂吸尘器电机寿命测试数据

测试时间	测试结果/h	
	长城 WTM 轴承润滑脂	日本某润滑脂
2011 年 6 月	517～639	614～680
2013 年 5 月	705～813	654～702
2014 年 12 月	630～706	642～711
2015 年 8 月	678～781	659～755
2015 年 12 月	663～754	673～720

2.2.2　无绳吸尘器用润滑脂

如前所述，无绳吸尘器一般采用直流无刷电机或开关磁阻电机，额定转速最高达 125000r/min，且体积更小，噪声更低。所使用的轴承型号为 693，内径 3mm，外径 8mm，厚度 3mm，运转工况下 $d_m \cdot N$ 值为 687500，属于高转速范围。无绳吸尘器电机体积小、功率小、无碳刷，相对于有绳吸尘器电机发热量小，无碳粉的影响。轴承尺寸小，在如此高的转速下刚性差，有些厂家为了确保轴承的使用寿命而采用耐高速性能更好的陶瓷轴承。

从以上分析可知，无绳吸尘器电机轴承较有绳吸尘器电机轴承的 $d_m \cdot N$ 值略高，仍然可采用长城 WTM 轴承润滑脂进行润滑，详细技术数据参见 2.2.1 节。也可采用长城 WTF 轴承润滑脂 3 号进行润滑，该润滑脂以二聚脲为稠化剂，以聚 α 烯烃和酯类油的混合油为基础油，40℃黏度为 22mm²/s，100℃黏度为 5mm²/s，适用温度 －50～150℃，适合 $d_m \cdot N$ 值小于 1600000 的滚动轴承润滑。详细数据见表 15－2－5。

表 15-2-5 长城 WTF 轴承润滑脂 3 号典型数据

项目	长城 WTF 轴承润滑脂 3 号	试验方法
外观	琥珀色均匀油膏	目测
稠化剂	聚脲化合物	—
基础油	酯类油/合成烃	—
密度(20℃)/(g/cm^3)	0.92	—
基础油黏度/(mm^2/s) 40℃ 100℃	 22 5	—
工作锥入度/0.1mm	230	GB/T 269
滴点/℃	295	GB/T 3498
钢网分油(100℃, 24h)/%	1.3	NB/SH/T 0324
低温转矩(-40℃) 启动转矩/N·m 运转转矩/N·m	 0.178 0.025	SH/T 0338
铜片腐蚀(T_2 铜, 100℃, 24h)	无黑色或绿色变化	GB/T 7326
防腐蚀性(52℃, 48h)	合格	GB/T 5018
磨痕直径(392N, 75℃, 1200r/min, 60min)/mm	0.4	SH/T 0204

2.3 洗衣机轴承用润滑脂

2.3.1 波轮洗衣机轴承用润滑脂

波轮洗衣机轴承主要应用于洗衣机离合器和洗衣机驱动电机，如图 15-2-11 所示。洗衣机工作时由驱动电机通过皮带、皮带轮驱动洗衣机离合器运转。波轮洗衣机中需要润滑的轴承，一是驱动电机支撑轴承，一般为一对儿 6201 轴承；二是离合器支撑轴承，一般上部为一个 6005-2RS 轴承，下部为一个一列球一列短圆柱的单向组合轴承。这些轴承要求润滑脂具备以下性能：①低噪声性能，满足居家的舒适性；②抗水、防锈性能，洗衣机一般放置于洗手间等易接触水或潮湿环境；③低扭矩特性，满足家用电器的节能要求；④长寿命，满足家用电器免维护的要求。

(a)洗衣机驱动电机 (b)洗衣机离合器

图 15-2-11 波轮洗衣机驱动电机和离合器

波轮洗衣机轴承用润滑脂推荐长城 BLM-K 轴承润滑脂 2 号，使用温度 -30~120℃，长城 BLM-K 轴承润滑脂 2 号与国外某润滑脂的典型数据对比见表 15-2-6。如前所述，应用于垂直轴的轴承应当选择稠度牌号为 3 号的润滑脂或复合锂类 2 号润滑脂，而在本部分却选用了 2 号的锂基润滑脂，原因在于轴承尺寸较小，均为密封轴承，且所选长城 BLM-K轴承润滑脂 2 号抗剪切性能良好。同时该应用工况要求润滑脂必须具备低噪声特性，选择3号稠度的润滑脂其振动值会相应增大。

表15-2-6　长城BLM-K轴承润滑脂2号与国外某脂的典型数据对比

项目	产品名称		试验方法
	长城BLM-K2号	国外某脂	
基础油黏度(40℃)/(mm^2/s)	110	108	GB/T 265
基础油黏度指数	90	88	GB/T 2541
不工作锥入度/0.1mm	261	251	GB/T 269
工作锥入度/0.1mm	266	264	GB/T 269
延长工作锥入度(10万次)与工作锥入度差值/0.1mm	28	48	GB/T 269
滴点/℃	205	192	GB/T 4929
钢网分油(100℃，24h)/%	2.0	0.9	NB/SH/T 0324
水淋流失量(79℃，1h)/%	1.8	2.0	SH/T 0109
腐蚀(T_2铜片，100℃，24h)	合格	合格	GB/T 7326 乙法
防腐蚀性(52℃，48h)/级	合格	合格	GB/T 5018
低温转矩(-30℃)/N·m 启动转矩 运转转矩	 0.682 0.067	 0.557 0.064	SH/T 0338
漏失量(104℃，6h)/g	0.5	1.0	SH/T 0326
杂质/(个/cm^3) 10μm以上 25μm以上 75μm以上	 160 0 0	 160 0 0	SH/T 0336
氧化诱导期(210℃，3.5MPa O_2 10mL/min)/min	10.4	2.2	SH/T 0790
抗磨性能(四球机法)磨痕直径/mm	0.50	0.583	SH/T 0204

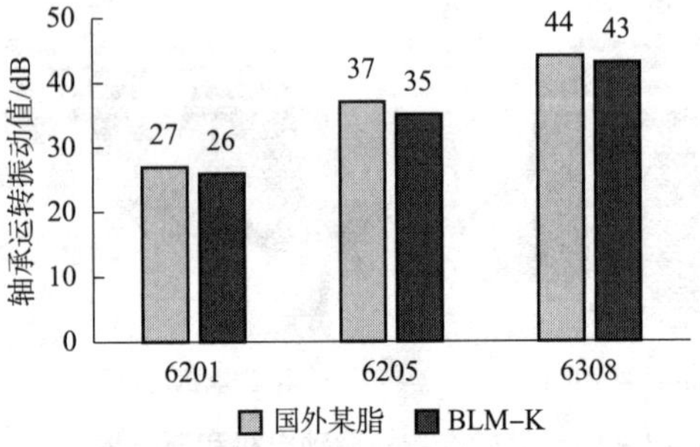

图15-2-12　长城BLM-K轴承润滑脂2号与国外某润滑脂低噪声性能对比

1)低噪声性能的对比

长城BLM-K轴承润滑脂2号与国外某润滑脂采用加速度型S0910型轴承振动测量仪在不同型号轴承上的噪声特性测试结果如图15-2-12所示。从图中可以看出，长城BLM-K轴承润滑脂2号在6201轴承、6205轴承、6308轴承的测试中均具有更低的振动值。

2)低温启动扭矩

采用日本TOHNICHI公司3.6BTG扭力表测量6205-2RZ轴承的启动扭矩。轴承注脂量为轴承空腔40%，在-30℃环境中恒温4h，数据结果见表15-2-7。从结果可以看出，长城BLM-K轴承润滑脂2号在6205轴承内较国外某润滑脂具有更低的平均启动扭矩，从而保证润滑部件在较低温度环境中也能够平稳顺畅地启动、运转，避免了过多的启动动力损失，这意味着长城BLM-K轴承润滑脂2号在同样条件下具有更优的节能效果。

表 15－2－7　长城 BLM－K 轴承润滑脂 2 号与国外某润滑脂的启动扭矩对比

轴承编号	长城 BLM－C/kgf·cm	国外某脂/kgf·cm
1	0.45	0.95
2	0.68	0.94
3	0.58	0.52
4	0.42	0.96
5	0.72	0.95
平均值	0.57	0.864

3）脂润滑疲劳寿命

采用 ABLT－1A 型轴承疲劳寿命试验机开展脂润滑轴承的疲劳寿命测试。测试轴承型号为 6005－2RS，基本额定动负荷为 10.07kN，径向加载为 4kN（为基本额定动负荷的 40%），无轴向负荷，试验轴承转速为 3300r/min，根据测试轴承基本额定动负荷计算的额定寿命 L_{10} 为 87.61h。经实际测试长城 BLM－K 轴承润滑脂 2 号超过 586h，没有出现异常温升而停机，实测寿命超过理论计算寿命的 6.69 倍，完全满足波轮洗衣机用轴承的润滑需要。

2.3.2　滚筒衣机轴承用润滑脂

滚筒洗衣机中直流无刷电机采用了永磁转子和集中绕组定子解决了电机效率问题，同时结构简单，成本进一步降低。直流无刷电机成为皮带传动滚筒洗衣机的主流驱动电机。直驱电机直接将电机的定子安装到滚筒套件上，电机驱动轴与滚筒驱动轴直连，取消了皮带、皮带轮。直驱方式噪声更低，更节省空间，但是洗衣时的滚筒振动直接传递到电机上，电机寿命会受到影响，对电机的抗振动性能要求更高。目前直流无刷电机仍然是主流选择。滚筒洗衣机的驱动方式如图 15－2－13 所示。

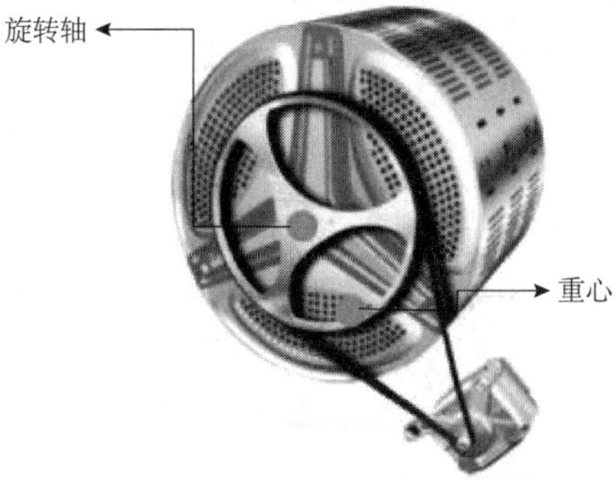

(a)皮带驱动

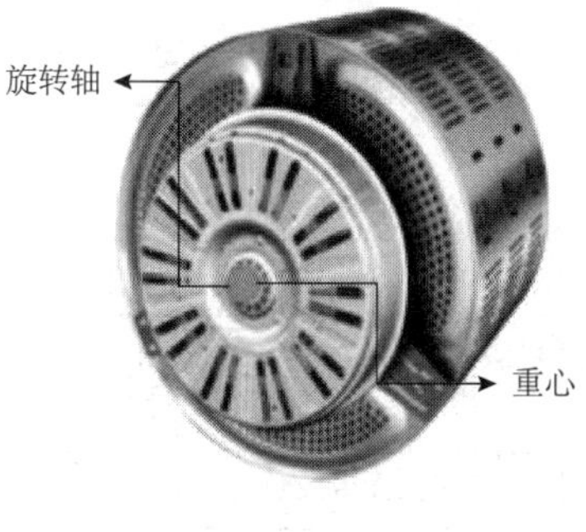

(b)直驱

图 15－2－13　滚筒洗衣机的驱动方式

目前滚筒洗衣机滚筒的脱水转速最高为 1600r/min，对于没有烘干功能的洗衣机，一般 800r/min 已经可以满足甩干要求，一般滚筒转速范围在 20～1200r/min。具有滚筒自清洁、热风除菌、干衣功能的滚筒洗衣机工作温度更高，可达 90℃。直流无刷电机因为需要通过皮带传动而存在减速比，故其转速高达约 16000r/min。而直驱电机工作在低转速区间，一般不超过1600r/min。从以上工况的分析可知，直驱电机与非直驱电机对润滑脂性能的要求可概括为以下几点：①非直驱电机工作转速范围更宽，大约在600～16000r/min，而直驱电机的工作转速大约在20～1600r/min。因此，非直驱电机对润滑脂的耐高速性能要求更高，而对直驱电机而言润滑脂在低速下的润滑膜形成能力更为关键；②满足温度最高120℃的终身润滑要求；③满足抗水性能要求，同时满足高湿度条件下防锈性能要求。

综上所述，对于非直驱电机轴承的润滑推荐耐使用高速性能优异的长城WTM轴承润滑脂。对于直驱型电机轴承推荐使用基础油黏度更高、低速成膜能力更好的长城BLU－G轴承润滑脂。滚筒洗衣机的滚筒通过两个大小不同的深沟球轴承组成轴系进行支撑，靠近滚筒一侧轴承稍大(与轴系受力点的载荷大小相关)，具体型号与洗衣机的容量相关(轴承承载能力)。滚筒支撑轴承的工况与直驱型电机轴承基本相同，因此同样推荐长城BLU－G轴承润滑脂进行润滑。长城BLU－G轴承润滑脂的典型数据见表15－2－8。

表15－2－8　长城BLU－G轴承润滑脂的典型数据

分析项目	长城BLU－G	试验方法
稠化剂	聚脲	—
基础油种类	半合成	—
基础油黏度(40℃)/(mm^2/s)	130	—
工作锥入度/0.1mm	280	GB/T 269
延长工作锥入度(十万次)与工作锥入度之差/0.1mm	62	GB/T 269
滴点/℃	300	GB/T 3498
钢网分油(100℃，24h)/%	0.9	NB/SH/T 0324
腐蚀(T_2铜，100℃，24h)	合格	GB/T 7326
水淋流失量(79℃，1h)/%	1.0	SH/T 0109
防腐蚀性(52℃，48h)	合格	GB/T 5018
低温转矩（－30℃)球轴承 启动转矩/N·m 运转转矩/N·m	 0.758 0.078	SH/T 0338
氧化诱导期PDSC(210℃)/min	114.7	SH/T 0790
抗磨性能(四球机法)(392N，75℃，60min) 磨痕直径/mm	0.45	SH/T 0204
极压性能(四球机法)最大无卡咬负荷(P_B值)/N	883	SH/T 0202
极压性能(四球法)烧结负荷P_D值/N	1569	SH/T 0202

第3章　汽车发动机辅机轴承用低噪声润滑脂

发动机作为汽车的“心脏”，周围布置的密封轴承对润滑脂的性能要求十分苛刻，其中包括张紧轮轴承、电磁离合器轴承、交流发电机轴承、水泵轴联轴承。

张紧轮用于调整连接发动机曲轴、交流发电机、空调压缩机等辅机皮带的张力，使张力自由分布。张紧轮可分为惰轮、调整皮带张紧轮和正时皮带张紧轮。这些轴承的共同点是它们都采用外圈旋转方式，通过位置布局为其他辅机提供较大的摩擦力，防止打滑。调整皮带轮装有弹簧，在发动机上可以调整角度，既方便皮带的安装，又使皮带的张紧程度适中，防止打滑，常称之为“自动轮”。而惰轮没有弹簧，固定在发动机上后位置不再变化，因此也常称之为“固定轮”，用于确保皮带轮与皮带之间的包角。

汽车空调压缩机位于发动机最下端，通过皮带驱动旋转，皮带轮中央装有双列角接触球轴承，和张紧轮轴承一样为外圈旋转，轮部有电磁离合器。当不需要空调工作时，离合器处于分离状态，皮带轮空转；当需要空调工作时，离合器处于闭合状态，皮带轮带动压缩机工作。因为靠近发动机且由同一条皮带驱动，同样受到高温、高速和变动载荷的影响。轴承位置如图15－3－1(a)所示。

随着汽车制造技术的发展，发动机性能逐步提高，更多的汽车自动化控制单元逐渐普及，汽车对电能的需求也越来越大。交流发电机也向小型化、高输出功率和高可靠性发展。在汽车交流发电机小型化的前提下，要提高输出功率，只有加快交流发电机的转速。而交流发电机紧邻发动机，受到发动机发热的影响，加之自身发热，使交流发电机的工作温度相对更高。交流发电机轴承的位置如图15－3－1(b)所示。

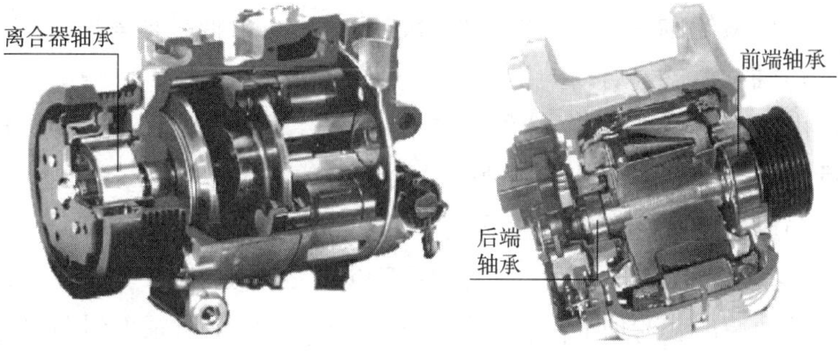

(a)汽车空调压缩机　(b)汽车交流发电机

图15－3－1　汽车空调压缩机与汽车交流发电机

由于交流发电机前端轴承苛刻的使用工况使之出现了另外一种失效模式，即轴承滚道的白色组织疲劳剥落。目前对于白色组织疲劳剥落原因的研究存在三种说法：一是氢脆剥落说，认为在异常的高温、高速、变动载荷的共同作用下润滑脂组分被氧化裂解产生氢原子，氢原子渗透到轴承钢内引起轴承滚道表面的脆化剥落并产生“白色金相组织”；二是表面切应力说，认为高速下的滑动摩擦、膜厚不足导致表面切应力、切向位移大增，导致亚表层出现金相组织变化；三是静电说，认为皮带与皮带轮之间摩擦产生的静电在轴承滚道、滚动体之间释放导致白色组织疲劳剥落出现。这种白色组织疲劳剥落现象成为制约交流发电机前端轴承寿命进一步延长的因素，目前对白色组织疲劳剥落的研究越来越多。

3.1 汽车发动机辅机轴承的工况分析

1）轴承的转动速度

由于张紧轮轴承和汽车空调电磁离合器轴承为外圈高速旋转，转速通常高达6000～12000r/min，正时皮带张紧轮轴承转速约5000～8000r/min。外圈旋转使润滑脂因受向心力的作用而富集于轴承外圈的滚道，而轴承的内圈滚道处于乏油润滑状态。交流发电机轴承虽为内圈旋转，转速高达6000～18000r/min，极限转速可达22000r/min。

2）轴承工作环境温度

张紧轮、汽车空调电磁离合器和交流发电机紧靠发动机，发动机产生热量会直接传递到轴承，而且工作时的转速很高，也会产生一定量的内摩擦热，因此张紧轮轴承、汽车空调电磁离合器轴承、水泵轴联轴承的工作温度较高，通常可达100～130℃，有时甚至达到140～150℃。而交流发电机不但受到发动机的热传递，而且自身在动能转化为电能的同时还有相当一部分动能转化成了热能，致使自身温度升高，交流发电机前端轴承工作温度约120℃，后端轴承因受到散热风扇向后吹的热风影响约150℃。

3）轴承的载荷

受皮带张紧力的影响，交流发电机前端轴承径向载荷约700～1400N，轴向载荷0～700N。张紧轮轴承、空调电磁离合器轴承、水泵轴联轴承所受的皮带张紧力约为1000N。

4）轴承对低温启动的要求

由于汽车很可能在-40℃左右的寒区启动，因此汽车发动机辅助设备轴承用润滑脂必须满足在-40℃可以灵活启动，且低温启动时无啸叫声。

5）轴承的耐疲劳剥落性能

在发动机工作时，由于空调压缩机、交流发电机、水泵等辅机的运转而产生冲击载荷，这种冲击载荷加上高转速的影响，使汽车发动机辅助设备轴承更容易出现疲劳剥落现象。交流发电机前端轴承由于受到异常的高温高速和变动载荷的作用而出现氢脆现象，导致轴承工作寿命减小。

6）轴承对抗水、防锈性能的要求

由于经常受到来自路面的泥浆、积水甚至是含有融雪剂雪水的冲刷，虽然通过改善张紧轮轴承、汽车空调电磁离合器轴承和交流发电机轴承的密封圈结构可阻止大部分水的侵入，但是还无法做到完全隔绝。基于以上实际情况，润滑脂应具有良好的抗水性和防锈性。

7）轴承对润滑脂橡胶相容性的要求

因汽车发动机辅助设备轴承工作温度大多在150℃左右，所以密封圈的材质必须能够耐高温。目前使用较多的橡胶有聚丙烯酸酯橡胶和氟橡胶，因氟橡胶的价格较高，所以聚丙烯酸酯橡胶的使用比较普遍。轴承的密封性能是影响轴承使用寿命的关键因素之一，润滑脂与密封圈的相容性差会造成密封圈过度收缩或溶胀，均会使密封性能下降，润滑脂流失，最终导致轴承的使用寿命缩短。因此，所用润滑脂与密封圈橡胶的相容性是关键指标之一。润滑脂泄漏不但会影响轴承的使用寿命，漏出的润滑脂甚至会影响附近部件的正常工作。因此，汽车发动机辅助设备轴承对润滑脂的抗泄漏性能有着严格的要求。

8)轴承的静音性能要求

随着人们对汽车舒适安静要求的提高，汽车发动机辅助设备轴承同样被提出了静音性要求，润滑脂应该满足相应的静音性标准，而且包括低温启动的静音性能要求。

3.2 汽车发动机辅机轴承用润滑脂

3.2.1 汽车发动机辅机轴承用脂性能分析

汽车发动机辅机轴承中水泵轴联轴承的工况较其他三类轴承不是十分苛刻。载荷一般在980～2450N之间，转速最高10000r/min，工作温度范围一般为-30～120℃。水泵轴联轴承一般会受到风扇液力耦合器和皮带轮振动载荷的影响，风扇液力耦合器自重及其旋转带来的不均衡载荷影响，同时还会受到风扇推力和水泵叶轮推力的影响。水泵轴联轴承的失效一般源于密封的失效导致的外部水或冷却液侵入轴承造成的润滑性能下降，因此水泵轴联轴承用润滑脂要求具有良好的抗水性能和抗冷却液的性能。根据对水泵轴承性能要求由低到高可依次选用长城BLU-N轴承润滑脂T_2号、长城WTH轴承润滑脂，这两种润滑脂的典型数据见表15-3-1。

表15-3-1 水泵轴联轴承用润滑脂的典型数据

分析项目	长城BLU-NT_2	长城WTH	试验方法
稠化剂	聚脲	聚脲	—
基础油种类	半合成	全合成	—
基础油黏度/(mm^2/s) 40℃ 100℃	 80 10	 90 13	—
工作锥入度/0.1mm	260	265	GB/T 269
滴点/℃	268	270	GB/T 3498
钢网分油(100℃，24h)/%	0.5	0.5	NB/SH/T 0324
腐蚀(T_2铜，100℃，24h)	合格	合格	GB/T 7326
水淋流失量(79℃，1h)/%	2	0.6	SH/T 0109
防腐蚀性(52℃，48h)	合格	合格	GB/T 5018
低温转矩/N·m 启动转矩 运转转矩	(-35℃) 0.551 0.056	(-40℃) 0.45 0.08	SH/T 0338
轴承寿命(177℃，10000r/min)/h	382	760	SH/T 0428

汽车发动机辅机轴承中张紧轮轴承、空调电磁离合器轴承、交流发电机轴承推荐采用长城WTP轴承润滑脂，长城WTP轴承润滑脂与日本某润滑脂的典型数据对比见表15-3-2。

表 15-3-2　长城 WTP 轴承润滑脂与日本某润滑脂的典型数据对比

分析项目	日本某润滑脂	长城 WTP	试验方法
外观	深蓝色至黑色均匀油膏	深蓝色至黑色均匀油膏	目测
工作锥入度/0.1mm	280	275	GB/T 269
延长工作锥入度(100000 次)与工作锥入度差值/0.1mm	62	45	GB/T 269
滴点/℃	260	275	GB/T 4929
腐蚀(T_2 铜，100℃，24h)	不合格	合格	GB/T 7326
钢网分油(100℃，24h)/%	1.0	0.4	NB/SH/T 0324
水淋流失量(79℃，1h)/%	0.5	0	SH/T 0109
低温转矩(-40℃)球轴承/N·m 启动转矩 运转转矩	 0.800 0.190	 0.391 0.054	SH/T 0338
防腐蚀性(52℃，48h)	合格	合格	GB/T 5018
极压性能(四球机法) 最大无卡咬负荷(P_B 值)/N	60	60	SH/T 0202
极压性能(四球机法)烧结负荷 P_D 值/N	1569	1961	SH/T 0202
磨斑直径(392N，75℃，1200r/min，60min)/mm	0.55	0.48	SH/T 0204

1)抗水性能对比

采用滚筒试验机对比长城 WTP 轴承润滑脂与日本某润滑脂的抗水性能。试验温度为 80℃。滚筒内加入 50g 润滑脂样品，同时加入 50mL 水，放入重 5kg 的钢质圆柱，封好端盖，放置在托辊上在 80℃的环境温度下进行运转，滚筒转速为 165r/min。运转时钢质圆柱会持续碾压润滑脂和水的混合物。24h 后结束试验，检测样品 1/4 锥入度变化、分水率，并观察润滑脂外观有无乳化现象。

长城 WTP 轴承润滑脂与日本某润滑脂的抗水性数据测试结果见表 15-3-3。从表中可以看出，两种润滑脂测试前后的 1/4 锥入度变化、分水率数据基本一致，润滑脂外观都没有乳化的现象，剩余的水清澈透明，也没有乳化现象。这说明两种润滑脂都具备良好的抗水性能。

表 15-3-3　长城 WTP 轴承润滑脂与日本某润滑脂的抗水性数据对比

样品	日本某润滑脂	长城 WTP 轴承润滑脂
试验前/(1/mm)	53	55
试验后/(1/mm)	68	69
差值/(1/mm)	+15	+14
分水率/%	72	72

2)润滑脂动态防锈性能对比

采用 6205 轴承注入润滑脂样品 2.0g，在 1450r/min 进行匀脂。扣上一侧密封圈，唇口部位用润滑脂密封，剩余空腔注满水，扣上另一侧密封圈并涂脂密封。使轴承在 1450 r/min转速下运转，每隔 2h 观察轴承内部变化，8h 后拆解轴承，观察轴承内部滚道、钢球表明的锈蚀情况。该测试在室温下进行，每次打开轴承观察后将水补满，密封后继续试验。

长城 WTP 轴承润滑脂与日本某润滑脂的动态防锈性能测试后轴承的拆解照片如图 15－3－2所示，两个轴承的内、外圈滚道及钢球的表面均鲜亮如初，没有出现异常磨损和锈蚀变色现象。以上试验结果表明两种润滑脂均有突出的动态防锈性能。

(a)日本某润滑脂

(b)长城WTP轴承润滑脂

图 15－3－2 长城 WTP 轴承润滑脂与日本某润滑脂的动态防锈测试后轴承拆解图

3)重负荷疲劳寿命对比

汽车发动机辅机轴承实际工况多处于高温且急加减速的条件下，同时受到较大的皮带张紧负荷，润滑膜厚不足时，接触区的切应力对轴承寿命有着至关重要的影响。为了考察润滑脂成膜能力的耐久性，根据 GB/T 24607 方法采用轴承型号为 6303－2RS 在 ABLT－1 型试验机上开展重负荷轴承疲劳寿命测试。径向加载为 5. 6kN(加载为基本额定动负荷的 40%，$C/P=2.5$ 处于极重负荷区间)，无轴向负荷，试验轴承转速为 4000r/min，根据测试轴承基本额定动负荷计算的额定寿命为 59. 68h。该试验每次测试 4 套轴承，4 套轴承安装于同一根轴上，由驱动电机带动旋转，1 号和 4 号轴承散热条件较好，因此轴承外圈的温度较低。而 2 号和 3 号轴承处于中间位置，散热条件较差，因此轴承外圈温度相对较高。由于润滑脂基础油黏度随温度的上升而下降，而润滑膜厚与速度参数的 0. 7 次方成正比，速度参数中包括黏度，因此相对于 1 号和 4 号轴承，位于中间部位的 2 号、3 号轴承所形成的润滑膜厚更低，润滑条件更加苛刻。故一般试验机停机是由于 2 号或 3 号轴承出现疲劳剥落而停机。

长城 WTP 轴承润滑脂与日本某润滑脂在相同条件下的重负荷疲劳寿命测试结果分别如图 15－3－3 和图 15－3－4 所示。两图对比可知，长城 WTP 轴承润滑脂的振动方均根值基本在 5 以内，当时间达到 840h 后振动方均根值才有所增大，证明此时出现了疲劳剥落导致振动信号变强，此时对应的轴承外圈温度开始逐渐上升，直至 1119h 后轴承温升超过停机阈值而寿命终结。日本某润滑脂在测试初期振动方均根值基本在 5 以上，且振动信号的变化幅度较长城 WTP 轴承润滑脂大。在测试时间达到 360h 后振动方均根值开始变大，可以认为此时开始出现疲劳剥落，对应轴承的外圈温升开始缓慢上升，测试时间达到 575h 后振动方均根值超过试验停机阈值而停机，寿命终结。对比两次测试的温升可以发现，日本某润滑脂在测试过程中轴承外圈温度基本在 100℃以上，而长城 WTP 轴承润滑脂在测试过程中轴承外圈温度基本在 90℃附近，两者差了 10℃。长城 WTP 轴承润滑脂在疲劳寿命及温升控制方面更具优势。

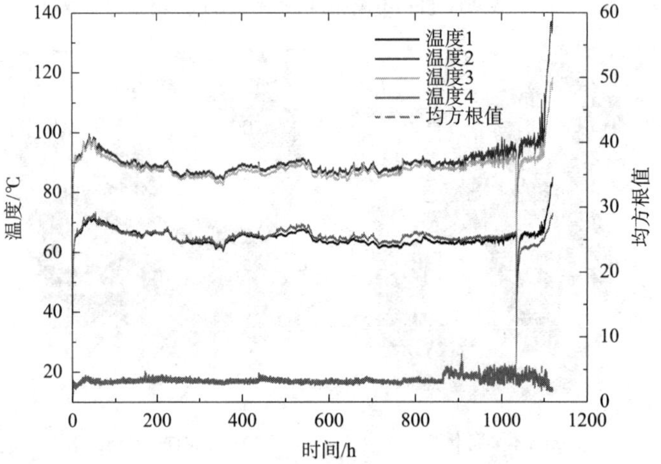

图 15－3－3　长城 WTP 轴承润滑脂重负荷疲劳寿命曲线

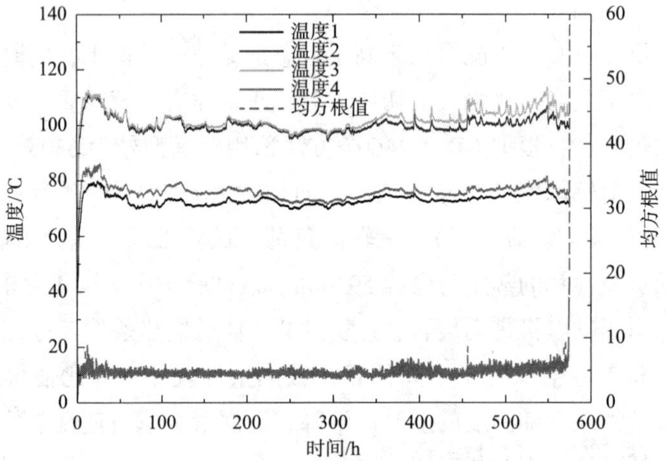

图 15－3－4　日本某润滑脂重负荷疲劳寿命曲线

4）高温高速寿命试验

在 ABLT－3 型轴承疲劳寿命试验机上进行了寿命试验对比。测试温度为 135℃，试验轴承的型号为 6303，轴承转速为 15000r/min，轴承径向载荷为 2. 04kN（为轴承基本额定动负荷的 15%，C/P =6. 67，处于重负荷区间），轴承注入润滑脂 1. 5g，扣上两侧密封圈。长城 WTP 轴承润滑脂的寿命为 1771h，而日本某润滑脂为 416h。数据表明，长城 WTP 轴承润滑脂具有更长的润滑寿命。

3.2.2 台架测试

长城 WTP 轴承润滑脂分别通过了在汽车交流发电机总成、汽车空调电磁离合器总成、张紧轮总成的台架试验。

1)汽车交流发电机总成耐久台架试验

前端轴承为 SA6303，后端轴承为 SA6202，试验转速为 15000r/min，环境温度为 135℃，皮带轮载荷为 1000N，测试时间 1000h。测试完成后轴承外观方面 SA6303 及 SA6202 轴承无异常现象，SA6303 及 SA6202 手感旋转灵活。尺寸及噪声方面试验后 SA6202 轴承内外径尺寸胀大，径向游隙变小，分贝值升高，噪音无异常；SA6303 轴承内外径尺寸正常，径向游隙符合工艺管控值，噪音无异常。试验后两套轴承内部润滑脂含量丰富，润滑脂颜色变深，残留润滑脂仍呈油膏状。SA6303 轴承润滑脂损耗量为 16.88%，SA6202 轴承润滑脂损耗量为 30%。两套轴承套圈滚道面运行轨迹正常，套圈和钢球表面无异常现象，密封唇回弹性能良好。试验后轴承内外圈滚道圆度、粗糙度符合工艺控制要求。试验后轴承零件硬度符合 JBT/1255—2014 规范要求。润滑脂有高温氧化现象，但仍具有一定的润滑寿命。

2)汽车交流发电机总成高温台架试验

前端轴承为 SA6303，后端轴承为 SA6202，试验转速为 10000r/min，环境温度为 180℃，皮带轮载荷为 1000N，测试时间 380h。测试完成后轴承外观方面 6303 轴承外表变棕色与测试环境温度 177 ~ 205℃对应，无油脂泄漏，内部油脂比较饱满，保持架完好。6202 轴承外圈局部已变蓝，对应温度应该在 205℃以上，无油脂泄漏，内部油脂量较 6303 轴承少，保持架完好。6303 轴承手动运转阻尼感良好、运转顺畅，振动分贝值 38dB。轴承内部油脂饱满，钢球上脂膜充分。6202 轴承手动运转阻尼感良好、运转顺畅，振动分贝值 42dB。轴承内部油脂出现轻微乏油状态，且钢球上脂膜不够充分。依据 6202 轴承外表面变色对应温度情况来看，6202 轴承一侧的实际温度明显高于 6303 轴承一侧，因此 6202 轴承内的油脂氧化情况更明显。6303 轴承内润滑脂经过 380h 的试验与新润滑脂相比红外光谱无明显变化，基本未出现氧化产物特征吸收峰。6303 轴承试验后整体润滑状态良好。6202 轴承内润滑脂出现的氧化产物吸收峰，油脂受到一定程度的氧化。主要原因是 6202 轴承处于热风下游，环境温度更高。经氧化诱导期测试数据保守预测，6303 轴承内的润滑脂剩余寿命约为 22.5%，6202 轴承内润滑脂剩余寿命约为 6.6%。试验过程中 WTP 轴承润滑脂对轴承的润滑与防护良好，轴承拆解表明各部件良好，无剥落、无擦伤等。

3)张紧轮总成的台架试验

张紧轮轴承型号为 6203 - 2RSL1 - 1，为外圈旋转。张紧轮转速为 9000r/min(15min) ~ 12000r/min(45min)周期性循环，环境温度为 135℃，皮带轮载荷 1300N，测试时间 1000h。测试完成后轴承外观方面无异常，旋转手感灵活。试验后五套轴承外径尺寸正常，内径尺寸胀大，这是高温试验后的正常现象。试验后径向游隙正常，符合工艺管控值，振动分贝值升高，噪音无异常。五套轴承内的润滑脂损耗率见表 15 - 3 - 4，试验后五套轴承润滑脂残留量较少，基本上均在密封件上，润滑脂基础油损耗较为严重；钢球表面润滑脂黏附较少。轴承外圈、内圈和钢球表面无异常现象，密封唇回弹性能良好。试验后轴承内外圈滚道圆度、粗糙度符合工艺控制要求。试验后轴承零件硬度符合 JBT/1255—2014 规范要求。试验后润滑脂有高温氧化现象，残余润滑脂仍具有润滑寿命。

表 15 – 3 – 4　张紧轮总成的台架试验轴承内润滑脂损耗率

轴承编号	润滑脂残留量/g	最大损耗率/%
1#	0.57	32.95
2#	0.56	34.12
3#	0.58	31.77
4#	0.51	40.00
5#	0.56	34.12

4）汽车空调电磁离合器总成台架试验

汽车空调电磁离合器的轴承型号为 DA355520 – 2RSL，轴承内径为 35mm、外径 55mm，注脂量 1.5g，外圈旋转。试验转速为 10000r/min，皮带轮载荷为 1960N，环境温度为 135℃，测试时间为 1000h。汽车空调电磁离合器总成台架试验采用长城 WTP 轴承润滑脂 T_2 号进行润滑，因工况的特殊性需要选择更硬的稠度牌号。尺寸及噪声方面试验后轴承内外径尺寸胀大，径向游隙变小，分贝值升高，噪音无异常。试验后两套轴承内部润滑脂含量丰富，润滑脂颜色变深，残留润滑脂仍呈油膏状，无漏脂现象。轴承套圈滚道面运行轨迹正常，套圈和钢球表面无异常现象，密封唇回弹性能良好。试验后轴承内外圈滚道圆度、粗糙度符合工艺控制要求。试验后轴承零件硬度符合 JBT/1255—2014 规范要求。润滑脂有高温氧化现象，但仍具有一定的润滑寿命。

3.3　导电型发动机辅机轴承用润滑脂

如前所述，汽车交流发电机轴承出现白色组织疲劳剥落的一个可能原因就是静电的累积释放。通过对电机可靠性的研究表明，由于电机轴承的损坏而导致的电机损坏占损坏总数的 40%，而有 25% 的电机轴承损坏是由于 PWM 速度增加。PWM 驱动电压会在电机三相绕组中点和直流母线中点之间产生共模电压，共模电压通过电机的寄生电容耦合到转轴上，形成"轴电压"，当"轴电压"超过轴承中润滑脂膜的击穿阈值时在轴承的内圈—滚动体—外圈之间产生放电现象，即"轴承电流"。这种轴承电流在滚动体与沟道表面产生电火花放电造成局部高温而形成烧蚀坑，最终在轴承内部形成电腐蚀纹而使轴承失效。这种电蚀现象在新能源车充电桩的散热风扇轴承、新能源车驱动桥轴承、风电机组发电机轴承、牵引电机轴承、空调直流电机轴承、变频电机轴承上广泛存在。为了缓解或避免电蚀失效的风险，一般会采用轴承外圈绝缘的方法，例如轨道交通车辆的牵引电机轴承，或者采用具有导电功能的润滑脂。前者轴承成本高昂，后者可降低脂润滑条件下润滑膜的击穿电压。

具有导电要求的轴承的润滑推荐选用长城 WTB 轴承润滑脂进行润滑。长城 WTB 轴承润滑脂采用聚脲稠化剂稠化烷基二苯醚油并加有挤压抗磨剂、防锈剂、抗氧剂、导电添加剂精制而成。适用温度范围 –40 ~ 180℃，兼顾了润滑脂的导电性和低噪声性能，非常适合具有电蚀风险的滚动轴承的润滑。长城 WTB 轴承润滑脂的典型数据见表 15－3－5。从表中数据可以看出，长城 WTB 轴承润滑脂具有突出的耐宽温特性，承载能力突出，抗水性能优异，同时具备一定的低噪声性能，不但适合汽车发动机辅机轴承润滑，同时也适合各类变频电机等具有电腐蚀风险的电机轴承、滚动轴承的润滑。

表 15－3－5 长城 WTB 轴承润滑脂的典型数据

试验项目	长城 WTB	试验方法
外观	黑色均匀油膏	目测
使用温度/℃	－40～180	——
稠化剂	聚脲	——
基础油	烷基二苯醚	——
基础油黏度/(mm^2/s) 40℃ 100℃	 90～100 10～14	——
工作锥入度/0.1mm	271	GB/T 269
延长工作锥入度(100000 次)/0.1mm	308	GB/T 269
滴点/℃	275	GB/T 3498
钢网分油(100℃，24h)/%	1.2	SH/T 0324
水淋流失量(79℃，1h)/%	0	SH/T 0109
防腐蚀性(52℃，48h)	合格	GB/T 5018
磨痕直径(392N，75℃，1200r/min，60min)	0.45	SH/T 0204
最大无卡咬负荷 P_B/N	559	SH/T 0202
烧结负荷 P_D/N	1961	SH/T 0202
低温转矩(－40℃)/N·m 启动转矩 运转转矩	 0.455 0.162	SH/T 0338